水利水电工程验收报告编写指南与示例

质量检测卷

主　编　洪世兴　张玉飞　拔丽萍　周学科
副主编　杨剑波　李玉敏　杭林林　董丞书

中国水利水电出版社
www.waterpub.com.cn
·北京·

内 容 提 要

本书为适应水利水电工程验收的需要，结合验收规程对工程各阶段验收的具体要求，针对质量检测单位，编写了水利水电工程截流阶段验收、下闸蓄水阶段验收、引（调）排水工程通水验收、水电站（泵站）机组启动验收、枢纽工程专项验收、水利水电工程竣工验收等质量检测单位需提交的质量检测报告。全书共七章，内容包括：概述、工程截流验收质量检测报告、工程下闸蓄水验收质量检测报告、引（调）排水工程通水验收质量检测报告、水电站（泵站）机组启动验收质量检测报告、水电站枢纽工程专项验收质量检测报告、水利水电工程竣工验收质量检测报告。

本书可供施工企业、监理公司和质量监督部门相关人员学习参考，也可作为培训教材，对有关人员进行培训。

图书在版编目（CIP）数据

水利水电工程验收报告编写指南与示例. 质量检测卷/洪世兴等主编. -- 北京 : 中国水利水电出版社, 2022.11
ISBN 978-7-5226-1126-6

Ⅰ. ①水… Ⅱ. ①洪… Ⅲ. ①水利水电工程－工程质量－工程验收－质量检验－研究报告－编写 Ⅳ. ①TV512

中国版本图书馆CIP数据核字(2022)第218169号

书 名	**水利水电工程验收报告编写指南与示例　质量检测卷** SHUILI SHUIDIAN GONGCHENG YANSHOU BAOGAO BIANXIE ZHINAN YU SHILI　ZHILIANG JIANCE JUAN
作 者	主　编　洪世兴　张玉飞　拔丽萍　周学科 副主编　杨剑波　李玉敏　杭林林　董丞书
出版发行	中国水利水电出版社 （北京市海淀区玉渊潭南路1号D座　100038） 网址：www.waterpub.com.cn E-mail：sales@mwr.gov.cn 电话：(010) 68545888（营销中心）
经 售	北京科水图书销售有限公司 电话：(010) 68545874、63202643 全国各地新华书店和相关出版物销售网点
排 版	中国水利水电出版社微机排版中心
印 刷	清淞永业（天津）印刷有限公司
规 格	184mm×260mm　16开本　28.25印张　723千字
版 次	2022年11月第1版　2022年11月第1次印刷
印 数	0001—3000册
定 价	**138.00**元

本 卷 编 委 会

主　　编：洪世兴　张玉飞　拔丽萍　周学科

副 主 编：杨剑波　李玉敏　杭林林　董丞书

参　　编：王佩铨　张兴元　杨晓明　李红艳

周亚石　董泽伟　赵红艳　张静静

李　胜　邱　英　张兴乐　王丽婷

序

水利是国民经济发展的命脉，也是重要支撑和基础保障。我国“十四五”水利建设工作任务是以水利工程建设高质量发展为主线，高标准推进水利工程建设，持续规范水利建设市场，大力提升水利工程建设管理水平，切实保障水利工程质量安全。随着国家对基础设施的加大投入，水利工程建设又迎来一个高峰，广大从业人员以只争朝夕的态度，为加快水利基础设施建设作出了积极的贡献。

为加强水利水电建设工程验收管理，使水利水电建设工程验收制度化、规范化，保证工程验收质量，水利部发布了《水利水电建设工程验收规程》（SL 223—2008），规范了阶段验收及竣工验收各参建单位工作报告的编写格式。国家能源局也发布了《水电工程验收规程》（NB/T 35048—2015），明确了水电工程阶段验收时，参建各方应提供相应的工作报告；《水利水电工程验收技术鉴定导则》（SL 670—2015）也列出了工程蓄水安全鉴定及工程竣工验收技术鉴定阶段参建单位自检报告的编写提纲和要求。在实际工作中，水利工程建设第一线的工程技术人员是水利工程建设的主体，其理论基础、技术水平、职业道德和法律意识直接关系到工程建设的实体质量和行为质量。工程验收阶段各参建单位提交的工作报告须客观地反映工程建设管理水平和工程质量状况，为验收委员会或验收工作组提供可靠的验收依据，从而得出客观的验收结论。

为了规范水利水电工程验收工作，丛书编委会组织了长期从事水利工程建设的专家编写了《水利水电工程验收报告编写指南与示例》丛书，主要包含质量检测、质量监督、项目法人、验收技术鉴定、施工、监理、建设管理、设计等八个方面。

丛书示例力求反映不同的水利工程类别和类型，既有水库工程又有水电站工程。水库工程大坝既有土石坝又有混凝土坝；水电站大坝同样既有土石坝也有混凝土坝双曲拱坝及碾压混凝土坝。考虑到基层一线工程技术人员的实际需要，工程示例包含大中小型，具有较高的参考价值。

本系列丛书在编写过程中，得到云南云水工程技术检测有限公司、云南华水技术咨询有限公司的大力支持，在此表示诚挚的感谢！

相信丛书的出版发行，对水利工程建设管理以及工程验收报告编写的规范化能够起到积极的作用。

丛书编委会

2022年10月

前言

水利水电工程质量检测是指质量检测单位依据国家有关法律、法规和标准，对水利水电工程实体以及用于水利工程的原材料、中间产品、金属结构和机电设备等进行的检查、测量、试验或者度量，并将结果与有关标准、要求进行比较以确定工程质量是否合格所进行的活动。同时，水利水电工程质量检测还是质量监督、质量检查、质量评定和验收的重要手段。

水利水电工程质量检测有施工单位自检、监理单位平行检测或抽检以及项目法人委托的第三方检测等多种形式，不论哪种性质的质量检测，工程进行阶段验收前，检测单位须按照验收规程要求，向项目法人单位提交质量检测报告。目前水利水电工程阶段验收有枢纽工程导（截）流验收、水库下闸蓄水验收、水电站（泵站）机组启动验收、引（调）排水工程通水验收、枢纽工程专项验收以及竣工验收。根据《水利水电建设工程验收技术鉴定导则》（SL 670—2015），蓄水安全鉴定、竣工验收技术鉴定时，第三方检测单位应提供检测报告。

实际工作中，广大工程技术人员对验收规程的理解和掌握程度不同，提交的质量检测报告质量良莠不齐，不能科学、客观反映工程实际质量状况。为此，编者根据积累多年水利水电工程建设管理实践经验，并邀请业界众多资深专家共同编写了《水利水电工程验收报告编写指南与示例　质量检测卷》，供从事水利水电质量检测的工程技术人员参考。

由于本书编写时间仓促，加之编者水平有限，不当之处在所难免，敬请有关单位和工程技术人员在使用过程中提出宝贵意见，以便再版时改进。

本书在编写过程中，得到杨继宇博士对书稿的认真审校，洪宝婧女士为本书的资料整编付出了辛勤劳动和极大的贡献，在此致以衷心的谢意！

作者

2022年10月

目录

第一章

概　　述

第一节　水利水电工程阶段验收

《水利水电建设工程验收规程》（SL 223—2008）明确规定，水利工程建设中应将工程质量作为工程验收的重要内容，严格按照国家有关规定和技术标准开展质量评定和验收工作，工程质量达到规定要求的，方可通过验收；工程质量未达到要求的，应及时采取补救措施，直至符合工程相关质量验收标准后，方可通过验收。

法人验收包括分部工程验收、单位工程验收（包括完工和投入使用）、水电站（泵站）中间机组启动验收、合同工程完工验收等；政府验收应包括阶段验收、专项验收、竣工验收等。

工程验收应在施工质量检验与评定的基础上，对工程质量提出明确结论意见。

项目法人应严格执行水利工程验收的有关规定和技术标准。当工程具备验收条件时，应及时组织验收。未经验收或验收不合格的工程不应交付使用或进行后续工程施工或投入使用。验收资料制备由项目法人统一组织，有关单位按照验收要求及时完成并提交。项目法人对提交的验收资料进行完整性、规范性检查。验收资料分为应提供的资料和需备查的资料。有关单位应保证其提交资料的真实性并承担相应责任。

勘察、设计单位应按照有关规定参加水利工程质量评定和验收。在单位工程验收、阶段验收和竣工验收时，设计单位应对施工质量是否满足设计要求提出评价意见。

施工单位应建立健全施工质量检验评定制度，严格工序管理，单元（工序）工程质量检验评定不合格的，不得进行下一单元（工序）施工。

施工单位应做好隐蔽工程的质量检验和记录，隐蔽工程未经验收或验收不合格的，不得隐蔽。

监理单位应按照规定组织或参加施工质量评定和工程验收，做好监理资料的收集、整理、归档工作，并对其监理的水利工程提出质量评价意见。

《水利水电建设工程验收规程》（SL 223—2008）明确规定，根据竣工验收主持单位的要求和项目的具体情况，项目法人应负责提出工程质量抽样检测的项目、内容和数量，经质量监督机构审核后报竣工验收主持单位核定。对于堤防工程，《堤防工程施工质量评定与验收规程》（SL 239—1999）要求，工程竣工验收前，项目法人应委托省级以上水行政主管部门认定的水利工程质量检测单位对质量进行一次检测。这表明质量检测在水利工程验收阶段的重要性，质量检测单位应按照签订的质量检测合同，按照质量检测计划及实际完成的检测工作量及工作成果，编写并提交各阶段验收的工程质量检测报告。

《水利水电建设工程验收技术鉴定导则》（SL 670—2015）总则要求：蓄水安全鉴定与竣

工验收技术鉴定时，项目法人应负责组织参建单位准备有关资料，并提供建设管理工作报告，设计、监理、土建施工、设备制造与安装、安全监测、运行管理等单位应分别提供自检报告、竣工验收工作报告及相关资料，第三方检测单位应提供检测报告。

由此可见，水利水电建设工程各阶段验收时，相关规程都要求参建各单位提交各自的工作报告或自检报告。

第二节　阶段验收质量检测报告种类

工程质量检测是指工程质量检测机构接受委托，依据国家有关法律、法规、工程建设强制性标准、规程、规范、工程技术质量标准和批准的设计文件等，对涉及结构安全项目的抽样检测和对进入施工现场的建筑材料、构配件的见证取样检测。建设工程质量检测是建设工程质量控制的一项基础性工作，是保证质量的一个重要环节。

根据水利水电建设工程阶段验收需要，质量检测单位需向项目法人或建设单位提交如下报告作为备查资料或验收资料。

工程截流阶段验收前，提交《水利水电工程截流阶段验收质量检测报告》。

下闸蓄水阶段验收前，提交《水利水电工程下闸蓄水阶段验收质量检测报告》。

引（调）排水工程通水验收时，提交《引（调）排水工程通水验收质量检测报告》。

机组启动验收前，提交《水电站（或泵站）工程机组启动验收质量检测报告》。

对于水利工程，进行工程技术预验收时，提交《水利工程技术预验收质量检测报告》。

对于水电站工程，进行枢纽工程专项验收时，提交《水电站枢纽工程专项验收质量检测报告》。

工程竣工验收时，提交《水利水电工程竣工验收质量检测报告》。

因此，质量检测单位编写的工程质量检测报告，应根据其在工程建设过程中获得的各项检测指标，认真统计分析，科学、公正、准确、真实地反映工程的质量状况，为工程的验收提供可靠的依据。

第二章

工程截流验收质量检测报告

第一节　工程截流验收质量检测报告编写要点

水利水电工程导流设施——导流隧洞或导流明渠完工后，具备通水导流条件后，水库或水电站的大坝工程即具备截流验收条件。根据《水利水电建设工程验收规程》（SL 223—2008），参建各方按照规程要求编写并提交各自的工作报告，项目法人或建设单位向项目主管部门提出截流阶段验收请示，验收主持单位审阅参建各方验收报告认为工程具备验收条件后，即组织工程截流验收。

工程截流验收前，质量检测机构应编写《××工程截流阶段验收质量检测报告》，提交项目法人，作为验收备查资料。工程截流阶段验收质量检测报告可从下述几个方面进行编写。

一、工程概况

简述工程名称、工程位置、工程规模、工程等别及建筑物级别。

二、质量检测机构简介

说明本工程的质量检测机构母体实验室的资质等级、授权工地现场实验室的检测参数情况。

检测单位与项目法人单位签订的检测合同范围、检测内容、现场试验室人员组织及设备情况。

三、项目划分及质量检测计划

（一）项目划分

工程项目划分直接引用本项目质量监督机构核备同意的工程项目划分方案即可，质量检测报告中列出单位工程、分部工程即可，检测合同中未涉及的单位工程可以不提。

（二）质量检测计划

质量检测计划依据质量检测合同中确定的检测范围进行拟定，结合工程项目划分方案尽量覆盖各单位工程、分部工程，为工程的质量评定提供有力的依据。

四、检测试验依据

质量检测和评价的主要依据如下：

（1）国家和行业现行有关法律、法规、规章。

（2）经批准的设计文件。

（3）水利行业标准、国家标准、其他行业标准、地方标准和企业标准。

（4）招标文件、合同文件。

（5）主要设备、产品技术说明书等。

五、检测成果

检测成果一般宜以单位工程为统计单位，如分部工程量较大，且检测指标较多，也可按分部工程为统计单位进行评价；或者按照截流验收所涉及的建筑物分别编写，可从下述几个方面进行统计分析评价。

（一）原材料、中间产品检测试验成果

（1）水泥抽检试验报告。

（2）钢材抽检试验报告报告。

（3）水泥外加剂（包括普通减水剂、高效减水剂、引气剂、引气减水剂、缓凝减水剂、早强剂、早强减水剂、防冻剂、膨胀剂等）技术性能指标试验报告。

（4）粉煤灰技术性能指标试验报告。

（5）防水材料（包括沥青、防水涂料、防水填料、各类防水卷材等）试验报告。

（6）止水带技术性能试验报告（包括紫铜片止水、白铁皮止水、铝片止水、塑料止水、橡皮止水）。

（7）土工布技术性能试验报告（包括土工织物、土工膜等）。

（二）试验及检测成果

（1）配合比试验（包括混凝土、砂浆、泥浆等）。

（2）混凝土试验（包括抗压、抗渗、抗冻等）。

（3）砂浆试验（包括抗压等）。

（4）土工试验（土料场土料性质、最大干密度、筑坝后的土工试验等）。

（5）压水试验。

（6）灌浆试验。

（7）焊接试验（超声探伤、X 拍片）。

六、不合格材料情况说明

不合格样品及材料的处理情况说明。报告中应说明检测结果不合格项目台账登记备案情况，是否及时告知项目法人及相关单位。

七、结论

归纳总结本单项工程原材料、中间产品的检测试验结果，提出评价意见。

评价意见可按单位工程、分部工程进行评价，也可按材料类别进行评价。

第二节　工程截流验收质量检测报告示例

××水电站工程截流阶段验收质量检测报告

一、工程概况

××江是××市的重要河流之一，水量丰沛，径流量大。××水电站为××江八个梯级开发电站的第七级，电站装机容量120MW，多年平均发电量5.4亿kW·h，年利用小时数4500h。

××水电站位于××江干流下游河段上，距上游××水文站18km，至省会公路里程为653km。

导流隧洞布置于大坝枢纽区左岸，为城门洞形有压洞，进口高程970.00m，出口高程967.00m。隧洞轴线全长520.00m，其中进口明渠段长22.00m，进口闸室段长9m，洞身段长466.00m，出口明渠段长23m。隧洞衬砌断面6.0m×8.0m（宽×高）。

导流隧洞0－031.546～0－009.00为进口喇叭形明渠段，采用M7.5浆砌石衬砌；0＋000.00～0＋010.00为进口渐变段（方变门洞形）采用1.0m厚钢筋混凝土衬砌；0＋010.00～0＋456.00为洞身段，采用0.8m厚钢筋混凝土衬砌；0＋456.00～0＋466.00为出口锁口段，采用1.0m厚钢筋混凝土衬砌；0＋466.00～0＋486.00为出口明渠段，采用M7.5浆砌石衬砌。

整个导流隧洞为C20钢筋混凝土衬砌，设计要求混凝土的离差系数不得大于0.18，保证率90%。

二、质量检测机构简介

我单位××工程质量检测有限公司，为水利甲级检测单位。业务范围有：工程质量预评价、建筑材料试验与检测、工程现场试验、大坝监测、桩基检测、工程技术咨询等。受业主方委托在××工程项目工地建立现场试验室，工程所涉及的试验检测参数均已获母体试验室授权，试验室人员及设备满足承担本工程的复检试验任务要求。

三、工程项目划分及检测计划

本工程质量监督机构对××水电站工程项目划分进行了确认，确认本工程项目共划分为大坝、发电厂房、升压站、钢管道、导流隧洞、围堰、进厂公路、厂区永久附属工程、大坝下游跨江大桥等9个单位工程，共计53个分部工程，其中主要分部工程10个，工程实施过程中升压变电站调整为2个分部工程，共计完成52个分部工程。

涉及本次截流验收的主要建筑物为导流隧洞单位工程，共划分为闸门井及进口明渠、导流隧洞洞身段、出口明渠、金属结构制造及安装共4个分部工程，目前除启闭机排架及启闭机安装尚未完成外，其他土建工程已施工完毕。

根据我公司与项目法人单位签订的质量检测合同，主要承担工程在建设期的复检试验任务。为此，制定了《××水电站工程质量复检计划》，对工程所使用的原材料、中间产品、混凝土外加剂、防水材料等进行复检，对施工单位现场试验室提供的检测试验结果进行复核。

四、检测试验依据

检测试验依据的规程、规范及标准如下：

(1)《水泥细度检验方法》(GB/T 1345—2005)（80μm筛筛析法）。

(2)《水泥标准稠度用水量、凝结时间、安定性检验方法》(GB/T 1346—2007)。

(3)《水泥胶砂强度检验方法（ISO法）》(GB/T 17671—1999)。

(4)《金属材料 室温拉伸试验方法》(GB/T 228—2002)。

(5)《金属材料 弯曲试验方法》(GB/T 232—1999)。
(6)《水工混凝土试验规程》(DL/T 5150—2001)。
(7)《水工混凝土配合比设计规程》(DL/T 5330—2005)。
(8)《水工混凝土施工规范》(DL/T 5144—2001)。
(9)《水工混凝土砂石料试验规程》(DL/T 5151—2001)。
(10)《水工混凝土外加剂技术规程》(DL/T 5100—1999)。
(11)《通用硅酸盐水泥》(GB 175—2007)。
(12)《硅酸盐水泥、普通硅酸盐水泥》(GB 175—1999)。
(13)《水电水利工程锚喷支护施工规范》(DL/T 5181—2003)。
(14)《水工混凝土钢筋施工规范》(DL/T 5169—2002)。
(15)《水工混凝土水质分析试验规程》(DL/T 5152—2001)。
(16)《水利水电工程施工质量检验与评定规程》(SL 176—2007)。
(17)《混凝土泵送施工技术规程》(JGJ/T 1—95)。
(18)《锚杆喷射混凝土支护技术规范》(GB 50086—2001)。

五、检测成果

(一) 混凝土原材料试验检测

1. 水泥

导流隧洞钢筋混凝土衬砌用水泥为××水泥建材有限公司生产的××牌 P·O42.5 普通硅酸盐水泥。

取样情况见表 2-2-1。

表 2-2-1　导流隧洞水泥取样情况统计

编　号	水泥生产厂家及品种	取样日期/(年-月-日)
1	××水泥建材有限公司 P·O42.5	20××-08-23
2	××水泥建材有限公司 P·O42.5	20××-09-16

试验按照《水泥胶砂强度检验方法(ISO 法)》(GB/T 17671—1999)、《水泥细度检验方法》(GB/T 1345—2005)(80μm 筛筛析法)、《水泥标准稠度用水量、凝结时间、安定性检验方法》(GB/T 1346—2007)等规程进行,试验检测结果见表 2-2-2。

表 2-2-2　导流隧洞 P·O42.5 水泥的物理力学性能检验结果统计

编　号	细度/%	标准稠度/%	安定性(雷氏法)	凝结时间/min		抗折强度/MPa		抗压强度/MPa	
				初凝	终凝	3d	28d	3d	28d
P·O42.5-01	1.2	27.8	合格	138	224	5.7	9.4	27.8	55.5
P·O42.5-02	1.3	26.6	合格	106	258	6.3	11.8	28.2	64.5
平均值	1.25	27.2	合格	122	241	6.0	10.6	28.0	60.0
GB/T 175—2007 标准	≤10.0	—	≤5.0(必须合格)	≥45min	≤10h	≥3.5	≥6.5	≥17.0	≥42.5
评定结果	合格	—	合格	合格	合格	合格	合格	合格	合格

试验结果表明：××水泥建材有限公司P·O42.5水泥的细度、凝结时间、安定性及强度均符合《通用硅酸盐水泥》（GB 175—2007）标准要求。

2. 外加剂

导流隧洞钢筋混凝土衬砌施工用外加剂为JM－Ⅱ型缓凝高效减水剂和JM－2000引气剂，均为××公司生产。试验按照《水工混凝土外加剂技术规程》（DL/T 5100—1999）进行评价，试验结果分别见表2－2－3和表2－2－4。

表2－2－3 导流隧洞JM－Ⅱ型缓凝高效减水剂外加剂检验结果统计

检验项目		DL/T 5100—1999规程要求	JM－Ⅱ减水剂
掺量/%		—	0.60
减水率/%		≥15	18.5
泌水率比/%		≤100	89
含气量/%		<3.0	1.7
凝结时间差/min	初凝	120～240	156
	终凝	120～240	130
抗压强度比/%	3d	≥125	134
	7d	≥125	136
	28d	≥120	127
收缩率比/%	28d	<125	—
钢筋锈蚀		对钢筋无锈蚀	对钢筋无锈蚀

表2－2－4 导流隧洞JM－2000引气剂检验结果统计

检验项目		DL/T 5100—1999技术规程要求	JM－2000引气剂
掺量/%		—	0.6
减水率/%		≥6	7.1
泌水率比/%		≤70	66
含气量/%		4.5～5.5	5.1
凝结时间差/min	初凝	－90～120	＋54
	终凝	－90～120	＋23
抗压强度比/%	1d		
	3d	≥90	97
	7d	≥90	95
	28d	≥85	89
收缩率比/%	28d	<125	—
钢筋锈蚀		对钢筋无锈蚀	对钢筋无锈蚀

试验表明，××公司生产的JM－Ⅱ型缓凝高效减水剂和JM－2000引气剂符合《水工混凝土外加剂技术规程》（DL/T 5100—1999）对缓凝高效减水剂和引气剂的质量要求。

3. 钢筋

(1) 取样情况。

1）20××年8月23日钢筋取样试样情况见表2-2-5。

表2-2-5　　导流隧洞钢筋取样试样情况统计

试样编号	生产厂家	牌号/直径	工程部位	备注
DLD-HRB-01	××钢铁集团	HRB335/25mm	隧洞临时支护锚杆	
DLD-HRB-02		HRB335/25mm	隧洞封堵闸室	
DLD-HRB-03		HRB335/25mm	隧洞临时支护锚杆进口段转变段	
DLD-HRB-04		HRB335/28mm	渐变段边墙	
DLD-HRB-05		HRB335/18mm	隧洞封堵闸室闸墩	
DLD-HRB-06		HRB335/16mm	渐变段边墙	
DLD-HPB-07		HPB235/8mm	隧洞临时支护进口转变段	
DLD-HPB-08		HPB235/8mm	隧洞临时支护	
DLD-HRB-09		HRB335/28mm	隧洞渐变段边墙	单面搭接
DLD-HRB-10		HRB335/25mm	隧洞封堵闸室闸墩	单面搭接

2）20××年10月10日钢筋取样试样情况见表2-2-6。

表2-2-6　　导流隧洞钢筋取样试样情况统计

试样编号	生产厂家	牌号/直径	工程部位	备注
DLD-HRB-11	××钢铁集团	HRB335/25mm	隧洞0+048.00～0+060.00顶拱（锚杆）	
DLD-HRB-12		HRB335/25mm	隧洞0+420.00～0+430.00底板	
DLD-HRB-13		HRB335/16mm	闸室闸墩	
DLD-HRB-14		HRB335/14mm	隧洞0+048.00～0+060.00底板	
DLD-HRB-15		HRB335/14mm	隧洞0+408.00～0+420.00底板	
DLD-HRB-16		HRB335/18mm	隧洞0+444.00～0+456.00边墙	
DLD-HRB-17		HRB335/25mm	隧洞0+048.00～0+150.00封堵闸室闸墩	单面搭接
DLD-HRB-18		HRB335/25mm	隧洞0+420.00～0+432.00底板	单面搭接

试验按照《金属材料 室温拉伸试验方法》（GB/T 228—2002）、《金属材料弯曲试验方法》（GB/T 232—1999）进行，试验结果按照《水工混凝土钢筋施工规范》（DL/T 5169—2002）进行评价。

《水工混凝土钢筋施工规范》（DL/T 5169—2002）对钢筋的机械性能指标要求见表2-2-7。

表2-2-7　　DL/T 5169—2002对Ⅰ、Ⅱ级钢筋机械性能指标要求

表面形状	钢筋级别	牌号	钢筋直径/mm	屈服点/MPa	抗拉强度/MPa	伸长率/%		冷弯 D—弯心直径 d—钢筋直径
						δ_5	δ_{10}	
月牙肋	Ⅱ	HRB335	6～25	≥335	≥490	≥16	—	180°，$D=3d$
月牙肋	Ⅱ	HRB335	28～50	≥335	≥490	≥16	—	180°，$D=4d$
光圆	Ⅰ	HPB235	6～40	≥235	≥370	≥25	—	180°，$D=d$

(2) 试验结果。

钢筋取样试样试验结果见表2-2-8和表2-2-9。所取的14组钢筋母材所检结果均符合《水工混凝土钢筋施工规范》(DL/T 5169—2002)对钢筋的机械性能指标要求;4组钢筋焊接接头检验结果亦符合《水工混凝土钢筋施工规范》(DL/T 5169—2002)相关要求。

表2-2-8 **钢筋母材力学性能试验结果统计**

式样编号	直径/mm	横截面面积/mm^2	拉伸试验			弯曲试验			结论
			屈服强度/MPa	抗拉强度/MPa	断后伸长率δ_5/%	弯曲角度/(°)	弯心直径/mm	评定	
DLD-HRB-01	25	490.9	440	570	28	180	3*d*	合格	合格
			420	560	31	180	3*d*	合格	
DLD-HRB-02	25	490.9	415	565	30	180	3*d*	合格	合格
			425	565	33	180	3*d*	合格	
DLD-HRB-03	25	490.9	415	565	33	180	3*d*	合格	合格
			410	545	32	180	3*d*	合格	
DLD-HRB-04	28	615.8	425	565	31	180	4*d*	合格	合格
			415	565	30	180	4*d*	合格	
DLD-HRB-05	18	254.5	465	605	29	180	3*d*	合格	合格
			455	600	31	180	3*d*	合格	
DLD-HRB-06	16	201.1	435	545	30	180	3*d*	合格	合格
			445	565	33	180	3*d*	合格	
DLD-HRB-07	8	50.3	360	510	40	180	1*d*	合格	合格
			365	505	43	180	1*d*	合格	
DLD-HRB-08	8	50.3	350	495	43	180	1*d*	合格	合格
			360	500	38	180	1*d*	合格	
DLD-HRB-11	25	490.9	420	550	30	180	3*d*	合格	合格
			410	550	29	180	3*d*	合格	
DLD-HRB-12	25	490.9	405	535	29	180	3*d*	合格	合格
			395	535	30	180	3*d*	合格	
DLD-HRB-13	16	201.1	420	575	30	180	3*d*	合格	合格
			425	580	28	180	3*d*	合格	
DLD-HRB-14	14	153.9	425	550	30	180	3*d*	合格	合格
			445	565	30	180	3*d*	合格	
DLD-HRB-15	14	153.9	435	680	29	180	3*d*	合格	合格
			440	685	29	180	3*d*	合格	
DLD-HRB-16	10	78.5	385	530	36	180	3*d*	合格	合格
			385	535	40	180	3*d*	合格	

表 2-2-9　　钢筋焊接接头性能试验结果统计

试样编号	焊头类型	公称直径/mm	试验结果			
			最大力/kN	抗拉强度/MPa	断裂位置及断裂特征	备注
DLD-HRB-09	单面搭接焊	28	349.4	565	焊缝外延性断裂	合格
			349.2	565		合格
			348.6	565		合格
DLD-HRB-10	单面搭接焊	25	279.4	570	焊缝外延性断裂	合格
			277.6	565		合格
			278.4	565		合格
DLD-HRB-17	单面搭接焊	25	291.2	595	焊缝外延性断裂	合格
			289.4	590		合格
			291.4	596		合格
DLD-HRB-18	单面搭接焊	25	286.8	585	焊缝外延性断裂	合格
			287.6	585		合格
			288.5	590		合格

4. *砂石骨料*

试验按照《水工混凝土试验规程》(DL/T 5150—2001)进行，试验结果依据《水工混凝土施工规范》(DL/T 5144—2001)进行评价。

(1) 细骨料质量检测。

施工过程中对细骨料共进行了4次取样检测，检验结果见表2-2-10。

表 2-2-10　　导流隧洞细骨料检测结果统计

编号	取样日期/(年-月-日)	取样地点	细度模数 F·M	表观密度/(kg/m³)		堆积密度/(kg/m³)		云母含量/%	含泥量/%
				饱和面干	干燥	振实	松散		
DLD-砂-01	20××-09-02	砂石骨料场	2.6	2642	2662	1733	1710	0.57	2.6
DLD-砂-02	20××-09-26	砂石骨料场	2.8	2638	2658	1728	1712	0.85	2.2
DLD-砂-03	20××-10-15	砂石骨料场	2.5	2640	2660	1730	1715	0.60	1.9
DLD-砂-04	20××-10-28	砂石骨料场	2.6	2636	2661	1735	1718	0.68	2.4

试验表明：导流隧洞施工用砂检测4组，细度模数为2.5～2.8，是中砂，有利于混凝土浇筑质量的控制；所检验砂的其他指标均符合《水工混凝土施工规范》(DL/T 5144—2001)及《××水电站输水隧洞施工技术要求》对细骨料的质量要求。

(2) 粗骨料质量检测。

隧洞衬砌混凝土用碎石6组，检验结果见表2-2-11及表2-2-12。

试验结果表明：碎石超逊径含量变化较大，个别指标超出《水工混凝土施工规范》(DL/T 5144—2001)要求粗骨料原孔筛检验超径小于5%、逊径小于10%的要求；其他指标均符合《水工混凝土施工规范》(DL/T 5144—2001)及《××水电站导流隧洞施工技术要求》对粗骨料的质量要求。

表 2-2-11 导流隧洞粗骨料质量指标检验结果统计

编号	取样日期/(年-月-日)	粒径/mm	表观密度/(kg/m³)		吸水率/%	超径含量/%	逊径含量/%
			饱和面干	干燥			
DLD-碎石-01	20××-08-23	5～20	2680	2700	0.49	15	5
DLD-碎石-01	20××-08-23	20～40	2640	2680	0.76	6	47
DLD-碎石-02	20××-08-23	5～20	2640	2680	1.03	15	20
DLD-碎石-02	20××-08-23	20～40	2650	2690	0.83	1	14

表 2-2-12 导流隧洞粗骨料质量指标检验结果统计

编号	取样日期/(年-月-日)	粒径/mm	堆积密度/(kg/m³)	
			松散	紧密
DLD-碎石-03	20××-10-15	5～20	1460	1680
DLD-碎石-04	20××-10-15	20～40	1440	1680
DLD-碎石-05	20××-10-15	5～20	1410	1570
DLD-碎石-06	20××-10-15	20～40	1420	1600

（二）衬砌混凝土质量评定

(1) C20 混凝土抗压强度。

导流隧洞 C20 混凝土共取样检测 14 组，混凝土抗压强度统计结果见表 2-2-13。

表 2-2-13 导流隧洞 C20 衬砌混凝土抗压强度统计

编号	设计强度等级	部位	强度值/MPa
DLD-C20-001	C20	导流隧洞渐变段 0+000.00～0+010.00 右边墙	21.4
DLD-C20-002	C20	导流隧洞渐变段 0+000.00～0+010.00 顶拱	22.0
DLD-C20-003	C20	导流隧洞 0+432.00～0+444.00 底板	26.7
DLD-C20-004	C20	导流隧洞 0+024.00～0+036.00 底板	24.0
DLD-C20-005	C20	导流隧洞 0+466.00～0+472.00 底板	26.7
DLD-C20-006	C20	闸室 0-009.00～0+000.00 闸墩 高程 976.00～978.20m	23.4
DLD-C20-007	C20	导流隧洞 0+036.00～0+048.00 顶拱	25.4
DLD-C20-008	C20	导流隧洞 0+456.00～0+466.00 边墙顶拱	23.6
DLD-C20-009	C20	导流隧洞 0+048.00～0+060.00 顶拱	21.9
DLD-C20-010	C20	导流隧洞 0+396.00～0+408.00 底板	28.3
DLD-C20-011	C20	导流隧洞 0+384.00～0+396.00 顶拱	25.9
DLD-C20-012	C20	导流隧洞 0+432.00～0+444.00 顶拱	27.1
DLD-C20-013	C20	导流隧洞 0+408.00～0+420.00 底板	19.8
DLD-C20-014	C20	闸室 0-009.00～0+000.00 闸墩 高程 984.70～986.00m	18.4

《水工混凝土施工规范》(DL/T 5144—2001) 对混凝土强度的检验评定公式如下：

$$m_{fcu} \geq f_{cu,k} + Kt\sigma_o$$

$$f_{cu,min} \geq 0.85 f_{cu,k} (\leq C_{90}20)$$

式中 m_{fcu}——混凝土强度平均值；

$f_{cu,k}$——混凝土设计龄期强度标准值；

K——合格判定系数，根据验收批统计组数 n 值，按《水工混凝土施工规范》（DL/T 5144—2001）中表 11.5.6 选取；

t——概率度系数；

σ_o——验收批混凝土强度标准差，MPa；

$f_{cu,min}$——n 组强度的最小值，MPa。

强度不低于设计强度标准值的百分率 P_s＝12 组/14 组＝85.7％，计算得 σ＝2.95MPa，试件强度平均值 m_{fcu}＝23.9MPa，则相应的概率度系数 t＝1.32，强度保证率由附录 A 表 A1 查得 P＝90.6％。

$$f_{cu,k}+Kt\sigma_o=20+0.28\times1.32\times2.95=21.09(\text{MPa})$$

$$0.85f_{cu,k}(\leqslant C_{90}20)=0.85\times20=17(\text{MPa})$$

C20 混凝土强度指标评定结果见表 2－2－14。

表 2－2－14　　导流隧洞 C20 衬砌混凝土评定结果统计

试块组数 n	强度统计	强度平均值 m_{fcu}/MPa	标准差 σ /MPa	最小 $f_{cu,min}$ /MPa	强度不低于设计标准值的百分率 P_s/％	强度保证率 P /％
14	实测值	23.9	2.95	18.4	85.7	90.6
	标准要求	21.09	—	17.0	—	90（设计要求）
	结果	合格	优秀	合格	一般	合格

统计分析结果表明：C20 混凝土强度符合《水工混凝土施工规范》（DL/T 5144—2001）对 C20 混凝土强度的检验评定要求。

（2）C25 混凝土抗压强度。

C25 混凝土取样 2 组，检测结果见表 2－2－15。

表 2－2－15　　导流隧洞 C25 混凝土检测结果统计

试块编号	取样部位	强度等级	抗压强度值/MPa
Dk－Y－Co－015	闸门槽底坎二期混凝土	C25	31.0
Dk－Y－Co－016	闸门槽底坎二期混凝土	C25	29.5

按照《水利水电工程施工质量检验与评定规程》（SL 176—2007）附录 C.0.3 进行评定：

$$R_n\geqslant1.15R_{标},R_{min}\geqslant0.95R_{标}$$

即

$$平均值\ R_n=30.25\text{MPa}>1.15R_{标}(28.75\text{MPa})$$

$$最小值\ R_{min}=29.5\text{MPa}>0.95R_{标}(23.75\text{MPa})$$

两个评定条件均满足合格标准，判定导流隧洞 C25 混凝土试块质量合格。

六、导流隧洞原材料产品质量评价

（1）导流隧洞施工所用水泥符合《通用硅酸盐水泥》（GB 175—2007）标准要求。

（2）导流隧洞施工用缓凝高效减水剂及引气剂均符合《水工混凝土外加剂技术规

程》(DL/T 5100—1999)对外加剂的技术要求。

(3)导流隧洞施工所取的14组钢筋母材、4组钢筋焊接接头检验结果均符合《水工混凝土钢筋施工规范》(DL/T 5169—2002)对钢筋的机械性能指标要求。

(4)导流隧洞施工用砂取样1组，细度模数为3.11，为粗砂；所检验砂的其他指标均符合《水工混凝土施工规范》(DL/T 5144—2001)及《××电站输水隧洞施工技术要求》对细骨料的质量要求。

(5)碎石级配变化较大，超逊径含量个别指标超出《水工混凝土施工规范》(DL/T 5144—2001)要求；其他指标均符合《水工混凝土施工规范》(DL/T 5144—2001)及《××电站导流隧洞施工技术要求》对粗骨料的质量要求。

(6)按照《水工混凝土施工规范》(DL/T 5144—2001)和《水利水电工程施工质量检验与评定规程》(SL 176—2007)要求，该工程导流隧洞C20混凝土的施工控制质量为一般，C20抗压强度评定结果为合格。

(7)C25混凝土取样检测2组，抗压强度结果为合格。

第三章

工程下闸蓄水验收质量检测报告

第一节　工程下闸蓄水验收质量检测报告编写要点

水利水电工程挡水建筑物的形象面貌满足蓄水位的要求、符合《水利水电建设工程验收规程》（SL 223—2008）6.3.2 节的条件、《水电工程验收规程》（NB/T 35048—2105）4.1 节的条件之后，参建各方按照规程要求编写并提交各自的工作报告，项目法人或建设单位向项目主管部门提出蓄水阶段验收请示，验收主持单位审阅参建各方验收报告认为工程具备验收条件后，即可组织工程下闸蓄水验收。

工程下闸蓄水验收前，质量检测机构应编写《××工程下闸蓄水阶段验收质量检测报告》，提交项目法人，作为验收备查资料。工程下闸蓄水阶段验收质量检测报告可从下述几个方面进行编写。

一、工程概况

简要介绍工程总体情况、设计标准、工程布置、工程当前形象面貌等。

二、质量检测机构简介

说明本工程的质量检测机构母体实验室的资质等级、授权工地现场实验室的检测参数情况。

检测单位与项目法人单位签订的检测合同范围、检测内容、现场试验室人员组织及设备情况。

三、项目划分及质量检测计划

（一）项目划分

工程项目划分直接引用本项目质量监督机构核备同意的工程项目划分方案，质量检测报告中列出单位工程、分部工程即可，检测合同中未涉及的单位或非主体工程可以不提。

（二）质量检测计划

质量检测计划依据质量检测合同中确定的检测范围进行拟定，结合工程项目划分方案尽量覆盖各单位工程、分部工程，为工程的质量评定提供有力的依据。

四、检测试验依据

质量检测和评价主要的依据如下：

(1) 国家和行业现行有关法律、法规、规章。

(2) 经批准的设计文件。

(3) 水利行业标准、国家标准、其他行业标准、地方标准和企业标准。

(4) 招标文件、合同文件。

(5) 主要设备、产品技术说明书等。

五、检测成果

检测成果一般宜以挡水建筑物、泄水建筑物、引水建筑物进水口工程、涉及蓄水安全的库岸和边坡等有关工程项目进行统计、分析和评价。也可按照工程项目划分方案中的单位工程或分部工程进行统计评价，可从下述几个方面进行统计分析评价。

(一) 原材料、中间产品检测试验成果

(1) 水泥抽检试验报告。

(2) 钢材抽检试验报告报告。

(3) 水泥外加剂（包括普通减水剂、高效减水剂、引气剂、引气减水剂、缓凝减水剂、早强剂、早强减水剂、防冻剂、膨胀剂等）技术性能指标试验报告。

(4) 粉煤灰技术性能指标试验报告。

(5) 防水材料（包括沥青、防水涂料、防水填料、各类防水卷材等）试验报告。

(6) 止水带技术性能试验报告（包括紫铜片止水、白铁皮止水、铝片止水、塑料止水、橡皮止水）。

(7) 土工布技术性能试验报告（包括土工织物、土工膜等）。

(二) 试验及检测成果

(1) 配合比试验（包括混凝土、砂浆、泥浆等）。

(2) 混凝土试验（包括抗压、抗渗、抗冻等）。

(3) 砂浆试验（包括抗压等）。

(4) 土工试验（土料场土料性质、最大干密度、筑坝后的土工试验等）。

(5) 筑坝技术试验（土料场土料性质、最大干密度、主坝后的土工试验等）。

(6) 压水试验。

(7) 灌浆试验。

(8) 单桩基群桩的静动载试验。

(9) 焊接试验（超声探伤、X 拍片）。

六、不合格材料情况说明

不合格样品及材料的处理情况说明。如原材料、中间产品检测试验结果出现不合格情况，报告中应说明不合格项目台账登记备案情况，是否及时告知项目法人及相关单位。

七、结论

归纳总结本单项工程原材料、中间产品的检测试验结果，提出评价意见。

评价意见可按单位工程、分部工程进行评价，也可按材料类别进行评价。

第二节　工程蓄水阶段验收质量检测报告示例

××水库工程蓄水阶段验收质量检测报告

一、工程概况

××水库位于××省××县××镇××村境内××河上游。本工程对外交通运输采用公路，坝址距××县城公路里程84km，距省会386km。

××县境内干旱缺水，极大地制约着当地农业生产的发展。××河水库建成后可解决××县××乡共约2.23万亩耕地灌溉的问题，同时还解决约9.50万人、约11.87万头大小牲畜的饮水安全问题，因此工程建设是十分必要的。

××河属×××水系××江流域左岸支流，坝址以上控制径流面积62.2km^2，多年平均径流量2410万m^3。××水库是一座以灌溉为主，兼顾工业和城镇供水的中型水利工程。

××水库大坝坝高68m，正常蓄水位高程2242.50m，总库容约1325万m^3。工程由大坝、溢洪道、导流泄洪输水隧洞、输水隧洞和输水工程等建筑物组成。本工程为中型水利工程，工程等别为Ⅲ等，主要建筑物大坝、溢洪道、输水隧洞、导流泄洪隧洞为3级，次要建筑物为4级，输水工程和临时建筑物为5级。

二、质量检测机构简介

本工程质量检测单位××工程技术检测有限公司，为具有水利资质的三甲检测单位。可承担工程技术检测、建筑工程技术咨询、水利水电工程咨询、建筑工程项目管理、工程监理等业务。我公司与项目法人签订质量检测合同后，组建了××水库工程质检项目部，进场建立试验室，质检人员长住工地开展现场质量检测工作。

三、工程项目划分

根据《水利水电工程施工质量检验与评定规程》(SL 176—2007)，××水库共划分为导流泄洪输水隧洞、输水隧洞、混凝土面板堆石坝、溢洪道、输水管道、移民安置点场地平整、移民安置点护坡、管理房、大坝右坝肩边坡处理和度汛围堰填筑共9个单位工程，其中与下闸蓄水相关的水库枢纽工程有导流泄洪输水隧洞、输水隧洞、混凝土面板堆石坝、溢洪道等4个单位工程。

四、编制质量检测工作计划

依据我公司与业主签订的《××水库工程质量检测合同》，结合工程实际，确定重点检测部位、检测数量，编制了《××水库工程质量检测计划》。各单位工程施工前，涉及的原材料按规范要求抽样检测合格后才能用于施工。施工过程中对中间产品按规范要求进行抽样检测，及时提供检测结果，力求通过对原材料及中间产品检测达到控制工程质量的目的。

五、检测依据

(1)《碾压式土石坝施工技术规范》(DL/T 5129—2001)。

(2)《水利水电工程单元工程施工质量验收评定标准——土石方工程》(SL 631—2012)。

(3)《水利水电工程单元工程施工质量验收评定标准——混凝土工程》(SL 632—2012)。

(4)《土工试验规程》(SL 237—1999)。

(5)《水工混凝土试验规程》(SL 352—2006)。

(6)《水利水电工程岩石试验规程》(SL 264—2001)。

(7)《金属材料 室温拉伸试验方法》(GB/T 228—2002)。

(8)《金属材料 弯曲试验方法》(GB/T 232—1999)。

(9)《钢筋焊接接头试验方法标准》(JGJ/T 27—2001，J140—2001)。

(10)《通用硅酸盐水泥》(GB 175—2007)。

(11)《水泥细度检验方法（80μm 筛筛析法）》(GB/T 1345—2005)。

(12)《钢筋混凝土用热轧光圆钢筋》(GB 13013—1991)。

(13)《钢筋混凝土用热轧带肋钢筋》(GB 1499—1998)。

(14)《普通混凝土配合比设计规程》(JGJ 55—2000，J64—2000)。

(15)《水利水电工程钻孔压水试验规程》(SL 31—2003)。

(16)《水利水电工程注水试验规程》(SL 345—2007)。

(17)《水工混凝土施工规范》(SL 677—2014)。

(18)《水工钢闸门和启闭机安全检测技术规程》(SL 101—94)。

(19)《水工建筑物水泥灌浆施工技术规范》(DL/T 5148—2001)。

(20)《水工建筑物止水带技术规范》(DL/T 5215—2005)。

(21)《××省××州××县×××水库工程技施设计说明书》。

(22)《××省××州××县×××水库工程施工技术要求》。

六、检测成果

水库枢纽工程主要建筑物包括拦河坝、导流泄洪隧洞及溢洪道，坝址位于××村下游约660m外，溢洪道、导流泄洪隧洞均布置于河道左岸。

按照与项目法人签订的《××水库工程质量检测合同》，工程施工期间现场试验室对导流输水隧洞、大坝、溢洪道所使用的原材料、中间产品、帷幕灌浆等开展了检测试验，并及时将检测统计分析结果和工程质量状况报送项目法人。

（一）导流输水隧洞工程

导流输水隧洞主要检测内容有砂石骨料、水泥、钢筋、不同强度等级的混凝土试块等原材料及中间产品，隧洞混凝土衬砌后注浆检验、钢管焊缝超声波检测等。

1. 原材料检测情况

原材料主要检测了砂石骨料、水泥、钢筋等。

(1) 细骨料。

导流泄洪输水隧洞工程用砂抽检3组，质量合格，检测主要指标见表3-2-1。

表 3-2-1　　导流泄洪输水隧洞工程细骨料抽检主要指标统计

统计值	表观密度/(kg/m³)	坚固性/%	吸水率/%	有机质含量	石粉含量/%	细度模数	结论意见
标准值	≥2500	≤8	≤6	浅于标准色	6～18	2.4～2.8	合格
检测次数	3	3	3	3	3	3	合格
最大值	2700	4.7	2.8	浅于标准色	16.1	3.0	合格
最小值	2690	2.3	0.87	浅于标准色	10.5	2.7	合格
平均值	2697	3.7	1.63	浅于标准色	13.7	2.83	合格

(2) 粗骨料。

导流泄洪输水隧洞粗骨料抽检 5 组，质量合格，检测主要指标见表 3-2-2。

表 3-2-2　　导流泄洪输水隧洞粗骨料抽检主要指标统计

统计值	表观密度/(kg/m³)	堆积密度/(kg/m³)	有机质含量	坚固性/%	压碎指标/%	吸水率/%	含泥量/%	结论意见
标准值	≥2550	—	浅于标准色	≤5	≤10	≤1.5	≤1	合格
检测次数	5	5	5	5	5	5	5	合格
最大值	2730	1500	浅于标准色			0.75	1.09	合格
最小值	2700	1342	浅于标准色			0.50	0.21	合格
平均值	2714	1401	浅于标准色			0.59	0.46	合格

(3) 水泥。

导流泄洪输水隧洞使用水泥为××牌 P·O42.5 普通硅酸盐盐水泥，共抽检 11 组，检测统计结果见表 3-2-3。

(4) 钢筋原件检测。

导流泄洪输水隧洞工程钢筋原件力学检测抽检 18 组，检测主要指标见表 3-2-4。

(5) 钢筋焊件力学检测

导流泄洪输水隧洞工程钢筋焊件抽检 6 组，检测主要指标见表 3-2-5。

表 3-2-3　　导流泄洪输水隧洞工程水泥抽检主要指标

水泥标号	抽检次数	统计项目	检测项目							
			细度/(kg/m²)	安定性	抗折强度/MPa		抗压强度/MPa		凝结时间/min	
					3d	28d	3d	28d	初凝	终凝
P·O42.5	11	最大值	410	合格	5.7	9.8	32.9	55.7	202	372
		最小值	339	合格	4.6	8.0	26.7	50.9	163	213
		平均值	357	合格	5.3	8.7	29.9	53.3	179	403
		标准	≥300	合格	≥3.5	≥6.5	≥17	≥42.5	≥45	≤600
合格率/%			100	合格	100	100	100	100	100	100
备注			经检验水泥所检指标均能满足国家标准 GB 175—2007 要求							

表 3-2-4　导流泄洪输水隧洞工程钢筋原件抽检主要指标

样品编号 \ 主要指标	公称直径 /mm	屈服点 /(N/mm²)	抗拉强度 /(N/mm²)	延伸率 /%	冷弯
ST_1	Φ25	480	640	19.5	合格
ST_2	Φ22	505	640	22.0	合格
ST_3	Φ20	480	655	18.5	合格
ST_1	Φ18	495	650	22.0	合格
ST_2	Φ16	500	650	21.5	合格
ST_3	Φ10	290	720	30.5	合格
ST_4	Φ12	410	580	22.0	合格
ST_5	Φ14	435	520	34.5	合格
ST_1	Φ6.5	370	515	30.0	合格
ST_2	Φ22	460	600	19.5	合格
ST_3	Φ25	430	590	23.0	合格
ST_1	Φ16	405	540	24.0	合格
ST_2	Φ22	430	560	21.0	合格
ST_1	Φ6.5	315	490	30.0	合格
ST_2	Φ16	410	555	22.0	合格
ST_3	Φ20	380	590	19.0	合格
ST_4	Φ22	470	600	20.0	合格
ST_5	Φ25	440	575	20.5	合格
结论	钢筋原件经检验各项物理、力学指标符合技术标准，合格				
备注	试验方法标准为 GB 1499.2—2007、GB 1499.1—2008、GB 232—2010				

表 3-2-5　导流泄洪输水隧洞钢筋焊件抽检主要指标

样品编号 \ 主要指标	说 明	公称直径 /mm	试件编号	抗剪力 /kN	抗拉强度 /(N/mm²)
DLD-STH_1	单面搭接焊	25	1	307.5	625
			2	304.7	620
			3	305.2	620
DLD-STH_2	单面搭接焊	22	1	242.1	635
			2	242.2	640
			3	238.3	625
DLD-STH_3	单面搭接焊	20	1	208.4	665
			2	200.6	640
			3	198.4	630
DLD-STH_1	双面搭接焊	25	1	310.6	635
			2	301.2	615
			3	311.6	635

续表

主要指标 / 样品编号	说明	公称直径/mm	试件编号	抗剪力/kN	抗拉强度/(N/mm²)
DLD-STH₁	单面搭接焊	16	1	107.2	535
			2	107.0	535
			3	106.8	530
DLD-STH₂	单面搭接焊	22	1	212.6	560
			2	211.4	550
			3	212.5	560
结论	钢筋焊件经检验各项力学指标符合技术标准，拉伸试验合格				
备注	试验方法标准为 GB/T 2651—2008				

2. 混凝土抗压强度检测

中间产品主要对 C20 喷射混凝土，C20、C25、C30 混凝土取样检测，检测结果如下。

(1) 导流进口段及明渠箱涵。

1) C20 混凝土。

C20 混凝土抗压试件共抽检 5 组，主要检测指标见表 3-2-6。

表 3-2-6　C20 混凝土质量检测统计分析

编号	取样部位	设计强度等级	抗压强度/MPa	判定结果
DLD-C20-01	进口箱涵段底板	C20	22.4	合格
DLD-C20-02	进口箱涵段墙身及盖板	C20	23.3	合格
DLD-C20-03	进口箱涵段墙身及盖板	C20	23.0	合格
DLD-C20-04	进口箱涵段底板 0—004.90～0—019.06	C20	24.4	合格
DLD-C20-05	进口箱涵段墙身及盖 0—004.90～0—019.06	C20	25.6	合格

混凝土抗压强度统计

强度（部位）	取样组数	最大值/MPa	最小值/MPa	平均值/MPa	标准差 S_n
C20 导流进口段及明渠箱涵	5	25.60	22.40	23.74	1.268

C20 混凝土试块质量评定：同一标号（或强度等级）混凝土试块 28d 龄期抗压强度的组数 n 为 5～30 时，混凝土试块强度应同时满足下列要求：

$$R_n-0.7S_n>R_{标}，R_n-1.60S_n\geqslant 0.83R_{标}$$

即

$$23.74-(0.7\times 2)=22.34\text{MPa}>20\text{MPa}(R_{标})$$
$$23.74-(1.6\times 2)=20.54\text{MPa}>16.6\text{MPa}(0.83R_{标})$$

两个评定条件均达到合格标准，判定该批 C20 混凝土试块质量满足设计要求。

2) C25 混凝土。

C25 混凝土抗压试件共抽检 2 组，主要检测指标见表 3-2-7。

C25 混凝土试块质量评定：同一标号（或强度等级）混凝土试块 28d 龄期抗压强度的组数 n 为 2～5 时，混凝土试块强度应同时满足下列要求：

$$R_n\geqslant 1.15R_{标}，R_{min}\geqslant 0.95R_{标}$$

即

$$29.7\text{MPa}>28.75\text{MPa}(1.15R_{标})$$
$$28.8\text{MPa}>23.75\text{MPa}(0.95R_{标})$$

表 3-2-7　　C25 混凝土质量检测统计分析

编　号	取样部位	设计强度等级	抗压强度/MPa	判定结果
DLD-C25-01	进口闸室一期 0—004.90～0+000	C25	28.8	合格
DLD-C25-02	进口闸室二期 0—004.90～0+000	C25	30.6	合格

混凝土抗压强度统计

强度（部位）	取样组数	最大值/MPa	最小值/MPa	平均值/MPa	标准差 S_n
C20 导流进口段及明渠箱涵	2	30.6	28.8	29.7	—

两个评定条件均达到合格标准，判定该批 C25 混凝土试块质量满足设计要求。

3）C20 喷射混凝土。

C20 喷射混凝土抗压试件共抽检 2 组，主要检测指标见表 3-2-8。

表 3-2-8　　C20 喷射混凝土质量检测统计分析

编　号	取样部位	设计强度等级	抗压强度/MPa	判定结果
DLD-C20 喷-01	进口边坡	C20 喷射	23.3	合格
DLD-C20 喷-02	进口边坡	C20 喷射	24.3	合格

混凝土抗压强度统计

强度（部位）	取样组数	最大值/MPa	最小值/MPa	平均值/MPa	标准差 S_n
C20 导流进口段及明渠箱涵	2	24.3	23.3	23.8	—

C20 喷射混凝土试块质量评定：根据《水利水电工程施工质量检验与评定规程》（SL 176—2007）附录 D，喷射混凝土试块强度应满足下列要求：

$$f'_{ck}\geqslant 1.15f_c，f'_{ck,min}\geqslant 0.85f_c$$

即

$$平均值\ f'_{ck}=23.8\text{MPa}>23.0\text{MPa}(1.15f_c)$$
$$最小值\ f'_{ck,min}=23.3\text{MPa}>17.0\text{MPa}\ (0.85f_c)$$

两个评定条件均达到合格标准，判定 C20 喷射混凝土试块质量满足设计要求。

(2) 导流洞专用段（导 0+000～导 0+132.716）。

1) C25 混凝土。

导流洞专用段导 0+000～导 0+132.716 共抽检 C25 混凝土抗压试件 10 组，主要检测指标见表 3-2-9。

表 3-2-9　　导流洞专用段 C25 混凝土质量检测统计分析

编　号	取　样　部　位	设计强度等级	抗压强度/MPa	判定结果
DLD-C25-01	导流洞底板 0+108.00～0+120.00	C25	30.8	合格
DLD-C25-02	导流洞底板 0+084.00～0+072.00	C25	26.8	合格
DLD-C25-03	导流洞底板 0+036.00～0+024.00	C25	29.7	合格

续表

编号	取样部位	设计强度等级	抗压强度/MPa	判定结果
DLD-C25-04	导流洞底板 0+012.00～0+006.00	C25	28.7	合格
DLD-C25-05	导流洞洞身 0+096.00～0+084.00	C25	30.0	合格
DLD-C25-06	导流洞洞身 0+060.00～0+048.00	C25	28.9	合格
DLD-C25-07	导流洞洞身 0+036.00～0+024.00	C25	31.4	合格
DLD-C25-08	导流洞洞身 0+006.00～0+012.00	C25	33.0	合格
DLD-C25-09	导流洞闸室后渐变段边顶拱 0+000～0+006	C25	29.5	合格
DLD-C25-10	导流洞闸室封堵门排架导 0+004.90～0+000	C25	29.9	合格

混凝土抗压强度统计

强度（部位）	取样组数	最大值/MPa	最小值/MPa	平均值/MPa	标准差 S_n
导流洞专用段（导 0+000～导 0+132.716）	10	33.0	26.8	29.87	1.664

C25 混凝土试块质量评定：同一标号（或强度等级）混凝土试块 28d 龄期抗压强度的组数 $30>n\geqslant5$ 时，混凝土试块强度应同时满足下列要求：

$$R_n-0.7S_n>R_{标},R_n-1.60S_n\geqslant0.83R_{标}$$

即

$$29.87-(0.7\times2)=28.47\text{MPa}>25\text{MPa}(R_{标})$$

$$29.87-(1.6\times2)=26.67\text{MPa}>20.75\text{MPa}(0.83R_{标})$$

两个评定条件均达到合格标准，判定该批 C25 混凝土试块质量满足设计要求。

2）C20 喷射混凝土。

C20 喷射混凝土抗压试件 4 组，主要检测指标见表 3-2-10。

表 3-2-10　导流洞专用段 C20 喷射混凝土质量检测统计分析

编号	取样部位	设计强度等级	抗压强度/MPa	判定结果
DLD-C20 喷-03	导流洞 0+006.00～0+020.00	C20 喷射	21.5	合格
DLD-C20 喷-04	导流洞 0+060.00～0+080.00	C20 喷射	24.5	合格
DLD-C20 喷-05	导流洞 0+100.00～0+120.00	C20 喷射	23.5	合格
DLD-C20 喷-06	导流洞 0+124.70～0+132.70	C20 喷射	23.3	合格

混凝土抗压强度统计

强度（部位）	取样组数	最大值/MPa	最小值/MPa	平均值/MPa	标准差 S_n
导流洞专用段（导 0+000～导 0+132.716）	4	24.5	21.5	23.2	—

导流洞专用段 C20 喷射混凝土试块质量评定：根据《水利水电工程施工质量检验与评定规程》（SL 176—2007）附录 D，喷射混凝土试块强度应满足下列要求：

$$f'_{ck}\geqslant1.15f_c，f'_{ck,min}\geqslant0.85f_c$$

即

$$平均值\ f'_{ck}=23.2\text{MPa}>23.0\text{MPa}(1.15f_c)$$

$$最小值\ f'_{ck,min}=21.5\text{MPa}>17.0\text{MPa}(0.85f_c)$$

两个评定条件都满足合格标准，判定 C20 喷射混凝土试块质量满足设计要求。

(3) 泄洪洞进口边坡及竖井。

1) C25 混凝土。

泄洪洞进口边坡、竖井、闸室底坎、门楣二期、启闭机房柱子及梁板等共抽检 C25 混凝土抗压试件 11 组，主要检测指标见表 3-2-11。

表 3-2-11　　泄洪洞进口边坡及竖井 C25 混凝土质量检测统计分析

编　号	取　样　部　位	设计强度等级	抗压强度/MPa	判定结果
XHD-C25-01	泄洪洞进口边坡及竖井高程 2226.60～2230.20m 泄 0+040.0～边墙 0+044.4	C25	29.0	合格
XHD-C25-02	泄洪洞进口边坡及竖井高程 2233.80～2237.40m 泄 0+040.0～边墙 0+044.4	C25	30.6	合格
XHD-C25-03	泄洪洞进口边坡及竖井高程 2239.80～2242.20m 泄 0+040.0～边墙 0+044.4	C25	29.2	合格
XHD-C25-04	泄洪洞进口边坡及竖井高程 2242.20～2244.60m 泄 0+040.0～边墙 0+044.4	C25	29.1	合格
XHD-C25-05	泄洪洞进口边坡挡墙	C25	27.5	合格
XHD-C25-06	泄洪洞进口边坡及竖井工作桥	C25	28.1	合格
XHD-C25-07	泄洪洞进口边坡及竖井高程 2216.10～2219.70m（贴坡混凝土）0+040.0～泄 0+044.4	C25	30.5	合格
XHD-C25-08	泄洪洞进口边坡及竖井闸室底坎二期 泄 0+040.0～泄 0+044.4	C25	27.3	合格
XHD-C25-09	泄洪洞进口边坡及竖井高程 2223.30～2225.30m（贴坡混凝土）0+040.0～泄 0+044.4	C25	28.1	合格
XHD-C25-10	泄洪洞进口边坡及竖井门槽及门楣二期 高程 2205.40～2210.20m 泄 0+040.0～0+044.4	C25	30.1	合格
XHD-C25-11	泄洪洞进口边坡及竖井启闭机房柱子及梁板 高程 2246.50～2253.00m 泄 0+040.0～0+044.4	C25	29.2	合格

混凝土抗压强度统计

强度（部位）	取样组数	最大值/MPa	最小值/MPa	平均值/MPa	标准差 S_n
泄洪洞进口边坡及竖井	11	30.6	27.3	28.97	1.134

泄洪洞进口边坡及竖井 C25 混凝土试块质量评定：根据《水利水电工程施工质量检验与评定规程》(SL 176—2007) 同一标号（或强度等级）混凝土试块 28d 龄期抗压强度的组数 $30>n\geqslant5$ 时，混凝土试块强度应同时满足下列要求：

$$R_n-0.7S_n>R_{标},R_n-1.60S_n\geqslant0.83R_{标}$$

即

$$28.97-(0.7\times2)=27.57\text{MPa}>25\text{MPa}(R_{标})$$

$$29.87-(1.6\times2)=26.67\text{MPa}>20.75\text{MPa}(0.83R_{标})$$

两个评定条件都满足合格标准，判定该批 C25 混凝土试块质量满足设计要求。

2) C20 喷射混凝土。

泄洪洞进口边坡及竖井共抽检C20喷射混凝土抗压试件2组，主要指标见表3-2-12。

泄洪洞进口边坡及竖井C20喷射混凝土试块质量评定：根据《水利水电工程施工质量检验与评定规程》(SL 176—2007) 附录D，喷射混凝土试块强度应满足下列要求：

$$f'_{ck} \geqslant 1.15 f_c, f'_{ck,min} \geqslant 0.85 f_c$$

即

$$平均值\ f'_{ck} = 23.8\text{MPa} > 23.0\text{MPa}(1.15 f_c)$$
$$最小值\ f'_{ck,min} = 23.3\text{MPa} > 17.0\text{MPa}(0.85 f_c)$$

表3-2-12　　泄洪洞进口边坡及竖井C20喷射混凝土质量检测统计分析

编　号	取样部位	设计强度等级	抗压强度/MPa	判定结果
XHD-C25喷-01	泄洪洞进口边坡	C20喷射	23.3	合格
XHD-C25喷-02	泄洪洞进口边坡	C20喷射	24.3	合格

混凝土抗压强度统计

强度（部位）	取样组数	最大值/MPa	最小值/MPa	平均值/MPa	标准差 S_n
导流洞专用段（导0+000～导0+132.716）	2	24.3	23.3	23.80	—

满足评定合格条件，判定泄洪洞进口边坡及竖井C20喷射混凝土试块质量满足设计要求。

(4) 泄洪洞专用段（泄0+000～泄0+96.323）。

1) 泄洪洞专用段C20喷射混凝土。

泄洪洞专用段（泄0+000～泄0+96.323）共抽检C20喷射混凝土抗压试件4组，主要检测指标见表3-2-13。

表3-2-13　　泄洪洞专用段C20喷射混凝土质量检测统计分析

编　号	取样部位	设计强度等级	抗压强度/MPa	判定结果
XHD-C20喷-01	X0+000～X0+050	C20喷射	23.8	合格
XHD-C20喷-02	X0+010～X0+030	C20喷射	23.6	合格
XHD-C20喷-03	X0+044.4～X0+054.4	C20喷射	24.4	合格
XHD-C20喷-04	X0+060～X0+080	C20喷射	22.7	合格

混凝土抗压强度统计

强度（部位）	取样组数	最大值/MPa	最小值/MPa	平均值/MPa	标准差 S_n
泄洪洞专用段（泄0+000～泄0+96.323）	4	24.4	22.7	23.63	—

泄洪洞专用段C20喷射混凝土试块质量评定：根据《水利水电工程施工质量检验与评定规程》(SL 176—2007) 附录D，喷射混凝土试块强度应满足下列要求：

$$f'_{ck} \geqslant 1.15 f_c, f'_{ck,min} \geqslant 0.85 f_c$$

即　平均值 $f'_{ck} = 23.63\text{MPa} > 23.0\text{MPa}(1.15 f_c)$；最小值 $f'_{ck,min} = 22.7\text{MPa} > 17.0\text{MPa}(0.85 f_c)$。

两个评定条件都满足合格标准，泄洪洞专用段C20喷射混凝土试块质量满足设计要求。

2）泄洪洞专用段C25混凝土。

泄洪洞专用段（泄0+000～泄0+96.323）共抽检C25混凝土抗压试件4组，主要检测指标见表3-2-14。

表3-2-14　　泄洪洞专用段C25混凝土质量检测统计分析

编　号	取样部位	设计强度等级	抗压强度/MPa	判定结果
XHD-C25-01	泄洪洞专用段　泄0+084.323～泄0+096.323	C25	29.4	合格
XHD-C25-02	泄洪洞专用段　泄0+064.4～泄0+072.323	C25	27.5	合格
XHD-C25-03	泄洪洞专用段　泄0+030.0～泄0+040.0	C25	29.6	合格
XHD-C25-04	泄洪洞专用段　泄0+000.0～泄0+010.0	C25	29.9	合格

混凝土抗压强度统计

强度（部位）	取样组数	最大值/MPa	最小值/MPa	平均值/MPa	标准差 S_n
泄洪洞专用段（导0+000～泄0+96.323）	4	29.9	27.5	29.1	—

泄洪洞专用段C25混凝土试块质量评定：根据《水利水电工程施工质量检验与评定规程》(SL 176—2007) 附录C.0.3，同一标号（或强度等级）混凝土试块28d龄期抗压强度的组数 $2\leqslant n<5$ 时，混凝土试块强度应同时满足下列要求：

$$R_n\geqslant 1.15R_{标},R_{\min}\geqslant 0.95R_{标}$$

即

$$29.1\text{MPa}>28.75\text{MPa}(1.15R_{标})$$

$$27.5\text{MPa}>23.75\text{MPa}(0.95R_{标})$$

两个评定条件都满足合格标准，判定该批C25混凝土试块质量满足设计要求。

(5) 导流、泄洪、输水共用段（泄0+094.389～泄0+381.300)。

1）C25混凝土。

导流、泄洪、输水共用段（泄0+094.389～泄0+381.300）共抽检C25混凝土抗压试件14组，主要检测指标见表3-2-15。

表3-2-15　　导流、泄洪、输水共用段C25混凝土质量检测统计分析

编　号	取样部位	设计强度等级	抗压强度/MPa	判定结果
DXS-C25-01	导流泄洪洞底板 X0+106～X0+118	C25	29.1	合格
DXS-C25-02	导流泄洪洞底板 X0+142～X0+154	C25	27.9	合格
DXS-C25-03	导流泄洪洞墙身 X0+106～X0+118	C25	33.3	合格
DXS-C25-04	导流泄洪洞墙身 X0+118～X0+130	C25	26.5	合格
DXS-C25-05	导流泄洪洞底板 X0+238～X0+250	C25	30.3	合格
DXS-C25-06	导流泄洪洞墙身泄0+154～泄0+166	C25	28.4	合格
DXS-C25-07	导流泄洪洞墙身泄0+226～泄0+238	C25	30.7	合格
DXS-C25-08	导流泄洪输水共用段边顶拱0+178～0+190	C25	28.1	合格
DXS-C25-09	导流泄洪输水共用段边顶拱0+202～0+214	C25	29.4	合格
DXS-C25-10	压力钢管段 X0+249.953～0+261.95	C25	27.2	合格
DXS-C25-11	压力钢管段 X0+285.953～0+297.953	C25	30.4	合格
DXS-C25-12	导流泄洪输水共用段边顶拱0+214～0+226	C25	30.6	合格

续表

编 号	取样部位	设计强度等级	抗压强度/MPa	判定结果
DXS-C25-13	压力钢管段 X0+333.953～0+345.953	C25	28.5	合格
DXS-C25-14	压力钢管段 X0+369.953～0+382.300	C25	29.9	合格

混凝土抗压强度统计

强度（部位）	取样组数	最大值/MPa	最小值/MPa	平均值/MPa	标准差 S_n
导流、泄洪、输水共用段（泄 0+094.389～泄 0+381.300）	14	33.3	26.5	29.31	1.740

导流、泄洪、输水共用段 C25 混凝土试块质量评定：根据《水利水电工程施工质量检验与评定规程》(SL 176—2007) 同一标号（或强度等级）混凝土试块 28d 龄期抗压强度的组数 $30>n\geqslant5$ 时，混凝土试块强度应同时满足下列要求：

$$R_n-0.7S_n>R_{标},R_n-1.60S_n\geqslant0.83R_{标}$$

即

$$29.31-(0.7\times2)=27.91\text{MPa}>25\text{MPa}(R_{标})$$

$$29.31-(1.6\times2)=26.11\text{MPa}>20.75\text{MPa}(0.83R_{标})$$

两个评定条件都满足合格标准，判定该批 C25 混凝土试块质量满足设计要求。

2）C20 喷射混凝土。

导流、泄洪、输水共用段（泄 0+094.389～泄 0+381.300）共抽检 C20 喷射混凝土抗压试件 5 组，主要检测指标见表 3-2-16。

表 3-2-16　导流、泄洪、输水共用段 C20 喷射混凝土质量检测统计分析

编 号	取样部位	设计强度等级	抗压强度/MPa	判定结果
DXS-C20-01	X0+110～X0+130	C20 喷射	23.6	合格
DXS-C20-02	X0+170～X0+190	C20 喷射	25.0	合格
DXS-C20-03	X0+210～X0+230	C20 喷射	22.5	合格
DXS-C20-04	X0+350～X0+370	C20 喷射	22.2	合格
DXS-C20-05	X0+270～X0+290	C20 喷射	22.3	合格

混凝土抗压强度统计

强度（部位）	取样组数	最大值/MPa	最小值/MPa	平均值/MPa	标准差 S_n
导流、泄洪、输水共用段泄（泄 0+094.389～泄 0+381.300）	5	25.0	22.2	23.12	—

导流、泄洪、输水共用段 C20 喷射混凝土试块质量评定：根据《水利水电工程施工质量检验与评定规程》(SL 176—2007) 附录 D，喷射混凝土试块强度应满足下列要求：

$$f'_{ck}\geqslant1.15f_c,f'_{ck,min}\geqslant0.85f_c$$

即　平均值 $f'_{ck}=23.12\text{MPa}>23.0\text{MPa}$ ($1.15f_c$)；最小值 $f'_{ck,min}=22.2\text{MPa}>17.0\text{MPa}$ ($0.85f_c$)。

判定泄洪洞专用段 C20 喷射混凝土试块质量满足设计要求。

(6) 出口边坡及闸室。

1）C30 混凝土。

出口边坡及闸室共抽检 C30 混凝土抗压试件 3 组，主要检测指标见表 3-2-17。

表 3-2-17　　出口边坡及闸室 C30 混凝土质量检测统计分析

编　号	取样部位	设计强度等级	抗压强度/MPa	判定结果
BP-ZS-C30-01	出口闸室底板泄 0+382.3～0+396.3	C30	34.4	合格
BP-ZS-C30-02	出口闸室底坎二期泄 0+382.3～0+396.3	C30	35.3	合格
BP-ZS-C30-03	出口闸室侧轨二期泄 0+382.3～0+396.3	C30	34.8	合格

混凝土抗压强度统计

强度（部位）	取样组数	最大值/MPa	最小值/MPa	平均值/MPa	标准差 S_n
出口边坡及闸室 C30 混凝土	3	35.3	34.4	34.8	—

出口边坡及闸室 C30 混凝土试块质量评定：根据《水利水电工程施工质量检验与评定规程》（SL 176—2007）附录 C.0.3，同一强度等级混凝土试块 28d 龄期抗压强度的组数 n 为 2～5 时，混凝土试块强度应同时满足下列要求：

$$R_n \geqslant 1.15R_{标}，R_{min} \geqslant 0.95R_{标}$$

即

$$34.8\text{MPa} > 34.5\text{MPa}(1.15R_{标})$$

$$34.4\text{MPa} > 28.5\text{MPa}(0.95R_{标})$$

判定该批 C30 混凝土试块质量满足设计要求。

2）C25 混凝土。

出口边坡及闸室共抽检 C25 混凝土抗压试件 4 组，主要检测指标见表 3-2-18。

表 3-2-18　　出口边坡及闸室 C25 混凝土质量检测统计分析

编　号	取样部位	设计强度等级	抗压强度/MPa	判定结果
BP-ZS-C25-01	出口闸室高程 2181.688～2184.388m X0+382.3～0+396.3	C25	30.1	合格
BP-ZS-C25-02	出口闸室高程 2188.088～2191.088m X0+382.3～0+396.3	C25	27.1	合格
BP-ZS-C25-03	出口闸室上部柱子及腰、梁高程 2194.088～2197.688m 泄 0+382.3～0+396.3	C25	28.2	合格
BP-ZS-C25-04	出口闸室上部柱子及梁、板高程 2191.088～2194.088m 泄 0+382.3～0+396.3	C25	29.9	合格

混凝土抗压强度统计

强度（部位）	取样组数	最大值/MPa	最小值/MPa	平均值/MPa	标准差 S_n
出口边坡及闸室 C30 混凝土	4	30.1	27.1	28.83	—

出口边坡及闸室 C25 混凝土试块质量评定：根据《水利水电工程施工质量检验与评定规程》（SL 176—2007）附录 C.0.3，同一标号（或强度等级）混凝土试块 28d 龄期抗压强度的组数 n 为 2～5 时，混凝土试块强度应同时满足下列要求：

$$R_n \geqslant 1.15R_{标}，R_{min} \geqslant 0.95R_{标}$$

即

$$28.83\text{MPa} > 28.75\text{MPa}(1.15R_{标})$$

$$27.1\text{MPa} > 23.75\text{MPa}(0.95R_{标})$$

两个评定条件都满足合格标准，判定该批 C25 混凝土试块质量满足设计要求。

(7) 陡槽段。

1) C30 混凝土。

陡槽段共抽检 C30 混凝土抗压试件 3 组，主要指标见表 3-2-19。

表 3-2-19 陡槽段 C30 混凝土质量检测统计分析

编 号	取 样 部 位	设计强度等级	抗压强度/MPa	判定结果
DC-C30-01	陡槽段底板泄 0+428.034～0+436.621	C30	36.3	合格
DC-C30-02	陡槽段底板泄 0+418.034～0+428.034	C30	36.1	合格
DC-C30-03	陡槽段底板泄 0+393.3～0+406.299	C30	35.3	合格

混凝土抗压强度统计

强度（部位）	取样组数	最大值/MPa	最小值/MPa	平均值/MPa	标准差 S_n
陡槽段 C30 混凝土	3	36.3	35.3	35.9	—

陡槽段 C30 混凝土试块质量评定：根据《水利水电工程施工质量检验与评定规程》(SL 176—2007) 附录 C.0.3，同一强度等级混凝土试块 28d 龄期抗压强度的组数 n 为 2～5 时，混凝土试块强度应同时满足下列要求：

$$R_n \geqslant 1.15R_{标}, R_{\min} \geqslant 0.95R_{标}$$

即

$$35.9\text{MPa} > 34.5\text{MPa}(1.15R_{标})$$

$$35.3\text{MPa} > 28.5\text{MPa}(0.95R_{标})$$

判定该批 C30 混凝土试块质量满足设计要求。

2) C25 混凝土。

陡槽段共抽检 C25 混凝土抗压试件 2 组，主要指标见表 3-2-20。

表 3-2-20 陡槽段 C25 混凝土质量检测统计分析

编 号	取 样 部 位	设计强度等级	抗压强度/MPa	判定结果
DC-C25-01	陡槽段左、右边墙 0+418.034～0+428.034	C25	32.0	合格
DC-C25-02	陡槽段顶 0+393.3～0+406.299	C25	27.4	合格

混凝土抗压强度统计

强度（部位）	取样组数	最大值/MPa	最小值/MPa	平均值/MPa	标准差 S_n
陡槽段 C25 混凝土	2	32.0	27.4	29.7	—

陡槽段 C25 混凝土试块质量评定：根据《水利水电工程施工质量检验与评定规程》(SL 176—2007) 附录 C.0.3，同一强度等级混凝土试块 28d 龄期抗压强度的组数 n 为 2～5 时，混凝土试块强度应同时满足下列要求：

$$R_n \geqslant 1.15R_{标}, R_{\min} \geqslant 0.95R_{标}$$

即

$$29.7\text{MPa} > 28.75\text{MPa}(1.15R_{标})$$

$$27.4\text{MPa} > 23.75\text{MPa}(0.95R_{标})$$

两个评定条件都满足合格标准，判定该批 C25 混凝土试块质量满足设计要求。

(8) 消力池及海漫。

消力池及海漫共抽检 C25 混凝土抗压试件 9 组，主要指标见表 3-2-21。

表 3-2-21　消力池及海漫 C25 混凝土质量检测统计分析

编　号	取样部位	设计强度等级	抗压强度/MPa	判定结果
XLC-C25-01	消力池 0+459.196～0+470.196	C25	32.8	合格
XLC-C25-02	消力池 0+436.621～0+470.196	C25	27.2	合格
XLC-C25-03	消力池左、右边墙 0+459.195～0+470.196	C25	27.5	合格
XLC-C25-04	消力池左边墙 0+436.621～0+449.196	C25	33.6	合格
XLC-C25-05	消力池右边墙 0+436.621～0+449.196	C25	29.4	合格
XLC-C25-06	消力池左、右边墙及梁 0+436.621～0+449.196	C25	28.0	合格
XLC-C25-07	消力池左、右边墙及梁 0+436.621～0+459.196	C25	29.6	合格
XLC-C25-08	消力池底板	C25	29.0	合格
XLC-C25-09	海漫底板	C25	28.7	合格

混凝土抗压强度统计

强度（部位）	取样组数	最大值/MPa	最小值/MPa	平均值/MPa	标准差 S_n
消力池及海漫 C25 混凝土	9	33.6	27.2	29.73	2.24

消力池及海漫 C25 混凝土试块质量评定：根据《水利水电工程施工质量检验与评定规程》（SL 176—2007）同一标号（或强度等级）混凝土试块 28d 龄期抗压强度的组数 n 为 5～30 时，混凝土试块强度应同时满足下列要求：

$$R_n-0.7S_n>R_{标},R_n-1.60S_n\geqslant 0.83R_{标}$$

即

$$29.73-(0.7\times 2.24)=28.16\text{MPa}>25\text{MPa}(R_{标})$$

$$29.73-(1.6\times 2.24)=26.15\text{MPa}>20.75\text{MPa}(0.83R_{标})$$

两个评定条件都满足合格标准，判定该批 C25 混凝土试块质量满足设计要求。

3. *灌浆检测*

导流输水隧洞共布置检查孔 20 个进行注浆检验，20min 注入量最大值为 10L，最小值为 3L，符合设计要求。

4. *超声波检测*

钢管焊缝超声波探伤共检测 17 条，未发现质量缺陷，满足规范要求。

（二）输水隧洞工程

输水隧洞总长 3678m，洞身长为 3667m。由进水口（K0-007.0～K0+000.0）、隧洞洞身段（K0+000.0～K0+050.0、K0+058.6～K3+667.0）、闸门井段（K0+050.0～K0+058.6）、出口阀门室段（K3+667.0～K3+671.0）组成，其中 K3+601.05～K3+671.0 为隧洞钢管段，竖井高度共 41m（2146.50～2105.50），隧洞开挖支护后断面为 2.9m×2.9m（宽×高）的城门洞形，衬砌过水断面为半径 1.0m 的圆形断面。隧洞进口中心高程 2208.00m，出口中心高程 2192.594m，输水隧洞竖井设 2.0m×2.0m（宽×高）检修闸门及工作闸门各一道。

1. *原材料质量检测*

公司现场试验室在输水隧洞工程施工过程中对砂石骨料、水泥、钢筋等原材料在施工现场进行了抽样检测，检测结果分叙于下：

（1）细骨料。

输水隧洞混凝土细骨料为人工砂，共抽检8组，主要检测指标表观密度、坚固性、吸水率、有机质含量、石粉含量检测结果均达到合格标准，但细度模数超标，最大值为3.4，平均值为3.05，主要检测指标统计分析结果见表3-2-22。

表3-2-22　输水隧洞工程细骨料抽检主要指标统计

统计值	表观密度/(kg/m³)	坚固性/%	吸水率/%	有机质含量	石粉含量/%	细度模数	判定结果
标准值	≥2500	≤8	≤6	浅于标准色	6～18	2.4～2.8	合格
检测次数	8	8	8	8	8	8	合格
最大值	2680	4.2	2.3	浅于标准色	10.6	3.4	合格
最小值	2580	3.0	0.9	浅于标准色	3.5	2.8	合格
平均值	2621	3.8	1.54	浅于标准色	8.6	3.05	合格

（2）粗骨料。

输水隧洞混凝土粗骨料为人工碎石，共抽检7组，检测指标均达到合格标准，主要检测指标见表3-2-23。

表3-2-23　输水隧洞工程粗骨料抽检主要指标统计

统计值	表观密度/(kg/m³)	堆积密度/(kg/m³)	有机质含量	坚固性/%	压碎指标/%	吸水率/%	含泥量/%	判定结果
标准值	≥2550	—	浅于标准色	≤5	≤10	≤1.5	≤1	合格
检测次数	7	7	7	7	7	7	7	合格
最大值	2710	1365	浅于标准色	3.9	8.9	1.2	0.6	合格
最小值	2650	1340	浅于标准色	3.0	8.2	0.53	0.28	合格
平均值	2684	1352	浅于标准色	3.5	8.6	0.76	0.38	合格

（3）水泥。

输水隧洞工程用水泥为××牌P·O42.5普通硅酸盐盐水泥，共抽检17组，检测统计结果见表3-2-24。

表3-2-24　输水隧洞工程水泥抽检主要指标

水泥标号	抽检次数	统计项目	检测项目							
			细度/(kg/m²)	安定性	抗折强度/MPa		抗压强度/MPa		凝结时间/min	
					3d	28d	3d	28d	初凝	终凝
P·O42.5	17	最大值	355	合格	5.6	8.8	27.1	55.9	165	323
		最小值	320	合格	4.4	7.1	21.8	45.6	120	245
		平均值	334	合格	5.0	7.7	22.2	48.8	144	288
		标准	≥300	合格	≥3.5	≥6.5	≥17	≥42.5	≥45	≤600
合格率/%			100	合格	100	100	100	100	100	100
备注			经检验水泥所检指标均能满足国家标准《通用硅酸盐水泥》(GB 175—2007）要求							

(4) 钢筋原件检测。

输水隧洞工程钢筋原件力学检测共抽检25组，主要检测指标见表3-2-25。

表3-2-25　输水隧洞工程钢筋原件抽检主要指标

样品编号	公称直径/mm	屈服点/(N/mm²)	抗拉强度/(N/mm²)	延伸率/%	判定结果
SSSD-HRB-01	25 (螺纹钢筋)	445	590	22.0	合格
SSSD-HRB-02	22 (螺纹钢筋)	520	670	21.0	合格
SSSD-HRB-03	25 (螺纹钢筋)	440	580	18.5	合格
SSSD-HRB-04	22 (螺纹钢筋)	540	650	20.5	合格
SSSD-HRB-05	14 (螺纹钢筋)	470	560	20	合格
SSSD-HRB-06	22 (螺纹钢筋)	525	650	19.5	合格
SSSD-HRB-07	20 (螺纹钢筋)	495	590	19.5	合格
SSSD-HRB-08	18 (螺纹钢筋)	465	565	21.0	合格
SSSD-HRB-09	14 (螺纹钢筋)	470	550	21.0	合格
SSSD-HRB-10	25 (螺纹钢筋)	530	670	20.0	合格
SSSD-HRB-11	22 (螺纹钢筋)	520	640	20.5	合格
SSSD-HRB-12	16 (螺纹钢筋)	495	615	21.5	合格
SSSD-HRB-13	14 (螺纹钢筋)	490	610	19.5	合格
SSSD-HRB-14	22 (螺纹钢筋)	535	665	21.5	合格
SSSD-HRB-15	14 (螺纹钢筋)	530	660	19.5	合格
SSSD-HRB-16	25 (螺纹钢筋)	545	650	22.0	合格
SSSD-HRB-17	22 (螺纹钢筋)	570	530	23.5	合格
SSSD-HRB-18	16 (螺纹钢筋)	550	635	23.0	合格
SSSD-HRB-19	22 (螺纹钢筋)	520	515.5	22.0	合格
SSSD-HRB-20	25 (螺纹钢筋)	525	635	22.5	合格
SSSD-HRB-21	22 (螺纹钢筋)	610	710	21.5	合格
SSSD-HRB-22	25 (螺纹钢筋)	560	635	23.0	合格
SSSD-HRB-23	22 (螺纹钢筋)	530	505	22.0	合格
SSSD-HRB-24	22 (螺纹钢筋)	495	665	21.0	合格
SSSD-HRB-25	22 (螺纹钢筋)	495	660	21.0	合格
结论	钢筋原件经检验各项物理、力学指标符合技术标准，质量合格				
备注	试验方法标准为GB 1499.2—2007、GB 1499.1—2008、GB 232—2010				

(5) 钢筋焊接力学检测。

输水隧洞工程钢筋焊件抽检10组，主要检测指标见表3-2-26。

2. 中间产品质量检测

主要对输水隧洞C20喷射混凝土，C20、C25混凝土，M7.5砂浆抗压强度进行了检测。

表 3-2-26　　输水隧洞钢筋焊件抽检主要指标

样品编号	说明	公称直径/mm	试件编号	断裂距接头处尺寸/mm	抗拉强度/(N/mm²)
SSSD-HRB-HJ-01	单面搭接焊	22	1	28	650
			2	28	655
			3	26	660
SSSD-HRB-HJ-02	单面搭接焊	22	1	23	625
			2	25	630
			3	22	630
SSSD-HRB-HJ-03	单面搭接焊	18	1	23	640
			2	25	635
			3	21	645
SSSD-HRB-HJ-04	单面搭接焊	25	1	21	650
			2	23	640
			3	25	645
SSSD-HRB-HJ-05	单面搭接焊	22	1	23	670
			2	21	665
			3	25	675
SSSD-HRB-HJ-06	单面搭接焊	20	1	25	640
			2	21	635
			3	23	645
SSSD-HRB-HJ-07	单面搭接焊	18	1	24	625
			2	22	635
			3	26	630
SSSD-HRB-HJ-08	单面搭接焊	25	1	22	650
			2	26	660
			3	23	665
SSSD-HRB-HJ-09	单面搭接焊	16	1	22	610
			2	25	615
			3	26	610
SSSD-HRB-HJ-10	单面搭接焊	22	1	28	650
			2	28	655
			3	26	660
结论	钢筋原件经检验各项物理、力学指标符合技术标准，质量合格				
备注	试验方法标准为 GB 1499.2—2007、GB 1499.1—2008、GB 232—2010、GB/T 2651—2008				

（1）进口边坡及进口段（0＋000～0＋050）。

1）C20 喷射混凝土。

进口边坡及进口段共抽检 C20 喷射混凝土抗压试件 2 组，主要检测指标见表 3-2-27。

表 3-2-27 进口边坡及进口段 C20 喷射混凝土质量检测统计分析

编 号	取样部位	设计强度等级	抗压强度/MPa	判定结果
SSSD-C20 喷-01	进口边坡支护	C20 喷射	24.8	合格
SSSD-C20 喷-02	进口边坡支护	C20 喷射	23.0	合格

混凝土抗压强度统计

强度（部位）	取样组数	最大值/MPa	最小值/MPa	平均值/MPa	标准差 S_n
进口边坡及进口段	2	24.8	23.0	23.9	—

进口边坡及进口段 C20 喷射混凝土试块质量评定：根据《水利水电工程施工质量检验与评定规程》（SL 176—2007）附录 D，喷射混凝土试块强度应满足下列要求：

$$f'_{ck} \geqslant 1.15 f_c, f'_{ck,min} \geqslant 0.85 f_c$$

即 平均值 $f'_{ck} = 23.9\text{MPa} > 23.0\text{MPa}$（$1.15f_c$）；最小值 $f'_{ck,min} = 23.0\text{MPa} > 17.0\text{MPa}$（$0.85f_c$）。

两个评定条件都满足合格标准，判定输水隧洞进口边坡及进口段 C20 喷射混凝土试块质量满足设计要求。

2）C25 混凝土。

进口边坡及进口段共抽检 C25 混凝土抗压试件 2 组，主要检测指标见表 3-2-28。

表 3-2-28 进口边坡及进口段 C25 混凝土质量检测统计分析

编 号	取样部位	设计强度等级	抗压强度/MPa	判定结果
SSSD-C25-01	进口段 D0+024.6～0+045.0	C25	29.5	合格
SSSD-C25-02	进口渐变段 D0+000.0～0+005.0	C25	28.6	合格

混凝土抗压强度统计

强度（部位）	取样组数	最大值/MPa	最小值/MPa	平均值/MPa	标准差 S_n
进口边坡及进口段	2	29.5	28.6	29.05	—

进口边坡及进口段 C25 混凝土试块质量评定：根据《水利水电工程施工质量检验与评定规程》（SL 176—2007）附录 C.0.3，同一强度等级混凝土试块 28d 龄期抗压强度的组数 n 为 2～5 时，混凝土试块强度应同时满足下列要求：

$$R_n \geqslant 1.15 R_{标}, R_{min} \geqslant 0.95 R_{标}$$

即

$$29.05\text{MPa} > 28.75\text{MPa}(1.15R_{标})$$

$$28.6\text{MPa} > 23.75\text{MPa}(0.95R_{标})$$

两个评定条件都满足合格标准，判定该批 C25 混凝土试块质量满足设计要求。

3）M7.5 砂浆。

进口边坡及进口段（0+000～0+050）共抽检 M7.5 砂浆抗压试件 3 组，主要检测指标见表 3-2-29。

表 3-2-29　　进口边坡及进口段 M7.5 砂浆质量检测统计分析

编　号	取 样 部 位	设计强度等级	抗压强度/MPa	判定结果
SSSD-M7.5-01	进口边坡锁口锚筋桩	M7.5	9.5	合格
SSSD-M7.5-02	进口边坡锁口锚筋桩	M7.5	8.5	合格
SSSD-M7.5-01	进口边坡锁口锚筋桩	M7.5	10.1	合格

M7.5 砂浆抗压强度统计

强度（部位）	取样组数	最大值/MPa	最小值/MPa	平均值/MPa	标准差 S_n
进口边坡及进口段	3	10.1	8.5.	9.37	—

进口边坡及进口段 M7.5 试块质量评定：根据《水利水电工程施工质量检验与评定规程》（SL 176—2007）附录 E.0.2，同一强度等级试块组数 n 小于 30 时，28d 龄期的试块强度应同时满足以下标准：

$$R_n \geqslant R_{标}, R_{\min} \geqslant 0.80R_{标}$$

即

$$R_n = 9.37\text{MPa} > 7.5\text{MPa}(R_{标})$$
$$R_{\min} = 8.5\text{MPa} > 6.0\text{MPa}(0.80R_{标})$$

两个评定条件都满足合格标准，判定该批 M7.5 砂浆试块质量满足设计要求。

4）C20 混凝土。

输水隧洞进口边坡及进口段共抽检 C20 混凝土抗压试件 4 组，主要检测指标统计分析结果见表 3-2-30。

表 3-2-30　　进口边坡及进口段 C20 混凝土质量检测统计分析

编　号	取 样 部 位	设计强度等级	抗压强度/MPa	判定结果
SSSD-C25-01	进口边坡贴坡	C20	24.1	合格
SSSD-C25-02	进口边坡贴坡	C20	23.3	合格
SSSD-C25-03	进口边坡贴坡	C20	23.4	合格
SSSD-C25-04	进口边坡贴坡	C20	24.6	合格

混凝土抗压强度统计

强度（部位）	取样组数	最大值/MPa	最小值/MPa	平均值/MPa	标准差 S_n
进口边坡及进口段	4	24.6	23.3	23.85	—

进口边坡及进口段 C20 混凝土试块质量评定：根据《水利水电工程施工质量检验与评定规程》（SL 176—2007）附录 C.0.3，同一强度等级混凝土试块 28d 龄期抗压强度的组数 n 为 2～5 时，混凝土试块强度应同时满足下列要求：

$$R_n \geqslant 1.15R_{标}, R_{\min} \geqslant 0.95R_{标}$$

即

$$R_n = 23.85\text{MPa} > 23.0\text{MPa}(1.15R_{标})$$
$$R_{\min} = 23.3\text{MPa} > 19.0\text{MPa}(0.95R_{标})$$

两个评定条件都满足合格标准，判定该批 C20 混凝土试块质量满足设计要求。

（2）竖井闸室段。

1）C20喷射混凝土。

竖井闸室段共抽检C20喷射混凝土抗压试件2组，主要指标见表3-2-31。

表3-2-31　竖井闸室段C20喷射混凝土质量检测统计分析

编　号	取样部位	设计强度等级	抗压强度/MPa	判定结果
SJZS-C20喷-01	输水隧洞竖井边坡支护	C20喷射	27.4	合格
SJZS-C20喷-02	输水隧洞竖井边坡支护	C20喷射	21.8	合格

C20喷射混凝土抗压强度统计

强度（部位）	取样组数	最大值/MPa	最小值/MPa	平均值/MPa	标准差 S_n
竖井闸室段	2	27.4	21.8	24.6	—

竖井闸室段C20喷射混凝土试块质量评定：根据《水利水电工程施工质量检验与评定规程》（SL 176—2007）附录D，喷射混凝土试块强度应满足下列要求：

$$f'_{ck} \geqslant 1.15 f_c, f'_{ck,min} \geqslant 0.85 f_c$$

即

$$平均值\ f'_{ck} = 24.6\text{MPa} > 23.0\text{MPa}(1.15 f_c)$$
$$最小值\ f'_{ck,min} = 21.8\text{MPa} > 17.0\text{MPa}(0.85 f_c)$$

两个评定条件都满足合格标准，判定竖井闸室段C20喷射混凝土试块质量满足设计要求。

2）C25混凝土。

竖井闸室段共抽检C25混凝土抗压试件10组，主要检测指标见表3-2-32。

表3-2-32　竖井闸室段C25混凝土质量检测统计分析

编　号	取样部位	设计强度等级	抗压强度/MPa	判定结果
SJZS-C25-01	竖井闸室高程2209.00～2212.00m	C25	30.4	合格
SJZS-C25-02	竖井闸室高程2221.60～2226.40m	C25	28.2	合格
SJZS-C25-03	竖井闸室高程2226.40～2231.20m	C25	28.6	合格
SJZS-C25-04	竖井闸室高程2231.20～2236.00m	C25	28.0	合格
SJZS-C25-05	竖井闸室高程2240.80～2246.50m	C25	28.2	合格
SJZS-C25-06	启闭机机房高程2246.50～2249.650m	C25	27.6	合格
SJZS-C25-07	启闭机机房及工作桥高程2253.00～2256.50m	C25	28.6	合格
SJZS-C25-08	竖井锁口	C25	30.5	合格
SJZS-C25-09	竖井闸室二期高程2206.50～2207.00m	C25	27.4	合格
SJZS-C25-010	竖井闸室二期高程2231.20～2240.80m	C25	29.3	合格

混凝土抗压强度统计

强度（部位）	取样组数	最大值/MPa	最小值/MPa	平均值/MPa	标准差 S_n
竖井闸室段	10	30.5	27.4	28.68	1.075

竖井闸室段C25混凝土试块质量评定：根据《水利水电工程施工质量检验与评定规程》（SL 176—2007）C.0.2，同一强度等级混凝土试块28d龄期抗压强度的组数 n 为5～30

时，混凝土试块强度应同时满足下列要求：

$$R_n-0.7S_n>R_{标},R_n-1.60S_n\geqslant 0.83R_{标}$$

即

$$28.68-(0.7\times 2)=27.28\text{MPa}>25\text{MPa}(R_{标})$$

$$28.68-(1.6\times 2)=25.48\text{MPa}>20.75\text{MPa}(0.83R_{标})$$

两个评定条件都满足合格标准，判定该批C25混凝土试块质量满足设计要求。

3）M7.5砂浆。

竖井闸室段共抽检M7.5砂浆抗压试件4组，主要检测指标见表3-2-33。

表3-2-33 **竖井闸室段M7.5砂浆质量检测统计分析**

编　号	取样部位	设计强度等级	抗压强度/MPa	判定结果
SJZS-M7.5-01	竖井边坡锁口锚筋桩	M7.5	9.4	合格
SJZS-M7.5-02	竖井边坡锁口锚筋桩	M7.5	8.5	合格
SJZS-M7.5-03	竖井边坡锁口锚筋桩	M7.5	10.3	合格
SJZS-M7.5-04	竖井边坡锁口锚筋桩	M7.5	9.2	合格

M7.5砂浆抗压强度统计

强度（部位）	取样组数	最大值/MPa	最小值/MPa	平均值/MPa	标准差 S_n
竖井闸室段	4	10.3	8.5.	9.35	—

进口边坡及进口段M7.5试块质量评定：根据《水利水电工程施工质量检验与评定规程》（SL 176—2007）附录E.0.2，同一强度等级试块组数 $n<30$ 时，28d龄期的试块强度应同时满足以下标准：

$$R_n\geqslant R_{标},R_{\min}\geqslant 0.80R_{标}$$

即

$$R_n=9.35\text{MPa}>7.5\text{MPa}(R_{标})$$

$$R_{\min}=8.5\text{MPa}>6.0\text{MPa}(0.80R_{标})$$

两个评定条件都满足合格标准，判定该批M7.5试块质量满足设计要求。

4）C25混凝土试块。

竖井闸室段抽检C20混凝土抗压试件1组，抗压强度值 $R=24.4$MPa，满足《水利水电工程施工质量检验与评定规程》（SL 176—2007）附录C.0.4，即 $R\geqslant 1.15R_{标}$，判定该C20混凝土抗压试件质量满足设计要求。

（3）洞身段（D0+58.6～D3+596.05）。

1）C20喷射混凝土。

洞身段（D0+58.6～D3+596.05）共抽检C20喷射混凝土抗压试件27组，主要检测指标见表3-2-34。

表3-2-34 **洞身段C20喷射混凝土质量检测统计分析**

编　号	取样部位	设计强度等级	抗压强度/MPa	判定结果
SSSD-C20喷-01	输水隧洞洞室开挖及支护（K3+330～K3+310）	C20喷射	22.5	合格
SSSD-C20喷-02	输水隧洞洞室开挖及支护（K3+250～K3+230）	C20喷射	26.5	合格

续表

编　号	取样部位	设计强度等级	抗压强度/MPa	判定结果
SSSD-C20 喷-03	输水隧洞洞室开挖及支护（K3+210～K3+190）	C20 喷射	27.4	合格
SSSD-C20 喷-04	输水隧洞洞室开挖及支护（K3+110～K3+100）	C20 喷射	26.3	合格
SSSD-C20 喷-05	输水隧洞洞室开挖及支护（K3+080～K3+060）	C20 喷射	29.6	合格
SSSD-C20 喷-06	输水隧洞洞室开挖及支护（K0+200～K0+220）	C20 喷射	24.8	合格
SSSD-C20 喷-07	输水隧洞洞室开挖及支护（K2+980～K2+960）	C20 喷射	27.7	合格
SSSD-C20 喷-08	输水隧洞洞室开挖及支护（K2+900～K2+880）	C20 喷射	29.3	合格
SSSD-C20 喷-09	输水隧洞洞室开挖及支护（K2+840～K2+820）	C20 喷射	27.3	合格
SSSD-C20 喷-10	输水隧洞洞室开挖及支护（K0+400～K0+420）	C20 喷射	23.6	合格
SSSD-C20 喷-11	输水隧洞洞室开挖及支护（K2+740～K2+720）	C20 喷射	28.5	合格
SSSD-C20 喷-12	输水隧洞洞室开挖及支护（K2+560～K2+580）	C20 喷射	28.3	合格
SSSD-C20 喷-13	输水隧洞洞室开挖及支护（K2+500～K2+520）	C20 喷射	23.5	合格
SSSD-C20 喷-14	输水隧洞洞室开挖及支护（K2+440～K2+420）	C20 喷射	21.4	合格
SSSD-C20 喷-15	输水隧洞洞室开挖及支护（K0+760～K0+780）	C20 喷射	23.2	合格
SSSD-C20 喷-16	输水隧洞洞室开挖及支护（K0+800～K0+820）	C20 喷射	22.9	合格
SSSD-C20 喷-17	输水隧洞洞室开挖及支护（K2+280～K2+260）	C20 喷射	24.1	合格
SSSD-C20 喷-18	输水隧洞洞室开挖及支护（K0+900～K0+920）	C20 喷射	22.8	合格
SSSD-C20 喷-19	输水隧洞洞室开挖及支护（K2+200～K2+180）	C20 喷射	24.4	合格
SSSD-C20 喷-20	输水隧洞洞室开挖及支护（K0+980～K1+000）	C20 喷射	25.3	合格
SSSD-C20 喷-21	输水隧洞洞室开挖及支护（K2+080～K2+060）	C20 喷射	26.1	合格
SSSD-C20 喷-22	输水隧洞洞室开挖及支护（K1+160～K1+180）	C20 喷射	22.6	合格
SSSD-C20 喷-23	输水隧洞洞室开挖及支护（K1+940～K1+920）	C20 喷射	23.8	合格
SSSD-C20 喷-24	输水隧洞洞室开挖及支护（K1+260～K1+280）	C20 喷射	27.4	合格
SSSD-C20 喷-25	输水隧洞洞室开挖及支护（K1+880～K1+860）	C20 喷射	23.7	合格
SSSD-C20 喷-26	输水隧洞洞室开挖及支护（K1+380～K1+400）	C20 喷射	25.3	合格
SSSD-C20 喷-27	输水隧洞洞室开挖及支护（K1+760～K1+740）	C20 喷射	26.3	合格

洞身段 C20 喷射混凝土抗压强度统计

部　位	取样组数	最大值/MPa	最小值/MPa	平均值/MPa	标准差 S_n
洞身段（D0+58.6～D3+596.05）	27	29.6	21.4	25.35	2.249

洞身段 C20 喷射混凝土试块质量评定：根据《水利水电工程施工质量检验与评定规程》（SL 176—2007）附录 D，喷射混凝土试块强度应满足下列要求：

$$f'_{ck}-K_1S_n\geqslant 0.9f_c, f'_{ck,min}\geqslant K_2f_c$$

即

$$25.35\text{MPa}-1.60\times 2.249\text{MPa}=21.75\text{MPa}>18.0\text{MPa}(0.9f_c)$$

$$f'_{ck,min}=21.4\text{MPa}>0.85\times 20\text{MPa}=17\text{MPa}(K_2f_c)$$

两个评定条件都满足合格标准，判定洞身段 C20 喷射混凝土试块质量满足设计要求。

2）C25 混凝土。

洞身段（D0＋58.6～D3＋596.05）共抽检 C25 混凝土抗压试件 67 组，主要检测指标见表 3－2－35。

表 3－2－35　　洞身段 C25 混凝土质量检测统计分析

编　号	取 样 部 位	设计强度等级	抗压强度/MPa	判定结果
SSSD－C25－01	洞身段洞身混凝土衬砌 D1＋601.9～D1＋616.3	C25	27.4	合格
SSSD－C25－02	洞身段洞身混凝土衬砌 D1＋616.3～D1＋630.7	C25	28.6	合格
SSSD－C25－03	洞身段洞身混凝土衬砌 D1＋558.7～D1＋573.1	C25	28.3	合格
SSSD－C25－04	洞身段洞身混凝土衬砌 D1＋544.3～D1＋558.7	C25	30.4	合格
SSSD－C25－05	洞身段洞身混凝土衬砌 D1＋515.5～D1＋529.9	C25	29.2	合格
SSSD－C25－06	洞身段洞身混凝土衬砌 D1＋659.5～D1＋673.9	C25	28.2	合格
SSSD－C25－07	洞身段洞身混凝土衬砌 D1＋702.7～D1＋717.1	C25	29.3	合格
SSSD－C25－08	洞身段洞身混凝土衬砌 D1＋486.7～D1＋501.1	C25	25.5	合格
SSSD－C25－09	洞身段洞身混凝土衬砌 D1＋457.9～D1＋472.3	C25	25.6	合格
SSSD－C25－10	洞身段洞身混凝土衬砌 D1＋414.7～D1＋429.1	C25	25.3	合格
SSSD－C25－11	洞身段洞身混凝土衬砌 D1＋371.5～D1＋385.9	C25	33.3	合格
SSSD－C25－12	洞身段洞身混凝土衬砌 D1＋328.3～D1＋342.7	C25	25.3	合格
SSSD－C25－13	洞身段洞身混凝土衬砌 D1＋299.5～D1＋313.9	C25	30.9	合格
SSSD－C25－14	洞身段洞身混凝土衬砌 D1＋749.5～D1＋767.5	C25	29.0	合格
SSSD－C25－15	洞身段洞身混凝土衬砌 D1＋803.5～D1＋821.5	C25	27.2	合格
SSSD－C25－16	洞身段洞身混凝土衬砌 D1＋857.5～D1＋875.5	C25	29.9	合格
SSSD－C25－17	洞身段洞身混凝土衬砌 D2＋073.5～D2＋091.5	C25	27.2	合格
SSSD－C25－18	洞身段洞身混凝土衬砌 D1＋893.5～D1＋911.5	C25	32.8	合格
SSSD－C25－19	洞身段洞身混凝土衬砌 D2＋109.5～D2＋127.5	C25	22.6	合格
SSSD－C25－20	洞身段洞身混凝土衬砌 D0＋961.1～D0＋979.1	C25	25.7	合格
SSSD－C25－21	洞身段洞身混凝土衬砌 D2＋163.5～D2＋181.5	C25	31.4	合格
SSSD－C25－22	洞身段洞身混凝土衬砌 D1＋965.5～D1＋983.5	C25	32.3	合格
SSSD－C25－23	洞身段洞身混凝土衬砌 D1＋033.1～D1＋051.1	C25	32.6	合格
SSSD－C25－24	洞身段洞身混凝土衬砌 D2＋055.5～D2＋073.5	C25	25.6	合格
SSSD－C25－25	洞身段洞身混凝土衬砌 D1＋249.1～D1＋267.1	C25	25.6	合格
SSSD－C25－26	洞身段洞身混凝土衬砌 D1＋195.1～D1＋231.1	C25	24.5	合格
SSSD－C25－27	洞身段洞身混凝土衬砌 D0＋907.1～D0＋925.1	C25	34.5	合格
SSSD－C25－28	洞身段洞身混凝土衬砌 D2＋199.5～D2＋217.5	C25	28.2	合格
SSSD－C25－29	洞身段洞身混凝土衬砌 D1＋141.1～D1＋159.1	C25	29.2	合格
SSSD－C25－30	洞身段洞身混凝土衬砌 D0＋871.1～D0＋267.1	C25	30.3	合格
SSSD－C25－31	洞身段洞身混凝土衬砌 D2＋271.5～D2＋289.5	C25	28.9	合格
SSSD－C25－32	洞身段洞身混凝土衬砌 D0＋781.1～D0＋799.1	C25	29.6	合格

续表

编　号	取样部位	设计强度等级	抗压强度/MPa	判定结果
SSSD－C25－33	洞身段洞身混凝土衬砌 D0＋745.1～D0＋763.1	C25	29.4	合格
SSSD－C25－34	洞身段洞身混凝土衬砌 D2＋307.5～D2＋325.5	C25	28.2	合格
SSSD－C25－35	洞身段洞身混凝土衬砌 D0＋691.1～D0＋709.1	C25	29.6	合格
SSSD－C25－36	洞身段洞身混凝土衬砌 D1＋069.1～D1＋087.1	C25	27.6	合格
SSSD－C25－37	洞身段洞身混凝土衬砌 D2＋361.5～D2＋379.5	C25	30.5	合格
SSSD－C25－38	洞身段洞身混凝土衬砌 D0＋637.1～D0＋655.1	C25	29.0	合格
SSSD－C25－39	洞身段洞身混凝土衬砌 D0＋583.1～D0＋601.1	C25	28.6	合格
SSSD－C25－40	洞身段洞身混凝土衬砌 D2＋469.5～D2＋487.5	C25	30.6	合格
SSSD－C25－41	洞身段洞身混凝土衬砌 D0＋457.1～D0＋475.1	C25	25.3	合格
SSSD－C25－42	洞身段洞身混凝土衬砌 D2＋829.5～D2＋847.5	C25	31.7	合格
SSSD－C25－43	洞身段洞身混凝土衬砌 D0＋421.1～D0＋439.1	C25	26.3	合格
SSSD－C25－44	洞身段洞身混凝土衬砌 D0＋403.1～D0＋421.1	C25	26.3	合格
SSSD－C25－45	洞身段洞身混凝土衬砌 D2＋667.5～D2＋685.5	C25	31.6	合格
SSSD－C25－46	洞身段洞身混凝土衬砌 D2＋883.5～D2＋901.5	C25	25.0	合格
SSSD－C25－47	洞身段洞身混凝土衬砌 D0＋331.1～D0＋349.1	C25	34.1	合格
SSSD－C25－48	洞身段洞身混凝土衬砌 D0＋295.1～D0＋313.1	C25	33.9	合格
SSSD－C25－49	洞身段洞身混凝土衬砌 D0＋277.1～D0＋295.1	C25	33.6	合格
SSSD－C25－50	洞身段洞身混凝土衬砌 D0＋241.1～D0＋259.1	C25	27.4	合格
SSSD－C25－51	洞身段洞身混凝土衬砌 D2＋955.5～D2＋973.5	C25	27.9	合格
SSSD－C25－52	洞身段洞身混凝土衬砌 D2＋775.5～D2＋793.5	C25	28.6	合格
SSSD－C25－53	洞身段洞身混凝土衬砌 D2＋793.5～D2＋811.5	C25	32.8	合格
SSSD－C25－54	洞身段洞身混凝土衬砌 D3＋027.5～D3＋045.5	C25	29.2	合格
SSSD－C25－55	洞身段洞身混凝土衬砌 D0＋133.1～D0＋151.1	C25	28.6	合格
SSSD－C25－56	洞身段洞身混凝土衬砌 D0＋079.1～D0＋097.1	C25	29.3	合格
SSSD－C25－57	洞身段洞身混凝土衬砌 D3＋045.5～D3＋063.5	C25	25.8	合格
SSSD－C25－58	洞身段洞身混凝土衬砌 D3＋189.5～D3＋207.5	C25	26.0	合格
SSSD－C25－59	洞身段洞身混凝土衬砌 D3＋117.5～D3＋135.5	C25	25.2	合格
SSSD－C25－60	洞身段洞身混凝土衬砌 D3＋081.5～D3＋099.5	C25	32.6	合格
SSSD－C25－61	洞身段洞身混凝土衬砌 D3＋261.5～D3＋279.5	C25	26.3	合格
SSSD－C25－62	洞身段洞身混凝土衬砌 D3＋243.5～D3＋261.5	C25	25.3	合格
SSSD－C25－63	洞身段洞身混凝土衬砌 D3＋369.5～D3＋387.5	C25	25.1	合格
SSSD－C25－64	洞身段洞身混凝土衬砌 D3＋423.5～D3＋441.5	C25	33.6	合格
SSSD－C25－65	洞身段洞身混凝土衬砌 D3＋405.5～D3＋423.5	C25	25.1	合格
SSSD－C25－66	洞身段洞身混凝土衬砌 D3＋477.5～D3＋495.5	C25	32.9	合格

续表

编　号	取 样 部 位	设计强度等级	抗压强度/MPa	判定结果
SSSD-C25-67	洞身段洞身混凝土衬砌 D3+567.5～D3+585.5	C25	29.4	合格

洞身段 C25 混凝土抗压强度统计

部　位	取样组数	最大值/MPa	最小值/MPa	平均值/MPa	标准差 S_n
洞身段（D0+58.6～D3+596.05）	67	34.5	22.6	28.50	0.100

洞身段（D0+58.6～D3+596.05）C25 混凝土试块质量评定：根据《水利水电工程施工质量检验与评定规程》（SL 176—2007）C.0.2，同一强度等级混凝土试块 28d 龄期抗压强度的组数 n 不小于 30 时，应符合下列要求：

a. 任何一组试块抗压强度最低不得低于设计值的 90%为优良；85%合格。

即

$$R_{min} \geqslant 0.90 R_{标} \quad 优良$$

$$0.90 R_{标} > R_{min} \geqslant 0.85 R_{标} \quad 合格$$

洞身段 C25 混凝土试块抗压强度统计结果：抗压强度最小值为设计值的 90.4%，达到优良标准。

b. 配筋混凝土强度保证率：$P \geqslant 95\%$为优良，$95\% > P \geqslant 90\%$为合格。

洞身段 C25 混凝土试块强度保证率 $P=90.44\%$，达到合格标准。

c. 混凝土抗压强度的离差系数小于 0.14 为优良；小于 0.18 为合格。

即

$$C_v < 0.14 \quad 优良, 0.14 \leqslant C_v < 0.18 \quad 合格$$

洞身段 C25 混凝土试块强度的离差系数 $C_v=0.10$，达到优良标准。

（4）出口边坡及出口（D3+596.05～D3+671）。

1）C20 喷射混凝土。

出口边坡及出口（D3+596.05～D3+671）共抽检 C20 喷射混凝土抗压试件 3 组，主要检测指标见表 3-2-36。

表 3-2-36　　出口边坡及出口 C20 喷射混凝土质量检测统计分析

编　号	取 样 部 位	设计强度等级	抗压强度/MPa	判定结果
CKBP-C20 喷-01	出口边坡	C20 喷射	23.2	合格
CKBP-C20 喷-02	隧洞洞室开挖及支护（K3+667.0～K3+650）	C20 喷射	24.3	合格
CKBP-C20 喷-03	隧洞洞室开挖及支护（K3+630.0～K3+610）	C20 喷射	22.4	合格

C20 喷射混凝土抗压强度统计

部位	检测组数	最大值/MPa	最小值/MPa	平均值/MPa	标准差 S_n
出口边坡及出口	3	24.3	22.4	23.3	—

出口边坡及出口（D3+596.05～D3+671）C20 喷射混凝土试块质量评定：根据《水利水电工程施工质量检验与评定规程》（SL 176—2007）附录 D，喷射混凝土试块强度应满足下列要求：

$$f'_{ck} \geqslant 1.15 f_c, f'_{ck,min} \geqslant 0.85 f_c$$

即

$$平均值\ f'_{ck}=23.3\text{MPa} > 23.0\text{MPa}(1.15 f_c)$$

$$最小值\ f'_{ck,min}=22.4MPa>17.0MPa(0.85f_c)$$

两个评定条件都满足合格标准，出口边坡及输水隧洞出口C20喷射混凝土试块质量满足设计要求。

2）C25混凝土。

出口边坡及出口（D3+596.05～D3+671）共抽检C25混凝土抗压试件3组，主要检测指标见表3-2-37。

表3-2-37 出口边坡及出口C25混凝土质量检测统计分析

编　号	取样部位	设计强度等级	抗压强度/MPa	判定结果
CKBP-C25-01	钢管前渐变段D3+596.05～D3+601.05	C25	28.5	合格
CKBP-C25-02	钢管段D3+625.05～D3+637.05	C25	29.5	合格
CKBP-C25-03	钢管段D3+661.05～D3+667.00	C25	30.4	合格

C25混凝土抗压强度统计

强度（部位）	检测组数	最大值/MPa	最小值/MPa	平均值/MPa	标准差S_n
出口边坡及出口	3	30.4	28.5	29.47	—

出口边坡及出口C25混凝土试块质量评定：根据《水利水电工程施工质量检验与评定规程》（SL 176—2007）附录C.0.3，同一强度等级混凝土试块28d龄期抗压强度的组数n为2～5时，混凝土试块强度应同时满足下列要求：

$$R_n \geqslant 1.15R_{标}, R_{min} \geqslant 0.95R_{标}$$

即

$$R_n=29.47MPa>28.75MPa(1.15R_{标})$$

$$R_{min}=28.5MPa>23.75MPa(0.95R_{标})$$

两个评定条件都满足合格标准，判定该批C25混凝土试块质量满足设计要求。

3. 灌浆质量检测

（1）回填灌浆。

回填灌浆布设了150个检查孔，经检查：在设计规定的压力下，起始10min内，孔内注入水灰比的浆液均小于10L，全部达到合格标准。

（2）固结灌浆。

固结灌浆共布设了检查孔323个，经压水检查，透水率$q=0.13\sim4.79Lu$，$q\leqslant5Lu$的设计标准，全部达到合格标准。

4. 压力钢管制缝检测

压力钢管焊缝超声波探伤检测6个焊缝，检测结果为合格。

（三）大坝枢纽工程

本工程为混凝土面板堆石坝，作为面板坝三大要素之一料源问题，业主已提前进行了较好的安排，但各种填筑料的平衡利用、过渡料的开采和垫层料的加工仍是施工中的重点。

坝体填筑压实与防渗体的可靠程度是衡量面板坝施工质量的重要指标。如何保证坝体填筑料的质量、各分区、垫层小区、接缝、周边料的碾压密实度，减少坝体沉陷变形对面板和止水系统的损坏，以及面板本身的防裂性能如何提高，是本工程施工中的重点。

面板是坝体防渗的关键部位。面板防渗效果的好坏主要体现在止水安装、面板接缝、周边缝处理和面板混凝土本身的质量。因此，确保止水材料安装、接缝处理、面板混凝土浇筑质量的控制，加强混凝土的养护和施工中混凝土配合比的控制，是面板施工中的重点。

由于本工程坝体填筑料主要来源于其他标段开挖的利用料，利用料的级配、数量和物理特性是能否满足坝体填筑料的要求，将直接制约坝体填筑的质量和进度。因此，提前做好利用料的复检和坝料储备是本工程施工中的又一重点。

1. 大坝边坡支护原材料检测

大坝边坡支护设计强度等级为 C20 喷射混凝土。

(1) 边坡原材料检测情况。

大坝边坡支护细骨料抽检 4 组、粗骨料抽检 2 组、水泥抽检 6 组、钢筋抽检 6 组、速凝剂抽检 1 组。

1) 细骨料。

大坝边坡支护抽检砂 4 组，所检指标除细度模数超标外，其余指标满足规范要求，主要检测指标见表 3-2-38。

表 3-2-38　边坡支护工程细骨料抽检主要指标统计

统计值	表观密度 /(kg/m^3)	坚固性 /%	吸水率 /%	有机质含量	石粉含量 /%	细度模数	结论意见
标准值	≥2500	≤8	≤6	浅于标准色	6～18	2.4～2.8	合格
检测次数	4	4	4	4	4	4	合格
最大值	2660	5.0	0.90	浅于标准色	13.0	3.2	合格
最小值	2570	4.1	0.81	浅于标准色	8.9	2.8	合格
平均值	2632	4.6	0.87	浅于标准色	11.4	3.03	合格

2) 粗骨料。

大坝边坡支护混凝土用粗骨料为人工碎石，共抽检 2 组，检测指标均达到合格标准，主要检测指标见表 3-2-39。

表 3-2-39　大坝边坡支护工程粗骨料抽检主要指标统计

统计值	表观密度 /(kg/m^3)	泥块含量 /%	有机质含量	坚固性 /%	针片状颗粒含量/%	吸水率 /%	含泥量 /%	结论意见
标准值	≥2550	不允许	浅于标准色	≤5	≤15	≤1.5	≤1	合格
检测次数	2	2	2	2	2	2	2	合格
最大值	2720	无	浅于标准色	4.1	12.8	0.90	0.90	合格
最小值	2680	无	浅于标准色	4.2	8.8	0.81	0.55	合格
平均值	2700	无	浅于标准色	4.15	10.8	0.86	0.725	合格

3) 水泥。

大坝边坡支护工程用水泥为××牌 P·O42.5 普通硅酸盐水泥，共抽检 6 组，检测统计结果见表 3-2-40。

表 3-2-40 大坝边坡支护工程水泥抽检主要指标

水泥标号	抽检次数	统计项目	检测项目							
			细度/(kg/m²)	安定性	抗折强度/MPa		抗压强度/MPa		凝结时间/min	
					3d	28d	3d	28d	初凝	终凝
P·O42.5	6	最大值	343	合格	5.7	8.7	32.6	53.6	198	317
		最小值	320	合格	5.1	7.2	21.9	45.8	123	273
		平均值	330	合格	5.3	7.5	23.7	47.2	137	282
		标准	≥300	合格	≥3.5	≥6.5	≥17	≥42.5	≥45	≤600
合格率/%			100	合格	100	100	100	100	100	100
备注			经检验水泥所检指标满足国家标准《通用硅酸盐水泥》(GB 175—2007) 要求							

4) 钢筋原件。

大坝边坡支护工程钢筋原件共抽检 6 组，检测结果见表 3-2-41。

表 3-2-41 大坝边坡支护工程钢筋原件抽检主要指标

样品编号 \ 主要指标	钢筋	屈服点/(N/mm²)	抗拉强度/(N/mm²)	延伸率/%	冷弯
DBBP-HPB-01	ϕ6.5 HPB300	320	475	27.0	合格
DBBP-HRB-02	Φ22 HRB400E	485	630	19.5	合格
DBBP-HPB-03	ϕ6.5 HPB300	370	520	26.5	合格
DBBP-HRB-04	Φ22 HRB400E	485	650	20.5	合格
DBBP-HPB-05	ϕ6.5 HPB300	385	530	26.0	合格
DBBP-HRB-06	Φ22 HRB400E	475	640	19.5	合格
结论	钢筋原件经检验各项物理、力学指标符合技术标准，质量合格				
备注	试验方法标准为 GB 1499.2—2007、GB 1499.1—2008、GB 232—2010				

(2) 大坝边坡支护中间产品检测。

大坝边坡支护工程施工过程中按照规范要求，对中间产品混凝土、砂浆进行了取样检测。

1) C20 喷射混凝土。

大坝边坡共抽检 C20 喷射混凝土抗压试件 7 组，主要检测指标见表 3-2-42。

表 3-2-42 大坝边坡支护工程 C20 喷射混凝土质量检测统计分析

编号	取样部位	设计强度等级	抗压强度/MPa	判定结果
DBBP-C20 喷-01	大坝左岸肩边坡喷锚	C20 喷射	22.6	合格
DBBP-C20 喷-02	大坝左岸肩边坡喷锚	C20 喷射	22.9	合格
DBBP-C20 喷-03	大坝左岸肩边坡喷锚	C20 喷射	23.5	合格
DBBP-C20 喷-04	大坝左岸肩边坡喷锚	C20 喷射	23.7	合格
DBBP-C20 喷-05	大坝边坡喷锚 2255.60～2245.60m	C20 喷射	22.9	合格
DBBP-C20 喷-06	大坝边坡喷锚 2190.50～2240.00m	C20 喷射	26.0	合格
DBBP-C20 喷-07	大坝边坡喷锚 2271.60～2265.60m	C20 喷射	21.7	合格

续表

C20 喷射混凝土抗压强度统计

部　位	取样组数	最大值/MPa	最小值/MPa	平均值/MPa	标准差 S_n
大坝边坡支护	7	26.0	21.7	23.3	1.345

大坝边坡支护工程 C20 喷射混凝土试块质量评定：根据《水利水电工程施工质量检验与评定规程》（SL 176—2007）附录 D，喷射混凝土试块强度应满足下列要求：

$$f'_{ck} \geqslant 1.15 f_c, f'_{ck,min} \geqslant 0.85 f_c$$

即

$$平均值\ f'_{ck} = 23.3\text{MPa} > 23.0\text{MPa}(1.15 f_c)$$

$$最小值\ f'_{ck,min} = 21.7\text{MPa} > 17.0\text{MPa}(0.85 f_c)$$

两个评定条件都满足合格标准，大坝边坡支护工程 C20 喷射混凝土试块质量满足设计要求。

2）M7.5 砂浆。

大坝边坡支护工程共抽检 M7.5 砂浆抗压试件 4 组，主要检测指标见表 3-2-43。

表 3-2-43　　　大坝边坡支护工程 M7.5 质量检测统计分析

编　号	取样部位	设计强度等级	抗压强度/MPa	判定结果
DBBP-M7.5-01	大坝左岸截水天沟 2267.80～2267.50m	M7.5	9.4	合格
DBBP-M7.5-02	大坝左岸排水沟 2260.00～2259.40m	M7.5	8.8	合格
DBBP-M7.5-03	大坝左岸排水沟 2245.50～2240.00m	M7.5	9.8	合格
DBBP-M7.5-04	大坝右岸截水天沟 2271.60m	M7.5	9.5	合格

大坝边坡支护 M7.5 砂浆抗压强度统计

部　位	取样组数	最大值/MPa	最小值/MPa	平均值/MPa	标准差 S_n
大坝边坡支护	4	9.8	8.8	9.35	—

大坝边坡支护工程 M7.5 试块质量评定：根据《水利水电工程施工质量检验与评定规程》（SL 176—2007）附录 E.0.2，同一强度等级试块组数 n 小于 30 时，28d 龄期的试块强度应同时满足以下标准：

$$R_n \geqslant R_{标}, R_{min} \geqslant 0.80 R_{标}$$

即

$$R_n = 9.35\text{MPa} > 7.5\text{MPa}(R_{标})$$

$$R_{min} = 8.8\text{MPa} > 6.0\text{MPa}(0.80 R_{标})$$

两个评定条件都满足合格标准，判定该批 M7.5 试块质量满足设计要求。

2. 混凝土趾板、混凝土挤压边墙及周边缝止水

趾板设计强度等级为 C25，趾板地基处理设计强度等级为 C15，挤压边墙设计强度等级为 C5～C7。

（1）挤压边墙原材料检测。

挤压边墙砂抽检 3 组，水泥抽检 2 组，外加剂抽检 4 组，检测结果全部合格。

1）细骨料。

挤压边墙用砂抽检3组，质量合格，主要检测指标见表3-2-44。

表3-2-44　挤压边墙细骨料抽检主要指标

统计值	表观密度/(kg/m³)	坚固性/%	吸水率/%	有机质含量	石粉含量/%	细度模数	结论意见
标准值	≥2500	≤8	≤6	浅于标准色	6～18	2.4～2.8	合格
检测次数	3	3	3	3	3	3	合格
最大值	2673	3.5	4.6	浅于标准色	14.65	2.75	合格
最小值	2649	3.2	4.1	浅于标准色	12.97	2.58	合格
平均值	2657	3.37	4.3	浅于标准色	14.09	2.64	合格

2）水泥检测。

挤压边墙水泥共抽检2组，检测结果见表3-2-45。

表3-2-45　挤压边墙水泥抽检主要指标

水泥标号	抽检次数	统计项目	检测项目							
			细度/(kg/m²)	安定性	抗折强度/MPa		抗压强度/MPa		凝结时间/min	
					3d	28d	3d	28d	初凝	终凝
P·O42.5	2	最大值	330	1.1	5.3	7.3	22.0	46	126	275
		最小值	320	1.3	5.1	7.2	21.9	46	122	270
		平均值	325	1.2	5.2	7.25	21.95	46	124	272.5
		标准	≥300	≤5	≥3.5	≥6.5	≥17	≥42.5	≥45	≤600
合格率/%			100	合格	100	100	100	100	100	100
备注			经检验水泥所检指标满足《通用硅酸盐水泥》(GB 175—2007）要求							

（2）挤压边墙中间产品检测。

挤压边墙C5～C7混凝土抗压试件共抽检67组，主要检测指标见表3-2-46。

表3-2-46　大坝挤压边墙混凝土抽检情况一览

编号	取样部位	设计强度等级	抗压强度/MPa	判定结果
DBJYBQ-C5～7-01	大坝挤压边墙高程2178.40～2178.80m	C5～C7	5.8	合格
DBJYBQ-C5～7-02	大坝挤压边墙高程2178.80～2179.20m	C5～C7	6.3	合格
DBJYBQ-C5～7-03	大坝挤压边墙高程2180.00～2180.40m	C5～C7	6.2	合格
DBJYBQ-C5～7-04	大坝挤压边墙高程2181.20～2181.60m	C5～C7	6.0	合格
DBJYBQ-C5～7-05	大坝挤压边墙高程2182.40～2182.80m	C5～C7	7.0	合格
DBJYBQ-C5～7-06	大坝挤压边墙高程2184.00～2184.40m	C5～C7	5.9	合格
DBJYBQ-C5～7-07	大坝挤压边墙高程2184.80～2185.20m	C5～C7	5.8	合格
DBJYBQ-C5～7-08	大坝挤压边墙高程2186.00～2186.40m	C5～C7	6.0	合格
DBJYBQ-C5～7-09	大坝挤压边墙高程2186.80～2187.20m	C5～C7	6.7	合格
DBJYBQ-C5～7-10	大坝挤压边墙高程2188.40～2188.80m	C5～C7	6.5	合格
DBJYBQ-C5～7-11	大坝挤压边墙高程2189.60～2190.00m	C5～C7	6.0	合格

续表

编 号	取样部位	设计强度等级	抗压强度/MPa	判定结果
DBJYBQ-C5～7-12	大坝挤压边墙高程 2190.40～2190.80m	C5～C7	6.5	合格
DBJYBQ-C5～7-13	大坝挤压边墙高程 2191.20～2191.60m	C5～C7	5.5	合格
DBJYBQ-C5～7-14	大坝挤压边墙高程 2192.00～2192.40m	C5～C7	6.7	合格
DBJYBQ-C5～7-15	大坝挤压边墙高程 2194.00～2194.40m	C5～C7	5.9	合格
DBJYBQ-C5～7-16	大坝挤压边墙高程 2196.80～2197.20m	C5～C7	6.7	合格
DBJYBQ-C5～7-17	大坝挤压边墙高程 2197.20～2197.60m	C5～C7	6.7	合格
DBJYBQ-C5～7-18	大坝挤压边墙高程 2198.00～2198.40m	C5～C7	6.6	合格
DBJYBQ-C5～7-19	大坝挤压边墙高程 2199.60～2200.00m	C5～C7	5.8	合格
DBJYBQ-C5～7-20	大坝挤压边墙高程 2200.80～2201.20m	C5～C7	6.4	合格
DBJYBQ-C5～7-21	大坝挤压边墙高程 2201.60～2202.00m	C5～C7	6.2	合格
DBJYBQ-C5～7-22	大坝挤压边墙高程 2202.40～2202.80m	C5～C7	6.9	合格
DBJYBQ-C5～7-23	大坝挤压边墙高程 2204.00～2204.40m	C5～C7	6.7	合格
DBJYBQ-C5～7-24	大坝挤压边墙高程 2204.40～2204.80m	C5～C7	5.9	合格
DBJYBQ-C5～7-25	大坝挤压边墙高程 2190.80～2191.20m	C5～C7	6.9	合格
DBJYBQ-C5～7-26	大坝挤压边墙高程 2192.00～2192.40m	C5～C7	6.5	合格
DBJYBQ-C5～7-27	大坝挤压边墙高程 2193.20～2193.60m	C5～C7	5.9	合格
DBJYBQ-C5～7-28	大坝挤压边墙高程 2194.40～2194.80m	C5～C7	7.0	合格
DBJYBQ-C5～7-29	大坝挤压边墙高程 2196.00～2196.40m	C5～C7	6.4	合格
DBJYBQ-C5～7-30	大坝挤压边墙高程 2196.40～2196.80m	C5～C7	5.9	合格
DBJYBQ-C5～7-31	大坝挤压边墙高程 2197.60～2198.00m	C5～C7	6.5	合格
DBJYBQ-C5～7-32	大坝挤压边墙高程 2198.80～2199.20m	C5～C7	5.8	合格
DBJYBQ-C5～7-33	大坝挤压边墙高程 2200.40～2200.80m	C5～C7	6.2	合格
DBJYBQ-C5～7-34	大坝挤压边墙高程 2202.00～2202.40m	C5～C7	6.3	合格
DBJYBQ-C5～7-35	大坝挤压边墙高程 2203.60～2204.00m	C5～C7	5.6	合格
DBJYBQ-C5～7-36	大坝挤压边墙高程 2204.40～2204.80m	C5～C7	6.5	合格
DBJYBQ-C5～7-37	大坝挤压边墙高程 2206.00～2206.40m	C5～C7	6.3	合格
DBJYBQ-C5～7-38	大坝挤压边墙高程 2207.60～2208.00m	C5～C7	5.6	合格
DBJYBQ-C5～7-39	大坝挤压边墙高程 2209.20～2209.6m	C5～C7	6.3	合格
DBJYBQ-C5～7-40	大坝挤压边墙高程 2210.80～2211.20m	C5～C7	7.2	合格
DBJYBQ-C5～7-41	大坝挤压边墙高程 2212.80～2213.20m	C5～C7	6.2	合格
DBJYBQ-C5～7-42	大坝挤压边墙高程 2213.60～2214.00m	C5～C7	6.4	合格
DBJYBQ-C5～7-43	大坝挤压边墙高程 2215.20～2215.60m	C5～C7	5.6	合格
DBJYBQ-C5～7-44	大坝挤压边墙高程 2216.80～2217.20m	C5～C7	6.4	合格
DBJYBQ-C5～7-45	大坝挤压边墙高程 2216.80～2217.20m	C5～C7	5.9	合格
DBJYBQ-C5～7-46	大坝挤压边墙高程 2219.20～2219.60m	C5～C7	6.2	合格
DBJYBQ-C5～7-47	大坝挤压边墙高程 2219.60～2220.00m	C5～C7	6.2	合格
DBJYBQ-C5～7-48	大坝挤压边墙高程 2220.80～2221.20m	C5～C7	5.4	合格
DBJYBQ-C5～7-49	大坝挤压边墙高程 2222.40～2222.80m	C5～C7	6.0	合格
DBJYBQ-C5～7-50	大坝挤压边墙高程 2223.20～2223.60m	C5～C7	6.2	合格
DBJYBQ-C5～7-51	大坝挤压边墙高程 2224.40～2224.80m	C5～C7	5.8	合格

续表

编　号	取样部位	设计强度等级	抗压强度/MPa	判定结果
DBJYBQ-C5～7-52	大坝挤压边墙高程2225.60～2226.00m	C5～C7	6.6	合格
DBJYBQ-C5～7-53	大坝挤压边墙高程2226.8～2227.20m	C5～C7	6.4	合格
DBJYBQ-C5～7-54	大坝挤压边墙高程2228.00～2228.40m	C5～C7	6.3	合格
DBJYBQ-C5～7-55	大坝挤压边墙高程2229.20～2229.60m	C5～C7	5.9	合格
DBJYBQ-C5～7-56	大坝挤压边墙高程2230.00～2230.40m	C5～C7	5.5	合格
DBJYBQ-C5～7-57	大坝挤压边墙高程2231.20～2231.60m	C5～C7	5.9	合格
DBJYBQ-C5～7-58	大坝挤压边墙高程2232.40～2232.80m	C5～C7	6.7	合格
DBJYBQ-C5～7-59	大坝挤压边墙高程2233.60～2234.00m	C5～C7	5.6	合格
DBJYBQ-C5～7-60	大坝挤压边墙高程2234.80～2235.20m	C5～C7	6.0	合格
DBJYBQ-C5～7-61	大坝挤压边墙高程2235.20～2235.60m	C5～C7	6.3	合格
DBJYBQ-C5～7-62	大坝挤压边墙高程2236.40～2236.80m	C5～C7	6.0	合格
DBJYBQ-C5～7-63	大坝挤压边墙高程2237.60～2238.00m	C5～C7	5.6	合格
DBJYBQ-C5～7-64	大坝挤压边墙高程2238.80～2239.20m	C5～C7	6.2	合格
DBJYBQ-C5～7-65	大坝挤压边墙高程2240.40～2240.80m	C5～C7	6.1	合格
DBJYBQ-C5～7-66	大坝挤压边墙高程2241.20～2241.60m	C5～C7	6.4	合格
DBJYBQ-C5～7-67	大坝挤压边墙高程2242.80～2243.20m	C5～C7	5.9	合格

挤压边墙C5～C7混凝土抗压强度统计

部位	取样组数	最大值/MPa	最小值/MPa	平均值/MPa	离差系数 C_v	强度保证率/%
挤压边墙	67	7.2	5.4	6.2	0.066	100

挤压边墙C5～C7试块质量评定：根据《水利水电工程施工质量检验与评定规程》（SL 176—2007）C.0.2，同一强度等级混凝土试块28d龄期抗压强度的组数 n 不小于30时，应符合下列要求：

a. 任何一组试块抗压强度最低不得低于设计值的90%为优良；85%合格。

即　$R_{min} \geqslant 0.90R_{标}$　优良，$0.90R_{标} > R_{min} \geqslant 0.85R_{标}$　合格

挤压边墙C5～C7（按平均值为C6计算）混凝土试块抗压强度统计结果：抗压强度最小值为设计值的90%，达到优良标准。

b. 无筋（或少筋）混凝土强度保证率：$P \geqslant 85\%$　优良，$85\% > P \geqslant 80\%$　合格。

挤压边墙C5～C7混凝土试块强度保证率 $P=100\%$，达到优良标准。

c. 混凝土抗压强度的离差系数小于0.18　优良；小于0.22　合格；

即　$C_v < 0.18$　优良，$0.18 \leqslant C_v < 0.22$　合格

挤压边墙C5～C7混凝土试块强度的离差系数 $C_v=0.066$，达到优良标准。

(3) 趾板原材料检测。

趾板砂、碎石各抽检2组，水泥抽检3组，钢筋原件及焊件各6组，外加剂2组，氯丁橡胶棒抽检2组，PVC垫片抽检1组，紫铜带抽检1组，检测结果均为合格。

1) 砂、碎石。

趾板混凝土用粗细骨料各抽检2组，质量合格，主要检测指标见表3-2-47、表3-2-48。

表 3-2-47　　趾板细骨料抽检主要指标

统计值	表观密度 /(kg/m³)	坚固性 /%	吸水率 /%	有机质含量	石粉含量 /%	细度模数	结论意见
标准值	≥2500	≤8	≤6	浅于标准色	6～18	2.4～2.8	合格
检测次数	2	2	2	2	2	2	合格
最大值	2660	5.3	1.2	浅于标准色	9.6	2.95	合格
最小值	2655	5.1	1.1	浅于标准色	9.5	2.90	合格
平均值	2657.5	5.2	1.15	浅于标准色	9.55	2.93	合格

表 3-2-48　　趾板粗骨料抽检主要指标统计

统计值	表观密度 /(kg/m³)	泥块含量 /%	有机质含量	坚固性 /%	硫化物及硫酸盐含量 /%	吸水率 /%	含泥量 /%	结论意见
标准值	≥2550	不允许	浅于标准色	≤5	≤0.5	≤1.5	≤1	合格
检测次数	2	2	2	2	2	2	2	合格
最大值	2610	无	浅于标准色	2.5	0.05	0.35	0.5	合格
最小值	2600	无	浅于标准色	2.2	0.02	0.33	0.3	合格
平均值	2605	无	浅于标准色	2.35	0.035	0.34	0.4	合格

2）水泥。

趾板水泥共抽检 3 组，质量合格，各项检测指标见表 3-2-49。

表 3-2-49　　趾板水泥抽检主要指标

水泥标号	抽检次数	统计项目	检测项目							
			细度 /(kg/m²)	安定性	抗折强度/MPa		抗压强度/MPa		凝结时间/min	
					3d	28d	3d	28d	初凝	终凝
P·O42.5	3	最大值	379	1.0	5.4	8.5	27.1	48.1	182	272
		最小值	309	0.8	4.6	8.0	26.8	46.9	142	210
		平均值	339	0.87	5.0	7.97	25.0	47.5	157	240
		标准	≥300	≤5mm	≥3.5	≥6.5	≥17	≥42.5	≥45	≤600
合格率/%			100	合格	100	100	100	100	100	100
备注			经检验水泥所检指标满足 GB 175—2007 要求							

3）钢筋原件检测。

趾板钢筋原件共抽检 6 组，质量合格，各项检测指标见表 3-2-50。

表 3-2-50　　趾板钢筋原件抽检主要指标

主要指标 / 样品编号	钢筋	屈服点 /(N/mm²)	抗拉强度 /(N/mm²)	延伸率 /%	冷弯
DBZB-HRB-01	Φ18　HRB400E	460	605	22.0	合格
DBZB-HRB-02	Φ20　HRB400E	500	675	20.5	合格

续表

主要指标 样品编号	钢筋	屈服点 /(N/mm²)	抗拉强度 /(N/mm²)	延伸率 /%	冷弯
DBZB-HRB-03	Φ22　HRB400E	450	600	23.0	合格
DBZB-HRB-04	Φ18　HRB400E	475	625	21.5	合格
DBZB-HRB-05	Φ20　HRB400E	505	670	21.0	合格
DBZB-HRB-06	Φ22　HRB400E	455	600	21.5	合格
结论	钢筋原件经检验各项物理、力学指标符合技术标准，质量合格				
备注	试验方法标准满足 GB 1499.2—2007、GB 1499.1—2008、GB 232—2010 要求				

4）钢筋焊件力学检测。

趾板钢筋焊件抽检6组，检测主要指标见表3-2-51。

表3-2-51　　趾板钢筋焊件抽检主要指标

主要指标 样品编号	说明	公称直径 /mm	试件编号	抗拉强度 /(N/mm²)
DBZB-HRB-HJ-01	单面搭接焊	18	1	630
			2	635
			3	650
DBZB-HRB-HJ-02	单面搭接焊	20	1	640
			2	640
			3	630
DBZB-HRB-HJ-03	单面搭接焊	22	1	615
			2	595
			3	600
DBZB-HRB-HJ-04	单面搭接焊	18	1	650
			2	640
			3	630
DBZB-HRB-HJ-05	单面搭接焊	20	1	640
			2	650
			3	635
DBZB-HRB-HJ-06	单面搭接焊	22	1	610
			2	615
			3	600
结论	钢筋原件经检验各项物理、力学指标符合技术标准，质量合格			
备注	试验方法标准满足 GB/T 2651—2008 要求			

(4）趾板中间产品检测。

1）C15混凝土。

趾板地基处理C15混凝土抗压试件共抽检7组，主要检测指标见表3-2-52。

表 3-2-52　　大坝趾板地基处理混凝土抽检情况统计

编　号	取样部位	设计强度等级	抗压强度/MPa	判定结果
DBZB-C15-01	大坝左岸趾板地基开挖 Z5 连接段（高程 2180.08～2177.50m）	C15	21.6	合格
DBZB-C15-02	大坝左岸趾板地基开挖 B1 连接段～Z5 连接段（高程 2184.28～2182.98m）	C15	20.5	合格
DBZB-C15-03	大坝左岸趾板地基开挖 B1 连接段～Z4 连接段（高程 2186.53～2185.33m）	C15	16.8	合格
DBZB-C15-04	大坝左岸趾板地基开挖 B1 连接段～Z4 连接段（高程 2190.03～2188.93m）	C15	17.7	合格
DBZB-C15-05	大坝左岸趾板地基开挖 B1 连接段～Z4 连接段（高程 2191.13～2190.03m）	C15	19.0	合格
DBZB-C15-06	大坝左岸趾板地基开挖 B1 连接段～Z4 连接段（高程 2193.43～2192.23m）	C15	18.0	合格
DBZB-C15-07	大坝左岸趾板地基开挖 B1 连接段～Z4 连接段（高程 2205.10～2198.35m）	C15	19.6	合格

大坝趾板 C15 混凝土抗压强度统计

部　位	检测组数	最大值/MPa	最小值/MPa	平均值/MPa	标准差 S_n
趾板地基处理	7	21.6	16.8	19.03	1.678

大坝趾板 C15 混凝土试块质量评定：根据《水利水电工程施工质量检验与评定规程》(SL 176—2007) C.0.2，同一强度等级混凝土试块 28d 龄期抗压强度的组数 n 为 5～30 时，混凝土试块强度应同时满足下列要求：

$$R_n-0.7S_n>R_{标},R_n-1.60S_n\geqslant 0.83R_{标}$$

即

$$19.03-(0.7\times 2)=17.63\text{MPa}>15\text{MPa}(R_{标})$$

$$19.03-(1.6\times 2)=15.83\text{MPa}>12\text{MPa}(0.80R_{标})$$

两个评定条件都满足合格标准，判定该批 C15 混凝土试块质量满足设计要求。

2）C25 混凝土。

C25 趾板混凝土抗压试件共抽检 16 组，抗渗及抗冻各取样 3 组，主要指标见表3-2-53。

表 3-2-53　　大坝趾板混凝土抽检情况统计

编　号	取样部位	设计强度等级	抗压、抗渗、抗冻强度/MPa	判定结果
DBZB-C25-01	大坝趾板基础高程 0+084.99～0+096.00m	C25（W10F50）	27.8（$W_{10}F_{50}$）	合格
DBZB-C25-02	大坝左岸趾板高程 2178.10～2184.80m	C25（W10F50）	26.6（$W_{11}F_{50}$）	合格
DBZB-C25-03	大坝左岸趾板高程 2188.62～2194.94m	C25	31.6	合格
DBZB-C25-04	大坝左岸趾板高程 2202.10～2209.78m	C25（W10F50）	27.6（$W_{10}F_{50}$）	合格
DBZB-C25-05	大坝左岸趾板高程 2219.05～2227.70m	C25	29.9	合格
DBZB-C25-06	大坝左岸趾板高程 2187.50m	C25	28.0	合格
DBZB-C25-07	大坝趾板基础高程 0+112.00～0+131.00m	C25	29.5	合格

续表

编 号	取样部位	设计强度等级	抗压、抗渗、抗冻强度/MPa	判定结果
DBZB-C25-08	大坝右岸趾板高程2178.12～2183.65m	C25	26.9	合格
DBZB-C25-09	大坝右岸趾板高程2191.40～2195.60m	C25	27.5	合格
DBZB-C25-10	大坝右岸趾板高程2195.60～2201.10m	C25	27.3	合格
DBZB-C25-11	大坝右岸趾板高程2206.50～2210.56m	C25	28.4	合格
DBZB-C25-12	大坝右岸趾板高程2228.30～2215.52m	C25	28.5	合格
DBZB-C25-13	大坝右岸趾板高程2238.17～2228.32m	C25	29.3	合格
DBZB-C25-14	大坝左岸趾板高程2232.70～2235.70m	C25	27.5	合格
DBZB-C25-15	大坝左岸趾板高程2235.70～2243.00m	C25	28.5	合格
DBZB-C25-16	大坝右岸趾板高程2241.00～2238.17m	C25	28.8	合格

大坝趾板C25混凝土抗压强度统计

部位	检测组数	最大值/MPa	最小值/MPa	平均值/MPa	标准差 S_n
趾板	16	31.6	26.6	28.36	1.269

大坝趾板C25混凝土试块质量评定：根据《水利水电工程施工质量检验与评定规程》(SL 176—2007) C.0.2，同一强度等级混凝土试块28d龄期抗压强度的组数 n 为5～30时，混凝土试块强度应同时满足下列要求：

$$R_n-0.7S_n>R_{标}, R_n-1.60S_n\geqslant 0.83R_{标}$$

即

$$28.36-(0.7\times 2)=26.96\text{MPa}>25\text{MPa}(R_{标})$$

$$28.36-(1.6\times 2)=25.16\text{MPa}>20.75\text{MPa}(0.83R_{标})$$

两个评定条件都满足合格标准，判定该批C25混凝土试块质量满足设计要求。

3. 坝基及坝肩防渗

主要对灌浆所用的水泥进行抽检，对检查孔压水试验成果数据进行了统计分析。

(1) 水泥检测。

坝基及坝肩防渗水泥品种为P·O42.5，共抽检9组，检测统计结果见表3-2-54。

表3-2-54 坝基及坝肩防渗水泥抽检主要指标统计

水泥标号	抽检次数	统计项目	检测项目							
			细度/(kg/m²)	安定性	抗折强度/MPa		抗压强度/MPa		凝结时间/min	
					3d	28d	3d	28d	初凝	终凝
P·O42.5	9	最大值	335	1.4	5.3	7.6	22.4	46.5	140	274
		最小值	310	1.1	4.6	7.1	21.8	45.4	123	250
		平均值	322	1.2	4.97	7.4	22.1	45.9	126	266
		标准	≥300	≤5mm	≥3.5	≥6.5	≥17	≥42.5	≥45	≤600
合格率/%			100	合格	100	100	100	100	100	100
备注			经检验水泥所检指标满足GB 175—2007要求							

（2）灌浆检查孔压水试验。

固结灌浆孔 1017 个，应布置检查孔 51 个，核实布置检查孔 56 个，检查孔数量符合规范要求。压水试验 56 段，q_{max}=4.14Lu，q_{min}=0.24Lu，合格 56 段，合格率 100%，符合设计要求。

帷幕灌浆孔 305 个，应布置检查孔 31 个，核实布置检查孔 31 个，检查孔数量符合规范要求。压水试验 186 段，q_{max}=7.89Lu，q_{min}=0.05Lu，合格 184 段，合格率 98.9%，2 段不合格段不是同一个检查孔，也不是检查孔中的第一、二段。其中第一、二段合格率 100%，第三段及以下各段合格率在 90%以上，同时不合格段的透水率值不超过设计规定的 100%，符合设计要求。

4. 面板

（1）原材料检测。

面板砂、碎、水泥石各抽检 6 组，钢筋原件抽检 14 组，焊件抽检 17 组，外加剂抽检 6 组，止水铜片带抽检 3 组，氯丁橡胶棒、三元乙丙板、PVC 棒、GB 填料各抽检 2 组，均为合格建材。

1）砂、碎石检测。

面板砂、碎石各抽检 6 组，质量合格，主要检测指标见表 3-2-55、表 3-2-56。

表 3-2-55　面板细骨料主要检测指标统计

统计值	表观密度/(kg/m³)	坚固性/%	吸水率/%	有机质含量	石粉含量/%	细度模数	结论意见
标准值	≥2500	≤8	≤6	浅于标准色	6～18	2.4～2.8	合格
检测次数	6	6	6	6	6	6	合格
最大值	2700	5.4	3.8	浅于标准色	17.6	2.8	合格
最小值	2680	4.2	2.6	浅于标准色	15.5	2.5	合格
平均值	2693	4.8	3.1	浅于标准色	17.0	2.78	合格

表 3-2-56　面板粗骨料主要检测指标统计

统计值	表观密度/(kg/m³)	泥块含量/%	有机质含量	坚固性/%	硫化物及硫酸盐含量/%	吸水率/%	含泥量/%	结论意见
标准值	≥2550	不允许	浅于标准色	≤5	≤0.5	≤1.5	≤1	合格
检测次数	6	6	6	6	6	6	6	合格
最大值	2710	无	浅于标准色	4.0	—	0.4	0.5	合格
最小值	2680	无	浅于标准色	2.7	—	0.2	0.2	合格
平均值	2695	无	浅于标准色	3.3	—	0.35	0.36	合格

2）水泥。

混凝土面板使用普通硅酸盐水泥，水泥共抽检 6 组，检测指标见表 3-2-57。

3）钢筋检测。

面板钢筋品种为 HRB400E，规格 ϕ18～ϕ25 原件共抽检 14 组，检测指标见表 3-2-58。

表 3-2-57　　面板水泥抽检主要指标统计

水泥标号	抽检次数	统计项目	检测项目							
			细度/(kg/m²)	安定性	抗折强度/MPa		抗压强度/MPa		凝结时间/min	
					3d	28d	3d	28d	初凝	终凝
P·O42.5	6	最大值	397	1.4	5.0	7.4	23.9	50.3	140	278
		最小值	315	0.9	4.6	7.0	19.0	46.8	112	252
		平均值	360	1.1	4.7	7.25	20.3	48.7	122.8	258.8
		标准	≥300	≤5mm	≥3.5	≥6.5	≥17	≥42.5	≥45	≤600
合格率/%			100	合格	100	100	100	100	100	100
结　论			经检验水泥所检指标满足 GB 175—2007 要求							

表 3-2-58　　面板钢筋原件抽检主要指标统计

样品编号＼主要指标	钢筋	屈服强度/MPa	抗拉强度/MPa	延伸率/%	冷弯
MB-HRB-01	Φ18 HRB400E	480	630	21.5	合格
MB-HRB-02	Φ20 HRB400E	530	660	18.5	合格
MB-HRB-03	Φ22 HRB400E	490	640	22.5	合格
MB-HRB-04	Φ25 HRB400E	490	610	20.0	合格
MB-HRB-05	Φ18 HRB400E	525	670	20.0	合格
MB-HRB-06	Φ20 HRB400E	515	655	20.0	合格
MB-HRB-07	Φ22 HRB400E	510	660	19.5	合格
MB-HRB-08	Φ25 HRB400E	505	640	19.5	合格
MB-HRB-09	Φ22 HRB400E	455	640	19.0	合格
MB-HRB-10	Φ22 HRB400E	465	645	20	合格
MB-HRB-11	Φ22 HRB400E	445	655	19.0	合格
MB-HRB-12	Φ20 HRB400E	455	610	19.0	合格
MB-HRB-13	Φ22 HRB400E	450	600	19.0	合格
MB-HRB-14	Φ25 HRB400E	450	650	19.0	合格
结论	钢筋原件经检验各项物理、力学指标符合技术标准，质量合格				
备注	试验方法标准满足 GB 1499.2—2007、GB 1499.1—2008、GB 232—2010、GB/T 2651—2008 要求				

4）钢筋焊接件力学检测。

趾板钢筋焊件抽检 17 组，检测主要指标见表 3-2-59。

(2) 中间产品检测。

面板 C25 混凝土抗压试件共抽检 20 组，抗渗及抗冻各抽检 5 组，主要抽检结果见表 3-2-60。

表 3-2-59　　趾板钢筋焊件抽检主要指标

样品编号 \ 主要指标	说明	公称直径/mm	试件编号	抗拉强度/(N/mm²)
ZB-HRB-HJ-01	单面搭接焊	20	1	645
			2	660
			3	650
ZB-HRB-HJ-02	单面搭接焊	22	1	665
			2	650
			3	660
ZB-HRB-HJ-03	单面搭接焊	25	1	640
			2	640
			3	630
ZB-HRB-HJ-04	单面搭接焊	18	1	660
			2	670
			3	780
ZB-HRB-HJ-01	单面搭接焊	20	1	670
			2	670
			3	670
ZB-HRB-HJ-05	单面搭接焊	22	1	655
			2	660
			3	660
ZB-HRB-HJ-06	单面搭接焊	25	1	640
			2	630
			3	635
ZB-HRB-HJ-07	单面搭接焊	18	1	670
			2	650
			3	660
ZB-HRB-HJ-08	单面搭接焊	20	1	650
			2	645
			3	640
ZB-HRB-HJ-09	单面搭接焊	22	1	650
			2	665
			3	650
ZB-HRB-HJ-10	单面搭接焊	25	1	640
			2	635
			3	645
ZB-HRB-HJ-11	单面搭接焊	20	1	650
			2	640
			3	640

续表

主要指标 样品编号	说 明	公称直径 /mm	试件编号	抗拉强度 /(N/mm²)
ZB-HRB-HJ-12	单面搭接焊	22	1	645
			2	650
			3	660
ZB-HRB-HJ-13	单面搭接焊	25	1	635
			2	640
			3	650
ZB-HRB-HJ-14	单面搭接焊	22	1	650
			2	650
			3	655
ZB-HRB-HJ-15	单面搭接焊	22	1	650
			2	660
			3	645
ZB-HRB-HJ-16	单面搭接焊	22	1	645
			2	650
			3	660
结论	钢筋原件经检验各项物理、力学指标符合技术标准，质量合格			
备注	试验方法标准满足 GB/T 2651—2008 要求			

表 3-2-60　　大坝趾板 C25 混凝土抽检结果统计

编　号	取 样 部 位	设计强度等级	抗压、抗渗、抗冻强度/MPa	判定结果
MB-C25-01	大坝面板高程 2178.90～2189.67m K0+107.875～K0+119.875	C25（F50W10）	33.4（F50W11）	合格
MB-C25-02	大坝面板高程 2211.20～2221.97m K0+107.875～K0+119.875	C25	28.1	合格
MB-C25-03	大坝面板高程 2189.67～2200.43m K0+131.875～K0+143.875	C25	27.8	合格
MB-C25-04	大坝面板高程 2200.43～2211.20m K0+131.875～K0+143.875	C25（F50W10）	28.3（F50W11）	合格
MB-C25-05	大坝面板高程 2211.20～2221.97m K0+155.875～K0+167.875	C25	29.0	合格
MB-C25-06	大坝面板高程 2189.67～2200.43m K0+179.875～K0+191.875	C25	27.8	合格
MB-C25-03	大坝面板高程 2211.20～2221.97m K0+179.875～K0+191.875	C25	29.9	合格
MB-C25-04	大坝面板高程 2211.20～2221.97m K0+203.875～K0+215.875	C25（F50W10）	26.3（F50W11）	合格
MB-C25-05	大坝面板高程 2200.43～2211.20m K0+227.875～K0+239.875	C25	29.1	合格

续表

编　号	取样部位	设计强度等级	抗压、抗渗、抗冻强度/MPa	判定结果
MB-C25-06	大坝面板高程 2221.97～2232.70m K0+227.875～K0+239.875	C25（F50W10）	28.6（F50W11）	合格
MB-C25-07	大坝面板高程 2221.97～2232.70m K0+251.875～K0+263.875	C25（F50W10）	28.7（F50W11）	合格
MB-C25-08	大坝面板高程 2232.70～2243.50m K0+035.875～K0+047.875	C25	27.7	合格
MB-C25-09	大坝面板高程 2211.20～2221.97m K0+143.875～K0+155.875	C25	29.4	合格
MB-C25-10	大坝面板高程 2221.97～2232.70m K0+143.875～K0+155.875	C25	28.9	合格
MB-C25-11	大坝面板高程 2178.90～2189.67m K0+119.875～K0+131.875	C25	28.3	合格
MB-C25-12	大坝面板高程 2189.67～2200.43m K0+095.875～K0+107.875	C25	28.3	合格
MB-C25-13	大坝面板高程 2211.20～2221.97m K0+095.875～K0+107.875	C25	28.2	合格
MB-C25-14	大坝面板高程 2200.43～2211.20m K0+215.875～K0+227.875	C25（F50W10）	27.8（F50W11）	合格
MB-C25-15	大坝面板高程 2211.20～2221.97m K0+239.875～K0+251.875	C25	29.1	合格
MB-C25-16	大坝面板高程 2232.70～2243.50m K0+023.875～K0+035.875	C25	27.0	合格

大坝面板 C25 混凝土抗压强度统计

强度（部位）	检测组数	最大值/MPa	最小值/MPa	平均值/MPa	标准差 S_n
面　板	20	33.4	26.5	28.59	1.403

大坝面板 C25 混凝土试块质量评定：根据《水利水电工程施工质量检验与评定规程》（SL 176—2007）C.0.2，同一强度等级混凝土试块 28d 龄期抗压强度的组数 n 为 5～30 时，混凝土试块强度应同时满足下列要求：

$$R_n-0.7S_n>R_{标},R_n-1.60S_n\geqslant 0.83R_{标}$$

即

$$28.59-(0.7\times 2)=27.19\text{MPa}>25\text{MPa}(R_{标})$$
$$28.36-(1.6\times 2)=25.16\text{MPa}>20.75\text{MPa}(0.83R_{标})$$

两个评定条件都满足合格标准，判定该批 C25 混凝土试块质量满足设计要求。

5. 垫层与过渡料

根据碾压试验成果及设计要求，垫层料、过渡料、特殊垫层料采用分层碾压填筑，垫层料、过渡料铺土厚度 40cm 碾压 8 遍；特殊垫层料铺土厚度 20cm 碾压 8 遍；垫层料、过渡料、特殊垫层料依据大坝填筑料设计指标，根据《碾压式土石坝施工规范》（DL/T 5129—2001）和《土工试验规程》（SL 237—1999）规定，按照《××水库大坝施工技术要求》和《××水库工程技施设计说明书》的要求进行填筑。

(1) 填筑质量控制指标及检测数量。

垫层料设计要求控制干密度不小于2.14g/cm³，孔隙率不小于20%，渗透系数为$1\times10^{-4}\sim1\times10^{-3}$cm/s；过度料设计要求控制干密度不小于2.11g/cm³，孔隙率不小于20%，渗透系数为$1\times10^{-4}\sim1\times10^{-3}$cm/s；特殊垫层料设计要求控制干密度不小于2.16g/cm³，孔隙率不大于20%，渗透系数为$1\times10^{-4}\sim1\times10^{-3}$cm/s；工地试验室根据设计要求采用孔隙率进行质量控制，垫层料共抽检干密度383组，原位渗透试验103组，过渡料共抽检干密度388组，原位渗透试验107组，特殊垫层料共抽检干密度32组，原位渗透试验7组。

(2) 垫层料检测数据统计分析。

干密度（g/cm³）：最大值ρ_{max}＝2.20g/cm³，最小值ρ_{min}＝2.14g/cm³，平均值＝2.17g/cm³。

含水量（%）：最大值W_{max}＝6.53%，最小值W_{min}＝1.93%，平均值＝3.88%。

孔隙率（%）：最大值＝19.97%，最小值＝16.88%，平均值＝18.22%。

原位渗透系数K_{20}（cm/s）：最大值$K_{20max}=3.13\times10^{-3}$cm/s，最小值$K_{20min}=1.05\times10^{-3}$cm/s，平均值＝$1.88\times10^{-3}$cm/s。

(3) 过渡料检测数据统计分析。

干密度（g/cm³）：最大值ρ_{max}＝2.24g/cm³，最小值ρ_{min}＝2.12g/cm³，平均值＝2.17g/cm³。

含水量（%）：最大值W_{max}＝4.68%，最小值W_{min}＝0.97%，平均值＝2.57%。

孔隙率（%）：最大值n_{max}＝20.0%，最小值n_{min}＝15.3%，平均值＝18.02%。

原位渗透系数K_{20}（cm/s）：最大值$K_{20max}=5.59\times10^{-1}$cm/s，最小值$K_{20min}=3.90\times10^{-2}$cm/s，平均值＝$2.85\times10^{-1}$cm/s。

(4) 特殊垫层料检测数据统计分析。

干密度（g/cm³）：最大值ρ_{max}＝2.20g/cm³，最小值ρ_{min}＝2.12g/cm³，平均值＝2.16g/cm³。

含水量（%）：最大值W_{max}＝6.70%，最小值W_{min}＝3.37%，平均值＝5.81%。

孔隙率（%）：最大值n_{max}＝19.54%，最小值n_{min}＝16.77%，平均值＝18.21%。

原位渗透系数K_{20}（cm/s）：最大值$K_{20max}=2.98\times10^{-3}$cm/s，最小值$K_{20min}=1.64\times10^{-3}$cm/s，平均值＝$2.36\times10^{-3}$cm/s。

(5) 结论。

大坝垫层料、过渡料、特殊垫层料填筑各项抽检指标符合设计要求。

6. 堆石体

(1) 技术要求。

根据碾压试验成果及设计要求，主堆石料、次堆石料采用分层碾压填筑，主堆石料铺土厚度80cm碾压8遍；次堆石料铺土厚度80cm碾压8遍；主、次堆石料依据大坝填筑料设计指标，根据《碾压式土石坝施工规范》(DL/T 5129—2001)、《土工试验规程》(SL 237—1999)规定，按照《××水库大坝施工技术要求》《××水库工程技施设计说明书》的要求填筑进行。

(2) 填筑质量检测情况。

主堆石料设计要求控制干密度不小于2.10g/cm³，孔隙率不大于24%，渗透系数不小

于 1×10^{-3}cm/s；次堆石料设计要求控制干密度不小于 2.01g/cm^3，孔隙率不大于 28%；质检处依据设计要求采用孔隙率进行质量控制，主堆石料共抽检干密度 214 组，原位渗透试验 57 组，次堆石料共抽检干密度 149 组。

1）主堆料检测数据统计分析。

干密度（g/cm^3）：最大值 $\rho_{max}=2.22$g/cm^3，最小值 $\rho_{min}=2.11$g/cm^3，平均值 = 2.15g/cm^3。

含水量（%）：最大值 $W_{max}=7.05\%$，最小值 $W_{min}=2.36\%$，平均值=4.32%。

孔隙率（%）：最大值 $n_{max}=20.23\%$，最小值 $n_{min}=16.34\%$，平均值=18.95%。

原位渗透系数 K_{20}（cm/s）：最大值 $K_{20max}=5.59\times10^{-1}$cm/s，最小值 $K_{20min}=6.50\times10^{-2}$cm/s，平均值=$1.88\times10^{-1}$cm/s。

2）次堆石料检测数据统计分析。

干密度（g/cm^3）：最大值 $\rho_{max}=2.17$g/cm^3，最小值 $\rho_{min}=2.05$g/cm^3，平均值=2.11 g/cm^3。

含水量（%）：最大值 $W_{max}=8.17\%$，最小值 $W_{min}=2.05\%$，平均值=4.75%。

孔隙率（%）：最大值 $n_{max}=22.89\%$，最小值 $n_{min}=18.33\%$，平均值=20.55%。

3）结论。

统计分析资料表明：主堆石料、次堆石料填筑各项抽检指标符合设计要求。

7. 上游铺盖区和盖重

（1）技术要求。

根据碾压试验成果及设计要求，坝前盖重料、坝前黏土料采用分层碾压填筑，坝前盖重料、坝前黏土料依据大坝填筑料设计指标，根据《碾压式土石坝施工规范》（DL/T 5129—2001）和《土工试验规程》（SL 237—1999）规定，按照××水库《大坝施工技术要求》和《技施设计说明书》的要求进行填筑。

（2）填筑质量检测情况。

坝前盖重料共抽检干密度 48 组，原位渗透试验 4 组，坝前黏土料共抽检干密度 48 组，原位渗透试验 4 组。

1）坝前盖重料检测数据统计分析。

干密度（g/cm^3）：最大值 $\rho_{max}=2.21$g/cm^3，最小值 $\rho_{min}=2.08$g/cm^3，平均值 = 2.14g/cm^3。

含水量（%）：最大值 $W_{max}=6.66\%$，最小值 $W_{min}=2.88\%$，平均值=5.66%。

原位渗透系数 K_{20}（cm/s）：最大值 $K_{20max}=4.90\times10^{-2}$cm/s，最小值 $K_{20min}=2.70\times10^{-3}$cm/s，平均值=$4.60\times10^{-2}$cm/s。

2）坝前黏土料检测数据统计分析。

干密度（g/cm^3）：最大值 $\rho_{max}=1.91$g/cm^3，最小值 $\rho_{min}=1.70$g/cm^3，平均值 = 1.82g/cm^3。

含水量（%）：最大值 $W_{max}=20.67\%$，最小值 $W_{min}=16.54\%$，平均值=18.67%。

原位渗透系数 K_{20}（cm/s）：最大值 $K_{20max}=2.42\times10^{-4}$cm/s，最小值 $K_{20min}=1.40\times10^{-4}$cm^3/s，平均值=$1.97\times10^{-4}$cm/s。

3）结论。

统计分析资料表明：坝前盖重料、坝前黏土料填筑各项抽检指标符合设计要求。

8. 坝顶

坝顶主要施工内容有坝顶防浪墙混凝土浇筑，现场试验室对原材料砂石骨料、水泥、钢筋，中间产品 C25 混凝土进行取样检测。

(1) 原材料检测情况。

坝顶防浪墙的砂、碎石、水泥各抽检 1 组，钢筋原件及焊件各抽检 2 组，均为合格建材。

1) 砂、碎石检测。

坝顶防浪墙砂、碎石各抽检 1 组，质量合格，主要检测指标见表 3－2－61、表 3－2－62。

表 3－2－61　坝顶防浪墙用砂抽检主要指标

统计值	表观密度/(kg/m³)	坚固性/%	吸水率/%	有机质含量	石粉含量/%	细度模数	结论意见
标准值	≥2500	≤8	≤6	浅于标准色	6～18	2.4～2.8	合格
检测次数	1	1	1	1	1	1	合格
检测值	2665	5.2	3.2	浅于标准色	8.5	2.9	合格

表 3－2－62　面板粗骨料主要检测指标统计

统计值	表观密度/(kg/m³)	泥块含量/%	有机质含量	坚固性/%	硫化物及硫酸盐含量/%	吸水率/%	含泥量/%	结论意见
标准值	≥2550	不允许	浅于标准色	≤5	≤0.5	≤1.5	≤1	合格
检测次数	1	1	1	1	1	1	1	合格
检测值	2570	无	浅于标准色	2.0	0.03	0.35	0.40	合格

2) 水泥检测。

坝顶防浪墙使用普通硅酸盐水泥，强度等级为 P·O42.5，抽检 1 组，检测指标见表 3－2－63。

表 3－2－63　防浪墙水泥抽检主要指标统计

水泥标号	抽检次数	统计项目	检测项目							
			细度/(kg/m²)	安定性	抗折强度/MPa		抗压强度/MPa		凝结时间/min	
					3d	28d	3d	28d	初凝	终凝
P·O42.5	1	检测值	334	1.2	4.8	7.2	21.9	47.2	153	285
		标准	≥300	≤5mm	≥3.5	≥6.5	≥17	≥42.5	≥45	≤600
合格率/%			100	合格	100	100	100	100	100	100
结论			经检验水泥所检指标满足 GB 175—2007 要求							

3) 钢筋检测。

坝顶防浪墙钢筋原件共抽检 2 组，质量合格，主要检测指标见表 3－2－64。

表 3-2-64　坝顶防浪墙钢筋原件抽检主要指标

主要指标 / 样品编号	钢筋	屈服强度/MPa	抗拉强度/MPa	延伸率/%	冷弯
FLQ-HRB-01	Φ16 HRB400E	520	660	20.5	合格
FLQ-HRB-02	Φ20HRB400E	515	675	20	合格
结论	钢筋原件经检验各项物理、力学指标符合技术标准，质量合格				
备注	试验方法标准满足 GB 1499.2—2007、GB 1499.1—2008、GB/T 232—2010、GB/T 2651—2008 要求				

4）钢筋焊接件力学检测。

防浪墙钢筋焊件抽检 17 组，检测主要指标见表 3-2-65。

表 3-2-65　防浪墙钢筋焊件抽检主要指标

主要指标 / 样品编号	说明	公称直径/mm	试件编号	抗拉强度/(N/mm²)
FLQ-HRB-HJ-01	单面搭接焊	16	1	630
			2	630
			3	640
FLQ-HRB-HJ-02	单面搭接焊	20	1	650
			2	655
			3	640
结论	钢筋原件经检验各项物理、力学指标符合技术标准，质量合格			
备注	试验方法标准满足 GB/T 2651—2008 要求			

（2）防浪墙中间产品检测。

C25 坝顶防浪墙混凝土抗压试件共抽检 15 组，抽检情况见表 3-2-66。

表 3-2-66　大坝坝顶防浪墙混凝土抽检情况一览表

编号	取样部位	设计强度等级	抗压强度/MPa	判定结果
FLQ-C25-01	防浪墙底板 K0+023.875～K0+035.875	C25	28.6	合格
FLQ-C25-02	防浪墙底板 K0+095.875～K0+107.875	C25	27.7	合格
FLQ-C25-03	防浪墙底板 K0+167.875～K0+179.875	C25	28.4	合格
FLQ-C25-04	防浪墙底板 K0+239.875～K0+251.875	C25	27.6	合格
FLQ-C25-05	防浪墙底板 K0+203.875～K0+215.875	C25	28.3	合格
FLQ-C25-06	防浪墙底板 K0+203.875～K0+215.875	C25	27.9	合格
FLQ-C25-07	防浪墙底板 K0+059.875～K0+071.875	C25	27.5	合格
FLQ-C25-08	防浪墙底板 K0+010.875～K0+023.875	C25	26.8	合格
FLQ-C25-09	防浪墙 K0+035.875～K0+047.875	C25	28.5	合格
FLQ-C25-010	防浪墙 K0+071.875～K0+083.875	C25	27.6	合格

续表

编 号	取 样 部 位	设计强度等级	抗压强度/MPa	判定结果
FLQ-C25-011	防浪墙 K0+107.875～K0+119.875	C25	28.5	合格
FLQ-C25-012	防浪墙 K0+143.875～K0+155.875	C25	27.6	合格
FLQ-C25-013	防浪墙 K0+179.875～K0+191.875	C25	28.6	合格
FLQ-C25-014	防浪墙 K0+215.875～K0+227.875	C25	28.1	合格
FLQ-C25-015	防浪墙 K0+251.875～K0+263.875	C25	27.6	合格

大坝防浪墙 C25 混凝土抗压强度统计

强度（部位）	检测组数	最大值/MPa	最小值/MPa	平均值/MPa	标准差 S_n
防浪墙	15	28.6	26.8	27.95	0.526

大坝防浪墙 C25 混凝土试块质量评定：根据《水利水电工程施工质量检验与评定规程》（SL 176—2007）C.0.2，同一强度等级混凝土试块28d龄期抗压强度的组数 n 为 5～30 时，混凝土试块强度应同时满足下列要求：

$$R_n-0.7S_n>R_{标},R_n-1.60S_n\geqslant 0.83R_{标}$$

即

$$27.95-(0.7\times 2)=26.55\text{MPa}>25\text{MPa}(R_{标})$$
$$27.95-(1.6\times 2)=24.75\text{MPa}>20.75\text{MPa}(0.83R_{标})$$

两个评定条件都满足合格标准，判定该批 C25 混凝土试块质量满足设计要求。

(四) 溢洪道工程

溢洪道单位工程由进口引渠段、控制段、泄槽（Ⅰ）段、抛物线段、泄槽（Ⅱ）段、消力池段、出口明渠段及护坦组成，全长 291.213m。设计洪水位 2244.17m（$P=2\%$）时溢洪道下泄流量 $42.0m^3/s$，校核洪水位 2244.96m（$P=0.1\%$）时下泄流量 $75.2m^3/s$，消能防冲设计洪水标准按 30 年一遇洪水设计，下泄流量 $42.0m^3/s$。

1. 原材料检测

原材料检测内容有粗细骨料、水泥、钢筋原件及焊接件等。

(1) 砂、碎石检测

溢洪道混凝土用砂、碎石各抽检 3 组，质量合格，主要检测指标见表 3-2-67、表 3-2-68。

表 3-2-67　　溢洪道细骨料主要检测指标统计

统计值	表观密度 /(kg/m^3)	坚固性 /%	吸水率 /%	有机质含量	石粉含量 /%	细度模数	结论意见
标准值	≥2500	≤8	≤6	浅于标准色	6～18	2.4～2.8	合格
检测次数	3	3	3	3	3	3	合格
最大值	2730	5.5	3.9	浅于标准色	8.8	3.3	合格
最小值	2710	5.1	3.5	浅于标准色	8.0	3.2	合格
平均值	2720	5.33	3.67	浅于标准色	8.43	3.23	合格

表 3-2-68　　溢洪道粗骨料主要检测指标统计

统计值	表观密度/(kg/m³)	泥块含量/%	有机质含量	坚固性/%	硫化物及硫酸盐含量/%	吸水率/%	含泥量/%	结论意见
标准值	≥2550	不允许	浅于标准色	≤5	≤0.5	≤1.5	≤1	合格
检测次数	3	3	3	3	3	3	3	合格
最大值	2710	无	浅于标准色	4.8	0.08	0.9	0.5	合格
最小值	2700	无	浅于标准色	3.1	0.05	0.6	0.2	合格
平均值	2707	无	浅于标准色	4.2	0.07	0.7	0.3	合格

(2) 水泥检测。

溢洪道使用普通硅酸盐水泥，强度等级为 P·O42.5，共抽检 5 组，检测指标见表 3-2-69。

表 3-2-69　　溢洪道水泥抽检主要指标统计

水泥标号	抽检次数	统计项目	检测项目							
			细度/(kg/m²)	安定性	抗折强度/MPa		抗压强度/MPa		凝结时间/min	
					3d	28d	3d	28d	初凝	终凝
P·O42.5	5	最大值	351	1.2	5.1	8.1	27.2	48.9	161	257
		最小值	310	0.8	4.7	7.2	22.0	45.3	120	225
		平均值	325	1.1	4.9	7.7	21.0	47.3	138	246
		标准	≥300	≤5mm	≥3.5	≥6.5	≥17.5	≥42.5	≥45	≤600
合格率/%			100	合格	100	100	100	100	100	100
结　论			经检验水泥所检指标满足 GB 175—2007 要求							

(3) 钢筋原件检测。

溢洪道钢筋品种为 HRB400E，规格 ϕ12～ϕ25 原件共抽检 13 组，检测指标见表 3-2-70。

表 3-2-70　　溢洪道钢筋原件抽检主要指标统计

主要指标 / 样品编号	钢　筋	屈服强度/MPa	抗拉强度/MPa	延伸率/%	冷　弯
YHD-HRB-01	Φ22HRB400E	410	550	21.0	合格
YHD-HRB-02	Φ22HRB400E	450	585	18.0	合格
YHD-HRB-03	Φ22HRB400E	480	620	18.5	合格
YHD-HRB-04	Φ25HRB400E	480	620	17.0	合格
YHD-HRB-05	Φ20HRB400E	430	555	23.0	合格
YHD-HRB-06	Φ22HRB400E	420	590	23.0	合格
YHD-HRB-07	Φ16HRB400E	420	550	22.5	合格
YHD-HRB-08	Φ12HRB400E	425	605	25.0	合格
YHD-HRB-09	Φ12HRB400E	440	545	22.0	合格
YHD-HRB-10	Φ16HRB400E	420	530	22.0	合格
YHD-HRB-11	Φ20HRB400E	520	645	19.0	合格
YHD-HRB-12	Φ25HRB400E	435	555	20.5	合格
YHD-HRB-13	Φ22HRB400E	445	560	20.0	合格
结 论	钢筋原件经检验各项物理、力学指标符合技术标准，质量合格				
备 注	试验方法标准满足 GB 1499.2—2007、GB 1499.1—2008、GB 232—2010、GB/T 2651—2008 要求				

（4）钢筋原件检测。

溢洪道工程钢筋焊接抽检 8 组，质量合格，主要检测指标见表 3-2-71。

表 3-2-71　溢洪道钢筋焊件抽检主要指标

样品编号＼主要指标	说 明	公称直径/mm	试件编号	抗拉强度/(N/mm²)
YHD-HRB-HJ-01	单面搭接焊	16	1	590
			2	600
			3	610
YHD-HRB-HJ-02	单面搭接焊	12	1	550
			2	560
			3	565
YHD-HRB-HJ-03	单面搭接焊	20	1	630
			2	635
			3	620
YHD-HRB-HJ-04	单面搭接焊	22	1	630
			2	625
			3	620
YHD-HRB-HJ-05	单面搭接焊	22	1	630
			2	620
			3	630
YHD-HRB-HJ-06	单面搭接焊	22	1	620
			2	625
			3	630
YHD-HRB-HJ-07	单面搭接焊	25	1	650
			2	640
			3	645
YHD-HRB-HJ-08	单面搭接焊	25	1	630
			2	560
			3	585
结 论	钢筋焊件经检验各项物理、力学指标符合技术标准，质量合格			
备 注	试验方法标准满足 GB/T 2651—2008 要求			

2. 中间产品检测

中间产品主要对溢洪道进口段、控制段、交通桥、泄槽Ⅰ段、消能防冲段 C25 混凝土、泄槽Ⅱ段、消能防冲段 C30 混凝土、泄槽段 M7.5 砂浆试块进行抗压强度检测。

（1）进水段分部工程。

进水口段 C25 混凝土抗压试件共抽检 2 组，统计分析见表 3-2-72。

表 3-2-72 进水口段 C25 混凝土质量检测统计分析

编号	取样部位	设计强度等级	抗压强度/MPa	判定结果
1	进口段底板	C25	28.7	合格
2	进口段边墙	C25	29.5	合格

C25 混凝土抗压强度统计

部位	检测组数	最大值/MPa	最小值/MPa	平均值/MPa	标准差 S_n
进水口段	2	29.5	28.7	29.1	—

进水口段 C25 混凝土试块质量评定：根据《水利水电工程施工质量检验与评定规程》(SL 176—2007) 附录 C.0.3，同一强度等级混凝土试块 28d 龄期抗压强度的组数 n 为 2～5 时，混凝土试块强度应同时满足下列要求：

$$R_n \geqslant 1.15R_{标}, R_{min} \geqslant 0.95R_{标}$$

即

$$R_n = 29.1\text{MPa} > 28.75\text{MPa}(1.15R_{标})$$

$$R_{min} = 28.7\text{MPa} > 23.75\text{MPa}(0.95R_{标})$$

两个评定条件都满足合格标准，判定该批 C25 混凝土试块质量满足设计要求。

(2) 控制段分部工程。

控制段 C25 混凝土抗压试件共抽检 2 组，统计分析见表 3-2-73。

表 3-2-73 控制段 C25 混凝土质量检测统计分析

编号	取样部位	设计强度等级	抗压强度/MPa	判定结果
1	边墙 0+010～0-003	C25	29.5	合格
2	交通桥	C25	29.1	合格

C25 混凝土抗压强度统计

部位	检测组数	最大值/MPa	最小值/MPa	平均值/MPa	标准差 S_n
控制段	2	29.5	29.1	29.3	—

控制段 C25 混凝土试块质量评定：根据《水利水电工程施工质量检验与评定规程》(SL 176—2007) 附录 C.0.3，同一强度等级混凝土试块 28d 龄期抗压强度的组数 n 为 2～5 时，混凝土试块强度应同时满足下列要求：

$$R_n \geqslant 1.15R_{标}, R_{min} \geqslant 0.95R_{标}$$

即

$$平均值\ R_n = 29.3\text{MPa} > 28.75\text{MPa}(1.15R_{标})$$

$$最小值\ R_{min} = 29.1\text{MPa} > 23.75\text{MPa}(0.95R_{标})$$

两个评定条件都满足合格标准，判定该批 C25 混凝土试块质量满足设计要求。

(3) 泄槽Ⅰ段分部工程。

1）C25 混凝土。

泄槽Ⅰ段分部工程共抽检 C25 混凝土抗压试件共抽检 4 组，统计分析见表 3-2-74。

表 3-2-74　泄槽Ⅰ段 C25 混凝土质量检测统计分析

编 号	取 样 部 位	设计强度等级	抗压强度/MPa	判定结果
1	边墙 0+040～0+050	C25	30.7	合格
2	边墙 0+030～0+040	C25	27.6	合格
3	底板 0+050～0+065	C25	28.7	合格
4	底板 0+030～0+010	C25	28.5	合格

C25 混凝土抗压强度统计

部　位	检测组数	最大值/MPa	最小值/MPa	平均值/MPa	标准差 S_n
泄槽Ⅰ段	4	30.7	27.6	28.85	—

泄槽Ⅰ段分部工程 C25 混凝土试块质量评定：根据《水利水电工程施工质量检验与评定规程》（SL 176—2007）附录 C.0.3，同一强度等级混凝土试块 28d 龄期抗压强度的组数 n 为 2～5 时，混凝土试块强度应同时满足下列要求：

$$R_n \geqslant 1.15R_{标}, R_{min} \geqslant 0.95R_{标}$$

即

$$R_n = 28.85\text{MPa} > 28.75\text{MPa}(1.15R_{标})$$

$$R_{min} = 27.6\text{MPa} > 23.75\text{MPa}(0.95R_{标})$$

两个评定条件都满足合格标准，判定该批 C25 混凝土试块质量满足设计要求。

2）M7.5 砂浆。

泄槽Ⅰ段共抽检 M7.5 砂浆抗压试件 2 组，主要检测统计分析见表 3-2-75。

表 3-2-75　泄槽Ⅰ段 M7.5 砂浆质量检测统计分析

编 号	取 样 部 位	设计强度等级	抗压强度/MPa	判定结果
1	溢洪道护面	M7.5	8.8	合格
2	溢洪道护面	M7.5	8.4	合格

M7.5 砂浆抗压强度统计

部　位	检测组数	最大值/MPa	最小值/MPa	平均值/MPa	标准差 S_n
泄槽Ⅰ段	2	8.8	8.4	8.6	—

泄槽Ⅰ段分部工程 M7.5 试块质量评定：根据《水利水电工程施工质量检验与评定规程》（SL 176—2007）附录 E.0.2，同一强度等级试块组数 n 小于 30 时，28d 龄期的试块强度应同时满足以下标准：

$$R_n \geqslant R_{标}, R_{min} \geqslant 0.80R_{标}$$

即

$$R_n = 8.6\text{MPa} > 7.5\text{MPa}(R_{标})$$

$$R_{min}=8.4\text{MPa}>6.0\text{MPa}(0.80R_{标})$$

两个评定条件都满足合格标准，判定该批M7.5试块质量满足设计要求。

（4）泄槽Ⅱ段分部工程。

1）C30混凝土。

泄槽Ⅱ段分部工程共抽检C30混凝土抗压试件共抽检10组，主要指标见表3-2-76。

表3-2-76　　**泄槽Ⅱ段C30混凝土质量检测统计分析**

编号	取样部位	设计强度等级	抗压强度/MPa	判定结果
1	边墙0+105～0+095	C30	33.7	合格
2	边墙0+075～0+085	C30	34.1	合格
3	边墙0+148～0+158	C30	33.8	合格
4	底板0+085～0+095	C30	33.3	合格
5	底板0+065～0+075	C30	34.3	合格
6	边墙0+115～0+126	C30	34.1	合格
7	边墙0+105～0+115	C30	33.5	合格
8	底板0+115～0+150	C30	34.6	合格
9	底板0+137～0+148	C30、W4、F100	35.3MPa、W4、F100	合格
10	底板0+148～0+158	C30	34.1	合格

C30混凝土抗压强度统计

部位	检测组数	最大值/MPa	最小值/MPa	平均值/MPa	标准差S_n
泄槽Ⅱ段	10	35.3	33.3	34.1	0.575

泄槽Ⅱ段C30混凝土试块质量评定：根据《水利水电工程施工质量检验与评定规程》（SL 176—2007）C.0.2，同一强度等级混凝土试块28d龄期抗压强度的组数n为5～30时，混凝土试块强度应同时满足下列要求：

$$R_n-0.7S_n>R_{标},R_n-1.60S_n\geqslant 0.83R_{标}$$

即

$$34.1-(0.7\times 2)=32.7\text{MPa}>30\text{MPa}(R_{标})$$

$$34.1-(1.6\times 2)=30.9\text{MPa}>24.9\text{MPa}(0.83R_{标})$$

两个评定条件都满足合格标准，判定该批C30混凝土试块质量满足设计要求。

2）M7.5砂浆。

泄槽Ⅰ段共抽检M7.5砂浆抗压试件2组，主要检测统计分析见表3-2-77。

表3-2-77　　**泄槽Ⅰ段M7.5砂浆质量检测统计分析**

编号	取样部位	设计强度等级	抗压强度/MPa	判定结果
1	溢洪道护面	M7.5	8.6	合格
2	溢洪道护面	M7.5	8.4	合格

M7.5砂浆抗压强度统计

部位	检测组数	最大值/MPa	最小值/MPa	平均值/MPa	标准差S_n
泄槽Ⅰ段	2	8.6	8.4	8.5	—

泄槽Ⅰ段分部工程 M7.5 试块质量评定：根据《水利水电工程施工质量检验与评定规程》(SL 176—2007) 附录 E.0.2，同一强度等级试块组数 n 小于 30 时，28d 龄期的试块强度应同时满足以下标准：

$$R_n \geqslant R_{标}, R_{min} \geqslant 0.80R_{标}$$

即

$$R_n = 8.5\text{MPa} > 7.5\text{MPa}(R_{标})$$

$$R_{min} = 8.4\text{MPa} > 6.0\text{MPa}(0.80R_{标})$$

两个评定条件都满足合格标准，判定该批 M7.5 试块质量满足设计要求。

(5) 消能防冲段分部工程。

1) C30 混凝土。

消能防冲段共抽检 C30 混凝土抗压试件 6 组，抗冻及抗渗各抽检 1 组，主要检测指标见表 3-2-78。

表 3-2-78　消能防冲段 C30 混凝土质量检测统计分析

编号	取样部位	设计强度等级	抗压强度/MPa	判定结果
1	消力池 0+158～0+168	C30 (W4F100)	34.5 (W4F100)	合格
2	边墙 0+180～0+193	C30	31.4	合格
3	边墙 0+193～0+203	C30	28.7	合格
4	边墙 0+180～0+193	C30	34.3	合格
5	底板 0+180～0+193	C30	30.5	合格
6	底板 0+180～0+193	C30	33.0	合格

C30 混凝土抗压强度统计

部位	检测组数	最大值/MPa	最小值/MPa	平均值/MPa	标准差 S_n
消能防冲段	6	34.5	28.7	32.1	2.281

消能防冲段 C30 混凝土试块质量评定：根据《水利水电工程施工质量检验与评定规程》(SL 176—2007) C.0.2，同一强度等级混凝土试块 28d 龄期抗压强度的组数 n 为 5～10 时，混凝土试块强度应同时满足下列要求：

$$R_n - 0.7S_n > R_{标}, R_n - 1.60S_n \geqslant 0.83R_{标}$$

即

$$32.1 - (0.7 \times 2.281) = 30.50\text{MPa} > 30\text{MPa}(R_{标})$$

$$32.1 - (1.6 \times 2.281) = 28.45\text{MPa} > 24.9\text{MPa}(0.83R_{标})$$

两个评定条件都满足合格标准，判定该批 C30 混凝土试块质量满足设计要求。

2) C25 混凝土。

消能防冲段抽检 C25 混凝土抗压试件 1 组，主要检测统计分析见表 3-2-79。

表 3-2-79　消能防冲段 C25 混凝土质量检测统计分析

编号	取样部位	设计强度等级	抗压强度/MPa	判定结果
1	边墙 0+180～0+193	C25	32.2	合格
2	边墙 0+193～0+203	C25	29.6	合格

续表

编号	取样部位		设计强度等级	抗压强度/MPa	判定结果
C25 混凝土抗压强度统计					
部　位	检测组数	最大值/MPa	最小值/MPa	平均值/MPa	标准差 S_n
消能防冲段	2	32.2	29.6	30.9	—

消能防冲段分部工程 C25 混凝土试块质量评定：根据《水利水电工程施工质量检验与评定规程》（SL 176—2007）附录 C.0.3，同一强度等级混凝土试块 28d 龄期抗压强度的组数 n 为 2～5 时，混凝土试块强度应同时满足下列要求：

$$R_n \geqslant 1.15R_{标}, R_{min} \geqslant 0.95R_{标}$$

即

$$R_n = 30.9\text{MPa} > 28.75\text{MPa}(1.15R_{标})$$

$$R_{min} = 29.6\text{MPa} > 23.75\text{MPa}(0.95R_{标})$$

两个评定条件都满足合格标准，判定该批 C25 混凝土试块质量满足设计要求。

七、检测结果综合评价

（一）导流泄洪输水隧洞工程

1. 原材料检测

导流泄洪输水隧洞所使用原材料，砂、碎石、钢筋、水泥，经抽检所检指标符合技术标准，均为合格材料。

2. 混凝土抗压强度检测

导流泄洪输水隧洞工程经抽检混凝土抗压强度检测均符合工程设计要求。

（二）输水隧洞工程

1. 原材料检测

输水隧洞工程所使用原材料，砂、碎石、钢筋、水泥，经抽检所检指标符合技术标准，均为合格材料。

2. 混凝土抗压强度检测

输水隧洞工程经抽检混凝土抗压强度检测符合工程设计要求。

（三）大坝工程

1. 原材料检测

大坝枢纽工程所使用原材料，砂、碎石、钢筋、水泥，经抽检所检指标符合技术标准，均为合格材料。

2. 混凝土抗压强度检测

大坝枢纽工程经抽检混凝土抗压强度检测符合工程设计要求。

3. 混凝土抗渗、抗冻检测

大坝工程经抽检混凝土抗渗、抗冻检测均符合工程设计要求。

4. 坝体填筑检测

大坝工程坝体填筑全部合格，符合设计要求。

（四）溢洪道工程

1. 原材料检测

溢洪道工程所使用原材料，砂、碎石、钢筋、水泥，经抽检所检指标符合技术标准，均为合格材料。

2. 混凝土、砂浆抗压强度检测

溢洪道工程经抽检混凝土抗压强度检测均符合工程设计要求。

3. 混凝土抗渗、抗冻检测

溢洪道工程经抽检混凝土抗渗、抗冻检测均符合工程设计要求。

（五）结论

根据对××水库工程施工过程中原材料及中间产品等的检测试验结果统计分析，与下闸蓄水相关的水库枢纽工程导流泄洪输水隧洞、输水隧洞、混凝土面板堆石坝、溢洪道等所使用的水泥、钢筋、设砂石骨料、混凝土等质量合格，检测试验结果满足设计及规范要求。

第四章

引（调）排水工程通水验收质量检测报告

第一节　引（调）排水工程通水验收质量检测报告编写要点

《水利水电建设工程验收规程》（SL 223—2008）6.4 引（调）排水工程通水验收一节规定，引（调）排水工程通水前，应进行通水验收。

引（调）排水工程通水验收前，质量检测单位需向项目法人提交《引（调）排水工程通水验收质量检测报告》。编写通水验收质量检测报告时，可从下述几个方面进行编写。

一、工程概况

简要介绍工程总体情况、设计标准、工程布置。

检测单位与项目法人单位签订的检测合同范围、检测内容、现场试验室人员组织及设备情况。

说明本工程的质量检测机构母体试验室的资质等级、授权工地现场试验室的检测参数情况。

二、质量检测机构简介

说明本工程的质量检测机构母体试验室的资质等级、授权工地现场试验室的检测参数情况。检测单位与项目法人单位签订的检测合同范围、检测内容、现场试验室人员组织及设备情况。

三、项目划分及质量检测计划

（一）项目划分

工程项目划分直接引用本项目质量监督机构核备同意的工程项目划分方案即可，质量检测报告中列出单位工程、分部工程即可，非主体工程和检测合同中未涉及的单位工程可以不提。

（二）质量检测计划

质量检测计划依据质量检测合同中确定的检测范围进行拟定，结合工程项目划分方案尽量覆盖各单位工程、分部工程，为工程的质量评定提供有力的依据。

四、检测试验依据

质量检测和评价的主要依据如下：

（1）国家和行业现行有关法律、法规、规章。

（2）经批准的设计文件。

（3）水利行业标准、国家标准、其他行业标准、地方标准和企业标准。

（4）招标文件、合同文件。

（5）主要设备、产品技术说明书等。

五、检测成果

检测成果一般宜以单位工程为统计单位，如分部工程量较大，且检测指标较多，也可按分部工程为统计单位进行评价。可按照下述几个方面进行统计分析评价。

（一）原材料、中间产品检测试验成果

（1）水泥抽检试验报告。

（2）钢材抽检试验报告报告。

（3）水泥外加剂（包括普通减水剂、高效减水剂、引气剂、引气减水剂、缓凝减水剂、早强剂、早强减水剂、防冻剂、膨胀剂等）技术性能指标试验报告。

（4）粉煤灰技术性能指标试验报告。

（5）防水材料（包括沥青、防水涂料、防水填料、各类防水卷材等）试验报告。

（6）止水带技术性能试验报告（包括紫铜片止水、白铁皮止水、铝片止水、塑料止水、橡皮止水）。

（7）土工布技术性能试验报告（包括土工织物、土工膜等）。

（8）装饰材料有关技术性能资料（包括地砖、瓷砖等）。

（二）试验及检测成果

（1）配合比试验（包括混凝土、砂浆、泥浆等）。

（2）混凝土试验（包括抗压、抗渗、抗冻等）。

（3）砂浆试验（包括抗压等）。

（4）土工试验（土料场土料性质、最大干密度、筑坝后的土工试验等）。

（5）筑坝技术试验（碾压混凝土坝铺混凝土厚度、碾压土石坝等的铺土厚度、振动设备及碾压遍数等）。

（6）压水试验。

（7）灌浆试验。

（8）单桩基群桩的静动载试验。

（9）管道、容器强度与严密性试验。

（10）焊接试验（超声探伤、X拍片）。

六、不合格材料情况说明

不合格样品及材料的处理情况说明。报告中应说明检测结果不合格项目台账登记备案情况，是否及时告知项目法人及相关单位。

七、结论

归纳总结本引（调）排水工程原材料、中间产品的检测试验结果，提出评价意见。评价意见可按单位工程、分部工程进行评价，也可按材料类别或工程类别进行评价。

第二节 引（调）排水工程通水验收质量检测报告示例

××供水项目引水隧洞工程通水验收质量检测报告

一、工作概况

为了保证××供水及水源环境管理项目引水隧洞工程质量及检查验收工作顺利进行，为工程验收质量评定提供依据。受××省水利水电工程质量监督中心站的委托，20××年×月至×月××××岩土工程质量检测有限公司对××供水项目引水隧洞的混凝土强度、混凝土衬砌质量进行了抽检。××隧洞混凝土设计强度等级为C20，抽检长度500m，混凝土衬砌质量抽检长度240m。

二、质量检测机构简介

检测机构具有甲级水利工程质量检测单位资质，开展的主要业务有工程质量与评价、建筑材料试验与检测、工程现场试验、大坝监测、桩基检测、工程技术咨询等。

三、检测任务与内容

检测机构受项目法人委托，对××供水项目引水隧洞单位工程进行C20混凝土强度和浇筑厚度的检测。

检测机构使用探地雷达、声波仪、回弹仪对隧洞衬砌施工质量进行全面无损检测，并根据《水利水电工程施工质量检验与评定规程》（SL 176—2007）、《水工混凝土施工规范》（DL/T 5144—2001）进行评价。

（一）检测任务

使用工程地球物理方法对××隧洞单位工程的二次衬砌结构实体进行无损检测，并对结构实体的施工质量进行评定，及时发现质量隐患，使工程质量得到可靠保证。

（二）检测内容

（1）对混凝土进行强度检测。

（2）对二次衬砌结构厚度进行检测。

四、项目划分及质量检测计划

本次检测范围为引水隧洞工程，隧洞全长561m，项目划分为一个单位工程。本次检测性质为通水前C20混凝土质量抽检，检测项目为隧洞衬砌混凝土无损检测，计划完成混凝土强度检测1800个测区，混凝土衬砌质量检测640m^2，编制并提交检测成果报告。

五、检测试验依据

（1）《水利水电工程施工质量评定规程》（SL 176—1996）。

（2）《水利水电工程物探规程》（SL 326—2005）。

（3）《水工混凝土施工规范》（SL 677—2014）。

(4)《探地雷达隧道衬砌检测技术规范》(Q/YHJ 02—2006)。

(5)《超声回弹综合法检测混凝土强度技术规程》(CECS 02：2005)。

六、检测方法

(一) 超声波回弹综合检测法

检测按照《超声回弹综合法检测混凝土强度技术规程》(CECS 02：2005) 进行。检测仪器为 RS-ST01D (P) 超声检测仪，ZC3-A 型混凝土回弹仪。

测区布置：测区面积为 40cm×40cm，每一测区均匀布置 16 个回弹值测点，3 个声时测点。测试面布置避开蜂窝、麻面部位，用钢刷清除表面浮浆和残留粉尘。

测区数据处理及计算：每一测区平均回弹值为，除去 3 个最大值和 3 个最小值，剩余 10 个值的算术平均值。对非水平状态及不同浇筑面按照规程进行回弹值修正。根据每一测区的修正后回弹值和修正后声速代表值，及浇筑混凝土用粗骨料种类，按下式计算出该测区的混凝土换算强度：

$$f_{cu,i}^{c}=0.0162\times(v_{ai})1.656\times(R_{ai})1.410$$

式中 $f_{cu,i}^{c}$——第 i 个测区混凝土强度换算值，MPa，精确至 0.1MPa；

v_{ai}——第 i 个测区修正后的超声声速值，km/s，精确至 0.01km/s；

R_{ai}——第 i 个测区修正后的回弹值，MPa，精确至 0.1。

(二) 探地雷达无损检测法

1. 工作原理

探地雷达 (Ground Penetrating Radar，GPR) 方法是一种用于确定地下介质分布的广谱电磁波技术。其利用天线向地下发射电磁脉冲，并接收由地下不同介质界面的反射回波。电磁波在介质中传播时，其路径、电磁场强度与波形将随所通过介质的电性质 (如介电常数 ε) 及几何形态的变化而变化。根据接收到回波的时间、幅度和波形等信息，可判定地下介质的结构与埋藏体的位置与形态。

脉冲波的走时为

$$t=\frac{\sqrt{4h^2+x^2}}{v}$$

式中 t——脉冲波走时，ns，$1ns=10^{-9}s$；

h——目标深度，m；

x——发射天线 (T) 与接收天线 (R) 的距离，m；

v——电磁波速度，m/ns。

常见的岩土和混凝土为非铁磁性介质，在探地雷达的频率范围内，一般有

$$\frac{\sigma}{\omega\varepsilon}\ll 1$$

因此电磁波的传播速度为

$$v=\frac{c}{\sqrt{\varepsilon}}$$

式中 c——0.3m/ns 光速；

ε——介质相对介电常数。

当发射天线（T）和接收天线（R）相距很近时，探测目标深度的计算公式为

$$h=\frac{t}{2}v$$

2. 仪器设备及检测方式

本次检测使用的是美国 GSSI 公司生产的新型系列雷达产品 SIR－3000 型主机及 900MHz 天线。该仪器系统高度集成化、数字化，操作简洁方便，具有实时数据处理和信号增强功能，具有连续扫描、现场显示监控等特点；天线屏蔽抗干扰能力强，探测范围广，分辨率高。检测时沿测线移动天线，对混凝土结构进行连续扫描，实时显示监控，各测线记录单独成文件。

3. 参数确定

（1）相对介电常数标定。

该工程采用现浇钢筋混凝土施工，经实测标定计算，钢筋混凝土相对介电常数为 5.8，电磁波传播速度为 0.125m/ns。

（2）仪器参数设定。

混凝土最大设计厚度为 500mm。雷达设置探测深度一般定为被测目标厚度的 1.5 倍左右。

根据波速的标定结果，考虑部分区段塌方较多，选定采集时窗为 15ns，最大测控深度 800mm。数据采集方式为连续扫描，为满足横向分辨率，雷达扫描速率设置为每秒扫描 64 次，为满足纵向分辨率，雷达采样率设置为每秒扫描 512 个采样点。

4. 测点定位

现场检测，以隧洞里程桩号为基准，每 5m 统一标记作为检测里程坐标。

5. 测线布置

根据检测要求沿隧洞里程前进方向布置雷达检测线，共布置 3 条（测线 C、A、B），测线间距 1m，对怀疑有缺陷的区域根据需要以网格方式加密测线，进行详查。

6. 参数计算

参考《水利水电基本建设工程单元工程质量等级评定标准》（SDJ 249.1—88）质量评定表 1.5－2，现浇结构物水平断面内部尺寸最大允许偏差－20mm 计算极值。

$$\overline{X}_L=\overline{X}-\frac{S}{\sqrt{n}}$$

其中，$\overline{X}_L$ 代表值。

$$\overline{X}=\frac{\sum_{i=1}^{n}X_i}{n}$$

其中，$\overline{X}$ 代表平均厚度。

$$S=\sqrt{\frac{\sum_{i=1}^{n}(X_i-\overline{X})^2}{n-1}}$$

式中 S——标准差；

n——样点数。

当代表值>（设计厚度－允许偏差）时，合格率为大于极值点数除以采样点数。

当代表值<（设计厚度－允许偏差）时，规定为不合格。

七、检测工作量

共完成混凝土强度检测1800个测区，混凝土衬砌质量检测640m²。

20××年3月15日—7月30日进行现场检测、数据处理分析，历时4个半月，20××年8月提交检测成果报告。

八、检测结果

（1）混凝土强度检测结果详见表4-2-1。

（2）二次衬砌混凝土厚度检测参照《水工混凝土施工规范》（SL 677—2014）要求，对隧洞衬砌厚度施工质量进行了全面无损检测和质量评定，详细结果见表4-2-2。

九、综合评价

（一）混凝土强度检测结果评定

××隧洞抽检561个测区，最大值为29.3MPa，最小值为25.0MPa，混凝土强度满足设计要求。

（二）二次衬砌厚度评定结果

根据本次检测实施方案的检测内容及其检测结果，按照《水利水电工程施工质量检验与评定规程》（SL 176—2007）进行评定，评定结果综述如下：

××隧洞抽检250m，二次衬砌结构实体厚度达到优良标准，占隧洞单元工程的100%。

表4-2-1　　××隧洞混凝土强度检测结果汇总

测区编号	测区断面位置/m	回弹代表值/MPa	声速代表值/(km/s)	混凝土换算强度/MPa	备注
1	2	36.6	3.93	25.0	合格
2		36.5	3.95	25.1	合格
3		37.5	4.03	27.0	合格
4	4	39.3	3.76	25.7	合格
5		37.2	3.96	25.9	合格
6		36.5	4.02	25.9	合格
7	6	35.8	4.01	25.1	合格
8		36.2	3.96	25.0	合格
9		37.3	3.9	25.4	合格
10	8	36.8	3.95	25.4	合格
11		35.5	4.08	25.5	合格
12		36.8	3.98	25.7	合格
13	10	35.9	4.01	25.2	合格
14		36.4	3.99	25.5	合格
15		36.9	3.98	25.8	合格

续表

测区编号	测区断面位置/m	回弹代表值/MPa	声速代表值/(km/s)	混凝土换算强度/MPa	备注
16	12	36.5	3.95	25.1	合格
17		35.8	4.03	25.3	合格
18		36.2	3.99	25.3	合格
19	14	37.3	3.96	26.0	合格
20		36.8	4.02	26.2	合格
21		36.8	4.01	26.1	合格
22	16	36.6	3.95	25.2	合格
23		36.5	3.95	25.1	合格
24		37.5	4.08	27.6	合格
25	18	39.3	3.98	28.2	合格
26		37.2	4.01	26.5	合格
27		36.5	3.99	25.6	合格
28	20	37.7	3.98	26.6	合格
29		37.1	3.95	25.7	合格
30		37.3	4.03	26.8	合格
31	22	35.8	4.03	25.3	合格
32		37.5	3.89	25.5	合格
33		37.3	3.96	26.0	合格
34	24	36.8	4.02	26.2	合格
35		39.1	4.01	28.4	合格
36		38.4	3.81	25.4	合格
37	26	38.6	3.88	26.4	合格
38		36.7	3.98	25.7	合格
39		37.5	3.89	25.5	合格
40	28	37.1	3.89	25.1	合格
41		35.9	4.01	25.2	合格
42		38.4	3.96	27.1	合格
43	30	37.6	3.99	26.7	合格
44		35.5	4.07	25.4	合格
45		38.7	3.95	27.3	合格
46	32	36.1	4.03	25.6	合格
47		38.4	3.86	26.0	合格
48		37.4	3.89	25.4	合格
49	34	38.1	3.97	26.9	合格
50		39.4	3.91	27.5	合格
51		36.9	3.95	25.5	合格

续表

测区编号	测区断面位置/m	回弹代表值/MPa	声速代表值/(km/s)	混凝土换算强度/MPa	备注
52	36	38.4	3.79	25.2	合格
53		38.7	4.02	28.1	合格
54		36.9	3.99	26.0	合格
55	38	37.6	3.95	26.2	合格
56		36.7	3.98	25.7	合格
57		37.5	4.01	26.8	合格
58	40	37.1	3.99	26.2	合格
59		36.9	3.98	25.8	合格
60		38.4	3.95	27.0	合格
61	42	37.6	3.96	26.3	合格
62		36.4	3.99	25.5	合格
63		38.7	4.07	28.7	合格
64	44	36.6	3.95	25.2	合格
65		36.5	4.03	26.0	合格
66		37.5	3.86	25.1	合格
67	46	39.3	3.89	27.2	合格
68		37.2	3.98	26.1	合格
69		36.5	3.95	25.1	合格
70	48	36.8	4.03	26.3	合格
71		39.1	3.99	28.2	合格
72		38.4	3.96	27.1	合格
73	50	38.6	4.02	28.0	合格
74		35.9	4.01	25.2	合格
75		36.4	4.03	25.9	合格
76	52	36.7	3.94	25.2	合格
77		38.5	3.95	27.1	合格
78		39.6	3.81	26.6	合格
79	54	38.7	3.87	26.4	合格
80		38.6	3.79	25.4	合格
81		36.6	3.98	25.6	合格
82	56	36.9	3.99	26.0	合格
83		39.7	3.76	26.1	合格
84		38.5	3.95	27.1	合格
85	58	37.4	3.94	25.9	合格
86		38.9	3.77	25.5	合格
87		39.4	3.69	25.0	合格

续表

测区编号	测区断面位置/m	回弹代表值/MPa	声速代表值/(km/s)	混凝土换算强度/MPa	备注
88	60	38.7	3.94	27.2	合格
89		38.6	4.05	28.3	合格
90		37.4	3.88	25.3	合格
91	62	35.9	4.07	25.8	合格
92		39.7	4.03	29.3	合格
93		38.1	4.07	28.1	合格
94	64	38.3	3.79	25.1	合格
95		36.3	4.01	25.6	合格
96		35.9	4.03	25.4	合格
97	66	38.1	3.91	26.3	合格
98		38.4	3.96	27.1	合格
99		37.8	3.88	25.6	合格
100	68	37.1	4.04	26.7	合格
101		36.9	3.97	25.7	合格
102		38.5	4.01	27.8	合格
103	70	39.5	3.99	28.6	合格
104		37.1	3.98	26.0	合格
105		37.7	3.95	26.3	合格
106	72	36.8	3.96	25.5	合格
107		39.1	3.99	28.2	合格
108		38.2	4.07	28.2	合格
109	74	37.9	4.01	27.2	合格
110		39.5	3.95	28.1	合格
111		39.1	3.95	27.7	合格
112	76	36.8	4.08	26.8	合格
113		36.6	3.98	25.6	合格
114		37.2	4.01	26.5	合格
115	78	36.9	3.99	26.0	合格
116		39.4	3.79	26.1	合格
117		38.7	3.81	25.7	合格
118	80	37.5	3.95	26.1	合格
119		39.3	3.99	28.4	合格
120		37.2	4.07	27.1	合格
121	82	35.9	4.01	25.2	合格
122		38.4	3.87	26.1	合格
123		37.6	3.98	26.5	合格

续表

测区编号	测区断面位置/m	回弹代表值/MPa	声速代表值/(km/s)	混凝土换算强度/MPa	备注
124	84	36.6	4.01	25.9	合格
125		37.2	3.99	26.3	合格
126		36.9	4.07	26.8	合格
127	86	39.4	4.01	28.7	合格
128		37.4	3.96	26.1	合格
129		35.9	4.02	25.3	合格
130	88	39.7	4.01	29.0	合格
131		38.4	3.98	27.3	合格
132		38.6	4.01	27.9	合格
133	90	36.7	3.99	25.8	合格
134		37.5	3.89	25.5	合格
135		37.1	3.99	26.2	合格
136	92	39.1	4.07	29.1	合格
137		38.4	4.01	27.7	合格
138		38.6	3.87	26.3	合格
139	94	36.7	4.08	26.7	合格
140		37.4	3.98	26.3	合格
141		39.6	4.01	28.9	合格
142	96	38.7	3.99	27.8	合格
143		38.9	3.79	25.7	合格
144		39.4	3.81	26.4	合格
145	98	39.1	3.84	26.4	合格
146		39.2	3.99	28.3	合格
147		37.7	4.07	27.6	合格
148	100	37.4	4.01	26.7	合格
149		37.9	3.87	25.6	合格
150		37.8	3.79	24.7	合格
151	102	37.6	3.81	24.7	合格
152		37.4	3.99	26.5	合格
153		38.1	4.07	28.1	合格
154	104	39.4	3.89	27.3	合格
155		38.6	3.97	27.4	合格
156		38.5	3.91	26.6	合格
157	106	39.4	3.95	28.0	合格
158		37.7	3.79	24.6	合格
159		38.1	4.02	27.5	合格

续表

测区编号	测区断面位置/m	回弹代表值/MPa	声速代表值/(km/s)	混凝土换算强度/MPa	备注
160	108	38.6	3.99	27.7	合格
161		37.4	3.95	26.0	合格
162		37.9	3.98	26.8	合格
163	110	37.8	4.03	27.3	合格
164		37.2	4.06	27.0	合格
165		37.1	3.96	25.8	合格
166	112	39.4	4.02	28.8	合格
167		39.1	4.01	28.4	合格
168		39.6	3.96	28.3	合格
169	114	39.8	3.9	27.8	合格
170		38.1	3.97	26.9	合格
171		38.7	3.91	26.8	合格
172	116	37.4	3.95	26.0	合格
173		39.6	3.79	26.3	合格
174		38.2	4.02	27.6	合格
175	118	37.1	3.96	25.8	合格
176		39.1	3.99	28.2	合格
177		39.1	4.07	29.1	合格
178	120	39.3	4.01	28.6	合格
179		37.6	3.87	25.3	合格
180		37.9	3.86	25.5	合格
181	124	37.4	4.08	27.4	合格
182		38.1	3.98	27.0	合格
183		38.7	4.01	28.0	合格
184	126	39.1	3.99	28.2	合格
185		38.4	3.89	25.4	合格
186		37.4	3.81	26.1	合格
187	128	39.1	3.81	25.2	合格
188		38.2	3.99	27.9	合格
189		38.8	4.07	27.5	合格
190	130	37.6	4.01	28.4	合格
191		39.1	3.96	26.6	合格
192		37.9	3.84	27.0	合格
193	132	39.7	3.99	28.7	合格
194		39.6	4.07	29.1	合格
195		39.1	4.01	27.1	合格

续表

测区编号	测区断面位置/m	回弹代表值/MPa	声速代表值/(km/s)	混凝土换算强度/MPa	备注
196	134	37.8	3.87	27.1	合格
197		39.4	3.79	25.4	合格
198		38.6	4.07	28.7	合格
199	136	38.7	4.01	28.9	合格
200		39.6	3.96	27.3	合格
201		38.6	4.02	29.0	合格
202	138	39.6	4.01	28.9	合格
203		39.3	3.98	28.2	合格
204		37.8	3.95	26.4	合格
205	140	39.8	3.95	28.4	合格
206		37.1	4.08	27.1	合格
207		39.8	3.98	28.8	合格
208	142	38.6	4.01	27.9	合格
209		37.7	3.89	25.7	合格
210		39.1	3.86	26.7	合格
211	144	38.5	3.87	26.2	合格
212		39.7	3.77	26.2	合格
213		39.6	3.92	27.8	合格
214	146	38.2	3.85	25.7	合格
215		37.1	3.95	25.7	合格
216		39.4	3.87	27.1	合格
217	148	38.6	3.79	25.4	合格
218		38.7	3.81	25.7	合格
219		38.4	3.84	25.8	合格
220	150	37.4	4.06	27.2	合格
221		39.1	3.74	25.3	合格
222		37.7	3.94	26.2	合格
223	152	37.4	3.87	25.1	合格
224		37.9	3.99	27.0	合格
225		37.8	3.94	26.3	合格
226	154	38.1	4.05	27.8	合格
227		38.7	3.88	26.5	合格
228		39.1	3.96	27.8	合格
229	156	38.4	3.86	26.0	合格
230		37.8	4.03	27.3	合格
231		36.9	3.99	26.0	合格

续表

测区编号	测区断面位置/m	回弹代表值/MPa	声速代表值/(km/s)	混凝土换算强度/MPa	备注
232	158	38.6	3.96	27.3	合格
233		38.7	4.02	28.1	合格
234		37.9	4.01	27.2	合格
235	160	39.1	3.95	27.7	合格
236		39.4	3.95	28.0	合格
237		38.9	4.08	29.0	合格
238	162	38.6	3.98	27.5	合格
239		38.7	4.01	28.0	合格
240		37.4	3.99	26.5	合格
241	164	39.5	3.98	28.5	合格
242		37.8	3.95	26.4	合格
243		36.8	4.03	26.3	合格
244	166	39.5	4.03	29.0	合格
245		37.8	4.03	27.3	合格
246		37.7	3.89	25.7	合格
247	168	37.6	3.96	26.3	合格
248		38.5	4.02	27.9	合格
249		39.2	4.01	28.5	合格
250	170	38.9	3.96	27.6	合格
251		39.4	3.9	27.4	合格
252		37.1	3.97	25.9	合格
253	172	37.9	3.91	26.1	合格
254		37.3	3.95	25.9	合格
255		36.7	4.07	26.6	合格
256	174	36.9	4.02	26.3	合格
257		38.9	4.07	28.9	合格
258		39.4	4.01	28.7	合格
259	176	39.7	3.87	27.4	合格
260		38.7	3.79	25.5	合格
261		37.9	3.81	25.0	合格
262	178	39.6	3.99	28.7	合格
263		39.3	4.07	29.3	合格
264		38.5	4.01	27.8	合格
265	180	38.6	3.96	27.3	合格
266		37.9	3.98	26.8	合格
267		37.4	4.01	26.7	合格

续表

测区编号	测区断面位置/m	回弹代表值/MPa	声速代表值/(km/s)	混凝土换算强度/MPa	备注
268	182	39.5	3.99	28.6	合格
269		39.6	3.79	26.3	合格
270		38.5	3.95	27.1	合格
271	184	37.4	4.08	27.4	合格
272		38.6	3.98	27.5	合格
273		39.7	4.01	29.0	合格
274	186	39.9	3.77	26.4	合格
275		39.7	3.86	27.2	合格
276		38.6	4.03	28.1	合格
277	188	38.8	3.76	25.3	合格
278		37.6	3.96	26.3	合格
279		36.9	4.02	26.3	合格
280	190	37.5	4.01	26.8	合格
281		37.9	3.96	26.6	合格
282		37.1	3.98	26.0	合格
283	192	39.5	3.95	28.1	合格
284		39.6	4.03	29.2	合格
285		38.5	3.99	27.6	合格
286	194	37.6	3.96	26.3	合格
287		37.9	4.02	27.3	合格
288		39.6	4.01	28.9	合格
289	196	39.4	3.99	28.5	合格
290		38.9	3.96	27.6	合格
291		38.6	4.02	28.0	合格
292	198	38.1	4.01	27.4	合格
293		39.5	3.95	28.1	合格
294		39.6	3.95	28.2	合格
295	200	38.6	3.78	25.3	合格
296		37.6	4.02	27.0	合格
297		39.6	3.87	27.3	合格
298	202	38.6	3.91	26.7	合格
299		37.9	3.87	25.6	合格
300		39.4	3.95	28.0	合格
301	204	38.5	3.86	26.1	合格
302		39.5	3.79	26.2	合格
303		38.2	3.89	26.1	合格

续表

测区编号	测区断面位置/m	回弹代表值/MPa	声速代表值/(km/s)	混凝土换算强度/MPa	备注
304	206	37.7	3.94	26.2	合格
305		37.9	3.87	25.6	合格
306		38.1	3.82	25.3	合格
307	208	39.4	3.81	26.4	合格
308		38.7	3.96	27.4	合格
309		37.6	4.02	27.0	合格
310	210	39.6	4.01	28.9	合格
311		39.4	3.95	28.0	合格
312		38.6	3.95	27.2	合格
313	212	37.8	3.99	26.9	合格
314		37.6	3.98	26.5	合格
315		38.5	3.95	27.1	合格
316	214	39.2	4.03	28.7	合格
317		38.3	3.99	27.4	合格
318		39.4	3.96	28.1	合格
319	216	38.6	4.02	28.0	合格
320		37.7	4.01	27.0	合格
321		39.1	3.79	25.9	合格
322	218	38.6	3.89	26.5	合格
323		37.9	3.97	26.7	合格
324		37.7	3.94	26.2	合格
325	220	36.9	3.94	25.4	合格
326		38.9	3.83	26.1	合格
327		39.1	3.74	25.3	合格
328	222	39.5	4.03	29.0	合格
329		37.6	3.93	26.0	合格
330		37.4	3.96	26.1	合格
331	224	37.3	4.02	26.7	合格
332		38.1	4.01	27.4	合格
333		38.9	3.96	27.6	合格
334	226	38.7	3.91	26.8	合格
335		39.5	3.79	26.2	合格
336		37.6	3.84	25.0	合格
337	228	37.8	3.98	26.7	合格
338		38.9	3.95	27.5	合格
339		39.4	4.03	28.9	合格

续表

测区编号	测区断面位置/m	回弹代表值/MPa	声速代表值/(km/s)	混凝土换算强度/MPa	备注
340	230	37.7	3.99	26.8	合格
341		37.8	3.96	26.5	合格
342		38.9	4.02	28.3	合格
343	232	39.6	4.01	28.9	合格
344		39.7	3.96	28.4	合格
345		39.1	4.02	28.5	合格
346	234	38.5	4.01	27.8	合格
347		38.7	3.95	27.3	合格
348		37.7	3.95	26.3	合格
349	236	37.9	3.85	25.4	合格
350		38.6	3.78	25.3	合格
351		37.4	3.97	26.2	合格
352	238	37.1	3.94	25.6	合格
353		38.1	3.91	26.3	合格
354		38.9	3.82	26.0	合格
355	240	39.1	3.73	25.2	合格
356		39.4	3.84	26.7	合格
357		38.6	3.86	26.2	合格
358	242	38.8	3.91	26.9	合格
359		37.4	3.96	26.1	合格
360		37.9	3.96	26.6	合格
361	246	39.4	4.02	28.8	合格
362		39.3	4.01	28.6	合格
363		38.9	3.96	27.6	合格
364	248	38.5	3.76	25.0	合格
365		38.7	3.84	26.1	合格
366		37.7	3.86	25.3	合格
367	250	37.9	3.89	25.8	合格
368		39.6	3.91	27.7	合格
369		38.5	3.76	25.0	合格
370	252	37.4	3.91	25.6	合格
371		38.6	3.99	27.7	合格
372		39.7	3.94	28.2	合格
373	254	39.6	3.88	27.4	合格
374		39.2	4.03	28.7	合格
375		38.4	3.88	26.2	合格

续表

测区编号	测区断面位置/m	回弹代表值/MPa	声速代表值/(km/s)	混凝土换算强度/MPa	备注
376	256	37.6	3.96	26.3	合格
377		38.5	4.02	27.9	合格
378		37.6	4.01	26.9	合格
379	258	37.8	3.96	26.5	合格
380		37.9	3.85	25.4	合格
381		38.4	3.98	27.3	合格
382	260	38.2	3.95	26.8	合格
383		37.9	4.03	27.4	合格
384		37.6	3.99	26.7	合格
385	262	37.8	3.96	26.5	合格
386		38.1	4.02	27.5	合格
387		38.3	4.01	27.6	合格
388	264	37.6	3.94	26.1	合格
389		38.9	3.89	26.8	合格
390		39.1	3.91	27.2	合格
391	266	37.6	3.89	25.6	合格
392		37.7	3.96	26.4	合格
393		38.5	3.99	27.6	合格
394	268	39.1	3.91	27.2	合格
395		38.1	3.87	25.8	合格
396		38.7	3.79	25.5	合格
397	270	39.3	3.94	27.8	合格
398		39.6	3.76	26.0	合格
399		38.6	3.89	26.5	合格
400	272	39.4	3.88	27.2	合格
401		37.9	3.94	26.4	合格
402		37.6	4.02	27.0	合格
403	274	37.8	3.96	26.5	合格
404		38.1	3.91	26.3	合格
405		39.2	3.76	25.6	合格
406	276	39.5	3.96	28.2	合格
407		38.4	4.02	27.8	合格
408		37.6	4.01	26.9	合格
409	278	38.4	3.96	27.1	合格
410		38.9	3.84	26.2	合格
411		39.1	3.86	26.7	合格

续表

测区编号	测区断面位置/m	回弹代表值/MPa	声速代表值/(km/s)	混凝土换算强度/MPa	备注
412	280	39.9	3.91	28.0	合格
413		39.8	3.96	28.5	合格
414		39.7	3.96	28.4	合格
415	282	39.6	4.02	29.0	合格
416		37.8	3.96	26.5	合格
417		37.5	4.05	27.2	合格
418	284	37.8	3.97	26.6	合格
419		38.4	3.98	27.3	合格
420		38.6	3.94	27.1	合格
421	286	37.6	3.88	25.4	合格
422		39.1	3.81	26.1	合格
423		39.4	3.85	26.8	合格
424	288	37.8	3.97	26.6	合格
425		37.7	4.02	27.1	合格
426		37.4	4.01	26.7	合格
427	290	36.9	3.95	25.5	合格
428		36.8	3.95	25.4	合格
429		37.9	3.91	26.1	合格
430	292	39.6	3.79	26.3	合格
431		36.9	4.06	26.7	合格
432		38.5	3.84	25.9	合格
433	294	37.6	3.94	26.1	合格
434		39.5	3.73	25.6	合格
435		36.9	4.01	26.2	合格
436	296	38.6	3.88	26.4	合格
437		36.8	3.98	25.7	合格
438		36.7	3.96	25.4	合格
439	298	36.7	3.97	25.5	合格
440		37.8	3.86	25.4	合格
441		39.2	3.99	28.3	合格
442	300	38.5	3.96	27.2	合格
443		38.1	4.02	27.5	合格
444		36.8	4.01	26.1	合格
445	340	39.1	3.91	27.2	合格
446		37.6	3.85	25.1	合格
447		37.9	3.87	25.6	合格

续表

测区编号	测区断面位置/m	回弹代表值/MPa	声速代表值/(km/s)	混凝土换算强度/MPa	备注
448	342	39.1	3.77	25.6	合格
449		38.2	3.79	25.0	合格
450		38.6	3.91	26.7	合格
451	344	36.9	3.93	25.3	合格
452		37.1	3.98	26.0	合格
453		39.1	3.99	28.2	合格
454	346	38.6	4.01	27.9	合格
455		36.7	3.95	25.3	合格
456		38.9	4.06	28.8	合格
457	348	39.1	3.91	27.2	合格
458		36.9	3.97	25.7	合格
459		38.6	3.86	26.2	合格
460	350	38.5	3.99	27.6	合格
461		39.1	3.96	27.8	合格
462		37.4	4.02	26.8	合格
463	360	37.5	3.96	26.2	合格
464		39.2	4.02	28.6	合格
465		37.6	4.01	26.9	合格
466	362	37.8	3.95	26.4	合格
467		39.4	3.95	28.0	合格
468		36.9	3.91	25.1	合格
469	364	67.9	3.88	58.6	合格
470		37.2	3.94	25.7	合格
471		37.6	3.84	25.0	合格
472	366	37.9	3.86	25.5	合格
473		39.5	3.91	27.6	合格
474		39.1	3.98	28.0	合格
475	368	39.4	3.95	28.0	合格
476		38.5	4.03	28.0	合格
477		37.6	3.99	26.7	合格
478	370	37.1	3.96	25.8	合格
479		37.9	4.02	27.3	合格
480		39.1	4.01	28.4	合格
481	372	39.6	3.91	27.7	合格
482		39.4	3.76	25.8	合格
483		38.5	3.77	25.1	合格

续表

测区编号	测区断面位置/m	回弹代表值/MPa	声速代表值/(km/s)	混凝土换算强度/MPa	备注
484	374	37.9	3.99	27.0	合格
485		39.5	3.94	28.0	合格
486		39.1	3.88	26.9	合格
487	376	39.4	3.77	25.9	合格
488		37.9	3.82	25.1	合格
489		37.6	3.94	26.1	合格
490	378	37.8	3.96	26.5	合格
491		38.1	4.02	27.5	合格
492		37.9	4.01	27.2	合格
493	380	37.6	3.95	26.2	合格
494		37.8	3.95	26.4	合格
495		38.1	3.81	25.2	合格
496	410	37.4	3.91	25.6	合格
497		37.1	3.76	23.7	合格
498		38.1	3.86	25.7	合格
499	412	37.6	3.99	26.7	合格
500		37.8	3.94	26.3	合格
501		38.1	3.88	25.9	合格
502	414	37.6	3.89	25.6	合格
503		37.8	3.86	25.4	合格
504		37.9	3.98	26.8	合格
505	416	36.9	3.95	25.5	合格
506		39.6	4.03	29.2	合格
507		38.5	3.99	27.6	合格
508	418	38.6	3.96	27.3	合格
509		38.4	4.02	27.8	合格
510		37.1	4.01	26.4	合格
511	420	36.9	3.97	25.7	合格
512		39.1	3.91	27.2	合格
513		37.6	3.84	25.0	合格
514	470	37.8	3.88	25.6	合格
515		37.4	3.99	26.5	合格
516		39.1	3.94	27.6	合格
517	472	39.8	3.88	27.6	合格
518		36.9	3.95	25.5	合格
519		38.6	3.96	27.3	合格

续表

测区编号	测区断面位置/m	回弹代表值/MPa	声速代表值/(km/s)	混凝土换算强度/MPa	备注
520	474	38.7	4.02	28.1	合格
521		38.4	4.01	27.7	合格
522		39.5	3.95	28.1	合格
523	476	36.9	3.95	25.5	合格
524		38.5	3.91	26.6	合格
525		38.7	3.93	27.1	合格
526	478	37.9	3.98	26.8	合格
527		39.1	3.99	28.2	合格
528		38.4	4.01	27.7	合格
529	480	38.2	3.89	26.1	合格
530		39.2	4.06	29.1	合格
531		37.8	3.91	26.0	合格
532	482	37.4	3.97	26.2	合格
533		39.1	3.77	25.6	合格
534		37.4	3.89	25.4	合格
535	484	39.6	3.96	28.3	合格
536		38.9	4.02	28.3	合格
537		37.9	4.01	27.2	合格
538	486	39.4	3.95	28.0	合格
539		39.1	3.95	27.7	合格
540		38.7	3.78	25.4	合格
541	488	38.4	3.86	26.0	合格
542		39.5	3.94	28.0	合格
543		37.8	3.91	26.0	合格
544	490	39.1	3.98	28.0	合格
545		37.6	3.95	26.2	合格
546		37.3	4.03	26.8	合格
547	492	38.1	3.99	27.2	合格
548		39.1	3.96	27.8	合格
549		38.9	4.02	28.3	合格
550	494	38.4	4.01	27.7	合格
551		39.4	3.93	27.8	合格
552		37.5	3.98	26.4	合格
553	496	39.6	3.99	28.7	合格
554		38.5	4.01	27.8	合格
555		38.6	3.89	26.5	合格

续表

测区编号	测区断面位置/m	回弹代表值/MPa	声速代表值/(km/s)	混凝土换算强度/MPa	备注
556	498	38.4	4.06	28.3	合格
557		39.1	3.91	27.2	合格
558		38.9	3.97	27.7	合格
559	500	38.4	4.01	27.7	合格
560		39.5	3.95	28.1	合格
561		36.9	3.95	25.5	合格

表 4-2-2　××隧洞衬砌混凝土厚度统计汇总

检测区段/m	长度/m	设计厚度/cm	实测平均厚度/cm	标准差/cm	代表值/cm	合格率/%
20～30	10	50	54.9	3.1	54.8	100
30～40	10	50	55.2	3.0	55.1	100
40～50	10	50	55.6	2.7	55.6	100
50～60	10	50	56.4	2.4	56.4	100
60～70	10	50	57	1.0	57	100
70～80	10	50	57.2	1.0	57.2	100
80～90	10	50	57	7.7	56.9	100
90～100	10	50	55.3	3.1	55.2	100
100～110	10	50	54.3	3.1	54.2	100
110～120	10	50	55	3.7	54.9	100
120～130	10	50	56.2	2.1	56.2	100
130～140	10	50	56.2	2.5	56.2	100
140～150	10	50	56.5	2.4	56.5	100
150～160	10	50	56.5	2.1	56.5	100
160～170	10	50	56.1	2.1	56.1	100
170～180	10	50	54.2	3.0	54.1	100
180～190	10	50	53.6	2.5	53.6	100
190～200	10	50	55.0	0.8	55.0	100
200～210	10	40	51.7	4.5	51.6	100
210～220	10	40	53.1	2.9	53.1	100
220～230	10	40	53.6	2.7	53.6	100
230～240	10	40	51.9	4.6	51.8	100
240～250	10	40	53.1	2.8	53.1	100
250～260	10	40	53.0	2.7	53.0	100
260～270	10	40	53.1	2.9	53.1	100

第五章

水电站（泵站）机组启动验收质量检测报告

第一节　水电站机组启动阶段验收质量检测报告编写要点

水电站（泵站）机组启动阶段验收是水轮发电机组（泵站设备）及相关机电设备安装完工并自检合格后，在投入初期商业运行前，对相应输水系统和水力发电机组及其附属设备的制造、安装等方面的意见进行初步考核及全面质量评价，每一台初次投产机组均应进行启动试运行试验及机组启动验收，以保证机组能安全、可靠、完整地投入生产，发挥工程效益。试验合格及交接验收后方可投入系统并网运行。机组启动验收的形象面貌及具备的条件应符合《水利水电建设工程验收规程》（SL 223—2008）6.5.7 节及《水电工程验收规程》（NB/T 35048—2105）5.1 节的条件之后，参建各方按照规程要求编写并提交各自的工作报告，项目法人或建设单位向项目主管部门和电网公司提出机组启动阶段验收请示，验收主持单位审阅参建各方验收报告认为工程具备验收条件后，即组织工程机组启动验收。

水利水电工程机组启动验收前，质量检测机构应编写《工程机组启动阶段验收质量检测报告》，提交项目法人，作为验收备查资料。工程机组启动阶段验收质量检测报告可从下述几个方面进行编写。

一、工程概况

简要介绍工程总体情况、设计标准、工程布置、建筑物的结构特征、工程当前形象面貌等。

二、质量检测机构简介

说明本工程的质量检测机构母体试验室的资质等级、授权工地现场试验室的检测参数情况等。

检测单位与项目法人单位签订的检测合同范围、检测内容、现场试验室人员组织及设备情况。

三、项目划分及质量检测计划

（一）项目划分

工程项目划分直接引用本项目质量监督机构核备同意的工程项目划分方案，质量检测报告中列出单位工程、分部工程即可，检测合同中未涉及的单位或非主体工程可以不提。

（二）质量检测计划

质量检测计划依据质量检测合同中确定的检测范围进行编制，结合工程项目划分方案、建筑物的结构特征尽量覆盖各单位工程、分部工程，为工程的质量评定提供有力的依据。

四、检测试验依据

质量检测和评价的主要依据如下：

（1）国家和行业现行有关法律、法规、规章。

（2）经批准的设计文件。

（3）水利行业标准、国家标准、其他行业标准、地方标准和企业标准。

（4）招标文件、合同文件；

（5）主要设备、产品技术说明书等。

五、检测成果

检测成果一般宜以挡水建筑物、泄水建筑物、引水建筑物进水口工程、涉及蓄水安全的库岸和边坡等有关工程项目统计、分析和评价。也可按照工程项目划分方案中的单位工程或分部工程进行统计评价，可从下述几个方面进行统计分析评价。

（一）原材料、中间产品检测试验成果

（1）水泥抽检试验报告。

（2）钢材抽检试验报告报告。

（3）水泥外加剂（包括普通减水剂、高效减水剂、引气剂、引气减水剂、缓凝减水剂、早强剂、早强减水剂、防冻剂、膨胀剂等）技术性能指标试验报告。

（4）粉煤灰技术性能指标试验报告。

（5）防水材料（包括沥青、防水涂料、防水填料、各类防水卷材等）试验报告。

（6）止水带技术性能试验报告（包括紫铜片止水、白铁皮止水、铝片止水、塑料止水、橡皮止水）。

（7）土工布技术性能试验报告（包括土工织物、土工膜等）。

（二）试验及检测成果

（1）配合比试验（包括混凝土、砂浆、泥浆等）。

（2）混凝土试验（包括抗压、抗渗、抗冻等）。

（3）砂浆试验（包括抗压等）。

（4）土工试验（土料场土料性质、最大干密度、筑坝后的土工试验等）。

（5）筑坝技术试验（碾压混凝土坝铺混凝土厚度、碾压土石坝等的铺土厚度、振动设备及碾压遍数等）。

（6）压水试验。

（7）灌浆试验。

（8）单桩基群桩的静动载试验。

（9）管道、容器强度与严密性试验。

（10）焊接试验（超声探伤、X拍片）。

（11）电气设备绝缘试验。

（12）电气性能试验。

（13）接地电阻性能试验。

（14）设备操作试验。

（15）机组试运行试验。

六、不合格材料情况说明

不合格样品及材料的处理情况说明。如原材料、中间产品检测试验结果出现不合格情况，报告中应说明不合格项目台账登记备案情况，是否及时告知项目法人及相关单位。

七、结论

归纳总结本单项工程原材料、中间产品的检测试验结果，提出评价意见。

评价意见可按合同范围内单位工程、分部工程进行评价，也可按材料类别进行评价。

第二节　水电站机组启动阶段验收质量检测报告示例

××水电站工程机组启动阶段验收质量检测报告

一、工程概况

××水电站装机规模 42MW（2×2.1MW），多年平均发电量 12500 万 kW·h。××水电站水库正常蓄水位库容 2529 万 m^3，调节库容 1235 万 m^3，具有季调节功能，电站额定水头 119m，设计引用流量 40.24m^3/s。电站以发电为开发目标，无其他综合利用要求。

挡水建筑物采用碾压混凝土抛物线双曲拱坝，最大坝高 94.50m，坝顶宽度 6.00m，坝底最大厚度 20.00m，顶拱上游面弧长 236.09m。

泄水建筑物采用 3 孔溢流表孔和 1 孔冲沙泄洪中孔。表孔为开敞式溢洪道，中间表孔中心线与拱坝中心线平行，间距 5.0m，采用差动式挑流消能，每个溢流表孔进口控制宽度为 10.0m，坝轴线处中墩厚度为 4.0m，边墩厚度为 3.0m。冲沙中孔由进口段、中部有压流段和出口明流段三部分组成，兼作泄洪用。冲沙孔孔口底板高程为 1238.00m，进口段设置一扇平板事故检修闸门，孔口尺寸 4.4m×7.0m（宽×高），出口设置弧形工作闸门，孔口尺寸 4.0m×6.25m（宽×高）。

引水建筑物主要由岸塔式进水口、引水隧洞（隧洞进口至调压井，包括钢筋混凝土衬砌段和喷锚支护段）、引水调压井、压力管道（引水调压井至蜗壳进口，包括钢筋混凝土衬砌段，压力钢管主管、岔管和支管）组成。引水隧洞长约 6.38km，洞径 4.7m，设计额定引用流量为 40.24m^3/s。

电站厂房为引水式岸边地面厂房，厂区采用“一”字形布置，顺河流向依次布置回车场、主厂房、中控楼、主变压器场、开关站等。主厂房由安装间和主机间组成，平面尺寸 40.0m×16.4m×33.0m（长×宽×高），安装两台水轮发电机组，单机容量 21MW，总装机容量 42MW，机组安装高程 1134.500m。中控楼副厂房位于主机间下游侧，平面尺寸为 12.00m×16.40m（长×宽），为 6 层混凝土结构。开关站为地面开敞式，地面高程

1146.850m，平面尺寸 62.00m×38.00m（长×宽），站内布置 2 台主变压器。

二、质量检测机构

××工程技术检测有限公司为×××水电站质量检测中标单位，是具有水利资质且混凝土甲级、岩土甲级、量测甲级、金属结构甲级的四甲检测机构。根据检测合同和工程实际情况，我公司在施工现场建立了试验室，并对所需检测项目和检测参数进行了授权。明确了试验室主任、技术负责人、试验员，所有人员均持证上岗；试验设备仪器均经过率定，现场试验室达到二级试验室标准，出具的试验数据具有法定效力。试验室人员专业结构、仪器设备的数量及性能均满足本工程的检测试验需要。

三、工程项目划分

经工程质量监督机构审核确认，××水电站工程共划分为 8 个单位工程：①碾压混凝土拱坝；②引水隧洞及压力管道；③地面发电厂房；④房建工程；⑤升压变电站；⑥导流隧洞；⑦交通工程；⑧业主营地。

四、质量检测计划

根据与项目法人签订的《××水电站工程质量检测试验合同》，检测范围为××水电站的主体单位工程，即碾压混凝土拱坝、引水隧洞及压力管道、地面发电厂房、升压变电站、导流隧洞。据此，现场试验室编制了《××水电站工程质量检测试验计划书》，报母体试验室批准执行。

五、检测依据

(1)《水工混凝土施工规范》(DL/T 5144—2001)。

(2)《水工混凝土试验规程》(DL/T 5150—2001)。

(3)《硅酸盐水泥、普通硅酸盐水泥》(GB 175—1999)(2008 年 6 月 1 日前有效)。

(4)《通用硅酸盐水泥》(GB 175—2007)(2008 年 6 月 1 日开始执行)。

(5)《混凝土外加剂》(GB 8076—1997)。

(6)《用于水泥和混凝土中的粉煤灰》(GB/T 1596—2005)。

(7)《水工混凝土掺用粉煤灰技术规范》(DL/T 5055—2007)。

(8)《水泥胶砂强度检验方法（ISO 法）》(GB/T 17671—1999)。

(9)《水泥标准稠度用水量、凝结时间、安定性检验方法（ISO 法）》(GB/T 1346—2001)。

(10)《钢筋混凝土用热轧带肋钢筋》(GB 1499—1998)。

(11)《钢筋混凝土用钢第二部分热轧月牙肋钢筋》(GB 1499.2—2007)。

(12)《钢筋混凝土用热光圆肋钢筋》(GB 13013—1991)。

(13)《低碳钢热扎盘条》(GB/T 701—1997)。

(14)《钢筋混凝土用钢 第 1 部分：热轧光圆钢筋》(GB 1499.1—2008)。

(15)《金属材料室内拉伸试验方法》(GB/T 228—2002)。

(16)《金属材料弯曲试验规程》(GB 232—1999)。

(17)《水工混凝土钢筋施工规范》(DL/T 5169—2002)。
(18)《水工混凝土砂石骨料试验规范》(DL/T 5151—2001)。
(19)《水电水利工程喷锚支护施工规范》(DL/T 5181—2003)。
(20)《回弹法检测混凝土抗压强度技术规程》(JGJ/T 23—2001)。
(21)《锚杆喷射混凝土支护技术规范》(GB 50086—2001)。
(22)《钢筋焊接及验收规程》(JBJ 18—2003)。
(23)《钻芯法检测混凝土强度技术规程》(CEES 03—2007)。
(24)《水工碾压混凝土施工规范》(DL/T 5112—2009)。
(25)《水利水电工程施工质量检验与评定规程》(SL 176—2007)。
(26)《土工试验规程》(SL 237—1999)。
(27)《水利水电工程钻探规程》(SL 291—2003)。
(28)《水利水电工程钻孔压水试验规程》(SL 31—2003)。
(29)《水工建筑物水泥灌浆施工技术规范》(DL/T 5148—2012)。
(30)《水电水利工程施工安全防护设施技术规范》(DL 5162—2002)。
(31)《水电水利工程物探规程》(DL/T 5010—2005)。
(32)《水利水电工程启闭机制造安装及验收规范》(DL/T 5018—2004)。
(33)《水轮发电机组安装技术规范》(GB/T 8564—2003)。
(34)《钻芯法检测混凝土强度技术规程》(CECS 03—2007)。
(35)《××水电站工程施工详图阶段面板混凝土拱坝基础灌浆施工技术要求》。
(36) ××勘测设计研究院《物探专业作业指导文件》等质量控制文件。
(37) 相关工程设计文件中标明的施工技术质量要求。

六、检测成果

主要对碾压混凝土拱坝、引水隧洞及压力管道、地面发电厂房、升压变电站、导流隧洞所用的原材料、中间产品、灌浆效果、金属结构制作安装、水轮发电机组及电气设备的安装质量进行检测试验。

（一）首部枢纽工程

首部枢纽工程包括碾压混凝土拱坝、引水隧洞及压力管道等，检测项目有锚筋桩M30砂浆、预应力锚索水泥浆及锚墩混凝土、预应力锚索、固结灌浆、帷幕灌浆、原材料及中间产品、大坝混凝土等。

1. 锚筋桩M30砂浆

大坝左右坝肩边坡锚桩M30砂浆强度共检测21组，最大值38.3MPa，最小值34.2MPa，平均值35.8MPa，标准差1.03MPa，合格率100%。

2. 预应力锚索水泥浆及锚墩混凝土

左、右坝肩开挖边坡预应力锚索灌浆水泥浆体结石，锚墩及封锚混凝土强度检测统计分析情况如下：

内锚段$M_7$35共检测108组，最大值45.3MPa，最小值36.6MPa，平均值40.7MPa。

张拉段M35共检测44组，最大值45.6MPa，最小值36.6MPa，平均值40.9MPa。

锚墩和封锚$C_7$40混凝土共取样试验50组，最大值48.2MPa，最小值42.5MPa，平均值 44.8MPa。

检测结果表明：左、右坝肩边坡预应力锚索张拉前内锚段浆体结石，锚墩混凝土强度最小值满足设计要求，有黏结锚索张拉锁定后，张拉段封孔灌浆浆体结石以及所有锚索封锚混凝土强度均达到设计要求的强度。

3. *左、右坝肩边坡预应力锚索*

左、右坝肩开挖边坡部分预应力锚索分级张拉实测伸长值与理论伸长值误差成果表明，锚索实际伸长值与理论伸长值的误差最大值均在－5％～10％以内，符合施工规范要求。

通过安装在左、右坝肩开挖边坡锚索测力计测试成果分析，所有监测索的控制张拉吨位均满足设计要求。

左坝肩开挖边坡锚索测力计测试成果分析统计结果见表 5-2-1。

表 5-2-1　　左坝肩开挖边坡部分预应力锚索张拉记录

锚索编号	锚索类别	锚索长 /m	张拉分级	压力表读数 /MPa	张拉力 /kN	实际值 /mm	理论值 /mm	误差 /%
M1321.5-5	无黏结	50	1	13.3	600	12	12.1	－0.8
			2	26.9	1200	78	78.1	－0.1
			3	33.7	1500	120	111.2	7.9
			4	45.2	2000	160	166.2	－3.7
M1317.5-7	无黏结	50	1	13.3	600	12	12.1	－0.8
			2	26.9	1200	84	78.1	7.7
			3	33.7	1500	119	111.2	6.7
			4	45.2	2000	174	166.2	4.7
M1306.5-1	无黏结	50	1	13.3	600	13	12.1	7.4
			2	26.9	1200	77	78.1	－1.4
			3	33.7	1500	110	111.2	－1.1
			4	45.2	2000	165	166.2	－0.7
M1302.5-9	无黏结	50	1	13.3	600	13	12.1	7.4
			2	26.9	1200	82	78.1	5.0
			3	33.7	1500	114	111.2	2.5
			4	45.2	2000	172	166.2	3.5
M1327-5	有黏结	50	1	13.3	600	13	12.3	5.7
			2	26.9	1200	85	79.4	7.1
			3	33.7	1500	116	112.9	2.7
			4	45.2	2000	178	166.8	6.7
M1321.5-11	有黏结	50	1	13.3	600	13	12.3	3.3
			2	26.9	1200	78	79.4	－2.3
			3	33.7	1500	117	112.9	3.5
			4	45.2	2000	175	166.8	4.9

续表

锚索编号	锚索类别	锚索长/m	张拉分级	压力表读数/MPa	张拉力/kN	实际值/mm	理论值/mm	误差/%
M1317.5-9	有黏结	50	1	13.3	600	13	12.3	7.3
			2	26.9	1200	87	79.4	9.2
			3	33.7	1500	123	112.9	8.5
			4	45.2	2000	182	166.8	9.1
M1312-7	有黏结	50	1	13.3	600	13	12.3	4.9
			2	26.9	1200	82	79.4	3.3
			3	33.7	1500	116	112.9	2.7
			4	45.2	2000	175	166.8	4.9
M1306.5-9	有黏结	50	1	13.3	600	13	12.3	3.3
			2	26.9	1200	85	79.4	7.1
			3	33.7	1500	121	112.9	7.2
			4	45.2	2000	180	166.8	7.9
M1302.5-11	有黏结	50	1	13.3	600	13	12.3	2.4
			2	26.9	1200	82	79.4	3.0
			3	33.7	1500	114	112.9	1.2
			4	45.2	2000	169	166.8	1.5
M1297-9	有黏结	50	1	13.3	600	13	12.3	5.7
			2	26.9	1200	87	79.4	9.6
			3	33.7	1500	115	112.9	1.9
			4	45.2	2000	178	166.8	6.7
M1291.5-15	有黏结	50	1	13.3	600	13	12.3	6.5
			2	26.9	1200	85	79.4	6.8
			3	33.7	1500	122	112.9	8.4
			4	45.2	2000	181	166.8	8.3
M1287.5-13	有黏结	50	1	13.3	600	13	12.3	5.7
			2	26.9	1200	85	79.4	7.1
			3	33.7	1500	115	112.9	1.9
			4	45.2	2000	170	166.8	1.9
M1282-15	有黏结	50	1	13.3	600	13	12.3	5.7
			2	26.9	1200	87	79.4	9.6
			3	33.7	1500	116	112.9	2.7
			4	45.2	2000	168	166.8	0.7
M1276.5-14	有黏结	50	1	13.3	600	11.8	12.3	−4.1
			2	26.9	1200	76.2	79.4	−4.0
			3	33.7	1500	108.7	112.9	−3.7
			4	45.2	2000	162.4	166.8	−2.6

续表

锚索编号	锚索类别	锚索长/m	张拉分级	压力表读数/MPa	张拉力/kN	实际值/mm	理论值/mm	误差/%
M1267-9	有黏结	50	1	13.3	600	13	12.3	8.1
			2	26.9	1200	82	79.4	2.8
			3	33.7	1500	116	112.9	2.6
			4	45.2	2000	176	166.8	5.5
M1257-9	有黏结	50	1	13.3	600	12	12.3	−0.8
			2	26.9	1200	82	79.4	2.9
			3	33.7	1500	109	112.9	−3.2
			4	45.2	2000	163	166.8	−2.0
M1327-4	有黏结	30	1	13.3	600	11	10.7	2.8
			2	26.9	1200	45	46.2	−2.6
			3	33.7	1500	63	63.9	−1.4
			4	45.2	2000	91	93.5	−2.7
M1321.5-8	有黏结	30	1	13.3	600	11	10.7	2.8
			2	26.9	1200	44	46.2	−4.8
			3	33.7	1500	62	63.9	−3.0
			4	45.2	2000	95	93.5	1.6
M1317.5-8	有黏结	30	1	13.3	600	11	10.7	2.8
			2	26.9	1200	49	46.2	6.1
			3	33.7	1500	70	63.9	9.5
			4	45.2	2000	101	93.5	8.0
M1312-12	有黏结	30	1	13.3	600	11	10.7	2.8
			2	26.9	1200	50	46.2	8.2
			3	33.7	1500	69	63.9	8.0
			4	45.2	2000	101	93.5	8.0
M1306.5-14	有黏结	30	1	13.3	600	11	10.7	2.8
			2	26.9	1200	48	46.2	3.9
			3	33.7	1500	70	63.9	9.5
			4	45.2	2000	101	93.5	8.0
M1302.5-12	有黏结	30	1	13.3	600	11	10.7	2.8
			2	26.9	1200	45	46.2	−2.6
			3	33.7	1500	66	63.9	3.3
			4	45.2	2000	101	93.5	8.0
M1297-14	有黏结	30	1	13.3	600	11	10.7	2.8
			2	26.9	1200	48	46.2	3.9
			3	33.7	1500	65	63.9	1.7
			4	45.2	2000	95	93.5	1.6

续表

锚索编号	锚索类别	锚索长/m	张拉分级	压力表读数/MPa	张拉力/kN	实际值/mm	理论值/mm	误差/%
M1291.5-12	有黏结	30	1	13.3	600	12	10.7	7.5
			2	26.9	1200	49	46.2	6.7
			3	33.7	1500	66	63.9	3.0
			4	45.2	2000	99	93.5	5.6
M1287.5-14	有黏结	30	1	13.3	600	11	10.7	−1.9
			2	26.9	1200	47	46.2	1.7
			3	33.7	1500	66	63.9	3.3
			4	45.2	2000	95	93.5	1.6
M1282-16	有黏结	30	1	13.3	600	11	10.7	2.8
			2	26.9	1200	48	46.2	3.9
			3	33.7	1500	70	63.9	9.5
			4	45.2	2000	96	93.5	2.7
M1276.5-13	有黏结	30	1	13.3	600	12	10.7	7.5
			2	26.9	1200	50	46.2	7.8
			3	33.7	1500	69	63.9	7.8
			4	45.2	2000	99	93.5	5.9
M1267-10	有黏结	30	1	13.3	600	11	10.7	2.8
			2	26.9	1200	45	46.2	−3.7
			3	33.7	1500	68	63.9	6.4
			4	45.2	2000	95	93.5	1.6
M1257-6	有黏结	30	1	13.3	600	11	10.7	2.8
			2	26.9	1200	46	46.2	−1.3
			3	33.7	1500	68	63.9	6.1
			4	45.2	2000	98	93.5	5.0

右坝肩开挖边坡锚索测力计测试成果分析统计结果见表5-2-2。

表5-2-2　　右坝肩开挖边坡部分预应力锚索张拉记录分析

锚索编号	锚索类别	锚索长/m	张拉分级	压力表读数/MPa	张拉力/kN	实际值/mm	理论值/mm	误差/%
RM1306.5-1	无黏结	30	1	8.5	600	11	10.4	5.8
			2	16.5	1200	45	45.5	−1.1
			3	20.5	1500	64	62.9	1.7
			4	27	2000	93	92.1	1.0
M1276.5-10	有黏结	30	1	8.5	600	11	10.4	5.8
			2	16.5	1200	44	45.5	−3.3
			3	20.5	1500	63	62.9	0.2
			4	27	2000	95	92.1	3.1

续表

锚索编号	锚索类别	锚索长/m	张拉分级	压力表读数/MPa	张拉力/kN	实际值/mm	理论值/mm	误差/%
M1276.5-16	有黏结	30	1	8.5	600	10	10.4	-3.8
			2	16.5	1200	46	45.5	1.1
			3	20.5	1500	66	62.9	4.9
			4	27	2000	96	92.1	4.2
M1276.5-20	有黏结	30	1	8.5	600	11	10.4	5.8
			2	16.5	1200	47	45.5	3.3
			3	20.5	1500	63	62.9	0.2
			4	27	2000	95	92.1	3.1

4. 固结灌浆

坝基固结灌浆质量控制标准为：压水试验透水率 $q \leqslant 5$Lu，岩体声波检测纵波波速 $V_P \geqslant 4500m^3/s$。

(1) 坝基灌浆区。

坝基灌浆区共完成固结孔 261 个，基岩灌浆 1514.5m，注入水泥总量 75385.3kg，平均单位注入量为 71.91kg/m。从坝基右块固结灌浆注灰量成果分析，Ⅰ序孔单位注入量为 92.43kg/m，Ⅱ序孔单位注入量为 61.28kg/m，递减率为 33.7%。坝基固结灌浆成果见表 5-2-3。

表 5-2-3　坝基固结灌浆分序统计成果

单元	孔数	基岩灌浆/m	注灰量/kg	单位注入量/kg	各序孔单位注入量/(kg/m)		递减率/%
					Ⅰ序	Ⅱ序	
一单元（右块）	89	531.9	31396.55	75.66	92.43	61.28	33.7
二单元（中块）	83	474.9	28526.6	78.47	—	—	—
三单元（左块）	89	507.7	15462.1	61.84	—	—	—
合计	261	1514.5	75385.3	71.91	—	—	—

固结灌浆检查孔 14 个，占灌浆孔总数的 5.4%，压水试验 14 段，透水率最大为 1.66Lu，满足设计标准 5.0Lu 的要求。固结灌浆芯样基本完整，结构面充填水泥结石。

坝基右块固结灌浆岩体声波检测 2 孔，灌前平均波速值为 5190～5210m/s，灌后平均波速值为 5330～5450m/s，增幅为 2.3%～5.0%。全坝基灌后声波检测共 14 孔，波速值大于 4500m/s 的占总测试段的 76.34%，波速值小于 4000m/s 的仅占总测试段的 7.26%，整体波速值均在 5100m/s 以上，达到设计标准。

(2) 左坝肩灌浆区。

左坝肩共完成固结孔 203 个，基岩灌浆 1260.1m，共注入水泥 67635.44kg，平均单位注入量为 53.67kg/m。Ⅰ序孔单位注入量为 56.36kg/m，Ⅱ序孔单位注入量为 50.77kg/m，递减率 9.9%。固结灌浆检查孔 7 个，压水试验 8 段，最大透水率 2.84Lu，满足设计标准 5.0Lu 的要求。左坝肩固结灌浆成果见表 5-2-4。

左坝肩灌浆后岩体声波测试 7 孔，建基面 1.0m 以下平均波速值为 4644～5392m/s。

表 5-2-4 坝肩固结灌浆分序统计成果

部位	孔数	基岩灌浆/m	注灰量/kg	单位注入量/kg	各序孔单位注入量/(kg/m)		递减率/%
					Ⅰ序	Ⅱ序	
左岸	203	1260.1	67635.44	53.67	56.36	50.77	9.9
右岸	191	1109.3	57945.36	52.24	69.24	33.61	51.5
合计	394	2369.4	125580.8	53.00	62.41	42.77	31.5

（3）右坝肩灌浆区。

右坝肩共完成固结孔 191 个，基岩灌浆 1109.3m，共注入水泥 57945.36kg，平均单位注入量为 52.24kg/m。Ⅰ序孔单位注入量为 69.24kg/m，Ⅱ序孔单位注入量为 33.61kg/m，递减率 51.5%。固结灌浆检查孔 10 个，压水试验 10 段，最大透水率 1.8Lu，小于设计标准。

右坝肩灌浆后岩体声波测试 8 孔，建基面 1.0m 以下平均波速值在 4813～5649m/s。

（4）左坝肩垫座灌浆区。

左坝肩垫座灌浆区共完成固结孔 141 个，基岩灌浆 4893.4m，共注入水泥 3692617.9kg，平均单位注入量为 754.61kg/m，Ⅰ序孔平均单位注入量 1055.07kg/m，Ⅱ序孔 437.39kg/m，递减率为 58.5%。固结灌浆检查孔 14 个，为灌浆孔总数的 9.9%，压水试验 112 段，透水率最大为 3.94Lu，满足设计值 5Lu 的要求。固结灌浆岩芯较完整，结构面充填水泥结石。

固结灌浆前后波速对比测试 7 孔，灌前平均波速值为 4650～5053m/s，灌后平均波速值为 5110～5317m/s，增幅为 2.14%～10.81%。垫座灌浆区固结灌浆后声波测试 7 孔，波速值大于 4500m/s 的测试段占 85%以上，波速值小于 4000m/s 的仅占总测试段的 2.84%，平均波速值均在 5000m/s 以上，达到设计标准。

5. 帷幕灌浆

坝基防渗帷幕采用嵌入式帷幕，在大坝基础范围内，帷幕中心线与拱坝坝轴线近似平行。整个坝基通过布置在坝体廊道和灌浆平洞内的单双排帷幕灌浆孔形成封闭的防渗帷幕。帷幕设计防渗标准为 $q \leqslant 3$Lu。

（1）坝基帷幕灌浆。

坝基共完成帷幕灌浆孔 96 个，总进尺 3135.69m，基岩灌浆 2313.95m。从坝基帷幕灌浆注灰量成果分析，下游排Ⅰ、Ⅱ、Ⅲ序孔单位注入量分别为 167.09kg/m、129.46kg/m 和 61.17kg/m，上游排Ⅰ、Ⅱ、Ⅲ序孔单位注入量分别为 91.18kg/m、60.03kg/m 和 54.67kg/m。上、下游排分序单耗递减明显，符合帷幕灌浆的一般规律。

帷幕灌浆检查孔 10 个，占灌浆孔数的 10.4%，压水试验 57 段，其中透水率小于 1.0Lu 的 32 段，占总段数的 56.1%，透水率 1.0～3.0Lu 的 25 段，占总段数的 43.9%，最大透水率为 2.39Lu，满足设计值 3.0Lu 的要求。

经上述分析，坝基帷幕灌浆取得较明显的防渗效果，帷幕灌浆达到设计和规范要求，灌浆质量合格。

（2）左岸帷幕灌浆。

大坝左岸平洞 1274.50m 高程帷幕灌浆共布置 7 个检查孔，84 段次，压水试验结果表明：除J-2孔第2段、3段、5段、8段透水率略为超标，其值分别为3.82Lu、3.71Lu、3.36Lu、4.04Lu；J-3孔第3段透水率值达17.63 Lu表现异常外，其余各检查孔各压水段次透水率值均满足设计要求，详见表5-2-5。

表5-2-5　左岸帷幕灌浆检查孔压水试验结果统计

孔号	段次	全段长/m	单位注入量/(kg/m)	透水率范围值/Lu	透水率超标值/Lu
J-1	9	40.00	21.16	1.01～2.20	—
J-2	12	47.50	25.31	1.11～4.04	3.82、3.71、3.36、4.04
J-3	13	58.50	57.49	1.10～17.63	17.63、3.81
J-4	13	58.00	20.06	0.92～2.82	—
J-5	13	58.00	18.73	0.97～2.65	—
J-6	13	58.00	21.08	1.08～2.71	—
J-7	11	50.50	18.34	1.27～2.94	—

(3) 右岸帷幕灌浆。

大坝右岸平洞1274.50m高程帷幕灌浆共布置4个检查孔，32段次，压水试验结果表明各孔各段次透水率值均满足设计要求，详见表5-2-6。

表5-2-6　右岸帷幕灌浆检查孔压水试验结果统计

孔号	段次	全段长/m	单位注入量/(kg/m)	透水率范围值/Lu	透水率超标值/Lu
J-1	10	47.50	24.12	1.47～2.83	—
J-2	9	43.50	24.36	1.67～2.37	—
J-3	8	33.50	22.86	1.79～2.50	—
J-4	5	21.00	17.58	0.78～2.63	—

6. 大坝混凝土

混凝土原材料主要包括水泥、粉煤灰、砂石骨料、钢筋及外加剂，其中钢筋由总承包单位提供，其他由分承包单位自行采购。

(1) 水泥。

主体工程所用水泥主要采用××××有限公司××牌P·O42.5普通硅酸盐水泥。每批运至现场的水泥，均有厂家提供的出厂合格证和质量检验报告，施工单位按规范要求进行随机取样检测。

截至20××年6月，水泥共检测179组，检测成果表明，水泥的强度、安定性和凝结时间等技术指标均符合《普通硅酸盐水泥》(GB 175—2007)标准，合格率100%，其中上登P·O42.5散装水泥检测成果详见表5-2-7。

(2) 粉煤灰。

粉煤灰主要选用××开发利用有限公司、×××粉煤灰有限责任公司、××××粉煤灰制品有限责任公司、×××××粉煤灰制品有限公司及××粉煤灰有限公司生产的Ⅱ级灰，每批运至现场的粉煤灰，均有厂家提供的产品合格证和出厂质量检验报告，施工单位按规范要求进行取样检测。

表 5-2-7　　××牌 P·O42.5 散装水泥检测成果

统计值	细度 /%	安定性（雷氏法）/mm	凝结时间/min		抗压强度/MPa		抗折强度/MPa	
			初凝	终凝	3d	28d	3d	28d
组数	112	112	112	112	112	112	112	112
最大值	2.7	1.2	230	320	33.5	56.2	7.2	9.5
最小值	0.2	0	130	190	19.5	45.9	4.3	7.5
平均值	1.7	0.6	172	252	26.6	51.6	5.8	8.8
标准差	—	—	—	—	1.9	1.8	0.4	0.4
《通用硅酸盐水泥》（GB 175—2007）	≤10.0	≤5.0	≥45	≤600	≥17.0	≥42.5	≥3.5	≥6.5

截至20××年7月2日，粉煤灰共检测117组，检验成果统计情况如下：

1）××粉煤灰检测40组，细度19.8%～24.1%，需水量比101%～104%，烧失量4.5%～6.3%。

2）×××粉煤灰检测41组，细度11.6%～24.3%，需水量比97%～103%，烧失量1.3%～5.0%。

3）××××粉煤灰检测25组，细度17.5%～23.9%，需水量比97%～104%，烧失量2.9%～6.2%。

4）×××××粉煤灰检测7组，细度21.5%～23.2%，需水量比101%，烧失量4.3%～5.6%。

5）××××××粉煤灰检测4组，细度11.6%～17.0%，需水量比98%～103%，烧失量1.6%～4.3%。

以上检测成果表明，粉煤灰的细度、需水量比及烧失量等指标符合《用于水泥和混凝土中的粉煤灰》（GB/T 1596—2005）Ⅱ级灰标准。

(3) 砂石骨料。

大坝混凝土骨料全部采用石英正长斑岩人工轧制，料源取自诸苦拉及其上游石料场的开采料。

截至20××年6月28日，施工单位人工砂共取样164组，其细度模数、石粉含量、泥块含量及表观密度平均值符合《水工混凝土施工规范》（DL/T 5144—2001）、《水工碾压混凝土施工规范》（DL/T 5112—2009）规范要求；各档碎石经抽检，其含泥量、超逊径、针片状颗粒含量等指标符合规范要求。监理单位根据现场情况随机取样，送××州建设工程质量检测中心、××××建筑工程质量检测有限公司进行质量检测。人工砂共送检2组，细度模数、石粉含量、表观密度指标符合规范要求；各粒径碎石共送检5组，含泥量、针片状颗粒含量、表观密度等指标符合规范要求。

细骨料人工砂品质检验成果见表5-2-8。

粗骨料品质检验成果见表5-2-9。

(4) 钢筋。

主体土建工程使用的钢筋由①××钢及②××钢等供应，每批钢筋均有生产厂家提供的“产品质量证明书”，经施工单位和监理单位抽检合格后使用。

表 5-2-8 **人工砂品质检验成果汇总**

检测方	检测项目	规定值	取样次数	最大值	最小值	平均值	合格率/%
施工单位	细度模数	2.2～2.9	164	3.1	2.4	2.7	95.7
	石粉含量/%	6～22	164	21.0	4.4	16.0	98.8
	泥块含量	不允许	164	0	0	0	100
	表观密度/(kg/m³)	≥2500	164	2720	1610	2642	99.4
监理单位	细度模数	2.2～2.9	2	2.8	2.2	2.5	100
	石粉含量/%	6～22	2	14.8	9.8	12.3	100
	表观密度/(kg/m³)	≥2500	2	2727	2700	2714	100

表 5-2-9 **粗骨料品质检验成果汇总**

粒径/mm	统计值	施工单位				监理单位		
		含泥量/%	超径/%	逊径/%	针片状/%	含泥量/%	针片状/%	表观密度/(kg/m³)
5～20	组数	152	152	152	152	2	2	2
	最大值	0.8	4.8	7.7	8.1	0.3	5.1	2700
	最小值	0.1	0	0.1	4.3	0.1	4.8	2700
	平均值	0.5	2.6	4.0	5.9	0.2	5.0	2700
	合格率	100	100	100	100	100	100	100
20～40	组数	152	152	152	152	2	1	2
	最大值	0.7	4.8	9.9	8.6	0.2	4.3	2700
	最小值	0.1	0.6	1.6	4.0	0.1	4.3	2690
	平均值	0.3	2.8	4.5	5.9	0.2	4.3	2695
	合格率	100	100	100	100	100	100	100
40～80	组数	76	76	76	76	1	1	1
	最大值	0.4	0	10	8.5	0.1	2.7	2690
	最小值	0.1	0	2.7	3.0	0.1	2.7	2690
	平均值	0.2	0	6.7	4.6	0.1	2.7	2690
	合格率	100	100	98.7	100	100	100	100
《水工混凝土规范》(DL/T 5144—2001)	含泥量 *D*20≤1%，*D*40≤1%，*D*80≤0.5%；超径<5%，逊径<10%；针片状颗粒含量≤15%							

截至20××年7月13日，施工单位对到场钢筋共检测130组，监理单位共抽检2组，其屈服点、抗拉强度、伸长率、冷弯结果等指标均符合国家规定标准，合格率为100%。施工单位共抽检钢筋焊接接头142组，一检合格率为100%；监理单位钢筋焊接接头共抽检11组，一检合格率为100%。

(5) 外加剂。

外加剂选用××外加剂厂生产的NFR超缓凝碾压型混凝土或缓凝高效减水剂，以及××特种材料有限公司生产的FDN-3缓凝高效减水剂，每批次减水剂均有厂家提供的

“混凝土外加剂检验报告单”。经施工单位对进场外加剂的10组试验检测，其减水率、泌水率比、含气量、凝结时间差及抗压强度比等指标符合规范要求。

（6）混凝土配合比设计。

大坝混凝土分为C_{90}20W8F100基础垫层混凝土，C_{90}20W8F100坝体上游面碾压混凝土，C_{90}20W6F50坝体大体积碾压混凝土，C_{90}20W8F100上、下游面及廊道周边变态混凝土，C20W8F100左坝肩垫座常态混凝土，C_{90}25W8F100护坡、导墙及护坦常态混凝土，C25W8F100坝顶结构常态混凝土，C30W8F100冲沙孔周边、溢流面、坝顶梁及闸墩等常态混凝土。

根据设计要求的常态混凝土和碾压混凝土强度、耐久性、抗渗性等各项指标，并考虑施工和易性、可碾性和经济性，分承包单位对混凝土选用的水泥、骨料、粉煤灰和外加剂进行取样试验，确定混凝土配合比的基本参数，经过试配调整及现场碾压混凝土工艺性试验复核验证，最后提出混凝土施工配合比，并经优化调整及监理审批后用于混凝土生产。

在混凝土施工过程中，由试验人员根据原材料的变化情况对施工配合比进行动态调整。大坝工程采用的混凝土施工配合比见表5-2-10。经混凝土全面检验结果验证，常态和碾压混凝土施工配合比均满足设计要求。

表5-2-10　　混凝土施工配合比汇总

混凝土标号	级配	水胶比	砂率/%	坍落度或V_C值	粉煤灰掺量/%	材料用量/(kg/m^3)							
						水泥	粉煤灰	砂	小石	中石	大石	外加剂	水
C_{90}20W8F100	三	0.5	32	5～7cm	30	154	66	683	437	437	583	1.54	110
C_{90}20W8F100	二	0.49	36	2～5s	55	91	112	777	690	690	—	1.42	100
C_{90}20W6F50	三	0.53	33	2～5s	60	68	102	733	446	595	446	1.19	90
C_{90}20W8F100	二	0.48	36	3～5cm	54	133	154	777	690	690	—	2.01	138
C_{90}25W8F100	二	0.48	38	16～18cm	30	221	95	732	719	499	—	2.53	152
C_{90}25W8F100	三	0.45	31	5～7cm	30	179	77	646	433	433	578	1.792	115
C_{90}25W8F100	二	0.45	34	5～7cm	30	205	88	681	529	793	—	2.051	132
C25W8F100	二	0.5	34	9～12cm	20	227	57	661	461	856	—	1.988	142
C30W8F100	二	0.45	34	9～12cm	20	258	64	646	451	837	—	2.254	145
C30W8F100	二	0.42	38	16～18cm	20	305	76	687	633	518	—	3.05	160

（7）大坝混凝土质量检测。

1）碾压混凝土机口V_C值检测。

机口V_C值共检测1021次，最大值5.6s，最小值1.6s，平均值3.2s（设计要求2～5s），合格率98.9%。

2）碾压混凝土仓面离差系数V_C值及表观密度检测。

仓面V_C值共检测1084次，最大值5.2s，最小值1.5s，平均值3.2s，合格率97.4%。压实表观密度共检测2460次，相对密实度为100.4%～97.1%，平均99.1%（设计要求相对密实度不应小于98.5%）。对所测表观密度低于设计规定值的部位及时进行了补碾处理，补碾后仍达不到要求的予以挖除。

3）混凝土强度检测。

截至20××年8月，现场试验室对大坝各种混凝土强度共进行取样检测729组，各区混凝土强度均满足设计要求，合格率100%。

混凝土抗压强度试验成果统计见表5-2-11。

表5-2-11　大坝混凝土强度试验成果统计

部位或混凝土品种	强度等级	龄期/d	统计组数	最小值/MPa	平均值/MPa	标准差/MPa	强度保证率/%	强度评定
基础垫层混凝土	$C_{90}20$	28	8	14.8	17.0	1.21	—	—
	$C_{90}20$	90	22	22.8	24.0	1.84	97.9	合格
坝体大体积碾压混凝土	$C_{90}20$	28	236	14.3	17.2	1.24	—	—
	$C_{90}20$	90	152	20.3	23.5	2.38	—	合格
变态混凝土	$C_{90}20$	28	61	15.6	17.2	1.54	—	—
	$C_{90}20$	90	54	21.3	24.3	2.13	—	合格
表孔悬挑结构混凝土	C25	28	28	25.7	27.1	0.83	98.9	合格
表孔闸墩混凝土	C30	28	25	31.8	32.6	1.28	97.8	合格
中孔混凝土	C30	28	47	31.6	33.2	1.54	97.9	合格
左坝肩垫座常态混凝土	C20	28	1	23.0	23.0	23.0	—	合格
冲沙孔周边常态混凝土	C30	28	1	34.4	34.4	34.4	—	合格
护坦及护坡混凝土	$C_{90}25$	28	50	18.1	20.2	1.58	—	—
	$C_{90}25$	90	44	25.1	27.2	1.00	98.1	合格

注　未达到设计龄期的试件检测结果不予评定。

4）混凝土耐久性检测。

施工单位对混凝土共进行30组抗渗试验，在最大水压力作用下，端面均无渗水出现，抗渗指标满足设计要求。大坝混凝土共进行1组抗冻试验，冻融循环100次的重量损失率和相对动弹模量均满足设计和规范要求。

5）碾压混凝土钻孔取芯检测。

坝体碾压混凝土达到设计龄期后，在右岸坝块高程1256.042m布置1个钻孔进行钻孔取芯，钻孔孔径219mm，孔深45m，芯样直径为150mm。从混凝土芯样外观可看出，芯样表面整体较光滑，稍有孔，骨料分布基本均匀，芯样平均获得率达到98.9%，最大芯样长度为2.16m。经全孔1段压水试验，透水率为0.33Lu。

6）大坝混凝土抗渗检查。

为检测大坝混凝土的抗渗性能，设计要求在每个坝段各布置3个检查孔，钻孔孔径75mm，钻孔孔深接近该孔对应的建基面，压水试验自上而下分段进行，分段长3.0m，孔口压力为0.3～0.5MPa，压水时间30min。

截至20××年9月23日，右岸坝块已完成2个检查孔，1号孔压水7段次，最大透水率为0.98Lu，2号孔压水4段次，最大透水率为0.97Lu，满足设计要求。混凝土抗渗试验成果见表5-2-12。

表 5-2-12　　混凝土抗渗试验统计

取样日期（年-月-日）	工程部位	设计等级	龄期/d	检验结果
20××-04-15	大坝基础垫层高程 1180.00～1181.50m	C_{90}20W8	90	符合设计要求
20××-05-24	大坝左岸护坦①块高程 1185.00～1187.00m	C_{90}25W8	90	符合设计要求
20××-06-13	碾压混凝土拱坝高程 1187.70～1189.50m	C_{90}20W6	90	符合设计要求
20××-06-29	碾压混凝土拱坝高程 1189.50～1193.50m	C_{90}20W8	90	符合设计要求
20××-07-09	大坝左岸护坡①、②块高程 1192.40～1193.20m	C_{90}25W8	90	符合设计要求
20××-08-12	碾压混凝土拱坝高程 1196.50～1200.00m	C_{90}20W8	90	符合设计要求
20××-08-19	大坝右岸护坦④块高程 1185.00～1187.00m	C_{90}25W8	90	符合设计要求
20××-09-05	大坝左岸护坡①、②块高程 1203.80～1206.00m	C_{90}25W8	90	符合设计要求
20××-09-23	碾压混凝土拱坝高程 1206.00～1209.50m	C_{90}20W8	90	符合设计要求
20××-10-15	碾压混凝土拱坝高程 1210.80～1214.00m	C_{90}20W8	90	符合设计要求
20××-12-10	碾压混凝土拱坝高程 1222.70～1225.00m	C_{90}20W8	90	符合设计要求
20××-01-22	大坝中孔高程 1231.30～1233.30m	C30W8	28	符合设计要求
20××-02-20	碾压混凝土拱坝高程 1233.40～1235.50m	C_{90}20W8	90	符合设计要求
20××-03-12	碾压混凝土拱坝右侧高程 1235.50～1237.60m	C_{90}20W8	90	符合设计要求
20××-03-23	大坝中孔高程 1235.50～1238.00m	C30W8	28	符合设计要求
20××-04-24	碾压混凝土拱坝左侧高程 1235.50～1237.60m	C_{90}20W8	90	符合设计要求
20××-05-09	大坝表孔高程 1237.60～1240.50m	C25W8	28	符合设计要求
20××-05-14	大坝表孔左墩高程 1242.20～1245.50m	C30W8	28	符合设计要求
20××-05-26	碾压混凝土拱坝右侧高程 1240.50～1243.20m	C_{90}20W8	90	符合设计要求
20××-06-13	碾压混凝土拱坝左侧高程 1244.20～1246.50m	C_{90}20W8	90	符合设计要求
20××-06-16	大坝中孔高程 1244.30～1246.50m	C30W8	28	符合设计要求
20××-07-04	碾压混凝土拱坝右侧高程 1246.30～1249.30m	C_{90}20W8	90	符合设计要求
20××-08-09	大坝中孔高程 1250.00～1252.00m	C30W8	28	符合设计要求
20××-08-10	碾压混凝土拱坝左侧高程 1249.70～1252.20m	C_{90}20W8	90	符合设计要求
20××-08-16	大坝表孔高程 1251.70～1253.20m	C25W8	28	符合设计要求
20××-08-26	碾压混凝土拱坝左侧高程 1252.20～1256.30m	C_{90}20W8	90	符合设计要求
20××-10-12	碾压混凝土拱坝左侧高程 1252.20～1256.30m	C30W8	28	符合设计要求
20××-10-19	大坝表孔闸墩高程 1255.20～1257.20m	C_{90}20W8	90	符合设计要求
20××-10-27	碾压混凝土拱坝左侧高程 1258.30～1261.30m	C30W8	28	符合设计要求
20××-11-23	大坝中孔下游尾墩高程 1252.80～1256.80m	C_{90}20W8	90	符合设计要求

7）拱坝体形检测。

大坝混凝土浇筑后，采用全站仪对拱坝高程 1256.00m 以下形体共检测 825 点，实测值与设计值的偏差在 19mm 以内，符合设计和规范要求。

(二) 引水系统

引水系统包括进水口、引水隧洞、调压井和压力管道等工程项目。

1. 进水口砂浆锚杆、喷射混凝土及无黏结预应力锚索

进水口共施工砂浆锚杆 120 根，锚杆无损检测共 5 根，其长度和注浆密实度合格率 100%，符合设计和规范要求。

喷混凝土共 121m^3，喷射厚度控制为每 3m^2 设一控制桩，桩长与混凝土厚度相同，施工控制较好，喷层厚度符合设计要求。喷射混凝土抗压强度检测 4 组，最大值 29.7MPa，最小值 22.9MPa，平均值 25.4MPa，满足设计和规范要求。

进水口预应力锚索施工于 20××年 12 月 14 日已按设计要求全部完成。锚索造孔、编制、灌浆及混凝土垫座浇筑均按施工程序和施工工艺要求进行，锚索张拉程序、加载分级、张拉控制应力、锁定应力、持荷稳定时间均符合设计和规范要求，锚索张拉实际伸长值与理论伸长值误差最大值均在规范要求的－5%～10%以内。边坡锚索测力计监测成果表明，系列测值平稳，无突变异常现象，工作状态良好。

2. 进水口混凝土抗压强度检测

进水口混凝土抗压强度共取样检测 33 组，其中 C15 混凝土取样 5 组、C25 混凝土取样 8 组、C30 混凝土取样 20 组，检测结果满足设计要求，试验成果统计分析结果见表 5-2-13。

表 5-2-13　　进水口混凝土强度试验成果统计

强度等级	龄期/d	取样组数	抗压强度值/MPa			标准差/MPa	强度保证率/%	评定结论
			最大值	最小值	平均值			
C15	28	5	18.8	16.9	17.4	0.7	—	合格
C25	28	8	28.4	25.9	26.8	0.8	—	合格
C30	28	20	34.9	30.8	32.9	1.2	—	合格

3. 引水隧洞混凝土抗压强度检测

引水隧洞调压井前采用 C25 钢筋混凝土衬砌总长为 1336m，底板衬砌厚度为 50cm，边顶拱一般为 40cm，衬砌后断面在桩号 Y6＋020.000 以前为 4.7m×4.7m（宽×高）的马蹄形，以后为洞径 4.7m 的圆形。隧洞除钢筋混凝土衬砌段外，底板均抹 C20 素混凝土厚 20cm。混凝土抗压强度共取样检测 330 组，其中 C15 混凝土取样 35 组、C20 混凝土取样 98 组、C25 混凝土取样 197 组，检测结果满足设计要求，试验成果见表 5-2-14。

表 5-2-14　　引水隧洞混凝土强度试验成果统计

承包商	强度等级	龄期/d	取样组数	抗压强度值/MPa			标准差/MPa	离差系数 C_v	强度保证率/%	评定结论
				最大值	最小值	平均值				
××公司	C15	28	35	18.8	15.4	16.9	0.9	0.06	98.2	合格
	C20	28	58	25.7	20.8	23.1	1.2	0.05	99.5	合格
	C25	28	176	30.1	25.4	27.6	1.1	0.04	98.6	合格
××公司	C20	28	40	25.4	20.5	22.9	2.0	—	—	合格
	C25	28	21	29.6	25.3	27.4	—	—	—	合格

4. 调压井混凝土抗压强度检测

调压井全部采用C25钢筋混凝土衬砌，井身衬砌厚度60cm，衬后内径9m，阻抗孔衬砌厚度40cm，衬后内径2.7m，底部平洞段衬砌厚度60cm，衬后内径4.7m。调压井C25混凝土共抽检10组，最小值25.3MPa，平均值28.1MPa，合格率100%，满足施工设计要求。

5. 压力管道混凝土抗压强度检测

调压井中心Y6+103.330后压力管道渐变段、上水平段、上弯段、斜井段、下弯段均采用C25钢筋混凝土衬砌，衬砌厚度为0.6m。渐变段长10.021m，由内径4.7m渐变为3.4m，从渐变段始端至下弯段末端处衬砌段总长112.055m。下平段采用钢衬，外包C20素混凝土厚0.6m。下平段出口接钢岔管，钢岔管分为两根内径2.3m的支管，岔、支管均为外包C25钢筋混凝土埋入地下。

昆船公司按规范要求制作混凝土试块，混凝土抗压强度试验情况如下：C20混凝土抽检7组，最小值20.5MPa，平均值23.8MPa；C25混凝土抽检15组，最小值25.9MPa，平均值28.4MPa。

检测结果表明，压力管道段C20、C25混凝土抗压强度满足设计要求，详见表5-2-15。

表5-2-15　　引水隧洞混凝土强度试验成果统计

强度等级	龄期/d	取样组数	抗压强度值/MPa			标准差/MPa	离差系数 C_v	强度保证率/%	评定结论
			最大值	最小值	平均值				
C20	28	7	—	20.5	23.8	—	—	—	合格
C25	28	15	—	25.9	28.4	—	—	—	合格

6. 回填灌浆

回填灌浆范围为引水隧洞钢筋混凝土衬砌段和压力钢管段顶拱90°，在衬砌混凝土达70%设计强度后进行。混凝土衬砌段回填灌浆采用钻孔灌浆，钢衬段采用引管灌浆。

××水电工程公司施工范围内回填灌浆完成5004.44m²。回填灌浆孔每排1～3个，排距3m，梅花形布置。灌浆采用的水泥为P·O42.5普通硅酸水泥。共钻检查孔70个，从初始10min内注入量0.4～7.5L可看出，回填灌浆质量满足设计及规范要求。

×××水电建设公司在引水隧洞Y4+126.500下游衬砌段回填灌浆工程完成982.61m²。回填灌浆孔每排2～3个，排距3m，灌浆压力0.25～0.35MPa，灌浆孔在设计压力下停止吸浆后，延续灌注10min后结束。共打检查孔12个，初始10min内最大注入量为8.0L，灌浆质量满足规范要求。

7. 固结灌浆

设计要求在钢筋混凝土（钢管）衬砌段和地下水浅埋喷锚支护洞段进行全断面固结灌浆。

××水电工程公司在引水隧洞Y4+126.500上游施工范围内固结灌浆完成5004.44m。引水隧洞固结灌浆共完成检查孔359个，抽检率5%，透水率为0～3.63Lu，小于设计标准5.0Lu，灌浆质量达到设计及规范要求。

隧洞固结灌浆完成1171m，注入水泥总量85.955t，平均单位注灰率73.4kg/m，共钻检查孔21个，最大透水率3.06Lu；调压井固结灌浆完成1156.2m，注入水泥总量

1079.531t，平均单位注灰率 933.69kg/m，共钻检查孔 16 个，最大透水率 3.9Lu；压力管道衬砌段固结灌浆完成 2100m，注入水泥总量 823.892t，平均单位注灰率 392.33kg/m，共钻检查孔 19 个，最大透水率 3.8Lu；压力管道钢衬段固结灌浆完成 439.8m，注入水泥总量 147.837t，平均单位注灰率 336.15kg/m，共钻检查孔 6 个，最大透水率 4.36Lu。以上部位压水试验透水率均小于 5.0Lu，固结灌浆质量满足设计及规范要求。

8. 压力钢管接触灌浆

经分承包、总承包和监理单位三方在现场锤击检查压力钢管底部 90°范围内脱空情况，确认每一个独立的脱空区面积不大于 0.5m²。经设计同意，取消压力钢管主管 Y6+268.385～Y6+369.953 段以及岔支管底部 90°范围内的接触灌浆。压力钢管主管 Y6+218.835～Y6+268.835 段底部 90°范围内接触灌浆利用固结灌浆孔进行灌注，在灌浆结束 7d 后，经现场锤击检查，钢衬脱空范围和程度满足设计要求。

（三）发电厂房

厂房主机间混凝土强度等级有 C20、C25，安装间混凝土强度等级有 C15、C20、C25、C30，中控楼副厂房混凝土强度等级有 C15、C25，尾水渠混凝土强度等级为 C25。施工期间共取样检测 201 组，检测结果表明：各强度等级的混凝土抗压强度均满足设计及规范要求，合格率 100%。混凝土强度试验统计分析成果见表 5-2-16。

表 5-2-16 单位混凝土强度试验成果统计

部位	强度等级	统计组数	最小值 /MPa	平均值 /MPa	标准差 /MPa	强度保证率 /%	强度评定
主机间	C20	39	20.6	22.7	1.3	97.8	合格
	C25	22	25.3	27.3	0.9	—	合格
安装间	C15	6	15.2	16.4	1.30	—	合格
	C20	16	20.3	22.8	1.40	—	合格
	C25	18	25.1	27.1	1.20	—	合格
	C30	33	30.6	33.7	1.10	98.3	合格
中控楼副厂房	C15	25	15.3	17.2	1.50	—	合格
	C25	16	25.5	27.1	1.10	—	合格
尾水渠	C25	26	25.6	27.4	1.01	—	合格

（四）金属结构

金属结构的质量检测方式由试验室派专业人员在现场与安装单位共同进行检测。

1. 大坝金属结构安装质量检测

大坝金属结构内容有冲沙孔事故检修闸门、冲沙孔工作闸门、进水口拦污栅、进水口事故检修闸门、导流洞封堵闸门及与其相应的启闭设备。

从埋件安装偏差检测成果分析，闸门埋件实测最大值均在规范允许偏差范围内。冲沙孔闸门及导流洞闸门门槽埋件安装偏差检查成果符合规范要求。

冲沙孔检修闸门埋件安装检测成果见表 5-2-17。

表 5-2-17　　冲沙孔检修闸门埋件安装检测成果

项目			允许偏差/mm	实测偏差值/mm	检测数/点	合格数/点	合格率/%
底槛	△对门槽中心线距离		±5	0～+1	4	4	100
	△对孔口中心线距离		±5	0～+0.5	4	4	100
	高程		±5	0～+1	4	4	100
	△工作表面一端到另一端的高差		2	1	2	2	100
	工作表面平面度（工作范围内）		2	0.5～1	3	3	100
	△工作表面组合处的错位（工作范围内）		1	+0.5	2	2	100
	工作表面扭曲		1.5	0～+0.5	2	2	100
门楣	△对门槽中心线距离（工作范围内）		+2～1	0～+0.5	4	4	100
	△门楣中心对底槛面的距离		±3	0～+0.5	2	2	100
	工作表面平面度（工作范围内）		2	0.5～1	2	2	100
	△工作表面组合处的错位（工作范围内）		0.5	—	—	—	—
	工作表面扭曲		1	0	2	2	100
主轨	对门槽中心线距离	△工作范围内	+2～1	0～+1.5	8	8	100
	对孔口中心线距离	△工作范围内	±3	0～+1.0	8	8	100
	△工作表面组合处的错位	工作范围内	0.5	0～+1.0	2	2	100
反轨	工作表面扭曲	△工作范围内表面宽度	0.5	0～+1.0	2	2	100
	对门槽中心线距离	△工作范围内	+3～1	0～+1.0	8	8	100
	对孔口中心线距离	△工作范围内	+3～3	0～+1.0	8	8	100
	△工作表面组合处的错位	工作范围内	1	0～+0.5	2	2	100
	工作表面扭曲	△工作范围内表面宽度	3	+1.0～+2.0	2	2	100
埋件距离	主轨（加工）与反轨工作面间的距离		+4～−1	0～+1.5	3	3	100
	主轨中心距		±4	−1.0～+2.0	3	3	100
	反轨中心距		±5	0～+4.0	6	6	100

冲沙孔弧形闸门埋件安装检测成果见表 5-2-18。

表 5-2-18　　冲沙孔弧形闸门埋件安装检测成果

项目		允许偏差/mm	实测偏差值/mm	检测数/点	合格数/点	合格率/%
底槛	△对门槽中心线距离	±5	0～+1	2	2	100
	△对孔口中心线距离	±5	0	2	2	100
	高程	±5	0～+1	4	4	100
	△工作表面一端到另一端的高差	2	1	2	2	100
	工作表面平面度（工作范围内）	2	0.5～1.5	3	3	100
	△工作表面组合处的错位（工作范围内）	1	—	—	—	—
	工作表面扭曲	1.5	0～1	2	2	100

续表

项　　目			允许偏差/mm	实测偏差值/mm	检测数/点	合格数/点	合格率/%
门楣	△对门槽中心线距离（工作范围内）		+2−1	0～+0.5	2	2	100
	△门楣中心与铰座中心的水平距离		±3	0～+1	3	3	100
	工作表面平面度（工作范围内）		2	0.5～1	2	2	100
	△工作表面组合处的错位（工作范围内）		0.5	—	—	—	—
	工作表面扭曲		1	0	2	2	100
主轨	两侧轮导板间距离	工作范围外	+5 −3	0～+4	3	3	100
	两侧止水座板间距离	△工作范围内	+5−3	0～+2.5	3	3	100
	△工作表面组合处的错位	工作范围内	0.5	0～0.5	4	4	100
	工作表面扭曲	△工作范围内表面宽度	0.5	0～0.5	2	2	100
埋件距离	底槛中心与铰座中心水平距离		±5	0～+1.0	3	3	100
	侧止水座板中心与铰座中心水平距离		±6	0～+0.5	3	3	100
	铰座中心与底槛垂直距离		±5	0～+1.0	3	3	100

导流洞封堵闸门埋件安装检测成果见表5-2-19。

表5-2-19　　导流洞封堵闸门埋件安装检测成果

项　　目			允许偏差/mm	实测偏差值/mm	检测数/点	合格数/点	合格率/%
底槛	△对门槽中心线距离		±5	−4.0～+4.0	10	10	100
	△对孔口中心线距离		±5	−1.0～+1.5	4	4	100
	高程		±5	−0.1～+0.8	2	2	100
	△工作表面一端到另一端的高差		2	0.5	1	1	100
	工作表面平面度（工作范围内）		2	0.5～2.2	8	7	87.5
	△工作表面组合处的错位（工作范围内）		1	0.5	1	1	100
	工作表面扭曲		1.5	0～1.0	2	2	100
门楣	△对门槽中心线距离（工作范围内）		+2−1	−0.5～+1.5	4	4	100
	△门楣中心到底槛面的距离		±3	−1.0～+2.0	4	4	100
	工作表面平面度（工作范围内）		2	0.5～1.0	4	4	100
	△工作表面组合处的错位（工作范围内）		0.5	0.4	1	1	100
	工作表面扭曲		1	0	2	2	100
主轨	对门槽中心线距离	△工作范围内	+2−1	0～+2.0	12	12	100
	对孔口中心线距离	△工作范围内	±3	0～+3.0	8	8	100
	△工作表面组合处的错位	工作范围内	0.5	0.2～0.4	4	4	100
	工作表面扭曲	△工作范围内表面宽度	0.5	—	—	—	—
侧止水座板	△对门槽中心线距离（工作范围内）		+2−1	−0.5～+2.0	8	8	100
	△对孔口中心线距离（工作范围内）		±3	0～+2.0	8	8	100
	△工作表面平面度（工作范围内）		2	0.5～1.0	8	8	100
	△工作表面组合处的错位（工作范围内）		0.5	0.2～0.4	6	6	100

续表

项目			允许偏差/mm	实测偏差值/mm	检测数/点	合格数/点	合格率/%
反轨	对门槽中心线距离	△工作范围内	+3−1	0～+1.5	8	8	100
	对孔口中心线距离	△工作范围内	±3	0～+2.0	8	8	100
	△工作表面组合处的错位	工作范围内	1	0.4～0.5	4	4	100
埋件距离	主轨（加工）与反轨工作面间的距离		+4−1	0～+3.5	10	10	100
	主轨中心距		±4	0～+4.0	10	10	100
	反轨中心距		±5	+1.5～+4.5	10	10	100
	侧止水座板中心距		±4	0～+3.5	10	10	100
	门楣中心和底槛面垂直距离		±2	−1～+1	4	4	100

2. 引水系统金属结构

引水系统进水口拦污栅、事故检修闸门、引水隧洞支洞进人孔检修闸门及相应的启闭设，压力钢管制作与安装等。

(1) 进水口拦污栅及启闭机安装。

拦污栅槽及清污导槽埋件安装完毕后，经检查验收，拦污栅主轨对栅槽中心线实测偏差值为1～3mm，不大于3mm，合格率100%；反轨对栅槽中心线距离实测偏差值0～5mm不大于5mm，合格率100%。

清污导槽主轨埋件到导槽中心线距离实测偏差值1.5～2.5mm小于3mm，合格率100%；反轨到导槽中心线距离实测偏差值1.5～4mm小于5mm，合格率100%。一般项目检验均基本符合质量标准。

拦污栅栅体组装完成后，经检查验收，栅体间连接牢固，将栅体吊入栅槽后，作升降试验，栅体在删槽内升降灵活、平稳，无卡阻现象。

(2) 清污门机安装。

门机轨道安装完成后，经检查验收，轨道实际中心线的偏移实测值为1～1.5mm，合格率100%；轨距实测偏差值2～3mm不大于3mm，合格率100%；轨道纵向直线度允许偏差1/1500且全行程不超过2mm，实测值分别为0.5～0.8mm/m和0.8～1mm/m，合格率均为100%；同一断面上两轨道高程相对差实测值6～8mm，极限偏差8mm，合格率100%。门机轨道安装误差在允许范围内。

清污门机安装完成后，经检查验收，门机门腿上、下端向平面和侧向立面对角线相对差、门腿的倾斜度、大车跨度相对差、门架对角线相对差、大车车轮安装后的垂直倾斜偏差、车轮安装后水平偏斜、车轮同位差、小车轨距偏差、同一断面上小车轨道高低差、小车跨度相对差、小车轮对角线相对差等偏差在允许范围内。

清污门机试验结果表明，门机系统限位保护等装置动作正确可靠，大小车行走机构运行平稳、无卡阻、无跳动，机械运转无冲击和其他异常现象，荷载试验两个机构做重复的起动、运转、停车、正转、反转等动作，各机构动作灵活、平稳可靠，各限位开关、安全保护连锁装置的动作正确可靠，各部件无裂纹等损坏现象，各连接处无松动问题。门机试运转质量符合质量标准要求。

(3) 进水口事故检修闸门及启闭机安装。

1）闸门埋件安装。

事故检修闸门埋件安装检测成果如下：

底槛对门槽中心线实测偏差值0.5～1.5mm，小于5mm；对孔口中心线实测偏差值0.5～3.5mm，小于5mm；高程实测值0.5mm<5mm；工作表面一端到另一端的高差实测值0.5mm<2mm；工作表面平面度实测值0.5～1.5mm，小于2mm；工作表面组合处错位实测值0.5mm，小于1mm；工作表面扭曲实测值0.6mm<1.5mm。

门楣对门槽中心线实测偏差值0.5～2mm，不大于2mm；门楣中心对底槛面实测偏差值1～2.5mm，小于3mm；工作表面平面度实测值0.5～1mm，小于2mm；工作表面组合处错位实测值0.4mm<0.5mm；工作表面扭曲实测值0.6mm<1mm。

主轨对门槽中心线工作范围内实测偏差值0.5～1.5mm，小于2mm；工作范围外实测偏差值0.5～3.5mm，极限偏差3mm，合格率91.7%；对孔口中心线工作范围内实测偏差值1～2.5mm，小于3mm；工作范围外实测偏差值1～4.5mm，极限偏差4mm，合格率87.5%；工作表面组合处错位工作范围内实测值0.2～0.4mm，小于0.5mm，工作范围外实测值0.5～1.0mm，小于1mm；工作表面扭曲工作范围内实测值0.4～0.5mm，小于0.5mm；工作范围外允许增加值实测值为1.4～1.5mm，小于2mm。反轨对门槽中心线工作范围内实测偏差值0.5～2.5mm，小于3mm；工作范围外实测偏差值0.5～5.5mm，极限偏差5mm，合格率91.7%；对孔口中心线工作范围内实测偏差值0.5～2.5mm，小于3mm；工作范围外实测偏差值0.5～6mm，极限偏差5mm，合格率92.1%；工作表面组合处错位工作范围内实测值0.4～0.6mm，小于1mm；工作范围外实测值0.5～1.0mm，小于2mm；工作表面扭曲工作范围内实测值0.5～1.5mm，小于2mm；工作范围外允许增加值实测值0.5～1.0mm，小于2mm。

由以上检测数据可看出，进水口事故检修闸门埋件安装偏差在规范允许范围内。

2）闸门门体安装。

事故检修闸门门体安装完毕后，经检查验收，结果于下：

止水橡皮顶面平度实测值0.8～1.2mm，小于2mm；止水橡皮与滑道面距离实测偏差值0.2～0.6mm，小于1mm；反向滑块至滑道距离实测偏差值0.5～1.2mm，小于2mm；焊缝对口错位实测值为0～2mm，不大于2mm。

门体安装偏差实测值在规范允许范围内。

闸门静平衡试验倾斜度符合规范要求。闸门无水情况下全行程启闭试验，滑道或滚轮运行无卡阻现象。在闸门全关位置，漏光检查合格，止水严密。

（4）固定卷扬式启闭机安装。

固定卷扬式启闭机安装完毕后，经检查验收，其纵、横向中心线偏差绝对值不超过2.5mm，实测值左纵向2mm，横向－2mm，右纵向2.5mm，横向－1.0mm，合格率100%；水平实测值0.4～0.5mm/m，不大于0.5mm/m；高程允许偏差不超过4.0mm，实测值2～3mm。安装偏差实测值均在规范允许偏差范围内。

启闭机空载试验，其高度指示及限位装置动作准确可靠，机械部件运转无冲击和异常声，滑轮转动灵活，钢丝绳无卡阻、碰刷。

启闭机连接闸门作无水全行程启闭试验，电气和机械部分运转正常，制动器动作平稳可靠，保护装置准确可靠。

（5）引水隧洞支洞检修闸门安装。

支洞检修闸门安装完成后，经检查验收，门框埋件实际中心线对设计中心线的偏移实测值为1.5～2.0mm，小于3mm；铰轴孔同轴度实测值为0.4mm小于0.5mm。闸门止水座不平度实测值为0.3～0.4mm，小于0.5mm，四周最大扭曲度绝对值不超过1.0mm，实测值为0.5mm。止水橡皮顶面平度实测值为1～1.5mm，小于2mm。门框及闸门防腐表面处理、涂料涂装符合设计和规范要求。在闸门全关位置，水封橡皮透光检测合格，止水严密。

（6）压力钢管制造与安装。

压力钢管主管共分60个单节，长度2.5m，岔支管共分23个单节，长度0.6～2.5m不等。根据钢管制造工程量及施工现场条件等因素，承包单位将钢管瓦片、岔管的制作及防腐委托给××机械加工厂和水电××工程局水工机械总厂完成。钢板运至钢管加工厂后，检查钢板产品质量证明书，核查钢板性能、表面质量和尺寸偏差等，按设计技术要求进行超声波探伤检验。钢管瓦片、岔管制作完毕，经联合验收合格后方可出厂。

1）压力钢管制造偏差检测。

压力钢管对圆后实际周长与设计周长差允许偏差不大于$2.5D/1000$mm，实测值0～5mm，合格率100%；纵缝对口错位允许偏差不大于1mm，实测值0.5～1mm，合格率100%；管口平面度允许偏差不大于2mm，实测值1～2mm，合格率100%；钢管圆度允许偏差不大于$2.5D/1000$mm，主、支管实测偏差值分别为0～8mm和2～5mm，合格率100%。

钢管制造偏差检测成果表明，实测误差最大值均在允许偏差范围内，符合规范和设计要求。

2）压力钢管制造焊缝检验。

钢管焊缝外观检查无裂纹、表面夹渣、气孔、焊瘤等，外观质量符合验收规范要求。钢管纵缝超声波探伤检查为100%，长度约370m，共发现8处超标缺陷，长度分别为40mm、100mm、90mm、60mm、90mm、60mm、400mm、1000mm，一次合格率99.5%，超标缺陷经一次修补后，复检全部合格。按照《钢焊缝手工超声波探伤方法和探伤结果分级》（GB 11345—1989）标准，钢管纵缝焊接质量符合BⅠ级要求。

3）防腐处理。

钢管表面经喷砂除锈后，在适合喷涂和养护的湿度、温度时喷涂油漆。钢管内壁防腐底漆、面漆均为环氧沥青厚浆漆，漆膜总厚度不小于设计要求250μm；明管外壁防腐底漆为环氧富锌漆，中间漆为环氧云铁漆，面漆为氯化橡胶漆，漆膜总厚度不小于设计要求250μm。经检查，钢管实际漆膜厚度最大平均值为265μm，最小平均值为252μm，符合设计要求。

4）压力钢管安装。

压力钢管主管安装由厂房外入洞、由里向外逐节装出，末端管节为凑合节瓦片形式；岔支管安装以岔管末端管节为凑合节，以两支管末端管节为始装节向上下游方向安装。

压力钢管主管管节由25t汽车吊吊装轨道台车上，由人工推动台车沿轨道进洞，运至安装位置，通过放置的4个千斤顶调整就位和加固。安装前，先测放出钢管中心线、高程、起始桩号等基准，然后将始装节（定位节）移动到位后，利用千斤顶及手拉葫芦调整钢管安装位置，其管口里程、中心、高程偏差符合设计和规范要求后，焊上临时支腿，重新检查管口中心和高程，再一次调整，反复调整合格后，将临时支腿焊牢，并进行钢管的内外支撑加固。始装节加固后再复测中心，经确认合格后，方可进行第二节钢管的安装。用千斤顶将钢管顶起并在底部用型钢支架支撑管节，用手拉葫芦、千斤顶等配合调整待安装管节的安装尺寸，合格后即可进行环缝对接。环缝对接采用压杠配合千斤顶进行调整，符合规范要求后进行钢管对接环缝点焊，完毕后进行钢管内外支撑加固。环缝组装完毕经检验合格后，按照焊接工艺规程进行环缝施焊。按上述方法依次进行其余管节的安装和加固。

岔管在安装位置组装前，根据岔管形体尺寸设计好钢结构胎膜，并根据安装控制点，先将胎膜按照设计图纸布置好并确保胎膜牢固可靠，必要时可预先浇筑混凝土垫层确保其刚度满足岔管组装要求。将岔管瓦片运输到安装现场整体组拼完，重复测量安装定位尺寸，经验收合格后，进行岔管加固和组焊。

凑合节安装在各管节组装完毕后进行，将凑合节以瓦片形式运输到安装现场。各瓦片就位后，根据相邻管节的实际间隙划出配割线，采用氧气切割后，将各瓦片在焊接部位打磨光滑，安装就位并经验查合格后进行焊接。

压力钢管现场焊接、现场制安焊接采用手工电弧焊，所有焊缝均按规范的规定进行外观检查，并进行焊缝无损探伤，发现有不允许缺陷，及时进行返修并复检。钢管焊缝两侧及表面涂装损坏部分，经处理后进行现场涂装。

5）钢管安装焊缝检验。

钢管安装焊缝外观质量检查符合验收规范要求。管壁环缝、岔、支管所有焊缝及凑合节合拢缝均按一类焊缝进行超声波探伤检验，抽查率为100%，探伤长度约为858m，共发现18处超标缺陷，长度40～450mm，一次返修2.29m，复检全部合格，一次合格率99.7%。按照《钢焊缝手工超声波探伤方法和探伤结果分级》（GB 11345—1989）标准，钢管安装焊缝质量符合BⅠ级要求。

3. 厂房金属结构

厂房金属结构包括尾水检修闸门及相应的启闭设备。

(1) 尾水闸门埋件安装。

底槛对门槽中心线实测偏差值0.5～2mm，小于5mm；

对孔口中心线实测偏差值0.5～3.0mm，小于5mm；

高程实测偏差值0～0.01mm，小于5mm；

工作表面一端对另一端的高差实测值0.5～1.0mm，小于2mm；

工作表面平面度实测值0.5～2.1mm，极限偏差2mm；

工作表面组合处错位实测值0.5mm，小于1mm；

工作表面扭曲实测值0.8～1.0mm，小于1.5mm；

门楣对门槽中心线实测偏差值0.5～2.0mm，不大于2mm；

门楣中心对底槛面距离实测偏差值0.5～2.5mm，小于3mm；

工作表面平面度实测值0.5～1.0mm，小于2mm；

工作表面组合错位实测值0.4mm，小于0.5mm；

工作表面扭曲实测值0.6mm，小于1mm；

主轨对门槽中心线工作范围内实测偏差值0.5～1.5mm，小于2mm；

工作范围外实测偏差值0.5～3.5mm，极限偏差3mm，合格率92.3%；

对孔口中心线工作范围内实测偏差值0.5～2.5mm，小于3mm；

工作范围外实测偏差值1.0～4.5mm，极限偏差4mm；

工作表面组合错位工作范围内实测值0.3～0.4mm，小于0.5mm；

工作范围外实测值0.5～1.0mm，不大于1mm；

工作表面扭曲实测值0.4mm，小于0.5mm；

工作范围外允许增加值实测值1.5mm，小于2mm；

反轨对门槽中心线工作范围内实测偏差值0.5～1.5mm，小于3mm；

工作范围外实测偏差值0.5～5.5mm，极限偏差5mm，合格率92.3%；

对孔口中心线工作范围内实测偏差值0.5～3mm，不大于3mm；工作范围外实测偏差值0.5～6.0mm，极限偏差5mm，合格率91.7%；

工作表面组合错位工作范围内实测值0.3～0.5mm，小于1.0mm；

工作范围外实测值0.5～1.5mm，小于2mm；

工作表面扭曲工作范围内实测值0.5～1.0mm，小于2mm；

工作范围外允许增加值实测值0.5～1.0mm，小于2mm。

以上安装检测数据表明，尾水闸门埋件安装偏差在规范允许范围内。

(2) 尾水闸门门体安装。

尾水闸门止水橡皮顶面平度实测偏差值1～1.5mm，小于2mm；

止水橡皮与滑道面距离实测偏差值0.5～0.8mm，小于1mm；反向滑块至滑道的距离实测偏差值1～1.5mm，小于2mm，合格率100%。闸门安装偏差实测值在规范允许偏差范围内。

闸门在无水的情况下的全行程启闭试验结果表明，滑道运行无卡阻现象，在闸门全关位置，漏光检测合格。

(3) 固定式卷扬机安装。

厂房尾水闸门固定卷扬式启闭机安装工艺同引水系统进水口事故检修闸门启闭机。启闭机安装完毕后，经检查验收，其纵、横向中心线允许偏差不超过2.5mm，实测值左纵向1.8mm，横向－1.5mm，右纵向2.0mm，横向－0.8mm，合格率100%；水平实测值0.3～0.5mm/m，不大于0.5mm/m，合格率100%；高程偏差允许偏差不超过4.0mm，实测值2～4mm。固定卷扬式启闭机无负荷及静负荷试运转质量符合质量标准要求。

（五）水轮发电机组及辅助设备安装

水轮发电机组及辅助设备安装的质量检测方式由试验室派专业人员在现场与安装单位共同进行检测。

1. 水轮机安装

(1) 水轮机基本参数。

水轮机型号：HLA855－LJ－158；

转轮直径：1580mm；

最大水头：131.27m；

额定水头：119m；

最小水头：104.98m；

额定出力：21650kW；

额定流量：19.71m^3/s；

额定转速：500r/min；

飞逸转速：932.5r/min；

吸出高度：$H_s=-3.75$m；

水轮机补气方式：大轴补气；

最大轴向水推力：75.75t；

机组旋转方向：俯视顺时针；

机组安装高程：1136.0m。

(2) 水轮机埋件安装。

水轮机埋件主要包括尾水管、基础环、座环、蜗壳、机坑里衬、接力器坑衬等。

1) 尾水肘管和锥管。

尾水肘管和锥管经测量与调整合格后加固定位。肘管安装质量经监理检查，中心及方位、高程等实测误差最大值均在规范允许偏差范围内。浇筑混凝土后安装锥管，1号机锥管中心偏+X方向3mm，偏$-Y$方向3.5～4mm；高程为1135.507～1135.510m，2号机锥管中心偏$-X$方向1mm，偏$-Y$方向4mm；高程为1135.505～1135.508m，满足规范要求。

2) 座环。

1号机座环中心实测偏+X方向1mm，偏$-Y$方向3mm，高程相对偏差为+1mm，水平偏差不大于0.02mm/m。实测2号机座环中心实测偏$-X$方向3mm，偏$-Y$方向7mm，高程相对偏差为-1mm，水平偏差不大于0.02mm/m，满足规范要求。

3) 蜗壳。

蜗壳直管段中心与Y轴线距离、直管段中心高程、最远点高程、定位节管口与基准线、定位节管口倾斜值及最远点半径偏差控制均按规范规定，实测误差最大值均在规范允许范围内。1号机蜗壳环缝、纵缝和蝶形边超声波检查均为100%，共发现8处点状缺陷，焊缝质量根据《钢焊缝手工超声波探伤方法和探伤结果分级》(GB 11345—89) 标准评为Ⅰ级。2号机蜗壳环缝、纵缝和蝶形边超声波检查均为100%，共发现7处点状缺陷，焊缝质量根据GB 11345—89标准评为Ⅰ级。

4) 接力器坑衬。

接力器基础安装中心及高程实测偏差值为1mm，法兰面垂直度实测值为0.2mm/m，合格率均为100%。

(3) 水轮机正式安装。

导水机构正式安装前，在机坑内先进行预装，待水轮机转轮吊入机坑后按制造厂家预装标记进行正式安装。

活动导叶上轴颈与页面之间的部位设计总间隙均为0.4mm，上、下迷宫间隙设计值为1.1～1.3mm。导叶间隙调整后检查，1号机实测端面总间隙为0.16～0.38mm，实测总间隙均小于0.4mm，满足设计要求；立面间隙0.05mm塞尺一般不能通过，局部间隙为0.05mm，不超过导叶高度的25%，符合规范要求。

1号机活动导叶上轴颈与页面之间的部位间隙检测结果见表5-2-20。

表 5-2-20　　1 号机活动导叶上轴颈与页面之间的部位间隙检测结果汇总　　单位：mm

导叶编号	上端部		下端部		导叶编号	上端部		下端部	
	大头	小头	大头	小头		大头	小头	大头	小头
1	0.13	0.20	0.09	0.09	13	0.06	0.16	0.10	0.14
2	0.14	0.20	0.12	0.18	14	0.13	0.20	0.11	0.16
3	0.18	0.19	0.15	0.17	15	0.10	0.20	0.15	0.12
4	0.17	0.20	0.12	0.16	16	0.10	0.20	0.10	0.09
5	0.19	0.20	0.14	0.17	17	0.10	0.19	0.09	0.06
6	0.14	0.20	0.15	0.13	18	0.18	0.20	0.15	0.17
7	0.17	0.19	0.15	0.17	19	0.19	0.20	0.15	0.18
8	0.14	0.20	0.15	0.15	20	0.20	0.20	0.17	0.17
9	0.11	0.18	0.11	0.15	21	0.17	0.20	0.15	0.15
10	0.10	0.17	0.10	0.09	22	0.15	0.25	0.15	0.17
11	0.06	0.20	0.10	0.08	23	0.10	0.18	0.12	0.10
12	0.06	0.18	0.14	0.09	24	0.17	0.20	0.14	0.17

1 号机导叶立面间隙检测结果见表 5-2-21。

表 5-2-21　　1 号机导叶立面间隙检测结果汇总　　单位：mm

导叶编号	测量部位			导叶编号	测量部位		
	A	*B*	*C*		*A*	*B*	*C*
1-2	0	0	0	13-14	0	0	5
2-3	0	0	5	14-15	3	0	0
3-4	0	0	0	15-16	0	0	0
4-5	0	5	0	16-17	4	0	0
5-6	0	0	5	17-18	0	0	5
6-7	0	0	5	18-19	0	0	0
7-8	4	0	0	19-20	0	0	4
8-9	3	0	0	20-21	4	0	0
9-10	0	0	5	21-22	3	0	0
10-11	4	0	4	22-23	0	0	3
11-12	3	0	0	23-24	0	0	0
12-13	0	0	4	24-1	0	0	4

注　1. 导叶高度 $L=240$mm，*A*、*B*、*C* 表示将导叶从上至下均分为 3 个测点。
2. 测量立面间隙时将导叶用钢丝绳捆紧。

接力器组装后活塞动作平稳、灵活、无憋劲。接力器安装水平度实测误差最大值为 0.08mm/m，小于 0.1mm/m，合格率 100%。

水轮机主轴与转轮在安装间进行连接，螺栓把合采用扳手和手拉葫芦配合，按照设计给定的螺栓伸长值分次对称把紧，实测螺栓伸长值满足设计要求。机组中心调整后实测 1 号机上止漏环间隙 0.95～1.1mm，下止漏环间隙 0.9～0.95mm，下止漏环间隙偏小，满足规范要求，转轮安装高程偏差为1mm；2号机上止漏环间隙0.90～1.1mm，下止漏环间隙0.9～1.1mm，下止漏环间隙偏小，满足规范要求，转轮安装高程偏差为1mm。

水导轴承为筒形瓦，设计间隙为0.16～0.405mm，水导轴承调整后实测间隙为0.30～0.35mm，符合设计要求。冷却水管、检修密封供气管路安装完成，通水通气正常，剪断销试验合格。

2. 发电机安装

(1) 主要技术参数。

发电机型号：SF21-12/3600；

额定容量：21000kW/24760kVA；

额定电压：10500V；

额定电流：1358.5A；

额定功率因数：0.85（滞后）；

额定频率：50Hz；

相数：3相；

额定转速：500r/min；

飞逸转速：933r/min；

绝缘等级：F；

旋转方向：俯视顺时针；

冷却方式：全密闭循环空气冷却；

发电机GD2：230t·m^2；

励磁方式：静止可控硅；

转子外径：ϕ2900mm；

制动方式：机械制动；

额定励磁电流：611A；

额定励磁电压：176V；

空载励磁电流：313V；

空载励磁电压：62V。

(2) 发电机主要部件安装。

发电机主要由定子、转子、上机架、下机架、推力轴承、下导轴承、空气冷却系统、制动和顶起系统、灭火系统、自动化系统等零部件组成。

1) 下机架安装。

下机架为导向机架，由中心体和4条辐射形支臂组成，中心体为钢板组焊件，机架支臂为工字形结构钢板组焊件，机架支臂为分段组合结构，靠合缝板、螺栓、定位销把合连接，组合间隙按照《水轮发电机组安装技术规范》(GB/T 8564—2003) 要求进行检查，符合设计规范要求。下机架吊入机坑，与顶盖、底环同时找正中心，并调整高程、水平，经现场验收达到规范要求后移交土建单位浇筑二期混凝土。油槽内装有下导轴承和油冷却器，冷却系统为内循环。

经现场监理复测，1号下机架高程偏差为0，中心不大于0.02mm；2号下机架高程偏差为0，中心不大于0.02mm。满足规范要求。下导轴承由8块扇形瓦组成，采用巴氏合金瓦，下导瓦设计间隙为0.15～0.2mm，调整后现场实测下导瓦间隙为0.15～0.16mm。下机架在调整好中心、水平后配打定位销。

在下机架上设置4只双活塞油气腔分开、气复位式制动器，制动压力为0.5～0.8MPa，制动器顶起行程为30mm，制动器顶面与制动环板设计间隙为15mm，气系统调试完毕后，实测制动间隙为14～15mm。制动器现场单个进行压力试验，试验压力为6.75MPa，历时30min无渗漏，制动器管路现场配置，管路焊接完后清扫，再进行压力试验，对渗漏点进行补焊处理，然后再行试验。冷却器试验压力0.3MPa，保持30min无渗漏。

2）定子安装。

定子机座采用不同厚度的碳素结构钢板组焊而成，机座外径4700mm，高2740mm，机座为分两瓣结构。铁芯由0.5mm厚优质硅钢片冲制的扇形冲片，铁芯外径3600mm，内径2960mm，铁芯长1130mm。

定子绕组采用条式线圈结构，线圈采用高强度烧结双玻璃丝包铜扁线绕制整形而成，具有较高的机械和电气性能。铜扁线直流电阻及尺寸偏差等性能标准符合《玻璃丝包绕组线 第一部分：一般规定》（GB 7672.1—1987）。定子线圈下线工作除合缝处外全部在厂内完成。机座分两瓣到货，机座在安装间组圆，螺栓把合，合缝处下线工作由厂家技术人员现场进行，单根线圈出厂前已做过耐压试验，此项工作现场未做，定子线圈嵌入铁芯槽内后，用槽楔垫条楔紧，绕组两端各设置两道端箍，采用涤玻绳绑扎、固化，使绕组端部成一坚实的整体。在定子线棒层间及槽底埋置有12个铂热电阻（Pt100）测温元件，以检测定子线圈与铁芯的运行温度。下层线棒全部嵌装完后，分组进行交流耐压试验，上层线帮嵌装完后，再分相整体进行整体耐压试验，各项试验数据符合规范要求。上、下层线圈端头采用分三组对接银焊结构，焊接密实无气泡。最后安装端头绝缘盒，灌注环氧树脂胶，安装焊接引出线及连接线。全部安装工作完成后整体进行喷漆、烘干工作。

在定子吊装前，监理工程师检查了定子基础板高程是否与设计高程一致；同时还检查了绕组端部的空隙和铁芯通风孔，无焊渣、灰尘等杂物。吊装时为防止定子受力后变形，采用了定子机座上部加焊两根200槽钢的加固吊装方案。20××年10月26日和11月7日，1号机和2号机定子分别顺利吊入机坑就位，在机坑内同底环、顶盖、下机架同时找中心，用楔子板调整中心、高程、水平，达到规范要求之后进行加固，验收合格后移交土建单位浇筑二期混凝土。

3）转子安装。

发电机转子由主轴、磁轭、磁极和制动环等部件组成。转子磁轭采用9块磁轭环经精密加工后装配而成，磁轭设置多道径向风沟，作为发电机径向闭路冷却系统所需要的径向通风风路，磁轭环通过磁轭间的导风带及环板焊接为整体，磁轭环采用高强度优质后钢板（16Mn）精加工而成。转子中心体和磁轭是整体到货，现场挂装磁极。磁极现场挂装严格按照厂家作业指导书进行，在磁极挂装之前按照规范要求对单个磁极进行绝缘电阻、直流电阻、交流阻抗进行测量。根据磁极配重进行磁极挂装，调整磁极中心高度，利用鸽尾槽底加垫量测和调整磁极半径和圆度，磁极全部挂装后利用测圆架测量磁极圆度、绝对半径等，利用水准仪测量磁极中心高程和制动闸板水平等。经监理复测验收，各项数据符合规范要求。极间连线采用多层薄紫铜片制成的柔性连接片连接，用螺栓把紧，安装、拆卸和检修方便。励磁引线由铜排制成，固定在转子支架平面上，沿着上端轴接至集电环。转子上、下端配有风扇，风扇采用弧形斗式风扇。

磁极挂装完后，于20××年××月××日对两台机转子进行整体交流耐压试验，试验电压1760V，历时1min，试验结果合格。两台机转子整体喷漆完成后，分别于20××年5月28日、6月9日将1号机、2号机转子吊装，在吊装过程中用木板条控制空气间隙以防止转子与定子碰撞，转子落在事先调整好的风闸上。

1号机磁极挂装后圆度测量数据统计表详见表5-2-22。

表5-2-22　　1号机磁极挂装后圆度测量结果汇总

磁极编号	磁极圆度/mm			磁极中心高程/m
	上部	中间	下部	
1	1460.47	1460.34	1460.28	1141.81
2	1460.45	1460.29	1460.25	1141.81
3	1460.15	1460.15	1460.10	1141.81
4	1459.94	1459.93	1459.86	1141.81
5	1459.96	1460.09	1459.88	1141.82
6	1460.03	1460.10	1459.97	1141.81
7	1460.16	1460.24	1460.22	1141.81
8	1460.25	1460.39	1460.28	1141.81
9	1460.39	1460.52	1460.49	1141.81
10	1460.53	1460.57	1460.39	1141.81
11	1460.40	1460.59	1460.42	1141.81
12	1460.49	1460.49	1460.49	1141.81
平均值	上部	中间	下部	
	1460.27	1460.31	1460.22	
最大值	1460.53	1460.59	1460.49	
最小值	1459.94	1459.93	1459.86	

注　1. 测量仪器为百分表配合测圆架。
2. 与磁极引线相对应的磁极为1号磁极。
3. 设计空气间隙为20mm，转子设计半径为1460mm。

4）上机架安装。

上机架荷重机架，由中心体和4条辐射形支臂构成。中心体为钢板组焊件，推力轴承、上导轴承、油冷却器置于中心体油槽内。上机架通过支臂垫板与定子机座顶环连接。在调整好中心、水平后配打定位销，镜板水平小于0.02mm/m，满足规范要求。

推力轴承由8块扇形推力瓦组成，瓦坯用Q235-B钢制成，瓦面为弹性金属氟塑料结构。在镜板与推力头连接处，以及轴承座与机架连接处均设置有绝缘垫装置，以阻断轴电流的流经轴瓦。上导轴瓦为弧形瓦块，瓦面浇注巴氏合金，在上导轴瓦与轴瓦撑块间设有电气绝缘层，以防止轴电流。推力轴承与导轴承采用内循环润滑冷却系统，在推力轴承、导轴承的瓦中埋有PT100的电阻铂热感温元件，在油槽内也装有用来测量油温的电阻铂热感温元件。

5）机组轴线调整、盘车。

根据现场实际情况，安装单位利用人工盘车。1号水轮发电机先是单独盘车，摆度达到要求后，再进行水轮发电机联轴盘车，水导处相对摆度均小于0.02mm/m，实测机组轴线摆度值误差均在规范允许范围内。

6）导轴承安装与调整。

1号机组中心调整完毕后，实测上止漏环间隙为0.95～1.1mm，下止漏环间隙为0.9～0.95mm。主轴密封和检修密封安装合格。水导轴承调整后，实测单边间隙为0.3～0.35mm，满足设计要求。转轮安装高程为+1mm，空气间隙设计值为20mm，轴线调整后实测上空气间隙为19.52～21.16mm，平均间隙为20.42mm，下空气间隙为19.34～21.10mm，平均间隙为20.40mm。现场共测24点，实测值均满足规范要求。

2号机组中心调整完毕后，实测上止漏环间隙为0.95～1.1mm，下止漏环间隙为0.9～0.95mm，满足设计要求。主轴密封和检修密封安装合格，水导轴承调整后，实测间隙为0.3～0.35mm，满足要求。转轮安装高程为+1mm，空气间隙设计值为20mm，轴线调整后实测上空气间隙为19.8～21.0mm，平均间隙为20.39mm，下空气间隙为19.9～21.05mm，平均间隙为20.46mm。现场共测24点，实测值均满足规范平均空气间隙±8%的要求。

3. 辅助设备安装

（1）调速系统安装。

调速器采用××××集团公司水利水电技术分公司生产的PAFR-GY/35型调速器，工作油压为16MPa。机械部分由液压集成块、电子球阀及紧急停机电磁阀、分段关闭阀等组成；电气部分由PLC、测频信号调理模块、输出放大装置、显示界面、按钮、指示灯等组成。调速器主要技术参数见表5-2-23。

表5-2-23　调速器及油压装置主要技术参数

1	调速器型号	SAFR-2000H	3	油压装置型号	HYZ-0.8-16.0
2	导叶接力器直径	65	4	额定操作油压	16.0MPa

油压装置、调速器安装及调试符合规范要求，调速器与导水机构联动试验，控制准确，试验结果符合制造厂家和规范要求。调速系统安装与调试工程包括油压装置的安装与调整；调速器控制柜、电气柜的安装调整；附件包括油循环过滤装置、位置测量、速度测量及过速保护装置等的安装与调整；接力器的安装及压紧行程调整；调速器系统的无水、有水调试，系统参数选择；扰动试验，稳定性试验，空载故障模拟试验等。20××年8月××日完成两台机无水调试工作，调速器关闭时间为7s，导叶全开为20s。

（2）进水主阀安装。

××水电站两台机蜗壳进口各装设一台型号PDF106-WY-270的蝴蝶阀，阀门内径2100mm，主要部件包括阀体、活门、蝶阀上、下游连接段钢管、旁通阀、伸缩节、接力器及蝶阀附件等，由辽宁能发伟业铁岭阀门股份有限公司设计制造。蝶阀主要技术参数见表5-2-24。

每台机组进水主阀安装过程中，各道工序先由施工单位“三检”验收后，再由监理组织进行联合验收，验收时依据厂家安装说明书、设计图纸和相关的设计资料等相关文件进行。

表 5-2-24　　蝶阀主要技术参数

内　容	大　机	内　容	大　机
型号	DT-DT_S43X_R-20C	关阀时间	60～90s（可调）
公称通径	2100mm	控制方式	自动控制（现地加远方控制）
公称压力	16MPa	驱动方式	液压驱动
最大净水头	131m	介质温度	−10～65℃
开阀时间	60～90s（可调）		

安装前复测压力钢管和蜗壳管口中心高程，蜗壳管口和压力钢管管口垂直度及距机组Y轴线距离，确定蝶阀安装的实际中心线。支墩楔子板调整及安装按照确定的进水主阀横向和纵向中心线找正。上、下游连接管就位、调整。首先根据实际测量的钢管及蜗壳管口数据和设计尺寸，对相应管段进行配割，然后吊入安装部位，并以压力钢管和蜗壳的实际中心线调整上、下游连接管的中心、高程以及垂直度等。

蝶阀上、下游连接管及主阀在安装、验收完成后，施工单位方开始上、下游连接管环缝的焊接。焊接前，施工方上报了焊接人员资质，做到了持证上岗；焊接过程中焊条已经烘干并保温，施焊时2名焊工采用了对称、分段、退步、小电流的焊接工艺；焊接完成后根据规范和合同的要求，对焊缝进行了100%的超声波探伤检查，结果表明焊缝质量合格，达到了优良标准。

20××年8月20日在对1号、2号进水阀分别进行了无水情况下的调试，完成现地手动开、关蝶阀，检查各部位动作正确，联动程序流畅。蝶阀开关时间设计为60～90s，现场实测1号机全开时间为69s，关闭时间75s，2号机全开时间为78s，关闭时间69s。20××年8月30日，1号进水阀完成远控各项动作试验，完成现地、远控操作。

(3) 供排水系统设备安装。

厂房机组技术供水水源取自进水蝶阀前压力钢管，自流减压供水。取水口布置在进水蝶阀前压力钢管，取水口后接闸阀、全自动滤水器。取水口、滤水器均设两套，互为备用。每台机组各有一套供水系统，两台机组技术供水总管之间用DN250联络管联络，两台机相互备用。技术供水由全自动滤水器过滤后经ZJY46H-16C组合式减压阀减压至0.2～0.5MPa，根据需要向机组各导轴承油冷却器及发电机空气冷却器等供冷却水。机组各冷却器排水管汇成总管后集中排至尾水。电站供水系统主要设备布置在安装场下高程1144.00m层和水轮机层机墩边。压力钢管取水管上的阀门、滤水器及减压阀、电控开关阀等布置在高程1144.00m层副厂房内；从技术供水主管引至机组各用水设备支管上的阀门布置在水轮机层机墩旁。1号、2号机组技术供水管路已经全部安装完成，示流信号器、电磁阀、测温计、压力变送器等自动化元件已经安装完成，自动化元件均已检查合格，信号准确，动作灵活可靠。

厂区排水系统包括检修排水系统和渗漏排水系统。渗漏排水系统包括2台150DMV180-36A深井泵和DN150排水管路、多功能水泵控制阀以及自动水位计开停泵系统；深井泵扬程为34m，流量为150m^3/h，配套电机30kW。渗漏排水系统主要用于厂房周边渗水、滤水器、油冷却器冷却，以及空压机设备的排水，将各部分排水通过管道集中到渗漏集水井，再由两台深井泵集中排出。电站采用直接排水方式，检修排水未设置集水井，而由水泵将检修积水从尾水管直接排至下游。检修排水系统包括2台JD745X－16C自吸泵DN100排水管路、多功能水泵控制阀开停泵系统。流道检修时，依次手动启动2台自吸泵，当流道内积水排空后，待水泵出水管上的示流器显示无流量时，方可开启液位计套管上的法兰盖，在无水情况下将液位计插入套管，以确保厂房安全。为抽出上游蝶阀及下游闸门漏水，自吸泵可由液位计控制自动启停，首先自动启动一台泵，正常情况不需要启动另外一台泵即可排出漏水。检修排水系统主要用于机组检修时压力钢管、蜗壳、尾水肘管的积水，检修时由2台自吸泵直接排至尾水。

排水管道的埋设部分随同土建混凝土浇筑同步进行，明管部分在深井泵就位后安装。深井泵安装完成后，经检查，底座的水平度、高程及设备平面位置等安装误差均在规范允许范围内。检修、渗漏集水井水位计安装正确，能准确控制水泵启停。20××年7月29日检修排水泵经过带电调试，现地手动操作开、停泵及试运行，现运转良好。

（4）供排油系统安装。

电站油系统只设立了透平油系统，未单独设立绝缘油系统。本系统主要承担机组各部轴承、调速器、油压装置的供、排油及油质处理。本工程设置透平油库及油处理室，系统设置了2个8m^3透平油桶（分别为1个净油桶1个运行油桶）、ZJCQ－2KY型透平油过滤机1台，2CY－3/3.3齿轮油泵2台，LY－50型压力滤油机1台。透平油经净化合格后储存在净油罐内，可通过管网向各用油设备供油。透平油系统设置由安装间到水轮机层1138.40m油处理室供排油管路，通过两台齿轮油泵向机组以及净油罐注油，由油处理室至机墩外设置DN50供油、排油管，经软管和活接头连接后向机组上下导轴承油槽注油。

为保证油系统安全用油的需要，整个油系统管路的焊接全部采用氩弧焊打底，手工电弧焊盖面的焊接方式。焊接完成用压缩空气对管路全部吹扫干净后再用白布、汽油对管路全部进行清洗，直至无污物为止。油处理室及2台机供油、排油管路全部安装完毕，供油、排油管安装检查符合规范要求，齿轮油泵试运转无异常振动及响声，油泵输油量不小于设计值，现已投入使用。透平油的牌号为46号透平油，油质及有关参数要求满足国家相关规程要求。

（5）供排气系统安装。

电站调速器和进水阀的油压装置均采用囊式储能式，电站未设中压压缩空气系统，仅设低压压缩空气系统。低压压缩空气系统主要用户有机组制动、主轴检修密封围带、检修及清污吹扫。低压空压机室布置在安装场下副厂房高程1144.00m层，从空压机室分别引出1根DN50的检修供气总管和1根DN40的制动供气总管布置在水轮机层高程1138.40m，再分别送至厂内各用气部位。

厂内低压气系统主要供机组制动、水轮机检修密封以及风动工具、检修吹扫以及尾水闸门底槛吹扫等工业用气。低压压缩空气系统使用两台上海英格索兰压缩机有限公司生产的螺杆式UP5－22－8（一台工作、一台备用），排气量3.34m^3/min，排气压力0.8～0.85MPa，功率22kW。低压气系统设置一个4m^3检修储气罐和一个2m^3制动储气罐，其中1只供机组制动用气，另1只工业用气储气罐供机组吹扫、检修风动工具用气。为保证机组制动用气，将检修气罐和制动气罐进气管道连通，并在制动气罐进气管上设置逆止阀。为减少压缩空气中水分，空压机出口各设有一台气水分离器。

压缩空气系统及其管路已安装完成，各管道管件、阀门、电接点压力表、安全阀及自动化元件安装接线已经完成。低压空压机室内全部管道、设备安装完毕，并验收合格。20××年8月18日，空压机启动试运转正常，当压力达到0.8MPa时，安全阀动作，经与厂家及总承包单位协商后，由总承包单位将2个安全阀送往质检所校验，合格后重新安装。20××年8月30日气系统完成自动开、停机调试工作，进入自动运行模式。各储气罐管道法兰连接处、各阀门及各部位自动化元件无漏气现象。20××年8月30日两台制动柜气系统通气检查，检修密封及测温制动柜供气管路各电磁阀、自动化元件动作准确，机组制动系统正常。安装场各用气部位支管应形成，各吹扫支管及检修维护用气支管阀门应处于关闭状态。机组段引至尾水闸门槽、检修排水水箱冲污管与检修供气总管相接，阀门处于关闭状态。

(6) 通风空调系统安装。

全厂以通风为主，空调为辅，除中控楼中控室、继电保护室、计算机室等重要设计间采用单元式空调外，其余均采用全排风系统。主厂房采用自然进风，机械排风，中控楼1149.65m以上房间采用柜式空调通风方式。主厂房采用4台轴流风机，布置在主厂房屋顶，供主厂房排风，风机现已安装完毕，电缆已敷设，接线调试后即可投入使用。水轮机层进风主要来自发电机层的自然进风，空压机室、技术供水室及油处理室分别安装2台、1台、1台轴流式风机，通过预埋的通风管路直通安装间外1149.60m地面以上，通过风管向外排风、换气。中控楼布置在主厂房下游侧，共3层，各层均采用机械排风方式，各层每个房间通过风管向外排风、换气。通风管路和风机已经安装完成，带电调试之后即可投入使用。

(7) 消防系统安装。

电站消防涉及部位有首部建筑物（包括进水口坝段和溢洪道坝段）、发电厂区（包括主厂房、中控楼、110kV升压站、绝缘油设备储藏室和尾水平台）。电站消防采用消火栓、水喷雾和干粉灭火器3种灭火方式，以水灭火为主要消防方式。

目前，厂房水系统消防预埋管路、室内消防箱、室外消火栓已全部安装完成。发电机组雨淋阀及其水喷雾灭火环管和电气消防也已经安装完毕。厂内火灾报警系统、防排烟系统已安装完成，等待最后调试。厂房至消防水池管路安装基本完成，消防高位水池混凝土浇筑完毕。消防水池内的消防给水设备的安装调试、消火栓安装及管路试验、经调试可以正常投入运行。

(8) 厂房桥机安装。

厂房内选用1台75t/16t/5t（主钩、副钩及电动葫芦起重量）单小车桥式起重机，用于水轮发电机组、水力机械辅助设备及电气设备的组装、安装和日常检修和维护。桥机跨度14m，轨顶高程1158.65m。起重机总重约54t，其中桥架重25t，小车重22t。桥式起重机由重庆起重机厂有限责任公司制造。

桥机安装完成后，经检查验收，桥架，大、小车行走机构，制动器及联轴器等安装偏差符合规范要求。

桥机空载试验结果表明，桥机系统限位保护等装置动作正确可靠，大小车行走机构运行平稳、无卡阻、无跳动，机械运转无冲击和其他异常现象。

静荷载试验：小车起升荷载依次采用额定荷载的50%、70%、100%和125%，逐渐起吊前三级试验荷载在桥架全行程上往返三次，经检查各部分无异常现象。卸去荷载，使小车停在桥架中间，定出测量基准点，再起升 1.25 倍额定荷载，离地面 150mm 左右悬停不少于 10min，再卸去荷载，经检查桥架无永久变形，如此重复三次，桥架未有发生永久变形，然后将小车开至跨端，用钢琴线测得主梁的实际上拱度大于 0.8L/1000（11.2mm）。最后使小车仍停在跨中，起升额定荷载离开地面 150mm 左右，测量主梁上拱度，此值与超载试验实际上拱度之差即主梁下挠度小于 L/800（17.5mm）。试验结果表明，桥机各部件金属结构承载能力符合规范要求。

动荷载试验：以 1.1 倍额定荷载进行试验，同时开动两个机构，作重复的起动、运转、停车、正转、反转等动作，延续至少达 1h。起升机构制动器能制止住 1.1 倍额定荷载的升降；各行走机构能刹住大车和小车，车轮不打滑，无振动冲击。各机构动作灵敏，工作平衡可靠，各限位开关、安全保护连锁装置动作正确可靠，各零部件无裂纹等破损现象，各连接处无松动问题。动荷载试验结果表明，桥机各机构工作性能符合质量标准要求。

20××年 7 月 1 日，在××州和××县特种设备检测中心、总承包、监理、安装单位和供货商共同见证下完成桥机试验，验收合格后交付使用。桥机投入运行 2 年多以来，运转良好，未发现结构性缺陷。

（六）厂内电气设备安装

1. 电气一次主要设备安装

（1）厂用变压器及 400V 动力屏安装。

电站厂用变采用 2 台环氧浇注干式变压器，型号为 SCB10－400/10.5kV，1 号厂用变、2 号厂用变一次由 10.5kV 开关柜引来，为保证厂用电的可靠性，增加一趟 10.5kV 外来电源，通过备用变压器接入 400V 厂用电进线柜。两台厂变低压侧分别接厂用电 400V 低压配电屏。厂用变安装于中控楼 1143.00m 层，变压器就位、调整、固定、接地焊接及试验均符合规程要求，已带电投入运行。

厂用低压配电屏选用 PRISMA 型智能低压开关柜 11 面，其中 3 面进线柜，2 面联络柜，6 面馈电柜，安装于中控楼∇1144.00m 层上游侧。动力配电箱采用 GKL4P 型，其他厂用动力配电屏、盘柜及电缆敷设已完成，试验合格，20××年 7 月 27 日接入临时施工电源，已投入使用。

（2）发电机出口 10.5kV 开关柜及中性点设备安装。

电站采用一机一变的单元接线，110kV 侧采用单母线分段接线，发电机电压采用 10.5kV，发电机电压配电装置采用成套开关柜。两台发电机出口由封闭共箱母线引至 10.5kV 开关柜，经屏内汇流母线引至共箱母线接至主变压器低压侧。10.5kV 开关柜内设有发电机断路器、电压互感器、电流互感器、熔断器等电气设备。

10.5kV 开关柜共 14 面，20××年到货，总承包、监理及安装单位在现场进行了检查验收，其中有一面柜在运输途中损坏，经返厂修复。开关柜在下游副厂房 1144.00m 层开关室就位、调整。开关柜基础槽钢为［10 号，预埋槽钢水平误差不大于 1mm，接地可靠，屏柜安装满足规范要求。

20××年 8 月 9 日按规程规定对 10.5kV 开关柜内发电机断路器等电气设备进行了试验，试验结果合格。

发电机出口至主变低压侧共箱母线及中性点电流互感器设备等已安装完成，电气试验合格。

（3）电缆桥架安装及电缆敷设。

电缆桥架选用槽式封闭直通桥架，桥架槽钢立柱、托臂安装及接地均符合设计要求。全厂、开关站及其连接段电缆桥架已全部安装完成，动力电缆和二次控制电缆均已敷设。电缆桥架安装牢固、整齐、均匀、高度偏差符合要求。电缆敷设按照动力、控制、通信等分类和具体走向合理排布，无交错、重叠等现象，绝缘良好。20××年8月19日完成对高压开关柜及励磁变、隔离变以及备用变压器等高压电缆交流耐压试验。

（4）照明设备安装。

电站照明分为厂区照明（包括主厂房各层、中控楼各层、尾水平台、110kV升压站、回车场和进厂公路、进110kV升压站公路等）、首部照明（包括首部坝顶、坝顶各水工建筑物等）和进水口照明（包括进水口坝顶、进水口启闭机房等）3个部分。电站未设置专用的照明变压器，但在中控楼设置了交直流事故切换屏。

电站照明系统分为正常工作照明、事故照明和应急标志照明。正常工作照明除110kV升压站、进水口坝顶和尾水平台等部位由现地动力箱供电外，其他部位均由400V低压配电屏经照明分电箱供电，照明电压为AC220V；事故照明由交直流事故切换屏经事故照明分电箱供电，正常时照明电压为AC220V，事故时照明电压为DC220V；应急标志照明正常时由照明分电箱供电，事故时由灯具内自备的蓄电池通过逆变供电，照明电压为AC 220V。照明电源来自400kV厂用母线，设有照明配电盘和事故照明配电盘，在事故照明配电盘内设有自动切换装置，事故情况下的照明电源来自直流蓄电池逆变电源。照明设备目前还未安装完成，现场使用临时照明。

（5）全厂防雷接地系统安装测试。

电站防雷接地、保护接地和工作接地采用同一接地网，根据单相短路电流计算结果和规程规范的要求，厂区部分的工频接地电阻$R\leqslant 0.56\Omega$。

电站接地网分为厂区接地网、首部接地网和进水口接地网3部分，各部分接地网相互独立。厂区接地网由主厂房各层接地网、中控楼各层接地网、110kV升压站接地网、尾水渠接地网、尾水平台接地网、厂区道路接地网组成，各接地网之间相互可靠连接；本工程全厂防雷、接地系统指厂区接地、设备接地及明敷接地装置的敷设，包括埋入混凝土中的暗敷设接地装置及预埋件等。主要工作范围包括厂区主接地网、电气设备、设备支架、构架和辅助装置的工作接地、保护接地和防雷接地，以及开关站2座34m高的避雷针等。厂区主接地网、金属结构物和金属管路的接地及明敷接地线接地均采用50mm×5mm镀锌扁钢，敷设安装按施工详图进行。电站原接地设计采用50mm×5mm的镀锌扁钢在厂房基础、尾水渠分别埋设人工接地网。充分利用自然界接地体，将门槽、引水钢管和混凝土内结构主钢筋，主、副厂房各层接地网、开关站接地网与人工接地网相连。站内所有高、低压电气设备，工作接地和安全接地均接在同一接地网上。通过与人工接地网相连，全站形成整体接地网。

对扁钢、圆钢连接采用电焊焊接工艺，搭接长度及焊缝长度为其宽度的2倍；扁钢与钢管、扁钢与角钢焊接时，为了连接可靠，除在接触部位两侧进行焊接外，应以钢带弯成的弧形（或直角形）卡子与钢管（或角钢）补强焊接。扁钢、圆钢与接地体或设备、设备构架连接时，先清除表面的氧化层和脏污，并确定好搭接长度，先点焊固定，经检查后再施焊，焊接完成后涂刷银粉漆进行防腐处理。主变、开关站电气等设备的接地按照制造厂的工艺要求进行施工。20××年9月4日对厂区开关站、厂房门口回车场等3处接地电阻进行测试，测试结果分别为 0.54Ω、0.49Ω、0.26Ω，符合设计及规范要求。

2. 电气二次设备安装

电气二次主要设备分别布置于中控室、继电保护盘室、主机间、首部坝顶配电间、空压机室、检修排水泵房、渗漏排水泵房、升压站等部位。电气二次其余设备主要布置在下游副厂房高程 1149.65m 高的电站中控室、继电保护室以及高程 1154.65m 层的工程师工作站、通信室及主机间高程 1143.6m 高发电机层上游侧，其他辅机设备控制系统依据控制对象分散布置。目前所有盘柜均已安装就位，正在进行系统单项调试。

（1）机旁屏安装。

两台机组旁各有 10 块屏，其中监控屏 3 面，测温制动屏 1 面，振摆监测仪表屏 1 面，励磁柜 4 面，动力柜 1 面。机旁屏基础为预埋槽钢，盘底与槽钢点焊，盘间螺丝连接，接地可靠。一次配线、二次查线和试验均已经完成，经检查合格。

（2）测量系统安装。

电站电气测量按规程配置，监测对象包括两台发电机组、两台主变压器、110kV 母线、110kV 线路及厂变、10kV 备用线路等。测量包括电度、电流、电压、功率、频率、功率因素等；其他水力机械测量信号按相关专业要求。

水车室内剪断销、油位计、水导瓦温度计安装完成。冷却水压力表、上导、下导、推力油槽温度计油位计安装配线完成，机组温度巡检已安装完成。控制回路检查正确，试验完毕，已投入运行。空压机室电缆配线完成，故障信号、运行信号、压力信号已调试完成。

（3）继电保护系统安装。

1）110kV 系统保护及自动装置。

电站以 110kV 一级电压接入系统，110kV 主接线为单母线接线。电站发电机至主变压器间用 10.5kV 共箱母线系统连接，主变压器高压侧采用架空线与户外敞开式开关设备连接。110kV 系统出线回路数 2 回，分别接入×××水电站 110kV 施工变电站和××河水电站 110kV 升压站（待建）。

110kV 线路配置 1 套线路保护。其保护功能包括：相间距离保护、接地距离保护、零序电流保护、三相一次重合闸、负荷告警等；并配有断路器操作箱。

110kV 母线配置一套母线差动保护屏。母线差动保护采用具有比率制动特性原理的保护。

在继电保护室配置 1 套故障录波装置，录波装置能完成系统继电保护的开关量和模拟量的采集和记录、故障启动判别、信号转换等功能并具有装置自检、装置故障或异常等报警指示。

本电站 110kV 系统断路器配有完善的控制操作设备，能与操作箱配合，完成线路的现地/远方合闸、现地分闸、远方“手动”分闸、保护分闸。110kV 系统隔离开关配有完善的操作闭锁回路，可完成相应隔离开关现地合闸、分闸功能。110kV 系统接地开关配具有现地合闸、分闸功能。110kV 系统共设了 4 个端子箱，与 CT、PT 相连，为保护、监控系统提供相应的电流、电压信号。

首台机组投运时，110kV 线路的保护柜及端子箱、110kV 母线保护柜、故障录波柜等 110kV 系统的二次设备必须同步投入运行，故首台机组投运，根据一次设备投入情况，相应的电流互感器、电压互感器应接线及现场试验结束，电流互感器极性、电压互感器相别核对无误，根据一次设备投入情况，相关的端子箱、110kV系统继电保护柜、安全自动装置应安装完毕，接线正确。施工单位应按业主提供的保护定值下达单，对保护定值进行校准，按定值进行单项、联调，模拟试验动作正确，方可投运。

2）发电机、变压器、厂用变保护及操作。

每台发电机配置1套发电机保护柜，布置于主机间。其保护功能包括发电机完全纵联差动保护、定子一点接地故障保护、定子过电压保护、定子绕组过负荷保护、复合电压起动的过流保护、失磁保护、转子一点接地保护、轴电流保护、电压互感器断线保护、电流互感器断线保护、励磁变压器电流速断保护等。

每台主变压器配置1套主变保护，布置于继电保护盘室。其保护功能如下：

主变压器纵联差动保护、复合电压起动的过流保护、主变压器零序过电流保护、主变压器间隙放电零序过流过压保护、主变压器重瓦斯保护、主变压器轻瓦斯保护、主变压器油温、绕组温度升高保护、主变压器压力释放保护、主变压器冷却器故障保护、电压互感器断线保护、电流互感器断线保护等。

2台厂用变压器及2台首部变压器各配置一套变压器保护装置，装设于10kV开关柜中。其保护功能包括厂用变压器电流速断保护、厂用变压器过电流保护、厂用变压器零序过电流保护等。

电站设有3段400V厂用电母线，正常时由1号厂用变，2号厂用变分别带两段母线运行。当1号厂用变或2号厂用变回路电源消失时，通过备自投装置操作，实现由1号厂用变或2号厂用变通过第三段母线带两段母线运行，此时两个400V母联处于合位，第三段400V母线的进线断路器处于分位。当1号厂用变和2号厂用变回路电源同时消失时，由值班人员手动操作实现外来电源变压器带两段母线运行，此时两个400V母联及第三段400V母线的进线断路器处于合位。

厂用电系统的测量通过相应的电量变送器送至计算机监控系统公用/开关站LCU，保护动作信号和设备位置信号亦接入计算机监控系统公用/开关站LCU。

首台机发电时，与必须投运的电气一次设备有关的二次设备必须同步投入运行。因此，在首台机投运前，须对电流互感器极性、电压互感器相别进行校验，对发电机、变压器保护屏需按设计图纸安装配线逐一检查，还应通过人机接口设备对整套保护进行试验和整定值校准，对出口及信号引出回路进行动作模拟试验；厂用分支断路器、需投运的厂用电开关、主变中性点等二次接线结束、检查无误、调试完备，方能投运。

发电机保护、主变保护、110kV线路、母线保护柜等已安装完成，20××年×月××日主变保护、母线保护以及线路保护已经全部调试完成。

(4) 监控系统安装。

电站采用全计算机监控系统，不另设常规自动控制系统。监控系统按“无人值班”的原则进行设计。主控级设备布置于中控室，2套机组现地控制单元及1套公用/开关站现地控制单元通过光纤以太网接入电站计算机监控系统，接受统一控制。

电站控制级部分主要有6台PIV2.4GHz工业控制机、2台网络激光打印机、网络交换机等硬件设备。现地控制级配有2套机组LCU和1套公用及开关站设备LCU。辅机控制系统（油、气、水、通风等）、备用电源自投系统等二次设备通过现场总线DeviceNet网络连接到各自LCU上。计算机监控系统安装工作量见表5-2-25。

表 5-2-25　　计算机监控系统安装工作量

序号	工程名称	型号规格	计量单位	工程量
1	系统兼操作员工作站	—	套	2
2	工程师工作站	—	套	1
3	通信工作站	—	套	1
4	机组 LCU	—	套	2
5	110kV 开关站 LCU	—	套	1
6	公用设备 LCU	—	套	1
7	网络设备	—	套	1
8	控制台	—	套	1
9	电源设备	—	座	1
10	电度表计屏	—	套	1
11	卫星时钟（GPS）系统	—	套	1
12	打印机	—	个	2

（5）直流系统。

主厂房直流系统由 2 面直流充电屏、2 面直流馈线屏、1 面事故照明切换屏及 2 组容量为 300Ah 阀控式密封铅酸胶体免维护蓄电池组成。直流系统分两段母线运行，中间设联络开关，正常情况下两段母线分段运行，为全厂重要直流控制、测量设备供电。全厂设置两套交流 220V 不停电逆变电源系统，作为工作站、自动化仪表及现地智能控制单元等的电源。

直流系统由湖南日丰电力设备股份有限公司提供。目前，蓄电池柜、充电设备、馈电线路、220V/48V 直流交换装置等 6 块屏均已安装完成，由于蓄电池到货放置时间超过 2 年，按厂家使用说明书进行放电、充电，试验工作已于 20××年××月××日完成，处于浮充状态，随时提供稳定电源。

（6）励磁系统。

电站两台机采用自并激可控硅静止励磁方式，励磁调节器采用数字式，生产厂家为××××电工集团有限公司。每台机旁设有 4 块励磁屏，由机组励磁调节屏、机组励磁功率屏及灭磁屏组成，已安装完毕，接线正确；2 台 ZLSCB-400/10.5 励磁变压器安装完毕，接线完成，相关试验已经完成。

（7）通信系统。

全站通信系统包括系统通信和厂内通信。厂内通信设备包括行政调度合一型数字程控电话交换机，数字录音终端、调度台、音频配线架、通信电源及各处的分线箱、通信电缆、电话机等。系统通信设备有 1 套载波机及结合设备。系统通信主要采用电力线载波通信、OPGW 光纤通信，同时辅之邮电对外通信方式。厂内通信拟在通讯室安装厂内生产管理和调度通信的数字式程控交换机一套，容量 100 门，供全厂生产调度通信并兼作内部行政通信。目前，对外通信调试基本完成，厂内通信设备正在安装。

（七）开关站电气设备安装

1. 主变压器安装

1号、2号主变压器安装在110kV地面开敞式开关站内，为户外式、三相双圈无励磁调压油循环风冷式变压器，型号为SF11－25000/110GY，额定容量25000kVA，额定电压（121±2）×2.5%/10.5kV，短路阻抗10.5%，连接组别YN d11。主变压器由正泰电气股份有限公司制造，为高原型变压器，单台总重约40t。

主变压器安装的基本程序：施工准备→检查验收→本体及附件安装→抽真空、注油→补油、热油循环与静置→整体密封试验→油样化验→投运前检查试验→交接验收。

主变压器本体采用70t汽车吊安装就位。具备套管安装条件后，按厂家安装使用说明书要求装配高低压套管、主变中性点套管与引线，以及储油柜、冷却器、操动机构及气体继电器等附件。按照控制箱安装接线图与原理接线图将控制回路的接线连好。注入变压器油静置24h后，检查所有密封面是否有渗漏油现象，并再次放出气体继电器内的气体。从下节油箱的油样活门取油样，送有资质的单位进行化验分析。在温度不低于10℃下，进行下列试验：

（1）测量线圈所有分接位置的直流电阻。

（2）检查各分接位置的电压比。

（3）测量变压器的绝缘电阻、吸收比及介质损耗因素$\tan\delta$。

（4）检查三相变压器的接线组别。

（5）具备条件时，进行绝缘的外施耐压试验及感应耐压试验。

主变投入网路之前，进行如下检查工作：

（1）检查各保护装置的动作及灵敏度。

（2）检查油断路器或空气断路器传动装置和连锁装置的动作及灵敏度。

（3）检查并拆除变压器上或旁边不相干的物品、器件。

（4）储油柜和充油套管的油面高度正确，气体继电器内无空气，所有分接开关的位置指示与读数相符。

（5）储油柜与变压器连管的蝶阀、冷却器等的连接蝶阀处于开启状态。

（6）各种温度计安装包括接线妥当及读数正确。

（7）接地系统正确、良好、可靠。

变压器试运行前的冲击合闸试验：在额定电压下空载合闸5次，以检验在励磁涌流作用下的续电保护装置的动作及灵敏度。主变安装质量检验结果如下：

（1）主变压器本体及附件安装符合规范要求。

（2）变压器绝缘油样化验合格，整体密封检查符合规范要求，接线组别与铭牌相符。

（3）绕组连同套管的绝缘电阻和吸收比及直流泄漏电流符合要求。

（4）绕组连同套管一起的正切值$\tan\delta$不大于出厂值的130%，无载调压装置试验符合质量标准，相序与电网一致。

（5）额定电压下冲击合闸试验5次，无异常现象。

2. 开关站其他电气设备安装

开关站构架、柱、钢梁避雷针安装全部完成，高压隔离开关、六氟化硫断路器、户外式电流互感器、避雷器、电磁式电压互感器、绝缘子串、配电箱等电气设备全部安装完成，二次配线和电气设备试验调试和系统调试于20××年9月3日全部完成。高压隔离开关、操作机构、避雷器、户外式电流互感器等全部安装完成，电气试验全部合格，具备电网送电条件。

（八）机组调试及试运行简述

1. 机组调试

20××年×月×日，在电站工地业主、总承包单位共同主持召开了首台机组调试与试运行准备会，会议决定成立机组调试和试运行指挥部，全面负责指挥和协调机组调试与试运行工作，并下设土建组、金属结构组、水力机械组、电气一次组、电气二次组五个工作小组。现场指挥长由业主任命有丰富调试和试运行工作经验的专业技术人员担任，各工作小组由施工和机电安装单位主要人员和相关专业技术人员担任。明确了指挥长和各组长在机组充水调试和试运行期间的职责，确定了指挥部领导和工组小组成员。

根据本电站水轮发电机组安装完成情况，首先选择1号机组进行启动试运行。20××年8月，直流系统、400V低压盘柜、10.5kV高压盘柜、调速器压油装置、蝶阀等单系统静态调试完成。9月6日，大坝中孔弧门下闸蓄水，进入1号机组启动与试运行阶段。

2. 机组充水

（1）充水准备及检查工作。

1号机组启动前，根据《水轮发电机组启动试验规程》（DL/T 507—2002）及《水轮发电机组安装技术规范》（GB/T 8564—2003）之规定，并结合电站的具体情况，中南院总承包项目上报了1号机组启动试运行方案（含机组试运行程序、试验检查项目和安全措施等内容），监理部已审核通过。

电站进水口拦污栅、事故检修门、冲沙孔闸门（工作门及检修门），及其相配套的启闭设备调试完毕且启闭情况良好；引水隧洞已经验收完成。

（2）水轮发电机组及其附属设备检查。

1号水轮发电机组已安装完成并检验合格；机组各部轴承油盆润滑油已按设计要求加注；各转动部分间隙符合厂家的设计要求，空气间隙经过复查，其间隙值符合设计要求；机组内部已清扫干净无任何遗留杂物；机组制动系统正常；导水机构处于关闭状态，相关锁锭已投入；电站的进水蝶阀无水调试工作正在进行，现可随时在远方/现地实现开关；调速器安装完毕，并已经过无水调试且性能良好。

1号机组技术供水系统调试完毕，压力、流量正常；中、低压气系统已调试完毕，现已实现自动启停；水轮机主轴检修密封在投入状态，管路无渗漏，压力正常；检修排水系统、渗漏排水系统已调试完毕，可根据水位情况随时启动；各自动化元件、压力表计调试完成，信号正确，动作正常。

电站110kV设备已经安装、调试完毕；与运行有关的各种电气设备均安装完毕且试验合格；10kV系统、厂用电系统已投入使用；10kV高压开关室、400V厂用电室带电场所均已增设了警戒标示；非本台机组运行需要的电气设备已做好防误送电隔离措施；全厂接地工程施工完毕，各设备接地已检验且符合规定值要求。

（九）总承包项目部质量抽查结果

总承包项目部为了保证××水电站所使用的原材料及混凝土质量，同时检查和复核甲水电工程公司在本工程工地试验室的检测成果，对××水电站所使用的原材料及混凝土进行单独取样，并委托第三方进行独立检测。于20××年11月和次年6月分两批次，对××水电站工程原材料和混凝土进行了单独取样，送××水电工程局第一试验室进行检测，检测成果表明，抽样结果全部合格。

××水电站工程原材料检测成果见表5-2-26。

表5-2-26　××水电站工程原材料检测成果统计

名　称	生产厂家	规格型号	送检日期/(年-月-日)	报告日期/(年-月-日)	检测结果
人工砂	×××砂石系统	＜5mm	20××-11-24	20××-11-26	合格
人工碎石	×××砂石系统	小石、中石	20××-11-24	20××-11-26	合格
粉煤灰	×××有限公司	Ⅱ级灰	20××-11-24	20××-12-26	合格
缓凝高效减水剂	××公司	FDN-3	20××-02-26	20××-03-27	合格
普硅水泥	×××公司	P·O42.5	20××-06-15	20××-07-20	合格
粉煤灰	×××有限公司	Ⅱ级灰	20××-06-14	20××-07-20	合格
缓凝高效减水剂	××公司	FDN-3	20××-06-19	20××-07-21	合格

××水电站工程混凝土试件检测成果见表5-2-27。

表5-2-27　××水电站工程混凝土检测成果统计

名　称	工程部位	位置或高程/m	设计强度等级	龄期/d	检测结果
泵送混凝土抗压	厂房主机间	吊车梁	C30二级配	28	33.6MPa
泵送混凝土劈裂	厂房主机间	吊车梁	C30二级配	28	2.28MPa
泵送混凝土抗压	厂房主机间	肘管	C20二级配	28	28.7MPa
泵送混凝土劈裂	厂房主机间	肘管	C20二级配	28	2.11MPa
碾压混凝土拉伸	大坝	1211.50～1214.50	C_{90}20二级配	90	95 (10-6)
碾压混凝土抗渗	大坝	1211.50～1214.50	C_{90}20二级配，W8	90	W9
碾压混凝土抗压	大坝	1231.00～1233.00	C_{90}20二级配	28	17.4MPa
变态混凝土抗压	大坝	1231.00～1233.00	C_{90}20二级配	28	23.3MPa
碾压混凝土抗压	大坝	1231.00～1233.00	C_{90}20二级配	90	26.6MPa
变态混凝土抗压	大坝	1231.00～1233.00	C_{90}20二级配	90	28.3MPa
碾压混凝土抗冻	大坝	1231.00～1233.00	C_{90}20二级配，F100	90	≥F100
变态混凝土抗冻	大坝	1231.00～1233.00	C_{90}20二级配，F100	90	≥F100
泵送混凝土抗压	大坝中孔闸墩	1241.00～1244.00	C30二级配	28	46.3MPa
泵送混凝土劈裂	大坝中孔闸墩	1241.00～1244.00	C30二级配	28	4.03MPa
碾压混凝土抗压	大坝	1240.50～1243.50	C_{90}20二级配	28	22.7MPa
变态混凝土抗压	大坝	1240.50～1243.50	C_{90}20二级配	28	24.2MPa
泵送混凝土抗压	厂房主机间	1138.00～1138.37	C25二级配	28	37.1MPa
泵送混凝土劈裂	厂房主机间	1138.00～1138.37	C25二级配	28	2.23MPa
泵送混凝土抗压	进水口闸室	1245.50～1250.50	C25二级配	28	30.7MPa
泵送混凝土劈裂	进水口闸室	1245.50～1250.50	C25二级配	28	2.84MPa
碾压混凝土抗压	大坝	1240.50～1243.50	C_{90}20二级配	90	31.0MPa

续表

名　称	工程部位	位置或高程/m	设计强度等级	龄期/d	检测结果
碾压混凝土拉伸	大坝	1240.50～1243.50	$C_{90}20$ 二级配	90	90（10－6）
变态混凝土抗压	大坝	1240.50～1243.50	$C_{90}20$ 二级配	90	33.3MPa
变态混凝土抗渗	大坝	1240.50～1243.50	$C_{90}20$ 二级配，W8	90	W9

七、结论

1. 土建工程

土建工程所用原材料的取样程序、检验方法符合规范要求，原材料所检指标合格；中间产品的取样程序、检测方法符合规范要求，检验指标均满足设计和相关规范要求，所有中间产品质量检验指标全部合格；混凝土各项检测指标满足设计要求；坝基处理灌浆工程压水试验透水率满足设计要求。

2. 金属结构工程

大坝冲沙孔事故检修闸门、冲沙孔工作闸门、进水口拦污栅、进水口事故检修闸门、导流洞封堵闸门及与其相应的启闭设备安装调试结果满足规范要求，在无水或有水情况下全程启闭试运行，运行通畅、平稳、无卡阻现象，双吊点同步，止水橡皮无损伤以及吊杆连接、支承装置与轨道接触等情况正常。电动机运行平稳，电气设备无异常发热现象，保护装置和信号准确可靠。

3. 机电安装工程

机电安装工程全部机电设备安装工作的检查、安装、调试、试验、验收基本能够按照设备制造厂家的图纸、技术文件、安装说明书、厂家指明的技术标准、国家颁发现行的技术规范、规程、标准执行，各项指标满足设计及规范要求，试运行情况正常。

第六章

水电站枢纽工程专项验收质量检测报告

第一节　水电站枢纽工程专项验收质量检测报告写作要点

枢纽工程专项验收是水电站枢纽工程已按批准的设计规模、设计标准全部建成，并经过规定期限的初期运行检验后，根据批准的工程任务，对枢纽功能及建筑物安全运行的竣工阶段的专项验收。

枢纽工程专项验收包括挡水、泄水、输水发电、通航、过鱼建筑物（全部）工程枢纽建筑物及所属金属结构工程、安全监测工程、机电工程以及枢纽建筑物永久边坡工程和近坝库岸边坡处理工程。除可以单独运行和发挥效益的取水、通航等建筑物可按特殊单项工程进行验收外，所有可行性研究报告审批的需同期建成的工程各有关建筑物、机电设备安装等均应包括在枢纽工程专项验收范围内。

水电站工程满足《水电工程验收规程》（NB/T 35048—2105）7.1 枢纽工程专项验收应具备的条件之后，参建各方按照规程要求编写并提交各自的工作报告，项目法人或建设单位向项目主管部门提出枢纽工程专项验收请示，验收主持单位审阅参建各方验收报告认为工程具备验收条件后，即组织枢纽工程专项验收。

枢纽工程专项验收前，质量检测机构应编写《工程枢纽工程专项验收质量检测报告》，提交项目法人，作为验收备查资料。工程枢纽工程专项验收质量检测报告可从下述几个方面进行编写。

一、工程概况

简要介绍工程总体情况、设计标准、工程布置、建筑物的结构特征、工程当前形象面貌等。

二、质量检测机构简介

说明本工程的质量检测机构母体实验室的资质等级、授权工地现场实验室的检测参数情况。

检测单位与项目法人单位签订的检测合同范围、检测内容、现场试验室人员组织及设备情况。

三、项目划分及质量检测计划

（一）项目划分

工程项目划分直接引用本项目质量监督机构核备同意的工程项目划分方案，质量检测报告中列出单位工程、分部工程即可，质量检测合同中未涉及的单位或非主体工程可以不提。

（二）质量检测计划

质量检测计划依据质量检测合同中确定的检测范围进行编制，结合工程项目划分方案、建筑物的结构特征尽量覆盖各单位工程、分部工程，为工程的质量评定提供有力的依据。

四、检测试验依据

质量检测和评价主要依据有：

（1）国家和行业现行有关法律、法规、规章。

（2）经批准的设计文件。

（3）水利行业标准、国家标准、其他行业标准、地方标准和企业标准。

（4）招标文件、合同文件。

（5）主要设备、产品技术说明书等。

五、检测成果

检测成果一般宜以挡水建筑物、泄水建筑物、引水建筑物进水口工程、涉及蓄水安全的库岸和边坡等有关工程项目进行统计、分析和评价。也可按照工程项目划分方案中的单位工程或分部工程进行统计评价，具体包含以下几个方面。

（一）原材料、中间产品检测试验成果

（1）水泥抽检试验报告。

（2）钢材抽检试验报告报告。

（3）水泥外加剂（包括普通减水剂、高效减水剂、引气剂、引气减水剂、缓凝减水剂、早强剂、早强减水剂、防冻剂、膨胀剂等）技术性能指标试验报告。

（4）粉煤灰技术性能指标试验报告。

（5）防水材料（包括沥青、防水涂料、防水填料、各类防水卷材等）试验报告。

（6）止水带技术性能试验报告（包括紫铜片止水、白铁皮止水、铝片止水、塑料止水、橡皮止水）。

（7）土工布技术性能试验报告（包括土工织物、土工膜等）。

（二）试验及检测成果

（1）配合比试验（包括混凝土、砂浆、泥浆等）。

（2）混凝土试验（包括抗压、抗渗、抗冻等）。

（3）砂浆试验（包括抗压等）。

（4）土工试验（土料场土料性质、最大干密度、筑坝后的土工试验等）。

（5）筑坝技术试验（碾压混凝土坝铺混凝土厚度、碾压土石坝等的铺土厚度、振动设备及碾压遍数等）。

（6）压水试验。

（7）灌浆试验。

（8）单桩基群桩的静动载试验。

（9）管道、容器强度与严密性试验。

（10）焊接试验（超声探伤、X拍片）。

（11）电气设备绝缘试验。

（12）电气性能试验。

（13）接地电阻性能试验。

（14）设备操作试验。

（15）机组试运行试验。

六、不合格材料情况说明

不合格材料情况说明包括不合格样品及材料的处理情况说明。如原材料、中间产品检测试验结果出现不合格情况，报告中应说明不合格项目台账登记备案情况，是否及时告知项目法人及相关单位。

七、结论

归纳总结本工程项目原材料、中间产品的检测试验结果，提出评价意见。

评价金属结构及启闭机安装，机电安装工程是否符合设计及规范要求。

评价意见可按单位工程、分部工程进行评价，也可按材料类别或工程类别进行评价。

第二节　水电站枢纽工程专项验收质量检测报告示例

××水电站枢纽工程专项验收质量检测报告

一、工程概况

××水电站为××省××境内××流域规划的第×个梯级电站，工程以发电为主，枢纽建筑物由挡水坝、引水隧洞及地面厂房等组成，装机容量240MW，拦河坝为混凝土面板堆石坝，最大坝高138m，工程混凝土总量约为38万m^3，主要水工建筑物为3级，次要水工建筑物为4级。

二、质量检测机构

为保证本项目工程质量，及时掌握施工质量状况，本工程建立了业主方工地试验室，各标段施工方建立了现场试验室，各方试验室建立情况如下。

1. 业主中心试验室

××水电开发公司中心试验室由××水电开发公司提供设备和场地，以技术服务方式委托具有国家试验室资质的××勘测设计研究院科学研究分院进行试验和运行管理。

××水电开发公司中心试验室受××水电开发公司工程部领导，是受法人代表全权委托的××水电开发工程建设试验检测的质量机构。

中心试验室具有完备的质量管理体系，执行设计单位制定的《质量手册》《质量管理程序文件》以及国家相关的政策和标准、规程、规范。

中心试验室主任具有水利工程质量检测员（混凝土类A级）资质。

中心试验室于20××年××月在××电站工地建成投入使用，负责对整个××梯级电站在建工程使用的原材料、混凝土及大坝填筑堆石料进行抽样检测及质量监控。主要试验项目有水泥物理性能指标检验，钢筋抗拉、抗弯检验，骨料品质（物理）的常规检验，混凝土的抗压、劈裂抗拉，静压弹性模量、抗渗，锚杆拉拔检测，土工试验击实、液塑限、原位密度（灌水法）、原位渗透、坝料颗粒级配检测。

2. 溢洪道承建单位工地试验室

溢洪道承建单位工地试验室于20××年3月建成投入使用，能满足其承建工程的施工常规物理力学性能试验检测需要。

3. 大坝承建单工地试验室

大坝现场试验室于20××年6月建成投入使用，能满足其承建工程的施工常规物理力学性能试验、锚杆拉拔检测及原位密度（灌水法）、原位渗透、坝料颗粒级配检测试验需要。

4. 引水隧洞承建单位工地试验室

引水隧洞承建单位工地试验室于20××年10月建成投入使用，能满足其承建工程的施工常规物理力学性能试验检测需要。

三、工程项目划分及质量检测计划

（一）工程项目划分

经本项目质量监督机构审核确认的《××水电站工程项目划分方案》中，枢纽建筑物由首部枢纽、引水枢纽和厂区枢纽三部分组成，共划分为11个单位工程。本次机组启动验收主要涉及的单位工程见表6-2-1。

表6-2-1　　主要土建部分单位工程、标段及施工单位一览表

序号	单位工程名称	序号	分部工程名称	标段	施工单位
一	混凝土面板堆石坝	1	坝基、趾板开挖与处理	×××/C6	混凝土面板堆石坝承包商
		2	△左岸坝基开挖及支护（高程1480.00m以上）		
		3	△右岸坝基开挖及支护		
		4	左岸灌浆洞		
		5	右岸灌浆洞		
		6	△趾板及地基防渗		
		7	△混凝土面板及接缝止水		
		8	大坝填筑Ⅰ（高程1529.00m以下）		
		9	大坝填筑Ⅱ（高程1529.00～1576.00m坝前经济断面）		
		10	大坝填筑Ⅲ（高程1529.00～1576.00m）		
		11	大坝填筑Ⅳ（高程1576.00～1592.00m）		
		12	大坝填筑Ⅴ（高程1592.00～1595.00m）		
		13	防浪墙及公路		
二	溢洪道	1	△地基防渗及排水	×××/C2	溢洪道承包商
		2	溢洪道边坡开挖及支护（溢道以上边坡）		
		3	溢洪道边坡开挖及支护（溢道以下边坡）		
		4	溢洪道引渠段（溢0－007～溢0-062）		
		5	△溢洪道闸室段（溢0－007～溢0＋036）		
		6	溢洪道缓流段（溢0＋032～溢0＋240）		
		7	溢洪道泄槽段（溢0＋240以后段）		

续表

序号	单位工程名称	序号	分部工程名称	标段	施工单位
三	泄洪隧洞（放空洞）	1	△通风洞及工作闸室	×××/C8	泄洪隧洞（防空洞）承包商
		2	进口边坡		
		3	出口边坡		
		4	△事故闸门井（包括交通桥）		
		5	有压段		
		6	无压段		
四	引水隧洞及压力管道	1	进水口边坡	×××/C3	引水隧洞承包商Ⅰ
		2	△进水塔（包括交通桥）		
		3	引水隧洞Ⅰ（引0+000～引0+800）		
		4	引水隧洞Ⅱ（引0+800～引1+600）		
		5	1号支洞开挖及封堵		
		6	引水隧洞Ⅲ（引1+600～引3+600）	×××/C4	引水隧洞承包商Ⅱ
		7	引水隧洞Ⅳ（引3+600～引5+474.319）		
		8	2号、3号支洞开挖及封堵		
		9	引水隧洞Ⅴ（引5+474.319以后段）	×××/C5A	引水隧洞承包商Ⅲ
		10	△钢管道平段及斜井		
		11	排水孔		
		12	调压室（包括上室、下室、竖井、斜井及连通洞）		
		13	4号、5号、6号、7号支洞开挖及封堵		
五	厂房土建	1	高程1249.11以上开挖及支护	×××/C7	××水利水电第×工程局
		2	高程1249.11以下开挖及支护		
		3	围堰	SJHK/C7	厂房土建承包商
		4	△主厂房		
		5	上游副厂房		
		6	安装间		
		7	下游副厂房		
		8	尾水段		
		9	尾水渠		
		11	给排水工程		
		12	厂区地坪		
		13	屋面工程		
		14	冲沟治理		

续表

序号	单位工程名称	序号	分部工程名称	标段	施工单位
十	导流隧洞	1	进口明渠	×××/C1	导流隧洞承包商
		2	进水塔		
		3	导流隧洞		
		4	导流洞堵体段		
		5	出口明渠		

注　1. 序号六～九为非主体工程，在此未列。
2. 带"△"符号的为主要分部工程。

（二）质量检测计划编制情况

工程建设单位与参建各方结合本工程实际，研究确定了首部枢纽土建工程的重点监控部位，中心试验室与各标段承建单位现场实验室根据各自的合同范围、检测内容结合工程重点监控对象制定了检测计划，施工过程中按照计划实施，设计变更时及时调整检测内容和相关指标。

四、检测试验依据

(1)《水工混凝土施工规范》(DL/T 5144—2001)。
(2)《水工混凝土试验规程》(DL/T 5150—2001)。
(3)《硅酸盐水泥、普通硅酸盐水泥》(GB 175—1999)。
(4)《通用硅酸盐水泥》(GB 175—2007)(2008 年 6 月 1 日开始执行)。
(5)《混凝土外加剂》(GB 8076—1997)。
(6)《用于水泥和混凝土中的粉煤灰》(GB/T 1596—2005)。
(7)《水工混凝土掺用粉煤灰技术规范》(DL/T 5055—2007)。
(8)《水泥胶砂强度检验方法（ISO 法）》(GB/T 17671—1999)。
(9)《水泥标准稠度用水量、凝结时间、安定性检验方法（ISO 法）》(GB/T 1346—2001)。
(10)《钢筋混凝土用热轧带肋钢筋》(GB 1499—1998)。
(11)《钢筋混凝土用钢　第 2 部分：热轧月牙肋钢筋》(GB 1499.2—2007)。
(12)《钢筋混凝土用热光圆肋钢筋》(GB 13013—1991)。
(13)《低碳钢热扎盘条》(GB/T 701—1997)。
(14)《钢筋混凝土用钢 第 1 部分：热轧光圆钢筋》(GB 1499.1—2008)。
(15)《金属材料室内拉伸试验方法》(GB/T 228—2002)。
(16)《金属材料弯曲试验规程》(GB 232—1999)。
(17)《水工混凝土钢筋施工规范》(DL/T 5169—2002)。
(18)《水工混凝土砂石骨料试验规范》(DL/T 5151—2001)。
(19)《水电水利工程喷锚支护施工规范》(DL/T 5181—2003)。
(20)《回弹法检测混凝土抗压强度技术规程》(JGJ/T 23—2001)。
(21)《锚杆喷射混凝土支护技术规范》(GB 50086—2001)。

(22)《钢筋焊接及验收规程》(JBJ 18—2003)。

(23)《钻芯法检测混凝土强度技术规程》(CEES 03：2007)。

(24)《混凝土面板堆石坝施工规范》(DL/T 5128—2001)。

(25)《碾压式土石坝施工规范》(DL/T 5129—2001)。

(26)《水利水电工程施工质量检验与评定规程》(SL 176—2007)。

(27)《土工试验规程》(SL 237—1999)。

(28)《水利水电工程钻探规程》(SL 291—2003)。

(29)《水利水电工程钻孔压水试验规程》(SL 31—2003)。

(30)《水工建筑物水泥灌浆施工技术规范》(DL/T 5148—2012)。

(31)《水电水利工程施工安全防护设施技术规范》(DL 5162—2002)。

(32)《水轮发电机组安装技术规范》(GB/T 8564—2003)。

(33)《水电水利基本建设工程单元工程质量等级评定标准　第1部分 土建工程》(DL/T 5113.1—2005)。

(34)《水电水利工程物探规程》(DL/T 5010—2005)。

(35)《水电站基本建设工程验收规程》(DL/T 5123—2001)。

(36)《水利水电工程钢闸门制造安装及验收规范》(GB/T 14173—2008)。

(37)《××水电站工程施工详图阶段面板堆石坝基础灌浆施工技术要求》。

(38) ××勘测设计研究院《物探专业作业指导文件》等质量控制文件。

(39) 相关工程设计文件中标明的施工技术质量要求。

五、检测成果

主体工程的原材料（水泥、钢筋）由业主各限定三个厂家的产品，供施工单位选择采购，供货时除随货提供的产品质量证明书外，施工单位按施工合同及相关规范的规定进行取样检测，监理按有关合同要求对原材料进行产品质量证明书检查和抽样检测，中心试验室随机检查和抽样检测。

中心试验室主要通过现场检抽样检测、检查施工单位试验室资料完整性、闭合度、拌和站现场值班、与监理保持沟通联系，以此来及时准确地获取施工质量信息，并将质量信息、意见和建议及时反馈，为业主、监理提供决策依据，同时还监督施工单位试验室的管理等，从而达到有效控制质量的目的。为了能及早获取混凝土浇筑质量的信息，中心试验室加强了混凝土7d龄期强度的检测。为保证混凝土质量，中心试验室在质控中重点加强过程监控，督促施工单位在混凝土生产时，必须严格遵守经审查批准的配料单配料，随机抽查配料单及拌和称量系统，发现问题及时纠正，对重点部位的混凝土浇筑进行全程跟踪检测控制。

(一) 原材料检测

本工程土建工程所使用的主要原材料有水泥、粉煤灰、钢材、钢筋接头、细骨料、粗骨料等，检测结果分叙如下。

1. 水泥

本工程使用的水泥为××牌和×××牌普通硅酸盐水泥，中心试验室P·O 32.5检测29组，P·O 42.5检测17组，检测结果见表6-2-2和表6-2-3。

表 6-2-2 **P·O 32.5 水泥品质检测结果统计汇总**

工程名称	水泥品种	统计项目	细度(80μm筛)/%	凝结时间/min 初凝	凝结时间/min 终凝	安定性(沸煮法)	抗压强度/MPa 3d	抗压强度/MPa 28d	抗折强度/MPa 3d	抗折强度/MPa 28d
	控制指标 GB 175—1999		≤10	≥45	≤600	合格	≥11.0	≥32.5	≥2.5	≥5.5
导流隧洞	TBS牌 SD牌 XL牌	检测次数	2	2	2	2	2	2	2	2
		平均值	4.1	141	208	均合格	18.7	39.1	3.9	6.7
		最大值	6.8	147	211		20.3	44.3	4.4	7.5
		最小值	3.8	135	204		17.0	33.8	3.4	5.8
		合格率/%	100	100	100		100	100	100	100
溢洪道		检测次数	6	6	6	6	6	6	6	6
		平均值	4.2	139	212	均合格	22.5	48.1	4.4	7.9
		最大值	5.2	173	246		24.9	60.1	5.1	9.3
		最小值	3.1	128	197		19.3	39.9	3.7	6.9
		合格率/%	100	100	100	100	100	100	100	100
泄洪隧洞(放空洞)		检测次数	1	1	1	1	1	1	1	1
		平均值	5.8	131	209	合格	19.4	42.2	3.9	7.6
		最大值	5.8	131	209		19.4	42.2	3.9	7.6
		最小值	5.8	131	209		19.4	42.2	3.9	7.6
		合格率/%	100	100	100	100	100	100	100	100
引水隧洞及压力管道	TBS牌 SD牌 XL牌	检测次数	12	12	12	12	12	12	12	12
		平均值	3.9	140	204	合格	23.4	44.3	4.7	7.5
		最大值	5.7	189	259		32.5	49.2	5.7	8.4
		最小值	1.9	112	178		18.7	39.2	3.8	6.6
		合格率/%	100	100	100	100	100	100	100	100
混凝土面板堆石坝		检测次数	3	3	3	3	3	3	3	3
		平均值	4.0	143	236	合格	19.3	44.3	3.9	7.5
		最大值	4.4	148	252		28.6	51.4	5.0	7.6
		最小值	3.4	132	204		14.7	40.8	3.3	7.5
		合格率/%	100	100	100	100	100	100	100	100
厂房土建	TBS牌 XL牌	检测次数	4	4	4	4	4	4	4	4
		平均值	3.1	133	201	合格	24.5	46.8	4.7	7.4
		最大值	4.4	139	227		28.2	57.6	5.4	8.0
		最小值	1.3	122	180		19.0	40.2	4.0	6.8
		合格率/%	100	100	100	100	100	100	100	100
其他		检测次数	1	1	1	1	1	1	1	1
		平均值	4.8	166	238	合格	19.7	43.5	3.8	7.1
		最大值	4.8	166	238		19.7	43.5	3.8	7.1
		最小值	4.8	166	238		19.7	43.5	3.8	7.1
		合格率/%	100	100	100	100	100	100	100	100

续表

工程名称	水泥品种	统计项目	细度（80μm筛）/%	凝结时间/min		安定性（沸煮法）	抗压强度/MPa		抗折强度/MPa	
				初凝	终凝		3d	28d	3d	28d
	控制指标 GB 175—1999		≤10	≥45	≤600	合格	≥11.0	≥32.5	≥2.5	≥5.5
汇总统计	TBS牌 SD牌 XL牌	检测次数	29	29	29	29	29	29	29	29
		平均值	4.0	140	210	合格	22.4	45.0	4.5	7.5
		最大值	6.8	189	259		32.5	60.1	5.7	9.3
		最小值	1.3	112	178		14.7	33.8	3.3	5.8
		标准差	1.3	18.5	23.0		3.9	5.5	0.6	0.6
		离差系数	0.3	0.1	0.1		0.2	0.1	0.1	0.1
		合格率%	100	100	100	100	100	100	100	100

表 6-2-3　　P·O 42.5 水泥品质检测结果统计汇总

工程名称	水泥品种	统计项目	密度/(g/cm³)	凝结时间/min		安定性（沸煮法）	抗压强度/MPa		抗折强度/MPa	
				初凝	终凝		3d	28d	3d	28d
	控制指标 GB 175—2007		—	≥45	≤600	合格	≥17.0	≥42.5	≥3.5	≥6.5
溢洪道	TBS牌 SD牌 XL牌	检测次数	—	9	9	9	9	9	9	9
		平均值	—	128	193	合格	31.1	57.5	5.8	8.9
		最大值	—	136	210		37.6	63.3	6.4	9.8
		最小值	—	121	186		26.7	53.9	5.3	7.7
		合格率/%	—	100	100	100	100	100	100	100
泄洪隧洞（放空洞）	TBS牌 SD牌 XL牌	检测次数	—	5	5	5	5	5	5	5
		平均值	—	129	194	合格	29.5	55.6	5.9	9.0
		最大值	—	133	201		32.3	58.6	6.1	9.2
		最小值	—	127	189		28.2	49.6	5.8	8.9
		合格率/%	—	100	100	100	100	100	100	100
引水隧洞及压力管道	TBS牌 SD牌 XL牌	检测次数	—	19	19	19	19	19	19	19
		平均值	—	128	187	合格	30.5	56.0	5.8	128
		最大值	—	168	226		35.1	60.3	6.5	168
		最小值	—	103	155		26.7	50.3	5.0	103
		合格率/%	—	100	100	100	100	100	100	100
混凝土面板堆石坝	TBS牌 SD牌 XL牌	检测次数	5	23	23	23	21	23	21	23
		平均值	3122	155	226	合格	30.2	54.4	6.0	8.7
		最大值	3170	204	297		38.6	62.8	7.1	9.9
		最小值	3060	126	186		24.7	46.6	4.7	7.8
		合格率/%	—	100	100	100	100	100	100	100

续表

工程名称	水泥品种	统计项目	密度/(g/cm³)	凝结时间/min		安定性(沸煮法)	抗压强度/MPa		抗折强度/MPa	
				初凝	终凝		3d	28d	3d	28d
控制指标 GB 175—2007			—	≥45	≤600	合格	≥17.0	≥42.5	≥3.5	≥6.5
厂房土建	TBS牌 SD牌 XL牌	检测次数	—	18	18	18	18	18	18	18
		平均值	—	124	190	合格	30.3	55.5	5.7	8.7
		最大值	—	137	260		36.8	63.6	6.5	9.8
		最小值	—	110	160		21.7	50.8	4.9	7.7
		合格率/%	—	100	100	100	100	100	100	100
汇总统计	TBS牌 SD牌 XL牌	检测次数	5	74	74	74	72	74	72	74
		平均值	3122	135	201	合格	30.4	55.5	5.8	8.7
		最大值	3170	204	297		38.6	63.6	7.1	9.9
		最小值	3060	103	155		21.7	46.6	4.7	7.7
		标准离差	39.6	20.2	28.7		3.4	3.4	0.5	0.5
		离差系数	0.0	0.1	0.1		0.1	0.1	0.1	0.1
		合格率/%	—	100	100	100	100	100	100	100

2. 粉煤灰

粉煤灰由××发电粉煤灰有限公司提供，进场后共抽检17组，检测结果见表6-2-4。

表6-2-4　　粉煤灰品质检验结果统计汇总

工程名称	分部工程名称	粉煤灰品种/厂家	统计项目	细度(0.045μm筛)/%	密度/(kg/m³)	需水量比/%	安定性	烧失量/%	含水率/%	活性指数/(g/cm³)
		控制指标 GB/T 1596—2005	Ⅰ级	≤12	—	≤95	合格	≤5.0	≤1.0	—
			Ⅱ级	≤25		≤105		≤8.0		
混凝土面板堆石坝	趾板、面板	Ⅰ级粉煤灰××发电粉煤灰有限公司	检测次数	15	14	16	16		10	16
			平均值	8.7	2243	100	均合格		0.09	65.0
			最大值	11.5	2460	102			0.5	87.6
			最小值	6.0	2	96.0			0.0	40.5
			标准离差	1.8	645.5	2.0			0.2	11.1
			离差系数	0.2	0.29	0.0			1.8	0.2
			合格率/%	100	—	Ⅱ级灰	100		100	—
厂房土建		Ⅰ级粉煤灰××发电粉煤灰有限公司	检测次数	2	2	2	2		2	
			平均值	5.0	2342	99	均合格		0.5	
			最大值	5.0	2381	99			0.6	
			最小值	5.0	2302	98			0.4	
			合格率/%	100	—	Ⅱ级灰	100		100	—

续表

工程名称	分部工程名称	粉煤灰品种/厂家	统计项目	细度(0.045μm筛)/%	密度/(kg/m^3)	需水量比/%	安定性	烧失量/%	含水率/%	活性指数/(g/cm^3)
		控制指标 GB/T 1596—2005	Ⅰ级	≤12	—	≤95	合格	≤5.0	≤1.0	—
			Ⅱ级	≤25		≤105		≤8.0		
汇总统计		Ⅰ级粉煤灰 ××发电粉煤灰有限公司	检测次数	17	16	18	18		12	16
			平均值	8.2	2255	100	均合格		0.158	65.0
			最大值	11.5	2460	102			0.6	87.6
			最小值	5.0	2	96.0			0.0	40.5
			标准离差	2.1	602.0	2.0			0.2	23.4
			离差系数	0.3	0.27	0.0			1.4	0.4
			合格率/%	100	—	Ⅱ级灰	100		100	0

3. 钢筋母材

(1) 导流隧洞工程钢筋检验结果见表 6-2-5 和表 6-2-6。

表 6-2-5　　导流隧洞工程光圆钢筋母材检测结果统计汇总

工程名称	公称直径/mm	钢筋牌号	外形	检测项目 / 检测次数	屈服强度/MPa	抗拉强度/MPa	伸长率/%	冷弯
导流隧洞	ϕ6.5	HPB235	光圆	1次	405～420	570～575	45	合格
合格率/%					100	100	100	100
控制指标 GB 13013—1991、GB/T 701—1997					≥235	≥370	≥25	合格

表 6-2-6　　导流隧洞工程钢筋母材检测结果统计汇总

工程名称	公称直径/mm	钢筋牌号	外形	检测项目 / 检测次数	屈服强度/MPa	抗拉强度/MPa	伸长率/%	冷弯
导流隧洞	Φ12	HRB335	月牙肋	1次	370	570	21	合格
	Φ16	HRB335	月牙肋	1次	386	592	26	合格
	Φ22	HRB335	月牙肋	1次	408	638	29	合格
	Φ32	HRB335	月牙肋	1次	425	660	32	合格
合格率/%					100	100	100	100
控制指标 GB 13013—1991、GB/T 701—1997					≥235	≥370	≥25	合格

(2) 溢洪道工程钢筋检验结果见表 6-2-7 和表 6-2-8。

表 6-2-7　　溢洪道工程光圆钢筋母材检测结果统计

工程名称/部位	公称直径/mm	钢筋牌号	外形	检测次数		屈服强度/MPa	抗拉强度/MPa	伸长率/%	冷弯
溢洪道网格梁	ϕ8	HPB235	光圆	3	6组	310～505	450～670	40～45	合格
	ϕ10			3					
合格率/%						100	100	100	100
控制指标 GB 1499—1998、GB 1499.2—2007						≥235	≥370	≥25	合格

续表

工程名称/部位	公称直径/mm	钢筋牌号	外形	检测次数		屈服强度/MPa	抗拉强度/MPa	伸长率/%	冷弯
溢洪道	Φ32	HRB335	月牙肋	2	18组	355～450	490～635	26～38	合格
	Φ28			2					
	Φ25			4					
	Φ20			3					
	Φ16			4					
	Φ14			2					
	Φ12			1					
	合格率/%					100	100	100	100
控制指标 GB 1499—1998、GB 1499.2—2007						≥335	≥490/455	≥17	合格

表6-2-8　溢洪道工程闸室段带肋钢筋母材检测结果统计

工程名称/部位	公称直径/mm	钢筋牌号	外形	检测次数		屈服强度/MPa	抗拉强度/MPa	伸长率/%	冷弯
溢洪道闸室段	ϕ32	HRB335	月牙肋	1	5组	365～450	515～635	26～32	合格
	ϕ28			1					
	ϕ25			1					
	ϕ16			1					
	ϕ14			1					
	合格率/%					100	100	100	100
控制指标 GB 1499—1998、GB 1499.2—2007						≥335	≥490/455	≥17	合格

(3) 引水隧洞及压力钢管道钢筋检验结果见表6-2-9和表6-2-10。

表6-2-9　引水隧洞及压力钢管道工程光圆钢筋母材检测结果统计

工程名称/部位	公称直径/mm	钢筋牌号	外形	检测次数		屈服强度/MPa	抗拉强度/MPa	伸长率/%	冷弯
引水隧洞及压力钢管道	ϕ6.5	HRB235	光圆	4次	6组	320～460	460～625	26～45	合格
	ϕ10			2次					合格
	合格率/%					100	100	100	100
控制指标 GB 1499—1998、GB 1499.2—2007						≥235	≥370	≥25	合格

表6-2-10　引水隧洞及压力钢管道带肋钢筋母材检测结果统计

工程名称/部位	公称直径/mm	钢筋牌号	外形	检测次数		屈服强度/MPa	抗拉强度/MPa	伸长率/%	冷弯
引水隧洞及压力钢管道	ϕ28	HRB335	月牙肋	4	25组	365～495	525～610	23～34	合格
	ϕ25			9					
	ϕ22			2					
	ϕ20			2					
	ϕ18			2					
	ϕ16			3					
	ϕ14			3					
	合格率/%					100	100	100	100
控制指标 GB 1499—1998、GB 1499.2—2007						≥335	≥490/455	≥17	合格

（4）引水隧洞及压力钢管道工程钢管道平段及斜井带肋钢筋母材检测结果统计见表 6-2-11。

表 6-2-11　引水隧洞及压力钢管道工程钢管道平段及斜井带肋钢筋母材检测结果统计

<table>
<tr><th>工程名称/部位</th><th>公称直径/mm</th><th>钢筋牌号</th><th>外形</th><th>检测次数</th><th>屈服强度/MPa</th><th>抗拉强度/MPa</th><th>伸长率/%</th><th>冷弯</th></tr>
<tr><td rowspan="2">钢管道平段及斜井</td><td>ϕ25</td><td>昆钢/HRB335</td><td>月牙肋</td><td>1次</td><td>375～380</td><td>575～610</td><td>23～25</td><td>合格</td></tr>
<tr><td colspan="4">合格率/%</td><td>100</td><td>100</td><td>100</td><td>100</td></tr>
<tr><td colspan="5">控制指标 GB 1499—1998、GB 1499.2—2007</td><td>≥335</td><td>≥490/455</td><td>≥17</td><td>合格</td></tr>
</table>

（5）引水隧洞及压力钢管道工程进水塔（包括交通桥）带肋钢筋母材检测结果统计见表 6-2-12。

表 6-2-12　引水隧洞及压力钢管道工程进水塔（包括交通桥）带肋钢筋母材检测结果统计

<table>
<tr><th>工程名称/部位</th><th>公称直径/mm</th><th>钢筋牌号</th><th>外形</th><th colspan="2">检测次数</th><th>屈服强度/MPa</th><th>抗拉强度/MPa</th><th>伸长率/%</th><th>冷弯</th></tr>
<tr><td rowspan="6">进水塔（包括交通桥）</td><td>ϕ28</td><td rowspan="5">HRB335</td><td rowspan="5">月牙肋</td><td>2</td><td rowspan="5">9次</td><td rowspan="5">365～450</td><td rowspan="5">525～605</td><td rowspan="5">26～32</td><td rowspan="5">合格</td></tr>
<tr><td>ϕ25</td><td>3</td></tr>
<tr><td>ϕ22</td><td>1</td></tr>
<tr><td>ϕ20</td><td>2</td></tr>
<tr><td>ϕ16</td><td>1</td></tr>
<tr><td colspan="5">合格率/%</td><td>100</td><td>100</td><td>100</td><td>100</td></tr>
<tr><td colspan="6">控制指标 GB 1499—1998、GB 1499.2—2007</td><td>≥335</td><td>≥490/455</td><td>≥17</td><td>合格</td></tr>
</table>

（6）大坝工程钢筋母材检验结果见表 6-2-13。

表 6-2-13　大坝工程带肋钢筋母材检测结果统计

<table>
<tr><th colspan="2">工程名称/部位</th><th>公称直径/mm</th><th>钢筋牌号</th><th>外形</th><th colspan="3">检测次数</th><th>屈服强度/MPa</th><th>抗拉强度/MPa</th><th>伸长率/%</th><th>冷弯</th></tr>
<tr><td rowspan="11">混凝土堆石坝</td><td rowspan="5">趾板</td><td>ϕ28</td><td rowspan="4">HRB335</td><td rowspan="4">月牙肋</td><td>4</td><td rowspan="4">13次</td><td rowspan="11">23次</td><td rowspan="4">365～460</td><td rowspan="4">535～595</td><td rowspan="4">27～37</td><td rowspan="4">均合格</td></tr>
<tr><td>ϕ25</td><td>2</td></tr>
<tr><td>ϕ22</td><td>6</td></tr>
<tr><td>ϕ20</td><td>1</td></tr>
<tr><td colspan="5">合格率/%</td><td>100</td><td>100</td><td>100</td><td>100</td></tr>
<tr><td rowspan="5">面板</td><td>ϕ20</td><td rowspan="4">HRB335</td><td rowspan="4">月牙肋</td><td>2</td><td rowspan="4">9次</td><td rowspan="4">365～420</td><td rowspan="4">555～600</td><td rowspan="4">29～34</td><td rowspan="4">均合格</td></tr>
<tr><td>ϕ18</td><td>2</td></tr>
<tr><td>ϕ16</td><td>4</td></tr>
<tr><td>ϕ14</td><td>1</td></tr>
<tr><td colspan="5">合格率/%</td><td>100</td><td>100</td><td>100</td><td>100</td></tr>
<tr><td>其他部位</td><td>ϕ22</td><td>昆钢 HRB335</td><td>月牙肋</td><td colspan="2">1次</td><td>435～445</td><td>560～600</td><td>28～31</td><td>合格</td></tr>
<tr><td colspan="8">控制指标 GB 1499—1998、GB 1499.2—2007</td><td>≥335</td><td>≥490/455</td><td>≥17</td><td>合格</td></tr>
</table>

（7）泄洪隧洞（放空洞）工程钢筋母材检验结果见表6-2-14和表6-2-15。

表6-2-14　泄洪隧洞（放空洞）工程光圆钢筋母材检测结果统计

工程名称/部位	公称直径/mm	钢筋厂家/牌号	外形	检测次数		屈服强度/MPa	抗拉强度/MPa	伸长率/%	冷弯
控制指标GB 1499—1998、GB 1499.2—2007						≥235	≥370	≥25	合格
泄洪隧洞（放空洞）	ϕ8	昆钢 HRB335	光圆	2	3次	330～375	480～565	28～35	均合格
	ϕ10			1					
合格率/%						100	100	100	100

表6-2-15　泄洪隧洞（放空洞）工程带肋钢筋母材检测结果统计

工程名称/部位	公称直径/mm	钢筋牌号	外形	检测次数		屈服强度/MPa	抗拉强度/MPa	伸长率/%	冷弯
泄洪隧洞（放空洞）	Φ12	HRB335	月牙肋	1	13次	370～425	500～630	27～35	合格
	Φ16			3					
	Φ20			1					
	Φ22			2					
	Φ25			3					
	Φ28			2					
	Φ32			1					
合格率/%						100	100	100	100
控制指标GB 1499—1998、GB 1499.2—2007						≥335	≥490/455	≥17	合格

（8）泄洪隧洞（放空洞）工程通风洞及工作闸室带肋钢筋母材检测结果见表6-2-16。

表6-2-16　泄洪隧洞（放空洞）工程通风洞及工作闸室带肋钢筋母材检测结果统计

工程名称/部位	公称直径/mm	钢筋牌号	外形	检测次数		屈服强度/MPa	抗拉强度/MPa	伸长率/%	冷弯
通风洞及工作闸室	Φ16	HRB335	月牙肋	1	4次	370～425	535～575	28～35	合格
	Φ20			1					
	Φ25			1					
	Φ28			1					
合格率/%						100	100	100	100
控制指标GB 1499—1998、GB 1499.2—2007						≥335	≥490/455	≥17	合格

（9）泄洪隧洞（放空洞）工程事故闸门井（包括交通桥）使用带肋钢筋母材检测结果见表6-2-17。

（10）厂房土建工程钢筋母材检验结果见表6-2-18～表6-2-20。

4. 钢筋接头

（1）溢洪道工程钢筋接头抽检结果见表6-2-21。

表 6-2-17 泄洪隧洞（放空洞）工程事故闸门井（包括交通桥）带肋钢筋母材检测结果统计

工程名称/部位	公称直径/mm	钢筋牌号	外形	检测次数		屈服强度/MPa	抗拉强度/MPa	伸长率/%	冷弯
事故闸门井（包括交通桥）	Φ12	HRB335	月牙肋	1	6 次	380～405	510～630	27～34	合格
	Φ16			1					
	Φ22			1					
	Φ25			1					
	Φ28			1					
	Φ32			1					
合格率/%						100	100	100	100
控制指标 GB 1499—1998、GB 1499.2—2007						≥335	≥490/455	≥17	合格

表 6-2-18 厂房土建工程光圆钢筋母材检测结果统计

工程名称/部位	公称直径/mm	钢筋牌号	外形	检测次数		屈服强度/MPa	抗拉强度/MPa	伸长率/%	冷弯
厂房土建	ϕ10	HRB335	光圆	1	4 次	300～370	430～510	30～40	均合格
	ϕ12			2					
	ϕ16			1					
合格率/%						100	100	100	100
控制指标 GB 1499—1998、GB 1499.2—2007						≥235	≥370	≥25	合格

表 6-2-19 厂房土建工程带肋钢筋母材检测结果统计

工程名称/部位	公称直径/mm	钢筋牌号	外形	检测次数		屈服强度/MPa	抗拉强度/MPa	伸长率/%	冷弯
厂房土建	Φ16	HRB335	月牙肋	1	16 次	360～485	520～630	25～34	合格
	Φ18			2					
	Φ22			4					
	Φ25			5					
	Φ28			4					
合格率/%						100	100	100	100
控制指标 GB 1499—1998、GB 1499.2—2007						≥335	≥490/455	≥17	合格

表 6-2-20 厂房土建工程主厂房带肋钢筋母材检测结果统计

工程名称/部位	公称直径/mm	钢筋牌号	外形	检测次数		屈服强度/MPa	抗拉强度/MPa	伸长率/%	冷弯
△主厂房	Φ16	HRB335	月牙肋	1	4 次	370～425	535～575	28～35	合格
	Φ20			1					
	Φ25			1					
	Φ28			1					
合格率/%						100	100	100	100
控制指标 GB 1499—1998、GB 1499.2—2007						≥335	≥490/455	≥17	合格

表 6-2-21　　溢洪道工程带肋钢筋接头检测结果统计

工程名称/部位		公称直径/mm	钢筋牌号	接头形式	统计项目	抗拉强度/MPa	备　注	
溢洪道	△闸室段	25	HRB335	单面搭接焊	检测次数	2	合格	共 38 组
					最大值	555		
					最小值	530		
					合格率/%	100		
		28	HRB335	单面搭接焊	检测次数	1	合格	
					最大值	555		
					最小值	550		
					合格率/%	100		
	缓流段	20	HRB335	单面搭接焊	检测次数	15	1 组复检合格	
					最大值	595		
					最小值	440		
					一次合格率/%	93		
		25	HRB335	单面搭接焊	检测次数	16	合格	
					最大值	580		
					最小值	505		
					合格率/%	100		
	引渠段	20	HRB335	单面搭接焊	检测次数	1	合格	
					最大值	550		
					最小值	540		
					合格率/%	100		
	泄槽段	16	HRB335	单面搭接焊	检测次数	1	合格	
					最大值	585		
					最小值	535		
					合格率/%	100		
		25	HRB335	单面搭接焊	检测次数	1	合格	
					最大值	545		
					最小值	540		
					合格率/%	100		
	闸室交通桥	32	HRB335	单面搭接焊	检测次数	1	合格	
					最大值	540		
					最小值	535		
					合格率/%	100		
控制指标 DL/T 5169—2002、GB 1499.2—2007						≥455	延性断裂	

（2）引水隧洞及压力钢管道工程钢筋接头抽检结果见表6-2-22。

表6-2-22　引水隧洞及压力钢管道工程带肋钢筋接头检测结果统计

工程名称/部位		公称直径/mm	钢筋牌号	接头形式	统计项目	抗拉强度/MPa	备　注
引水隧洞及压力钢管道	进水塔及交通桥	18	HRB335	单面搭接焊	检测次数	1	共15组
					最大值	570	
					最小值	570	
					合格率/%	100	
		20	HRB335	单面搭接焊	检测次数	3	
					最大值	540	
					最小值	520	
					合格率/%	100	
		25	HRB335	单面搭接焊	检测次数	8	
					最大值	610	
					最小值	480	
					合格率/%	100	
	引水隧洞	25	HRB335	单面搭接焊	检测次数	3	
					最大值	610	
					最小值	480	
					合格率/%	100	
控制指标DL/T 5169—2002、GB 1499.2—2007						≥455	延性断裂

（3）混凝土面板堆石坝工程钢筋接头抽检结果见表6-2-23和表6-2-24。

（4）泄洪隧洞（放空洞）工程钢筋接头抽检结果见表6-2-25。

表6-2-23　趾板带肋钢筋接头检测结果统计

工程名称/部位	公称直径/mm	钢筋牌号	接头形式	统计项目	抗拉强度/MPa	备　注
大坝趾板	20	HRB335	单面搭接焊	检测次数	16	共47组
				最大值	580	
				最小值	505	
				合格率/%	100	
	22	HRB335	单面搭接焊	检测次数	31	2组复检合格
				最大值	600	
				最小值	520	
				一次合格率/%	93.5	
控制指标DL/T 5169—2002、GB 1499.2—2007、JBJ 18—2003					≥455	延性断裂
					≥500	脆性断裂

表 6-2-24 面板带肋钢筋接头检测结果统计

工程名称/部位	公称直径/mm	钢筋牌号	接头形式	统计项目	抗拉强度/MPa	备注
大坝面板	22	HRB335	单面搭接焊	检测次数	2	共 137 组
				最大值	575	
				最小值	520	
				合格率/%	100	
	20	HRB335	单面搭接焊	检测次数	13	
				最大值	600	
				最小值	510	
				合格率/%	100	
	18	HRB335	单面搭接焊	检测次数	25	
				最大值	625	
				最小值	525	
				合格率/%	100	
	16	HRB335	单面搭接焊	检测次数	62	2 组不合格，该仓接头均加帮条，在接头两端各搭接 40d 捆扎处理
				最大值	600	
				最小值	320	
				一次合格率/%	96.8	
	14	HRB335	单面搭接焊	检测次数	35	1 组不合格，该仓接头均加帮条，在接头两端各搭接 40d 捆扎处理
				最大值	585	
				最小值	330	
				一次合格率/%	97.1	
控制指标 DL/T 5169—2002、GB 1499.2—2007、JBJ 18—2003					≥455	延性断裂
					≥500	脆性断裂

表 6-2-25 泄洪（放空洞）工程带肋钢筋接头检测结果统计

工程名称/部位	公称直径/mm	钢筋牌号	接头形式	统计项目	抗拉强度/MPa	备注	
泄洪隧洞（放空洞）	25	HRB335	单面搭接焊	检测次数	1	1 组	共 5 组
				最大值	555		
				最小值	500		
				合格率/%	100		
	22	HRB335	单面搭接焊	检测次数	1	1 组	
				最大值	555		
				最小值	550		
				合格率/%	100		
	20	HRB335	单面搭接焊	检测次数	2	2 组	
				最大值	550		
				最小值	510		
				合格率/%	100		
	16	HRB335	单面搭接焊	检测次数	1	1 组	
				最大值	555		
				最小值	550		
				合格率/%	100		
控制指标 DL/T 5169—2002、GB 1499.2—2007、JBJ 18—2003					≥455	延性断裂	
					≥500	脆性断裂	

(5) 厂房土建工程钢筋接头抽检结果见表 6-2-26 和表 6-2-27。

表 6-2-26　　厂房土建工程带肋钢筋焊接接头检测结果统计

工程名称/部位	公称直径/mm	钢筋牌号	接头形式	统计项目	抗拉强度/MPa	备注	
厂房土建	28	HRB335	单面搭接焊	检测次数	2	2 组	共 7 组
				最大值	570		
				最小值	505		
				合格率/%	100		
	25	HRB335	单面搭接焊	检测次数	1	1 组	
				最大值	550		
				最小值	535		
				合格率/%	100		
		HRB400	单面搭接焊	检测次数	1	1 组	
				最大值	605		
				最小值	600		
				合格率/%	100		
	22	HRB335	单面搭接焊	检测次数	1	1 组	
				最大值	565		
				最小值	540		
				合格率/%	100		
泄洪隧洞（放空洞）	20	HRB335	单面搭接焊	检测次数	1	1 组	
				最大值	560		
				最小值	530		
				合格率/%	100		
泄洪隧洞（放空洞）	18	HRB335	单面搭接焊	检测次数	1	1 组	
				最大值	555		
				最小值	535		
				合格率/%	100		
控制指标 DL/T 5169—2002、GB 1499.2—2007、JBJ 18—2003				HRB335	≥455	延性断裂	
				HRB400	≥540		

表 6-2-27　　厂房土建工程带肋钢筋套筒接头检测结果统计

工程名称/部位	公称直径/mm	钢筋牌号	接头形式	统计项目	抗拉强度/MPa	备注
厂房土建	28	HRB400	镦粗直螺纹套筒	检测次数	2	共 2 组
				最大值	625	
				最小值	570	
				合格率/%	100	
控制指标 DL/T 5169—2002、GB 1499.2—2007				A 级	≥565	延性断裂
				B 级	≥540	脆性断裂

5. 细骨料

中心试验室在砂石料场对机制砂抽检88组、天然砂抽检17组，对细度模数、超逊径含量、石粉含量、含水率等指标进行了检测，检测统计结果见表6-2-28和表6-2-29。

表6-2-28　　细骨料（机制砂）常规检测结果统计

细骨料品种	统计项目	F·M	>5mm含量/%	石粉含量/%	<0.08mm含量/%	含水率/%
机制砂	检测次数	88	67	88	88	8
	平均值	2.9	16.2	19.0	12.4	3.6
	最大值	3.6	33.4	28.6	20.1	6.7
	最小值	2.1	3.0	4.9	1.7	1.6
	标准差	0.3	5.4	4.3	3.5	2.0
	离差系数	0.1	0.3	0.2	0.3	0.5
	合格率/%	38.6		37.5		
控制指标DL/T 5144—2001		2.3～2.8	—	6～18	—	—

表6-2-29　　细骨料（天然沙）品质检测结果统计

细骨料品种	统计项目	细度模数	<0.16mm含量/%	含水率/%	含泥量/%	表观密度/(kg/m³)	有机质含量	云母含量/%
天然砂	控制指标DL/T 5144—2001	2.2～3.0	—	—	≤3，≤5（无抗冻要求或<C30）	≥2550	浅于标准色	≤2
天然砂	检测次数	17	17	5	6		—	—
	平均值	3.1	4.79	5.66	1.53	2550	—	—
	最大值	3.7	11.10	7.00	4.30		—	—
	最小值	2.7	1.20	2.50	0.40		—	—
	合格率/%	47.1	—	—	100		—	—

6. 粗骨料

(1) 人工碎石。

混凝土所用粗骨料为人工碎石，粒径有5～20mm（小石）、20～40mm（中石）、40～80mm三种规格，检测指标有超径含量、逊径含量、针片状含量、石粉含量、压碎指标等，检测结果见表6-2-30。

(2) 细石。

喷射混凝土使用粒径为5～15mm的细石，主要进行颗粒分析试验，共检测16次，检测统计结果见表6-2-31。

表 6-2-30　　粗骨料品质检测结果统计

粗骨料品种	统计项目	表观密度/(kg/m³)	吸水率/%	超径含量/%	逊径含量/%	针片状含量/%	石粉含量/%	压碎指标/%
控制指标 DL/T 5144—2001		≥2550	≤2.5	<5	<10	≤15	—	≤30
花岗岩小石(5～20mm)	检测次数	—	—	57	55	3	2	5
	平均值	—	—	1.4	8.5	0.7	3.1	15.5
	最大值	—	—	8	29	1	4.7	17.1
	最小值	—	—	0	1	0	1.5	13.5
	合格率/%	—	—	95	62	100		100
花岗岩中石(20～40mm)	检测次数	—	—	59	64	3	2	—
	平均值	—	—	9.8	12.9	1.0	2.9	—
	最大值	—	—	29	37	2	4.7	—
	最小值	—	—	0	1	0	1.0	—
	合格率/%	—	—	20	45	100		—
花岗岩大石(40～80mm)	检测次数	—	—	20	20		1	—
	平均值	—	—	5.7	8.3		5.3	—
	最大值	—	—	30	28		5.3	—
	最小值	—	—	0	0		5.3	—
	合格率/%	—	—	55	55			—

表 6-2-31　　喷射混凝土用骨料检测结果统计

粗骨料品种	统计项目	累计重量百分数/%								
	筛径/mm	15	10	5	2.5	1.2	0.6	0.3	0.15	<0.15
细石	检测次数	16	16	16	16	16	16	16	16	16
	平均值	81.3	98.9	71.4	28.4	18.8	15.3	10.6	7.4	5.2
	最大值	100	100	93	64	45	37	21	16	10
	最小值	0	94	46	1	1	1	1	1	0
	合格率/%	—	—	—	—	—	—	—	—	—
控制指标 DL/T 5181—2003		100	90～62	70～40	54～26	41～18	31～13	22～5	8～4	—

注　表中的细石仅为工人工碎石生产系统生产的5～15mm的细石，未掺入砂，不是施工用的砂石混合骨料的级配。

(二) 中间产品混凝土质量检测

1. 混凝土拌合物及强度

本工程所使用的混凝土有C15、C20、C25、C30、C35、C40、C45等7个强度等级，业主试验室检测统计结果见表 6-2-32。

2. 混凝土特性指标

施工中业主试验室对大坝水平趾板、右岸趾板、右岸趾板及溢洪道混凝土取样进行了抗压、抗渗、抗冻等指标进行了检测，检测统计结果见表 6-2-33。

表 6-2-32　　混凝土拌合物及强度检测结果统计

混凝土种类	统计项目	出机口温度/℃	坍落度/cm	含气量/%	抗压强度/MPa			劈拉强度/MPa	
					7d	28d	90d	7d	28d
C15	检测次数	9	64	—	100	107	—	—	6
	平均值	17.2	8.9	—	18.6	24.5	—	—	1.6
	最大值	20.8	15.8	—	40.8	54.1	—	—	2.06
	最小值	11.3	0	—	9.1	12.8	—	—	1.17
	标准差	—	4.0	—	6.0	8.0	—	—	—
	离差系数	—	0.45	—	0.32	0.33	—	—	—
	合格率/%	—	—	—	—	93.5	—	—	—
	强度保证率/%	—	—	—	—	88.2	—	—	—
C20	检测次数	23	188	44	231	241	10	—	14
	平均值	20.1	6.6	1.6	22.3	29.6	30.2	—	5.0
	最大值	24.0	18.7	3.8	38.5	52.0	52.3	—	23.3
	最小值	14.0	0.0	0.4	4.7	17.0	16.1	—	1.0
	标准差	3.0	4.1	0.9	6.7	7.2	—	—	7.7
	离差系数	0.15	0.62	0.58	0.30	0.24	—	—	1.55
	合格率/%	—	—	—	—	91.8	90	—	—
	强度保证率/%	—	—	—	—	90.1	—	—	—
C25	检测次数	71	838	504	1104	1137	54	—	107
	平均值	17.5	7.1	2.4	30.3	38.1	42.0	—	2.3
	最大值	25.0	22.0	7.2	53.7	64.1	61.8	—	3.5
	最小值	7.6	0.0	0.3	16.0	22.5	28.3	—	1.5
	标准差	4.2	4.6	1.2	6.9	7.6	8.8	—	0.4
	离差系数	0.24	0.66	0.50	0.23	0.20	0.21	—	0.18
	合格率/%	—	—	—	—	97.0	100	—	—
	强度保证率/%	—	—	—	—	95.8	—	—	—
C30	检测次数	—	58	—	78	77	2	—	2
	平均值	—	8.7	—	35.9	44.0	54.2	—	2.7
	最大值	—	16.3	—	50.8	59.4	58.4	—	2.8
	最小值	—	3.6	—	22.9	28.0	50.0	—	2.7
	标准差	—	3.3	—	6.2	6.5	5.9	—	—
	离差系数	—	0.4	—	0.2	0.1	0.1	—	—
	合格率/%	—	—	—	—	97.4	100	—	—
	强度保证率/%	—	—	—	—	98.5	—	—	—

续表

混凝土种类	统计项目	出机口温度/℃	坍落度/cm	含气量/%	抗压强度/MPa			劈拉强度/MPa	
					7d	28d	90d	7d	28d
C35	检测次数	2	4	—	5	5	—	—	2
	平均值	18.2	6.7	—	34.4	41.1	—	—	2.3
	最大值	22.7	16.5	—	40.5	49.6	—	—	2.4
	最小值	13.6	2.8	—	30.5	35.2	—	—	2.3
	合格率/%	—	—	—	—	100	—	—	—
C40	检测次数	—	1	—	1	1	—	—	—
	平均值	—	13.6	—	45.1	54.7	—	—	—
	最大值	—	13.6	—	45.1	54.7	—	—	—
	最小值	—	13.6	—	45.1	54.7	—	—	—
	合格率/%	—	—	—	—	100	—	—	—
C45	检测次数	—	11	—	19	19	2	—	—
	平均值	—	5.3	—	44.3	56.8	60.5	—	—
	最大值	—	10.3	—	53.2	66.5	75.0	—	—
	最小值	—	0.0	—	30.8	43.1	46.0	—	—
	标准差	—	—	—	7.3	6.7	—	—	—
	离差系数	—	—	—	0.2	0.1	—	—	—
	合格率/%	—	—	—	—	95	100	—	—
	强度保证率/%	—	—	—	—	96.1	—	—	—

注　表中的坍落度、含气量仅为成型时的检测数据，不含现场混凝土拌和质量监控的检测数据。

表 6-2-33　　混凝土特性指标检测结果统计

工程名称/部位	混凝土种类	强度等级	级配	取样日期/(年-月-日)	抗压强度/MPa		劈拉强度/MPa		抗渗等级	抗冻等级
					28d		28d		28d	28d
设计要求					≥25				≥W12	≥F100
水平趾板	泵送	C25	二	20××-05-24	34.0		—	—	—	>F100
右岸趾板	泵送	C25	二	20××-12-02	29.9	—	—	—	>W12	—
右岸趾板	泵送	C25	二	20××-01-02	42.6	—	—	—	>W12	—
右岸趾板	泵送	C25	二	20××-04-14	36.4	—	—	—	>W12	>F100
左岸趾板	泵送	C25	二	20××-05-08	44.9	—	—	—	>W12	>F100
左岸趾板	泵送	C25	二	20××-12-20	36.4	—	—	—	>W12	—
面板	纤维	C25	二	20××-11-25	48.6	—	—	—	W12	>F100
面板	纤维	C25	二	20××-12-05	39.5	—	—	—	W12	>F100
设计要求					≥25				≥W6	≥F50
溢洪道	常态	C25	二	20××-01-04	31.9	—	2.21	—	> W6	>F50

3. 混凝土抗冻指标

施工期业主试验室对水平趾板、左右岸趾板、Ⅰ期面板混凝土共取样 5 组、溢洪道取样 1 组进行抗冻指标检测，检测结果满足设计要求，见表 6-2-34。

表 6-2-34　　混凝土抗冻指标检测结果统计

编　号	工程名称/部位	混凝土种类	设计等级	取样日期/(年-月-日)	冻融循环次数	质量损失率/%	相对动弹模/%	抗冻等级
执行规范 DL/T 5150—2001						≤5	≤60	
DBZB-C25 F100-01	水平趾板	泵送	C25 F100	20××-05-24	100	4.19	97.8	≥F100
DBZB-C25 F100-02	右岸趾板	泵送	C25 F100	20××-05-08	100	2.78	91.8	>F100
DBZB-C25 F100-03	左岸趾板	泵送	C25 F100	20××-12-20	100	1.61	94.5	>F100
DBZB-C25 F100-04	Ⅰ期面板 R	泵送	C25 F100	20××-11-25	100	1.91	92.7	>F100
DBZB-C25 F100-05	Ⅰ期面板 L	泵送	C25 F100	20××-12-05	100	1.65	95.7	>F100
DBZB-C25 F50-01	溢洪道	常态	C25 F50	20××-01-04	50	1.87	89.2	>F50

4. 挤压式边墙干硬性混凝土检测

大坝填筑过程中，业主试验室对用于挤压边墙的干硬性混凝土进行了抗压强度、静压弹模和轴心抗压强度进行检测，检测统计结果见表 6-2-35。

表 6-2-35　　挤压式边墙干硬性混凝土检测结果统计

混凝土种类	统计项目	抗压强度/MPa		静压弹模/MPa	28d 轴心抗压强度/MPa
		7d	28d	28d	28d
控制指标（设计指标）		—	<5	$3.00\times10^3\sim8.00\times10^3$	—
<C5 干硬性混凝土	检测次数	1	3	1	1
	平均值	1.5	3.1	4.02×10^3	1.7
	最大值	1.5	4.2	4.02×10^3	1.7
	最小值	1.5	2.4	4.02×10^3	1.7
	合格率/%	—	100	100	—

5. 喷射混凝土强度检测

临时支护喷射混凝土强度等级为 C20，永久喷射混凝土强度为 C25，取样检测统计结果见表 6-2-36。检测结果表明喷射混凝土质量合格。

表 6-2-36　　喷射混凝土强度检测结果统计

强度等级	混凝土种类	用途	统计项目	抗压强度/MPa		
				3d	7d	28d
C20	喷射混凝土	临时支护	检测次数		1	15
			平均值		10.3	30.7
			最大值		10.3	53.0
			最小值		10.3	19.1
			标准差		—	9.2
			合格率/%		—	83.3
控制指标 SL 176—2007			平均值			≥20
			最小值			≥17

续表

强度等级	混凝土种类	用途	统计项目	抗压强度/MPa		
				3d	7d	28d
C25	喷射混凝土	永久	检测次数	4	27	26
			平均值	21.2	25.9	32.8
			最大值	23.6	33.7	41.4
			最小值	19.9	13.8	25.1
			标准差		4.9	4.4
			合格率/%		—	100
			强度保证率/%			96.1
控制指标 SL 176—2007			平均值			≥29.1
			最小值			≥21.3

(三) 原材料及混凝土质量评价

1. 原材料质量评价

(1) 水泥质量评价。

国家自2008年6月1日开始实行《通用硅酸盐水泥》(GB 175—2007) 标准 (以下简称"新标准"), 与旧标准对照, 新标准对P·O42.5水泥的抗压强度和细度作了改动, 提高了3d抗压强度的要求, 由16MPa改为17MPa, 细度的表示方法由百分率改为比表面积, 并由强制性指标改为选择性指标; 另外取消了32.5级水泥的标准。

1) P·O 32.5水泥质量评价。

20××年11月24日至20××年4月10日期间, 中心试验室对××水电站工程中使用的××科技实业股份有限公司生产的×××牌、××公司生产的××牌、××水泥股份有限公司生产的××牌, 3个厂家出厂的P·O32.5水泥共抽样检验29次, 根据《硅酸盐水泥、普通硅酸盐水泥》(GB 175—1999) 标准 (以下简称"旧标准") 对水泥品质进行评定, 检验结果: 水泥安定性均合格; 细度为1.3%~6.8%, 平均值4.0%, 符合"旧标准"要求细度不大于10%的标准, 合格率100%; 初凝时间为112~189min, 平均值140min, 符合"旧标准"要求初凝时间≥45min的标准, 合格率100%; 终凝时间为178~259min, 平均值210min, 符合"旧标准"要求终凝结时间≤600min的标准, 合格率100%; 3d抗折强度为3.3~5.7MPa, 平均值4.5MPa, 符合"旧标准"要求3d抗折强度≥2.5MPa的标准, 合格率100%; 28d抗折强度为5.5~9.3MPa, 平均值7.5MPa, 符合"旧标准"要求28d抗折强度≥5.5MPa的标准, 合格率100%; 3d抗压强度为14.7~32.5MPa, 平均值22.4MPa, 符合"旧标准"要求3d抗压强度≥11.0MPa的标准, 合格率100%; 28d抗压强度为33.8~60.1MPa, 平均值45.0MPa, 符合《硅酸盐水泥、普通硅酸盐水泥》(GB 175—1999) 28d抗压强度≥32.5MPa的标准, 合格率100%。P·O 32.5水泥28d强度分布情况如图6.2.1所示。

综合评定: 29次检验的P·O 32.5水泥样品的 (物理) 技术指标满足《硅酸盐水泥、普通硅酸盐水泥》(GB 175—1999) 标准的要求。

2) P·O 42.5水泥质量评价。

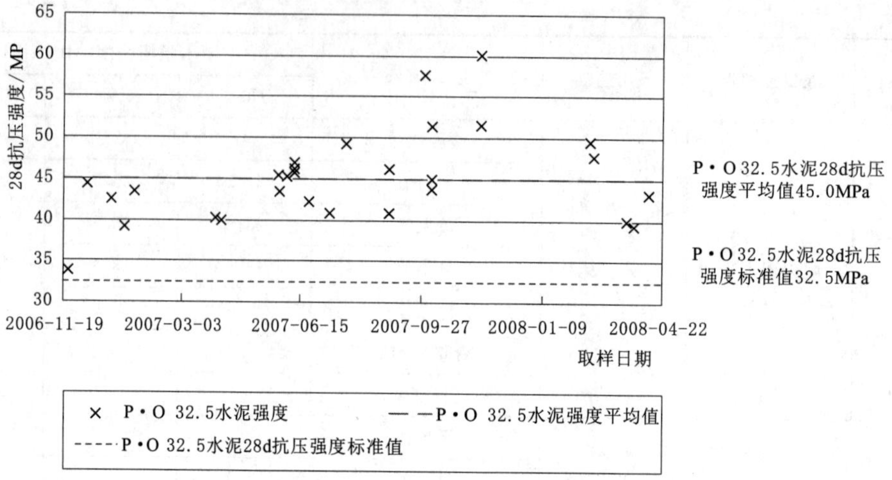

图 6.2.1　P·O 32.5 水泥 28d 抗压强度分布图

20××年 4 月 23 日至 20××年 8 月 21 日，中心试验室对××水电站工程使用的××科技实业股份有限公司生产的太保山牌、××水泥建材有限公司生产的××牌 P·O 42.5 水泥、××水泥股份有限公司生产的××牌 P·O 42.5 水泥共抽检 74 次。检测结果：74 次水泥样品的安定性均合格；初凝时间为 103～204min，平均值 135min，满足标准中要求水泥初凝时间≥45min 的指标，合格率 100%；终凝时间为 155～297min，平均值 201min，满足标准中要求终凝时间≤600min 的指标，合格率 100%；3d 抗折强度为 4.7～7.1MPa，平均值 5.8MPa，满足标准中要求 3d 抗折强度≥3.5MPa 的要求，合格率 100%；28d 抗折强度为 7.7～9.9MPa，平均值 8.7MPa，符合标准中要求 28d 抗折强度≥6.5MPa 的指标，合格率 100%；3d 抗压强度为 21.7～38.6MPa，平均值 30.4MPa，符合标准中要求 3d 抗压强度≥17.0MPa 的指标，合格率 100%；28d 抗压强度为 46.6～63.6MPa，平均值 55.5MPa，符合标准中 28d 抗压强度≥42.5MPa 的要求，合格率 100%。P·O 42.5 水泥强度分布情况如图 6.2.2。

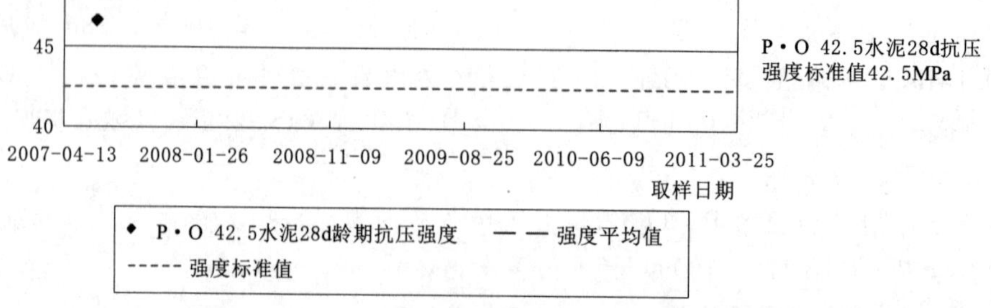

图 6.2.2　P·O 42.5 水泥 28d 龄期抗压强度分布图

综合评定：74次检验的P·O 42.5水泥样本的技术（物理）指标满足国家的相应标准的指标要求。

（2）粉煤灰质量评价。

本工程使用的粉煤灰为××发电粉煤灰责任有限公司生产的Ⅰ级粉煤灰，主要用于大坝趾板、面板和厂房机墩。20××年5月24日至20××年5月3日近三年期间，对粉煤灰的物理指标，中心试验室抽样检验18次，根据《用于水泥和混凝土中的粉煤灰》（GB/T 1596—2005）标准对粉煤灰品质进行评定：细度为5.0%～11.5%，平均值8.2%；符合该标准中细度≤12%的Ⅰ级粉煤灰细度要求；含水率为0～0.6%，平均值0.16%，符合含水率≤1%的规范要求；安定性均合格；需水量比为96%～102%，平均值100.6%，未满足"05粉煤灰标准"要求Ⅰ级粉煤灰需水量比≤95%的标准要求；符合Ⅱ级粉煤灰需水量比≤105%的要求，活性指数为40.5%～87.6%，平均为65.0，规范中对用于混凝土中的粉煤灰的活性指数不作硬性要求，可不作评定。

综合评定：18次抽样的粉煤灰样本的物理指标符合《用于水泥和混凝土中的粉煤灰》（GB/T 1596—2005）标准的Ⅱ级粉煤灰标准。

（3）钢材质量评价。

1）钢筋母材质量评价。

工程中的受力钢筋主要采用HRB335和HRB400两种牌号，20××年11月24日至20××年4月6日期间，中心试验室对××水电站工程使用的HRB335月牙肋钢筋进行抗拉、抗弯试验的抽样检验100组，HRB400月牙肋钢筋检验5组，均为××钢铁股份有限公司和×××钢铁股份有限公司生产。根据《钢筋混凝土用钢　第2部分：热轧带肋钢筋》（GB 1499.2—2007）（以下简称"07钢筋标准"）对钢筋品质进行评定：100组HRB335月牙肋钢筋检验结果：钢筋屈服强度为335～495MPa，符合"07钢筋标准"对HRB335钢筋要求屈服强度≥335MPa的标准，合格率100%；抗拉强度为490～660MPa，符合"07钢筋标准"对HRB335钢筋要求抗拉强度≥455MPa的标准，合格率100%；伸长率为21%～38%，符合"07钢筋标准"对HRB335钢筋要求钢筋伸长率不小于17%的标准，合格率100%；弯曲试验结果：试件弯曲部位均无裂纹，符合"07钢筋标准"，均为合格。

综合评定：100组HRB335钢筋样本的屈服强度、伸长率、弯曲性能均满足《钢筋混凝土用钢　第2部分：热轧带肋钢筋》（GB 1499.2—2007）标准要求。

5组HRB400月牙肋钢筋检验结果：钢筋屈服强度为435～465MPa，符合"07钢筋标准"对HRB400钢筋要求屈服强度不小于400MPa的指标，合格率100%；抗拉强度为560～630MPa，符合"07钢筋标准"对HRB400钢筋要求抗拉强度不小于540MPa的指标，合格率100%；伸长率为25%～33%，符合"07钢筋标准"对HRB400钢筋要求钢筋伸长率≥16%的标准，合格率100%；弯曲试验结果：试件弯曲部位均无裂纹，符合"07钢筋标准"，所检钢材指标合格。

综合评定：5组HRB400钢筋样本的屈服强度、伸长率、弯曲性能均满足《钢筋混凝土用钢　第2部分：热轧带肋钢筋》（GB 1499.2—2007）标准要求。

2）钢筋接头质量评价。

20××年5月7日至20××年5月10日三年期间，中心试验室对××水电站工程中的

HRB335 钢筋接头抽样进行抗拉试验检验共计 259 组，其中：HRB400 钢筋单面焊 1 组，HRB335 钢筋套筒接头 5 组，HRB400 钢筋套筒接头，2 组，其余 251 组均为 HRB335 单面焊或双面焊接头，现根据检验结果对钢筋接头质量进行评定，评定采用《水工混凝土钢筋施工规范》（DL/T 5169—2002）（以下简称“02 水工钢筋规范”），由于国家在 2008 年实施了《钢筋混凝土用钢　第 2 部分：热轧月牙肋钢筋》（GB 1499.2—2007）的新钢筋标准，新标准中将 HRB335 钢筋和 HRB400 钢筋的抗拉强度由 490MPa、570MPa 相应降低到 455MPa、540MPa，按“02 水工钢筋规范”中的焊接钢筋接头的抗拉强度不低于钢筋母材的抗拉强度的宗旨，在本次评定中亦随之做如下调整：①HRB335 钢筋和 HRB400 钢筋单（双）面焊接头的验收抗拉强度相应调整为 455MPa、540MPa；②HRB335 钢筋和 HRB400 钢筋镦粗直螺纹套筒接头的 A 级接头验收抗拉强度——1.05 倍钢筋母材标准强度（$1.05f_{tk}$）相应调整为 480MPa、565MPa。

检测评定情况如下。

a. 251 组 HRB335 钢筋焊接接头的抗拉强度为 320～610MPa，发现 6 组接头中均有 1 个接头的抗拉强度低于 480MPa，其部位分别为：

a）缓流段左边墙（溢 0＋081～0＋111 高程 1573.00～1576.00m），ϕ20 钢筋的 3 个接头的抗拉强度分别为：530MPa、440MPa、590MPa；处理方法：整改后加倍抽样复检合格。

b）大坝（水平段）趾板（ZP3 0＋48.00～ZP3 0＋63.00），ϕ22 钢筋的 3 个接头的抗拉强度分别为：335MPa、540MPa、530MPa；处理方法：整改后加倍抽样复检合格。

c）大坝（斜坡段）趾板（ZP2 0＋70.000～ZP2 0＋85.091），ϕ22 钢筋的 3 个接头的抗拉强度分别为 536MPa、531MPa、447MPa；处理方法：整改后加倍抽样复检合格。

d）大坝二期面板 FR_2 的 ϕ16 钢筋的 3 个接头的抗拉强度分别为：525MPa、525MPa、320MPa，处理方法：按照《水工混凝土钢筋施工规范》（DL/T 5169—2002）中的绑扎接头方法处理，该仓接头上全部加同种规格钢筋帮条，在接头两端各搭接 40d 进行绑扎。

e）大坝二期面板 FL_1 ϕ14 钢筋的 3 个接头的抗拉强度分别为：525MPa、330MPa、490MPa，处理方法：同 FR_2。

f）大坝二期面板 FL_1 ϕ16 钢筋的 3 个接头的抗拉强度分别为：545MPa、370MPa、545MPa，处理方法：同 FR_2。

其余 245 组 HRB335 钢筋焊接接头的抗拉强度为 480～625MPa，满足抗拉强度≥455MPa 的技术指标要求，钢筋接头试验后均呈延性断裂，符合“02 水工钢筋规范”对 HRB335 钢筋单面焊接头的验收要求。

b. 1 组 HRB400 钢筋焊接接头的抗拉强度为 600～605MPa，达到了抗拉强度≥540MPa 的技术指标要求，钢筋接头试验后均呈延性断裂，符合“02 水工钢筋规范”对 HRB335 钢筋单面焊接头的验收要求。

c. 5 组 HRB335 钢筋套筒接头的抗拉强度为 445～625MPa，发现 1 组接头中有 1 个接头的抗拉强度低于 480MPa，其部位为厂房尾水段底板（EL.1226.04～EL.1228.04，厂横：0＋36.20～0＋46.14，厂纵：0＋43.3～0＋06.7），ϕ28 钢筋的 3 个接头的抗拉强度分别为：455MPa、580MPa、610MPa，处理方法：整改后加倍抽样复检合格。

综合评定：经检测和处理后的钢筋接头，符合《水工混凝土钢筋施工规范》（DL/T 5169—2002）要求。

(4) 骨料质量评价。

1) 细骨料质量评价。

由于××水电站所处的地区为花岗岩地区，使用花岗岩生产的机制砂云母含量偏大，对混凝土性能会产生不利影响，故××水电站主体工程使用机制砂为下一级水电站工程砂石料场生产的石灰岩机制砂，一些次要部位使用本工程所在河流的天然砂。

20××年12月4日至20××年3月13日，中心试验室在施工现场对石灰岩机制砂抽样检测88次（含下一级水电站工程砂石料场生产的石灰岩机制砂检测），天然砂检测17次。检测结果：

机制砂的细度模数为2.1～3.6，平均值2.9，合格率为38.6%，含石量（>5mm颗粒含量）3.0%～33.4%，平均值16.2%，细度模数分布情况见图6-2-3，石粉含量（<0.16mm颗粒含量）为8.0%～28.6%，平均值19.0%，合格率为37.1%，石粉含量分布情况见图6-2-4，<0.08mm颗粒含量为1.7%～20.1%，平均值12.4%，就《水工混凝土施工规范》（DL/T 5144—2001）对机制砂：细度模数宜为2.4～2.8，石粉含量应为6%～18%的要求而言，机制砂的细度模数、石粉含量偏大，合格率较低，对混凝土的工作性有一定的影响，为此，在混凝土拌和前需加强现场机制砂检测，根据机制砂的特性及审批后混凝土配合比，及时合理校正混凝土生产的用材量。另一方面需加强机制砂生产质量控制。

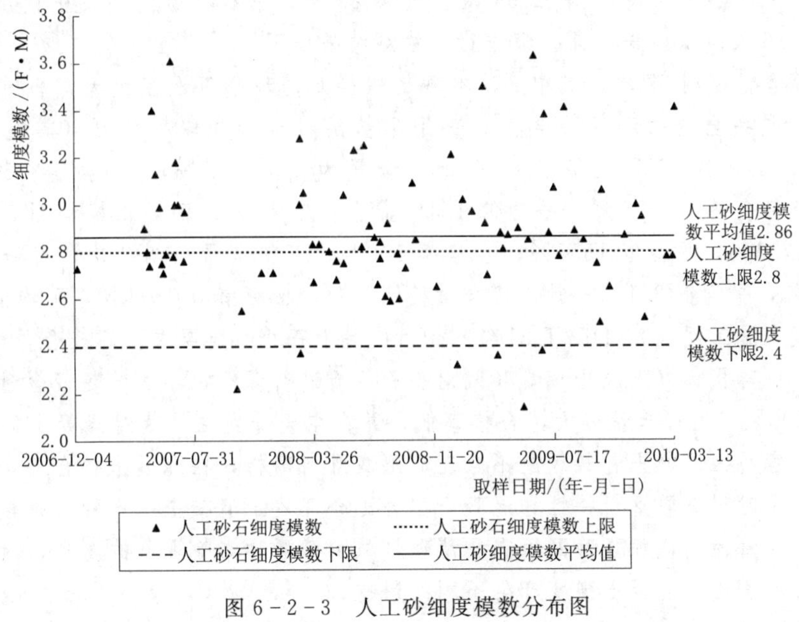

图6-2-3 人工砂细度模数分布图

天然砂的细度模数为2.7～3.67，平均值3.11，含泥量为0.4%～4.3%，平均值1.53%，符合《水工混凝土施工规范》（DL/T 5144—2001）对天然砂：细度模数宜在2.2～3.0，含泥量应为≤5%，满足>C_{90}30和有抗冻混凝土对天然砂的含泥量要≤3%的品质要求，不能用于>C_{90}30和有抗冻要求的混凝土，施工中应加强检测和控制。

2) 粗骨料质量评价。

××水电站工程使用的粗骨料主要为本工程人工碎石生产系统生产的花岗岩人工碎石。

20××年11月19日至20××年5月12日，中心试验室对人工碎石抽样检测143次，

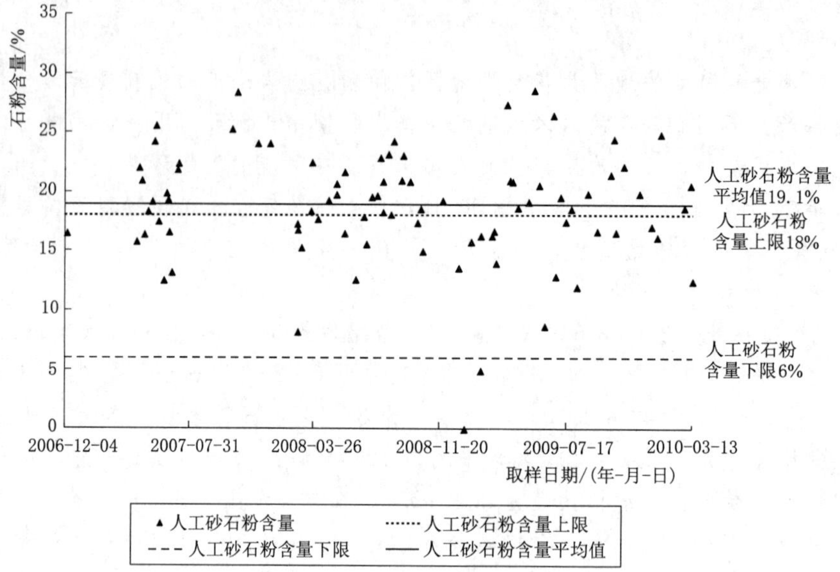

图 6-2-4　人工砂石粉含量分布图

其中，单粒级配的小石 57 次、中石 64 次、大石 20 次，细石（喷射混凝土使用，粒径 5～15mm 骨料）16 次。试验采用圆孔筛进行，检测结果如下。

小石逊径含量检测 57 次，其中 2 次在现场取样时发现小石逊径过大，当时责令施工方停止生产，将成品仓内的逊径不合格小石用于垫层料生产并取样检测（其逊径含量高达 59%、60%）。其余的 55 次检测：小石超径含量为 1%～29%，平均值 8.5%，合格率 62%；小石超径含量为 0～8%，平均值 1.4%，合格率 95%；压碎指标检测 5 次，检测值为 13.5%～17.1%，平均值 15.5%；合格率 100%；石粉含量检测 2 次，石粉含量分别为 1.5%和 4.7%，平均值 3.1%；针片状含量检测 3 次，检测值为 0～1%，平均值 0.7%。根据《水工混凝土施工规范》（DL/T 5144—2001）对小石的品质要求：超径含量≤5%、逊径含量≤10%、压碎指标（火成岩）≤30%对小石品质进行评价，小石的超径含量、压碎指标合格率均为 100%，逊径含量偏大，合格率低，并存在裹粉现象，这对混凝土的工作性能有一定的影响，容易因混凝土骨料级配不合理而形成骨料离析，在混凝土拌合前，需加强现场原材料检测，及时根据原材料特性和混凝土配合比合理校正混凝土生产的用材量。同时，加强小石的生产质量控制，加强筛网检查和清理，减少筛漏和堵筛现象的发生，对成品料做好冲洗，避免骨料裹粉对混凝土强度产生不利的影响。

中石超径含量检测 61 次，其中 2 次在现场取样时发现中石超径过大，当时责令施工方停止生产，清除成品仓内的超径不合格中石，并取样检测（其超径含量为 41%、45%）。其余的检测：中石超径为 0～29%，平均值 9.8%，合格率 20%；中石逊径检测 64 次，逊径含量为 0～37%，平均值 12.99%，合格率 45%，石粉含量检测 2 次，石粉含量为 1.0～4.7%，平均值 2.9%，对裹粉较为严重的中石，责令施工方只能用于生产垫层料。根据《水工混凝土施工规范》（DL/T 5144—2001）对中石的技术指标：超径含量≤5%、逊径含量≤10%，中石生产中，超径含量和逊径含量波动大，合格率较低，对混凝土的工作性有一定的影响，施工时加强了现场原材料检测，及时根据混凝土配合比合理校正混凝土生产的用材量。同时，需加强中石的生产质量控制。

大石超径含量检测20次，大石超径为0～32%，平均值5.7%，合格率55%；大石逊径含量为0～28%，平均值8.3%，合格率55%，石粉含量检测1次，石粉含量为5.3%。根据《水工混凝土施工规范》（DL/T 5144—2001）对中石的技术指标：超径含量≤5%、逊径含量≤10%，中石生产中，超径含量和逊径含量波动大，合格率较低，对混凝土的工作性有一定的影响，施工时加强了现场原材料检测，及时根据混凝土配合比合理校正混凝土生产的用材量。同时，需加强中石的生产质量控制。

人工碎石的超逊径含量分布情况见图6-2-5和图6-2-6。

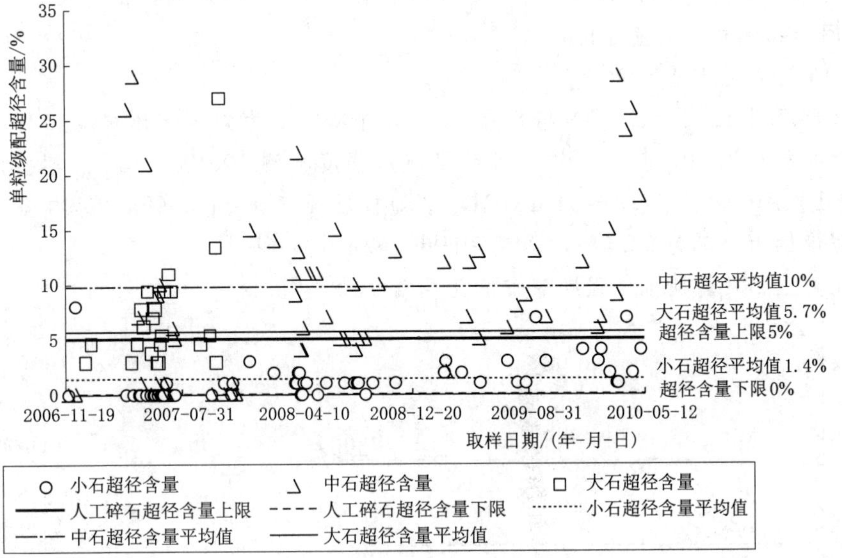

图6-2-5 人工碎石超径含量分布图

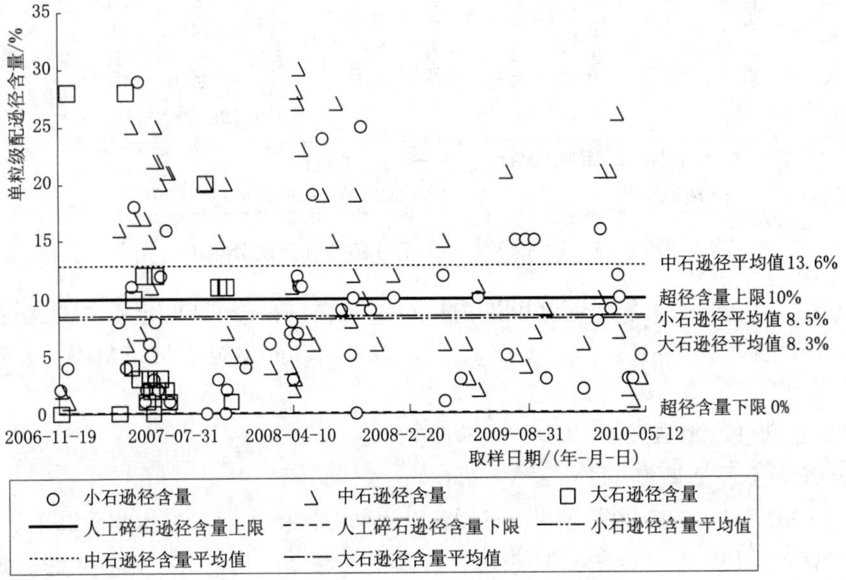

图6-2-6 人工碎石逊径含量分布图

3）细石质量评价。

20××年4月20日至20××年4月16日，中心试验室对人工碎石生产系统生产的5～15mm花岗岩细石抽样检测16次，检测的目的是为检查其颗粒级配，以便与砂调配出合理级配的喷射混凝土骨料级配，不做质量评定，检测结果：≤15mm粒径含量为0～100%，平均值81.3%，10～15mm粒径含量为94%～100%，平均值98.9%；5～10mm粒径含量为46%～93%，平均值71.4%；2.5～5mm粒径含量为1%～64%，平均值2.84%；1.2～2.5mm粒径含量为1%～45%，平均值18.8%；0.6～1.2mm粒径含量为1%～37%，平均值15.3%；0.3～0.6mm粒径含量为1%～21%，平均值10.6%；0.15～0.3mm粒径含量为1%～16%，平均值7.4%；0.15～0.15mm粒径含量为0～10%，平均值5.2%。

2. 中间产品混凝土质量评价

（1）C15混凝土质量评价。

20××年7月12日至20××年8月26日，中心试验室对××水电站工程的C15混凝土抗压强度抽样检测207组，其中，7d龄期抗压强度检测100组，28d龄期抗压强度检测107组。28d抗压强度为12.8～54.1MPa，平均抗压强度为24.5MPa，标准差为8.0MPa，达到设计强度的百分率为93.5%，强度保证率88.2%。

C15混凝土28d龄期抗压强度分布情况见图6-2-7。

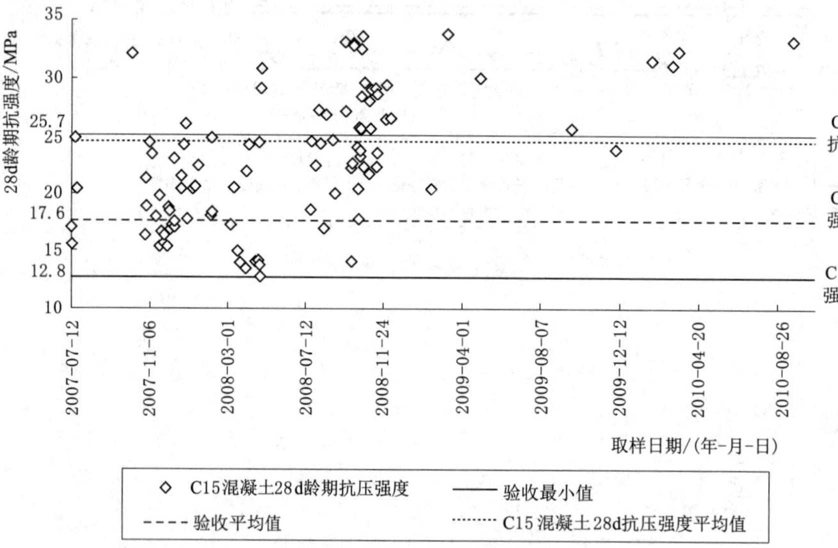

图6-2-7　C15混凝土28d龄期抗强度分布图

综合评定：符合《水工混凝土施工规范》（DL/T 5144—2001）对C15混凝土抗压强度验收指标：平均值≥16.7MPa [$m_{f_{cu}} \geqslant (f_{cu,k} + Kt\sigma_0)$]，最小值≥12.8MPa（$0.85f_{cu,k}$）的要求。

（2）C20混凝土质量评价。

1）C20混凝土质量评价。

20××年11月17日至20××年9月24日，中心试验室对××水电站工程C20混凝土抗压强度抽样检测496组，其中，7d龄期抗压强度检测231组，28d龄期劈裂抗拉强度检测14组，90d龄期抗压强度检测10组，28d龄期抗压强度检测241组。混凝土28d抗压强度为 17.0～52.0MPa，平均抗压强度为 29.6MPa，标准差为 7.2MPa，达到设计强度百分率为 91.8%，强度保证率 90.1%。C20 混凝土 28d 龄期抗压强度分布情况见图 6-2-8。

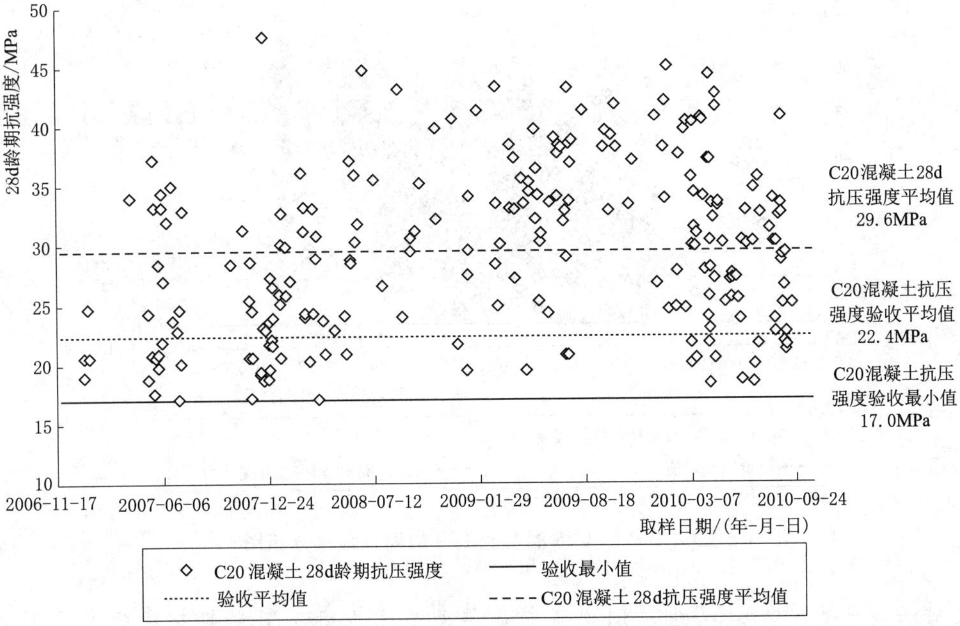

图 6-2-8　C20 混凝土 28d 龄期抗强度分布图

综合评定：C20 混凝土抗压强度符合《水工混凝土施工规范》(DL/T 5144—2001) 验收指标：平均值≥22.4MPa $[mf_{cu} \geqslant (f_{cu,k}+Kt\sigma_0)]$，最小值≥17.0MPa ($0.85f_{cu,k}$) 的要求。

2) C20 喷射混凝土质量评价。

2006 年 12 月 9 日—2008 年 4 月 12 日，中心试验室对××××水电站工程开挖支护的 C20 喷射混凝土抽样检测 15 组。28d 龄期抗压强度为 19.1～53.0MPa，平均抗压强度为 30.7MPa，合格率为 83.3%。

综合评定：C20 喷射混凝土符合《水利水电工程施工质量检验与评定规范》(SL 176—2007) 附录 D 抗压强度验收指标：平均值≥20MPa ($f'_{ck} \geqslant f_c$)，最小值≥17MPa ($f'_{ck,min} \geqslant 0.85f_c$) 的要求。

(3) C25 混凝土质量评价。

1) C25 混凝土质量评价。

20××年 11 月 24 日至 20××年 9 月 29 日，中心试验室对××水电站工程 C25 混凝土抽样检测 2402 组，其中，7d 龄期抗压强度检测 1104 组，28d 龄期劈裂抗拉强度检测 107 组，90d 龄期抗压强度检测 54 组，28d 龄期抗压强度检测 1137 组。28d 龄期抗压强度为 22.5～64.1MPa，平均抗压强度为 38.1MPa，强度标准差为 7.6MPa，达到设计强度的百分率为 97.0%，强度保证率 95.8%。C25 混凝土 28d 龄期抗压强度分布情况见图 6-2-9。

综合评定：符合《水工混凝土施工规范》(DL/T 5144—2001) 对 C25 混凝土抗压强度验收指标：平均值≥27.5MPa $[mf_{cu} \geqslant (f_{cu,k}+Kt\sigma_0)]$，最小值≥22.5MPa ($0.9f_{cu,k}$) 的要求。

2) C25 喷射混凝土质量评价。

20××年 2 月 19 日至 20××年 4 月 5 日，中心试验室对××水电站工程引水隧洞的

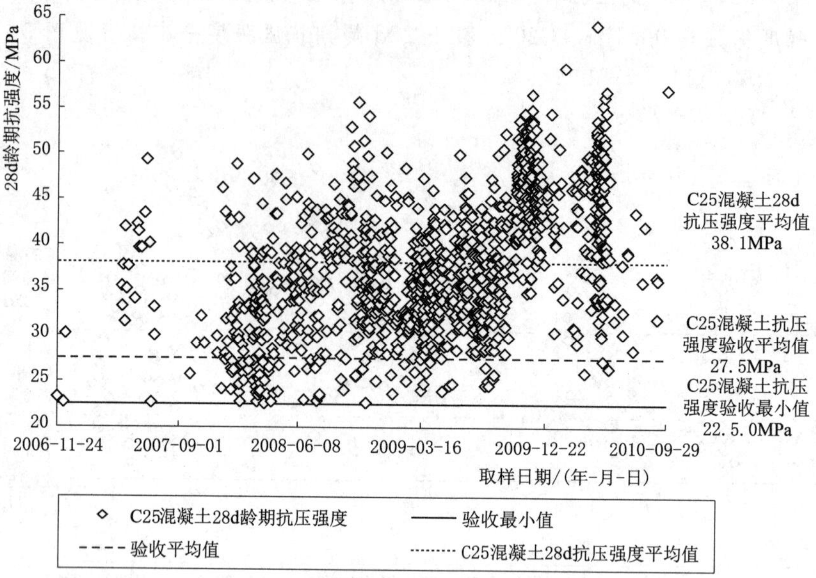

图 6-2-9　C25 混凝土 28d 龄期抗强度分布图

C25 喷射混凝土抽样检测 57 组。3d 龄期抗压强度检测 4 组，7d 龄期抗压强度检测 27 组，28d 龄期抗压强度检测 26 组，28d 龄期抗压强度为 25.1～41.1MPa，平均抗压强度为 32.8MPa，标准差 4.4MPa，合格率为 100%，强度保证率 96.1%。

综合评定：符合《水利水电工程施工质量检验与评定规范》（SL 176—2007）对永久 C25 喷射混凝土抗压强度验收指标：抗压强度平均值≥29.6MPa（$f'-K_1S_n\geqslant 0.9f_c$），最小值≥21.3MPa（$f'_{ck,min}\geqslant K_2f_c$）的要求。

（4）C30 混凝土质量评价。

20××年 4 月 16 日至 20××年 12 月 10 日，中心试验室对××水电站工程 C30 混凝土抽样检测 159 组，其中，7d 龄期抗压强度检测 78 组，28d 龄期劈裂抗拉强度检测 2 组，90d 龄期抗压强度检测 2 组，28d 龄期抗压强度检测 77 组。28d 龄期抗压强度在 28.0～59.4MPa 之间，平均抗压强度为 44.0MPa，标准差为 6.5MPa，达到设计强度标准值的百分率为 97.4%，强度保证率 98.5%。C30 混凝土 28d 龄期抗压强度分布情况见图 6-2-10。

综合评定：符合《水工混凝土施工规范》（DL/T 5144—2001）对 C30 混凝土抗压强度验收指标：平均值≥32.2MPa［$mf_{cu}\geqslant(f_{cu,k}+Kt\sigma_0)$］，最小值≥27.0MPa（$0.9f_{cu,k}$）的要求。

（5）C35 混凝土质量评价。

20××年 5 月 10 日至 20××年 2 月 3 日，中心试验室对 C35 混凝土抽样检测 12 组，其中，7d 龄期抗压强度检测 5 组，28d 龄期劈裂抗拉强度检测 2 组，28d 龄期抗压强度检测 5 组。28d 龄期抗压强度为 35.2～49.6MPa，均达到 C35 混凝土设计强度要求，平均抗压强度为 41.1MPa，达到设计强度的 117%，满足设计强度要求。

（6）C40 混凝土质量评价。

20××年 2 月 7 日，中心试验室对防空洞事故闸门井交通桥桥面 C40 混凝土抽样检测 2 组，其中，7d 龄期抗压强度检测 1 组，28d 龄期抗压强度检测 1 组。28d 龄期抗压强度为

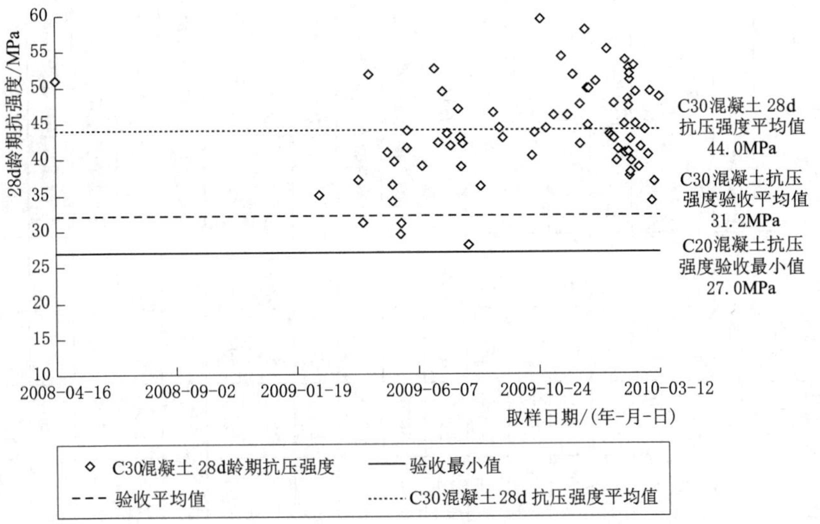

图 6-2-10 C30混凝土28d龄期抗强度分布图

54.7MPa，达到设计强度的137%，满足设计强度要求。

(7) C45混凝土质量评价。

20××年11月23日至20××年4月26日，中心试验室对××水电站工程C45混凝土抽样检测40组，其中，7d龄期抗压强度检测19组，90d龄期抗压强度检测2组，28d龄期抗压强度检测19组。28d龄期抗压强度为43.1～66.5MPa，平均抗压强度为56.8MPa，标准差为6.7MPa，达到设计强度标准值的百分率为95%，强度保证率96.1%。

综合评定：符合《水工混凝土施工规范》(DL/T 5144—2001) 对C45混凝土抗压强度验收指标：平均值≥47.5MPa [$mf_{cu}\geqslant(f_{cu,k}+Kt_{\sigma 0})$]，最小值≥40.5MPa ($0.9f_{cu,k}$) 的要求。

(8) C5混凝土质量评价。

20××年1月1日至20××年12月31日，中心试验室对大坝挤压边墙<C5干性混凝土抽样检测4组，其中，7d龄期抗压强度检测1组，28d龄期抗压强度检测3组。28d龄期抗压强度为2.4～4.2MPa，平均抗压强度为3.1MPa，均满足干性混凝土<C5的设计要求；28d龄期混凝土静压弹性模量检测1组，静压弹性模量为4020MPa，满足干性混凝土静压弹性模量在3000～8000MPa的设计要求。

××水电站主体工程大坝、引水隧洞、防空洞、导流隧洞、溢洪道、厂房土建工程混凝土试块试验检测统计结果见表6-2-37。

3. 混凝土缺陷处理

在工程施工过程中，有的部位不同程度地出现了混凝土强度偏低现象。进水塔出现了3次混凝土强度偏低现象，C25混凝土强度仅达到C20；进水塔交通桥出现一次混凝土强度偏低现象。为确保工程质量，不给工程留下安全隐患，对低强度混凝土进行了拆除并重新浇筑。

针对混凝土质量缺陷的具体情况，业主、设计、监理、施工及质量检测单位共同研究处理方案：对于不影响使用功能或安全的，满28d后能达到强度最小验收值，不做处理；强度分布不匀，低强部位凿除，并在旁浇帮衬混凝土；明显影响使用功能且有安全隐患的部位凿除重浇。混凝土缺陷处理情况见表6-2-38。

表 6-2-37

混凝土质量评价统计汇总

单位工程名称	工程部位	混凝土种类	强度等级	级配	设计龄期/d	设计龄期混凝土强度统计值						评定指标及评定结果				
						最大值/MPa	最小值/MPa	平均值/MPa	标准离差/MPa	离差系数	检测次数	不低于强度标准值的百分率/%	最小值不低于/MPa	平均值不低于/MPa	强度保证率/%	质量评定
大坝	趾板	泵送	C25	二	28	55.4	22.6	45.5	5.9	0.16	88	97.7	22.5	26.9	98.2	合格
	面板		C25	二	28	64.1	27.2	46.1	5.6	0.12	235	100	22.5	26.8	99.95	合格
	趾板及防浪墙等	常态	C20	二	28	40.8	18.5	26.2	5.8	0.22	31	93.5	17.0	21.9	85.7	合格
	1520公路末端箱涵	常态	C30	二	28	51.0	51.0	51.0	—	—	1	100	27.0	—	—	检测强度值达到设计要求
引水隧洞进口	基础及两侧回填	泵送	C15	二	28	33.1	13.8	23.1	5.1	0.22	37	89.2	12.8	16.7	94.0	合格
	边坡网格梁及帖坡	常态	C20	二	28	37.7	17.0	25.0	—	—	8	75	17.0	24.2	76.2	合格
	进水塔	泵送	C25	二	28	51.8	22.5	32.9	6.2	0.19	60	86.7	22.5	27.1	89.0	合格
	交通桥	常态	C30	二	28	44.2	31.1	36.3	—	—	5	100	27.0	33.6	90.0	合格
			C40	二	28	46.2	42.7	44.5	—	—	2	100	36.0	—	—	检测强度值满足设计要求
放空洞	进出口边坡网格梁	常态	C20	二	28	47.5	20.9	36.3	—	—	6	100	17.0	—	—	检测强度值满足设计要求
	事故闸门井、竖井	常态/泵送	C25	二	28	49.9	23.9	36.3	6.9	0.19	50	98.0	22.5	27.3	94.9	合格
	进水口贴坡	常态/泵送	C25	二	28	49.9	23.9	35.6	7.9	0.22	30	96.7	22.5	27.6	90.9	合格
	事故闸门井	泵送	C25	二	28	49.9	28.0	39.7	6.7	0.17	15	100	22.5	28.1	98.0	合格
	工作闸室	泵送	C25	二	28	40.9	38.5	39.7	—	—	2	100	22.5	—	—	检测强度值满足设计要求
	工作闸室、有压段等	泵送	C30	二	28	52.5	28.0	42.3	6.6	0.16	24	91.7	27.0	32.5	96.0	合格
	工作闸室通风洞	泵送	C30	二	28	51.7	36.2	43.3	—	—	7	100	27.0	—	—	检测强度值满足设计要求
	事故闸门井桥墩	泵送	C30	二	28	47.5	47.5	47.5	—	—	1	100	27.0	—	—	检测强度值满足设计要求
导流隧洞	进出口边坡支护	喷混凝土	C20	二	28	22.3	21.8	22.1	—	—	3	100	17.0	—	—	合格
	顶拱、进口闸室等	常态/泵送	C25	二	28	30.2	22.6	25.3	—	—	3	33.3	22.5	—	—	达到C25混凝土验收最小值
	进口闸门 启闭机室	泵送	C25	二	28	30.2	30.2	30.2	—	—	1	100	22.5	—	—	检测强度值满足设计要求

续表

单位工程名称	工程部位	混凝土种类	强度等级	级配	设计龄期/d	设计龄期混凝土强度统计值						评定指标及评定结果				
						最大值/MPa	最小值/MPa	平均值/MPa	标准离差/MPa	离差系数	检测次数	不低于强度标准值的百分率/%	最小值不低于/MPa	平均值不低于/MPa	强度保证率/%	质量评定
引水隧洞	隧洞永久支护	喷混凝土	C25	二	28	41.1	25.1	32.8	4.4	—	26	100	21.3	29.6	96.1	合格
	钢管道回填、底板	常态/泵送	C20	二	28	41.9	17.0	31.3	6.1	0.2	87	95.6	17.0	22.0	96	合格
	边顶拱衬砌、调压井	常态/泵送	C25	二	28	52.2	22.9	33.8	2.9	0.14	281	96.1	22.5	26.6	96	合格
溢洪道	基础回填	常态	C15	二	28	27.1	24.2	25.7	—	—	2	100	12.8	—	—	满足设计强度
	挡墙、网格梁帖坡等	常态	C20	二	28	44.7	17.1	28.0	6.5	0.23	79	88.6	17.0	22.2	88.0	合格
	网格梁、马道	常态	C20	二	28	37.2	19.0	27.3	—	—	9	88.9	17.0	—	—	达到C20混凝土验收最小值
	帖坡	常态	C20	二	28	33.2	17.6	24.5	—	—	9	77.8	17.0	—	—	达到C20混凝土验收最小值
	闸室段垫层	常态	C20	二	28	23.6	18.8	20.9	—	—	4	50	17.0	—	—	达到C20混凝土验收最小值
	边墙、底板及齿墙等	常态/泵送	C25	二	28	54.1	22.6	36.0	6.9	0.19	155	96.1	22.5	27.3	94.0	合格
	闸室段、交通桥	泵送	C25	二	28	44.0	23.4	33.8	5.8	0.17	39	94.9	22.5	26.9	93.6	合格
		泵送	C30	二	28	44.2	31.1	36.3	—	—	5	100	27	—	—	满足设计强度
	泄槽段	常态/泵送	C45	二	28	66.5	43.1	56.8	6.7	0.1	19	95	40.5	47.5	96.1	合格
厂房土建	基础回填	常态	C15	二	28	54.1	12.8	25.3	9.3	0.37	68	95.6	12.8	18.1	87	合格
	网格梁、基础等	常态	C20	二	28	43.1	24.0	31.3	—	—	7	100	17	—	—	满足设计强度
	厂房主体	常态	C25	二	28	50.4	22.8	36.0	6.6	—	9	88.9	22.5	27.2	95.3	合格
	厂房后边坡锚墩等	常态	C35	二	28	43.5	35.2	39.0	—	—	4	100	31.5	—	—	满足设计强度

表 6-2-38　　　　　混凝土缺陷处理情况统计

<table>
<tr><th>混凝土芯样编号</th><th>工程名称/部位</th><th>强度等级</th><th>施工日期/(年-月-日)</th><th>试验龄期/d</th><th>芯样抗压强度/MPa</th><th>标准试件28d抗压强度/MPa</th><th>处理方式</th></tr>
<tr><td>HNT-C25-ZXFH-01</td><td>缓流段底板
溢：0+111.000～0+123.664
高程1571.336～1572.836m</td><td>C25</td><td>20××-05-02</td><td>9</td><td>21.1</td><td>13.2</td><td rowspan="3">根据龄期与强度发展关系，满28d后能达到强度最小验收值，不做处理</td></tr>
<tr><td>HNT-C25-ZXFH-02</td><td>缓流段底板
溢：0+111.000～0+123.664
高程1571.336～1572.836m</td><td>C25</td><td>20××-05-02</td><td>10</td><td>18.5
(6个芯样2组)</td><td>13.2</td></tr>
<tr><td>HNT-C25-ZXFH-03</td><td>缓流段底板
溢：0+111.000～0+123.664
高程1571.336～1572.836m</td><td>C25</td><td>20××-05-02</td><td>10</td><td>19.8
(6个芯样2组)</td><td>13.2</td></tr>
<tr><td>HNT-C25-ZXFH-04</td><td>闸室段左边墙
高程1573.00～1575.80m
溢：0-07.00～0+36.00</td><td>C25</td><td>20××-03-23</td><td>9</td><td>27.5</td><td>—</td><td>不做处理</td></tr>
<tr><td>HNT-C25-ZXFH-05</td><td>闸室段右边墩
溢：0-07.00～0+27.00
高程1587.00～1590.50m</td><td>C25</td><td>20××-06-25</td><td>45</td><td>24.1</td><td rowspan="3">21.2</td><td rowspan="3">不做处理</td></tr>
<tr><td>HNT-C25-ZXFH-06</td><td>闸室段右边墩
溢：0-07.00～0+27.00
高程1587.00～1590.50m</td><td>C25</td><td>20××-06-25</td><td>45</td><td>36.3</td></tr>
<tr><td>HNT-C25-ZXFH-07</td><td>闸室段右边墩
溢：0-07.00～0+27.00
高程1587.00～1590.50m</td><td>C25</td><td>20××-05-02</td><td>61</td><td>31.9</td></tr>
<tr><td>HNT-C25-ZXFH-08</td><td>缓流段底板
溢：0+111.000～0+123.664
高程1571.336～1572.836m</td><td>C25</td><td>20××-05-02</td><td>9</td><td>21.1</td><td>13.2</td><td>不做处理</td></tr>
<tr><td>HNT-C25-ZXFH-09</td><td>进水塔上下游墙（左）
引：0-21.513～0+00.000
高程1555.25～1557.65m</td><td>C25</td><td>20××-03-17</td><td>33</td><td>22.1
(6个芯样2组)</td><td rowspan="3">21.0</td><td rowspan="3">强度分布不匀，低强部位凿除，并在旁浇筑衬砌混凝土</td></tr>
<tr><td>HNT-C25-ZXFH-10</td><td>进水塔上下游墙（右）
引：0-21.513～0+00.000
高程1555.25～1557.65m</td><td>C25</td><td>20××-03-17</td><td>33</td><td>33.5
(6个芯样2组)</td></tr>
<tr><td>HNT-C25-ZXFH-11</td><td>进水塔上下游墙
引：0-21.513～0+00.000
高程1555.25～1557.65m</td><td>C25</td><td>20××-03-17</td><td>36</td><td>25.7</td></tr>
<tr><td>HNT-C25-ZXFH-12</td><td>进水塔上下游墙
引：0-21.000～0+00.000
高程1550.45～ 1554.45m</td><td>C25</td><td>20××-02-16</td><td>77</td><td>32.8</td><td>—</td><td>不做处理</td></tr>
<tr><td>HNT-C25-ZXFH-13</td><td>进水塔右墙
引：0-21.000～0+00.000
高程1551.80～1554.45m</td><td>C25</td><td>20××-02-29</td><td>70</td><td>39.1</td><td></td><td>不做处理</td></tr>
<tr><td>HNT-C25-ZXFH-14</td><td>进水塔底板
引：0-34.00～0-21.00
高程1544.35～1546.85m</td><td>C25</td><td>20××-01-25</td><td>112</td><td>30.9</td><td>22.7</td><td>不做处理</td></tr>
</table>

续表

混凝土芯样编号	工程名称/部位	强度等级	施工日期/(年-月-日)	试验龄期/d	芯样抗压强度/MPa	标准试件28d抗压强度/MPa	处理方式
HNT-C25-ZXFH-15	进水塔左墩（左侧） 引：0—28.70～0—21.50 高程 1564.55～1568.15m	C25	20××-04-15	31	17.8 （6个芯样2组）	19.6	凿除重浇
HNT-C25-ZXFH-16	进水塔右墩（右侧） 引：0—28.70～0—21.50 高程 1564.55～1568.15m	C25	20××-04-15	32	22.2/15.5 （6个芯样2组）	19.6	凿除重浇
HNT-C25-ZXFH-17	进水塔左墩（左侧） 引：0—28.70～0—21.50 高程 1564.55～1568.15m	C25	20××-04-15	32	13.3 （6个芯样2组）	19.6	凿除重浇
HNT-C25-ZXFH-18	进水塔中墩（左侧） 引：0—28.70～0—21.50 高程 1564.55～1568.15m	C25	20××-04-15	33	15.2	19.6	凿除重浇
HNT-C25-ZXFH-19	进水塔中墩（右侧） 引：0—28.70～0—21.50 高程 1564.55～1568.15m	C25	20××-04-15	33	22.1	19.6	凿除重浇
HNT-C25-ZXFH-20	进水塔右边墙 引：0—9.00～0—0.00 高程 1557.05～1560.50m	C25	20××-03-25	52	18.3	21.5	凿除重浇
HNT-C25-ZXFH-21	进水塔上下游墙（左侧墙） 引：0—21.513～0+00.000 高程 1555.25～1557.65m	C25	20××-03-17	33	22.1 （6个芯样2组）	21.0	强度分布不匀，低强部位凿除
HNT-C25-ZXFH-22	进水塔左边墙 引：0—21.50～0—08.00 高程 1560.95～1564.55m	C25	20××-04-12	40	38.8	23.6	不做处理
HNT-C25-ZXFH-23	进水塔左边墙 引：0—9.00～0—0.00 高程 1557.05～1560.65m	C25	20××-03-25	58	29.1	21.5	不做处理
HNT-C25-ZXFH-24	进水塔右边墙 引：0—21.50～0—8.00 高程 1560.95～1564.55m	C25	20××-04-12	40	36.8	23.6	不做处理
HNT-C25-ZXFH-25	进水塔上下游墙 引：0—8.5～0+00.000 高程 1568.65～1571.45m	C25	20××-09-12—13	9～10	15.0/17.0 （6个芯样2组）	21.9	强度分布不匀，低强部位凿除
HNT-C25-ZXFH-26	进水塔上下游墙 引：0—8.5～0+00.000 高程 1568.65～1571.45m	C25	20××-09-12—13	13～14	23.9/24.9/21.7 （9个芯样3组）		强度分布不匀，低强部位凿除

续表

混凝土芯样编号	工程名称/部位	强度等级	施工日期/(年-月-日)	试验龄期/d	芯样抗压强度/MPa	标准试件28d抗压强度/MPa	处理方式
HNT-C25-ZXFH-27	引水隧洞进水塔上下游墙 高程 1568.65～1570.71m 引：0—08.50～0+00.00	C25	20××-09-12—13	45～46	21.1		强度分布不匀，低强部位凿除
HNT-C25-ZXFH-28	引水隧洞进水塔上下游墙 高程 1568.65～1570.49m 引：0—08.50～0+00.00	C25	20××-09-12—13	54～55	31.0		强度分布不匀，低强部位凿除
HNT-C25-ZXFH-29	引水隧洞进水塔左侧 B区贴 坡：1545.00～1563.00m	C20	20××-12-18	12	18.6		凿除重浇
HNT-C25-ZXFH-30	调压井上室调 0+60～0+76 桩号段底板 调：0+60.00～0+76.00	C25	20××-02-22	8	12.3		凿除重浇
HNT-C25-ZXFH-31	调压井斜井段衬砌 高程 1597.579～1600.179m 调：0+00.00～0+05.80	C25	20××-08-04	10	20.5	21.9	监理认为根据部位判断，不影响使用功能，不做处理
HNT-C25-ZXFH-32	调压井斜井段衬砌 高程 1597.579～1600.179m 调：0+00.00～0+05.80	C25	20××-08-04	10	17.1		
HNT-C25-ZXFH-33	调压井斜井段衬砌 高程 1597.579～1600.279m 调：0+00.00～0+05.80	C25	20××-08-04	30	21.0		
HNT-C25-ZXFH-34	水平段趾板后 20m 垫层第一块	C20	20××-07-03	16.0	24.6	22.8	不做处理
HNT-C25-ZXFH-35	水平段趾板 ZP3 0+03.00～ZP3 0+18.00 高程 1465.000～1466.521m	C25	20××-06-19	28	41.3	51.2	浇后下雨，业主要求钻芯，不做处理
HNT-C25-ZXFH-36	主厂房检修集水井 高程 1221.00～1223.00m 厂横：0+00.00～0+36.20 厂纵：0+27.40～0+36.10	C25	20××-10-26	30	28.9	18.3	不做处理
HNT-C25-ZXFH-37	厂房 1#机肘管边墙 高程 1225.178～1227.800m 厂横：0+07.70～0+25.00 厂纵：0+04.90～0+13.90	C25	20××-01-22	33	24.0	18.9	不做处理
HNT-C25-ZXFH-38	主厂房渗漏集水井 高程 1221.00～1223.00m 厂横：0+00.00～0+36.20 厂纵：0+13.90～0+22.60	C25	20××-11-20	111	25.4	18.4	低强部位凿除后的钻芯复核

续表

混凝土芯样编号	工程名称/部位	强度等级	施工日期/(年-月-日)	试验龄期/d	芯样抗压强度/MPa	标准试件28d抗压强度/MPa	处理方式
HNT-C25-ZXFH-39	厂房边墙柱及5号、8号、11号楼梯间与2号、3号主变室底板 高程1245.56～1248.20m 厂横：0+19.00～0+36.20 厂纵：0+00.00～0+50.10	C25	20××-08-27	11	26.7	20.9	不做处理

（四）其他检测部位的统计及质量评价

锚杆拉拔力质量评价：20××年1月1日至12月31日，中心试验室对大坝趾板锚杆进行拉拔试验检测2组、引水隧洞锚喷支护锚杆进行拉拔试验检测1组。3组锚杆的拉拔力分别为102kN、109kN和111kN，平均值为107kN，满足锚杆拉拔力值在80～120kN的设计要求。

（五）大坝填筑土工试验检测统计及质量评价

1. 压实检测

大坝堆石料种类有垫层料（ⅡA）、特殊垫层料（ⅡB）、过渡料（ⅢA）、主堆石料（ⅢB）、次堆石料（ⅢC）5种。主要检测含水率、孔隙率和按密度，质量评价依据《碾压式土石坝施工规范》（DL/T 5129—2001）和设计指标进行，检测统计结果见表6-2-39。

表6-2-39　　压实统计及质量评价统计

堆石料种类	检测项目	含水率、干密度、孔隙率统计值						评定指标（设计指标DL/T 5129—2001）及评定结果							
		检测次数	最大值	最小值	平均值	标准差/(g/cm³)	合格率	设计指标	不低于设计值的百分率/%	最小值不低于	平均值不低于	标准离差/(g/cm³)	合格率/%	保证率	质量评价
垫层料（ⅡA）	含水率/%	109	5.8	1.5	4.0	1.00	—	—	—	—	—	—	—	—	—
	孔隙率/%	109	17	12	15	1.38	100%	≤17	—	17	17	—	—	—	合格
	干密度/(g/cm³)	109	2.364	2.221	2.270	0.03	100%	≥2.22	95	2.11	2.22	≤0.1	≥90	93.6%	合格
特殊垫层料（ⅡB）	含水率/%	3	5.8	1.5	3.0	—	—	—	—	—	—	—	—	—	—
	孔隙率/%	3	17	14	15	—	100%	≤17	—	17	17	—	100	—	满足设计要求
	干密度/(g/cm³)	3	2.299	2.231	2.270	—	100%	≥2.22	95	2.11	2.22	≤0.1	≥90	—	满足设计要求
过渡料（ⅢA）	含水率/%	56	7.4	0.7	1.93	0.64	—	—	—	—	—	—	—	—	—
	孔隙率/%	55	19	11	14	1.95	100%	≤19	—	19	19	—	—	—	合格
	干密度/(g/cm³)	55	2.385	2.174	2.300	0.05	100%	≥2.17	95	2.06	2.17	≤0.1	≥90	99.4%	合格

续表

堆石料种类	检测项目	含水率、干密度、孔隙率统计值						评定指标（设计指标 DL/T 5129—2001）及评定结果							
		检测次数	最大值	最小值	平均值	标准差/(g/cm³)	合格率	设计指标	不低于设计值的百分率/%	最小值不低于	平均值不低于	标准离差/(g/cm³)	合格率/%	保证率	质量评价
主堆石料（ⅢB）	含水率/%	23	2.60	0.20	1.06	0.61	—	—	—	—	—	—	—	—	—
	孔隙率/%	23	19	14	17	3.7	100%	≤20	—	20	20	—	—	—	合格
	干密度/(g/cm³)	23	2.299	2.161	2.226	0.04	100%	≥2.14	95	2.03	2.14	≤0.1	≥90	98.4%	合格
次堆石料（ⅢC）	含水率/%	2	5.3	4.1	4.70	—	—	—	—	—	—	—	—	—	—
	孔隙率/%	2	17	17	17	—	100%	≤20	—	17	17	—	—	—	满足设计要求
	干密度/(g/cm³)	2	2.18	2.17	2.18	—	100%	≥2.10	95	2.00	2.10	≤0.1	≥90	—	满足设计要求

2. 颗粒级配检测

颗粒级配检测采取室内检测和现场检测两种方式，检测统计分析结果如下。

(1) 料源检测。

垫层料（ⅡA）共取样检测 45 次，检测统计分析结果见表 6-2-40。

表 6-2-40　　砂石料生产系统料场垫层料（ⅡA）取样级配检测成果

试样编号	取样日期/(年-月-日)	检测项目	粒径/mm										
			>80	80～60	60～40	40～20	20～10	10～5	5～2	2～1	1～0.5	0.5～0.25	0.25～0.075
DB-LC-ⅡA-01	2007-04-17	小于某粒径质量累计百分数/%	—	100	97.83	81.29	67.37	56.8	42.28	27.72	21.26	12.78	2.55
…	…	…	…	…	…	…	…	…	…	…	…	…	…
DB-LC-ⅡA-45	2009-07-15	小于某粒径质量累计百分数/%	—	100	89.09	74.28	61.84	51.06	37.85	26.62	21.9	16.28	10.6
平均值/%			100	100～86	100～75	81～58	66～45	53～35	40～24	31～17	24～12	17～8	7～4
最大值/%			—	100	82.27	63.63	52.89	43.14	31.60	21.24	16.93	11.15	6.25
最小值/%			—	100	97.83	83.41	76.23	70.37	52.78	34.35	26.60	20.00	10.78
标准差/%			—	100	51.77	38.07	25.29	18.87	10.53	6.94	6.25	4.11	0.37
离差系数			—	0.00	10.59	11.84	12.42	12.95	9.93	6.50	5.11	3.80	2.61
合格率/%			—	0.00	0.13	0.19	0.23	0.30	0.31	0.31	0.30	0.34	0.42
超上包络线次数占总体百分比/%			—	100	74.4	62.8	53.5	39.5	46.5	67.4	74.4	72.1	37.2
超下包络线次数占总体百分比/%			—	0	0.0	7.0	11.6	25.6	23.3	2.3	4.7	4.7	44.2
小于某粒径质量累计百分数设计包络线值/%			—	0	25.6	30.2	34.9	34.9	30.2	30.2	20.9	23.3	18.6

注　1. 限于篇幅，省略中间组数，用“…”表示。

2. 取样编号打“*”的数字为检测不合格的数据，20××年 4 月 15 日在料场取样时，发现生产的垫层料级配明显不合理，当即要求施工方对该批垫层料进行重新调配颗粒含量比例，并取样检测（试样编号为 DB-ⅡA-018），检测数据未参与评定统计。

（2）现场检测。

中心试验室在大坝施工过程中进行了填筑料的现场含水率、干密度、孔隙率、颗粒级配和渗透等指标的检测。

1）级配检测。

大坝垫层料（ⅡA）现场挖坑颗粒级配及干密度检测 109 次，成果统计见表 6-2-41。

2）大坝垫层料现场渗透检测。

大坝垫层料现场垂直渗透检测 3 次，计算成果见表 6-2-42。

3）大坝特殊垫层料颗粒级配及干密度检测。

大坝特殊垫层料（ⅡB）现场挖坑颗粒级配及干密度检测 3 次，试验成果见表 6-2-43。

4）大坝过渡料颗粒级配及干密度检测。

大坝过渡料（ⅢA）现场挖坑颗粒级配及干密度检测 56 次，试验成果见表 6-2-44。

5）大坝主堆石料（ⅢB）。

大坝主堆石料（ⅢB）现场挖坑颗粒级配及干密度检测 24 次，试验成果见表 6-2-45。

6）大坝次堆石料（ⅢC）。

大坝次堆石料（ⅢC）现场挖坑颗粒级配及干密度检测 2 次，试验成果见表 6-2-46。

3. 大坝填筑质量评价

（1）垫层料（ⅡA）。

1）料源检测成果。

××水电站工程大坝使用的垫层料为本水电站工程人工碎石（ⅡA 垫层料）生产系统生产，在 20××年 4 月 28 日至 20××年 7 月 15 日期间，中心试验对其生产的垫层料（ⅡA）抽样检测颗粒级配 45 次，其中，20××年 4 月 15 日在 C10 标料场的一次取样时，发现生产的垫层料级配明显不合理，当即要求施工方对该批垫层料进行重新调配颗粒含量比例，并取样检测（试样编号为 DB-ⅡA-018），检测数据未参与评定统计，其余 23 次检测结果：由表 6-2-40 及图 6-2-11 可见，生产的ⅡA 垫层料级配不稳定，主要表现在：1～40mm 粒径的颗粒含量部分偏多，超出下包线次数占总体的百分比为 34.1%～29.5%；2～10mm 粒径的颗粒含量部分偏少，超出上包线次数占总体百分比为 27.3%，1～40mm 粒径范围内；各粒级的小于某粒径质量累计百分数标准差在 10.63%～4.94%之间，合格率为 47.8%～78.3%；小于 5mm 粒径质量累计百分数为 18.9%～74.7%，平均值 43.85%，标准差为 13.65%，合格率 38.6%，超出上包线百分比为 27.3%，超下包线百分比为 34.1%，61.4%的ⅡA 料＜5mm 颗粒含量未能满足设计指标 35%～53%的要求；＜0.075mm 粒径质量累计百分数为 0.37%～11.02%，平均值 6.36%，标准差为 2.68%，合格率为 36.4%，超出上包线次数占总体百分比为 45.5%，部分含泥量偏大，未能满足设计指标含泥量≤8%的要求。各级小于某粒径质量累计百分数平均值的颗粒级配曲线在设计包络线范围内。

2）现场压实检测成果。

2007 年 12 月 27 日至 2009 年 6 月 28 日期间，中心试验对大坝填筑的垫层料（ⅡA）采用挖坑灌水法检测干密度 109 次，检测结果：孔隙率为 12%～17%，平均值 15%，标准差 1.30%，合格率 100%；干密度为 2.21～2.364g/cm³，平均值 2.27 g/cm³，标准差 0.03g/cm³，合格率 100%，干密度保证率 93.6%。孔隙率符合设计指标≤17%的要求；干密度符合《混凝土面板堆石坝施工规范》（DL/T 5128—2001）对堆石料干密度要求指标：平均值

表 6-2-41　　ⅡA 垫层料大坝现场挖坑颗粒级配及干密度检测成果统计

试样编号	取样日期/(年-月-日)	检测部位（ⅡA 区）			检测项目					颗粒级配（小于某粒径质量累计百分数/%）										
		坝横/m	坝纵/m	高程/m	试坑深度/m	含水率/%	干密度/(kg/m³)	孔隙率/%	粒径/mm	>80	80～60	60～40	40～20	20～10	10～5	5～2	2～1	1～0.5	0.5～0.25	0.25～0.075
DB-XC-IIA-001	20××-12-11	横右 0+57.5	纵上 0+178.3	1467.10	0.4	2.6	2.279	15	累计百分数	—	100	65.34	55.78	53.38	50.49	39.61	27.7	22.26	15.45	10.11
…	…	…	…	…	…	…	…	…	…	…	…	…	…	…	…	…	…	…	…	…
DB-XC-IIA-109	20××-06-28	横左 0-32	纵上 0+25	1576.70	0.4	3.1	2.274	15	累计百分数	—	100	85.12	56.91	49.17	43.34	35.60	28.10	24.65	20.13	16.68
设计控制指标					—	—	≥2.22	≤17	设计包络线值	100	100～86	100～75	81～58	66～45	53～35	40～24	31～17	24～12	17～8	7～4
取样次数					109				—	109										
平均值					0.40	4	2.270	15	—	—	100	77.69	65.92	58.86	50.77	38.82	27.08	21.68	14.46	9.09
最大值					0.44	5.80	2.364	17	—	—	100	100	87.81	82.84	75.91	60.35	41.14	32.61	22.34	16.68
最小值					0.30	1.50	2.221	12	—	—	100	51.09	41.84	39.18	31.50	20.36	13.51	10.60	6.59	3.06
标准差					0.02	1.00	0.03	1.30	—	—	13.48	10.42	9.30	8.80	8.16	6.43	4.48	3.70	2.85	2.60
离差系数					0.04	0.28	0.01	0.09	—	—	0.13	0.13	0.14	0.15	0.16	0.17	0.17	0.17	0.20	0.29
干密度保证率/%		93.6		合格率/%			100	100	—	—	100	55.0	68.8	78.0	64.2	59.6	84.4	74.3	81.7	17.4
超上包络线次数占总体百分比/%										—	0	0.0	8.3	17.4	33.9	39.4	14.7	24.8	17.4	80.7
超下包络线次数占总体百分比/%										—	0	45.0	22.9	4.6	1.8	0.9	0.9	0.9	0.9	1.8

表 6-2-42 **大坝垫层料（ⅡA）现场垂直渗透检测成果统计**

试验日期/(年-月-日)	填料名称	试验位置			渗透面积/cm^2	土层干密度/(g/cm^3)	渗透系数 K20（平均值）	备注
		坝横	坝纵	高程/m				
20××-05-31	ⅡA料	0+28.549	0+40.202	1493.087	403.995	2.259	9.73×10^{-3}	试验1号点
20××-05-31	ⅡA料	0+54.323	0+33.738	1495.358	402.9269	2.318	5.12×10^{-3}	试验2号点
20××-05-31	ⅡA料	0+84.514	0+22.329	1500.734	402.9269	2.257	9.81×10^{-3}	试验3号点

表 6-2-43 **特殊垫层料（ⅡB）大坝现场挖坑颗粒级配及干密度检测成果统计**

试样编号	取样日期/(年-月-日)	检测部位		检测项目					颗粒级配（小于某粒径质量累计百分数/%）									
		区域	高程/m	试坑深度/m	含水率/%	含泥量/%	检测干密度/(kg/m^3)	孔隙率/%	粒径/mm	>40	40~20	20~10	10~5	5~2	2~1	1~0.5	0.5~0.25	0.25~0.075
DB-TS-IIB-01	20××-02-15	ⅡB区	1530.30	0.3	5.8	10.6	2.231	17	累计百分数	93.03	80.6	71.86	63.15	48.38	33.42	27.33	18.41	11.84
DB-TS-IIB-02	20××-04-23		1546.70	0.4	3.0	6.1	2.28	15	累计百分数	100	86.01	66.56	52.51	38.31	30.73	23.83	16.63	6.2
DB-TS-IIB-03	20××-05-07		1551.50	0.4	3.4	6.8	2.299	14	累计百分数	100	83.03	70.53	54.44	42.34	31.48	24.59	17.41	7.09
设计控制指标				—	—	—	≥2.22	≤17	设计包络线值	100~100	100~77	82~60	65.5~47	49.5~32	39~23.5	30~18	22~13	11~7
取样次数				3	3	3	3	3	—	3								
平均值				0.37	4.0	7.8	2.27	15	—	97.68	83.21	69.65	56.70	43.01	31.88	25.25	17.48	8.38
最大值				0.4	5.8	10.6	2.30	17	—	100	86.01	71.86	63.15	48.38	33.42	27.33	18.41	11.84
最小值				0.3	3.0	6.1	2.23	14	—	93.3	80.60	66.56	52.51	38.31	30.73	23.83	16.63	6.20
合格率/%				100	—		100	100	—	66.7	100	100	100	100	100	100	100	33.3
超上包络线次数占总体百分比/%										0.0	0.0	0.0	0.0	0.0	0.0	0.0	0.0	33.3
超下包络线次数占总体百分比/%										0.0	0.0	0.0	0.0	0.0	0.0	0.0	0.0	33.3

表 6-2-44 过渡料（ⅢA）大坝现场挖坑颗粒级配及干密度检测成果统计

试样编号	取样日期/(年-月-日)	检测部位（ⅢA区）			检测项目					颗粒级配（小于某粒径质量累计百分数/%）										
		坝横/m	坝纵/m	高程/m	试坑深度/m	含水率/%	干密度/(kg/m³)	孔隙率/%	粒径/mm	>300	300～200	200～100	100～80	80～60	60～40	40～20	20～10	10～5	5～2	2～0.075
DB-GDL-ⅢA-01	20××-12-11	横右0+54.436	坝纵0+174.3	1467.10	0.6	2.0	2174	19	累计百分数	95.54	88.05	71.04	64.7	57.51	48.13	37.53	28.78	22.42	17.44	12.78
…	…	…	…	…	…	…	…	…	…	…	…	…	…	…	…	…	…	…	…	…
DB-GDL-ⅢA-56	20××-06-25	横右0+137.5	纵上0+18	1574.3	0.41	2.0	2265	15	累计百分数	100	88.22	66.36	56.89	49.69	42.83	32.01	24.7	19.05	12.93	7.68
设计控制指标					—	—	≥2.17	≤19	设计包络线值	100	100～74	68.5～48	61.5～42	53～33	44～23	33～10	25～0	18.5～0	12～0	7.5～0
取样次数					56	56	55	56	—	56										
平均值					0.42	1.93	2.300	14	—	99.48	86.92	66.80	59.61	52.36	43.30	33.84	26.79	21.12	15.66	10.31
最大值					1.45	7.40	2.385	19	—	100	100	84.92	78.75	71.9	64.19	56.03	47.35	38.14	28.72	19.92
设计控制指标					—	—	≥2.17	≤19	设计包络线值	100	100～74	68.5～48	61.5～42	53～33	44～23	33～10	25～0	18.5～0	12～0	7.5～0
最小值					0.35	0.70	2.174	11	—	99	63.89	51.01	46.11	39.78	12.38	10.16	7.90	6.14	4.69	2.46
标准差					0.14	0.98	0.05	1.95	—	99	7.53	7.90	7.55	7.60	8.79	7.96	7.12	5.99	4.77	3.72
离差系数					0.34	0.51	0.02	0.13	—	99	0.09	0.12	0.13	0.15	0.20	0.24	0.27	0.28	0.30	0.36
干密度保证率/%	93.6		合格率/%				100	100	—	99	94.6	62.5	66.1	60.7	58.9	53.6	48.2	33.9	17.9	23.2
超上包络线次数占总体百分比/%										0	0	37.5	33.9	39.3	39.3	46.4	51.8	66.1	82.1	76.8
超下包络线次数占总体百分比/%										5	5.4	0	0	0	2	0	0	0	0	

表 6-2-45 主堆石料（ⅢB）大坝现场挖坑颗粒级配及干密度检测成果统计

试样编号	取样日期/（年-月-日）	检测部位（ⅢB区）坝横/m	坝纵/m	高程/m	检测项目 试坑深度/m	含水率/%	含泥量/%	干密度/(kg/m³)	孔隙率/%	颗粒级配（小于某粒径质量累计百分数/%） 粒径/mm	>800	800～600	600～400	400～200	200～100	100～80	80～60	60～40	40～20	20～10	10～5	5～2	2～0.075
DB-ZDSL-ⅢB-01	20××-12-23	横右 0+15.3	纵上 0+157.9	1471.20	0.70	2.4	8.5	2260	16	累计百分数	100	76.2	56.35	46.51	42.37	37.9	32.4	28.7	24.1	19	14.1	9.62	100
…	…	…	…	…	…	…	…		…	…	…	…	…	…	…	…			…	…	…	…	…
DB-ZDSL-ⅢB-24	20××-08-24	横右 0+35	纵下 0-45	1559.10	0.89	0.5	10.8	2.153	20	累计百分数	100	93.85	85.32	70.28	55.86	52.44	47.73	43.03	34.52	29.42	23.29	17.61	12.68
设计控制指标					0.80	—	≤5	2.14	≤20	设计包络线值	100	100～76	82～60	58.5～40	45～25	41.5～21.5	37.5～17	33～12	25～4.5	18～0	13～0 ≤15	8.5～0	7.5～0
取样次数					24	24	24	23	23	—	24												
平均值					0.91	1.058	7.7	2.226	17	—	100	91.67	80.07	58.51	40.94	36.71	32.48	27.97	22.14	17.52	13.82	10.33	7.13
最大值					1.19	2.600	13.3	2.299	19	—	100	100	93.04	67.86	47.88	44.14	41.18	37.25	33.96	28.91	23.92	18.27	12.02
最小值					0.70	0.200	1.3	2.161	14	—	100	78.83	65.55	41.45	26.60	24.02	21.23	17.96	13.94	10.77	8.26	5.93	3.49
标准差					0.10	0.57	2.2	0.04	1.5	—	0	6.77	7.66	7.59	5.88	5.79	5.62	5.37	5.46	4.80	3.98	3.03	2.09
离差系数					0.11	0.54	0.29	0.02	0.1	—	0.00	0.07	0.10	0.13	0.14	0.16	0.17	0.19	0.25	0.27	0.29	0.29	0.29
干密度保证率/%		98.4		合格率/%			4.2	100	100	—	100	100	58.3	45.8	66.7	70.8	70.8	79.2	70.8	66.7	41.7	33.3	45.8
超上包络线次数占总体百分比/%											0	0	41.7	54.2	33.3	29.2	29.2	20.8	29.2	33.3	58.3	66.7	54.2
超下包络线次数占总体百分比/%											0	0	0	0	0	0	0	0	0	0	0	0	0

注 DB-ZDSL-ⅢB-12 的数字为第一次检测干密度未能满足设计指标，经补碾后再次复检合格，故其干密度及孔隙率未参与评定统计。

表 6-2-46　　次堆石料（ⅢC）大坝现场挖坑颗粒级配及干密度检测成果

试样编号	取样日期/(年-月-日)	检测部位（ⅢB区）			检测项目					颗粒级配（小于某粒径质量累计百分数/%）													
		坝横/m	坝纵/m	高程/m	试坑深度/m	含水率/%	含泥量/%	干密度/(kg/m³)	孔隙率/%	粒径/mm	>800	800～600	600～400	400～200	200～100	100～80	80～60	60～40	40～20	20～10	10～5	5～2	2～0.075
DB-CDSL-ⅢC-01	20××-07-12	横右 0+91	纵下 0-56	1553.5	0.87	1.0	8.2	2.171	17	累计百分数	100	84.6	66.5	44.9	28.8	26.7	25.2	24.1	17.5	14.8	12.2	9.6	7.3
DB-CDSL-ⅢC-02	20××-07-18	横左 0-66	纵下 0-32	1555.1	0.85	1.2	11.5	2.180	17	累计百分数	100	64.9	52.8	36.7	28.0	25.6	24.1	22.1	17.6	14.9	11.6	8.6	5.9
设计控制指标					1.20	—	≤8	2.10	≤20	设计包络线值	100	100～76	82～60	58.5～40	45～25	41.5～21.5	37.5～17	33～12	25～4.5	18～0	13～0≤18	8.5～0	7.5～0
取样次数					2	2	2	2	2	—	2												
平均值					0.86	1.10	9.85	2.18	17	—	100	92.51	82.88	60.15	41.47	37.37	33.13	28.54	22.75	17.97	14.25	10.70	7.43
最大值					0.87	1.20	11.5	2.18	17	—	100	100	93.04	68.08	47.88	44.14	41.18	37.25	33.96	28.91	23.92	18.27	12.02
最小值					0.85	1.00	8.2	2.17	17	—	100	78.83	66.22	41.45	26.60	24.02	21.23	17.96	13.94	10.83	8.43	6.35	4.41
合格率/%						—	0	100	100	—	100	100	42.86	28.57	71.43	78.57	78.57	78.57	78.57	71.43	35.71	28.57	50.00
超上包络线次数占总体百分比/%												0	57.1	71.4	28.6	21.4	21.4	21.4	21.4	28.6	64.3	71.4	50.0
超下包络线次数占总体百分比/%												0	0	0	0	0	0	0	0	0	0	0	0

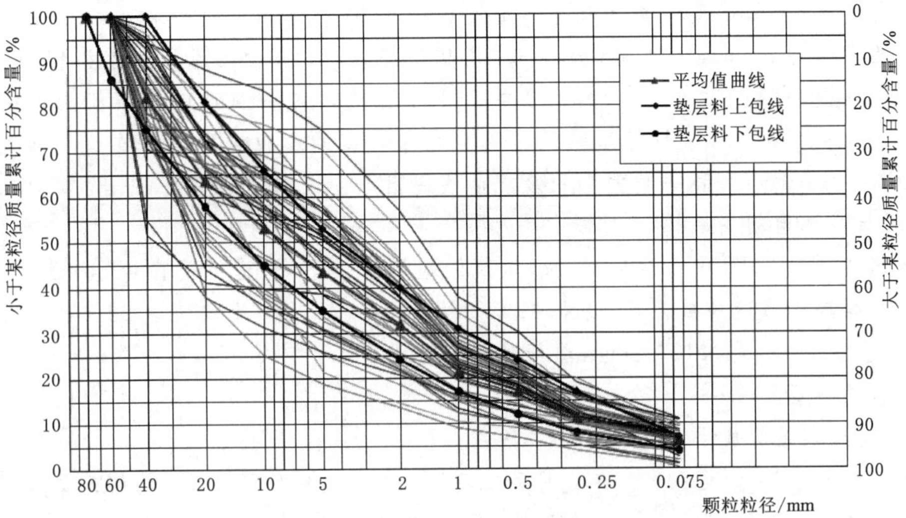

图 6-2-11　大坝ⅡA 垫层料颗粒级配曲线图

不小于设计值 2.22g/cm³，标准差≤0.1g/cm³，合格率≥90%，不合格干密度不得小于设计干密度的 95%：2.21g/cm³ 的要求，垫层料填筑的干密度、孔隙率合格。

3）现场挖坑检测颗粒级配成果。

20××年 12 月 11 日至 20××年 6 月 28 日期间，中心试验对大坝填筑的垫层料（ⅡA）进行挖坑检测颗粒级配 109 次，检测结果：见表 6-2-41 及图 6-2-12，ⅡA 垫层料级配在：45～22mm 粒径的颗粒含量部分偏多，超出下包线次数占总体百分比为 45.0%～22.9%；部分粒径的颗粒含量偏少，在 5～2mm 粒径范围内，超出上包线次数占总体百分比为 33.9%～39.4%，在 0.5～0.25mm 粒径范围内，超出上包线次数占总体百分比为 24.8%～17.4%；各粒级的小于某粒径质量累计百分数标准差为 2.6%～13.48%，合格率为 17.4%～84.4%；小于 5mm 粒径质量累计百分数为 31.5%～75.9%，平均值 50.7%，标准差 6.43%，合格率 59.6%，超出上包线百分比为 33.9%，无超下包线百分比为 1.8%，

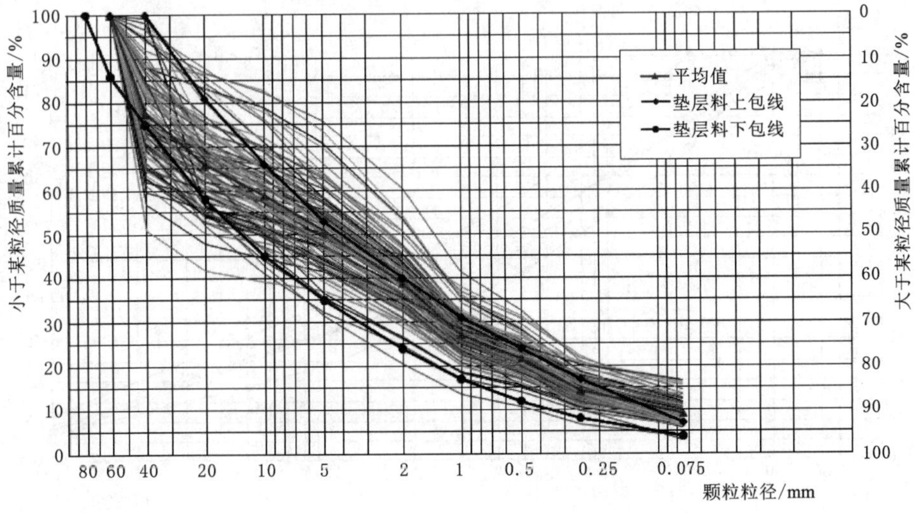

图 6-2-12　大坝现场ⅡA 垫层料颗粒级配曲线图

35.8%的ⅡA料<5mm颗粒含量未能满足设计指标35%～53%的要求；<0.075mm粒径质量累计百分数为3.06%～16.68%，平均值9.09%，标准差2.6%，合格率17.4%，超出上包线次数占总体百分比为80.7%，多数含泥量偏大，未能满足设计指标≤8%的要求。60～0.25mm粒径的小于某粒径质量累计百分数平均值的颗粒级配曲线在设计包络线范围内，在0.075mm粒径处的平均值颗粒级配曲线超出上包线1.09%。

4）现场渗透检测成果

20××年5月31日中心试验对大坝填筑的垫层料（ⅡA）进行垂直渗透检测1次，共3个点。检测结果：渗透系数为5.12×10^{-4}～9.81×10^{-4}cm/s，平均值8.22×10^{-3}cm/s，满足渗透系数1×10^{-4}～1×10^{-3}cm/s量级的设计要求。

（2）特殊垫层。

1）现场压实检测成果。

20××年2月15日至20××年5月7日期间，中心试验对大坝填筑的特殊垫层料（ⅡB）采用挖坑灌水法检测干密度3次，检测结果：孔隙率为14%～17%，平均值15%，合格率100%；干密度为2.23～2.30g/cm³，平均值2.27g/cm³，合格率100%。孔隙率符合设计指标≤17%的要求；干密度符合《混凝土面板堆石坝施工规范》(DL/T 5128—2001）对堆石料干密度要求指标：平均值不小于设计值2.22g/cm³，标准差≤0.1g/cm³，合格率≥90%，不合格干密度不得小于设计干密度的95%：2.22g/cm³ 的要求，垫层料填筑的干密度、孔隙率合格。

2）现场挖坑检测颗粒级配成果。

20××年2月15日至20××年5月7日期间，中心试验对大坝填筑的特殊垫层料（ⅡB）进行挖坑检测颗粒级配3次，检测结果：见表6-2-43及图6-2-13，ⅡB特殊垫层料级配良好，基本都在包络线内。各粒级的小于某粒径质量累计百分数合格率在33.3%～100%之间；小于5mm粒径质量累计百分数为52.51%～63.15%，平均值56.7%，合格率100%，ⅡB料<5mm颗粒含量满足设计指标47%～65.5%的要求；<0.075mm粒径质量累计百分数为6.20%～11.84%，平均值8.38%，合格率33.3%，超出上包线次数占总体百分比为0.84%，基本满足设计指标≤8%的要求。

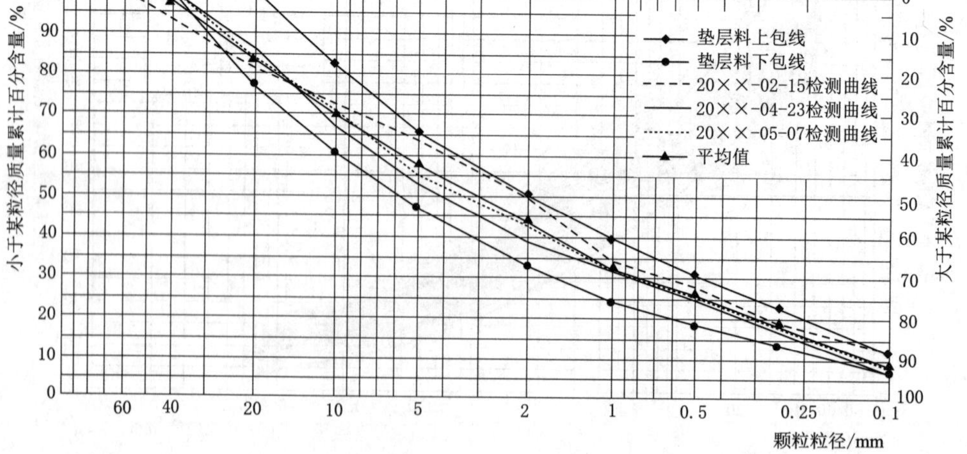

图6-2-13　大坝现场挖坑检测ⅡB特殊垫层料级配曲线图

(3) 过渡料(ⅢA)。

1) 现场压实检测成果。

20××年5月29日至20××年6月25日期间，中心试验对大坝填筑的过渡料(ⅢA)采用挖坑灌水法检测干密度55次，检测结果：孔隙率在11%～19%之间，平均值14%，标准差1.95%，合格率100%；干密度为2.174～2.385g/cm³，平均值2.385g/cm³，标准差0.05g/cm³，合格率100%，干密度保证率99.4%。孔隙率符合设计指标≤19%的要求；干密度符合《混凝土面板堆石坝施工规范》(DL/T 5128—2001)对堆石料干密度要求指标：平均值不小于设计值2.17g/cm³，标准差≤0.1g/cm³，合格率≥90%，不合格干密度不得小于设计干密度的95%：2.06g/cm³的要求，过渡料填筑的干密度、孔隙率合格。

2) 现场挖坑检测颗粒级配成果。

20××年5月29日至20××年6月25日期间，中心试验对大坝填筑的过渡料(ⅢA)进行挖坑检测颗粒级配55次，检测结果：见表6-2-44及图6-2-14，过渡料(ⅢA)级配：总体偏细，各粒级的小于某粒径质量累计百分数标准差为3.72%～8.79%，合格率为17.9%～99%；小于5mm粒径质量累计百分数为6.14%～38.14%，平均值15.66%，标准差5.99%，合格率33.9%；<0.075mm粒径质量累计百分数为2.46%～19.92%，平均值10.31%，标准差3.72%，合格率23.2%，超出上包线次数占总体百分比为76.8%，多数含泥量偏大，未能满足设计指标≤8%的要求。200～60mm粒径的小于某粒径质量累计百分数平均值的颗粒级配曲线贴近设计上包络线，在40～1mm粒径的平均值颗粒级配曲线超出上包线，最大超出量在2mm粒径处为3.66%。

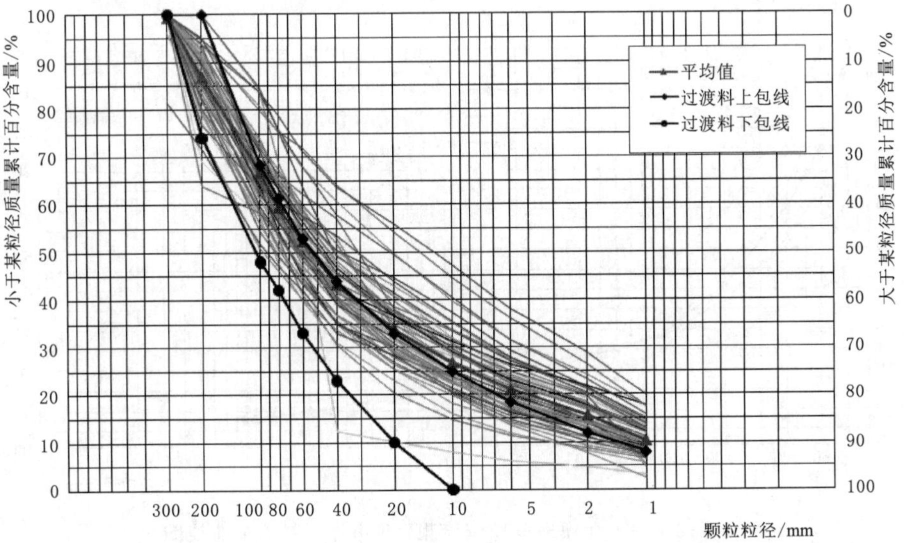

图6-2-14 大坝现场挖坑检测ⅢA过渡料级配曲线图

(4) 主堆石料(ⅢB)。

1) 现场压实检测成果。

20××年12月23日至20××年6月21日期间，中心试验对大坝填筑的主堆石料(ⅢB)采用挖坑灌水法检测干密度25次，其中20××年9月17日挖坑检测出的干密度为2.004g/cm³，不能满足设计指标，中心试验室及时通知监理及业主，对该部位进行补碾，

20××年9月18日复核检测合格，20××年9月17日的检测数据未参与质量评定，其余的24次检测结果：孔隙率为14%～25%，平均值17%，标准差2.2%，合格率100%；干密度为2.161～2.299g/cm³，平均值2.226g/cm³，标准差0.04g/cm³，合格率100%，干密度保证率98.5%。孔隙率符合设计指标≤20%的要求；干密度符合《混凝土面板堆石坝施工规范》（DL/T 5128—2001）对堆石料干密度要求指标：平均值不小于设计值2.14g/cm³，标准差≤0.1g/cm³，合格率≥90%，不合格干密度不得小于设计干密度的95%：2.06g/cm³的要求，主堆石料填筑的干密度、孔隙率合格。

2）现场挖坑检测颗粒级配成果。

20××年12月23日至20××年6月21日期间，中心试验对大坝填筑的主堆石料（ⅢB）进行挖坑检测颗粒级配24次，检测结果：见表6-2-45及图6-2-15，主堆石料（ⅢB）级配：总体偏细，超出上包线次数占总体百分比为20.8%～95.8%；各粒级的小于某粒径质量累计百分数标准差为2.09%～7.66%，合格率为33.3%～79.2%；小于5mm粒径质量累计百分数为3.98%～23.91%，平均值13.82%，标准差3.98%，合格率41.7%，超出上包线百分比为58.3%，无超下包线现象，66.7%的ⅢB料<5mm颗粒含量未能满足设计指标≤15%的要求；<0.075mm粒径质量累计百分数为3.49%～12.02%，平均值7.13%，标准差2.09%，合格率45.8%，超出上包线次数占总体百分比为54.2%，半数含泥量偏大，未能满足设计指标≤5%的要求。各粒级的小于某粒径质量累计百分数平均值颗粒级配曲线：800～10mm粒径的平均值颗粒级配曲线在设计包络线范围内，5～2mm粒径的平均值颗粒级配曲线超出上包线，最大超出量0.82%。

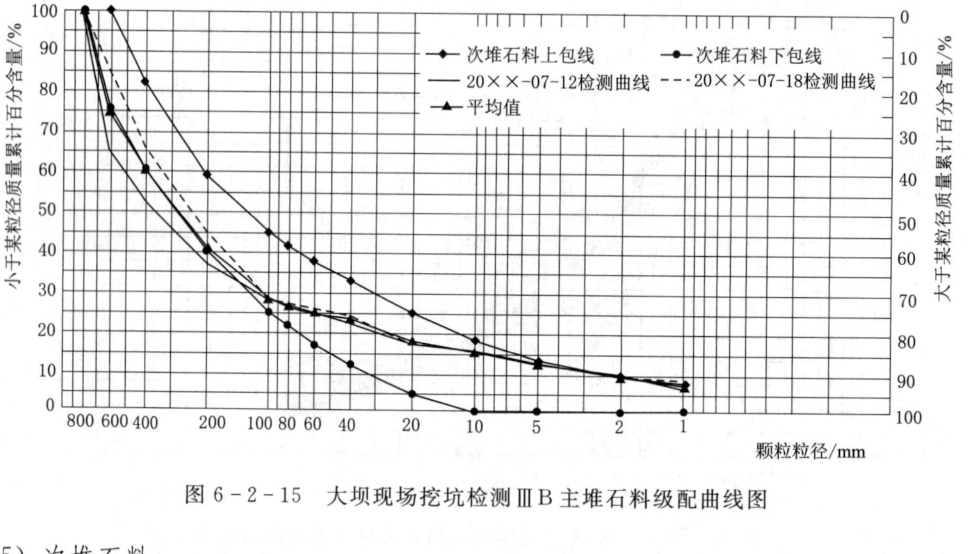

图6-2-15　大坝现场挖坑检测ⅢB主堆石料级配曲线图

（5）次堆石料。

1）现场压实检测成果。

20××年7月12日和20××年7月18日，中心试验对大坝填筑的次堆石料（ⅢC）采用挖坑灌水法检测干密度2次，2次检测结果：孔隙率均为17%，合格率100%；干密度分别为在2.17g/cm³和2.18g/cm³，平均值2.175g/cm³，合格率100%。孔隙率符合设计指标≤20%的要求；干密度符合《混凝土面板堆石坝施工规范》（DL/T 5128—2001）对堆石料干密度的要求：平均值不小于设计值 2.10g/cm³ 达到设计干密度，次堆石料填筑的干密度、孔隙率均合格。

2）现场挖坑检测颗粒级配成果。

20××年7月12日和20××年7月18日，中心试验对大坝填筑的次堆石料（ⅢC）进行挖坑检测颗粒级配2次，检测结果：见表6-2-46及图6-2-16，主堆石料（ⅢC）级配：总体偏细，超出上包线次数占总体百分比为20.8%～95.8%；各粒级的小于某粒径质量累计百分数标准差为2.09%～7.66%，合格率为33.3%～79.2%；小于5mm粒径质量累计百分数为3.98%～23.91%，平均值13.82%，标准差3.98%，合格率41.7%，超出上包线百分比为58.3%，无超下包线现象，66.7%的ⅢB料<5mm颗粒含量未能满足设计指标≤15%的要求；<0.075mm粒径质量累计百分数为3.49%～12.02%，平均值7.13%，标准差2.09%，合格率45.8%，超出上包线次数占总体百分比为54.2%，半数含泥量偏大，未能满足设计指标≤5%的要求。各粒级的小于某粒径质量累计百分数平均值颗粒级配曲线：800～10mm粒径的平均值颗粒级配曲线在设计包络线范围内，5～2mm粒径的平均值颗粒级配曲线超出上包线，最大超出量0.82%。

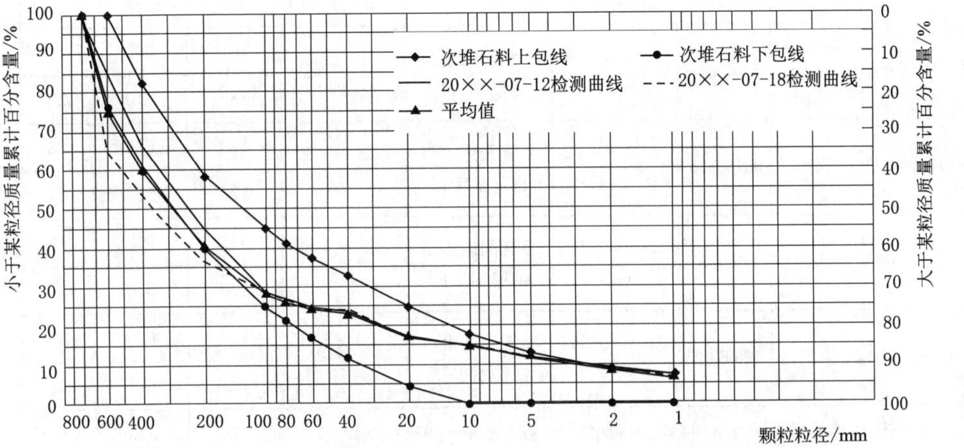

图6-2-16 大坝现场挖坑检测ⅢC次堆石料级配曲线图

六、各标段现场试验室检测成果

（一）导流隧洞工程检测成果

1. 水泥检测成果

导流隧洞工程共抽检水泥2组，质量合格，检测指标统计结果见表6-2-47。

2. 钢筋检测成果

导流隧洞工程使用的钢筋品种为HRB335，规格有Φ32、Φ22、Φ16、Φ12，施工单位自检成果见表6-2-48。

3. 砂石骨料检测成果

（1）细骨料检测试验结果。

施工单位对导流隧洞混凝土用河砂取样1组进行检测，检测试验结果见表6-2-49。

表 6-2-47　　导流隧洞工程水泥检测成果统计

试样编号	水泥品种	出厂日期/(年-月-日)	取样日期/(年-月-日)	取样地点	细度/%(80μm 筛)	凝结时间/min		安定性	抗压强度/MPa		抗折强度/MPa	
						初凝	终凝		3d	28d	3d	28d
DLD-SN-01	P·O32.5	20××-11-22	20××-11-24	导流洞拌和站	6.8	147	204	合格	17.0	33.8	3.42	5.82
DLD-SN-02	P·O32.5	20××-12-8	20××-12-10	导流洞拌和站	1.4	135	211	合格	20.3	44.3	4.38	7.51
执行标准	《硅酸盐水泥、普通硅酸盐水泥》(GB 175—1999)			控制指标	≤10	≥45	≤600	合格	≥11.0	≥32.5	≥2.5	≥5.5
检测次数					2	2	2	2	2	2	2	2
合格率/%					100	100	100	100	100	100	100	100

表 6-2-48　　导流隧洞工程 HRB335 带肋钢筋检测成果统计

试样编号	公称直径/mm	钢筋牌号	取样时间/(年-月-日)	取样地点	试验日期/(年-月-日)	屈服强度/MPa	抗拉强度/MPa	伸长率/%	冷弯评定
DLD-HRB-001	32	HRB335	20××-11-24	导流洞进水口钢筋加工厂	20××-11-24	390	595	22	合格
						385	610	23	合格
DLD-HRB-002	22	HRB335	20××-11-24	导流洞进水口钢筋加工厂	20××-11-24	370	570	23	合格
						375	575	21	合格
DLD-HRB-003	16	HRB335	20××-11-24	导流洞进水口钢筋加工厂	20××-11-25	395	605	28	合格
						420	660	31	合格
DLD-HRB-004	12	HRB335	20××-11-24	导流洞进水口钢筋加工厂	20××-11-25	425	630	30	合格
						425	625	32	合格
执行标准《钢筋混凝土用热轧带肋钢筋》(GB 1499—1998)						≥335	≥490	≥17	合格
钢筋生产厂家				检测次数		4	4	4	4
××集团××钢铁股份有限公司				最大值		425	660	32	—
				最小值		370	570	21	—
				合格率/%		100	100	100	100

表 6-2-49　　导流隧洞工程河砂检测成果统计

试样编号	细骨料品种	取样时间/(年-月-日)	取样地点	细度模数	>5mm 含量/%	<0.16mm 含量/%	<0.08mm 含量/%	含水量/%	含泥量/%
DLD-HS-001	天然砂	20××-11-24	导流洞拌和站砂石料仓	3.30	6.5	3.3	7.1	7.0	1.3
控制指标 DL/T 5144—2001				2.2～3.0		—	—	—	≤5，≤3*

* 含泥量≤3 为≥C30 或有抗冻要求混凝土的指标。

施工单位对导流隧洞混凝土用机制砂取样 1 组进行检测，检测试验结果见表 6-2-50。

表 6-2-50　　导流洞工程人工砂检测成果

试样编号	细骨料品种	取样时间/(年-月-日)	取样地点	细度模数	>5mm 含量/%	<0.16mm 含量/%	<0.08mm 含量/%	含水率/%
DLD-RGS-001	人工砂	20××-12-10	导流洞出水口拌和站砂石料仓	2.73	18.4	16.5	9.6	2.3
控制指标 DL/T 5144—2001				2.4～2.8	—	6～18	—	≤6

（2）粗骨料检测试验结果。

导流洞混凝土人工碎石连续级配取样检测 1 组，检测结果见表 6-2-51。

表 6-2-51　　导流洞工程人工碎石连续级配检测成果

试样编号	粗骨料品种	取样时间/(年-月-日)	取样地点	统计项目	累计质量百分数/%									
				筛径/mm	53	37.5	31.5	26.5	19	16	9.5	4.75	2.36	<2.36
DLD-SS-01（连续级配）	花岗岩 5～40 mm	20××-11-24	导流洞进水口拌和站砂石料堆	检测结果	0	4.10	14.73	28.68	55.39	64.93	83.87	91.45	94.09	100
控制指标 JGJ 53—92					0		—	—	15～45	—	70～90	95～100	—	

导流洞混凝土人工碎石单粒级配取样检测 2 组，检测结果见表 6-2-52。

4. 混凝土试验检测成果

导流隧洞混凝土种类有 C25 混凝土、C20 喷射混凝土。

（1）C25 混凝土取样试验检测成果。

导流隧洞 C25 混凝土 28d 抗压强度试块取样 3 组，7d 抗压强度取样 1 组，检测试验结果见表 6-2-53。

（2）导流隧洞 C20 喷射混凝土取样试验检测成果。

导流隧洞 C20 喷混凝土 28d 抗压强度试块取样 3 组，7d 抗压强度取样 1 组，检测试验结果见表 6-2-54。

（3）C20 喷射混凝土取样试验检测成果。

导流隧洞边坡支护工程 C20 喷射混凝土 28d 抗压强度试块取样 3 组，7d 抗压强度取样 1 组，检测试验结果见表 6-2-55。

（二）溢洪道工程检测成果

溢洪道施工过程中检测中心对施工单位的原材料水泥、钢筋、添加剂硅粉及中间产品混凝土进行了取样检测。

1. 胶凝材料检测成果

××牌 P·O 32.5 水泥共取样检测 6 组，检测指标符合《硅酸盐水泥、普通硅酸盐水泥》(GB 175—1999)，检测统计结果见表 6-2-56。

表 6-2-52　　导流洞工程人工碎石单粒级配检测成果统计

试样编号	取样日期	取样地点	超径/%			逊径/%			含粉量/%			针片状含量/%		压碎指标/%
			5～20 mm	20～40 mm	40～80 mm	5～20 mm	20～40 mm	40～80 mm	5～20 mm	20～40 mm	40～80 mm	5～20 mm	20～40 mm	5～20 mm
DLD-SS-02	20××-11-24	导流洞出水口拌和站料堆	38	38	—	2	2	—				1	1	
DLD-SS-03	20××-12-10	导流洞出水口拌和站料堆	8	43	2	4	1	28				1	2	
控制指标 DL/T 5144—2001			≤5			≤10			—			≤15		火成岩≤30

表 6-2-53　　导流隧洞工程 C25 混凝土取样检测成果统计

试样编号	浇筑部位	高程/m	取样日期/(年-月-日)	取样地点	混凝土种类	设计强度	坍落度/cm	抗压强度/MPa			28d 劈拉强度/MPa	混凝土温度/℃	气温/℃
								7d	28d	90d			
DLD-C25-001	导流洞边顶拱衬砌	—	20××-11-24	导流洞拌和站	泵送	C25	17.6		23.2			14.3	
DLD-C25-002	导流洞出口明渠左边墙	—	20××-12-09	泵机机口	泵送	C25	15.0		22.6			14.0	19.8
DLD-C25-003	导流洞进水塔楼板	1518.90～1520.50	20××-12-13	泵机机口	泵送	C25	14.0	18.8	30.2			14.0	19.0
参建（施工）单位				检测次数			3	1	3			3	3
导流隧洞工程承包商				平均值			15.5	18.8	25.3			14.1	17.7
				最大值			17.6	18.8	30.2			14.3	19.8
				最小值			14.0	18.8	22.6			14.0	14.3
				合格率/%			—	—	33.3			—	—

表 6-2-54　　导流隧洞工程 C20 喷混凝土取样检测成果统计

试样编号	浇筑部位	高程/m	取样日期/(年-月-日)	取样地点	混凝土种类	设计强度	坍落度/cm	抗压强度/MPa			28d 劈拉强度/MPa	混凝土温度/℃	气温/℃
								7d	28d	90d			
DLD-C20 喷-001	导流洞边顶拱衬砌	—	20××-11-24	导流洞拌和站	泵送	C25	17.6		23.2			14.3	
DLD-C20 喷-002	导流洞出口明渠左边墙	—	20××-12-09	泵机机口	泵送	C25	15.0		22.6			14.0	19.8
DLD-C20 喷-003	导流洞进水塔楼板	1518.90～1520.50	20××-12-13	泵机机口	泵送	C25	14.0	18.8	30.2			14.0	19.0
参建（施工）单位				检测次数			3	1	3			3	3
导流隧洞工程承包商				平均值			15.5	18.8	25.3			14.1	17.7
				最大值			17.6	18.8	30.2			14.3	19.8
				最小值			14.0	18.8	22.6			14.0	14.3
				合格率/%			—	—	33.3			—	—

表 6-2-55　　导流隧洞边坡支护工程 C20 喷射混凝土取样检测成果统计

试样编号	浇筑部位	高程/m	取样日期/(年-月-日)	取样地点	混凝土种类	设计强度	坍落度/cm	抗压强度/MPa			28d 劈拉强度/MPa	混凝土温度/℃	气温/℃
								7d	28d	90d			
DLDBP-C20 喷-001	导流洞出口边坡喷锚支护	1515.00～1530.00	20××-12-09	出口边坡施工仓面	喷射混凝土	C20		10.3	21.8				
DLDBP-C20 喷-002	导流洞进口边坡喷锚支护	1540.00～1550.00	20××-12-27	出口边坡施工仓面	喷射混凝土	C20			22.3				
DLDBP-C20 喷-003	导流洞进口边坡喷锚支护	1535.00	20××-03-16	出口边坡施工仓面	喷射混凝土	C20			22.1				
参建（施工）单位				检测次数				1	3				
导流隧洞工程承包商				平均值				10.3	22.1				
				最大值				10.3	22.3				
				最小值				10.3	21.8				
				合格率/%					100				

表 6-2-56　　溢洪道工程 P・O 32.5 水泥检测成果统计

试样编号	水泥品种	出厂日期/(年-月-日)	取样日期/(年-月-日)	取样地点	细度/%(80μm 筛)	凝结时间/min		安定性	抗压强度/MPa		抗折强度/MPa	
						初凝	终凝		3d	28d	3d	28d
YHD-P・O 2.5-01	P・O 32.5	20××-12-08	20××-12-31	网格梁施工现场	5.2	132	213	合格	23.2	42.5	4.23	7.11
YHD-P・O 32.5-02	P・O 32.5	20××-04-02	20××-04-06	边坡施工现场	4.0	132	207	合格	20.5	39.9	3.65	6.93
YHD-P・O 32.5-03	P・O 32.5	20××-05-29	20××-06-03	坝肩边坡施工现场	3.1	173	246	合格	22.4	45.3	5.13	7.92
YHD-P・O 32.5-04	P・O 32.5	20××-10-11	20××-11-17	拌和站水泥仓库	4.2	130	197	合格	24.7	60.1	4.80	9.26
YHD-P・O 32.5-05	P・O 32.5	20××-10-04	20××-11-17	拌和站水泥仓库	5.2	140	214	合格	19.3	51.5	4.13	7.90
YHD-P・O 32.5-06	P・O 32.5	20××-01-29	20××-02-18	拌和站水泥仓库	3.2	128	198	合格	24.9	49.5	4.6	8.3
执行标准	《硅酸盐水泥、普通硅酸盐水泥》(GB 175—1999)			控制指标	≤10	≥45	≤600	合格	≥11.0	≥32.5	≥2.5	≥5.5
合格率/%					100	100	100	100	100	100	100	100

××牌 P・O 42.5 水泥共取样检测 9 组，检测指标符合《通用硅酸盐水泥》(GB 175—2007)，检测统计结果见表 6-2-57。

表 6-2-57　　溢洪道工程 P・O 42.5 水泥检测成果统计

试样编号	水泥品种	出厂日期/(年-月-日)	取样日期/(年-月-日)	取样地点	凝结时间/min		安定性	抗压强度/MPa		抗折强度/MPa	
					初凝	终凝		3d	28d	3d	28d
YHD-P・O 32.5-01	XL 牌 P・O 42.5	20××-01-02	20××-01-04	拌和站水泥仓库	127	186	合格	32.3	58.4	5.56	8.71
YHD-P・O 32.5-02	TBS 牌 P・O 42.5	20××-12-15	20××-01-04	拌和站水泥仓库	128	190	合格	26.7	56.9	5.64	9
YHD-P・O 32.5-03	XL 牌 P・O 42.5	20××-01-11	20××-02-18	拌和站水泥仓库	124	210	合格	29	55.5	5.42	8.63
YHD-P・O 32.5-04	XL 牌 P・O 42.5	20××-09-16	20××-09-22	拌和站水泥仓库	134	196	合格	30.6	55	5.31	8.81
YHD-P・O 32.5-05	XL 牌 P・O 42.5	20××-02-18	20××-03-04	拌和站水泥仓库	121	188	合格	29.4	56.8	5.95	9.07
YHD-P・O 32.5-06	XL 牌 P・O 42.5	20××-05-06	20××-05-06	拌和站水泥仓库	122	187	合格	29.2	53.9	5.34	7.72
YHD-P・O 32.5-07	XL 牌 P・O 42.5	20××-12-30	20××-01-02	拌和站水泥仓库	130	188	合格	36.0	63.3	6.43	9.59
YHD-P・O 32.5-08	XL 牌 P・O 42.5	20××-02-23	20××-02-25	拌和站水泥仓库	136	200	合格	29.1	56.3	5.88	9.19

续表

试样编号	水泥品种	出厂日期/(年-月-日)	取样日期/(年-月-日)	取样地点	凝结时间/min		安定性	抗压强度/MPa		抗折强度/MPa	
					初凝	终凝		3d	28d	3d	28d
YHD-P·O 32.5-09	XL牌P·O 42.5	20××-02-06	20××-03-10	拌和站水泥仓库	134	195	合格	37.6	61.1	6.41	9.78
执行规范	《通用硅酸盐水泥》(GB 175—2007)			控制指标	≥45	≤600	合格	≥17.0	≥42.5	≥3.5	≥6.5
合格率/%					100	100	100	100	100	100	100

为改善和提高混凝土性能，混凝土拌和时按照配合比添加了硅粉，施工中取样检测1组，检测指标见表6-2-58。

表6-2-58　　溢洪道工程硅粉检测成果统计

编号	试验用水泥品种	检测品种	取样日期/(年-月-日)	取样地点	需水量比/%	安定性	抗压强度/MPa	抗折强度/MPa	含水率/%
							28d	28d	
YHD-硅粉1	P·O 42.5	微硅粉	20××-12-31	溢洪道	118	合格	59.2	9.71	0.9

2. 钢筋检测成果

(1) 钢筋母材。

溢洪道洞工程使用的钢筋为HPB235和HPB335带肋钢筋。20××年12月31日至20××年6月4日期间，施工单位对ϕ8、ϕ10光圆钢筋共取样检测6组，检测结果见表6-2-59。

表6-2-59　　溢洪道工程HPB235光圆钢筋母材检测成果统计

试样编号	公称直径/mm	钢筋牌号	取样时间/(年-月-日)	取样地点	试验日期/(年-月-日)	屈服强度/MPa	抗拉强度/MPa	伸长率/%	冷弯评定
YHD-HPB-01	8	HPB235	20××-12-31	右坝肩网格梁施工现场	2006-12-31	325	510	30	合格
						310	490	29	合格
YHD-HPB-02	10	HPB235	20××-05-28	右坝肩临时钢筋加工厂	2007-05-31	385	510	40	合格
						355	490	36	合格
YHD-HPB-03	8	HPB235	20××-06-03	右坝肩临时钢筋加工厂	2007-06-04	380	540	38	合格
						335	505	40	合格
YHD-HPB-04	8	HPB235	20××-06-03	右坝肩临时钢筋加工厂	2007-06-04	365	525	38	合格
						505	670	38	合格
YHD-HPB-05	10	HPB235	20××-06-03	右坝肩临时钢筋加工厂	2007-06-04	400	540	42	合格
						370	500	40	合格
YHD-HPB-06	10	HPB235	20××-06-03	右坝肩临时钢筋加工厂	2007-06-04	325	450	44	合格
						315	455	42	合格
执行标准满足GB 13013—1991、GB/T 701—1997、GB 1499.1—2008要求						≥235	≥370	≥27	合格
钢筋生产厂家				检测次数		6	6	6	
××集团××钢铁股份有限公司				最大值		505	670	50	
				最小值		310	450	35	
				合格率/%		100	100	100	100

施工单位于20××年12月31日至20××年2月5日期间对HPB335带肋Φ14、Φ16、Φ20、Φ25、Φ28、Φ32钢筋共取样18组进行检测，检测结果见表6-2-60。

表6-2-60　　溢洪道工程HRB335带肋钢筋母材检测成果统计

试样编号	公称直径/mm	钢筋牌号	取样时间/(年-月-日)	取样地点	试验日期/(年-月-日)	屈服强度/MPa	抗拉强度/MPa	伸长率/%	冷弯评定
YHD-HRB-01	28	HRB335	20××-12-31	右坝肩网格梁施工现场	2006-12-31	405	635	30	合格
						380	595	27	合格
YHD-HRB-02	14	HRB335	20××-12-31	右坝肩网格梁施工现场	2006-12-31	430	585	35	合格
						430	580	38	合格
YHD-HRB-03	32	HRB335	20××-5-28	右坝肩临时钢筋加工厂	2007-05-31	375	595	29	合格
						365	575	29	合格
YHD-HRB-04	28	HRB335	20××-5-28	右坝肩临时钢筋加工厂	2007-05-31	375	605	29	合格
						395	635	26	合格
YHD-HRB-05	25	HRB335	20××-5-28	右坝肩临时钢筋加工厂	2007-05-31	375	600	32	合格
						370	580	31	合格
YHD-HRB-06	16	HRB 335	20××-05-28	右坝肩临时钢筋加工厂	2007-05-31	450	555	30	合格
						445	565	31	合格
YHD-HRB-07	14	HRB 335	20××-05-28	右坝肩临时钢筋加工厂	2007-05-31	425	515	30	合格
						400	555	30	合格
YHD-HRB-08	25	HRB 335	20××-12-04	缓流段钢筋临时加工点	2009-12-08	385	525	30	合格
						400	530	30	合格
YHD-HRB-09	20	HRB 335	20××-12-04	缓流段钢筋临时加工点	2009-12-08	420	545	32	合格
						400	535	29	合格
YHD-HRB-10	16	HRB 335	20××-12-04	缓流段钢筋临时加工点	2009-12-08	375	520	33	合格
						385	525	31	合格
YHD-HRB-11	32	HRB 335	20××-02-02	钢筋加工厂	2010-02-03	400	575	28	合格
						410	575	28	合格
YHD-HRB-12	25	HRB 335	20××-02-02	钢筋加工厂	2010-02-03	405	550	27	合格
						390	550	28	合格
YHD-HRB-13	20	HRB 335	20××-02-02	钢筋加工厂	2010-02-03	355	490	30	合格
						380	530	30	合格
YHD-HRB-14	16	HRB 335	20××-02-02	钢筋加工厂	2010-02-03	405	535	28	合格
						400	525	29	合格
YHD-HRB-15	12	HRB 335	20××-02-02	钢筋加工厂	2010-02-03	400	515	32	合格
						425	540	32	合格
YHD-HRB-16	25	HRB 335	20××-02-03	下游护岸钢筋加工厂	2010-02-05	380	505	30	合格
						380	505	28	合格

续表

试样编号	公称直径/mm	钢筋牌号	取样时间/(年-月-日)	取样地点	试验日期/(年-月-日)	屈服强度/MPa	抗拉强度/MPa	伸长率/%	冷弯评定
YHD-HRB-17	20	HRB 335	20××-02-03	下游护岸钢筋加工厂	2010-02-05	430	565	31	合格
						420	560	29	合格
YHD-HRB-18	16	HRB 335	20××-02-03	下游护岸钢筋加工厂	2010-02-05	420	545	31	合格
						415	540	29	合格
执行标准 GB 1499—1998、GB 1499.2—2007						335	490/455	16/17	合格
钢筋生产厂家				检测次数		18	18	18	18
××集团××钢铁股份有限公司				最大值		450	635	38	
				最小值		355	490	26	
				合格率/%		100	100	100	100

(2) 钢筋接头。

溢洪道施工过程中，施工单位于20××年1月9日至20××年2月24日期间对HPB335带肋Φ14、Φ16、Φ20、Φ25、Φ28、Φ32钢筋接头共取样35组进行检测，检测结果见表6-2-61。

表6-2-61　　溢洪道工程HRB335带肋钢筋接头现场取样检测成果统计

编　号	取样日期/(年-月-日)	取样地点	生产厂家	钢筋牌号	直径/mm	连接类型	抗拉强度/MPa	拉后情况	结果评定
YHD-HRB-JT-01	20××-01-09	闸室段	××钢铁	HRB 335	25	单面搭接焊	545	焊缝外延性断	合格
							555	焊缝根部延性断	
							555	焊缝外延性断	
YHD-HRB-JT-02	20××-03-08	左边墙	××钢铁	HRB 335	25	单面搭接焊	535	焊缝外延性断	合格
							515	焊缝外延性断	
							555	焊缝外延性断	
YHD-HRB-JT-03*	20××-03-08	左边墙	××钢铁	HRB 335	20	单面搭接焊	530	焊缝外延性断	需加密取样复检
							440	焊缝撕裂	
							595	焊缝外延性断	
YHD-HRB-JT-04(复检)	20××-03-08	左边墙	××钢铁	HRB 335	20	单面搭接焊	560	焊缝外延性断	复检合格
							520	焊缝外延性断	
							590	焊缝外延性断	
YHD-HRB-JT-05(复检)	20××-03-08	左边墙	××钢铁	HRB 335	20	单面搭接焊	510	焊缝外延性断	复检合格
							575	焊缝外延性断	
							505	焊缝外延性断	
YHD-HRB-JT-06	20××-03-11	右边墙	××钢铁	HRB 335	20	单面搭接焊	540	焊缝外延性断	合格
							520	焊缝外延性断	
							520	焊缝外延性断	

续表

编　号	取样日期/(年-月-日)	取样地点	生产厂家	钢筋牌号	直径/mm	连接类型	抗拉强度/MPa	拉后情况	结果评定
YHD-HRB-JT-07*	20××-03-11	右边墙	××钢铁	HRB 335	25	单面搭接焊	535	焊缝撕裂	需加密取样复检
							525	焊缝外延性断	
							530	焊缝外延性断	
YHD-HRB-JT-08（复检）	20××-03-13	右边墙	××钢铁	HRB 335	25	单面搭接焊	520	焊缝外延性断	复检合格
							535	焊缝外延性断	
							535	焊缝外延性断	
YHD-HRB-JT-09（复检）	20××-03-13	右边墙	××钢铁	HRB 335	25	单面搭接焊	505	焊缝外延性断	复检合格
							540	焊缝外延性断	
							535	焊缝外延性断	
YHD-HRB-JT-10	20××-03-11	右边墙	××钢铁	HRB 335	20	单面搭接焊	545	焊缝外延性断	合格
							565	焊缝外延性断	
							540	焊缝外延性断	
YHD-HRB-JT-11	20××-03-15	右边墙	××钢铁	HRB 335	20	单面搭接焊	530	焊缝外延性断	合格
							540	焊缝外延性断	
							590	焊缝外延性断	
YHD-HRB-JT-12	20××-03-30	右侧挡墙	××钢铁	HRB 335	20	单面搭接焊	540	焊缝外延性断	合格
							550	焊缝外延性断	
							555	焊缝外延性断	
YHD-HRB-JT-13*	20××-04-30	底板	××钢铁	HRB 335	25	单面搭接焊	570	焊缝根部延性断	需加倍取样复检
							565	焊缝外延性断	
							550	焊缝撕开	
YHD-HRB-JT-14（复检）	20××-05-01	底板	××钢铁	HRB 335	25	单面搭接焊	550	焊缝外延性断	复检合格
							560	焊缝外延性断	
							565	焊缝外延性断	
YHD-HRB-JT-15（复检）	20××-05-01	底板	××钢铁	HRB 335	25	单面搭接焊	555	焊缝根部延性断	合格
							560	焊缝外延性断	
							555	焊缝外延性断	
YHD-HRB-JT-16	20××-04-30	底板	××钢铁	HRB 335	20	单面搭接焊	530	焊缝外延性断	合格
							555	焊缝外延性断	
							530	焊缝外延性断	
YHD-HRB-JT-17	20××-05-07	底板	××钢铁	HRB 335	20	单面搭接焊	590	焊缝外延性断	合格
							570	焊缝外延性断	
							575	焊缝外延性断	
YHD-HRB-JT-18	20××-05-07	底板	××钢铁	HRB 335	25	单面搭接焊	570	焊缝外延性断	合格
							570	焊缝外延性断	
							580	焊缝外延性断	

续表

编 号	取样日期/(年-月-日)	取样地点	生产厂家	钢筋牌号	直径/mm	连接类型	抗拉强度/MPa	拉后情况	结果评定
YHD-HRB-JT-19	20××-06-12	底板	××钢铁	HRB 335	20	单面搭接焊	580	焊缝根部延性断	合格
							585	焊缝根部延性断	
							575	焊缝根部脆断	
YHD-HRB-JT-20	20××-06-12	底板	××钢铁	HRB 335	25	单面搭接焊	560	焊缝外延性断	合格
							550	焊缝外延性断	
							565	焊缝外延性断	
YHD-HRB-JT-21	20××-06-12	左侧边墙	××钢铁	HRB 335	25	单面搭接焊	545	焊缝外延性断	合格
							545	焊缝外延性断	
							540	焊缝外延性断	
YHD-HRB-JT-22	20××-06-12	左侧边墙	××钢铁	HRB 335	25	单面搭接焊	570	焊缝根部延性断	合格
							580	焊缝根部延性断	
							575	焊缝外延性断	
YHD-HRB-JT-23	20××-06-12	左侧边墙	××钢铁	HRB 335	25	单面搭接焊	545	焊缝根部延性断	合格
							550	焊缝外延性断	
							555	焊缝外延性断	
YHD-HRB-JT-24	20××-10-01	左侧挡墙	××钢铁	HRB 335	20	单面搭接焊	560	焊缝根部延性断	合格
							570	焊缝根部延性断	
							565	焊缝根部延性断	
YHD-HRB-JT-25	20××-11-17	右侧边墙	××钢铁	HRB 335	25	单面搭接焊	535	焊缝根部延性断	合格
							540	焊缝外延性断	
							540	焊缝外延性断	
YHD-HRB-JT-26	20××-11-17	右侧边墙	××钢铁	HRB 335	20	单面搭接焊	565	焊缝外延性断	合格
							565	焊缝外延性断	
							560	焊缝根部延性断	
YHD-HRB-JT-27	20××-11-17	左侧边墙	××钢铁	HRB 335	25	单面搭接焊	545	焊缝外延性断	合格
							535	焊缝根部延性断	
							545	焊缝外延性断	
YHD-HRB-JT-28	20××-11-17	左侧边墙	××钢铁	HRB 335	20	单面搭接焊	565	焊缝外延性断	合格
							560	焊缝外延性断	
							560	焊缝根部延性断	
YHD-HRB-JT-29	20××-03-14	闸室底板	××钢铁	HRB 335	28	单面搭接焊	555	焊缝外延性断	合格
							550	焊缝外延性断	
							550	焊缝外延性断	
YHD-HRB-JT-30	20××-03-14	闸室段左边墙	××钢铁	HRB 335	25	单面搭接焊	530	焊缝外延性断	合格
							535	焊缝外延性断	
							535	焊缝外延性断	

续表

编　号	取样日期/(年-月-日)	取样地点	生产厂家	钢筋牌号	直径/mm	连接类型	抗拉强度/MPa	拉后情况	结果评定
YHD-HRB-JT-31	20××-12-04	左边墙	××钢铁	HRB 335	20	单面搭接焊	545	焊缝外延性断	合格
							575	焊缝外延性断	
							550	焊缝外延性断	
YHD-HRB-JT-32	20××-12-04	左边墙	××钢铁	HRB 335	25	单面搭接焊	520	焊缝根部延性断	合格
							525	焊缝外延性断	
							530	焊缝外延性断	
YHD-HRB-JT-33	20××-02-02	右岸闸室交通桥	××钢铁	HRB 335	32	单面搭接焊	540	焊缝根部延性断	合格
							535	焊缝外延性断	
							540	焊缝外延性断	
YHD-HRB-JT-34	20××-02-24	右岸溢洪道泄槽段底板	××钢铁	HRB 335	16	单面搭接焊	540	焊缝外延性断	合格
							585	焊缝外延性断	
							535	焊缝外延性断	
YHD-HRB-JT-35	20××-02-24	右岸溢洪道泄槽段底板	××钢铁	HRB 335	25	单面搭接焊	545	焊缝外延性断	合格
							545	焊缝外延性断	
							540	焊缝外延性断	
执行规范	《水工混凝土钢筋施工规范》(DL/T 5169—2002)、《钢筋焊接及验收规程》(JBJ 18—2003)		控制指标			延性断裂	≥490	备注	
						脆性断裂	≥540		
钢筋生产厂家						检测次数	29	带“*”的YHD-0031、YHD-0033、YHD-0050为经加倍取样复检后合格，故其初检数据不参与评定统计	
××集团××钢铁股份有限公司						最大值	590		
						最小值	505		
						合格率	100%		

3. *砂石骨料检测成果*

(1) 细骨料检测试验结果。

施工单位对溢洪道混凝土用天然砂取样6组进行检测，检测试验结果见表6-2-62。

表6-2-62　　溢洪道工程天然砂检测成果统计

试样编号	细骨料品种	取样时间/(年-月-日)	取样地点	细度模数	>5mm含量/%	<0.16mm含量/%	<0.08mm含量/%	含水率/%	含泥量/%
YHD-S-01	天然砂	20××-12-31	右坝肩临时拌合点	3.07	3.9	2.6	0.6	6.8	0.5
YHD-S-02	天然砂	20××-05-18	右坝肩边坡拌合点	2.88	7.0	9.3	3.9		
YHD-S-03	天然砂	20××-06-03	右坝肩边坡拌合点	3.10	8.4	9.4	4.4		
YHD-S-04	天然砂	20××-09-23	溢洪道混凝土搅拌点	2.87	7.2	11.1	5.6		

续表

试样编号	细骨料品种	取样时间/(年-月-日)	取样地点	细度模数	>5mm 含量/%	<0.16mm 含量/%	<0.08mm 含量/%	含水率/%	含泥量/%
YHD-S-05	天然砂	20××-09-23	溢洪道混凝土搅拌点	2.97	7.1	9.6	4.6		
YHD-S-06	天然砂	20××-10-20	溢洪道混凝土搅拌点	2.70	3.2	8.1	3.7		
控制指标 DL/T 5144—2001				2.2～3.0		—	—	—	≤5，≤3*
*含泥量≤3 为≥C30 或有抗冻要求混凝土的指标			检测次数	6	6	6	6	1	1
			平均值	2.9	6.1	8.4	3.8	6.8	0.5
			最大值	3.1	8.4	11.1	5.6	0.0	0.5
			最小值	2.7	3.2	2.6	0.6	6.8	0.5
			合格率/%	83.3					100

施工单位对溢洪道人工砂取样 2 组进行检测，检测试验结果见表 6-2-63。

表 6-2-63　　溢洪道工程人工砂检测成果统计

试样编号	取样日期/(年-月-日)	取样地点	砂样种类	细度模数	>5mm 含量/%	<0.16mm 含量/%	<0.08mm 含量/%	含水量/%	含泥量/%
YHD-S-03*	20××-05-10	溢洪道拌和站料仓	人工砂	2.68	14.4	20.7	11.4	18.3	2.1
YHD-S-04	20××-03-01	溢洪道拌和站储料仓	人工砂	2.92	25.5	16.7	9.2	18.3	
执行规范	DL/T 5144—2001	控制指标	人工砂	24～2.8	—	6～18	—	—	—
“*”为该砂的含泥量的试验方法为水洗法，成分为泥与石粉混合物，数量为一卡车，施工方已清除出料仓，不用于主体工程，其数据不参与评定统计			检测次数	2	—	2	2	1	1
			平均值	2.8	2	18.7	10.3	18.3	2.1
			最大值	2.9	20.0	20.7	11.4	18.3	2.1
			最小值	2.7	25.6	16.7	9.2	18.3	2.1
			合格率/%	100		50			

(2) 碎石检测试验结果。

溢洪道所用人工碎石取样检测 3 组，检测结果见表 6-2-64。

表 6-2-64　　溢洪道工程人工碎石检测成果统计

试样编号	粗骨料品种	取样时间/(年-月-日)	取样地点	表观密度/(kg/m³)	饱和面干吸水率/%	超径含量/%	逊径含量/%	针片状含量/%	石粉含量/%	压碎指标/%	含泥量/%	有机质含量
YHD-SS-01（混合）连续级配	花岗岩 5～4mm	20××-12-31	拌和站								5.3	
YHD-SS-02	花岗岩 5～20mm	20××-03-01	拌和站			2	12					

续表

试样编号	粗骨料品种	取样时间/(年-月-日)	取样地点	表观密度/(kg/m³)	饱和面干吸水率/%	超径含量/%	逊径含量/%	针片状含量/%	石粉含量/%	压碎指标/%	含泥量/%	有机质含量
YHD-SS-03	花岗岩 20～40mm	20××-03-01	拌和站			12	15					
控制指标 DL/T 5144—2001			≥2550	≤2.5	<5	<10	≤15	—	≤30		浅于标准色	

溢洪道所用人工碎石连续级配取样检测 2 组，检测成果见表 6-2-65。

表 6-2-65　　溢洪道工程人工砂石骨料检测成果统计

试样编号	粗骨料品种	取样时间/(年-月-日)	取样地点	统计项目	累计重量百分数/%									
				筛径/mm	53	37.5	31.5	26.5	19	16	9.5	4.75	2.36	<2.36
YHD-SS-04（连续级配）	花岗岩 5～40mm	20××-12-31	右坝肩拌合点	检测结果	0	10.8	24.6	40.8	58.6	64.1	75.5	83.6	88.1	100
YHD-SS-05（连续级配）	花岗岩 5～40mm	20××-05-18	右坝肩拌合点	检测结果	1.6	15.0	23.1	36.4	66.7	77.1	93.75	95.7	96.2	100
执行标准 JGJ 53—92					0		—	—	15～45	—	70～90	95～100	—	

4. 混凝土试验检测成果

溢洪道混凝土设计强度等级有 C15、C20、C25、C30、C35、C45，品种有常态、泵送和抗冲耐磨 3 种。

(1) C25 混凝土取样试验检测成果。

C25 混凝土取样部位有闸室段上、下游齿槽、闸室段底板、缓流段左右边墙、缓流段底板、泄槽段齿槽、闸室段左边墩、引渠段左导水墙、泄槽段底板、泄槽段挑流鼻坎底板、泄槽段左右边墙、泄槽段左右边墙、泄槽段右边墙及挑流鼻坎左边墙、左岸防渗墙刺墙、闸室左边墩锚固预留槽二期、防渗墙 1 号、3 号、4 号、16 号抗滑桩、闸室工作桥桥梁及桥面、闸室段启闭机室层梁、板、柱等等，共检测 184 组，检测统计结果见表 6-2-66。

表 6-2-66　　溢洪道工程 C25 混凝土取样检测成果统计

试件编号	浇筑部位	取样日期/(年-月-日)	取样地点	混凝土种类	设计强度/MPa	坍落度	抗压强度/MPa			28d 劈拉强度
							7d	28d	90d	
YHD-C25-001	闸室段上游齿槽	20××-01-04	溢洪道拌和站	常态	C25	5.9	24.8	31.9		2.21
YHD-C25-002	闸室段上游齿槽	20××-01-04	溢洪道拌和站	常态	C25	10.9	18.0	26.3		1.90
YHD-C25-003	闸室段下游齿槽	20××-01-07	溢洪道拌和站	常态	C25	7.8	18.5	25.9		2.26
…	…	…	…	…	…	…	…	…	…	…
YHD-C25-088	闸室段底板	20××-03-04	溢洪道拌和站	泵送	C25	5.3	32.8	38.7		1.96

续表

试件编号	浇筑部位	取样日期/(年-月-日)	取样地点	混凝土种类	设计强度/MPa	坍落度	抗压强度/MPa			28d劈拉强度
							7d	28d	90d	
…	…	…	…	…	…	…	…	…	…	…
YHD-C25-092	缓流段左边墙	20××-03-11	溢洪道拌和站	泵送	C25	5	25.0	30.7		1.82
…	…	…	…	…	…	…	…	…	…	…
YHD-C25-099	闸室段左边墙	20××-03-22	溢洪道拌和站	泵送	C25	8.5	31.7	37.6	41.2	
YHD-C25-100	闸室段左边墙	20××-03-24	溢洪道拌和站	泵送	C25	7	23.2	27.9	34.5	
…	…	…	…	…	…	…	…	…	…	…
YHD-C25-183	防渗16#抗滑桩	20××-07-02	溢洪道拌和站	泵送	C25	1.7	28.1	39.0		
YHD-C25-184	左岸防渗墙刺墙	20××-08-10	现场临时搅拌机	泵送	C25	0.5	31.5	42.0		

注 本表共184组试件，限于篇幅作了删减省略。

(2) C25混凝土钻芯取样检测成果。

针对试块检测结果反映出来的混凝土低强部位，试验室采用钻芯取样进行复核，复核统计结果见表6-2-67。

表6-2-67　溢洪道工程C25混凝土钻芯取样检测成果统计

混凝土芯样编号	工程名称/部位	强度等级	混凝土种类	试验龄期/d	抗压强度/MPa	施工日期/(年-月-日)	钻芯日期/(年-月-日)
YHD-C25-ZX-001(YHD-C25-028复核)	缓流段底板	C25	常态	9	21.1	20××-05-02	20××-05-10
YHD-C25-ZX-002(YHD-C25-028复核)	缓流段底板	C25	常态	10	18.5(6个芯样2组)	20××-05-02	20××-05-11
YHD-C25-ZX-002(YHD-C25-028复核)	缓流段底板	C25	常态	10	19.8(6个芯样2组)	20××-05-02	20××-05-11
YHD-C25-ZX-003	闸室段左边墙	C25	泵送	9	27.5	20××-03-23	20××-03-31
YHD-C25-ZX-004(YHD-C25-133复核)	闸室段右边墩	C25	常态	45	24.1	20××-06-25	20××-08-08
YHD-C25-ZX-004(YHD-C25-133复核)	闸室段右边墩	C25	常态	45	36.3	20××-06-25	20××-08-08
YHD-C25-ZX-004(YHD-C25-133复核)	闸室段右边墩	C25	常态	61	31.9	20××-05-02	20××-08-22

(3) C25混凝土耐久性试验检测成果。

C25混凝土为二级配，溢洪道施工时取样1组进行耐久性试验检测，检测试验结果见表6-2-68。

表 6-2-68 **溢洪道 C25 混凝土耐久性试验检测成果统计**

编 号	工程部位	混凝土种类	强度等级	级配	取样日期/(年-月-日)	抗压强度/MPa	劈拉强度/MPa	抗渗等级	质量损失率/%	相对动弹模/%	抗冻等级
						28d	28d	28d			28d
YHD-C25-01	溢洪道	常态	C25	二	20××-01-04	31.9	2.21	> W6	1.87 (50 循环)	89.2 (50 循环)	>F50
设计要求						≥25	—	≥W6	≤5	≥60	≥ F50

（4）C20 混凝土取样试验检测成果。

C20 混凝土共检测试件 114 组，取样部位有左坝肩边坡网格梁、左坝肩贴坡、右岸坝肩贴坡、右边坡网格梁、引渠段齿槽、闸室段垫层、缓流段排水沟底板、排水沟、引渠段右挡墙、引渠段底板、引渠段左导水墙、泄槽段出口护岸衡重式挡墙、泄槽段（出口）护坦齿槽泄槽段出口护岸贴坡等，检测试验结果见表 6-2-68。

表 6-2-68 **溢洪道工程 C20 混凝土取样检测成果**

试件编号	浇筑部位	取样日期/(年-月-日)	取样地点	混凝土种类	设计强度	坍落度	抗压强度/MPa			28d 劈拉强度
							7d	28d	90d	
YHD-C20-001*	下游边坡	20××-12-31	现场搅拌机口	常态	C20	14.2	7.2	12.1		
YHD-C20-002	左坝肩边坡网格梁	20××-01-08	现场搅拌机口	常态	C20			19.0		
…	…	…	…	…	…	…	…	…	…	…
YHD-C20-008	左坝肩边坡网格梁	20××-05-18	现场搅拌机口	常态	C20	17	26.5	37.2		
YHD-C20-009	左坝肩边坡网格梁	20××-05-20	现场搅拌机口	常态	C20	3.5	25.8	33.2		
…	…	…	…	…	…	…	…	…	…	…
YHD-C20-032	引渠段右侧 DSQ1	20××-12-18	现场搅拌机口	常态	C20	8.0	17.4	22.9		
YHD-C20-033*	引渠段右侧 DSQ1	20××-12-19	现场搅拌机口	常态	C20	11.2	10.9	14.8		
…	…	…	…	…	…	…	…	…	…	…
YHD-C20-035	闸室段垫层	20××-12-25	现场搅拌机口	常态	C20	10.7		23.6		3.1
YHD-C20-036	闸室段垫层	20××-12-25	现场搅拌机口	常态	C20	7.0	14.9	21.7		
…	…	…	…	…	…	…	…	…	…	…
YHD-C20-114	泄槽段出口护岸	20××-5-31	现场搅拌机口	常态	C20		21.3	27.3		

注 本表共 114 组试件，限于篇幅做了删减省略。

（5）C20 混凝土钻芯取样检测成果。

为了对溢洪道 C20 混凝土低强部位进行复核，中心试验室采用钻芯取进行检测，检测统计结果见表 6-2-69。

（6）C20 喷射混凝土取样试验检测成果。

表 6-2-69　　溢洪道工程 C25 混凝土钻芯取样检测成果统计

混凝土芯样编号	工程名称/部位	强度等级	混凝土种类	试验龄期/d	抗压强度/MPa	施工日期/(年-月-日)	钻芯日期/(年-月-日)
YHD-C25-ZX-01	溢洪道边坡网格梁	C20	常态	28	17.8 (6个芯样2组)	20××-12-31	20××-01-28
YHD-C25-ZX-02	溢洪道边坡网格梁	C20	常态	28	17.0 (6个芯样2组)	20××-12-31	20××-01-28
YHD-C25-ZX-03	闸室段垫层	C20	常态	20	29.9	20××-12-22	20××-01-09
YHD-C25-ZX-04	齿槽回填	C20	常态	31	22.9 (4个芯样1组)	20××-12-19	20××-01-09
YHD-C25-ZX-05	引渠段右侧基础	C20	常态	23	17.4 (6个芯样2组)	20××-12-19	20××-01-09
YHD-C25-ZX-06	引渠段底板	C20	常态	8	11.8 (5个芯样1组)	20××-02-17	20××-02-24
YHD-C25-ZX-07	引渠段底板	C20	泵送	28	26.9	20××-02-17	20××-03-14

溢洪道泄槽段左边墙、护岸边坡喷锚 C20 混凝土取样检测 2 组，检测结果见表 6-2-70。

表 6-2-70　　溢洪道工程 C20 喷射混凝土取样检测成果统计

试样编号	浇筑部位	取样日期/(年-月-日)	取样地点	混凝土种类	设计强度	抗压强度/MPa		
						7d	28d	90d
YHD-P-0803	泄槽段左边墙喷锚支护	20××-03-19	泄槽段左边墙	喷射混凝土	C20		23.2	
YHD-P-1441	泄槽段出口以上护岸边坡喷锚	20××-01-14	泄槽右岸护坡	喷射混凝土	C20		19.1	

(7) C30 混凝土取样试验检测成果。

洪道闸室段左边墩、闸室右边墩牛腿、闸室左右边墩及油机座二期 C30 混凝土取样 1 组检测结果见表 6-2-71。

表 6-2-71　　溢洪道工程 C30 混凝土取样检测成果统计

试样编号	浇筑部位	取样日期/(年-月-日)	取样地点	混凝土种类	设计强度	坍落度/cm	抗压强度/MPa		
							7d	28d	90d
YHD-C30-01	闸室段左边墩	20××-11-10	溢洪道拌和站	常态	C30		40.6	46.0	
YHD-C30-02	闸室右边墩牛腿	20××-12-10	溢洪道拌和站	常态	C30		35.5	42.0	
YHD-C30-03	闸室左右边墩及油机座二期	20××-04-11	溢洪道拌和站	常态	C30	10	38.3	45.8	

(8) C35 混凝土取样试验检测成果。

溢洪道闸室交通桥桥梁 C35 混凝土取样 1 组检测结果见表 6-2-72。

表 6-2-72　　　　溢洪道工程 C35 混凝土取样检测成果统计

试样编号	浇筑部位	取样日期/(年-月-日)	取样地点	混凝土种类	设计强度	坍落度/cm	抗压强度/MPa		
							7d	28d	90d
YHD-1458	溢洪道闸室交通桥桥梁	20××-02-03	溢洪道拌和站	常态	C35	4.4	40.5	49.6	

(9) C45 混凝土取样试验检测成果。

溢洪道泄槽段右边墙、泄槽段挑流鼻坎底板、闸室段交通桥桥面、泄槽段左右边墙、泄槽段左右边墙、泄槽段底板等抗冲耐磨 C45 混凝土 7d、28d 凝期各取样 19 组，检测结果见表 6-2-73。

表 6-2-73　　　　溢洪道工程 C45 混凝土取样检测成果统计

试样编号	浇筑部位	取样日期/(年-月-日)	取样地点	混凝土种类	设计强度	坍落度/cm	抗压强度/MPa		
							7d	28d	90d
YHD-C45-01	泄槽段右边墙	20××-11-23	溢洪道拌和站	抗冲耐磨	C45		33.5	46.0	56.6
YHD-C45-02	泄槽段右边墙	20××-11-28	溢洪道拌和站	抗冲耐磨	C45		50.4	60.2	
YHD-C45-03	泄槽段右边墙	20××-11-29	溢洪道拌和站	抗冲耐磨	C45		45.5	57.6	
YHD-C45-04	泄槽段右边墙	20××-12-06	溢洪道拌和站	抗冲耐磨	C45		49.1	60.0	
YHD-C45-05	泄槽段右边墙	20××-01-02	溢洪道拌和站	常态	C45	5.7	46.8	61.3	
YHD-C45-06	泄槽段右边墙	20××-01-10	溢洪道拌和站	常态	C45	9.5	51.6	57.1	
YHD-C45-07	泄槽段右边墙	20××-01-17	溢洪道拌和站	常态	C45		37.7	51.9	
YHD-C45-08	泄槽段挑流鼻坎底板	20××-01-22	溢洪道拌和站	常态	C45	5.2	51.5	66.1	
YHD-C45-09	泄槽段挑流鼻坎底板	20××-01-23	溢洪道拌和站	常态	C45	6.5	53.1	66.5	75.0
YHD-C45-10	闸室段交通桥桥面	20××-02-09	溢洪道拌和站	常态	C45	5.1	40.0	55.9	
YHD-C45-11	泄槽段左右边墙	20××-03-10	溢洪道拌和站	常态	C45	10.3	50.4	59.9	
YHD-C45-12	泄槽段左边墙	20××-04-08	溢洪道拌和站	常态	C45	0	53.2	64.4	
YHD-C45-13	泄槽段底板	20××-04-10	溢洪道拌和站	常态	C45	5.3	40.8	54.0	
YHD-C45-14	泄槽段底板	20××-04-12	溢洪道拌和站	常态	C45	4.1	46.6	60.8	
YHD-C45-15	泄槽段底板	20××-04-15	溢洪道拌和站	常态	C45	1.5	49.8	58.3	
YHD-C45-16	泄槽段右边墙	20××-04-17	溢洪道拌和站	常态	C45	5.4	41.3	59.4	
YHD-C45-17	泄槽段底板	20××-04-20	溢洪道拌和站	常态	C45		36.5	50.0	
YHD-C45-18	泄槽段底板	20××-04-23	溢洪道拌和站	常态	C45		30.8	43.1	46.0
YHD-C45-19	泄槽段底板	20××-04-26	溢洪道拌和站	常态	C45		33.6	46.3	

(10) C15混凝土取样试验检测成果。

溢洪道缓流段超挖、闸室段底板与边坡间回填采用C15混凝土回填，现场对混凝土取7d、28d凝期试件各2组，检测结果见表6-2-74。

表6-2-74　　溢洪道工程C15混凝土取样检测成果统计

试样编号	浇筑部位	取样日期/(年-月-日)	取样地点	混凝土种类	设计强度	坍落度/cm	抗压强度/MPa		
							7d	28d	90d
YHD-C15-01	缓流段回填	20××-04-16	溢洪道拌和站	常态	C15		18.2	24.2	
YHD-C15-02	闸室段底板与边坡间回填	20××-09-23	仓面	常态	C15		20.6	27.1	

5. 锚杆拉拔试验检测成果

共做锚杆拉拔力试验3组，试验结果合格，详见表6-2-75。

表6-2-75　　溢洪道工程锚杆拉拔试验检测成果统计

编号	检测部位	检测日期/(年-月-日)	规格/mm (ϕ@L)	锚杆间排距/m	试验锚杆位置	拉拔力值/kN	设计拉拔力值/kN	评定
YHD MG-1	右岸溢洪道闸室段垫层锚杆	20××-12-26	25@6000	2.0×2.0	靠左岸闸室边墙左侧4m处	130.0	80～120	合格
					靠左岸闸室边墙左侧最左端	130.0		合格
YHD MG-2	右岸溢洪道闸室段垫层锚杆	20××-12-26	25@6000	2.0×2.0	靠上游闸室段齿槽右侧0+16桩号处	131.0	80～120	合格
					靠上游闸室段齿槽右侧0+17桩号处	103.0		合格
YHD MG-3	右岸溢洪道闸室段垫层锚杆	20××-12-26	25@6000	2.0×2.0	靠上游右岸闸室段齿槽尾部4m处	131.0	80～120	合格
					靠上游右岸闸室段齿槽尾部6m处	130.0		合格

(三) 引水隧洞工程1标(进水塔和进水口边坡)检测成果

1. 胶凝材料检测成果

×××牌P·O 32.5水泥共取样检测6组，检测指标符合《硅酸盐水泥、普通硅酸盐水泥》(GB 175—1999)，检测统计结果见表6-2-76。

××牌P·O 42.5水泥共取样检测9组，检测指标符合《通用硅酸盐水泥》(GB 175—2007)，检测统计结果见表6-2-77。

2. 钢筋检测成果

(1) 母材。

引水隧洞进水塔及进水口边坡工程使用的钢筋品种为HPB235光圆钢筋。20××年5月25日施工单位对ϕ6.5钢筋取样检测1组，检测结果见表6-2-78。

表 6-2-76　　引水隧洞工程 1 标 P·O 32.5 水泥检测成果统计

试样编号	水泥品种	出厂日期 /(年-月-日)	取样日期 /(年-月-日)	取样地点	细度/% (80μm 筛)	凝结时间/min		安定性	抗压强度/MPa		抗折强度/MPa	
						初凝	终凝		3d	28d	3d	28d
YSSD-P·O325-01	×××牌 P·O 32.5	20××-04-18	20××-05-26	引水隧洞拌和站水泥料仓	3.5	189	259	合格	23.2	45.4	4.54	7.23
YSSD-P·O325-02	×××牌 P·O 32.5	20××-05-22	20××-05-28	引水隧洞拌和站水泥料仓	5.7	142	204	合格	24.5	43.4	4.83	7.24
YSSD-P·O325-03	×××牌 P·O 32.5	20××-07-10	20××-10-06	引水隧洞拌和站水泥料仓	4.1	112	178	合格	24.0	45.0	4.93	7.55
YSSD-P·O325-04	×××牌 P·O 32.5	20××-09-27	20××-10-06	引水隧洞拌和站水泥料仓	4.2	128	207	合格	23.0	43.7	4.91	7.67
YSSD-P·O325-05	×××牌 P·O 32.5	20××-01-02	20××-03-22	引水隧洞拌和站水泥料仓	4.2	118	183	合格	22.0	39.9	4.6	7.04
YSSD-P·O325-06	×××牌 P·O 32.5	20××-03-22	20××-03-28	引水隧洞拌和站水泥料仓	5.6	127	189	合格	20.3	39.3	4.31	6.57
执行规范	《硅酸盐水泥、普通硅酸盐水泥》(GB 175—1999)			控制指标	≤10	≥45	≤600	合格	≥11.0	≥32.5	≥2.5	≥5.5
检测次数					6	6	6	6	6	6	6	6
合格率/%					100	100	100	100	100	100	100	100

表 6-2-77　　引水隧洞工程 1 标 P·O 42.5 水泥检测成果统计

试样编号	水泥品种	出厂日期 /(年-月-日)	取样日期 /(年-月-日)	取样地点	细度 /%	凝结时间/min		安定性	抗压强度/MPa		抗折强度/MPa	
						初凝	终凝		3d	28d	3d	28d
YSSD-P·O425-01	××牌 P·O 42.5	20××-08-20	20××-08-24	拌和站水泥仓库	0.8	116	178	合格	26.7	52.3	5.45	9.03
YSSD-P·O425-02	××牌 P·O 42.5	20××-09-18	20××-09-22	拌和站水泥仓库	0.6	121	171	合格	31.1	55.9	5.52	8.95
YSSD-P·O425-03	××牌 P·O 42.5	20××-10-21	20××-09-22	拌和站水泥仓库	0.8	116	170	合格	30.6	52.5	5.60	8.69
YSSD-P·O425-04	××牌 P·O 42.5	20××-11-09	20××-11-12	拌和站水泥仓库	0.8	117	179	合格	28.3	52.6	5.00	8.28
YSSD-P·O425-05	××牌 P·O 42.5	20××-12-25	20××-01-02	拌和站水泥仓库	0.6	144	203	合格	27.8	58.6	5.75	8.96
YSSD-P·O425-06	××牌 P·O 42.5	20××-12-22	20××-02-06	拌和站水泥仓库	0.8	118	179	合格	27.1	59.0	5.24	8.93
YSSD-P·O425-07	××牌 P·O 42.5	20××-12-15	20××-12-20	拌和站水泥仓库	0.4	121	185	合格	33.2	57.1	6.49	8.54
YSSD-P·O425-08	××牌 P·O 42.5	20××-01-11	20××-01-15	拌和站水泥仓库	1.2	121	184	合格	33.1	57.9	6.33	8.89
YSSD-P·O425-09	××牌 P·O 42.5	20××-03-09	20××-03-10	拌和站水泥仓库	0.8	134	199	合格	30.5	56.6	5.97	9.26
执行规范	《通用硅酸盐水泥》(GB 175—2007)			控制指标	—	≥45	≤600	合格	≥17.0	≥42.5	≥3.5	≥6.5
检测次数					9	9	9	9	9	9	9	9
合格率/%					100	100	100	100	100	100	100	

表 6-2-78　　引水隧洞1标进水塔及进水口边坡工程 HPB 235 光圆钢筋母材检测成果统计

试样编号	公称直径/mm	钢筋牌号	取样时间	取样地点	试验日期/(年-月-日)	屈服强度/MPa	抗拉强度/MPa	伸长率/%	冷弯评定
YSSD HPB235-01	6.5	HPB 235	20××-05-25	引水隧洞钢筋加工点	20××-05-27	420	575	45	合格
						405	570	45	合格
执行标准 GB 13013—1991、GB/T 701—1997、GB 1499.1—2008						≥235	≥370	≥25	合格
钢筋生产厂家				检测次数		1	1	1	1
××集团××钢铁股份有限公司				合格率/%		100	100	100	100

引水隧洞1标（进水塔及进水口边坡）使用的钢筋品种为HPB235带肋钢筋。20××年5月25日施工至20××年12月20日期间，施工单位对Φ16、Φ20、Φ22、Φ25、Φ28带肋钢筋共取样9组，检测结果见表6-2-79。

表 6-2-79　　引水隧洞1标进水塔及进水口边坡工程 HRB 335 带肋钢筋母材检测成果统计

试样编号	公称直径/mm	钢筋牌号	取样时间/(年-月-日)	取样地点	试验日期/(年-月-日)	屈服强度/MPa	抗拉强度/MPa	伸长率/%	冷弯评定
YSSD HRB335-01	20	HRB 335	20××-05-25	引水隧洞钢筋加工现场	20××-05-27	430	565	30	合格
						430	550	29	合格
YSSD HRB335-02	25	HRB 335	20××-05-25	引水隧洞钢筋加工现场	20××-05-27	365	590	30	合格
						370	565	30	合格
						405	570	45	合格
YSSD HRB335-03	28	HRB 335	20××-05-25	引水隧洞钢筋加工现场	20××-05-27	415	560	29	合格
						450	605	28	合格
YSSD HRB335-04	25	HRB 335	20××-03-06	引水隧洞钢筋加工现场	20××-03-20	410	545	30	合格
						405	545	29	合格
YSSD HRB335-05	20	HRB 335	20××-03-06	引水隧洞钢筋加工现场	20××-03-20	395	530	29	合格
						415	555	31	合格
YSSD HRB335-06	22	HRB 335	20××-03-10	引水隧洞钢筋加工现场	20××-03-20	380	525	32	合格
						380	530	31	合格
YSSD HRB335-07	28	HRB 335	20××-12-20	引水隧洞钢筋加工现场	20××-12-21	400	550	26	合格
						400	555	27	合格
YSSD HRB335-08	25	HRB 335	20××-12-20	引水隧洞钢筋加工现场	20××-12-21	425	570	31	合格
						420	570	30	合格
YSSD HRB335-09	16	HRB 335	20××-12-20	引水隧洞钢筋加工现场	20××-12-21	425	545	29	合格
						420	545	30	合格
执行标准 GB 13013—1991、GB/T 701—1997、GB 1499.1—2008						≥335	≥490/455	16/17	合格

续表

试样编号	公称直径/mm	钢筋牌号	取样时间/(年-月-日)	取样地点	试验日期/(年-月-日)	屈服强度/MPa	抗拉强度/MPa	伸长率/%	冷弯评定
钢筋生产厂家				检测次数		9	9	9	—
××集团××钢铁股份有限公司				最大值		450	605	45	—
				最小值		365	525	28	—
				合格率/%		100	100	100	100

（2）钢筋接头。

引水隧洞进水塔工程 HRB335 带肋钢筋接头现场取样 11 组，检测成果见表 6－2－80。

表 6－2－80　引水隧洞 1 标进水塔工程 HRB335 带肋钢筋接头现场取样检测成果统计

编 号	取样日期/(年-月-日)	取样地点	生产厂家	直径/mm	连接类型	抗拉强度/MPa	拉后情况	结果评定
YSSD HRB335－JT01	20××-02-15	进水口拦污栅左侧闸墩	××钢铁	25	单面搭接焊	510	焊缝外延性断	合格
						575	焊缝外延性断	
						570	焊缝外延性断	
YSSD HRB335－JT02	20××-02-29	进水口拦污栅左侧闸墩	××钢铁	25	单面搭接焊	610	焊缝外延性断	合格
						580	焊缝外延性断	
						500	焊缝外延性断	
YSSD HRB335－JT03	20××-02-29	进水口拦污栅左侧闸墩	××钢铁	20	单面搭接焊	560	焊缝外延性断	合格
						540	焊缝外延性断	
						555	焊缝外延性断	
YSSD HRB335－JT04	20××-03-06	进水塔右边墩	××钢铁	25	单面搭接焊	565	焊缝外延性断	需加倍取样复检
						560	焊缝外延性断	
						480	焊缝撕开	
YSSD HRB335－JT05	20××-03-09	进水塔右边墩	××钢铁	25	单面搭接焊	570	焊缝外延性断	加倍取样复检合格
						515	焊缝外延性断	
						565	焊缝外延性断	
YSSD HRB335－JT06	20××-03-09	进水塔右边墩	××钢铁	25	单面搭接焊	560	焊缝外延性断	加倍取样复检合格
						565	焊缝外延性断	
						565	焊缝外延性断	
YSSD HRB335－JT07*	20××-03-06	进水塔右边墩	××钢铁	18	单面搭接焊	565	焊缝外延性断	合格
						570	焊缝外延性断	
						570	焊缝外延性断	
YSSD HRB335－JT08	20××-03-20	进水塔右边墩及底板	××钢铁	25	单面搭接焊	575	焊缝外延性断	合格
						515	焊缝外延性断	
						555	焊缝外延性断	
YSSD HRB335－JT09	20××-03-26	进水塔边墙	××钢铁	25	单面搭接焊	555	焊缝外延性断	合格
						510	焊缝外延性断	
						510	焊缝外延性断	

续表

编号	取样日期/(年-月-日)	取样地点	生产厂家	直径/mm	连接类型	抗拉强度/MPa	拉后情况	结果评定
YSSD HRB335-JT10	20××-03-26	进水塔边墙	××钢铁	20	单面搭接焊	550	焊缝外延性断	合格
						530	焊缝外延性断	
						535	焊缝外延性断	
YSSD HRB335-JT11	20××-04-03	引水隧洞上下游边墙	××钢铁	25	单面搭接焊	580	焊缝外延性断	合格
						560	焊缝外延性断	
						565	焊缝外延性断	
YSSD HRB335-JT12	20××-04-03	引水隧洞上下游边墙	××钢铁	20	单面搭接焊	525	焊缝外延性断	合格
						520	焊缝外延性断	
						540	焊缝根部延性断	
YSSD HRB335-JT13	20××-12-20	引水隧洞衬砌钢筋安装现场	××钢铁	25	单面搭接焊	545	焊缝根部延性断	合格
						550	焊缝外延性断	
						550	焊缝外延性断	
执行规范	《水工混凝土钢筋施工规范》(DL/T 5169—2002)			控制指标	延性断裂	≥490	备注	
					脆性断裂	≥540		
钢筋生产厂家					检测次数	11	标“*”的为经加倍取样复检后合格，故其初检数据不参与评定统计	
××集团××钢铁股份有限公司					最大值	610		
					最小值	500		
					合格率/%	100		

3. 细骨料检测成果

引水隧洞1标混凝土用细骨料有天然砂和人工砂两种，施工中各取样两组进行检测。

(1) 天然砂试验检测成果。

施工单位对引水隧洞混凝土用天然沙取样2组进行检测，检测试验结果见表6-2-81。

表6-2-81 引水隧洞1标进水塔及进水口边坡工程天然砂检测成果统计

试样编号	细骨料品种	取样时间/(年-月-日)	取样地点	细度模数	>5mm含量/%	<0.16mm含量/%	<0.08mm含量/%	含水率/%	含泥量/%
YSSD-TS-01	天然沙	20××-05-28	引水隧洞拌和站	3.0	6.9	1.4	5.5		
YSSD-TS-02	天然沙	20××-01-02	引水隧洞拌和站	2.9	5.2	2.0	0.9		
控制指标 DL/T 5144—2001				2.2～3.0	—	—	—	≤6	≤5，≤3*
标“*”含泥量≤3%为≥C30或有抗冻要求混凝土的指标			检测次数	2	2	2	2		
			合格率/%	50					

(2) 人工砂试验检测成果。

施工单位对引水隧洞1标混凝土用人工砂取样2组进行检测，检测试验结果见表6-2-82。

表 6-2-82　　引水隧洞 1 标进水塔及进水口边坡工程人工砂检测成果统计

试样编号	细骨料品种	取样时间/(年-月-日)	取样地点	细度模数	>5mm 含量/%	<0.16mm 含量/%	<0.08mm 含量/%	含水率/%	泥块含量/%
YSSD-RS-01	人工砂	20××-2-27	引水隧洞拌和站	2.37	10.8	16.8	10.6		
YSSD-RS-02	人工砂	20××-10-19	引水隧洞拌和站	2.68	11.4	15.0	9.9		
控制指标 DL/T 5144—2001				2.4～2.8	—	6～18	—	≤6	不允许
标“*”含泥量≤3%为≥C30或有抗冻要求混凝土的指标			检测次数	2	2	2	2		
			合格率/%	100		100			

4. 混凝土取样检测试验成果

引水隧洞 1 标混凝土设计强度等级和种类有 C20、C25、C30、C40 泵送混凝土、C25 喷射混凝土等。

(1) C25 混凝土取样试验检测成果。

引水隧洞 1 标 C25 混凝土 7d、28d 凝期各取样 89 组，检测结果见表 6-2-83。

表 6-2-83　　引水隧洞 1 标进水塔及进水口边坡工程 C25 混凝土检测成果统计

试样编号	浇筑部位	取样日期/(年-月-日)	取样地点	混凝土种类	设计强度	坍落度/cm	抗压强度/MPa		
							7d	28d	90d
YSSD-C25-01	进水口渐变段	20××-01-18	进水塔泵机口	泵送	C25	10.9	23.5	29.5	
YSSD-C25-02	进水口渐变段	20××-01-21	进水塔泵机口	泵送	C25	17.0	27.1	33.6	
YSSD-C25-03	进水塔底板	20××-01-23	进水塔泵机口	泵送	C25	10.6	17.5	24.6	
YSSD-C25-04	进水塔底板	20××-01-25	进水塔泵机口	泵送	C25	18.7	16.0	22.7	
YSSD-C25-05	进水塔底板	20××-02-01	进水塔泵机口	泵送	C25	9.6	18.9	26.9	31.5
…	…	…	…	…	…	…	…	…	…
YSSD-C25-65	引水隧洞衬砌	20××-03-17	拌和站泵机口	泵送	C25	15	17.4	24.0	
YSSD-C25-66	引水隧洞衬砌	20××-03-22	拌和站泵机口	泵送	C25	5.5	24.7	31.6	
YSSD-C25-67	引水隧洞衬砌	20××-04-07	拌和站泵机口	泵送	C25	6.7	22.5	27.1	
…	…	…	…	…	…	…	…	…	…
YSSD-C25-86	隧洞边顶拱衬砌	20××-10-30	拌和站泵机口	泵送	C25	6.6	33.3	43.2	
YSSD-C25-87	隧洞顶拱衬砌	20××-11-01	拌和站泵机口	泵送	C25	9.9	35.2	42.9	
YSSD-C25-88	隧洞边墙衬砌	20××-12-16	拌和站泵机口	泵送	C25	7.4	38.6	46.8	
YSSD-C25-89	隧洞边墙衬砌	20××-01-14	拌和站泵机口	泵送	C25	8.1	27.2	35.5	

(2) C25 喷射混凝土取样试验检测成果。

引水隧洞工程1标喷C25混凝土取样检测28d龄期26组、7d龄期20组、3d龄期1组，检测结果见表6-2-84。

表6-2-84 引水隧洞工程1标C25喷射混凝土取样检测成果统计

试样编号	浇筑部位	取样日期 /(年-月-日)	取样地点	混凝土种类	设计强度	坍落度 /cm	抗压强度/MPa		
							3d	7d	28d
YSSDC25P-01	隧洞喷锚支护	20××-02-19	施工现场仓面	喷射混凝土	C25			23.2	33.2
YSSD C25P-02	隧洞喷锚支护	20××-03-10	施工现场仓面	喷射混凝土	C25		19.9	27.5	36.5
YSSD C25P-03	隧洞喷锚支护	20××-03-09	施工现场仓面	喷射混凝土	C25			27.8	34.5
YSSD C25P-04	隧洞喷锚支护	20××-02-22	施工现场仓面	喷射混凝土	C25				34.5
YSSD C25P-05	隧洞喷锚支护	20××-02-24	施工现场仓面	喷射混凝土	C25				25.1
YSSD C25P-06	隧洞喷锚支护	20××-02-28	施工现场仓面	喷射混凝土	C25				30.1
YSSD C25P-07	隧洞喷锚支护	20××-03-01	施工现场仓面	喷射混凝土	C25				30.3
YSSD C25P-08	隧洞喷锚支护	20××-03-09	施工现场仓面	喷射混凝土	C25				34.5
YSSD C25P-09	隧洞喷锚支护	20××-03-13	施工现场仓面	喷射混凝土	C25			25.3	31.3
YSSD C25P-10	隧洞喷锚支护	20××-03-15	施工现场仓面	喷射混凝土	C25			29.8	36，0
YSSD C25P-11	隧洞喷锚支护	20××-03-17	施工现场仓面	喷射混凝土	C25			25.0	30.3
YSSD C25P-12	隧洞喷锚支护	20××-03-19	施工现场仓面	喷射混凝土	C25			26.6	31.8
YSSD C25P-13	隧洞喷锚支护	20××-03-22	施工现场仓面	喷射混凝土	C25			33.7	39.5
YSSD C25P-14	隧洞喷锚支护	20××-03-27	施工现场仓面	喷射混凝土	C25			27.6	41.4
YSSD C25P-15	隧洞喷锚支护	20××-03-23	施工现场仓面	喷射混凝土	C25				37.6
YSSD C25P-16	隧洞喷锚支护	20××-03-31	施工现场仓面	喷射混凝土	C25			26.4	25.1
YSSD C25P-17	隧洞喷锚支护	20××-04-05	施工现场仓面	喷射混凝土	C25			30.1	30.3
YSSD C25P-18	隧洞喷锚支护	20××-04-10	施工现场仓面	喷射混凝土	C25			26.4	32.7
YSSD C25P-19	隧洞喷锚支护	20××-04-12	施工现场仓面	喷射混凝土	C25			21.3	30.0
YSSD C25P-20	隧洞喷锚支护	20××-01-22	施工现场仓面	喷射混凝土	C25			32.0	40.8
YSSD C25P-21	隧洞喷锚支护	20××-01-26	施工现场仓面	喷射混凝土	C25			32.4	37.8
YSSD C25P-22	隧洞喷锚支护	20××-01-30	施工现场仓面	喷射混凝土	C25			25.6	33.2
YSSD C25P-23	隧洞喷锚支护	20××-02-06	施工现场仓面	喷射混凝土	C25			19.3	32.3
YSSD C25P-24	隧洞喷锚支护	20××-03-08	施工现场仓面	喷射混凝土	C25			21.7	25.9
YSSD C25P-25	隧洞喷锚支护	20××-03-19	施工现场仓面	喷射混凝土	C25			20.5	27.8
YSSD C25P-26	隧洞喷锚支护	20××-04-05	施工现场仓面	喷射混凝土	C25			26.5	31.2

(3) C25混凝土钻芯取样试验成果。

为了对引水隧洞工程1标进水塔及进水口边坡工程C25混凝土低强部位进行复核，中心试验室采用钻芯取样19组，检测统计结果见表6-2-85。

表 6-2-85 引水隧洞 1 标进水塔及进水口边坡工程 C25 混凝土钻芯取样检测成果统计

混凝土芯样编号	工程名称/部位	强度等级	混凝土种类	试验龄期/d	抗压强度/MPa	施工日期/(年-月-日)	钻芯日期/(年-月-日)
YSSD-C25-01(复核)	进水塔上下游墙	C25	泵送	33	22.1(6个芯样2组)	20××-03-17	20××-04-18
YSSD-C25-02(复核)	进水塔上下游墙	C25	泵送	33	33.5(6个芯样2组)	20××-03-17	20××-04-18
YSSD-C25-03(复核)	进水塔上下游墙	C25	泵送	36	25.7	20××-03-17	20××-04-21
YSSD-C25-04(复核)	进水塔上下游墙	C25	泵送	77	32.8	20××-02-16	20××-05-01
YSSD-C25-05(复核)	进水塔右墙	C25	泵送	70	39.1	20××-02-29	20××-05-04
YSSD-C25-06(复核)	进水塔底板	C25	泵送	112	30.9	20××-01-25	20××-05-13
YSSD-C25-07(复核)	进水塔左墩	C25	泵送	31	17.8(6个芯样2组)	20××-04-15	20××-05-12
YSSD-C25-08(复核)	进水塔左墩	C25	泵送	32	13.3(6个芯样2组)	20××-04-15	20××-05-13
YSSD-C25-09(复核)	进水塔右边墙	C25	泵送	52	18.3	20××-03-25	20××-05-13
YSSD-C25-10(复核)	进水塔右墩	C25	泵送	32	22.2/15.5(6个芯样2组)	20××-04-15	20××-05-13
YSSD-C25-11(复核)	进水塔中墩	C25	泵送	33	15.2	20××-04-15	20××-05-17
YSSD-C25-12(复核)	进水塔中墩	C25	泵送	33	22.1	20××-04-15	20××-05-17
YSSD-C25-13(复核)	进水塔左边墙	C25	泵送	40	38.8	20××-04-12	20××-05-21
YSSD-C25-14(复核)	进水塔左边墙	C25	泵送	58	29.1	20××-03-25	20××-05-22
YSSD-C25-15(复核)	进水塔右边墙	C25	泵送	40	36.8	20××-04-12	20××-05-20
YSSD-C25-16(复核)	进水塔上、下游墙	C25	泵送	9	15.0/17.0(6个芯样2组)	20××-09-12	20××-09-20
YSSD-C25-17(复核)	进水塔上、下游墙	C25	泵送	13	23.9/24.9/21.7(6个芯样2组)	20××-09-12	20××-09-20
YSSD-C25-18(复核)	进水塔上、下游墙	C25	泵送	45	21.1	20××-09-12	20××-10-27
YSSD-C25-19(复核)	进水塔上、下游墙	C25	泵送	54	31.0	20××-09-12	20××-11-04

(4) C30 混凝土取样试验成果。

引水隧洞进水塔 C30 混凝土 7d、28d 龄期各取样 5 组，检测结果见表 6-2-86。

表 6-2-86 引水隧洞 1 标进水塔工程 C30 混凝土检测成果统计

试样编号	浇筑部位	取样日期/(年-月-日)	取样地点	混凝土种类	设计强度	坍落度/cm	抗压强度/MPa		
							7d	28d	90d
YSSD-C30-01	进水塔交通桥	20××-02-14	进水塔泵机口	泵送	C30	10.9	27.1	35.0	
YSSD-C30-02	进水塔交通桥	20××-03-31	进水塔泵机口	泵送	C30		28.8	37.1	
YSSD-C30-03	进水塔交通桥	20××-04-05	进水塔泵机口	泵送	C30	8.6	26.6	31.1	
YSSD-C30-04	进水塔交通桥	20××-05-09	进水塔泵机口	泵送	C30	16.3	30.0	34.1	
YSSD-C30-05	进水塔交通桥	20××-11-01	进水塔泵机口	泵送	C30		32.7	44.2	

(5) C40 混凝土取样试验成果。

引水隧洞进水塔 C40 混凝土 7d 龄期取样 1 组、28d 龄期取样 2 组，检测结果见表 6-2-87。

表 6-2-87　　引水隧洞进水塔工程 C40 混凝土检测成果统计

试样编号	浇筑部位	取样日期/(年-月-日)	取样地点	混凝土种类	设计强度	坍落度/cm	抗压强度/MPa		
							7d	28d	90d
YSSD-C40-01	交通桥垫台桥墩	20××-07-09	拌和站泵机口	泵送	C30	15.1		42.7	
YSSD-C40-02	交通桥T型梁	20××-11-11	拌和站泵机口	泵送	C30	13.8	35.2	46.2	

(6) C20混凝土取样试验成果。

引水隧洞进水塔C20混凝土7d龄期取样7组、28d龄期取样9组，检测结果见表6-2-88。

表 6-2-88　　引水隧洞 1 标进水塔工程 C20 混凝土检测成果统计

试样编号	浇筑部位	取样日期/(年-月-日)	取样地点	混凝土种类	设计强度	坍落度/cm	抗压强度/MPa		
							7d	28d	90d
YSSD-C30-01	进口边坡网格梁	20××-12-10	现场搅拌机口	常态	C20			17.0	
YSSD-C30-02	进口边坡网格梁	20××-01-15	现场搅拌机口	常态	C20			24.7	
YSSD-C30-03	边坡网格梁	20××-05-09	现场搅拌机口	常态	C20	1.0	12.4	18.8	
YSSD-C30-04	进口边坡贴坡	20××-05-28	现场搅拌机口	常态	C20		15.2	20.9	27.1
YSSD-C30-05	引水隧洞渐变段	20××-12-27	拌和站泵机口	泵送	C20	10.2	19.8	27.3	
YSSD-C30-06	进水塔左右贴坡	20××-12-18	拌和站泵机口	泵送	C20	7.6	14.2	21.7	
YSSD-C30-07	进水塔B区贴坡	20××-04-27	拌和站泵机口	泵送	C20	2.1	14.0	19.5	
YSSD-C30-08	引水隧洞衬砌	20××-06-25	拌和站泵机口	泵送	C20	1.8	22.8	33.7	
YSSD-C30-09	引水隧洞底板	20××-07-06	拌和站泵机口	泵送	C20	2.2	28.7	32.0	

(7) C20混凝土钻芯取样试验成果。

引水隧洞1标边坡工程C20混凝土钻芯样取样1组，检测结果见表6-2-89。

表 6-2-89　　引水隧洞 1 标进口边坡工程 C20 混凝土钻芯取样检测成果统计

混凝土芯样编号	工程名称/部位	强度等级	混凝土种类	试验龄期/d	抗压强度/MPa	施工日期/(年-月-日)	钻芯日期/(年-月-日)
YSSD-C20ZX-01	隧洞进水塔左侧贴坡	C20	常态	12	18.6	20××-12-18	20××-12-29

(8) C15混凝土取样试验成果。

引水隧洞进水塔C15混凝土7d龄期、28d龄期各取样37组，检测结果见表6-2-90。

表 6-2-90　　引水隧洞 1 标进水塔工程 C15 混凝土检测成果统计

试样编号	浇筑部位	取样日期/(年-月-日)	取样地点	混凝土种类	设计强度	坍落度/cm	抗压强度/MPa		
							7d	28d	90d
YSSD-C15-01	引渠段基础回填	20××-12-16	进水塔泵机口	常态	C15	11.5	16.2	23.0	
YSSD-C15-02	进水塔基础回填	20××-01-04	进水塔泵机口	常态	C15	11.6	18.0	26.0	
YSSD-C15-03	进水塔基础回填	20××-01-07	进水塔泵机口	常态	C15	11.3	12.1	17.8	
YSSD-C15-04	进水塔基础回填	20××-04-27	进水塔泵机口	常态	C15	4.0	9.5	14.1	

续表

试样编号	浇筑部位	取样日期/(年-月-日)	取样地点	混凝土种类	设计强度	坍落度/cm	抗压强度/MPa		
							7d	28d	90d
…	…	…	…	…	…	…	…	…	
YSSD-C15-34	进水塔右侧回填	20××-11-03	进水塔泵机口	常态	C15	4.8	19.4	25.6	
YSSD-C15-35	进水塔右侧回填	20××-11-13	进水塔泵机口	常态	C15	5.4	16.6	22.3	
YSSD-C15-36	进水塔右侧回填	20××-11-14	进水塔泵机口	常态	C15	7.0	16.8	23.5	
YSSD-C15-37	岸坡右桥台底板	20××-02-10	进水塔泵机口	常态	C15	6.2	14.2	20.4	

5. 锚杆拉拔试验检测成果

引水隧洞1标土建工程共做锚杆拉拔力试验3组，试验结果合格，详见表6-2-91。

表6-2-91　　引水隧洞1标土建工程锚杆拉拔试验检测成果统计

编号	检测部位	检测日期/(年-月-日)	规格/mm ($\phi@L$)	锚杆间排距/m	试验锚杆位置	拉拔力值/kN	设计拉拔力值/kN	评定
YSSD MG-01	引水隧洞1号支洞上游边顶拱	20××-03-10	25@4500	1.5×1.5	引水隧洞右边墙	107.9	80～120	合格
					引水隧洞左边墙	103.6		合格
					引水隧洞右边墙	102.0		合格
YSSD MG-02	引水隧洞1号支洞上游边顶拱	20××-03-10	25@4500	1.5×1.5	引水隧洞右边墙	95.6	80～120	合格
					引水隧洞左边墙	104.0		合格
					引水隧洞左边墙	104.6		合格
YSSD MG-03	引水隧洞1+235桩号永久喷锚	20××-02-08	25@4500	1.5×1.5	顺水流方向右边墙	98.4	80～120	合格
					顺水流方向左边墙	109.2		合格
					顺水流方向右边墙	121.3		合格

(四) 引水隧洞工程2标（引1+600.00～5+474.325）检测成果

引水隧洞工程2标（引1+600.00～5+474.325）主要检测试验内容有水泥、钢筋、天然砂、混凝土、喷混凝土、锚杆拉拔试验。

1. 水泥检测成果

引水隧洞2标（引1+600～引5+474.325）混凝土胶凝材料为××牌P·O 32.5、P·O 42.5水泥。施工期间20××年6月9日至20××年7月24日对P·O 32.5取样检测3组，执行标准为《硅酸盐水泥、普通硅酸盐水泥》(GB 175—1999)，检测结果见表6-2-92。

《通用硅酸盐水泥》(GB 175—2007) 于2008年6月1日实施，20××年9月22日至20××年8月20日期间对××牌P·O 42.5水泥取样检测5组，执行标准为《通用硅酸盐水泥》(GB 175—2007)，检测统计结果见表6-2-93。

2. 钢筋检测成果

(1) 母材。

引水隧洞工程2标使用的钢筋品种为HPB235光圆钢筋和HRB335带肋钢筋。

20××年6月9日施工单位对ϕ6.5钢筋取样检测4组，检测结果见表6-2-94。

表 6-2-92 引水隧洞工程 2 标 P·O 32.5 水泥检测成果统计

试样编号	水泥品种	出厂日期/(年-月-日)	取样日期/(年-月-日)	取样地点	细度/%(80μm 筛)	凝结时间/min		安定性	抗压强度/MPa		抗折强度/MPa	
						初凝	终凝		3d	28d	3d	28d
YSSD-C4-SN-01	P·O 32.5	20××-05-25	20××-06-09	3 号支洞口拌和站水泥库	2.8	126	182	合格	24.1	46.2	5.15	8.13
YSSD-C4-SN-02	P·O 32.5	20××-05-31	20××-06-09	2 号支洞口拌和站水泥库	1.9	151	195	合格	23.7	46.9	5	8.42
YSSD-C4-SN-03	P·O 32.5	20××-06-25	20××-07-24	2 号支洞口拌和站水泥库	2.4	161	203	合格	24	49.2	4.89	7.61
执行标准	《硅酸盐水泥、普通硅酸盐水泥》(GB 175—1999)			控制指标	≤10	≥45	≤600	合格	≥11.0	≥32.5	≥2.5	≥5.5
检测次数					3	3	3	3	3	3	3	3
合格率/%					100	100	100	100	100	100	100	100

表 6-2-93 引水隧洞工程 2 标 P·O 42.5 水泥检测成果统计

试样编号	水泥品种	出厂日期/(年-月-日)	取样日期/(年-月-日)	取样地点	细度/%(80μm 筛)	凝结时间/min		安定性	抗压强度/MPa		抗折强度/MPa	
						初凝	终凝		3d	28d	3d	28d
YSSD-C4-SN-04	P·O 42.5	20××-09-19	20××-09-22	2 号支洞口拌和站水泥库	2.8	133	191	合格	30.9	55.7	5.54	8.22
YSSD-C4-SN-05	P·O 42.5	20××-02-14	20××-02-16	2 号支洞口拌和站水泥库	3.2	103	155	合格	35.1	60.3	6.04	8.93
YSSD-C4-SN-06	P·O 42.5	20××-05-07	20××-05-07	2 号支洞口拌和站水泥库	1.6	136	209	合格	34.6	58.9	5.86	8.46
YSSD-C4-SN-07	P·O 42.5	20××-05-07	20××-07-04	2 号支洞口拌和站水泥库	0.5	168	226	合格	35	56.3	6.48	8.36
YSSD-C4-SN-08	P·O 42.5	20××-08-13	20××-08-20	2 号支洞口拌和站水泥库	2.6	130	173	合格	32.3	56.7	6.1	8.81
执行标准	《通用硅酸盐水泥》(GB 175—2007)			控制指标	—	≥45	≤600	合格	≥17.0	≥42.5	≥3.5	≥6.5
检测次数					5	5	5	5	5	5	5	5
合格率/%					100	100	100	100	100	100	100	100

表 6-2-94　　引水隧洞工程 2 标 HPB235 光圆钢筋母材检测成果统计

试样编号	公称直径/mm	取样时间/(年-月-日)	取样地点	试验日期/(年-月-日)	屈服强度/MPa	抗拉强度/MPa	伸长率/%	冷弯评定
YSSD-HPB235-01	10	20××-06-09	3 号支洞现场临时钢筋加工点	20××-06-11	330	485	38	合格
					345	495	38	合格
YSSD-HPB235-02	6.5	20××-06-09	3 号支洞现场临时钢筋加工点	20××-06-11	460	625	26	合格
					440	605	29	合格
YSSD-HPB235-03	10	20××-06-09	2 号支洞现场临时钢筋加工点	20××-06-10	350	505	38	合格
					370	510	36	合格
YSSD-HPB235-04	6.5	20××-06-09	2 号支洞现场临时钢筋加工点	20××-06-10	320	460	45	合格
					335	470	45	合格
执行标准 GB 13013—1991、GB/T 701—1997、GB 1499.1—2008					≥235	≥370	≥25	合格
钢筋生产厂家			检测次数		4	4	4	4
××集团××钢铁股份有限公司			合格率/%		100	100	100	100

引水隧洞工程 2 标使用的钢筋品种为 HRB335 带肋钢筋。20××年 6 月 9 日至 20××年 2 月 4 日施工期间，对施工单位 Φ14、Φ16、Φ18、Φ22、Φ25、Φ28 带肋钢筋共取样 15 组，检测结果见表 6-2-95。

表 6-2-95　　引水隧洞工程 2 标 HRB335 带肋钢筋母材检测成果统计

试样编号	公称直径/mm	取样时间/(年-月-日)	取样地点	试验日期/(年-月-日)	屈服强度/MPa	抗拉强度/MPa	伸长率/%	冷弯评定
YSSD-HRB335-01	25	20××-06-09	3 号支洞现场临时钢筋加工点	20××-06-11	410	550	28	合格
					410	545	30	合格
YSSD-HRB335-02	18	20××-06-09	3 号支洞现场临时钢筋加工点	20××-06-11	415	540	30	合格
					420	555	30	合格
YSSD-HRB335-03	25	20××-06-09	2 号支洞现场临时钢筋加工点	20××-06-10	375	580	34	合格
					370	580	32	合格
YSSD-HRB335-04	22	20××-06-09	2 号支洞现场临时钢筋加工点	20××-06-10	375	595	29	合格
					425	560	27	合格
YSSD-HRB335-05	18	20××-06-09	2 号支洞现场临时钢筋加工点	20××-06-10	450	570	32	合格
					450	570	28	合格
YSSD-HRB335-06	14	20××-06-09	2 号支洞现场临时钢筋加工点	20××-06-10	390	570	29	合格
					470	595	27	合格
YSSD-HRB335-07	25	20××-09-05	2 号支洞现场临时钢筋加工点	20××-09-06	425	575	29	合格
					420	600	30	合格
YSSD-HRB335-08	28	20××-01-09	引水隧洞 2 标钢筋加工厂	20××-01-13	420	590	31	合格
					415	585	30	合格
YSSD-HRB335-09	25	20××-01-09	引水隧洞 2 标钢筋加工厂	20××-01-13	410	525	29	合格
					405	525	30	合格

续表

试样编号	公称直径/mm	取样时间/(年-月-日)	取样地点	试验日期/(年-月-日)	屈服强度/MPa	抗拉强度/MPa	伸长率/%	冷弯评定
YSSD-HRB335-10	16	20××-01-09	引水隧洞2标钢筋加工厂	20××-02-10	455	595	31	合格
					455	595	30	合格
YSSD-HRB335-11	14	20××-01-09	引水隧洞2标钢筋加工厂	20××-01-13	490	605	30	合格
					495	610	31	合格
YSSD-HRB335-12	14	20××-02-04	引水隧洞2标钢筋加工厂	20××-02-10	445	585	29	合格
					460	595	30	合格
YSSD-HRB335-13	16	20××-02-04	引水隧洞2标钢筋加工厂	20××-02-10	475	610	28	合格
					450	585	25	合格
YSSD-HRB335-14	25	20××-02-04	引水隧洞2标钢筋加工厂	20××-02-10	440	550	29	合格
					455	580	29	合格
YSSD-HRB335-15	28	20××-02-04	引水隧洞2标钢筋加工厂	20××-02-10	400	560	29	合格
					405	560	31	合格
执行标准GB 13013—1991、GB/T 701—1997、GB 1499.1—2008					≥335	≥490/455	16/17	合格
钢筋生产厂家				检测次数	15	15	15	15
××集团××钢铁股份有限公司				最大值	495	610	34	
				最小值	370	525	25	
				合格率/%	100	100	100	100

(2) 钢筋接头。

引水隧洞工程2标HRB335带肋钢筋接头现场取样2组，检测成果见表6-2-96。

表6-2-96　引水隧洞工程2标HRB335带肋钢筋接头现场取样检测成果统计

编号	取样日期/(年-月-日)	取样地点	生产厂家	直径/mm	连接类型	抗拉强度/MPa	拉后情况	结果评定
YSSD-HRB335 JT-001	20××-11-24	引水隧洞衬砌钢筋安装现场	××钢铁	25	单面搭接焊	530	焊缝根部延性断	合格
						560	焊缝根部延性断	
						550	焊缝外延性断	
YSSD-HRB335 JT-002	20××-11-30	引水隧洞衬砌钢筋安装现场	××钢铁	25	单面搭接焊	530	焊缝根部延性断	合格
						550	焊缝外延性断	
						540	焊缝外延性断	
执行规范	《水工混凝土钢筋施工规范》(DL/T 5169—2002)		控制指标		延性断裂	≥490	备注	
					脆性断裂	≥540		
钢筋生产厂家					检测次数	2		
××集团××钢铁股份有限公司					合格率/%	100		

3. 天然砂检测试验成果

施工单位对引水隧洞混凝土用天然砂取样1组进行检测，细度模数超标，检测试验结果见表6-2-97。

表 6-2-97　　引水隧洞工程 2 标天然砂检测成果统计

试样编号	细骨料品种	取样时间/(年-月-日)	取样地点	细度模数	>5mm 含量/%	<0.16mm 含量/%	<0.08mm 含量/%	含水率/%	含泥量/%
YSSD-TS-01	天然砂	20××-06-09	引水隧洞2号支洞现场	3.58	80	3.2	1.9		
控制指标（DL/T 5144—2001）				2.2～3.0	—	—	—	≤6	≤5，≤3*
标＊含泥量≤3%为混凝土强度等级≥C30或有抗冻要求混凝土的细骨料含泥量指标			检测次数	2	2	2	2		
			合格率/%	50					

4. 混凝土检测试验成果

引水隧洞 2 标混凝土设计种类和强度等级有 C20、C25 泵送混凝土、C25 喷射混凝土。

(1) C20 混凝土取样试验检测成果。

20××年 3 月 18 日至 20××年 7 月 6 日期间，共对引水洞 2 标 C20 泵送混凝土取样检测 29 组，检测结果见表 6-2-98。

表 6-2-98　　引水隧洞工程 2 标 C20 混凝土检测成果统计

试样编号	浇筑部位	取样日期/(年-月-日)	取样地点	混凝土种类	设计强度	坍落度/cm	抗压强度/MPa		
							7d	28d	90d
YSSD-C20-01	引水隧洞衬砌	20××-03-18	2号支洞拌和站	泵送	C20	11.7	21.6	29.0	
YSSD-C20-02	引水隧洞衬砌	20××-03-26	2号支洞拌和站	泵送	C20	12.6	17.3	22.0	26.1
YSSD-C20-03	3号支洞堵头段	20××-05-11	2号支洞拌和站	泵送	C20	4.2	28.4	34.0	
YSSD-C20-04	3号支洞堵头段	20××-05-13	2号支洞拌和站	泵送	C20			32.5	
YSSD-C20-05	引水隧洞衬砌	20××-05-23	2号支洞拌和站	泵送	C20	5.1	28.0	33.3	
YSSD-C20-06	引水隧洞衬砌	20××-06-05	3号支洞拌和站	泵送	C20		35.5	41.3	
YSSD-C20-07	引水隧洞衬砌	20××-05-29	2号支洞拌和站	泵送	C20			38.3	
YSSD-C20-08	引水隧洞衬砌	20××-06-02	2号支洞拌和站	泵送	C20		32.3	41.0	
YSSD-C20-09	引水隧洞衬砌	20××-06-09	3号支洞拌和站	泵送	C20	5.1	28.3	34.7	
YSSD-C20-10	引水隧洞衬砌	20××-06-18	3号支洞拌和站	泵送	C20	5.8	23.9	33.9	
YSSD-C20-11	引水隧洞衬砌	20××-06-21	2号支洞拌和站	泵送	C20			41.9	
YSSD-C20-12	引水隧洞衬砌	20××-6-23	2号支洞拌和站	泵送	C20			36.4	
YSSD-C20-13	引水隧洞衬砌	20××-06-25	2号支洞拌和站	泵送	C20	5.9	25.5	35.1	
YSSD-C20-14	引水隧洞衬砌	20××-07-02	2号支洞拌和站	泵送	C20			33.3	
YSSD-C20-15	引水隧洞衬砌	20××-07-07	2号支洞拌和站	泵送	C20			23.5	
YSSD-C20-16	引水隧洞衬砌	20××-07-11	2号支洞拌和站	泵送	C20			27.3	
YSSD-C20-17	3号施工支洞堵头	20××-07-15	3号支洞拌和站	泵送	C20	5.5	29.4	36.4	
YSSD-C20-18	3号施工支洞堵头	20××-07-17	3号支洞拌和站	泵送	C20		32.2	39.1	
YSSD-C20-19	引水隧洞衬砌	20××-07-18	2号支洞拌和站	泵送	C20	2.8	24.1	31.0	

续表

试样编号	浇筑部位	取样日期 /(年-月-日)	取样地点	混凝土种类	设计强度	坍落度 /cm	抗压强度/MPa		
							7d	28d	90d
YSSD-C20-20	引水隧洞衬砌	20××-07-30	3号支洞拌和站	泵送	C20	8.6	21.5	27.3	
YSSD-C20-21	引水隧洞衬砌	20××-07-27	3号支洞拌和站	泵送	C20			32.6	
YSSD-C20-22	引水隧洞衬砌	20××-07-29	3号支洞拌和站	泵送	C20			31.4	
YSSD-C20-23	引水隧洞衬砌	20××-08-02	2号支洞拌和站	泵送	C20			28.8	
YSSD-C20-24	引水隧洞衬砌	20××-08-05	2号支洞拌和站	泵送	C20	14.6	25.4	31.6	
YSSD-C20-25	引水隧洞衬砌	20××-08-13	2号支洞拌和站	泵送	C20	4.6	20.7	29.6	
YSSD-C20-26	引水隧洞衬砌	20××-08-12	3号支洞拌和站	泵送	C20			32.7	
YSSD-C20-27	引水隧洞底板	20××-10-25	2号支洞拌和站	泵送	C20	6.3	25.8	36.8	
YSSD-C20-28	引水隧洞衬砌	20××-11-19	2号支洞拌和站	泵送	C20	5.9	27.5	37.1	
YSSD-C20-29	2号施工支洞堵头	20××-07-06	2号支洞拌和站	泵送	C20		22.9	31.9	

(2) C25混凝土取样试验检测成果。

20××年11月2日至20××年9月19日期间，共对引水洞2标C25泵送混凝土取样检测147组，检测结果见表6-2-99。

表6-2-99　　引水隧洞工程2标C25混凝土检测成果统计

试样编号	浇筑部位	取样日期 /(年-月-日)	取样地点	混凝土种类	设计强度	坍落度 /cm	抗压强度/MPa		
							7d	28d	90d
YSSD-C25-01	引水隧洞衬砌	20××-11-02	3号支洞拌和站	泵送	C25	16.3	25.7	35.1	
YSSD-C25-02	引水隧洞衬砌	20××-11-13	3号支洞拌和站	泵送	C25	12.7	29.9	37.6	
YSSD-C25-03	引水隧洞衬砌	20××-11-18	3号支洞拌和站	泵送	C25	9	26.6	35.2	
YSSD-C25-04	引水隧洞衬砌	20××-11-21	3号支洞拌和站	泵送	C25	4.5	27.5	35.8	
YSSD-C25-05	引水隧洞衬砌	20××-12-01	3号支洞拌和站	泵送	C25	6.4	25.3	32.5	
…	…	…	…	…	…	…	…	…	…
YSSD-C25-045	引水隧洞底板	20××-03-16	2号支洞拌和站	泵送	C25		21.3	27.4	
YSSD-C25-046	引水隧洞底板	20××-03-16	3号支洞拌和站	泵送	C25			35.4	
YSSD-C25-047	引水隧洞底板	20××-03-17	3号支洞拌和站	泵送	C25		24.1	29.3	
…	…	…	…	…	…	…	…	…	…
YSSD-C25-143	引水隧洞衬砌	20××-09-22	2号支洞拌和站	泵送	C25		26.8	34.3	
YSSD-C25-144	引水隧洞衬砌	20××-09-23	2号支洞拌和站	泵送	C25		19.4	28	
YSSD-C25-145	引水隧洞衬砌	20××-09-25	2号支洞拌和站	泵送	C25	3.1	25.8	33.9	
YSSD-C25-146	引水隧洞衬砌	20××-10-01	2号支洞拌和站	泵送	C25	8.8	19.4	29.8	
YSSD-C25-147	引水隧洞衬砌	20××-09-19	2号支洞拌和站	泵送	C25			31.3	

(3) C25喷射混凝土取样试验检测成果。

引水隧洞C25喷射混凝土3d龄期取样1组、7d龄期共取样6组，检测结果见表6-2-100。

表 6-2-100　　引水隧洞工程 2 标 C25 喷射混凝土取样检测成果统计

试样编号	浇筑部位	取样日期 /(年-月-日)	取样地点	混凝土种类	设计强度	坍落度 /cm	抗压强度/MPa		
							3d	7d	28d
YSSD-C25P-01	引水隧洞喷锚支护	20××-10-23	施工仓面	喷射混凝土	C25			33.0	
YSSD-C25P-02	引水隧洞喷锚支护	20××-12-11	施工仓面	喷射混凝土	C25			30.5	
YSSD-C25P-03	引水隧洞喷锚支护	20××-12-17	施工仓面	喷射混凝土	C25		20.4	31.7	
YSSD-C25P-04	引水隧洞喷锚支护	20××-12-21	施工仓面	喷射混凝土	C25			33.6	
YSSD-C25P-05	引水隧洞喷锚支护	20××-12-25	施工仓面	喷射混凝土	C25			31.9	
YSSD-C25P-06	引水隧洞喷锚支护	20××-12-29	施工仓面	喷射混凝土	C25			32.8	

5. 锚杆拉拔试验成果

引水隧洞 2 标土建工程进行锚杆拉拔力试验 3 组，试验结果合格，详见表 6-2-101。

表 6-2-101　　引水隧洞 2 标土建工程锚杆拉拔试验检测成果统计

编号	检测部位	检测日期	规格/mm (ϕ@L)	试验锚杆位置	拉拔力值 /kN	设计拉拔力值 /kN	评定
YSSD-LB-01	1 号支洞边顶拱	20××-10-05	25@4500	距底板高 2.0m	103.0	80～120	合格
				距底板高 2.2m	122.6		合格
				距底板高 4.5m	106.0		合格
YSSD-LB-02	2 号支洞边顶拱	20××-10-12	25@4500	距底板高 1.8m	112.0	80～120	合格
				距底板高 2.1m	119.8		合格
				距底板高 4.4m	121.7		合格
YSSD-LB-03	3 号支洞下边顶拱	20××-10-28	25@4500	距底板高 2.0m	109.1	80～120	合格
				距底板高 2.2m	102.2		合格
				距底板高 4.5m	118.9		合格

(五) 引水隧洞 3 标调压井、压力钢管道土建 (引 5+474.325 以后段) 检测成果

1. 水泥检测成果

(1) P·O 32.5 水泥。

20××年 1 月 12 日至 20××年 2 月 22 日期间，引水隧洞 3 标调压井、压力钢管道土建工程使用××牌 P·O 32.5 水泥，共取样检测 3 组，依据《硅酸盐水泥、普通硅酸盐水泥》(GB 175—1999)，检测结果见表 6-2-102。

(2) P·O 42.5 水泥。

《通用硅酸盐水泥》(GB 175—2007) 于 2008 年 6 月 1 日实施，20××年 8 月 20 日至 20××年 6 月 2 日期间对某某牌 P·O 42.5 水泥取样检测 5 组，执行新标准，检测统计结果见表 6-2-103。

2. 钢筋检测成果

引水隧洞工程 3 标使用的钢筋品种和规格有：HPB235ϕ6.5 光圆钢筋，HRB335Φ25 带肋钢筋。

(1) 光圆钢筋。

引水隧洞工程 3 标使用的钢筋品种为 HPB235 光圆钢筋和 HRB335 带肋钢筋。

表 6-2-102　　**引水隧洞 3 标调压井、压力钢管道土建工程 P·O 32.5 水泥检测成果统计**

试样编号	水泥品种	出厂日期/(年-月-日)	取样日期/(年-月-日)	取样地点	细度/%(80μm 筛)	凝结时间/min		安定性	抗压强度/MPa		抗折强度/MPa	
						初凝	终凝		3d	28d	3d	28d
YSSD-P·O 32.5-C1	××牌 P·O 32.5	20××-12-17	20××-01-12	拌和站水泥仓库	5.2	125	228	合格	18.7	39.2	3.78	6.91
YSSD-P·O 32.5-02	××牌 P·O 32.5	20××-04-12	20××-06-09	拌和站水泥仓库	4.38	179	236	合格	21.0	45.7	4.3	7.51
YSSD-P·O 32.5-03	××牌 P·O 32.5	20××-01-24	20××-02-22	拌和站水泥仓库	2.8	125	187	合格	32.5	47.8	5.71	7.68
执行标准	《硅酸盐水泥、普通硅酸盐水泥》(GB 175—1999)			控制指标	≤10	≥45	≤600	合格	≥11.0	≥32.5	≥2.5	≥5.5
检测次数					3	3	3	3	3	3	3	3
合格率/%					100	100	100	100	100	100	100	100

表 6-2-103　　**引水隧洞工程 3 标 P·O 42.5 水泥检测成果统计**

试样编号	水泥品种	出厂日期/(年-月-日)	取样日期/(年-月-日)	取样地点	细度/%(80μm 筛)	凝结时间/min		安定性	抗压强度/MPa		抗折强度/MPa	
						初凝	终凝		3d	28d	3d	28d
YSSD-P·O 42.5-01	××牌 P·O 42.5	20××-08-07	20××-08-20	拌和站水泥仓库	1.6	119	180	合格	31.0	58.9	6.29	9.12
YSSD-P·O 42.5-02	××牌 P·O 42.5	20××-04-30	20××-05-02	拌和站水泥仓库	1.6	131	195	合格	28.2	55.4	5.04	8.21
YSSD-P·O 42.5-03	××牌 P·O 42.5	20××-06-28	20××-07-04	拌和站水泥仓库	1.6	138	196	合格	26.7	50.3	5.07	8.16
YSSD-P·O 42.5-04	××牌 P·O 42.5	20××-08-17	20××-08-20	拌和站水泥仓库	0.8	117	170	合格	29.7	56.8	6.00	8.64
YSSD-P·O 42.5-05	××牌 P·O 42.5	20××-06-02	20××-06-15	拌和站水泥仓库	0.80	142	206	合格	27.9	51.8	6.01	8.51
执行标准	《通用硅酸盐水泥》(GB 175—2007)			控制指标	—	≥45	≤600	合格	≥17.0	≥42.5	≥3.5	≥6.5
检测次数					5	5	5	5	5	5	5	5
合格率/%					100	100	100	100	100	100	100	100

20××年1月12日施工单位对ϕ6.5钢筋取样检测1组，检测结果见表6-2-104。

表6-2-104 引水隧洞工程3标HPB235光圆钢筋母材检测成果统计

试样编号	公称直径/mm	钢筋牌号	取样时间/(年-月-日)	取样地点	试验日期/(年-月-日)	屈服强度/MPa	抗拉强度/MPa	伸长率/%	冷弯评定
YSSD-HPB235-01	6.5	HPB 235	20××-01-12	6号支洞洞口施工现场	20××-01-12	395	540	38	合格
						390	540	35	合格
执行标准GB 13013—1991、GB/T 701—1997、GB 1499.1—2008						≥235	≥370	≥25	合格

(2) 带肋钢筋。

20××年1月12日施工单位对Φ25钢筋取样检测1组，检测结果见表6-2-105。

表6-2-105 引水隧洞工程3标HRB335带肋钢筋母材检测成果统计

试样编号	公称直径/mm	钢筋牌号	取样时间/(年-月-日)	取样地点	试验日期/(年-月-日)	屈服强度/MPa	抗拉强度/MPa	伸长率/%	冷弯评定
YSSD-HRB335-01	25	HRB335	20××-01-12	6号支洞洞口施工现场	20××-01-12	380	610	23	合格
						375	575	25	合格
执行标准GB 13013—1991、GB/T 701—1997、GB 1499.1—2008						335	490/455	16/17	合格

3. 天然沙检测试验成果

20××年1月12日至20××年6月9日对天然沙取样3组，检测结果见表6-2-106。

表6-2-106 引水隧洞3标调压井、压力钢管道土建工程江砂检测成果

试样编号	细骨料品种	取样时间/(年-月-日)	取样地点	细度模数	>5mm含量/%	<0.16mm含量/%	<0.08mm含量/%	含水率/%	含泥量/%
YSSD-JS-01	天然砂	20××-01-12	6号支洞施工现场	3.30	9.2	2.6	0.8	2.5	1.2
YSSD-JS-02	天然砂	20××-01-23	4号支洞施工现场	3.29	8.4	4.6	2.2	5.5	0.4
YSSD-JS-03	天然砂	20××-06-09	4号支洞施工现场	3.39	8.6	3.7	1.9	—	—
控制指标DL/T 5144—2001				2.2~3.0	—	—	—	≤6	≤5，≤3*
标"*"含泥量≤3%为混凝土强度等级≥C30或有抗冻要求混凝土的细骨料含泥量指标			检测次数	3	3	3	3	2	2
			合格率/%	50					

4. 混凝土检测试验成果

混凝土强度等级及种类有C20、C20喷射混凝土、C25、C25钻心取样、混凝土耐久性等。

(1) C20混凝土取样试验检测成果。

20××年1月16日至20××年8月31日对C20混凝土取样49组，检测结果见表6-2-107。

表6-2-107 引水隧洞3标调压井、压力钢管道土建工程C20混凝土检测成果统计

试样编号	浇筑部位	取样日期/(年-月-日)	取样地点	混凝土种类	设计强度	坍落度/cm	抗压强度/MPa		
							7d	28d	90d
YSSD-C20-B-01	调压井上室底板垫层	20××-01-16	拌和站机口	泵送	C20	10.9	15.6	20.6	
YSSD-C20-B-02	调压井上室底板垫层	20××-03-02	拌和站机口	泵送	C20	9.4	17.7	24.3	

续表

试样编号	浇筑部位	取样日期 /(年-月-日)	取样地点	混凝土种类	设计强度	坍落度 /cm	抗压强度/MPa		
							7d	28d	90d
YSSD-C20-B-03	调压井上室底板回填	20××-05-17	拌和站机口	泵送	C20	9.3	15.4	24.1	
YSSD-C20-B-04	调压井支管底板垫层	20××-07-12	拌和站机口	泵送	C20	4.8	26.3	35.5	
YSSD-C20-B-05	主支岔管底板垫层	20××-09-20	拌和站机口	泵送	C20	6.8	23.1	30.6	
YSSD-C20-B-06	调压井下室底板垫层	20××-10-08	拌和站机口	泵送	C20	1.5	27.8	35.2	
…	…	…	…	…	…	…	…	…	…
YSSD-C20-B-34	调压井压力管道斜井	20××-05-23	拌和站机口	泵送	C20		21.2	27.6	
YSSD-C20-B-35	调压井压力管道斜井	20××-05-23	拌和站机口	泵送	C20		20.1	27.2	32.0
…	…	…	…	…	…	…	…	…	…
YSSD-C20-B-43	压力钢管道斜井回填	20××-07-16	拌和站机口	泵送	C20	7.0	24.8	32.7	
YSSD-C20-B-44	调压井 7 号支洞堵头	20××-08-09	拌和站机口	泵送	C20	11.6	21.7	33.9	
YSSD-C20-B-45	调压井钢管道回填	20××-08-14	拌和站机口	泵送	C20	16.8	15.9	22.7	
YSSD-C20-B-46	压力钢管道回填	20××-08-03	拌和站机口	泵送	C20	7.0	22.4	31.4	
YSSD-C20-B-47	调压井 4 号支洞堵头	20××-08-20	拌和站机口	泵送	C20	10.3	24.9	32.5	
YSSD-C20-B-48	压力钢管岔管支管段	20××-08-25	拌和站机口	泵送	C20	18.7	23.6	32.7	
YSSD-C20-B-49	压力钢管岔管支管段	20××-08-31	拌和站机口	泵送	C20	16.1	16.8	21.9	

(2) C20 喷射混凝土取样试验检测成果。

引水隧洞工程 3 标 C20 喷射混凝土共取样 10 组，检测结果见表 6-2-108。

表 6-2-108 引水隧洞 3 标调压井、压力钢管道土建工程喷射 C20 混凝土检测成果统计

试样编号	浇筑部位	取样日期 /(年-月-日)	取样地点	混凝土种类	设计强度	坍落度 /cm	抗压强度/MPa		
							3d	7d	28d
YSSD-C20P-B-01	5 号施工支洞喷锚支护	20××-05-01	施工仓面	喷射混凝土	C20				25.9
YSSD-C20P-B-02	调压井上室喷锚支护	20××-07-12	施工仓面	喷射混凝土	C20				23.7
YSSD-C20P-B-03	调压井上室喷锚支护	20××-07-15	施工仓面	喷射混凝土	C20				37.4
YSSD-C20P-B-04	上室顶板喷锚支护	20××-11-11	施工仓面	喷射混凝土	C20				53.0
YSSD-C20P-B-05	调压井下室喷锚支护	20××-11-16	施工仓面	喷射混凝土	C20				37.0
YSSD-C20P-B-06	压力管道喷锚支护	20××-02-13	施工仓面	喷射混凝土	C20				35.4
YSSD-C20P-B-07	调压井斜井喷锚支护	20××-02-15	施工仓面	喷射混凝土	C20				32.2
YSSD-C20P-B-08	调压井压力管道下段	20××-03-09	施工仓面	喷射混凝土	C20				38.8
YSSD-C20P-B-09	调压井斜井喷锚支护	20××-04-08	施工仓面	喷射混凝土	C20				33.1
YSSD-C20P-B-10	调压井竖井喷锚支护	20××-04-12	施工仓面	喷射混凝土	C20				36.0

(3) C25 混凝土取样试验检测成果。

引水隧洞工程 3 标 C25 混凝土共取样 112 组，检测结果见表 6-2-109。

表 6-2-109 引水隧洞 3 标调压井、压力钢管道土建工程 C25 混凝土检测成果统计

试样编号	浇筑部位	取样日期/(年-月-日)	取样地点	混凝土种类	设计强度	坍落度/cm	抗压强度/MPa		
							7d	28d	90d
YSSD-C25P-B-01	调压井上室底板	20××-01-28	拌和站	泵送	C25	15.1	19.8	26.7	
YSSD-C25P-B-02	调压井上室底板	20××-02-16	拌和站	泵送	C25		20.3	30.6	
YSSD-C25P-B-03	调压井上室底板	20××-02-22	拌和站	泵送	C25	16.3	12.5	17.4	20.1
YSSD-C25P-B-04	调压室上室底板	20××-03-02	拌和站	泵送	C25			24.3	
YSSD-C25P-B-05	调压室上室底板	20××-03-12	拌和站	泵送	C25		16.8	23.9	
…	…	…	…	…	…	…	…	…	…
YSSD-C25P-B-54	压力管道回填	20××-03-07	拌和站	泵送	C25	7.5	25.2	32.5	
YSSD-C25P-B-55	调压井上室 2 边墙	20××-03-08	拌和站	泵送	C25	5.8	29.3	36.1	
YSSD-C25P-B-56	调压井上室 2 顶拱	20××-03-14	拌和站	泵送	C25	9.8	32.0	37.2	
YSSD-C25P-B-57	调压井下室边墙	20××-03-20	拌和站	泵送	C25		29.3	32.4	
…	…	…	…	…	…	…	…	…	…
YSSD-C25P-B-109	引水隧洞渐变段	20××-03-25	拌和站	泵送	C25	9.5	19.7	25.9	
YSSD-C25P-B-110	调压井压力钢管回填	20××-09-06	拌和站	泵送	C25	16.4	25.0	36.4	
YSSD-C25P-B-111	调压井压力钢管回填	20××-09-08	拌和站	泵送	C25	9.7	22.9	31.9	
YSSD-C25P-B-112	调 6 号施工支洞堵头	20××-09-09	拌和站	泵送	C25	12.4	25.3	36.1	

(4) C25 混凝土钻芯取样试验成果。

引水隧洞调压井、压力钢管道土建工程 C20 混凝土钻芯取样 4 组，检测结果见表 6-2-110。

表 6-2-110 引水隧洞 3 标调压井、压力钢管道土建工程 C25 混凝土钻芯取样检测成果统计

混凝土芯样编号	工程名称/部位	强度等级	混凝土种类	试验龄期/d	抗压强度/MPa	施工日期/(年-月-日)	钻芯日期/(年-月-日)
YSSD-C25-B-1（复核）	调压井上室	C25	泵送	8	12.3	20××-02-22	20××-02-01
YSSD-C25-B-2（复核）	调压井斜井段衬砌	C25	泵送	10	20.5	20××-08-04	20××-08-13
YSSD-C25-B-3（复核）	调压井斜井段衬砌	C25	泵送	10	17.1	20××-08-04	20××-08-13
YSSD-C25-B-4（复核）	调压井斜井段衬砌	C25	泵送	30	21.0	20××-08-04	20××-09-02

(5) 混凝土耐久性试验成果。

调压室 C25 混凝土耐久性试验取样 1 组，检测试验结果见表 6-2-111。

表 6-2-111　　引水隧洞 3 标调压室 C25 混凝土耐久性试验取样检测成果统计

试块编号	工程/部位	混凝土种类	强度等级	级配	取样日期/(年-月-日)	抗压强度/MPa	质量损失率/%	相对动弹模/%	抗冻等级
						28d			28d
	调压室	常态	C25	二	20××-3-12	32.2	0.49（50 循环）	92.5（50 循环）	＞F50
设计要求						≥25	≤5	≥60	≥F50

（六）大坝工程检测成果

大坝工程 C6 标检测内容有：粉煤灰、水泥、钢筋母材、钢筋焊接头、粗细骨料、混凝土等。

1. 粉煤灰检测成果

20××年 5 月 24 日至 20××年 5 月 3 日期间，共检测粉煤灰 19 组，检测结果见表 6-2-112。

表 6-2-112　　大坝工程粉煤灰检测成果统计

试样编号	品种	取样日期/(年-月-日)	取样地点	密度/(kg/m³)	细度(45μm 筛)/%	需水量比/%	安定性	烧失量/%	SO_3/%	含水率/%	活性指数/%
DB-FMH-001	粉煤灰(Ⅰ级)	20××-05-24	拌和站	2458	7.8	99	合格			0	40.5
DB-FMH-002	粉煤灰(Ⅰ级)	20××-04-24	拌和站	2406	8.2	102	合格				63.8
…	…	…	…	…	…	…	…	…	…	…	…
DB-FMH-018	粉煤灰(Ⅰ级)	20××-04-24	拌和站	2430	7.0	98	合格				66.0
DB-FMH-019	粉煤灰(Ⅰ级)	20××-05-03	拌和站	2450	8.0	98	合格			0.2	69.0
《用于水泥和混凝土中的粉煤灰》(GB/T 1596—2005)				—	≤12	≤95(Ⅰ级) ≤105(Ⅱ级)	合格	5.0	3.0	≤1.0	—
粉煤灰生产厂家			检测次数	14	15	13	16			14	16
××发电粉煤灰责任有限公司			平均值	2411	9.0	101				0.2	65
			最大值	2460	11.5	102				0.6	88
			最小值	2375	6.0	96				0.0	41
			合格率/%	—	100	Ⅱ级灰	100			100	—

2. 水泥检测成果

(1) P·O 32.5 水泥。

20××年 7 月 10 日至 20××年 10 月 6 日期间，大坝工程使用×××牌 P·O 32.5 水泥，共取样检测 3 组，《硅酸盐水泥、普通硅酸盐水泥》(GB 175—1999)，检测结果见表 6-2-113。

(2) P·O 42.5 水泥。

20××年 4 月 23 日至 20××年 4 月 16 日期间检测样品 13 组，标准执行标准为《硅酸盐水泥、普通硅酸盐水泥》(GB 175—1999)；20××年 8 月 20 日至 20××年 6 月 2 日期间对××牌 P·O 42.5 水泥取样检测 10 组，执行标准为《通用硅酸盐水泥》(GB 175—2007)，检测统计结果见表 6-2-114。

表 6-2-113 大坝工程 P·O 32.5 水泥检测成果统计

试样编号	水泥品种	出厂日期/(年-月-日)	取样日期/(年-月-日)	取样地点	细度/%(80μm 筛)	凝结时间/min		安定性	抗压强度/MPa		抗折强度/MPa	
						初凝	终凝		3d	28d	3d	28d
DB-P·O 32.5-01	××牌 P·O 32.5	20××-07-10	20××-01-12	拌和站水泥仓库	4.2	148	252	合格	14.7	40.8	3.27	7.45
DB-P·O 32.5-02	××牌 P·O 32.5	20××-08-31	20××-06-09	拌和站水泥仓库	4.4	148	252	合格	14.7	40.8	3.27	7.45
DB-P·O 32.5-03	××牌 P·O 32.5	20××-10-06	20××-02-22	拌和站水泥仓库	3.4	132	204	合格	28.6	51.4	5.02	7.64
执行标准	《硅酸盐水泥、普通硅酸盐水泥》(GB 175—1999)			控制指标	≤10	≥45	≤600	合格	≥11.0	≥32.5	≥2.5	≥5.5
检测次数					3	3	3	3	3	3	3	3
合格率/%					100	100	100	100	100	100	100	100

表 6-2-114 大坝工程 P·O 42.5 水泥检测成果统计

试样编号	水泥品种	出厂日期/(年-月-日)	取样日期/(年-月-日)	取样地点	细度/%(80μm 筛)	凝结时间/min		安定性	抗压强度/MPa		抗折强度/MPa	
						初凝	终凝		3d	28d	3d	28d
DB-P·O 42.5-01	××牌 P·O 42.5	20××-04-03	20××-04-23	C5A 标拌和站水泥仓库	0.8	178	269	合格	28.5	50.3	5.86	8.45
DB-P·O 42.5-02	××牌 P·O 42.5	20××-04-16	20××-05-01	C5A 标拌和站水泥仓库	3.4	167	297	合格	24.7	53.7	4.66	7.86
…	…	…	…	…	…	…	…	…	…	…	…	…
DB-P·O 32.5-22	××牌 P·O 42.5	20××-05-14	20××-05-16	C5A 标拌和站水泥仓库	0.8	132	197	合格	27.4	52.5	5.68	8.51
DB-P·O 32.5-23	××牌 P·O 42.5	20××-08-11	20××-08-21	C5A 标拌和站水泥仓库	0.8	131	193	合格	32.0	53.5	6.00	8.83
执行标准	GB 175-1999、GB 175-2007			控制指标	≤10	≥45	≤600	合格	≥17.0	≥42.5	≥3.5	≥6.5
检测次数					23	23	23	23	23	23	23	23
合格率/%					100	100	100	100	100	100	100	100

3. 钢筋检测成果

（1）母材。

大坝工程使用的钢筋品种为 HRB335 带肋钢筋。20××年 4 月 26 日至 20××年 4 月 6 日施工期间，施工单位对 Φ14、Φ16、Φ18、Φ22、Φ25、Φ28 带肋钢筋共取样 23 组，检测结果见表 6-2-115。

表 6-2-115　　大坝工程 HRB335 带肋钢筋母材检测成果统计

试样编号	公称直径 /mm	钢筋牌号	取样时间 /（年-月-日）	取样地点	试验日期 /（年-月-日）	屈服强度 /MPa	抗拉强度 /MPa	伸长率 /%	冷弯评定
DB-HRB335-01	28	HRB 335	20××-04-26	钢筋加工厂	20××-04-28	370	585	30	合格
						365	580	32	合格
DB-HRB335-02	22	HRB335	20××-04-26	钢筋加工厂	20××-04-27	385	595	31	合格
						370	580	33	合格
DB-HRB335-03	25	HRB335	20××-04-26	钢筋加工厂	20××-04-27	380	590	31	合格
						375	595	31	合格
DB-HRB335-04	22	HRB335	20××-05-12	钢筋加工厂	20××-05-13	425	570	27	合格
						440	560	28	合格
DB-HRB335-05	22	HRB335	20××-06-05	钢筋加工厂	20××-06-06	385	585	32	合格
						370	565	32	合格
DB-HRB335-06	28	HRB335	20××-06-05	钢筋加工厂	20××-06-06	405	535	28	合格
						380	595	29	合格
DB-HRB335-07	22	HRB335	20××-06-05	钢筋加工厂	20××-06-06	385	585	32	合格
						370	565	32	合格
DB-HRB335-08	28	HRB335	20××-06-05	钢筋加工厂	20××-06-06	405	535	28	合格
						380	595	29	合格
DB-HRB335-09	22	HRB335	20××-10-11	钢筋加工厂	20××-10-17	380	585	29	合格
						365	565	37	合格
DB-HRB335-10	25	HRB335	20××-10-11	钢筋加工厂	20××-10-17	385	595	32	合格
						395	545	30	合格
DB-HRB335-11	28	HRB335	20××-10-11	钢筋加工厂	20××-10-17	410	565	33	合格
						395	540	37	合格
DB-HRB335-12	22	HRB335	20××-04-16	钢筋加工厂	20××-04-16	445	580	31	合格
						435	570	28	合格
DB-HRB335-13	22	HRB335	20××-04-24	钢筋加工厂	20××-04-25	460	580	27	合格
						440	565	29	合格
DB-HRB335-14	20	HRB335	20××-04-24	钢筋加工厂	20××-04-25	440	575	32	合格
						415	545	31	合格
DB-HRB335-15	20	HRB335	20××-09-16	大坝面板钢筋仓放点	20××-09-21	390	565	33	合格
						375	585	30	合格

续表

试样编号	公称直径/mm	钢筋牌号	取样时间/(年-月-日)	取样地点	试验日期/(年-月-日)	屈服强度/MPa	抗拉强度/MPa	伸长率/%	冷弯评定
DB-HRB335-16	20	HRB335	20××-09-16	大坝面板钢筋仓放点	20××-09-21	390	570	32	合格
						375	565	32	合格
DB-HRB335-17	18	HRB335	20××-09-16	大坝面板钢筋仓放点	20××-09-21	410	590	31	合格
						410	595	29	合格
DB-HRB335-18	18	HRB335	20××-09-16	大坝面板钢筋仓放点	20××-09-21	415	600	31	合格
						395	595	31	合格
DB-HRB335-19	16	HRB335	20××-09-16	大坝面板钢筋仓放点	20××-09-21	365	570	31	合格
						375	570	33	合格
DB-HRB335-20	16	HRB335	20××-09-16	大坝面板钢筋仓放点	20××-09-21	370	560	33	合格
						365	570	31	合格
DB-HRB335-21	16	HRB335	20××-12-09	大坝面板钢筋仓堆放点	20××-12-10	405	555	34	合格
						420	555	30	合格
DB-HRB335-22	16	HRB335	20××-04-06	大坝面板钢筋仓堆放点	20××-04-06	385	550	34	合格
						420	570	31	合格
DB-HRB335-23	14	HRB335	20××-04-06	大坝面板钢筋仓堆放点	20××-04-06	390	550	30	合格
						410	550	31	合格
控制指标 GB 1499—1998、GB 1499.2—2007						≥335	≥490/455	≥17	合格
钢筋生产厂家				检测次数		23	23	23	23
××集团××钢铁股份有限公司				最大值		460	600	37	
				最小值		365	535	27	
				合格率/%		100	100	100	100

(2) 钢筋接头。

大坝工程 HRB335 带肋钢筋接头现场取样 189（含 4 组复检）组，检测成果见表 6-2-116。

表 6-2-116　　大坝工程 HRB335 带肋钢筋接头现场取样检测成果统计

编　号	取样日期/(年-月-日)	取样地点	牌号	直径/mm	连接类型	抗拉强度/MPa	拉后情况	结果评定
DB-HRB335-JT-001	20××-05-07	大坝趾板（水平段）	HRB335	22	单面搭接焊	535	焊缝外延性断	合格
						551	焊缝根部脆断	
						535	焊缝外延性断	
DB-HRB335-JT-002*	20××-05-07	大坝趾板（水平段）	HRB335	22	双面搭接焊	335	焊缝根部脆断	需加倍取样进行复检
						540	焊缝外延性断	
						529	焊缝根部脆断	
DB-HRB335-JT-003 复检	20××-05-07	大坝趾板（水平段）	HRB335	22	双面搭接焊	600	焊缝外延性断	合格
						580	焊缝外延性断	
						590	焊缝外延性断	

续表

编　号	取样日期/(年-月-日)	取样地点	牌号	直径/mm	连接类型	抗拉强度/MPa	拉后情况	结果评定
DB-HRB335-JT-004 复检	20××-05-07	大坝趾板（水平段）	HRB335	22	双面搭接焊	590	焊缝外延性断	合格
						575	焊缝外延性断	
						595	焊缝外延性断	
DB-HRB335-JT-005	20××-05-29	大坝趾板（斜坡段）	HRB335	22	双面搭接焊	565	焊缝外延性断	合格
						550	焊缝外延性断	
						565	焊缝根部脆断	
DB-HRB335-JT-006	20××-05-29	大坝趾板（斜坡段）	HRB335	22	单面搭接焊	550	焊缝外根部脆断	合格
						535	焊缝外延性断	
						560	焊缝外延性断	
…	…	…	…	…	…	…	…	…
DB-HRB335-JT-090	20××-11-21	大坝 FR4 面板	HRB335	16	单面搭接焊	565	焊缝根部延性断	合格
						575	焊缝外延性断	
						570	焊缝外延性断	
DB-HRB335-JT-091	20××-11-24	大坝 FR13 面板	HRB335	16	单面搭接焊	575	焊缝外延性断	合格
						610	焊缝外延性断	
						565	焊缝外延性断	
DB-HRB335-JT-092	20××-11-25	大坝 FL2 面板	HRB335	20	单面搭接焊	560	焊缝外延性断	合格
						570	焊缝外延性断	
						555	焊缝外延性断	
DB-HRB335-JT-093	20××-11-25	大坝 FL2 面板	HRB335	18	单面搭接焊	595	焊缝外延性断	合格
						595	焊缝外延性断	
						585	焊缝外延性断	
DB-HRB335-JT-094	20××-11-25	大坝 FL2 面板	HRB335	16	单面搭接焊	570	焊缝外延性断	合格
						575	焊缝外延性断	
						575	焊缝外延性断	
DB-HRB335-JT-095	20××-11-26	大坝 FR15 面板	HRB335	16	单面搭接焊	565	焊缝外延性断	合格
						605	焊缝根部延性断	
						565	焊缝外延性断	
…	…	…	…	…	…	…	…	…
DB-HRB335-JT-184	20××-05-06	大坝 FL14 二期面板 钢筋安装现场	HRB335	16	单面搭接焊	535	焊缝外延性断	合格
						535	焊缝外延性断	
						540	焊缝根部延性断	
DB-HRB335-JT-185	20××-05-07	大坝 FL16 二期面板 钢筋安装现场	HRB335	14	单面搭接焊	535	焊缝外延性断	合格
						535	焊缝外延性断	
						530	焊缝外延性断	

续表

编号	取样日期/(年-月-日)	取样地点	牌号	直径/mm	连接类型	抗拉强度/MPa	拉后情况	结果评定
DB-HRB335-JT-186	20××-05-07	大坝 FL16 二期面板钢筋安装现场	HRB335	16	单面搭接焊	540	焊缝外延性断	合格
						550	焊缝外延性断	
						550	焊缝外延性断	
DB-HRB335-JT-187	20××-05-08	大坝 FL18 二期面板钢筋安装现场	HRB335	14	单面搭接焊	570	焊缝根部脆断	合格
						585	焊缝根部延性断	
						580	焊缝外延性断	
DB-HRB335-JT-188	20××-05-09	大坝 FR17 二期面板钢筋安装现场	HRB335	18	单面搭接焊	500	焊缝外延性断	合格
						505	焊缝外延性断	
						550	焊缝外延性断	
DB-HRB335-JT-189	20××-05-10	大坝 FL20 二期面板钢筋安装现场	HRB335	14	单面搭接焊	565	焊缝外延性断	合格
						535	焊缝外延性断	
						540	焊缝外延性断	
执行规范	延性断裂 DL/T 5169—2002、GB 1499.2—2007				单面搭接焊	≥490	备注	
						≥455		
钢筋生产厂家					检测次数	184	打“*”的为第一次抽检不合格，经整改后，加倍取样复检合格，其初检数据不参与评定统计	
××集团××钢铁股份有限公司					最大值	625		
					最小值	480		
					合格率/%	100		

4. *砂检测试验成果*

大坝工程混凝土拌和所用细骨料有天然砂和人工砂两种，施工中共取样 14 组进行检测。

(1) 天然砂试验检测成果。

施工单位对大坝混凝土用天然砂取样检测 1 组，检测试验结果见表 6-2-117。

表 6-2-117　　大坝工程江砂检测成果统计

试样编号	细骨料品种	取样时间/(年-月-日)	取样地点	细度模数	>5mm 含量/%	<0.16mm 含量/%	<0.08mm 含量/%	含水率/%	含泥量/%
DB-JS-001	天然沙	20××-07-31	大坝江砂采集处	3.00	6.9	1.4	5.5		
控制指标 DL/T 5144—2001				2.2～3.0	—	—	—	≤6	≤5，≤3*

* 含泥量≤3%为混凝土强度等级≥C30 或有抗冻要求混凝土的细骨料含泥量指标。

(2) 人工砂试验检测成果。

施工单位对引水隧洞混凝土用人工砂取样 13 组进行检测，检测试验结果见表 6-2-118。

表 6-2-118　　大坝工程人工砂检测成果统计

试样编号	细骨料品种	取样时间/(年-月-日)	取样地点	细度模数	>5mm含量/%	<0.16mm含量/%	<0.08mm含量/%	含水率/%
DB-RGS-001	人工砂	20××-04-23	大坝拌和站	2.9	6.2	15.8	8.5	2.9
DB-RGS-002	人工砂	20××-05-01	大坝拌和站	3.5	2.85	17.6	10.0	—
DB-RGS-003	人工砂	20××-05-23	大坝拌和站	2.9	1.3	19.2	14.2	6.7
DB-RGS-004	人工砂	20××-06-19	大坝拌和站	2.8	2.3	19.9	13.4	2.2
DB-RGS-005	人工砂	20××-06-24	大坝拌和站	3.2	3.7	16.6	11.3	5.7
DB-RGS-006	人工砂	20××-06-29	大坝拌和站	3.0	4.0	13.2	7.8	
DB-RGS-007	人工砂	20××-07-10	大坝拌和站	2.7	1.1	21.9	12.0	
DB-RGS-008	人工砂	20××-01-04	大坝拌和站	2.7	9.0	24.1	15.3	
DB-RGS-009	人工砂	20××-07-31	大坝拌和站	2.7	11.5	22.9	16.4	
DB-RGS-010	人工砂	20××-09-12	大坝拌和站	2.6	10.7	23.1	17.1	
DB-RGS-011	人工砂	20××-10-14	大坝拌和站	2.5	13.6	24.5	17.2	
DB-RGS-012	人工砂	20××-12-02	大坝拌和站	2.8	20.7	19.9	14.0	
DB-RGS-013	人工砂	20××-12-12	大坝拌和站	2.7	15.8	19	12.5	
控制指标 DL/T 5144—2001				2.4～2.8	—	6～18	—	≤6
检测次数				13	13	13	13	4
平均值				3.02	7.90	19.82	13.05	4.7
最大值				3.5	20.70	24.50	17.20	6.7
最小值				2.5	1.10	13.20	7.80	2.2
合格率/%				54		31		75

5. 碎石检测试验成果

大坝所用人工碎石共取样检测 5 组，检测结果见表 6-2-119。

表 6-2-119　　大坝工程人工碎石检测结果统计

试样编号	取样时间/(年-月-日)	取样地点	超径含量/%		逊径含量/%	
			小石（5～20mm）	中石（20～40mm）	小石	中石
DB-SS-01	20××-04-23	大坝工程拌和站骨料仓	0	19	17	18
DB-SS-02	20××-05-23	大坝工程拌和站骨料仓	1	32	14	27
DB-SS-03	20××-06-24	大坝工程拌和站骨料仓	0	10	0	39
DB-SS-04	20××-07-10	大坝工程拌和站骨料仓	0	26	11	12
DB-SS-05	20××-07-31	大坝工程拌和站骨料仓	3	12	6	25
控制指标 DL/T 5144—2001			0	19	17	18
粗骨料料源（厂家）		检测次数	5	5	5	5
中国电建第××工程局有限公司		平均值	0.8	9.6	19.8	24.2
		最大值	3.0	17.0	32.0	39.0
		最小值	0.0	0.0	10.0	12.0
		合格率/%	100	20	20	0

6. 混凝土检测成果

大坝混凝土种类有C20、C25、C30泵送和常态混凝土、小于C5的挤压边墙混凝土等，施工期按合同要求进行取样检测。

(1) C20混凝土取样试验检测成果。

20××年7月3日至20××年9月15日对C20混凝土取样45组，检测结果见表6-2-120。

表6-2-120　　大坝工程C20混凝土检测成果统计

试样编号	浇筑部位	取样日期/(年-月-日)	取样地点	混凝土种类	设计强度	坍落度/cm	抗压强度/MPa		
							7d	28d	90d
DB-C20-01	大坝趾板后20米垫层第一块	20××-07-03	浇筑仓面	常态	C20	3.0	18.5	22.8	
DB-C20-02	大坝趾板后20米垫层第二块	20××-07-06	浇筑仓面	常态	C20		13.6	17.1	
DB-C20-03	趾板后20m垫层第一块钻芯复检	20××-07-07	浇筑仓面	常态	C20		16.0	24.6	
DB-C20-04	大坝趾板后20米垫层第二块	20××-07-10	浇筑仓面	常态	C20	5.0	18.6	20.1	
DB-C20-05	大坝趾板后20米垫层第四块	20××-07-13	浇筑仓面	常态	C20		24.9	32.9	
DB-C20-06	大坝趾板后边坡处理	20××-11-21	拌和站机口	常态	C20	11.2	11.6	17.2	
…	…	…	…	…	…	…	…	…	…
DB-C20-20	大坝导流洞临时堵头封堵	20××-04-08	C6标拌和站	泵送	C20	9.6	14.6	21.8	
DB-C20-21	大坝导流洞临时堵头封堵	20××-04-09	C6标拌和站	泵送	C20	3.9	17.4	25.7	
DB-C20-22	大坝左岸趾板防渗墙找平段	20××-04-09	导流洞拌和站	泵送	C20	5.9	32.8	37.2	
DB-C20-23	大坝导流洞临时堵头封堵	20××-04-10	导流洞拌和站	泵送	C20	8.8	17.3	23.0	
DB-C20-24	大坝导流洞临时堵头封堵	20××-04-11	导流洞拌和站	泵送	C20	4.0	20.4	28.1	
DB-C20-25	大坝导流洞临时堵头封堵	20××-04-13	导流洞拌和站	泵送	C20	5.5	26.6	33.5	
…	…	…	…	…	…	…	…	…	…
DB-C20-40	大坝防浪墙FR6	20××-08-31	大坝拌和站	常态	C20	6.8	19.6	26.6	
DB-C20-41	大坝防浪墙FL1	20××-09-02	大坝拌和站	常态	C20	8.5	24.3	29.4	
DB-C20-42	大坝防浪墙FL7	20××-09-03	大坝拌和站	常态	C20	11.1	15.5	21.2	
DB-C20-43	大坝防浪墙FL9	20××-09-04	大坝拌和站	常态	C20		15.6	22.7	
DB-C20-44	大坝防浪墙FL6	20××-09-05	大坝拌和站	常态	C20		15.0	21.6	
DB-C20-45	大坝防浪墙FL15	20××-09-15	大坝拌和站	常态	C20	7.7	18.2	25.1	

(2) C20混凝土钻芯取样试验检测成果。

大坝工程C20混凝土芯样取样1组，检测结果见表6-2-121。

表6-2-121　　大坝工程C20混凝土钻芯取样检测成果统计

混凝土芯样编号	工程名称/部位	强度等级	混凝土种类	抗压强度/MPa		施工日期/(年-月-日)	钻芯日期/(年-月-日)
				7d	28d		
DB-ZX-复核	水平段趾板后20m垫层第一块	C20	常态	16.0	24.6	20××-07-03	20××-07-07

(3) C25混凝土取样试验检测成果。

20××年4月24日至20××年5月12日期间，对C25混凝土取样327组，检测结果见表6-2-122。

表 6-2-122　　大坝工程 C25 混凝土检测成果统计

试样编号	浇筑部位	取样日期/(年-月-日)	取样地点	混凝土种类	设计强度	坍落度/cm	抗压强度/MPa		
							7d	28d	90d
DB-C25-001	大坝趾板区齿槽	20××-04-24	拌和站机口	泵送	C25	15.5	24.7	35.4	45.3
DB-C25-002	大坝趾板区齿槽	20××-04-25	拌和站机口	泵送	C25	13.8	26.6	33.2	
DB-C25-003	大坝趾板区齿槽	20××-04-27	拌和站机口	泵送	C25	11.8	25.2	37.7	
…	…	…	…	…	…	…	…	…	…
DB-C25-017	大坝趾板水平段	20××-06-26	拌和站机口	泵送	C25	12.5	30.7	40.1	50.7
DB-C25-018	大坝趾板水平段	20××-07-01	拌和站机口	泵送	C25	11.6		22.6	
…	…	…	…	…	…	…	…	…	…
DB-C25-158	大坝 FR7 面板	20××-11-16	大坝面板拌合站机口	常态	C25	3.5	40.4	50.3	
DB-C25-159	大坝 FR2 面板	20××-11-17	大坝面板拌合站机口	常态	C25	2.7	39.7	50.2	
DB-C25-160	大坝 FL11 面板	20××-11-17	大坝面板浇筑溜槽口	常态	C25	3.2	32.1	47.3	
DB-C25-161	大坝 FR2 面板	20××-11-18	大坝面板拌合站机口	常态	C25	2.8	40.0	53.2	
DB-C25-162	大坝 FR9 面板	20××-11-18	大坝面板拌合站机口	常态	C25	2.8	39.0	52.7	
DB-C25-163	大坝 FL11 面板	20××-11-18	大坝面板浇筑溜槽口	常态	C25	2.6	35.5	46.2	
…	…	…	…	…	…	…	…	…	…
DB-C25-322	二期面板 FL18	20××-05-10	大坝面板左岸拌和站	常态	C25		39.6	42.6	
DB-C25-323	二期面板 FL18	20××-05-11	大坝面板左岸拌和站	常态	C25		38.1	44.3	
DB-C25-324	二期面板 FR17	20××-05-11	大坝面板右岸拌和站	常态	C25		53.3	54.5	
DB-C25-325	二期面板 FL20	20××-05-11	大坝面板左岸拌和站	常态	C25		37.7	41.6	
DB-C25-326	二期面板 FR17	20××-05-11	大坝面板右岸拌和站	常态	C25		40.0	56.8	
DB-C25-327	二期面板 FL20	20××-05-12	大坝面板左岸拌和站	常态	C25		34.7	39.8	

(4) C25 混凝土钻芯取样试验检测成果。

20××年 7 月 29 日，中心实验室对 7 月 1 日施工出现的低强度部位进行钻心取样复核，检测结果满足设计要求，详见表 6-2-123。

表 6-2-123　　大坝工程 C25 混凝土钻芯取样检测成果统计

混凝土芯样编号	工程名称/部位	强度等级	混凝土种类	试验龄期/d	抗压强度/MPa	施工日期/(年-月-日)	钻芯日期/(年-月-日)
DB-C25-ZX-01 (DB-C25-018 复核)	水平段趾板	C25	泵送	28	41.3	20××-07-01	20××-07-29

(5) C25 混凝土耐久性试验检测成果。

大坝 C25 混凝土为二级配，大坝施工时取样 12 组进行耐久性试验检测，检测试验结果见表 6-2-124。

表 6-2-124　　大坝 C25 混凝土耐久性试验检测成果统计

试件编号	工程名称/部位	混凝土种类	强度等级	级配	取样日期/(年-月-日)	抗压强度/MPa	抗渗等级	质量损失率/%	相对动弹模/%	抗冻等级
						28d	28d			28d
DB-C25-N-01	水平趾板	泵送	C25	二	20×× 05 24	34.0	—	4.19 (100 循环)	97.8 (100 循环)	>F100
DB-C25-N-02	右岸趾板	泵送	C25	二	20××-12-02	29.9	>W12			—

续表

试件编号	工程名称/部位	混凝土种类	强度等级	级配	取样日期/(年-月-日)	抗压强度/MPa	抗渗等级	质量损失率/%	相对动弹模/%	抗冻等级
						28d	28d			28d
DB-C25-N-03	右岸趾板	泵送	C25	二	20××-01-02	42.6	＞W12			—
DB-C25-N-04	右岸趾板	泵送	C25	二	20××-04-14	36.4	＞W12	2.78（100循环）	91.8（100循环）	＞F100
DB-C25-N-05	左岸趾板	泵送	C25	二	20××-05-08	44.9	＞W12	1.61（100循环）	94.5（100循环）	＞F100
DB-C25-N-06	左岸趾板	泵送	C25	二	20××-12-20	36.4	＞W12			—
DB-C25-N-07	Ⅰ期面板FR4	纤维	C25	二	20××-11-25	48.6	W12	1.91（100循环）	92.7（100循环）	＞F100
DB-C25-N-08	Ⅰ期面板FL6	纤维	C25	二	20××-12-05	39.5	W12	1.65（100循环）	95.7（100循环）	＞F100
DB-C25-N-09	Ⅱ期面板FL13	纤维	C25	二	20××-04-27		W12			
DB-C25-N-10	Ⅱ期面板FR3	纤维	C25	二	20××-04-28		W12			
DB-C25-N-11	Ⅱ期面板FR15	纤维	C25	二	20××-05-08		W12			
DB-C25-N-12	Ⅱ期面板FL14	纤维	C25	二	20××-05-09		W12			
设计要求						≥25	≥W12	≤5	≥60	≥F50

（6）C30混凝土取样试验检测成果。

20××年4月16日中心实验室对近坝公路末端高程1520.00m处箱涵C30混凝土7d、28d龄期各取样1组，检测试验结果见表6-2-125。

表6-2-125　　大坝工程C30混凝土检测成果统计

试样编号	浇筑部位	取样日期/(年-月-日)	取样地点	混凝土种类	设计强度	坍落度/cm	抗压强度/MPa		
							7d	28d	90d
DB-C30-01	公路末端箱涵	20××-04-16	施工现场拌和站机口	常态	C30	5.1	42.2	51.0	

（7）挤压边墙＜C5混凝土取样试验成果。

大坝填筑期间，中心实验室对挤压边墙混凝土取样5组进行检测，检测结果见表6-2-126。

表6-2-126　　大坝工程挤压边墙＜C5混凝土检测成果统计

编号	浇筑部位	取样日期/(年-月-日)	取样地点	混凝土种类	设计强度	抗压强度/MPa		28d静压弹模/MPa	
						7d	28d	轴心抗压强度	静压弹性模量
DB-JYBQ-01	挤压边墙	20××-03-11	仓面	挤压混凝土	＜C5	1.5			
DB-JYBQ-01	挤压边墙	20××-04-04	拌和站机口	挤压混凝土	＜C5		4.2	1.7	4020
DB-JYBQ-01	挤压边墙	20××-05-05	拌和站机口	挤压混凝土	＜C5		2.8		
DB-JYBQ-01	挤压边墙	20××-05-26	拌和站机口	挤压混凝土	＜C5		2.4		
DB-JYBQ-01	挤压边墙	20××-04-04	拌和站机口	挤压混凝土	＜C5		2.5		

7. 锚杆拉拔试验测成果

大坝工程趾板进行锚杆拉拔力试验 2 组，试验结果合格，详见表 6-2-127。

表 6-2-127　　大坝工程锚拉拔试验检测成果统计

编号	检测部位	检测日期/(年-月-日)	规格/mm (ϕ@L)	锚杆间排距/m	试验锚杆位置	拉拔力值/kN	设计拉拔力值/kN	评定
DB-LB-01	左岸趾板	20××-04-03	28@4000	1.5×1.5	中轴线为基准向左 2.25m	103.8	80～120	合格
					中轴线为基准向左 0.75m	100.1		合格
					中轴线为基准向左 0.75m	102.7		合格
DB-LB-02	左岸趾板	20××-08-23	28@6500	1.5×1.5	中轴线为基准向右 0.375m	103.4	80～120	合格
					中轴线为基准向右 0.375m	101.0		合格
					中轴线为基准向右 1.875m	123.2		合格

(七) 厂房土建工程检测成果

厂房土建工程检测内容有粉煤灰、水泥、钢筋母材、钢筋焊接接头、钢筋套筒接头、天然沙、人工砂、混凝土及水泥净浆、混凝土钻芯取样试验、M40 水泥净浆取样试验等。

1. 粉煤灰检测成果

中心实验室在 20××年 11 月 23 日至 20××年 1 月 11 日期间，共检测粉煤灰 2 组，检测结果见表 6-2-128。

表 6-2-128　　厂房工程粉煤灰检测成果统计

试样编号	品　种	取样日期/(年-月-日)	取样地点	密度/(kg/m³)	细度(45μm 筛)/%	需水量比/%	安定性	烧失量/%	SO_3/%	含水率/%
CF-F-01	粉煤灰 (Ⅰ级)	20××-11-23	厂房拌和楼	2302	5	98	合格	—	—	0.4
CF-F-02	粉煤灰 (Ⅰ级)	20××-01-11	厂房拌和楼	2381	5	99	合格	—	—	0.6
控制指标《用于水泥和混凝土中的粉煤灰》(GB/T 1596—2005)				—	≤12	≤95 (Ⅰ级) ≤105 (Ⅱ级)	合格	5.0	3.0	≤1.0
粉煤灰生产厂家			检测次数	2	2	2		2	2	2
云南宣威发电粉煤灰责任有限公司			合格率/%	—	100	Ⅱ级灰	100			100

2. 水泥检测成果

(1) P·O 32.5 水泥。

20××年 4 月 1 日至 20××年 4 月 10 日期间，厂房工程使用××牌、×××牌 P·O32.5 水泥，共取样检测 4 组，执行标准为《硅酸盐水泥、普通硅酸盐水泥》(GB 175—1999)，检测结果见表 6-2-129。

(2) P·O 42.5 水泥。

20××年 8 月 31 日至 20××年 5 月 9 日期间检测样品 8 组，执行标准为《硅酸盐水泥、普通硅酸盐水泥》(GB 175—1999)；20××年 9 月 20 日至 20××年 3 月 9 日期间对××牌 P·O 42.5 水泥取样检测 10 组，执行标准为《通用硅酸盐水泥》(GB 175—2007)，检测统计结果见表 6-2-130。

表 6-2-129 **厂房土建工程 P·O 32.5 水泥检测成果统计**

试样编号	水泥品种	出厂日期/(年-月-日)	取样日期/(年-月-日)	取样地点	细度/%(80μm 筛)	凝结时间/min		安定性	抗压强度/MPa		抗折强度/MPa	
						初凝	终凝		3d	28d	3d	28d
CF-P·O 32.5-01	太保山牌 P·O 32.5	20××-03-30	20××-04-01	厂房右岸拌和楼水泥库	2.8	122	180	合格	24.4	40.2	4.24	6.84
CF-P·O 32.5-02	太保山牌 P·O 32.5	20××-07-12	20××-08-31	厂房右岸拌和楼水泥库	4.0	131	227	合格	19.0	46.2	4.01	7.43
CF-P·O 32.5-03	西麟牌 P·O 32.5	20××-09-27	20××-09-30	厂房右岸拌和楼水泥库	1.3	139	201	合格	28.2	57.6	5.35	8.02
CF-P·O 32.5-04	西麟牌 P·O 32.5	20××-04-03	20××-04-10	厂房右岸拌和楼水泥库	4.4	138	195	合格	26.4	43.2	5.01	7.37
执行标准	《硅酸盐水泥、普通硅酸盐水泥》(GB 175—1999)			控制指标	≤10	≥45	≤600	合格	≥11.0	≥32.5	≥2.5	≥5.5
检测次数					4	4	4	4	4	4	4	4
合格率/%					100	100	100	100	100	100	100	100

表 6-2-130 **厂房土建工程 P·O 42.5 水泥检测成果统计**

试样编号	水泥品种	出厂日期/(年-月-日)	取样日期/(年-月-日)	取样地点	细度/%(80μm 筛)	凝结时间/min		安定性	抗压强度/MPa		抗折强度/MPa	
						初凝	终凝		3d	28d	3d	28d
CF-P·O 42.5-01	太保山牌 P·O 42.5	20××-07-03	20××-8-31	厂房右岸拌和楼水泥库	2.6	125	260	合格	21.7	50.8	5.04	8.04
CF-P·O 42.5-02	西麟牌 P·O 42.5	20××-09-23	20××-09-30	厂房右岸拌和楼水泥罐	1.9	132	217	合格	25.3	54.1	4.87	7.72
…	…	…	…	…	…	…	…	…	…	…	…	…
CF-P·O 42.5-17	西麟牌 P·O 42.5	20××-01-16	20××-09-20	厂房右岸拌和楼水泥库	0.4	133	196	合格	28.4	53.9	5.19	8.70
CF-P·O 42.5-18	西麟牌 P·O 42.5	20××-02-03	20××-03-09	厂房右岸拌和楼水泥库	0.8	137	201	合格	36.8	63.1	6.51	9.80
执行标准	GB 175—1999、GB 175—2007			控制指标	≤10	≥45	≤600	合格	≥17.0	≥42.5	≥3.5	≥6.5
检测次数					18	18	18	18	18	18	18	18
合格率/%					100	100	100	100	100	100	100	100

3. 钢筋检测成果

厂房钢筋检测内容有 HPB235 光圆钢筋、HRB335 带肋钢筋、HRB400 带肋钢筋、钢筋接头。

(1) HPB235 光圆钢筋母材检测。

厂房土建工程使用的光圆钢筋为 HPB235，20××年 10 月 2 日至 20××年 11 月 24 日施工单位对光圆钢筋取样检测 4 组，检测结果见表 6-2-131。

表 6-2-131 厂房土建工程 HPB235 光圆钢筋母材检测成果统计

试样编号	公称直径/mm	钢筋牌号	取样时间/(年-月-日)	取样地点	试验日期/(年-月-日)	屈服强度/MPa	抗拉强度/MPa	伸长率/%	冷弯评定
CFTJ-HPB235-01	12	HPB 235	20××-10-02	厂房钢筋加工点	20××-10-02	370	510	35	合格
						365	500	35	合格
CFTJ-HPB235-02	16	HPB 235	20××-10-02	厂房钢筋加工点	20××-10-02	315	430	38	合格
						300	430	40	合格
CFTJ-HPB235-03	12	HPB 235	20××-11-23	厂房钢筋加工点	20××-11-24	325	480	30	合格
						340	495	37	合格
CFTJ-HPB235-04	10	HPB 235	20××-11-23	厂房钢筋加工点	20××-11-24	330	460	32	合格
						350	480	30	合格
执行标准 GB 13013—1991、GB/T 701—1997、GB 1499.1—2008						≥235	≥370	≥25	合格
钢筋生产厂家				检测次数		4	4	4	4
××集团××钢铁股份有限公司				合格率/%		100	100	100	100

(2) HRB 335 带肋钢筋母材检测。

20××年 1 月 31 日至 20××年 1 月 23 日期间，施工单位对 HRB335 Φ16、Φ18、Φ22、Φ25、Φ28 带肋钢筋共取样 16 组，检测结果见表 6-2-132。

表 6-2-132 厂房土建工程 HRB335 带肋钢筋母材检测成果统计

试样编号	公称直径/mm	钢筋牌号	取样时间/(年-月-日)	取样地点	试验日期/(年-月-日)	屈服强度/MPa	抗拉强度/MPa	伸长率/%	冷弯评定
CFTJ-HRB335-01	22	HRB 335	20××-01-31	厂房钢筋加工点	20××-02-05	395	560	30	合格
						375	565	31	合格
CFTJ-HRB335-02	25	HRB335	20××-04-06	厂房钢筋加工点	20××-04-09	385	610	29	合格
						375	585	30	合格
CFTJ-HRB335-03	16	HRB335	20××-04-06	厂房钢筋加工点	20××-04-09	475	595	29	合格
						485	615	27	合格
CFTJ-HRB335-04	25	HRB335	20××-06-03	厂房钢筋加工点	20××-06-04	430	565	31	合格
						410	540	30	合格
…	…	…	…	…	…	…	…	…	…
CFTJ-HRB335-13	28	HRB 335	20××-02-28	厂房钢筋加工点	20××-03-01	410	565	28	合格
						410	565	29	合格

续表

试样编号	公称直径/mm	钢筋牌号	取样时间/(年-月-日)	取样地点	试验日期/(年-月-日)	屈服强度/MPa	抗拉强度/MPa	伸长率/%	冷弯评定
CFTJ-HRB335-14	22	HRB 335	20××-11-23	厂房钢筋加工点	20××-11-24	445	610	27	合格
						445	610	28	合格
CFTJ-HRB335-15	28	HRB 335	20××-11-23	厂房钢筋加工点	20××-11-24	390	545	28	合格
						445	630	25	合格
CFTJ-HRB335-16	18	HRB 335	20××-11-23	厂房钢筋加工点	20××-11-24	390	530	32	合格
						380	525	33	合格
控制指标 GB 1499—1998、GB 1499.2—2007						≥335	≥490/455	≥17	合格
钢筋生产厂家					检测次数	16	16	16	16
××集团××钢铁股份有限公司					最大值	485	630	34	
					最小值	360	520	25	
					合格率/%	100	100	100	100

(3) HRB400 带肋钢筋母材检测。

20××年10月4日至20××年3月9日期间，对施工单位钢筋加工现场的 HRB400 Φ18、Φ20、Φ22、Φ28 带肋钢筋共取样5组，检测结果见表6-2-133。

表6-2-133　　厂房土建工程HRB400带肋钢筋母材检测成果统计

试样编号	公称直径/mm	钢筋牌号	取样时间/(年-月-日)	取样地点	试验日期/(年-月-日)	屈服强度/MPa	抗拉强度/MPa	伸长率/%	冷弯评定
CF-HRB400-01	18	HRB400	20××-10-04	钢筋加工点	20××-10-04	435	560	33	合格
						435	560	31	合格
CF-HRB400-02	20	HRB400	20××-10-04	钢筋加工点	20××-10-04	440	560	32	合格
						440	560	33	合格
CF-HRB400-03	28	HRB400	20××-03-09	钢筋加工点	20××-03-11	455	625	25	合格
						460	630	26	合格
CF-HRB400-04	22	HRB400	20××-03-09	钢筋加工点	20××-03-11	460	590	28	合格
						465	585	28	合格
CF-HRB400-05	18	HRB400	20××-03-09	钢筋加工点	20××-03-11	450	595	28	合格
						455	595	29	合格
控制指标 GB 1499—1998、GB 1499.2—2007						≥335	≥490/455	≥17	合格
钢筋生产厂家					检测次数	5	5	5	5
××集团××钢铁股份有限公司					最大值	465	630	33	
					最小值	435	560	25	
					合格率/%	100	100	100	100

(4) 钢筋接头。

厂房 HRB335、HRB400 钢筋焊接及套筒接头现场取样检测成果见表6-2-134～表6-2-137。

表 6-2-134　　厂房土建 HRB335 带肋钢筋接头现场取样检测成果统计

编 号	取样日期/(年-月-日)	取样地点	生产厂家	直径/mm	连接类型	抗拉强度/MPa	拉后情况	评定结果
CF-HRB335-HJ-01	20××-03-12	厂房3#尾水闸墩	××钢铁	28	单面搭接焊	565	焊缝外延性断	合格
						570	焊缝外延性断	
						560	焊缝外延性断	
CF-HRB335-HJ-02	20××-04-22	厂房右边墙	××钢铁	28	双面搭接焊	505	焊缝根部脆断	合格
						525	焊缝外延性断	
						520	焊缝根部脆断	
CF-HRB335-HJ-03	20××-03-18	厂房上下边墙及右边墙	××钢铁	18	双面搭接焊	555	焊缝外延性断	合格
						535	焊缝外延性断	
						540	焊缝外延性断	
CF-HRB335-HJ-04	20××-03-18	厂房上下边墙及右边墙	××钢铁	22	双面搭接焊	545	焊缝外延性断	合格
						565	焊缝外延性断	
						540	焊缝根部延性断	
CF-HRB335-HJ-05	20××-10-18	厂房尾水闸墩	××钢铁	20	双面搭接焊	530	焊缝外延性断	合格
						550	焊缝外延性断	
						560	焊缝外延性断	
执行规范	延性断裂：DL/T 5169—2002、GB 1499.2—2007				单面搭接焊	≥490	备注	
检测次数						5	—	
合格率/%						100		

表 6-2-135　　厂房土建工程 HRB400 带肋钢筋焊接接头现场取样检测成果统计

编 号	取样日期/(年-月-日)	取样地点	生产厂家	直径/mm	连接类型	抗拉强度/MPa	拉后情况	结果评定
CF-HRB400-HJ-01	20××-08-10	下游副厂房及尾闸墩	××钢铁	25	单面搭接焊	605	焊缝外延性断	合格
						600	焊缝根部延性断	
						605	焊缝外延性断	
执行标准	《水工混凝土钢筋施工规范》(DL/T 5169—2002)				延性断裂	≥540		

表 6-2-136　　厂房土建工程 HRB335 带肋钢筋套筒接头现场取样检测成果统计

编 号	取样日期/(年-月-日)	取样地点	生产厂家	直径/mm	连接类型	抗拉强度/MPa	拉后情况	结果评定
CF-TT-01(工艺试验)	20××-10-02	厂房压力管道出口现场钢筋加工点	××钢铁	28	直螺纹套筒连接	600	套筒外延性断	合格
						540	套筒外延性断	
						575	套筒外延性断	
CF-TT-02(工艺试验)	20××-10-02	厂房压力管道出口现场钢筋加工点	××钢铁	25	直螺纹套筒连接	555	套筒外延性断	合格
						570	套筒外延性断	
						560	套筒外延性断	

续表

<table>
<tr><th>编 号</th><th>取样日期
/(年-月-日)</th><th>取样地点</th><th>生产厂家</th><th>直径
/mm</th><th>连接类型</th><th>抗拉强度
/MPa</th><th>拉后情况</th><th>结果
评定</th></tr>
<tr><td rowspan="3">CF-TT-03*</td><td rowspan="3">20××-
12-22</td><td rowspan="3">厂房尾水段
底板</td><td rowspan="3">××钢铁</td><td rowspan="3">28</td><td rowspan="3">镦粗直螺纹
套筒连接</td><td>445</td><td>钢筋从套筒滑脱</td><td rowspan="3">需要加倍取样进行复检</td></tr>
<tr><td>580</td><td>套筒外延性断</td></tr>
<tr><td>610</td><td>钢筋从套筒滑脱</td></tr>
<tr><td rowspan="3">CF-TT-04
(复检)</td><td rowspan="3">20××-
12-23</td><td rowspan="3">厂房尾水段
底板</td><td rowspan="3">××钢铁</td><td rowspan="3">28</td><td rowspan="3">镦粗直螺纹
套筒连接</td><td>610</td><td>套筒外延性断</td><td rowspan="3">合格</td></tr>
<tr><td>605</td><td>焊缝外延性断</td></tr>
<tr><td>540</td><td>钢筋从套筒滑脱</td></tr>
<tr><td rowspan="3">CF-TT-05
(复检)</td><td rowspan="3">20××-
12-23</td><td rowspan="3">厂房尾水段
底板</td><td rowspan="3">××钢铁</td><td rowspan="3">28</td><td rowspan="3">镦粗直螺纹
套筒连接</td><td>625</td><td>套筒外延性断</td><td rowspan="3">合格</td></tr>
<tr><td>555</td><td>钢筋从套筒滑脱</td></tr>
<tr><td>555</td><td>钢筋从套筒滑脱</td></tr>
<tr><td rowspan="3">CF-TT-06
(工艺试验)</td><td rowspan="3">20××-
12-31</td><td rowspan="3">厂房钢筋
加工点</td><td rowspan="3">××钢铁</td><td rowspan="3">28</td><td rowspan="3">镦粗直螺纹
套筒连接</td><td>605</td><td>套筒外延性断</td><td rowspan="3">合格</td></tr>
<tr><td>610</td><td>套筒外延性断</td></tr>
<tr><td>625</td><td>套筒外延性断</td></tr>
<tr><td rowspan="3">CF-TT-07</td><td rowspan="3">20××-
03-12</td><td rowspan="3">厂房3#
尾水闸墩</td><td rowspan="3">××钢铁</td><td rowspan="3">25</td><td rowspan="3">镦粗直螺纹
套筒连接</td><td>550</td><td>套筒外延性断</td><td rowspan="3">合格</td></tr>
<tr><td>545</td><td>套筒外延性断</td></tr>
<tr><td>535</td><td>套筒外延性断</td></tr>
<tr><td>执行标准</td><td colspan="5">《水工混凝土钢筋施工规范》(DL/T 5169—2002)</td><td>≥515</td><td colspan="2">备 注</td></tr>
<tr><td colspan="6">检测次数</td><td>5</td><td colspan="2" rowspan="4">标*的为复检合格，其数据不参与评定统计</td></tr>
<tr><td colspan="6">最大值</td><td>625</td></tr>
<tr><td colspan="6">最小值</td><td>540</td></tr>
<tr><td colspan="6">合格率/%</td><td>100</td></tr>
</table>

表 6-2-137 厂房土建工程 HRB400 带肋钢筋套筒接头现场取样检测成果统计

<table>
<tr><th>编 号</th><th>取样日期
/(年-月-日)</th><th>取样地点</th><th>生产厂家</th><th>直径
/mm</th><th>连接类型</th><th>抗拉强度
/MPa</th><th>拉后情况</th><th>结果评定</th></tr>
<tr><td rowspan="3">CF-HRB400-
TT-01</td><td rowspan="3">20××-
08-10</td><td rowspan="3">下游副厂房
及尾水闸墩</td><td rowspan="3">××钢铁</td><td rowspan="3">28</td><td rowspan="3">镦粗直螺纹
套筒连接</td><td>620</td><td>套筒外延性断</td><td rowspan="3">合格</td></tr>
<tr><td>615</td><td>套筒外延性断</td></tr>
<tr><td>620</td><td>套筒外延性断</td></tr>
<tr><td rowspan="3">CF-HRB400-
TT-02</td><td rowspan="3">20××-
01-19</td><td rowspan="3">下游副厂房
及尾水闸墩</td><td rowspan="3">××钢铁</td><td rowspan="3">28</td><td rowspan="3">镦粗直螺纹
套筒连接</td><td>570</td><td>套筒根部脆断</td><td rowspan="3">合格</td></tr>
<tr><td>590</td><td>套筒根部脆断</td></tr>
<tr><td>625</td><td>套筒外延性断</td></tr>
<tr><td>执行标准</td><td colspan="5">《水工混凝土钢筋施工规范》(DL/T 5169—2002)</td><td>≥565</td><td colspan="2">—</td></tr>
</table>

4. 砂检测试验成果

厂房土建工程混凝土拌和所用细骨料有天然砂和人工砂两种，施工中各取样2组进行检测。

(1) 天然砂试验检测成果。

厂房土建工程施工期间对天然砂取样检测2组，检测试验结果见表6-2-138。

表 6-2-138　　厂房土建工程江沙检测成果统计

试样编号	细骨料品种	取样时间 /(年-月-日)	取样地点	细度模数	>5mm 含量/%	<0.16mm 含量/%	<0.08mm 含量/%	含水率 /%	含泥量 /%
CF-JS-01	天然砂	20××-01-31	厂房搅拌机旁	3.00	3.9	1.4	0.4	4.5	2.2
CF-JS-02	天然砂	20××-06-29	厂房搅拌机旁	3.09	7.2	5.1	2.3	5.1	2.4
控制指标 DL/T 5144—2001				2.2～3.0	—	—	—	≤6	≤5，≤3*

* 含泥量≤3%为≥C30 或有抗冻要求混凝土的指标。

（2）人工砂试验检测成果。

厂房土建工程施工期间对人工砂取样检测 2 组，检测试验结果见表 6-2-139。

表 6-2-139　　厂房土建工程人工砂检测成果统计

试样编号	细骨料品种	取样时间 /(年-月-日)	取样地点	细度模数	>5mm 含量/%	<0.16mm 含量/%	<0.08mm 含量/%	含水率 /%
CF-RGS-01	人工砂	20××-01-14	右岸拌和楼砂石料堆	2.87	14.7	20.0	14.9	
CF-RGS-02	人工砂	20××-05-10	右岸拌和楼砂石料堆	2.75	12.4	20.7	12.6	
控制指标 DL/T 5144—2001				2.4～2.8	—	6～18	—	≤6
检测次数				2	2	2	2	
合格率/%				50		0		

5. 混凝土、水泥净浆检测试验成果

厂房土建工程施工过程中，中心试验室在现场对 C15、C20、C25、C30、C35 混凝土进行了取样检测；厂房后边坡锚索内锚固段注浆采用 M40 水泥净浆，施工时已按要求取样检测。

（1）C25 混凝土取样试验检测成果。

20××年 7 月 7 日至 20××年 9 月 29 日厂房土建工程施工期间，中心试验室在施工现场对 C25 混凝土取样 230 组，检测结果见表 6-2-140。

表 6-2-140　　厂房土建工程 C25 混凝土检测成果统计

试样编号	浇筑部位	取样日期 /(年-月-日)	取样地点	混凝土种类	设计强度	坍落度 /cm	抗压强度/MPa		
							7d	28d	90d
CF-C25-001	厂房后边坡 3 号机锚拉板	20××-07-07	现场临时搅拌机口	常态	C25		24.7	33.1	
CF-C25-002	主厂房集水井	20××-09-30	厂房拌和楼机口	常态	C25	13.2	18.9	25.7	
CF-C25-003	集水井底板	20××-10-15	厂房拌和楼机口	常态	C25	18.0		29.1	
CF-C25-004	主厂房集水井	20××-10-26	厂房拌和楼机口	常态	C25	9.9		18.3	
CF-C25-005	1 号机基础回填	20××-11-03	厂房拌和楼机口	常态	C25	13.6	21.6	29.1	
…	…	…	…	…	…	…	…	…	…
CF-C25-114	发电机断路器及母线层	20××-11-27	厂房拌和楼机口	泵送	C25	13.6	28.6	37.7	
CF-C25-115	下游边墙 5 号、8 号楼梯间	20××-12-24	厂房拌和楼机口	泵送	C25		26.7	32.8	
CF-C25-116	厂房 BQ 抗滑桩	20××-02-18	厂房拌和楼机口	泵送	C25		27.8	35.9	
…	…	…	…	…	…	…	…	…	…

续表

试样编号	浇筑部位	取样日期/(年-月-日)	取样地点	混凝土种类	设计强度	坍落度/cm	抗压强度/MPa		
							7d	28d	90d
CF-C25-225	厂房2号机发电机层厚板	20××-06-21	厂房拌和楼机口	泵送	C25		21.0	30.2	
CF-C25-226	厂房3号机发电机层厚板	20××-07-01	厂房拌和楼机口	泵送	C25		32.0	39.2	
CF-C25-227	3#机风罩及中间层厚板	20××-07-15	厂房拌和楼机口	泵送	C25		32.3	28.4	
CF-C25-228	厂房油罐室边墙、柱、楼板	20××-07-19	厂房拌和楼机口	泵送	C25		36.2	43.5	
CF-C25-229	3号机风罩及发电层厚板	20××-08-05	厂房拌和楼机口	泵送	C25		26.9	35.9	
CF-C25-230	尾水段右侧防洪墙墙体	20××-09-29	厂房拌和楼机口	泵送	C25		48.3	57.0	

（2）C25混凝土钻芯取样试验检测成果。

20××年11月24日至20××年9月7日，中心实验室对20××年10月26日至20××年8月27日施工出现的低强度部位进行钻心取样复核，检测结果满足设计要求，详见表6-2-141。

表6-2-141　　厂房土建工程C25混凝土钻芯取样检测成果统计

样品编号	工程名称/部位	强度等级	混凝土种类	试验龄期/d	抗压强度/MPa	施工日期/(年-月-日)	钻芯日期/(年-月-日)
CF-C25-ZX-01	主厂房检修集水井	C25	常态	30	28.9	20××-10-26	20××-11-24
CF-C25-ZX-02	厂房1号机肘管边墙	C25	常态	33	24.0	20××-01-22	20××-02-24
CF-C25-ZX-03	主厂房渗漏集水井	C25	常态	111	25.4	20××-11-20	20××-03-09
CF-C25-ZX-04	厂房边墙柱及主变室底板	C25	常态	11	26.7	20××-08-27	20××-09-07

（3）C15混凝土取样试验检测成果。

20××年7月1日至20××年10月25日厂房土建工程施工期间，中心试验室在施工现场对C15混凝土取样71组，检测结果见表6-2-142。

表6-2-142　　厂房土建工程C15混凝土检测成果统计

试样编号	浇筑部位	取样日期/(年-月-日)	取样地点	混凝土种类	设计强度	坍落度/cm	抗压强度/MPa		
							7d	28d	90d
CF-C15-01	基础垫层开挖支护	20××-07-01	厂房右岸拌和楼机口	常态	C15	8.5		17.1	
CF-C15-02	基础垫层开挖支护	20××-07-02	厂房右岸拌和楼机口	常态	C15			15.6	
CF-C15-03	基础垫层开挖支护	20××-07-07	厂房右岸拌和楼机口	常态	C15		20.1	24.8	
CF-C15-04	基础垫层开挖支护	20××-07-10	厂房右岸拌和楼机口	常态	C15		16.9	20.4	
…	…	…	…	…	…	…	…	…	…
CF-C15-34	厂房基础回填	20××-03-23	厂房右岸拌和楼机口	常态	C15	0.0	15.6	20.5	23.2
CF-C15-35	厂房基础回填	20××-03-29	厂房右岸拌和楼机口	常态	C15		11.4	15.0	
CF-C15-36	厂房基础回填	20××-04-02	厂房右岸拌和楼机口	常态	C15		12.7	14.0	

续表

试样编号	浇筑部位	取样日期/(年-月-日)	取样地点	混凝土种类	设计强度	坍落度/cm	抗压强度/MPa		
							7d	28d	90d
CF-C15-37	厂房基础回填	20××-04-11	厂房右岸拌和楼机口	常态	C15		12.5	13.5	
…	…	…	…	…	…	…	…	…	…
CF-C15-68	尾水段防洪墙垫层	20××-09-07	厂房右岸拌和楼机口	常态	C15			51.9	
CF-C15-69	尾水段防洪墙垫层	20××-09-18	厂房右岸拌和楼机口	常态	C15		24.2	33.2	
CF-C15-70	尾水段防洪墙垫层	20××-10-24	厂房右岸拌和楼机口	常态	C15		22.2		
CF-C15-71	尾水段防洪墙垫层	20××-10-25	厂房右岸拌和楼机口	常态	C15		22.2		

(4) C20 混凝土取样试验检测成果。

厂房土建工程施工期间，中心试验室在施工现场对 C20 混凝土取样 9 组，检测结果见表 6-2-143。

表 6-2-143　　厂房土建工程 C20 混凝土检测成果统计

试样编号	浇筑部位	取样日期/(年-月-日)	取样地点	混凝土种类	设计强度	坍落度 cm	抗压强度/MPa		
							7d	28d	90d
CF-C20-01	厂房后边坡网格梁	20××-05-09	厂房拌和楼机口	常态	C20	5.5	15.8	24.3	
CF-C20-02	交通公路桥基础	20××-03-02	厂房拌和楼机口	常态	C20	5.5	16.2	24	
CF-C20-03	厂房冲沟明渠底板	20××-05-27	厂房拌和楼机口	常态	C20		28.5	37.1	
CF-C20-04	厂房 H2 抗滑桩护壁	20××-07-14	厂房拌和楼机口	常态	C20		12.7		
CF-C20-05	蜗壳层底板及集水井顶板	20××-07-28	厂房拌和楼机口	常态	C20	11.3	15	26.6	30.5
CF-C20-06	厂房回填	20××-8-28	厂房拌和楼机口	泵送	C20		36.1	43.1	
CF-C20-07	厂房冲沟上游侧	20××-01-08	厂房拌和楼机口	泵送	C20		20.3	29.6	
CF-C20-08	厂房冲沟上游侧	20××-01-09	厂房拌和楼机口	泵送	C20		25.7	34.1	
CF-C20-09	厂房尾水段防洪墙垫层	20××-10-27	厂房拌和楼机口	常态	C20		20.6		

(5) C30 混凝土取样试验检测成果。

厂房土建工程施工期间，中心试验室在施工现场对 C30 混凝土取样 10 组，检测结果见表 6-2-144。

表 6-2-144　　厂房土建工程 C30 混凝土检测成果统计

试样编号	浇筑部位	取样日期/(年-月-日)	取样地点	混凝土种类	设计强度	坍落度/cm	抗压强度/MPa		
							7d	28d	90d
CF-C30-01	闸门二期	20××-11-08	厂房拌和楼机口	常态	C30	12.3	37.1		
CF-C30-02	安装间边墙排架及吊车梁	20××-05-03	厂房拌和楼机口	常态	C30		31.4	40.9	
CF-C30-03	1 号机机墩	20××-05-26	厂房拌和楼机口	泵送	C30		36.9	43.9	
CF-C30-04	1 号机机墩	20××-05-26	厂房拌和楼机口	常态	C30		35.4	41.5	

续表

试样编号	浇筑部位	取样日期/(年-月-日)	取样地点	混凝土种类	设计强度	坍落度/cm	抗压强度/MPa		
							7d	28d	90d
CF-C30-05	吊车梁二期	20××-06-12	厂房拌和楼机口	常态	C30		33.5	39.0	
CF-C30-06	主厂房排架柱及吊车梁	20××-10-26	厂房拌和楼机口	常态	C30	15.7	49.6	59.4	
CF-C30-07	主厂房排架柱及吊车梁	20××-11-19	厂房拌和楼机口	常态	C30		47.4	54.2	
CF-C30-08	主厂房吊车梁二期	20××-12-19	厂房拌和楼机口	常态	C30		34.2	44.6	
CF-C30-09	2号机1235.96m以下蜗壳	20××-04-24	厂房拌和楼机口	常态	C30		39.3	49.7	
CF-C30-10	3号机1235.96m以下蜗壳	20××-06-13	厂房拌和楼机口	常态	C30		32.7	43.7	

(6) C35混凝土取样试验检测成果。

厂房土建工程施工期间，中心试验室在施工现场对C35混凝土取样4组，检测结果见表6-2-145。

表6-2-145　　厂房土建工程C35混凝土检测成果统计

试样编号	浇筑部位	取样日期/(年-月-日)	取样地点	混凝土种类	设计强度	坍落度/cm	抗压强度/MPa		
							7d	28d	90d
CF-C35-01	厂房后边坡12号锚索垫墩	20××-05-10	现场临时搅拌机机口	常态	C35	16.5	31.8	35.2	
CF-C35-02	厂房后边坡D12号锚墩	20××-01-25	现场临时搅拌机机口	常态	C35	3.1	30.5	35.5	
CF-C35-03	厂房后边坡锚索D10锚柱板	20××-02-01	现场临时搅拌机机口	泵送	C35	2.8	33.4	43.5	
CF-C35-04	厂房交通桥行车道板	20××-04-15	厂房拌和楼机口	常态	C35		35.9	41.7	

(7) M40水泥净浆取样试验检测成果。

M40水泥净浆用于厂房后边坡锚索内锚固段注浆，7d、28d龄期各取样检测1组。检测结果见表6-2-146。

表6-2-146　　厂房土建工程M40水泥净浆检测成果统计

试样编号	使用部位	取样日期/(年-月-日)	取样地点	砂浆种类	设计强度	稠度/cm	抗压强度/MPa	
							7d	28d
CF-M40-01	厂房边坡锚索锚固段注浆	20××-05-08	现场搅拌机机口	净浆	M40		24.4	37.4

(八) 泄洪隧洞工程检测成果

1. 水泥检测成果

(1) P·O 32.5水泥。

20××年6月22日，中心试验室对泄洪隧洞使用的×××牌P·O32.5水泥取样检测1组，执行标准为《硅酸盐水泥、普通硅酸盐水泥》(GB 175—1999)，检测结果见表6-2-147。

(2) P·O 42.5水泥。

20××年8月31日至20××年5月9日期间检测样品8组，执行标准为《硅酸盐水泥、普通硅酸盐水泥》(GB 175—1999)；20××年9月20日至20××年3月9日期间对××牌P·O 42.5水泥取样检测10组，执行标准为《通用硅酸盐水泥》(GB 175—2007)，检测统计结果见表6-2-148。

表 6-2-147　　**泄洪隧洞（放空洞）工程 P·O 32.5 水泥检测成果**

试样编号	水泥品种	出厂日期/(年-月-日)	取样日期/(年-月-日)	取样地点	细度/%(80μm 筛)	凝结时间/min		安定性	抗压强度/MPa		抗折强度/MPa	
						初凝	终凝		3d	28d	3d	28d
XHD-P. O32.5-01	×××牌 P·O 32.5	20××-06-08	20××-06-22	放空洞进水口边坡处理现场	5.8	131	209	合格	19.4	42.2	3.89	7.60
执行标准	《硅酸盐水泥、普通硅酸盐水泥》(GB 175—1999)			控制指标	≤10	≥45	≤600	合格	≥11.0	≥32.5	≥2.5	≥5.5
合格率/%					100	100	100	100	100	100	100	100

表 6-2-148　　**泄洪隧洞（放空洞）工程 P·O 42.5 水泥检测成果统计**

试样编号	水泥品种	出厂日期/(年-月-日)	取样日期/(年-月-日)	取样地点	细度/%(80μm 筛)	凝结时间/min		安定性	抗压强度/MPa		抗折强度/MPa	
						初凝	终凝		3d	28d	3d	28d
XHD-P. O42.5-01	××牌 P·O 42.5	20××-08-11	20××-08-17	放空洞进口拌和站水泥仓库	0.8	127	189	合格	32.3	58.6	6.03	9.23
XHD-P. O42.5-02	××牌 P·O 42.5	20××-02-24	20××-02-25	放空洞出口拌和站水泥仓库	0.4	128	194	合格	28.2	56.8	5.92	8.99
XHD-P. O42.5-03	××牌 P·O 42.5	20××-03-05	20××-03-10	放空洞出口拌和站水泥仓库	0.8	133	201	…	29.0	56	5.82	8.87
XHD-P. O42.5-04	××牌 P·O 42.5	20××-03-20	20××-03-28	放空洞出口拌和站水泥仓库	0.6	131	193	合格	28.8	56.8	6.13	9.02
XHD-P. O42.5-05	××牌 P·O 42.5	20××-02-24	20××-02-25	放空洞出口拌和站水泥仓库	0.8	128	192	合格	29.0	49.6	5.78	9.07
执行标准	GB 175—1999、GB 175—2007			控制指标	≤10	≥45	≤600	合格	≥17.0	≥42.5	≥3.5	≥6.5
水泥生产厂家				检测次数	5	5	5	5	5	5	5	5
××水泥建材有限公司/××牌				平均值								
				最大值								
				最小值								
				合格率/%	100	100	100	100	100	100	100	100

2. 钢筋检测成果

泄洪隧洞（放空洞）工程钢筋检测内容有HPB235光圆钢筋、HRB335带肋钢筋及钢筋焊接头。

（1）HPB235光圆钢筋母材检测。

泄洪隧洞（放空洞）工程使用的光圆钢筋为HPB235，20××年12月15日至20××年1月31日期间，中心试验室在施工现场对光圆钢筋取样检测3组，检测结果见表6-2-149。

表6-2-149　泄洪隧洞（放空洞）工程HPB235光圆钢筋母材检测成果统计

试样编号	公称直径/mm	取样时间/(年-月-日)	取样地点	试验日期/(年-月-日)	屈服强度/MPa	抗拉强度/MPa	伸长率/%	冷弯评定
XHD-HPB235-1	8	20××-12-15	放空洞出口钢筋临时加工点	20××-12-16	370	555	30	合格
					375	565	35	合格
XHD-HPB235-2	10	20××-01-31	放空洞事故闸门井交通桥钢筋加工点	20××-02-01	375	505	30	合格
					360	495	28	合格
XHD-HPB235-3	8	20××-01-31	放空洞事故闸门井交通桥钢筋加工点	20××-02-01	355	510	30	合格
					330	480	33	合格
执行标准GB 13013—1991、GB/T 701—1997、GB 1499.1—2008					≥235	≥370	≥25	合格
钢筋生产厂家			检测次数		3	3	3	3
××集团××钢铁股份有限公司			合格率/%		100	100	100	100

（2）HRB335带肋钢筋母材检测。

泄洪隧洞（放空洞）工程使用的带肋钢筋品种为HRB335。20××年12月25日至20××年2月3日期间，中心试验室在施工现场对Φ12、Φ16、Φ20、Φ22、Φ25、Φ28、Φ32带肋钢筋取样13组，检测结果见表6-2-150。

表6-2-150　泄洪隧洞（放空洞）工程HRB335带肋钢筋母材检测成果统计

试样编号	公称直径/mm	取样时间/(年-月-日)	取样地点	试验日期/(年-月-日)	屈服强度/MPa	抗拉强度/MPa	伸长率/%	冷弯评定
XHD-HRB335-01	16	20××-12-15	放空洞进口钢筋仓放点	20××-12-19	370	555	30	合格
					375	565	35	合格
XHD-HRB335-02	20	20××-12-15	放空洞进口钢筋仓放点	20××-12-19	425	555	31	合格
					420	550	33	合格
XHD-HRB335-03	25	20××-12-15	放空洞进口钢筋仓放点	20××-12-19	380	530	30	合格
					405	530	31	合格
XHD-HRB335-04	28	20××-12-15	放空洞进口钢筋仓放点	20××-12-19	415	570	29	合格
					420	575	28	合格
XHD-HRB335-05	32	20××-01-31	放空洞事故闸门井钢筋加工点	20××-02-01	405	570	27	合格
					400	570	28	合格
XHD-HRB335-06	28	20××-01-31	放空洞事故闸门井钢筋加工点	20××-02-01	385	550	30	合格
					395	550	28	合格

续表

试样编号	公称直径/mm	取样时间/(年-月-日)	取样地点	试验日期/(年-月-日)	屈服强度/MPa	抗拉强度/MPa	伸长率/%	冷弯评定
XHD-HRB335-07	25	20××-01-31	放空洞事故闸门井钢筋加工点	20××-02-01	400	620	29	合格
					400	630	28	合格
XHD-HRB335-08	22	20××-01-31	放空洞事故闸门井钢筋加工点	20××-02-01	380	530	32	合格
					400	535	30	合格
XHD-HRB335-09	16	20××-01-31	放空洞事故闸门井钢筋加工点	20××-02-01	390	510	34	合格
					385	510	30	合格
XHD-HRB335-10	12	20××-01-31	放空洞事故闸门井钢筋加工点	20××-02-01	400	535	33	合格
					400	535	28	合格
XHD-HRB335-11	25	20××-02-03	放空洞出口钢筋加工点	20××-02-05	405	550	28	合格
					405	555	29	合格
XHD-HRB335-12	22	20××-02-03	放空洞出口钢筋加工点	20××-02-05	380	505	29	合格
					380	500	30	合格
XHD-HRB335-13	16	20××-02-03	放空洞出口钢筋加工点	20××-02-05	400	520	30	合格
					410	515	29	合格
控制指标 GB 1499—1998、GB 1499.2—2007					335	490/455	16/17	合格
钢筋生产厂家			检测次数		13	13	13	13
××集团××钢铁股份有限公司			最大值		425	630	35	
			最小值		370	500	27	
			合格率/%		100	100	100	100

(3) 钢筋接头。

泄洪隧洞(放空洞)HRB335带肋钢筋焊接头现场取样5组，规格为Φ16、Φ20、Φ22、Φ25，检测成果见表6-2-151。

表6-2-151 泄洪隧洞(放空洞)工程HRB335带肋钢筋接头现场取样检测成果统计

编号	取样日期/(年-月-日)	取样地点	钢筋牌号	直径/mm	连接类型	抗拉强度/MPa	拉后情况	结果评定
XHD-HRB335-JT-01	20××-12-15	放空洞右边墙	HRB335	20	单面搭接焊	535	焊缝根部延性段	合格
						535	焊缝外延性段	
						520	焊缝外延性段	
XHD-HRB335-JT-02	20××-12-15	放空洞左边墙	HRB335	20	单面搭接焊	535	焊缝根部延性段	合格
						510	焊缝外延性段	
						550	焊缝外延性段	
XHD-HRB335-JT-03	20××-12-16	放空洞无压段边墙	HRB335	25	单面搭接焊	530	焊缝外延性段	合格
						500	焊缝根部延性段	
						555	焊缝外延性段	

续表

编 号	取样日期/(年-月-日)	取样地点	钢筋牌号	直径/mm	连接类型	抗拉强度/MPa	拉后情况	结果评定
XHD-HRB335-JT-04	20××-12-16	放空洞无压段边墙	HRB335	22	单面搭接焊	555	焊缝外延性段	合格
						550	焊缝根部延性段	
						555	焊缝外延性段	
XHD-HRB335-JT-05	20××-12-16	放空洞无压段边墙	HRB335	16	单面搭接焊	555	焊缝外延性段	合格
						550	焊缝外延性段	
						550	焊缝外延性段	
执行标准	延性断裂 DL/T 5169—2002、GB 1499.2—2007				延性断裂	≥490	备注	
生产厂家					检测次数	5	—	
××集团××钢铁股份有限公司					最大值	555		
					最小值	500		
					合格率/%	100		

3. 混凝土、砂浆检测成果

泄洪防空洞混凝土、砂浆设计强度等级有C20、C25、C30、CM40、M7.5等。

(1) C25混凝土取样试验检测成果。

20××年12月13日至20××年6月4日泄洪隧洞（放空洞）施工期间，中心试验室在施工现场对C25混凝土取样69组，检测结果见表6-2-152。

表6-2-152　　泄洪隧洞（放空洞）C25混凝土检测成果统计

试样编号	浇筑部位	取样日期/(年-月-日)	取样地点	混凝土种类	设计强度	坍落度/cm	抗压强度/MPa		
							7d	28d	90d
1	放空洞进口贴坡	20××-12-13	现场临时拌和机口	常态	C25	11.2	32.9	46.2	
2	放空洞进水口贴坡	20××-01-15	现场临时拌和机口	常态	C25			48.8	
3	放空洞进水口贴坡	20××-03-02	现场临时拌和机口	常态	C25			32.4	
4	放空洞进水口贴坡	20××-03-18	现场临时拌和机口	常态	C25	9.0	19.9	27	
5	放空洞进水口右边贴坡	20××-04-15	现场临时拌和机口	常态	C25	5.6	38.1	47.7	
…	…	…	…	…	…	…	…	…	…
33	放空洞事故闸门井	20××-07-16	放空洞进口拌和站	泵送	C25	4.1	36.7	38.7	
34	放空洞出口底板	20××-07-18	放空洞出口拌和站	泵送	C25	14.8	26.7	32.5	
35	放空洞出口侧墙	20××-07-21	放空洞出口拌和站	泵送	C25	6.3	32.3	39.8	
36	放空洞事故闸门井边墙	20××-07-24	放空洞进口拌和站	泵送	C25		31.4	38.7	
37	放空洞无压段侧墙衬砌	20××-07-31	放空洞出口拌和站	泵送	C25	20.5	33	38.7	
…	…	…	…	…	…	…	…	…	…
65	放空洞出口左侧护岸	20××-03-18	现场临时拌和机口	常态	C25		29.3	37.1	
66	放空洞出口左侧护岸	20××-03-24	现场临时拌和机口	常态	C25	0.5	33.6	39.6	

续表

试样编号	浇筑部位	取样日期/(年-月-日)	取样地点	混凝土种类	设计强度	坍落度/cm	抗压强度/MPa		
							7d	28d	90d
67	通风洞及工作闸室边墙	20××-03-28	现场临时拌和机口	泵送	C25	1.0	38.5	49.6	
68	通风洞及工作闸室	20××-04-09	放空洞进口拌和站	泵送	C25	14.1	24.9	33.0	
69	事故闸门井及交通桥	20××-06-04	放空洞出口拌和站	泵送	C25		22.2		

(2) C30 混凝土取样试验检测成果。

20××年 4 月 12 日至 20××年 3 月 2 日泄洪隧洞（放空洞）施工期间，中心试验室在施工现场对 C30 混凝土取样 60 组，检测结果见表 6-2-153。

表 6-2-153　泄洪隧洞（放空洞）C30 混凝土检测成果统计

试样编号	浇筑部位	取样日期/(年-月-日)	取样地点	混凝土种类	设计强度	坍落度/cm	抗压强度/MPa		
							7d	28d	90d
1	放空洞工作闸室底板	20××-04-12	放空洞进口拌和站	泵送	C30	7.6	44.7	51.7	
2	放空洞底板垫层	20××-05-09	放空洞进口拌和站	泵送	C30		30.1	36.4	
3	放空洞底板	20××-05-11	放空洞进口拌和站	泵送	C30	7.3	33.0	39.6	
4	出口渐变段加强段	20××-05-18	放空洞进口拌和站	泵送	C30	4.0	22.9	29.5	
5	放空洞有压段底板	20××-05-19	放空洞进口拌和站	泵送	C30	10.6	24.2	31.0	
…	…	…	…	…	…	…	…	…	…
28	放空洞顶拱衬砌	20××-12-28	放空洞进口拌和站	泵送	C30	10.1	41.0	50.7	
29	放空洞有压段边顶拱	20××-01-10	放空洞进口拌和站	泵送	C30	5	46.5	55.2	
30	放空洞事故闸门井	20××-01-13	放空洞进口拌和站	泵送	C30	11.2	32.1	43.4	
31	放空洞出口明渠及底板	20××-01-15	放空洞出口拌和站	泵送	C30	7.2	35.3	43.1	
32	放空洞进口渐变段边	20××-01-18	放空洞进口拌和站	泵送	C30	14.5	35.5	42.8	
…	…	…	…	…	…	…	…	…	…
56	放空洞出口护坦	20××-03-01	放空洞出口拌和站	常态	C30	8.4	43.8	49.3	
57	放空洞出口护坦	20××-03-03	放空洞出口拌和站	常态	C30	3.6	27.7	34.1	
58	放空洞出口明渠边墙	20××-03-06	放空洞出口拌和站	泵送	C30	7.5	30.6	36.8	
59	放空洞出口明渠护坦	20××-03-06	放空洞出口拌和站	泵送	C30	7.0			50.0
60	放空洞出口明渠边墙	20××-03-12	放空洞出口拌和站	泵送	C30	4.5	36.7	48.5	

(3) C20 混凝土取样试验检测成果。

20××年 11 月 5 日至 20××年 6 月 2 日泄洪隧洞（放空洞）施工期间，中心试验室在施工现场对 C20 混凝土取样 60 组，检测结果见表 6-2-154。

(4) C40 混凝土取样试验检测成果。

20××年 11 月 5 日，中心试验室在施工现场对 C40 混凝土 7d、28d 龄期各取样 1 组，检测结果见表 6-2-155。

表 6-2-154　　泄洪隧洞（放空洞）C20 混凝土检测成果统计

试样编号	浇筑部位	取样日期/(年-月-日)	取样地点	混凝土种类	设计强度	坍落度/cm	抗压强度/MPa		
							7d	28d	90d
1	放空洞出口边坡网格梁	20××-11-05	现场临时拌和机口	常态	C20			31.3	
2	放空洞出口边坡网格梁	20××-12-15	现场临时拌和机口	常态	C20	1.5	36.8	47.5	
3	放空洞出口边坡网格梁	20××-02-24	现场临时拌和机口	常态	C20	4.5	25.9	36.1	
4	放空洞出口边坡网格梁	20××-02-28	现场临时拌和机口	常态	C20	9.3	4.7	8.1	
5	放空洞出口边坡网格梁	20××-03-13	现场临时拌和机口	常态	C20	3.1	8.7	14.5	
6	放空洞进口边坡网格梁	20××-04-10	现场临时拌和机口	常态	C20			20.9	
7	放空洞进口第二块贴坡	20××-12-09	现场临时拌和机口	常态	C20	10.6	29.8	40.6	
8	空洞排流段底板	20××-01-26	现场临时拌和机口	常态	C20		34.7	41.3	
9	放空洞出口左护岸	20××-01-14	现场临时拌和机口	常态	C20	0.3	28.9	33.9	
10	放空洞出口明渠	20××-01-14	现场临时拌和机口	常态	C20	6.6	35.9	42.1	
11	放空洞挑流段	20××-01-19	现场临时拌和机口	常态	C20	6.5	35.1	45.0	
12	放空洞出口明渠底板	20××-01-21	现场临时拌和机口	常态	C20	9.4	17.6	24.6	
13	放空洞出口下游护岸	20××-02-06	现场临时拌和机口	常态	C20	5.8	16.4	27.8	
14	放空洞出口左岸挡墙	20××-03-05	现场临时拌和机口	常态	C20			31.3	
15	放空洞出口护坦贴坡	20××-03-06	现场临时拌和机口	常态	C20	1.5	36.8	47.5	
16	放空洞出口护坦贴坡	20××-03-06	现场临时拌和机口	常态	C20	4.5	25.9	36.1	
17	放空洞出口护坦	20××-03-10	现场临时拌和机口	常态	C20	9.3	4.7	8.1	
18	放空洞出口明渠底板	20××-06-02	现场临时拌和机口	常态	C20	3.1	8.7	14.5	

表 6-2-155　　泄洪隧洞（放空洞）C40 混凝土检测成果统计

试样编号	浇筑部位	取样日期/(年-月-日)	取样地点	混凝土种类	设计强度	坍落度/cm	抗压强度/MPa		
							7d	28d	90d
1	闸门井交通桥桥面	20××-02-07	放空洞拌和站	泵送	C40	13.6	45.1	54.7	

（5）M7.5 砂浆取样试验检测成果。

20××年 11 月 5 日，中心试验室在施工现场对 M7.5 砂浆 7d、28d 龄期各取样 1 组，检测结果见表 6-2-156。

表 6-2-156　　泄洪隧洞（放空洞）C40 混凝土检测成果统计

试样编号	浇筑部位	取样日期/(年-月-日)	取样地点	砂浆种类	设计强度	坍落度/cm	抗压强度/MPa		
							7d	28d	90d
1	放空洞出口护岸基础面锚杆注浆	20××-02-07	现场临时搅拌机口		M20		29.4	42.2	

（九）物探检测成果

20××年 6 月 9 日至 20××年 10 月 12 日中心对××水电站施工质量进行了物探检测。

检测部位主要为：大坝工程（趾板帷幕灌浆、固结灌浆、大坝面板混凝土质量及脱空）、溢洪道、泄洪放空洞、引水隧洞、调压井、厂房进行了物探检测。物探检测项目和物探检测工作量见表 6-2-157。

表 6-2-157 大坝工程物探检测完成工作量统计表

工程部位	项 目	检测工作或方法	单位	完成工作量	备 注
大坝工程	大坝趾板固结灌浆	全孔壁数字成像	m	1416.8	
		单孔声波测试	m	1420.0	
		跨孔声波测试	m	354.6	
	大坝趾板帷幕灌浆	钻孔（含取芯、封孔）	m	2456.93	第三方检查孔（初检 2228.18m，复检 228.75m）
		压水试验（五点法）	试段	583	第三方检查孔（初检 509 试段，复检 74 试段）
		全孔壁数字成像	m	4552.08	施工方自检孔 2102.5m；第三方检查孔（初检 2220.83m，复检 228.75m）
		单孔声波测试	m	4344.2	施工方自检孔 2117.8m；第三方检查孔初检 2226.4m，复检未进行声波测试
	大坝面板	混凝土质量检测	点	7252	
		裂缝深度检测	点	713	
		裂缝宽度检测	点	68	
		脱空检测	m^2	11854	地质雷达和红外热成像
溢洪道	帷幕灌浆	压水试验	试段	15	
		全孔壁数字成像	m	167.8	
		单孔声波测试	m	167.4	
	固结灌浆	全孔壁数字成像	m	144.2	
		单孔声波测试	m	148.8	
	锚杆	锚杆质量检测	根	95	
泄洪防空洞	帷幕灌浆	全孔壁数字成像	m	53.5	
		单孔声波测试	m	53.4	
	固结灌浆	全孔壁数字成像	m	54.0	
		单孔声波测试	m	54.2	
	回填灌浆	雷达检测	m	1039.9	初检 870.9m，复检 169.0m
	锚杆	锚杆质量检测	根	7	
引水隧洞	回填灌浆	雷达检测	m	1080	分顶拱、两边拱腰各 1 条，共 3 条测线
	锚杆	锚杆质量检测	根	186	
调压井	固结灌浆	全孔壁数字成像	m	10.1	
		单孔声波测试	m	10.0	
	回填灌浆	雷达检测	m	336.0	
厂房区	锚 杆	锚杆质量检测	根	259	

1. 大坝工程

(1) 帷幕灌浆。

1) 压水试验（第三方检测）。

大坝趾板帷幕灌浆第三方质量检测共进行了25个单元（50个初检孔，26个复检孔）的压水试验，一共完成压水试验583段（初检509段，复检74段）。

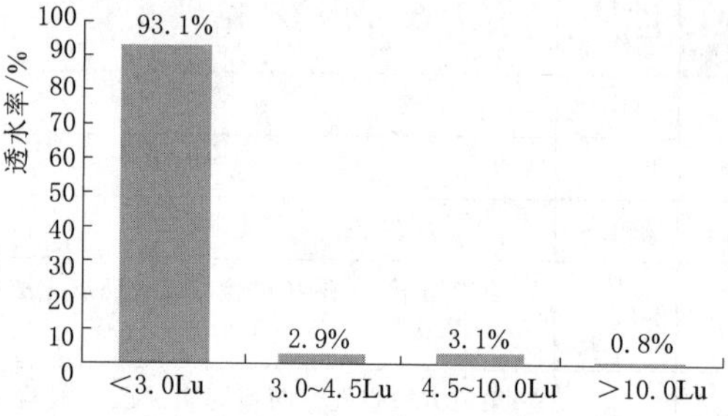

图6-2-17　压水试验全孔段透水率分布统计图

a. 初检透水率统计。压水试验初检共完成压水试验509段，其中，第4段及以上压水试验共完成200段，第4段以下压水试验共完成309段，透水率分布如图6-2-17～图6-2-19所示。

b. 初检灌浆质量评价。根据压水试验评定标准进行灌浆质量统计，统计结果见表6-2-158。

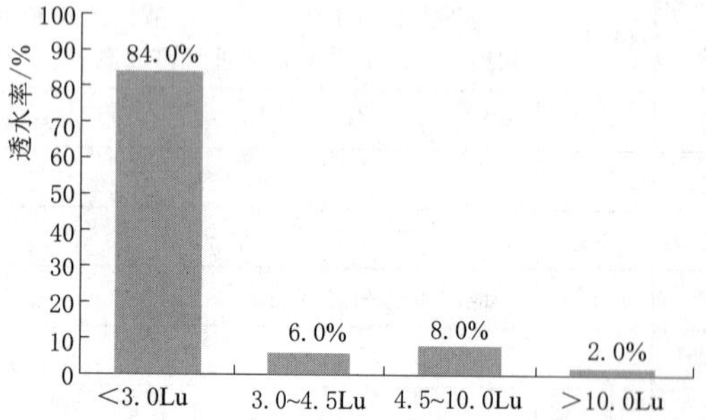

图6-2-18　压水试验第4段及以上透水率分布统计图

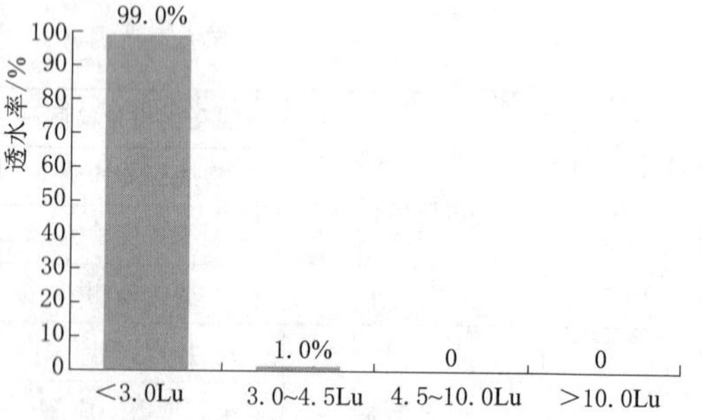

图6-2-19　压水试验第4段以下透水率分布统计图

表6-2-158　　压水试验初检单元灌浆质量结果统计

灌浆单元	第4段及以上段			第4段以下段			不合格段		灌浆质量
	段数	合格段	合格率/%	段数	合格段	合格率/%	有/无	透水率/Lu	
6	8	8	100	13	13	100	无	—	合格
7	8	8	100	13	13	100	无	—	合格
8	8	8	100	12	12	100	无	—	合格
9	8	8	100	10	10	100	无	—	合格
10	8	8	100	14	14	100	无	—	合格
11	8	7	87.5	16	14	100	有	3.20～9.67	不合格
12	8	3	37.5	16	16	100	有	4.20～11.88	不合格
13	8	4	50.0	16	16	100	有	4.17～9.23	不合格
14	8	5	62.5	16	15	100	有	3.60～13.25	不合格
15	8	7	87.5	16	16	100	有	7.20	不合格
16	8	8	100	14	14	100	无	—	合格

续表

灌浆单元	第4段及以上段			第4段以下段			不合格段		灌浆质量
	段数	合格段	合格率/%	段数	合格段	合格率/%	有/无	透水率/Lu	
17	8	7	87.5	14	14	100	有	17.88	不合格
18	8	7	87.5	14	14	100	有	4.58	不合格
19	8	3	37.5	14	14	100	有	3.31～5.83	不合格
20	8	5	62.5	14	14	100	有	3.83～6.67	不合格
21	8	6	75.0	13	13	100	有	3.67～4.58	不合格
22	8	6	75.0	12	12	100	有	3.33～31.67	不合格
23	8	5	62.5	12	12	100	有	3.50～5.42	不合格
24	8	7	87.5	10	10	100	有	4.58	不合格
25	8	8	100	10	10	100	无	—	合格
26	8	8	100	8	8	100	无	—	合格
27	8	8	100	8	8	100	无	—	合格
28	8	8	100	8	8	100	无	—	合格
29	8	8	100	8	8	100	无	—	合格
30	8	8	100	8	8	100	无	—	合格

从灌浆质量评定结果表6-2-152可知，大坝趾板帷幕灌浆第三方质量检测压水试验检测结果为：单元6～单元10、单元16、单元25～单元30帷幕灌浆透水率满足设计要求；其余单元透水率有大于3.0Lu的孔段，且多分布在前4段，透水率未满足设计要求。压水试验初检透水率值详见表6-2-158。

c. 初检透水率不合格段统计。大坝趾板帷幕灌浆初检压水试验中共发现35段透水率不合格，见表6-2-159。

表6-2-159　　帷幕灌浆第三方质量检测透水率超标孔段统计

检测单元	孔　号	孔深起/m	孔深止/m	合格标准	透水率/Lu	压水段位置	备注
11	WSJ11-1	2.3	3.8	≤3.0	9.67	非接触段	初检
11	WSJ11-1	11.3	16.3	≤3.0	3.50	非接触段	初检
11	WSJ11-2	11.1	16.1	≤3.0	3.20	非接触段	初检
12	WSJ12-1	3.6	6.1	≤3.0	11.88	非接触段	初检
12	WSJ12-1	6.1	11.1	≤3.0	4.20	非接触段	初检
12	WSJ12-2	1.0	2.0	≤3.0	7.08	接触段	初检
12	WSJ12-2	2.0	3.5	≤3.0	6.00	非接触段	初检
12	WSJ12-2	3.5	6.0	≤3.0	8.44	非接触段	初检
13	WSJ13-1	2.0	3.0	≤3.0	6.25	接触段	初检
13	WSJ13-1	3.0	4.5	≤3.0	9.23	非接触段	初检
13	WSJ13-2	4.7	5.7	≤3.0	4.17	接触段	初检
13	WSJ13-2	5.7	7.2	≤3.0	4.33	非接触段	初检

续表

检测单元	孔　号	孔深起/m	孔深止/m	合格标准	透水率/Lu	压水段位置	备注
14	WSJ14-1	4.4	5.9	≤3.0	5.50	非接触段	初检
14	WSJ14-1	13.4	18.4	≤3.0	3.60	非接触段	初检
14	WSJ14-2	1.3	2.3	≤3.0	4.58	接触段	初检
14	WSJ14-2	3.8	6.3	≤3.0	13.25	非接触段	初检
15	WSJ15-1	3.0	4.0	≤3.0	7.20	接触段	初检
17	WSJ17-2	3.7	6.2	≤3.0	17.88	非接触段	初检
18	WSJ18-2	1.2	2.2	≤3.0	4.58	接触段	初检
19	WSJ19-1	1.4	2.4	≤3.0	5.83	接触段	初检
19	WSJ19-1	2.4	3.9	≤3.0	3.33	非接触段	初检
19	WSJ19-2	1.2	2.2	≤3.0	3.33	接触段	初检
19	WSJ19-2	2.2	3.7	≤3.0	3.33	非接触段	初检
19	WSJ19-2	3.7	6.2	≤3.0	3.31	非接触段	初检
20	WSJ20-1	2.7	3.7	≤3.0	6.67	接触段	初检
20	WSJ20-1	3.7	5.2	≤3.0	3.83	非接触段	初检
20	WSJ20-2	6.1	7.1	≤3.0	5.42	接触段	初检
21	WSJ21-2	2.3	3.3	≤3.0	4.58	接触段	初检
21	WSJ21-2	3.3	4.8	≤3.0	3.67	非接触段	初检
22	WSJ22-1	1.8	2.8	≤3.0	3.33	接触段	初检
22	WSJ22-2	1.2	2.2	≤3.0	31.67	接触段	初检
23	WSJ23-2	1.2	2.2	≤3.0	5.42	接触段	初检
23	WSJ23-2	2.2	3.7	≤3.0	3.50	非接触段	初检
23	WSJ23-2	3.7	6.0	≤3.0	3.63	非接触段	初检
24	WSJ24-2	1.2	2.2	≤3.0	4.58	接触段	初检

d. 复检后灌浆质量评价。对大坝趾板帷幕灌浆透水率超标测段，经过补灌后，在初检孔附近进行钻孔压水复检，复检数量是按初检不合格孔数量进行，复测孔段在初检孔超标段（超标最深段）基础上加深一段检测，共复检 74 段，经补灌后，各测段透水率都小于或等于 3.0Lu，复检压水试验所有测段合格率为 100%，满足设计要求。详见表 6-2-160。

表 6-2-160　　压水试验复检后单元灌浆质量结果评定

灌浆单元	第 4 段及以上段			第 4 段以下段			不合格段		灌浆质量评定
	段数	合格段	合格率/%	段数	合格段	合格率/%	有/无	透水率/Lu	
6	8	8	100	13	13	100	无	—	合格
7	8	8	100	13	13	100	无	—	合格
8	8	8	100	12	12	100	无	—	合格
9	8	8	100	10	10	100	无	—	合格

续表

灌浆单元	第4段及以上段			第4段以下段			不合格段		灌浆质量评定
	段数	合格段	合格率/%	段数	合格段	合格率/%	有/无	透水率/Lu	
10	8	8	100	14	14	100	无	—	合格
11	16	16	100	20	20	100	无	—	合格
12	16	16	100	18	18	100	无	—	合格
13	14	14	100	16	16	100	无	—	合格
14	16	16	100	16	16	100	无	—	合格
15	12	12	100	16	16	100	无	—	合格
16	8	8	100	14	14	100	无	—	合格
17	10	10	100	14	14	100	无	—	合格
18	10	10	100	14	14	100	无	—	合格
19	14	14	100	14	14	100	无	—	合格
20	14	14	100	14	14	100	无	—	合格
21	14	14	100	13	13	100	无	—	合格
22	12	12	100	12	12	100	无	—	合格
23	16	16	100	12	12	100	无	—	合格
24	12	12	100	10	10	100	无	—	合格
25	8	8	100	10	10	100	无	—	合格
26	8	8	100	8	8	100	无	—	合格
27	8	8	100	8	8	100	无	—	合格
28	8	8	100	8	8	100	无	—	合格
29	8	8	100	8	8	100	无	—	合格
30	8	8	100	8	8	100	无	—	合格

2）声波检测成果。

大坝趾板帷幕灌浆共进行了49个单元，98个检查孔的声波检测工作，检测成果统计见表6-2-161、图6-2-20。

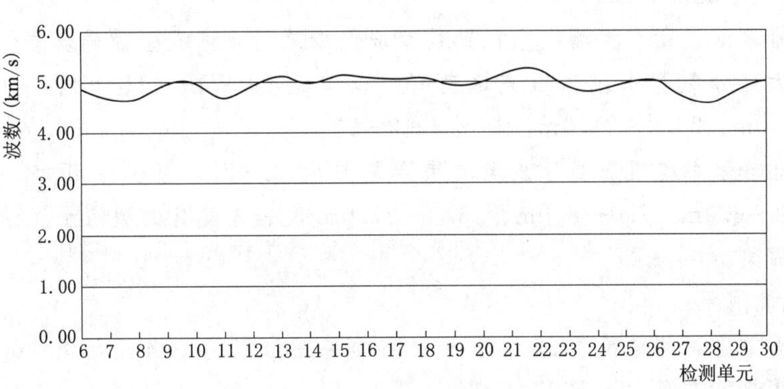

图6-2-20 帷幕灌浆岩体波速成果

表 6-2-161　　帷幕灌浆岩体声波检测成果统计

检测项目	检测单元	平均波速/(km/s)	检测项目	检测单元	平均波速/(km/s)
帷幕灌浆	6	4.87	帷幕灌浆	19	4.91
	7	4.66		20	5.00
	8	4.68		21	5.22
	9	4.98		22	5.24
	10	4.97		23	4.86
	11	4.69		24	4.80
	12	4.92		25	4.94
	13	5.11		26	5.04
	14	4.95		27	4.67
	15	5.12		28	4.55
	16	5.09		29	4.83
	17	5.06		30	4.99
	18	5.08			

从表 6-2-156 和图 6-2-20 可知，大坝趾板帷幕灌浆声波检测结果为：各单元岩体平均波速为 4.44～5.42km/s。

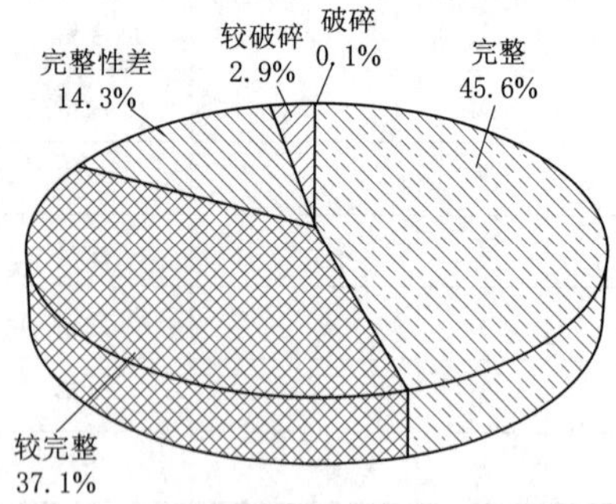

图 6-2-21　大坝趾板帷幕灌浆岩体完整性分布

3）岩体完整性分类。

帷幕灌浆后，根据实测岩体波速，对大坝趾板帷幕灌浆岩体完整性计算和分类，为了较直观了解各类岩体所占比例，绘制了比例分布饼状图，见图 6-2-21。

从图 6-2-21 可知，帷幕灌浆后岩体完整性分类结果为：完整岩体占 45.6%，较完整岩体占 37.1%，完整性差岩体占 14.3%，较破碎岩体占 2.9%，破碎岩体占 0.1%；可以看出完整岩体和较完整岩体占主要部分，表明大坝趾板帷幕灌浆岩体整体完整或较完整。

4）全孔壁数字成像成果。

大坝趾板帷幕灌浆所有检测孔全孔壁数字成像成果显示，孔壁破碎及岩体完整性较差孔段分布较少，大部分裂隙水泥结石充填良好。以单元 19 W19-J1 为例，分为 3 段 5.0～6.0m、7.0～8.0m、26.0～27.0m，见图 6-2-22。

W19-J1 检查孔的全孔壁数字成像成果详见图 6-2-22，从图中可知，19 单元 W19-J1 检查孔，5.0～6.0m、7.0～8.0m、26.0～27.0m 段岩体发育的裂隙水泥结石充填良好。

(2) 固结灌浆。

1）声波检测成果。

大坝趾板固结灌浆共进行了 22 个单元（48 个基础灌浆孔，44 个检查孔）的声波检测工作，检测统计成果见表 6-2-162。

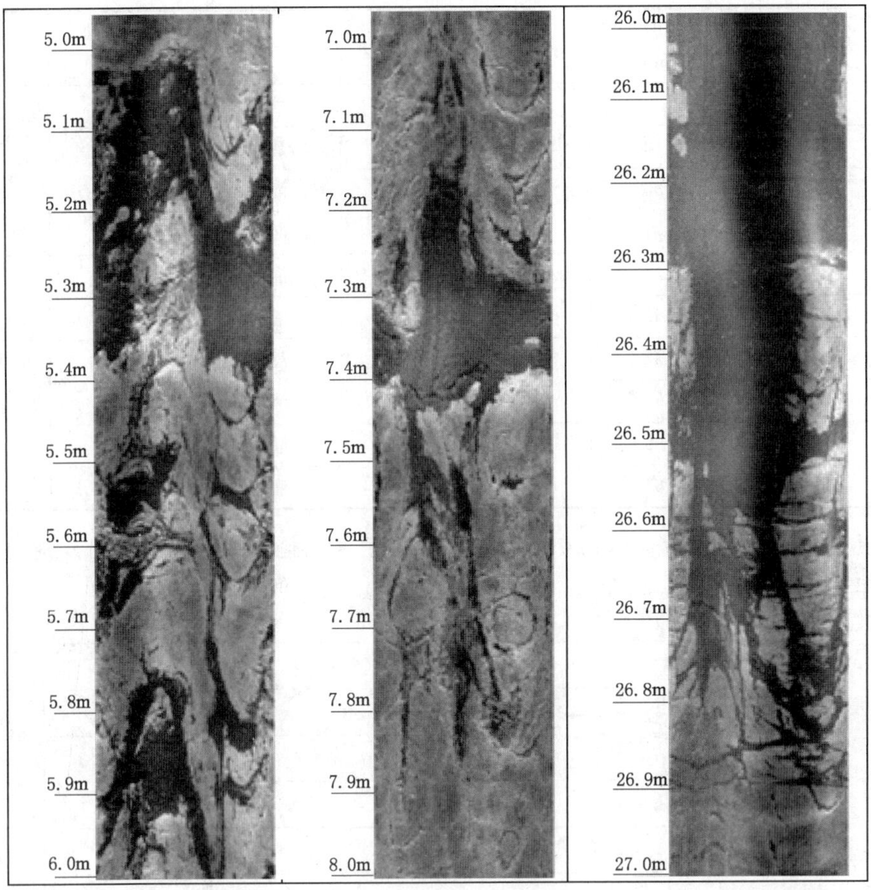

图 6-2-22　帷幕灌浆 19 单元全孔壁数字成像部分成果

表 6-2-162　　固结灌浆岩体声波检测成果统计

检测单元	测试阶段	平均波速/(km/s)	提高率/%	检测单元	测试阶段	平均波速/(km/s)	提高率/%
2	灌前	3.99	4.6	8	灌前	4.16	6.0
	灌后	4.17			灌后	4.41	
3	灌前	3.85	9.4	9	灌前	3.60	23.9
	灌后	4.21			灌后	4.46	
4	灌前	3.62	10.8	10	灌前	3.85	36.1
	灌后	4.01			灌后	5.24	
5	灌前	3.82	5.6	11	灌前	3.56	35.1
	灌后	4.04			灌后	4.81	
6	灌前	3.93	7.6	15	灌前	3.66	33.9
	灌后	4.23			灌后	4.90	
7	灌前	3.80	11.8	16	灌前	—	
	灌后	4.25			灌后	4.50	

续表

检测单元	测试阶段	平均波速/(km/s)	提高率/%	检测单元	测试阶段	平均波速/(km/s)	提高率/%
17	灌前	—	—	22	灌前	4.21	6.4
	灌后	5.10			灌后	4.48	
18	灌前	4.30	8.5	23	灌前	4.25	3.8
	灌后	4.71			灌后	4.41	
19	灌前	4.29	7.5	24	灌前	4.04	10.1
	灌后	4.61			灌后	4.45	
20	灌前	4.37	12.1	25	灌前	4.59	6.0
	灌后	4.90			灌后	4.87	
21	灌前	4.66	4.5	26	灌前	3.75	9.9
	灌后	4.87			灌后	4.12	

为了更直观地了解灌后波速的变化情况，绘制了灌浆前后波速（平均值）对比图及灌后波速提高率图，见图6-2-23和图6-2-24。

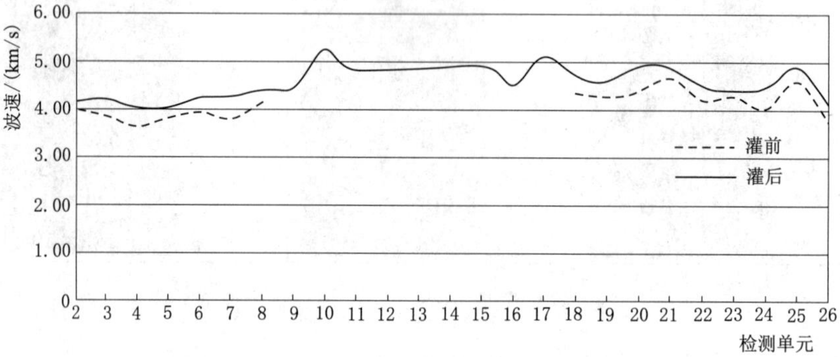

图6-2-23 固结灌浆各单元灌浆前后岩体波速对比

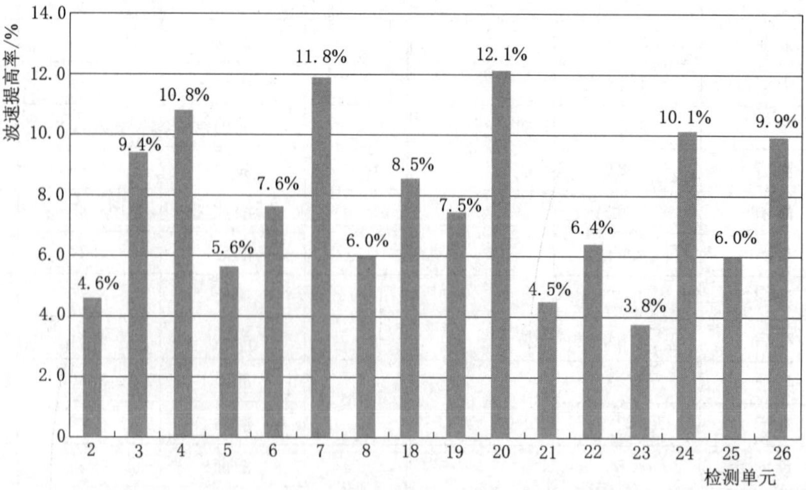

图6-2-24 固结灌浆灌后岩体波速提高率

从表 6-2-157、图 6-2-21 和图 6-2-22 可以看出，各检测单元灌前岩体波速平均值为3.62～4.66km/s，灌后岩体波速平均值在 4.01～5.24km/s，灌后波速有所提高，提高率为 3.8%～12.1%。

2）岩体完整性分类。

根据实测岩体波速，对大坝趾板固结灌浆岩体完整性计算和分类，为了较直观了解各类岩体所占比例，绘制了比例分布饼状图，见图 6-2-25 和图 6-2-26。

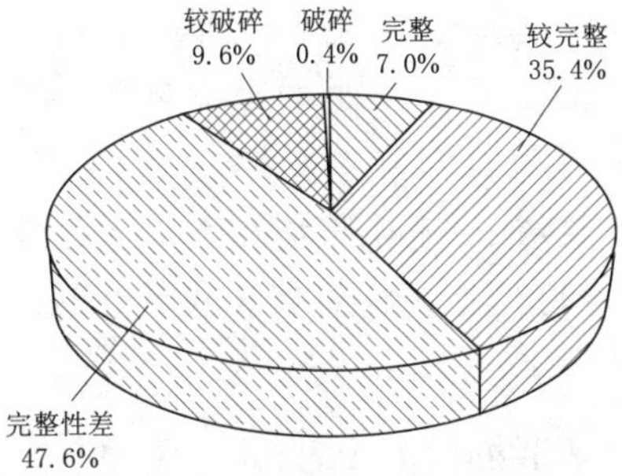

图 6-2-25 固结灌浆灌前岩体完整性分布

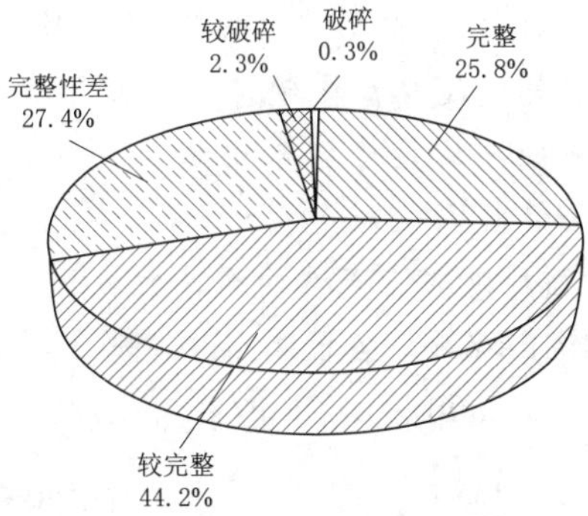

图 6-2-26 固结灌浆灌后岩体完整性分布

从图 6-2-25 和图 6-2-26 可知，大坝趾板固结灌浆后岩体完整性有了较大的提高，灌浆效果较好。

3）全孔壁数字成像检测成果。

灌浆前，大坝趾板岩体存在孔隙裂隙，经灌浆处理，岩体孔隙裂隙大部分均有明显水泥结石充填，破碎岩体得到胶结，灌浆质量较好；以 18 单元 G18-J2 为例，分为 3 段 5.0～6.0m、8.0～9.0m、9.0～10.0m，见图 6-2-27。

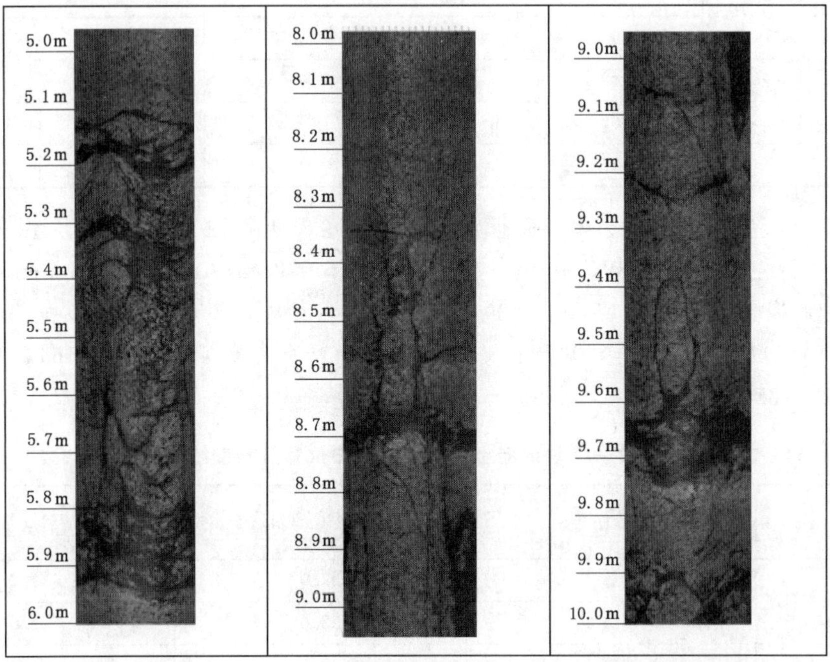

图 6-2-27 固结灌浆 18 单元全孔壁数字成像部分成果

从图 6-2-27 可知，18 单元 G18-J2 检查孔，5.0～6.0m、8.0～9.0m、9.0～10.0m 段岩体发育的裂隙水泥结石充填良好。

(3) 面板物探检测成果

20××年 6 月 20 日至 8 月 23 日分两次对××水电站大坝面板混凝土（1860.00m 高程以下段）质量进行物探超声波检测。第一次检测部位为第 8 块、第 18 块及水平趾板（第 9、10、11、12、13、14、15、16 块混凝土面板）0～2m 范围内的面板，第二次检测部位为第11～17 块面板。利用超声波进行混凝土质量检测，主要是确定检测部位混凝土内部是否存在质量缺陷，为缺陷处理提供数据依据，达到保证建筑物的安全运行的目的。混凝土质量检测采用超声波法，裂缝深度检测采用声波单面平测法，裂缝宽度检测采用裂缝观测仪。

1) 面板混凝土声波检测。大坝面板检测部位混凝土实测平均波速值（除裂缝处）为 3.90～4.12km/s，各检测点波速变化不大，混凝土均匀性，检测质量较好。裂缝处波速较低，一般为 2.00～3.00km/s，检测统计结果见表 6-2-163。

表 6-2-163　　面板混凝土声波测试成果统计

面板号	波速特征/(km/s)				裂缝分布	
	最大值	最小值	平均值	标准差	有/无	裂缝数/条
8	4.58	3.63	4.09	0.16	无	
10	4.48	3.42	4.06	0.18	有	2
11	4.53	3.12	4.12	0.17	有	1
12	4.42	2.01	3.90	0.38	有	5
13	4.51	2.02	4.04	0.32	有	5
14	4.65	2.14	4.10	0.28	有	3
15	4.56	2.53	4.03	0.31	有	5
16	4.58	2.42	3.90	0.33	有	9
17	4.46	3.62	4.01	0.27	有	1
18	4.55	3.67	4.05	0.14	无	

2) 面板混凝土裂缝检测。大坝面板混凝土质量检测时，在第 10～17 块共发现裂缝 31 条，经检测，深度为 74.2～324.9mm，宽度为 0.10～0.38mm。裂缝多数分布在第 12～第 16 块，特别是第 16 块，有 9 条裂缝，这些面板因存在裂缝，不同程度地影响了混凝土的整体质量，影响混凝土的耐久性，应加以处理。裂缝位置及长度见表 6-2-164，裂缝检测成果见表 6-2-165。

表 6-2-164　　第 10～17 块混凝土面板裂缝分布位置及长度统计

面板号	裂缝序号	裂缝距 EL.1860 的斜坡距离/m	裂缝长度/m
10	裂缝 1	37.0	2.0
	裂缝 2	53.0	2.6
11	裂缝 1	33.5	3.0

续表

面板号	裂缝序号	裂缝距 EL. 1860 的斜坡距离/m	裂缝长度/m
12	裂缝 1	32.1	12.0
	裂缝 2	44.7	12.0
	裂缝 3	51.7	12.0
	裂缝 4	60.5	12.0
	裂缝 5	67.2	12.0
13	裂缝 1	16.4	1.2
	裂缝 2	40.8	5.4
	裂缝 3	41.0	5.7
	裂缝 4	41.8	3.0
	裂缝 5	52.0	3.3
14	裂缝 1	47.5	12.0
	裂缝 2	57.5	12.0
	裂缝 3	67.5	12.0
15	裂缝 1	10.0	1.5
	裂缝 2	19.5	1.5
	裂缝 3	24.5	1.5
	裂缝 4	39.0	4.2
	裂缝 5	47.0	1.5
16	裂缝 1	28.5	12.0
	裂缝 2	33.5	12.0
	裂缝 3	36.5	12.0
	裂缝 4	42.5	12.0
	裂缝 5	49.5	4.0
	裂缝 6	50.0	5.0
	裂缝 7	50.0	4.0
	裂缝 8	50.5	10.0
	裂缝 9	53.0	12.0
17	裂缝 1	34.5	10.0

表 6-2-165　　大坝面板第 10～17 块裂缝测试成果统计

面板号	裂缝编号	断面 1		断面 2		断面 3	
		深度/mm	宽度/mm	深度/mm	宽度/mm	深度/mm	宽度/mm
10	裂缝 1	84.5	0.18				
	裂缝 2	143.2	0.22				
11	裂缝 1	201.0	0.10				

续表

面板号	裂缝编号	断面1		断面2		断面3	
		深度/mm	宽度/mm	深度/mm	宽度/mm	深度/mm	宽度/mm
12	裂缝1	263.7	0.22	232.8	0.16	208.0	0.18
	裂缝2	89.5	0.26	89.5	0.14	89.5	0.18
	裂缝3	314.8	0.20	308.0	0.24	324.9	0.18
	裂缝4	82.6	0.20	74.2	0.28	119.8	0.20
	裂缝5	123.7	0.18	131.2	0.22	120.6	0.16
13	裂缝1	280.0	0.16				
	裂缝2	257.0	0.18	292.0	0.20	287.0	0.18
	裂缝3	195.0	0.22	203.0	0.18	203.0	0.20
	裂缝4	180.0	0.22	74.2	0.20		
	裂缝5	201.0	0.20				
14	裂缝1	230.0	0.18	238.0	0.24	232.0	0.22
	裂缝2	267.0	0.20	260.0	0.22	265.0	0.18
	裂缝3	250.0	0.16	250.0	0.20	257.0	0.18
15	裂缝1	217.2	0.18				
	裂缝2	184.7	0.18				
	裂缝3	234.8	0.38				
	裂缝4	192.6	0.16				
	裂缝5	142.7	0.20				
16	裂缝1	138.7	0.16	186.1	0.22	172.4	0.20
	裂缝2	190.7	0.22	202.6	0.22	219.6	0.24
	裂缝3	171.3	0.18	201.0	0.22	195.0	0.20
	裂缝4	225.7	0.18	256.4	0.22	242.0	0.22
	裂缝5	226.5	0.22	247.4	0.24	247.5	0.24
	裂缝6	202.5	0.22	245.4	0.24		
	裂缝7	168.1	0.16	193.5	0.18		
	裂缝8	124.0	0.16				
	裂缝9	160.1	0.18	193.1	0.22	190.8	0.20
17	裂缝1	187.0	0.18	221.9	0.22	198.3	0.18

2. 溢洪道工程

(1) 帷幕灌浆。

1) 压水试验（第三方检测）。

溢洪道基础帷幕灌浆第三方质量检测共完成2个检查孔的压水试验，累计15个试验段。

a. 透水率统计。压水试验初检共完成压水试验15段，其中，第4段及以上压水试验共完成8段，第4段以下压水试验共完成7段，15段透水率均满足设计要求，施工质量合格。各段压水试验成果见表6-2-166。

表 6-2-166　　溢洪道压水试验成果统计

孔号	试段编号	孔深/m 起	孔深/m 止	段长/m	压水 流量/(L/min)	压水 压力/MPa	压水 透水率/Lu	压水时间段/(年-月-日 时：分—时：分)
YHD WSJ1-J1	1	0.4	1.4	1.0	0.7	0.24	2.92	20××-04-10　10：59—12：58
	2	1.4	2.9	1.5	0.4	0.40	0.67	20××-04-10　17：15—19：04
	3	2.9	5.4	2.5	0.8	0.64	0.50	20××-04-11　11：29—13：17
	4	5.4	10.4	5.0	1.9	0.80	0.48	20××-04-11　15：23—17：22
	5	10.4	15.4	5.0	3.1	1.00	0.62	20××-04-13　11：00—12：55
	6	15.4	20.4	5.0	4.4	1.00	0.88	20××-04-13　17：37—19：34
	7	20.4	23.4	3.0	1.1	1.00	0.37	20××-04-15　11：23—13：11
YHD WSJ2-J1	1	0.4	1.4	1.0	0.6	0.24	2.50	20××-04-14　11：13—13：00
	2	1.4	2.9	1.5	0.5	0.40	0.83	20××-04-14　15：22—17：14
	3	2.9	5.4	2.5	0.6	0.64	0.38	20××-04-15　08：18—10：11
	4	5.4	10.4	5.0	0.6	0.80	0.15	20××-04-15　15：10—16：56
	5	10.4	15.4	5.0	2.6	1.00	0.52	20××-04-16　09：34—11：25
	6	15.4	20.4	5.0	1.1	1.00	0.22	20××-04-16　16：11—18：01
	7	20.4	25.4	5.0	1.6	1.00	0.32	20××-04-17　11：31—13：22
	8	25.4	29.5	4.1	0.6	1.00	0.15	20××-04-17　17：01—18：52

b. 灌浆质量评价。根据压水试验评定标准进行灌浆质量评定，评定结果见表 6-2-167。

表 6-2-167　　压水试验单元灌浆质量结果评定

灌浆单元	第4段及以上段			第4段以下段			不合格段		灌浆质量评定
	段数	合格段	合格率/%	段数	合格段	合格率/%	有/无	透水率	
1	4	4	100	3	3	100	无	—	合格
2	4	4	100	4	4	100	无	—	合格

从灌浆质量评定结果表 6-2-167 可知，溢洪道帷幕灌浆第三方质量检测压水试验检测结果为：帷幕灌浆 1 单元、2 单元压水试验前 4 段合格率为 100%，第 4 段以下合格率为 100%，满足设计要求，施工质量合格。

2）声波检测成果。

溢洪道帷幕灌浆共进行了 3 个单元的声波检测工作，检测成果统计见表 6-2-168。

表 6-2-168　　帷幕灌浆岩体声波检测成果

检测部位	检测单元	平均波速/(km/s)
溢洪道	1	4.76
	2	5.06
	3	5.00

从表 6-2-168 可知，溢洪道帷幕灌浆声波检测结果为：各单元岩体平均波速范围值为 4.76～5.06km/s。

3）岩体完整性分类。

帷幕灌浆后，根据实测岩体波速，对溢洪道帷幕灌浆岩体完整性计算和分类，为了较直观了解各类岩体所占比例，绘制了比例分布饼状图，见图 6-2-28。

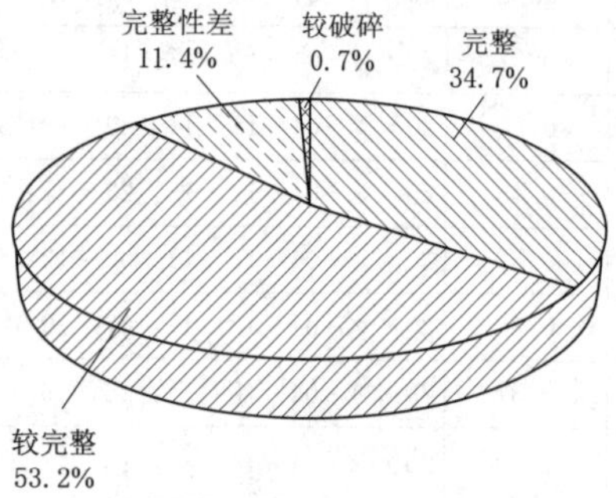

图 6-2-28　帷幕灌浆检查孔岩体完整性分类比例分布

从图 6-2-28 可知，完整岩体占 34.7%，较完整岩体占 53.2%，完整性差岩体占 11.4%，较破碎岩体占 0.7%，未发现破碎岩体。可以看出溢洪道固结灌浆灌后完整或较完整岩体占主要部分，比例接近 88.0%，完整性差或较破碎岩体分布较少。

4）全孔壁数字成像成果。

溢洪道帷幕灌浆全孔壁数字成像表明，岩体局部裂隙较发育，大部分发育裂隙水泥结石充填良好或部分充填；以 1 单元 W1-J2 为例，分为 3 段 5.0～6.0m、9.0～10.0m、16.0～17.0m，实例见图 6-2-29。

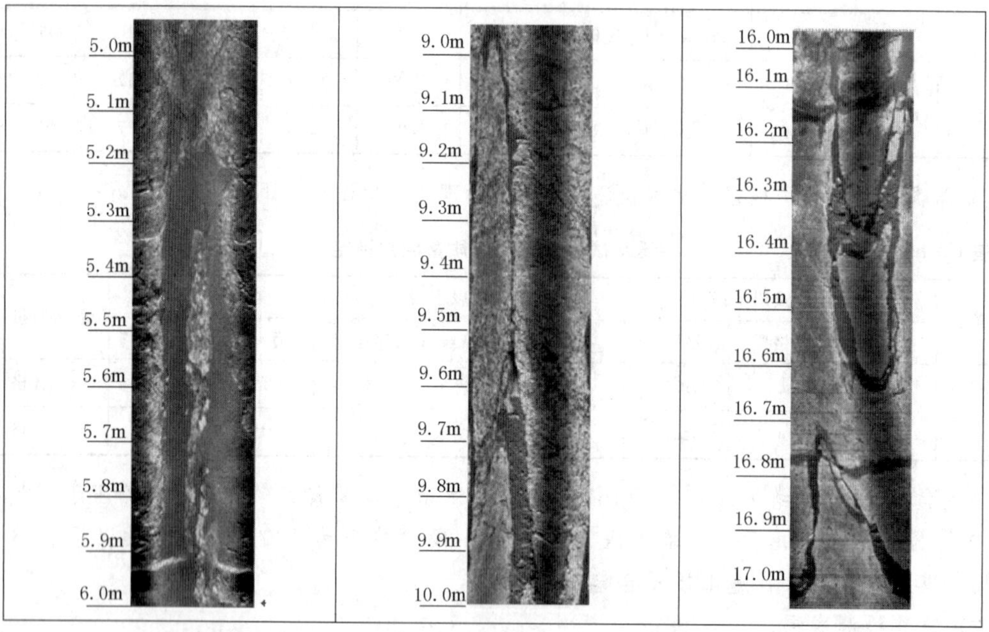

图 6-2-29　帷幕灌浆 1 单元全孔壁数字成像部分成果

从图 6-2-29 可知，1 单元 W1-J2 检查孔，5.0～6.0m、9.0～10.0m、16.0～17.0m 段岩体发育的裂隙水泥结石充填良好。

（2）固结灌浆。

1）声波检测成果。

溢洪道固结灌浆共进行了 8 个单元的声波检测工作，检测成果统计见表 6-2-169。

表 6-2-169　　溢洪道固结灌浆声波测试成果

检测部位	检测单元	检测阶段	平均值/(km/s)	提高率/%	备注
溢洪道	7	灌前	4.33		
		灌后	4.60	6.2	
	8	灌前	4.31		
		灌后	4.55	5.5	
	JC1	灌后检查孔	4.86		
	JC2		4.56		
	JC4		4.50		
	JC6		4.85		
	JC7		4.42		
	JC8		4.17		

溢洪道固结灌浆各单元灌前岩体平均波速为4.31～4.33km/s，灌后平均波速为4.55～4.60km/s，提高率为5.5%～6.2%；灌后检查孔，平均波速为4.17～4.86km/s。

2）岩体完整性分类。

根据实测岩体波速，对溢洪道固结灌浆灌前及灌后岩体完整性计算和分类，为了较直观了解各类岩体所占比例，绘制了比例分布饼状图，见图6-2-30和图6-2-31。

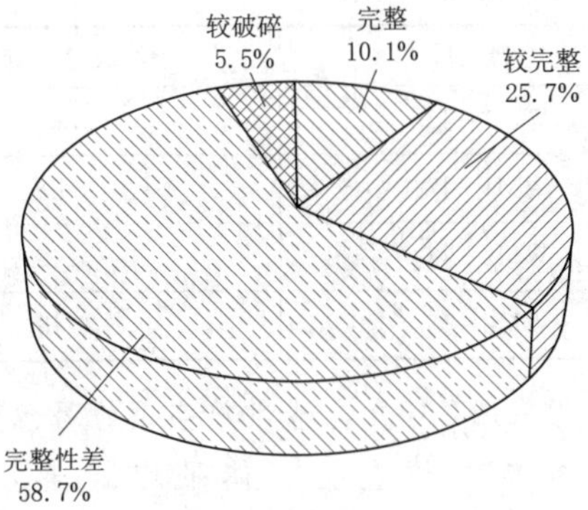

图6-2-30　固结灌浆灌前岩体完整性分类比例分布

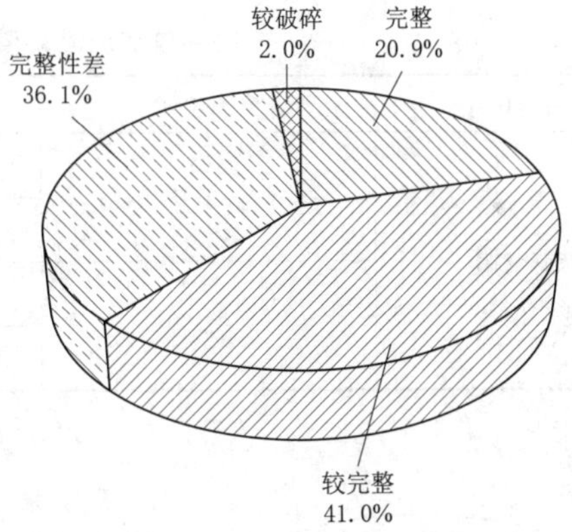

图6-2-31　固结灌浆灌后岩体完整性分类比例分布

从图6-2-30及图6-2-31可知，溢洪道固结灌浆灌后岩体完整性有了很大的提高。

3）全孔壁数字成像成果。

溢洪道固结灌浆全孔壁数字成像成果表明，岩体裂隙发育较少，发育裂隙为微张～张开，大部分裂隙充填良好或部分充填。

(3) 锚杆质量检测。

溢洪道锚杆质量检测为现场随机抽测，其中，闸门段抽检20根，引渠段（0-41.747～0-10.00）抽检16根，泄洪槽段右岸边坡（溢0+230～溢0+260）抽检15根，底板及边坡段抽检44根。抽检锚杆长度全部合格，注浆饱满度均大于75%，全部合格。

3. 泄洪放空洞工程

(1) 回填灌浆密实度检测成果。

20××年7月2日，对泄洪放空洞进行回填灌浆检测，主要是查明混凝土与围岩间是否存在空腔，在顶拱和两腰各布了1条测线，经检测，发现有4个段存在脱空现象，见表6-2-170。

表6-2-170 泄洪放空洞回填灌浆密实性地质雷达检测初检成果统计

检测洞段桩号/m	洞段长度/m	异常段桩号/m	异常剖面位置	异常段长/m	设计厚度/m	解释及说明
0+0.0～0+76.0	76.00	0+21.0～0+33.0	顶拱	12	0.6	脱空实
0+137.7～0+352.0	214.3	0+138.0～0+146.0	顶拱	8	0.6	脱空
0+137.7～0+352.0	214.3	0+205.0～0+210.0	顶拱	5	0.6	脱空实
0+137.7～0+352.0	214.3	0+246.0～0+248.0	顶拱	2	0.6	脱空

对以上存在脱空的洞段，施工单位组织力量进行了补灌，在具备检测条件下，于20××年7月18日进行了复检，重点对初检测时存在脱空的洞段进行检测，检测结果表明：补灌后空腔消失，其余部位也没有明显的空腔存在。

(2) 帷幕灌浆。

1) 声波检测成果。

泄洪放空洞帷幕灌浆共进行了两个单元4个孔的声波检测工作，检测成果统计见表6-2-171。

表6-2-171 泄洪放空洞帷幕灌浆岩体声波检测成果

检测部位	检测单元	检测孔号	平均波速/(km/s)
泄洪放空洞	1	WM1-J6	4.66
		WM1-J7	4.88
	2	WM2-J3	4.48
		WM2-J5	4.45

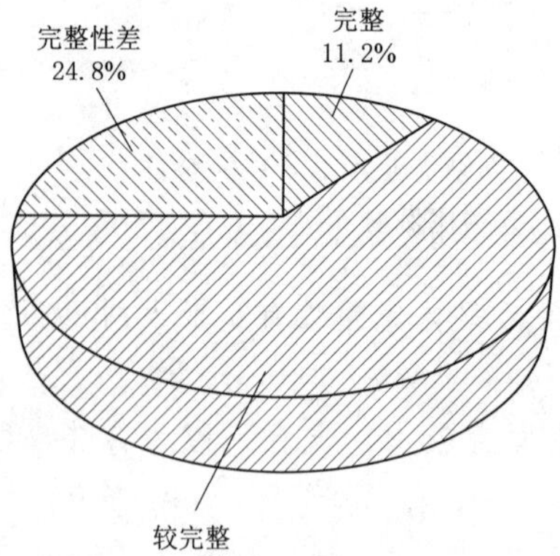

图6-2-32 泄洪放空洞帷幕灌浆岩体完整性分类比例分布

从表6-2-171可知，泄洪放空洞帷幕灌浆声波检测结果为：各单元检查孔岩体平均波速为4.45～4.88km/s。

2) 岩体完整性分类。

帷幕灌浆后，根据实测岩体波速，对泄洪放空洞帷幕灌浆岩体完整性计算和分类，为了较直观了解各类岩体所占比例，绘制了比例分布饼状图，见图6-2-32。

由图6-2-32可知，泄洪放空洞帷幕灌浆完整岩体占11.2%，较完整岩体占64.0%，完整性差岩体占24.8%，未发现较破碎或破碎岩体，完整或较完整岩体占主要部分。

3) 全孔壁数字成像成果。

泄洪放空洞帷幕灌浆全孔壁数字成像成果表明，岩体裂隙较发育，大部分发育裂隙水泥结石充填良好或部分充填。

（3）固结灌浆。

1）声波检测成果。

泄洪放空洞共固结灌浆共进行了7个检查孔的声波检测工作，检测成果统计见表6－2－172。

表6－2－172　泄洪放空洞固结灌浆灌后检查孔岩体声波检测成果

检测孔号	平均波速/(km/s)	检测孔号	平均波速/(km/s)
GJ－J1	4.28	GJZ－J2	4.17
GJ－J2	4.24	GJY－J1	4.62
GJ－J3	4.15	GJY－J2	4.64
GJZ－J1	4.12		

注　本次泄洪放空洞未进行灌前物探检测

从表6－2－172可以看出，泄洪放空洞固结灌浆声波检测结果为：各单元检查孔岩体平均波速为4.12～4.64km/s。

2）岩体完整性分类。

固结灌浆后，根据实测岩体波速，对溢洪道固结灌浆各单元检查孔岩体完整性计算和分类，为了较直观地了解各类岩体所占比例，绘制了比例分布饼状图，见图6－2－33。

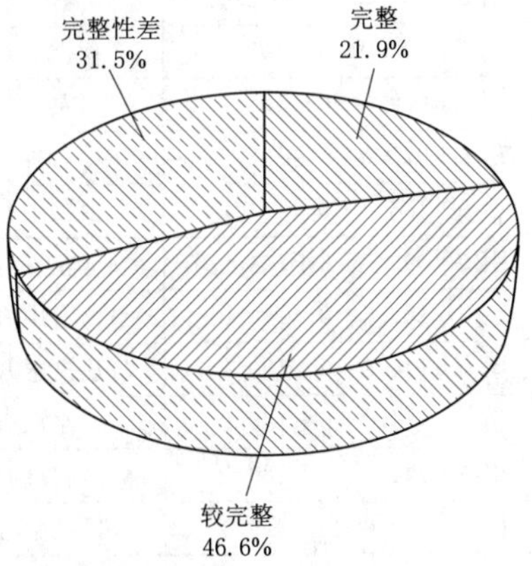

图6－2－33　泄洪放空洞固结灌浆岩体完整性分类比例分布

由图6－2－33可知，完整岩体占21.9%，较完整岩体占46.6%，完整性差岩体占31.5%，未发现较破碎或破碎岩体。泄洪放空洞固结灌浆完整或较完整岩体占主要部分。

3）全孔壁数字成像成果。

泄洪放空洞固结灌浆全孔壁数字成像成果表明，岩体裂隙发育较少，发育裂隙均有明显水泥结石充填，大部分充填效果良好。

（4）锚杆质量检测。

泄洪放空洞共对7根锚杆长度和砂浆饱满度进行检测，检测成果见表6－2－173。

从表6－2－173可知，泄洪道放空洞右侧段抽检锚杆长度全部合格，注浆饱满度均大于75.0%，全部合格。

4. 引水隧洞工程

（1）回填灌浆密实度检测成果。

20××年10月10—13日，对引水隧洞进行回填灌浆检测，主要是查明混凝土与围岩间是否存在空腔，在顶拱和两腰各布了1条测线。检测成果统计见表6－2－174。

表 6-2-173　　泄洪放空洞右侧锚杆质量检测成果

序　号	设计长度/m	测试长度/m	外露长度/m	砂浆饱满度/%	缺陷段位置/m	判定结果
XHD-MG-01	4.5	4.53	0.30	78.7	1.6～2.5	合格
XHD-MG-02	4.5	4.49	0.45	77.7	1.1～2	合格
XHD-MG-03	4.5	4.47	0.30	88.0	1.7～2.2	合格
XHD-MG-04	4.5	4.38	0.35	85.1	1.1～1.7	合格
XHD-MG-05	4.5	4.5	0.30	100.0		合格
XHD-MG-06	4.5	4.47	0.60	84.5	2.3～2.9	合格
XHD-MG-07	4.5	4.5	0.50	92.5	2.4～2.7	合格

表 6-2-174　　引水隧洞回填灌浆密实度地质雷达检测成果统计

检测桩号/m	检测位置	洞段长/m	异常段桩号	异常段长度/m	解释及说明
引 0+000.0～0+036.0	顶拱中心线	36.0	—	—	无脱空现象
引 0+000.0～0+036.0	左拱肩	36.0	—	—	无脱空现象
引 0+000.0～0+036.0	右拱肩	36.0	—	—	无脱空现象
引 0+036.0～0+072.0	顶拱中心线	36.0	—	—	无脱空现象
引 0+036.0～0+072.0	左拱肩	36.0	—	—	无脱空现象
引 0+036.0～0+072.0	右拱肩	36.0	—	—	无脱空现象
引 0+072.0～0+108.0	顶拱中心线	36.0	—	—	无脱空现象
引 0+072.0～0+108.0	左拱肩	36.0	—	—	无脱空现象
引 0+072.0～0+108.0	右拱肩	36.0	—	—	无脱空现象
引 0+108.0～0+144.0	顶拱中心线	36.0	—	—	无脱空现象
引 0+108.0～0+144.0	左拱肩	36.0	—	—	无脱空现象
引 0+108.0～0+144.0	右拱肩	36.0	—	—	无脱空现象
引 0+144.0～0+180.0	顶拱中心线	36.0	—	—	无脱空现象
引 0+144.0～0+180.0	左拱肩	36.0	—	—	无脱空现象
引 0+144.0～0+180.0	右拱肩	36.0	—	—	无脱空现象
引 0+180.0～0+216.0	顶拱中心线	36.0	—	—	无脱空现象
引 0+180.0～0+216.0	左拱肩	36.0	—	—	无脱空现象
引 0+180.0～0+216.0	右拱肩	36.0	—	—	无脱空现象
引 0+216.0～0+252.0	顶拱中心线	36.0	—	—	无脱空现象
引 0+216.0～0+252.0	左拱肩	36.0	—	—	无脱空现象
引 0+216.0～0+252.0	右拱肩	36.0	—	—	无脱空现象
引 0+252.0～0+288.0	顶拱中心线	36.0	—	—	无脱空现象
引 0+252.0～0+288.0	左拱肩	36.0	—	—	无脱空现象
引 0+252.0～0+288.0	右拱肩	36.0	—	—	无脱空现象
引 0+288.0～0+324.0	顶拱中心线	36.0	—	—	无脱空现象
引 0+288.0～0+324.0	左拱肩	36.0	引 0+323.0	0.4	局部脱空
引 0+288.0～0+324.0	右拱肩	36.0	—	—	无脱空现象
引 0+324.0～0+360.0	顶拱中心线	36.0	—	—	无脱空现象

续表

检测桩号/m	检测位置	洞段长/m	异常段桩号	异常段长度/m	解释及说明
引 0+324.0～0+360.0	左拱肩	36.0	—	—	无脱空现象
引 0+324.0～0+360.0	右拱肩	36.0	—	—	无脱空现象
引 1+619.0～1+639.0	顶拱中心线	20.0	—	—	无脱空现象
引 1+619.0～1+639.0	左拱肩	20.0	—	—	无脱空现象
引 1+619.0～1+639.0	右拱肩	20.0	—	—	无脱空现象

通过对引水隧洞 0+00.0～0+360.0 和引 1+619.0～1+639.0 段进行地质雷达检测，只见一处局部脱空，异常桩号为引 0+323.0，其他位置未见混凝土与围岩间存在脱空现象。

(2) 锚杆质量检测。

本次引水隧洞锚杆质量检测为现场随机抽测，并均匀分布于测区范围内。其中，引水隧洞（0+0～0+19.5）段抽检 9 根；引水隧洞（0+19.5～0+80.0）段抽检 12 根；引水隧洞（0+80.0～0+300.0）段抽检 30 根；引水隧洞（1+589.0～1+619.0）段抽检 5 根；引水隧洞（0+703.0～1+245.0）段抽检 130 根。抽检锚杆长度全部合格，注浆饱满度均大于 75%，全部合格。

5. 调压井

(1) 回填灌浆密实度检测成果。

20××年 8 月 14 日，对调压井进行回填灌浆检测，主要是查明混凝土与围岩间是否存在空腔。检测成果统计见表 6-2-175。

表 6-2-175　　回填灌浆密实性地质雷达检测成果统计

工程部位	检测洞段桩号/m	洞段长度/m	异常段桩号/m	异常剖面位置	异常段长度/m	设计厚度/m	解释及说明
调压井上室	1+564.0～1+582.0	18	—	—	—	0.5	无明显脱空现象
	1+564.0～1+582.0	18	—	—	—	0.5	无明显脱空现象
	1+564.0～1+582.0	18	—	—	—	0.5	无明显脱空现象
交通兼通风洞	0+000.0～0+094.0	94	—	—	—	0.8	无明显脱空现象
	0+000.0～0+094.0	94	—	—	—	0.8	无明显脱空现象
	0+000.0～0+094.0	94	—	—	—	0.8	无明显脱空现象
调压井下室	0+000.0～0+20.8	20.8	—	—	—		无明显脱空现象
	0+000.0～0+20.8	20.8	—	—	—		无明显脱空现象
	0+000.0～0+20.8	20.8	—	—	—		无明显脱空现象

通过对调压井上室（1+564.0～1+582.0）、交通兼通风洞（交通 0+000.0～交通 0+094.0）、调压井下室（0+000.0～0+20.8）进行地质雷达检测，未发现场混凝土与围岩间存在明显脱空现象。

(2) 固结灌浆。

1) 声波检测成果。

调压井上室固结灌浆共进行了 1 个单元的声波检测；灌后检查孔岩体平均波速在4.28～4.44km/s，标准差为 0.26～0.34km/s，波速变化范围较小，岩体较完整。

2）全孔壁数字成像成果。

调压井上室固结灌浆共进行了1个单元的全孔壁数字成像检测；灌后检查孔混凝土与基岩胶结完好，岩体较完整，裂隙发育较少，发育裂隙大部分水泥结石充填良好或部分充填。

6. 厂房区

厂房区只进行了锚杆质量检测，检测方式为现场随机抽测，并均匀分布于测区范围内。其中，厂房后边坡（1731.00～1751.30m）段抽检50根；厂房后边坡（1751.00～1766.00m）段抽检80根；厂房后边坡马道（1751.00m）抽检测锚杆20根；厂房后边坡（1766.00m）马道抽检锚筋桩30根；厂房后边坡（1781.00m）马道抽检锚筋桩20根；厂房基坑底层边坡（1721.50m～建基面）抽检测锚杆12根；4号支洞抽检测锚杆11根；压力管道水平段抽检测锚杆36根。

厂房区锚杆质量检测抽检259根，抽检锚杆长度全部合格，256根注浆饱满度均大于75%，仅3根注浆饱满度小于75%，合格率为98.8%。

（十）金属结构及启闭机安装

1. 金属结构名称、结构型式及工程量

××水电站金属结构安装工程量详见表6-2-176。

表6-2-176 金属结构安装工程量统计

序号	结构名称	结构型式	孔口尺寸/m 宽×高—水头（直径—水头）	工作条件	数量		启闭机规格型号	数量/台
					门槽	门体		
1	进水口快速事故门	平面钢闸门	5×5.8-24	动水闭门 静水起门	3	3	液压启闭机 QPKY1250/630-6.5	3
2	进水口事故检修门	平面钢闸门	5×6.9-27	静水启闭	3	1	双向门机2×800-60	1
3	进水口检修门门库		5×6.9-27		1			
4	取水口拦污栅	垂直拦污栅	5×27-4	动水拦污	6	6	—	
5	取水口清污机	耙斗式		清污			GD2×100kN	1
6	提栅设备	悬挂式电动葫芦						1
7	泄洪冲沙底孔弧形工作闸门	弧形钢闸门	6×6.3-52	动水启闭	1	1	液压启闭机 QHSY-2000/500-8.6	1
8	泄洪冲沙底孔事故检修闸门	平面钢闸门	6×7.7-52	动水闭门 静水起门	1	1	双向门机2×800-60	1
9	泄洪冲沙底孔事故检修闸门门库		6×7.75-52		1			1
10	溢流表孔工作弧闸门	弧形钢闸门	7.8×10.8-10.4	动水启闭	3	3	液压启闭机 QHLY2X630-5.8	3
11	电站尾水检修闸门	平面钢闸门	4.45×3.966-17	静水启闭	6	6	单向门机 2×160kN-30m	1
合计					25	21		13

2. 金属结构安装检测成果

金属结构安装检测由中心试验室安排金属结构专业检测人员与安装单位在现场共同完成。

（1）尾水闸门、取水口快速事故闸门、检修闸门安装检查结果。

厂房尾水闸门和取水口快速事故闸门、检修闸均为平面闸门，门槽安装检测结果见表6－2－177。

表6－2－177　尾水闸门、取水口快速事故闸门、检修闸门安装检查结果统计

项次	部 位	检 验 项 目	允许偏差/mm	实测值/mm
1	底槛	△对门槽中心线距离	±5	－4.5～＋4.5
2		△对孔口中心线距离	±5	－4～＋5
3		底槛高程	±5	－4～＋4.5
4		△工作表面两端高差	≤2	0～2
5		工作面平面度	≤2	0～2
6		△工作面组合缝错位	≤1	0～1
7		△工作面扭曲度	≤1.5	0～1.5
8	主轨（工作范围内）	△到孔口中心线距离	±3	－2.5～＋3
9		△到门槽中心线距离	－1≤，≤2	－1～＋2
10		△工作面组合缝错位	≤0.5	0～0.5
11		△工作面扭曲	≤2	0～2
12	主轨（工作范围外）	△到门槽中心线距离	－1≤，≤3	－1～＋3
13		△到孔口中心线距离	±4	－3～＋3.5
14		△工作面组合缝错位	≤1	0～1
15		△工作面扭曲	≤1	0～1
16	反轨（工作范围内）	△到孔口中心距离	±3	－2.5～＋3
17		△到门槽中心线距离	－1≤，≤3	－1～＋3
18		△工作表面组合缝错位	≤1	0～1
19		△工作表面扭曲	≤3	0～3
20		到门槽中心线距离	－2≤，≤5	－2～＋5
21		到孔口中心线距离	±5	－4.5～＋4.5
22		工作表面扭曲	≤2	0～2
23		工作表面组合缝错位	≤3	0～3
24	门楣	△对门槽中心线距离	－1≤，≤2	－1～＋2
25		△到底槛距离	±3	－2.5～＋3
26		△工作表面扭曲	≤1.5	0～1.5
27		△工作表面组合缝错位	0.5	0～0.5
28		工作表面平面度	≤2	0～2
29	侧止水座板	到门槽中心线距离	－1≤，≤2	－1～＋2
30		到孔中心线距离	±3	－3～＋2.5
31		工作表面平面度	≤2	0～2
32		△工作表面组合缝错位	≤0.5	0～0.5
33		△工作表面扭曲	≤1.5	0～1.5

续表

项次	部位	检验项目	允许偏差/mm	实测值/mm
34	各埋件距离	主反轨工作面间距离	−1≤，≤4	−1～+4
35		主轨中心距离	±4	−3.5～+4
36		反轨中心距离	±5	−4.5～+4.5
37		侧止水座板中心距离	±4	−3.5～+4
38		主轨与侧止水座板面间距离	−1≤，≤3	−1～+3
39		门楣中心与底槛面距离	±2	−2～+2

厂房尾水闸门和取水口坝段快速事故闸门、检修闸均为平面闸门，门叶安装检测结果见表 6-2-178。

表 6-2-178　厂房尾水闸门、取水口事故闸门、检修闸及门叶安装检查结果统计

项次	检验项目	允许偏差/mm	实测值/mm
1	门叶高度	±8	−5～+7.0
2	门叶宽度	±8	−8～+7.5
3	门叶厚度	±5	−4.5～+5
4	门叶扭曲度	3	0～3
5	滑块工作面平面度	2	0～2
6	滑块间中心距离	±2	−1.5～+2
7	正反向滑块间距离	±2	−2～+1.5
8	止水橡皮工作面与主滑道面距离	−1≤，≤2	−1～+2
9	两侧止水中心距离	±3.0	−3～+2.5
10	顶止水到底止水边缘距离	±3.0	−2.5～+2
11	△止水橡皮工作面平面度	2	0～2
12	节间（底）止水面直线度	2	0～2
13	左右侧轮中心距	±3	−3～+2.5
14	反向滑道（反向支撑轮）中心距	±2.0	−2～+2
15	顶面至底水封边缘距离	±3	−2.5～+2
16	两侧止水封中心距	±3	−2.5～+3
17	闸门试验	符合要求	符合要求
18	无水或有水全行程启闭试验	无卡阻，止水橡皮无损伤、压紧程度符合设计要求，无透亮或间隙；设计水头压力下橡皮止水每米长度漏水量不超过 0.1L/m	无卡阻，止水橡皮无损伤、压紧程度符合设计要求，无透亮或间隙

注　检测项目前加“△”者为主要检测项目，下同。

闸门的组合焊缝及角焊缝为二类焊缝，这些平面闸门门叶安装焊缝质量检测结果见表 6-2-179。

表 6-2-179　　平面闸门门叶安装焊缝质量检测结果统计

项次	检验项目	允许偏差/mm	实测值/mm
一	与门叶焊缝对口错位		
1	纵缝对口错位	0～1	0～1
2	横缝对口错位	0～1.5	0～1.5
二	焊缝外观质量		
1	裂纹	不允许	不允许
2	表面夹渣	一、二类焊缝不允许，三类焊缝深不大于 0.1δ，长不大于 0.3δ	无夹渣
3	咬边	一、二类焊缝：深不大于 0.5，长不大于 100 三类深不大于 1，长不限	咬边深度不大于 0.5，长度不长于 100
4	未焊满	一、二类焊缝不允许。	已焊满
5	表面气孔	一类焊缝不允许，二类焊缝 1mm 直径气孔允许 3 个/m，间距≥20	表面无气孔
6	焊缝余高	一、二类焊缝 0～3，三类焊缝 0～4	焊缝高度 0～3
7	对接接头焊缝宽度	盖过每边坡口宽度 2～4，且平缓过渡	盖过每边坡口宽度 2～4，且平缓过渡
8	飞溅	清除干净	清除干净
9	焊瘤	不允许	无焊瘤
10	角焊缝厚度	符合设计要求	符合设计要求
11	角焊缝高度	符合设计要求	符合设计要求
三	一、二类焊缝超声波探伤	符合设计规范要求	符合设计规范要求
四	防腐蚀表面处理、涂料涂装	符合设计规范要求	符合设计规范要求

(2) 泄洪冲沙弧形工作门、表孔弧门安装检查结果。

泄洪冲沙弧形工作门、表孔弧门埋件安装检查结果见表 6-2-180。

表 6-2-180　　泄洪冲沙弧形工作门、表孔弧门安装检查结果统计

项次	部位	检验项目	允许偏差/mm	实测值/mm
1	底槛	△对门槽中心线距离	±5	−4.5～+5
2		△对孔口中心线距离	±5	−4.5～+4
3		底槛高程	±5	−4～+4.5
4		△工作表面两端高差	≤2	0～2
5		工作面平面度	≤2	0～2
6		△工作面组合缝错位	≤1	0～1
7		△工作面扭曲度	≤1.5	0～1.5
8		工作表面组合缝错位	≤3	0～3
9	门楣	△对门槽中心线距离	−1≤，≤2	−1～+2
10		△到底槛距离	±3	−2.5～+2
11		△工作表面扭曲	≤1.5	0～1.5
12		△工作表面组合缝错位	0.5	0～0.5
13		工作表面平面度	≤2	0～2

续表

项次	部　位	检验项目	允许偏差/mm	实测值/mm
14	侧止水座板	到门槽中心线距离	−1≤，≤2	−1～+2
15		到孔中心线距离	±3	−2.5～+2
16		工作表面平面度	≤2	0～2
17		△工作表面组合缝错位	≤0.5	0～0.5
18		△工作表面扭曲	≤1.5	0～1.5
19	各埋件距离	底槛中心与铰座中心水平距离	±4	−3～+4
20		侧止水座板中心与铰座中心距离	±4	−4～+3.5
21	各埋件距离	铰座中心和底槛垂直距离	±4	−3～+3.5
22		两侧止水座板间距离	−3～+4	−3～+3.5
23		主轨与侧止水座板面间距离	−3～+5	−3～+5
24	铰座钢梁铰座基螺栓、锥形铰座基础环安装	△铰座钢梁里程	±1.5	−1.5～+1.5
25		△铰座钢梁高程	±1.5	−1.5～+1.5
26		△铰座钢梁中心和孔口中心	±1.5	−1.5～+1.5
27		△铰座钢梁倾斜度	L/1000	0～5
28		铰座基础螺栓中心	1	0～1
29		锥形铰座基础环中心	1	0～1
30		锥形铰座基础环（加工）表面铅垂度	1	0～1

泄洪冲沙弧形工作闸门、表孔弧门门叶安装检查结果见表6-2-181。

表6-2-181　泄洪冲沙弧形工作闸门、表孔弧门门叶安装检查结果统计

项次	部　位	检　验　项　目	允许偏差/mm	实测值/mm
1	铰座	△铰座轴孔倾斜度	1/1000	0.40/0.41
2		△两铰座轴线相对位置的偏移	2	0～2
3		铰座中心对孔口中心距离	±1.5	−1.5～+1.5
4		铰座里程	±2	−2～+2
5		铰座高程	±2	−1.5～+2
6	铰轴、支臂	△铰轴中心至面板外缘曲率半径 R	±4	−3.5～+4
7		△两侧曲率半径相对差	3	0～3
8		支臂中心与铰链中心吻合值	2	0～2
9		支臂中心至门叶中心的偏差 1	±1.5	−1.5～+1.5
10	支臂连接板抗剪板及止水	支臂两端的连接板和铰链、主梁接触	良好	良好
11		抗剪板和连接板接触	顶紧	顶紧
12		止水橡皮实际压缩量和设计压缩量	−1～+2	−1～+2

闸门的组合焊缝及角焊缝为二类焊缝，此弧形闸门门叶安装焊缝质量检测结果见表6-2-182。

表 6-2-182　泄洪冲沙弧形工作闸门、表孔弧门门叶焊缝质量检查结果统计表

项次	检验项目	允许偏差/mm	实测值/mm
一	与门叶焊缝对口错位		
1	纵缝对口错位	0～1	0～1
2	横缝对口错位	0～1.5	0～1.5
二	焊缝外观质量		
1	裂纹	不允许	不允许
2	表面夹渣	一、二类焊缝不允许，三类深不大于 0.1δ，长不大于 0.3δ	无夹渣
3	咬边	一、二类焊缝：深不大于 0.5，长不大于 100 三类深不大于 1，长不限	咬边深度不大于 0.5，长度不长于 100
4	未焊满	一、二类焊缝不允许，	已焊满
5	表面气孔	一类焊缝不允许，二类 1mm 直径气孔允许 3 个/m，间距≥20	表面无气孔
6	焊缝余高	一、二类焊缝 0～3，三类焊缝 0～4	焊缝高度 0～3
7	对接接头焊缝宽度	盖过每边坡口宽度 2～4，且平缓过渡	盖过每边坡口宽度 2～3，平缓过渡
8	飞溅	清除干净	清除干净
9	焊瘤	不允许	无焊瘤
10	角焊缝厚度	符合设计要求	符合设计要求
11	角焊缝高度	符合设计要求	符合设计要求
三	一、二类焊缝超声波探伤	符合设计规范要求	符合设计规范要求
四	防腐蚀表面处理、涂料涂装	符合设计规范要求	符合设计规范要求

(十一) 机电安装工程

机电安装工程主要工作内容有：水轮机安装、发电机安装、辅助设备安装、调速器设备安装、电气一次设备安装、电气二次设备安装、电气试验等。中心试验室安排机电专业检测人员与安装单位在现场共同进行检测试验。

1. 水轮机安装

(1) 尾水管里衬安装。

尾水管里衬安装包括尾水肘管、锥管两部分，其中每台肘管包含有 2 节，三台机组肘管均使用土建塔机吊装到位进行调整安装，3 台套尾水管里衬于 20××年 11 月 25 日调整、加固，已进行验收。

经验收复测，各项技术指标满足规范要求，最终验收复测值见表 6-2-183。

(2) 座环、蜗壳安装。

1 号机座环、蜗壳在设备出厂前已经做过耐压试验，经验收合格。所以现场不需做蜗壳耐压试验，安装调整完成后直接移交土建施工。1 号机蜗壳座环最终验收复测值见表 6-2-184。

表 6-2-183　　尾水管里衬安装检查统计表

项次	检查项目	允许偏差 mm		实测值偏差/mm
		合 格	优 良	1号机
1	上管口中心（X、Y）	4	3	1
2	上管口高程	8	5	2

表 6-2-184　　1号机蜗壳座环最终验收复测值统计表

项次	检查项目	允许偏差/mm		实测偏差/mm
		合 格	优 良	1号机
1	中心及方位	2.0	1.5	1.0
2	高程	±3.0	±2.0	0.5
3	水平	≤0.07mm/m	≤0.05mm/m	0.03

（3）机坑里衬和接力器里衬安装。

1号机机坑里衬于接力器坑衬整体到货，在安装时采用接力器里衬外部加固定锚筋与机坑里衬一起浇混凝土的防变形措施，满足技术规范要求。检测数据见表 6-2-185。

表 6-2-185　　机坑里衬和接力器里衬安装检测数据统计表

项次	检 查 项 目	允许偏差/mm		实测偏差/mm
		合 格	优 良	1号机
1	机坑里衬中心	5	<5	5
2	机坑里衬上管口直径（D=2600mm）	±5	≤±3.95	3
3	接力器里衬法兰垂直度（左/右）	每米不超过0.30	每米不超过0.2	左：0.10mm，右：0.12mm
4	接力器里衬中心及高程	±1.0	<±1.0	0.5mm
5	接力器里衬与机组基准线平行度	1.0	<1.0	左：0；右：0.5
6	接力器里衬与机组基准线距离	±3	±2	左：0；右：0.5

20××年10月开始进行接力器严密性耐压试验，试验压力为24MPa，即工作压力的1.5倍工作压力，保压30min，无渗漏现象。接力器工作行程为153mm，实测值为153mm，检测结果见表 6-2-186～表 6-2-188。

表 6-2-186　　接力器耐压试验结果统计

检测部位 / 实测值	左	右
试验压力/MPa	24	24
保压时间/min	30	30
活塞全行程/min	153	153
有无渗漏现象	无	无

表 6-2-187　　接力器水平度测量结果统计

项　目	左边/mm	右边/mm
水平度	0.01	0

注　测量工具为框式水平仪。

表 6-2-188 接力器压紧行程测量结果统计

项　目	左边/mm	右边/mm
压紧行程	4	4.06

(4) 导水机构安装。

1号机导水机构安装于20××年12月8日完成，根据设计要求对导叶上、下端面间隙进行调整，设计间隙：上端面0.15～0.25mm下端面0～0.07mm，上下端面总间隙不大于0.25mm。导叶立面局部间隙用0.05mm塞尺全部不能通过。导叶安装数据记录（26只）（单位0.01mm），测量工具：塞尺。各间隙值见表6-2-189和表6-2-190。

表 6-2-189 导叶安装数据记录统计（上端面）

序号	1	2	3	4	5	6	7	8	9	10	11	12	13
大	15	18	15	19	15	15	16	15	15	15	15	18	15
小	15	19	15	17	18	15	15	12	15	15	15	15	15
序号	14	15	16	17	18	19	20	21	22	23	24	25	26
大	18	15	15	16	18	15	13	15	10	12	15	15	15
小	15	15	10	15	18	18	17	15	10	15	15	15	15

表 6-2-190 导叶安装数据记录统计（下端面，不大于0.07mm）

序号	1	2	3	4	5	6	7	8	9	10	11	12	13
大	7	7	7	5	7	7	6	7	7	7	7	7	7
小	6	6	7	7	7	7	7	5	7	6	7	7	7
序号	14	15	16	17	18	19	20	21	22	23	24	25	26
大	6	7	7	6	6	7	7	6	7	7	7	7	7
小	7	7	7	7	5	5	5	7	7	7	7	7	7

在接力器压紧行程力下1～26号导叶立面间隙均小于0.05mm，即用0.05mm的塞尺检查均不能通过。符合设计及《水轮发电机组安装技术规范》(GB/T 8564—2003）第5.5.3条要求。

(5) 转动部件安装。

1号机组转动部件于20××年12月11日完成，经检测各项参数均满足规范要求。1号机组转轮与主轴的连接螺栓伸长值为0.45～0.50mm，水机法兰与发电机法兰连接螺栓伸长值为0.68±0.05mm。法兰组合间隙用0.02mm塞尺检测不能通过，满足规范要求。各间隙值如下：转轮径向间隙测量，设计值：0.50mm；测量工具：塞尺。

1) 迷宫环间隙。

上迷宫环间隙检测结果见表6-2-191。

表 6-2-191 上迷宫环间隙检测结果统计

方位	$+x$	$-x$	$+y$	$-y$
测值	0.5	0.48	0.52	0.48

2) 主轴法兰间隙测量（单位mm）。

用0.02mm塞尺检查一周全部不能通过。

3）旋转油盆径向间隙（单位 mm）。

旋转油盆径向间隙检测结果满足规范要求，见表 6-2-192。

表 6-2-192　旋转油盆径向间隙检测结果统计　单位：mm

序号	1	2	3	4
实测值	2.5	2.4	2.4	2.5

注　设计值 2.5mm；测量工具：塞尺。

4）转轮安装高程测量（单位 mm）。

转轮安装高程测量结果满足规范要求，测量结果见表 6-2-193。

表 6-2-193　转轮安装高程测量结果统计　单位：mm

测点	1	2	3	4
测值	1.0	1.0	1.0	1.0

注　测量工具：钢板尺，水准仪，深度游标卡尺。

（6）水导轴瓦及主轴密封安装。

1）号机水导轴瓦及主轴密封安装密封于 20××年 12 月 12 日完成，通过检测。

2）对轴瓦、轴承座、轴承盖以及螺栓的清洗检查，设备无遗漏及缺陷。

3）对巴氏合金轴瓦进行试装检查，无密集气孔、裂纹、硬点及脱壳等设备缺陷。

4）油槽渗漏试验试验注入煤油，保持 4h，轴承油槽无渗漏现象。

5）检修密封安装完成后进行充气试验，充气 0.5MPa，空气围带无漏气现象。

6）轴承冷却器耐压试验，打压 0.9MPa，保压时间 30min。无渗漏及裂纹等异常现象。

7）轴瓦间隙测量结果满足规范要求，见表 6-2-194。

表 6-2-194　轴瓦间隙测量结果统计报　单位：0.01mm

方　位	+X	−X	+Y	−Y
测　值	18	18	17	18

注　设计间隙：总间隙 0.36mm，平均分配；测量工具：塞尺。

（7）检修密封径向间隙。

检修密封径向间隙测量结果满足规范要求，见表 6-2-195。

表 6-2-195　检修密封径向间隙测量结果统计　单位：mm

方　位	+X	−X	+Y	−Y
测　值	1.2	1.1	1.0	1.0

注　设计单边间隙：1.0mm　测量工具：塞尺。

（8）主轴密封径向间隙。

主轴密封径向间隙测量结果满足规范要求，见表 6-2-196。

表 6-2-196　主轴密封径向间隙测量结果统计　单位：mm

方　位	+X	−X	+Y	−Y
测　值	0.23	0.25	0.23	0.23

注　设计间隙：单边：0.25mm。

2. 发电机安装

(1) 发电机定子。

发电机型号为 SF-J24-12/3770，定子整体到货，转子磁轭及磁极现场挂装。1号机定子于20××年11月6日调整验收完成，并于20××年11月19日顺利完成定子交直流耐压试验。安装调整时按照《水轮发电机组安装技术规范》(GB/T 8564—2003) 标准第9.3.3条、厂家图纸及厂家技术规范要求进行，定子安装调整后数据如下。

1) 定子半径与垂直度检测结果满足要求，见表6-2-197。

表6-2-197　定子半径与垂直度检测结果统计　单位：mm

测点	半径		垂直度	测点	半径		垂直度
	上	下			上	下	
1	1559.57	1559.76	0.19	5	1559.64	1559.61	0.13
2	1559.54	1559.71	0.17	6	1559.67	1559.52	0.05
3	1559.67	1559.67	0	7	1559.73	1559.61	0.12
4	1559.76	1559.70	0.06	8	1559.56	1559.66	0.10
平均值	上：1559.61，下：1559.595，总体：1559.603						

2) 定子中心调整结果满足规范要求，检测结果见表6-2-198。

表6-2-198　定子中心（底环中心）测量结果统计　单位：mm

测点	半径	测点	半径
1 (+Y)	752.73	3 (+Y)	752.64
2 (+Y)	752.71	4 (+Y)	752.60
公差	标准	实测值	
圆度	±4% (δ：26)	0.22	
(定子-底环) 同心度	0.2	0.08	

3) 定子铁芯高程检测结果满足要求，见表6-2-199。

表6-2-199　定子铁芯高程检测结果统计　单位：mm

测点	1	2	3	4
铁芯中心	1720.8305	1720.8305	1720.831	1720.830
公差	+0.5	+0.5	+1	0
测点	5	6	7	8
铁芯中心续	1720.8305	1720.8295	1720.8295	1720.830
公差	+0.5	−0.5	−0.5	0
设计高程	1720.830	允许公差	±1.3	

(2) 发电机转子组装。

20××年10月22日1号发电机大轴轮毂到货，10月23日开始进行大轴调整，10月30日，转子磁轭到达现场，11月5日开始磁轭的安装，转子磁轭设计半径为1223.50mm，依据《水轮发电机组安装技术规范》(GB/T 8564—2003)，要求各半径与设计半径之差不应大于设计空气间隙的±3%（即 0.80mm），设计空气间隙为 26.5mm。数据记录见表 6-2-200。

表 6-2-200　　1 号发电机转子组装记录

测点	半径/mm		垂直度/mm
	上	下	
1	1223.16	1223.11	0.05
2	1223.05	1223.02	0.03
3	1223.35	1223.33	0.02
4	1223.15	1223.09	0.06

转子磁极及附件 20××年 11 月 23 日到货，其设计半径为 1533.50mm，依据《水轮发电机组安装技术规范》(GB/T 8564—2003)，要求各半径与设计半径之差不应大于设计空气间隙的±4%（即 1.06mm）依据 GB 8564—2003，此转子的偏心值应不大于 0.20mm，实测最大偏心值为 0.09mm；检测记录见表 6-2-201。

表 6-2-201　　转子磁极及附件组装记录

测点	半径/mm		垂直度/(mm/m)	测点	半径/mm		垂直度/(mm/m)
	上	下			上	下	
1	1533.15	1533.01	0.14	7	1533.18	1533.16	0.02
2	1533.22	1533.20	0.02	8	1533.15	1533.06	0.09
3	1532.84	1532.90	0.06	9	1533.11	1533.09	0.02
4	1533.14	1533.04	0.10	10	1533.14	1533.14	0
5	1533.10	1532.99	0.11	11	1533.26	1533.22	0.04
6	1533.01	1533.92	0.09	12	1533.10	1533.09	0.01

依据厂家安装标准磁极挂装高程偏差应不大于±1.0mm；对称方向磁极挂装高程差不大于 1.0mm；检测记录见表 6-2-202。

表 6-2-202　　磁极挂装高程偏差检测记录

磁极编号	高程差/mm	磁极编号	高程差/mm
1	0	7	0
2	0	8	0
3	−1	9	0
4	−0.5	10	−0.5
5	0	11	0
6	0	12	0

磁极在安装间挂装完毕后对其进行了交直流耐压试验并一次性通过，接着进行制动器安装、下盖板安装、下机架预装及回装、油冷却器打压、挡风板预装，各转动部件尺寸校核等，并于 20××年××月××日将 1 号机转子吊入机坑。

(3) 上机架安装。

上机架为负荷机架，在正常运行时承受机组转动部分的全部重量、水轮机的轴向水推力及机架自重等负荷。上机架共有4个径向基础支撑和8个轴向基础支腿，上机架油槽内布置了上导轴承、推力轴承和油冷却器等，依据设计要求及《水轮发电机组安装技术规范》(GB/T 8564—2003) 对上导轴承进行安装，油槽渗漏试验：依据GB/T 8564—2003第4.11条对上导轴承油槽做煤油渗漏试验，4h无渗漏现象；按照GB/T 8564—2003第4.11条对冷却器做严密性耐压试验，保压30min无渗漏现象，上机架附件安装完成后对机架本体进行安装调整；上机架正式开始回装于20××年12月6日，调整时依据下迷宫环中心调整的，上机架中心距 X 基准距离为0.09mm，距 Y 基准距离为0.04，允许偏差为0.50mm；上机架设计高程为1723.193m，标准测量值为1723.193mm与设计高程相符，水平为 Y：0.02mm/m，X：0.015mm/m。

上机架安装中心记录见表6-2-203。

表6-2-203　　上机架安装中心记录　　单位：mm

侧　位	+Y	+X	−Y	−X
数　值	264.94	264.83	264.69	264.61

上机架安装高程记录见表6-2-204。

表6-2-204　　上机架安装高程记录　　单位：m

侧　位	+Y	+X	−Y	−X
数　值	1723.193	1723.1925	1723.193	1723.1935

(4) 下机架安装。

1号机组下机架于20××年11月18日吊入机坑正式安装调整，调整后下机架水平为0.02mm/m，符合规范要求；下机架是根据下止漏环的中心调整中心的，同时按照设计要求及《水轮发电机组安装技术规范》(GB/T 8564—2003) 对下导轴承进行安装，油槽渗漏试验：根据GB/T 8564—2003第4.12条对下导油槽做煤油渗漏试验，4h无渗漏现象。按GB/T 8564—2003第4.11条对冷却器作严密性耐压试验，保压30min无渗漏现象。下机架附件安装完成后对机架本体进行安装调整；各项调整检测数据记录如下：下机架中心距 Y 基准距离为0.22mm；距 X 基准距离为0.08mm；允许偏差为0.50mm；下机架制动器把合面设计高程为1719.802m；标准测量值为1719.802mm与设计高程相符。下机架安装中心记录见表6-2-205。

表6-2-205　　下机架安装中心记录　　单位：mm

侧　位	+Y	+X	−Y	−X
数　值	519.28	519.55	519.71	519.40

下机架安装高程、水平记录见表6-2-206。

表6-2-206　　下机架安装高程记录　　单位：m

侧　位	+Y	+X	−Y	−X
数　值	1719.802	1719.802	1719.802	1719.8015

(5) 机组轴线调整及机组全面回装。

1号机组于20××年11月30日开始发电机组轴线调整，采用机械盘车法，于20××年12月5日整体盘车结束，盘车满足规范要求，盘车时将推力头分8个点进行数据测量，调整后检测数据见表6-2-207。

表6-2-207　调整后推力头检测数据统计　单位：0.01mm

侧位	测点	1	2	3	4	5	6	7	8
上导	+Y	0	0	0	0	0	+1	+1	+0.5
下导	+Y	0	−1	−2	−3	+1	+4	+5	+4
法兰	+Y	0	−1.5	−1.5	−1	+4	+6	+6	−5.5
水导	+Y	0	0	+5	+8	+13.5	+13	+8	+4
上导	+X	−1.5	1.5	−2	−1.5	−1.5	−1	0	−0.5
下导	+X	−6	−7	−7.5	−7	−4	−2	0	−3
法兰	+X	−3.5	−7	−7.5	−7.5	−5	−2	0	−1
水导	+X	−8	−7	0	+2	+6	+6	0	−3.5

在监测各轴承摆度的同时观察镜板的水平及上迷宫环的间隙是否符合规范及设计要求，表中数据为盘车时用旋转法测得的水平记录，其中“—”号代表“低”；依据《水轮发电机组安装技术规范》(GB/T 8564—2003) 要求，镜板水平应不大于0.02mm/m，镜板直径为1270mm；以+Y为1点顺时针旋转，记录数据见表6-2-208。

表6-2-208　旋转法测量轴承摆度统计　单位：0.01mm

测点	1	2	3	4	5	6	7	8
数据	0	−1	−1	−1	0	−1	−1	0

依据GB/T 8564—2003要求，迷宫环间隙偏差应不大于总间隙的20%，即上迷宫环偏差应不大于0.10mm；上迷宫环间隙记录数据见表6-2-209。

表6-2-209　上迷宫环间隙记录数据统计　单位：mm

侧位	+Y	+X	−Y	−X
数值	0.52	0.50	0.48	0.48

机组轴线调整完成后，根据盘车数据，对上导瓦、下导瓦、水导瓦进行瓦间隙调整；设计要求上导瓦、下导瓦、水导瓦设计间隙为0.15～0.2mm；实际安装过程中上导瓦单边间隙均为0.16mm，下导瓦单边间隙均为0.18mm，水导筒式瓦单边间隙均为0.18mm，符合设计要求。同时轴线调整完成后测量空气间隙均满足要求，测量上下各12个点，空气间隙最大26.94mm，最小26.70mm；设计空气间隙为26.50mm，允许偏差应不大于设计空气间隙的±8%(2.12mm)。

3. 辅助设备安装

辅助机械设备分为三大部分，油、水、气系统，目前气系统中的低压设备、管路全部完成；油系统中油罐及供排油设备管路全部完成；水系统中机组及厂房其他设备的技术供水全部形成，排水系统、消防系统全部安装完成。从20××年11月15日开始1号、2号、3号三台盘形阀的安装，安装后按照 GB/T 8564—2003 第 5.7.3 条检查，其水平偏差在 0.20mm/m 要求以内，盘形阀密封面无间隙，阀组动作灵活，阀杆密封可靠。阀座水平为 0.10mm/m、0.05mm/m，从 20××年 8 月开始进行 1 号机及公用部分油水管路安装到 20××年 11 月底全部结束。

4. 调速器设备安装

1 号机调速器于 20××年 10 月 23 日正式开始安装，油压装置于 10 月 23 日安装就位，整个系统清扫后，于 20××年 12 月 14 日配合厂家将调试工作完成。

5. 厂房桥机安装

厂房 80t/20t/5t 桥式起重机于 20××年 5 月 24 日开始安装，于 20××年 7 月 2 日全部安装完成，负荷试验于 20××年 7 月 25 日完成，GIS 桥机（10t）于 20××年 10 月 10 日开始安装，10 月 25 日安装完成，投入使用至今运行正常。

6. 通风设备系统安装

通风空调系统 20××年 10 月 1 日开始制作安装，20××年 11 月 27 日安装完成验收。

7. 电气一次设备安装

电气一次设备安装于 20××年 5 月开始接地、电缆管预埋工作，至 20××年 7 月完成，能满足 1 号发电机发电的全部预埋工作；20××年 9 月 25 日开始进行电缆桥架的安装工作，同时进行一些预埋工作及设备基础制作安装工作，20××年 10 月开始安装厂用盘柜及厂用变压器、励磁变压器、高压开关柜、1 号机共箱母线等。20××年 10 月开始安装厂区用电系统设备，20××年 11 月开始安装敷设动力、控制电缆工作，同时开始 GIS 设备，出线设备等。

20××年 10 月底开始对 110kV、35kV 主变压器、中性点及附属设备进行安装。主变本体准确就位后，接着安装主变的附件，其中主要包括储油柜、套管升高座、安全装置、冷却装置、高低压套管、油管路、控制柜、气体继电器和测量表计等的安装。主变的主要附件安装完成后，对主变进行抽真空后方可注油工作，主变注油完成后，主变本体基本安装完毕后。厂家油样到货后，××供电局修试所对主变压器绝缘油进行耐压和色谱试验，瓦斯继电器校核，各项试验均合格。

××电力试验研究院（集团）有限公司电力研究院于 20××年 11 月完成 110kV、35kV 主变压器绕组变形试验、主变压器局放及长时间感应耐压试验，各项试验均合格，主变压器满足发电要求。××供电局修试所对绝缘油进行耐压试验，试验结果合格。

10 月底开始 GIS 安装工作，11 月底 GIS 设备基本安装完毕。对 GIS 抽真空，注入 SF6 气体，对 GIS 进行气体检漏。11 月底完成了 GIS 出线场的安装，其中主要包括出线场避雷器、电压互感器和钢芯铝绞线的安装。2015 年 12 月 5 日安装单位对 GIS 做 87/126/178kV 耐压试验，试验合格。

20××年 11 月初开始配线，同时进行部分设备的试验工作。20××年 12 月初满足 1 号发电机发电的所有一次设备安装，试验完毕，能满足 1 号机发电并网。

发电机出口至主变低压侧采用三相共箱母线连接，到 2015 年 11 月全部安装完成安装和试验工作。1 号机组按厂家及设计要求安装调试完成，其设备的电流电压互感器，消谐装置，断路器的分合闸时间、同期性，开关回路电阻均符合设计要求，出口及中性点电流互感器及其连线均按设计要求安装完成。

8. 电气二次设备安装

电气二次设备安装主要包括计算机监控设备安装、1号机励磁系统设备安装、发电机控制部分安装、继电保护系统设备安装、同期系统设备安装、直流系统设备安装、厂区照明工程设备安装、水力测量系统设备安装等。

电气二次设备安装于20××年10月开始预埋管路，次年11月完成大部分照明埋管工作，20××年9月电气二次设备基础制作开始，10月电气二次设备计算机监控、公用LCU、保护盘柜、直流盘柜、机组LCU、励磁系统盘柜等安装就位，敷设二次控制电缆。12月14日二次接线及自动化元件安装完成，12月15日正式开始进行盘柜的校对及调试工作。

20××年10月25日完成厂用电送电工作，11月29日直流系统设备调试完毕；12月17日计算机监控设备单元调试完毕，保护系统设备单元调试完毕；12月19日电调系统设备调试完毕，1号机水轮发电机组二次设备整体调试完毕。为1号机水轮发电机组发电做好了准备。

电气二次设备施工程序为先编制施工技术措施，进行技术交底及施工准备，如二次设备安装就位、二次设备调试组织措施和厂家的协调配合等，先进行二次设备单元调试，最后进行1号水轮发电机的整体调试、验收。

9. 电气试验情况

××电站1号机试验工作，试验完成率100%，试验结果均符合《电气设备交接试验标准》(GB 50150—2006)和《水轮发电机组安装技术规范》(GB/T 8564—2003)及《水轮发电机组启动试验规范》(DLT 507—2002)。

(1) 10kV供电系统盘柜内装电压互感器电流互感器及断路器均按照《电气设备交接试验标准》(GB 50150—2006)进行了交接试验工作，互感器一次对二次绝缘为不大于30000MΩ，二次对一次为不大于1000MΩ，变比误差符合要求，绕组直流电阻和平均值的差异小于10%极性均为减极性，二次回路检查正确。断路器回路电阻、断路器主触头的分、合时间，分、合闸同期性均符合要求，合闸过程中触头接触后的弹跳时间不大于3ms；分、合闸线圈的绝缘电阻大于10MΩ；在85%～110%额定操作电压下能可靠合闸，在65%额定操作电压下能可靠分闸。断口42kV一分钟工频耐压合格。电流互感器和母线及支撑绝缘子33kV一分钟工频耐压合格。

(2) 发电机CT按照《电气设备交接试验标准》(GB 50150—2006)进行了交接试验工作，电流互感器的绝缘电阻不小于1000MΩ；变比误差符合要求，绕组直流电阻和平均值的差异小于10%，二次回路检查正确。与共箱母线(10.5kV)一起按出厂试验电压的80%工频耐压一分钟合格。

(3) 发电机PT柜按照《电气设备交接试验标准》(GB 50150—2006)进行了交接试验工作，电压互感器的绝缘电阻不小于1000MΩ；变比误差符合要求，绕组直流电阻和出厂值比较小于10%极性为减极性，二次回路检查正确。柜内绝缘子按出厂试验电压的80%工频耐压一分钟合格。

(4) 厂内变压器包括3台低厂变压器、1台隔离变压器、1台励磁变压器，均按照《电气设备交接试验标准》(GB 50150—2006)进行了交接试验工作其中：所有分接头绕组的直流电阻各相互差值小于平均值的2%，电压比误差在±5%范围内，变压器三相接线组别检测与设计铭牌标记相符，绝缘符合规定不小于500MΩ，铁芯不小于10MΩ。1min工频耐压无击穿闪络，合格。母线槽 2.5kV 工频耐压通过。10kV 电缆 $2.5U_0$ 5min 无异常合格。

（5）发电机出口断路器二次回路检查正常，闭锁回路正常，回路电阻值小于厂家设计要求小于 5uΩ，分、合闸同期性均符合要求，分、合闸线圈的绝缘电阻大于 10MΩ；在 85～110%额定操作电压下能可靠合闸，在 65%额定操作电压下能可靠分闸。

（6）110kV 主变按照《电气设备交接试验标准》（GB 50150—2006）进行了交接试验工作，绕组的所有分接头直流电阻各相互差值小于平均值的 2%，电压比误差在±5%范围内，变压器三相接线组别检测与设计铭牌标记相符，泄漏电流和介损与出厂报告比较无明显差异。

（7）GIS 设备按照《电气设备交接试验标准》（GB 50150—2006）进行了交接试验工作，互感器的绝缘电阻不小于 1000MΩ；变比误差符合要求，绕组直流电阻和平均值的差异大于 10%，极性均为减极性，二次回路检查正确。断路器回路电阻小于 10uΩ 符合厂家要求，断路器主触头的分、合时间，分、合闸同期性均符合要求，合闸过程中触头接触后的弹跳时间不大于 3ms；分、合闸线圈的绝缘电阻大于 10MΩ；在 85%～110%额定操作电压下能可靠合闸，在 65%额定操作电压下能可靠分闸。

（8）线路 PT 按照《电气设备交接试验标准》（GB 50150—2006）进行了交接试验工作，电容值与铭牌相符，电容量与出厂值比较其变化量小于 5%，$\tan\delta$ 小于 0.5%；二次绕组间及其对外壳的绝缘电阻不大于 1000MΩ。

（9）发电机定转子试验按照《水轮发电机组安装技术规范》（GB/T 8564—2003）进行。定子绕组各相直流电阻相互间差别小于 2%，符合要求。各相泄漏电流的差别不大于最小值的 50%，整体工频耐压按 $2U_n+3=30.6$kV 一分钟无击穿闪络，合格。转子在挂装前后试验均符合标准规定，整体绝缘为 26 MΩ。

（10）1 号机各系统静态调试符合要求，现场报告由厂家提供。PT、CT 二次回路带电检查正常与设计一致。发变组及机组监控采样值正确。发电机过速试验继电器动作可靠正常。

七、不合格材料情况说明

××水电站工程施工期间检出有原材料钢筋、中间产品混凝土不合格的情况，检测实验中心按照有关规定进行了复检。对于混凝土低强部位经业主、设计、监理、施工四方研究确定，拆除返工。

八、结论

××水电站工程双曲拱坝、引水系统、发电厂房和升压站所使用的原材料、中间产品取样检测频率符合规范要求，检测试验结果满足设计及规范要求。检测试验结果表明工程实体质量处于受控状态。

（一）土建工程

本项目土建工程所使用的水泥、粉煤灰、钢筋及连接件、粗细骨料、锚杆拉拔检测、铜止水、橡胶止水、大坝填筑土工试验等均按规定取样检测，检测结果满足相关质量标准。灌浆效果压水试验、声波检测、大坝面板物探检测结果表明，各项指标满足设计要求。

（二）金属结构及启闭机安装

金属结构及启闭机安装包括平面钢闸门、弧形闸门、垂直拦污栅、启闭机及双向门机，检测指标满足规范要求。在无水或有水情况下全行程启闭，运行平稳、通畅、无卡阻现象，双吊点同步。负荷试运转时电气和机械部分无异常发热现象，所有保护装置和信号准确可靠。

（三）机电安装工程

水轮机安装各部件尺寸、中心位置、高程、水平度、垂直度、间隙等误差均在允许范围内，符合规定的标准要求；水力机械辅助设备及管路系统安装符合实际要求，试运行情况正常；发电机组安装机械检查项目与电气试验项目经调试均满足相关技术标准和质量要求。

第七章

水利水电工程竣工验收质量检测报告

第一节 水利水电工程竣工验收质量检测报告写作要点

竣工验收是水利水电工程已按批准的设计文件全部建成，并完成竣工阶段所有专项验收后，对水利水电工程进行的总验收。竣工验收应在工程建设项目全部完成并满足一定运行条件后1年内进行。不能按期进行竣工验收的，经竣工验收主持单位同意，可适当延长期限，但最长不应超过6个月。

《水利水电建设工程验收规程》(SL 223—2008）规定竣工验收应具备的条件：工程已按批准设计全部完成；工程重大设计变更已经有审批权的单位批准；各单位工程能正常运行；历次验收所发现的问题已处理完毕；各专项验收已经通过；工程投资已全部到位；竣工财务决算已通过竣工审计，审计中提出的问题已整改并提交了整改报告；运行管理单位已明确，管理养护经费已基本落实；质量和安全监督工作报告已提交，工程质量达到合格标准；竣工验收资料已准备就绪。

《水电工程验收规程》(NB/T 35048—2015）规定竣工验收应具备的条件：枢纽工程、建设征地移民安置、环境保护、水土保持、消防、劳动安全与工业卫生、工程档案、工程决算等专项验收，已分别按国家有关法律和规定要求进行，并有同意通过验收的明确书面结论意见；遗留的未能同步验收的特殊单项工程不致于对工程和上下游人民生命财产安全造成影响，并已制定该特殊单项工程建设和竣工验收计划；已妥善处理竣工验收中的遗留问题和完成尾工；符合其他有关规定。

水利水电工程竣工验收前，质量检测机构应编写《水利水电工程竣工验收质量检测报告》提交项目法人，作为验收备查资料。水利水电工程竣工验收质量检测报告可从下述几个方面进行编写。

一、工程概况

简要介绍该工程总体情况、设计标准、工程布置、建筑物的结构特征、工程当前形象面貌等。

二、质量检测机构简介

说明该工程的质量检测机构母体试验室的资质等级、授权工地现场实验室的检测参数情况。

检测单位与项目法人单位签订的检测合同范围、检测内容、现场试验室人员组织及设备情况。

三、项目划分及质量检测计划

（一）项目划分

工程项目划分直接引用本项目质量监督机构核备同意的工程项目划分方案，质量检测报告中列出单位工程、分部工程即可，质量检测合同中未涉及的单位或非主体工程可以不提。

（二）质量检测计划

质量检测计划依据质量检测合同中确定的检测范围进行编制，结合工程项目划分方案、建筑物的结构特征尽量覆盖各单位工程、分部工程，为工程的质量评定提供有力的依据。

四、检测试验依据

质量检测和评价的主要依据有：

（1）国家和行业现行有关法律、法规、规章。

（2）经批准的设计文件。

（3）水利行业标准、国家标准、其他行业标准、地方标准和企业标准。

（4）招标文件、合同文件。

（5）主要设备、产品技术说明书等。

五、检测成果

检测成果一般宜以挡水建筑物、泄水建筑物、引水建筑物进水口工程、涉及蓄水安全的库岸、边坡以及金属结构、机电安装等工程项目统计、分析和评价。也可按照工程项目划分方案中的单位工程或分部工程进行统计评价，可从下述几个方面进行统计分析评价。

（一）原材料、中间产品检测试验成果

（1）水泥抽检试验报告。

（2）钢材抽检试验报告报告。

（3）水泥外加剂（包括普通减水剂、高效减水剂、引气剂、引气减水剂、缓凝减水剂、早强剂、早强减水剂、防冻剂、膨胀剂等）技术性能指标试验报告。

（4）粉煤灰技术性能指标试验报告。

（5）防水材料（包括沥青、防水涂料、防水填料、各类防水卷材等）试验报告。

（6）止水带（包括紫铜片止水、白铁皮止水、铝片止水、塑料止水、橡皮止水）技术性能试验报告。

（7）土工布（包括土工织物、土工膜等）技术性能试验报告。

（二）试验及检测成果

（1）配合比试验（包括混凝土、砂浆、泥浆等）。

（2）混凝土试验（包括抗压、抗渗、抗冻等）。

（3）砂浆试验（包括抗压等）。

（4）土工试验（土料场土料性质、最大干密度、筑坝后的土工试验等）。

（5）筑坝技术试验（碾压混凝土坝铺混凝土厚度、碾压土石坝等的铺土厚度、振动设备及碾压遍数等）。

(6) 压水试验。

(7) 灌浆试验。

(8) 单桩基群桩的静动载试验。

(9) 管道、容器强度与严密性试验。

(10) 焊接试验（超声探伤、X射线探伤）。

(11) 电气设备绝缘试验。

(12) 电气性能试验。

(13) 接地电阻性能试验。

(14) 设备操作试验。

(15) 机组试运行试验。

六、不合格材料情况说明

不合格样品及材料的处理情况说明，如原材料、中间产品检测试验结果出现不合格情况，报告中应说明不合格项目台账登记备案情况，是否及时告知项目法人及相关单位。

七、结论

归纳总结该单项工程原材料、中间产品的检测试验结果，提出评价意见。

评价金属结构及启闭机安装，机电安装工程是否满足设计及规范要求。

评价意见可按单位工程、分部工程进行评价，也可按材料类别或工程类别进行评价。

第二节　水库枢纽工程竣工验收质量检测报告示例

××水库工程竣工应收质量检测报告

一、工程概况

××水库工程位于××省××州××县境内××镇以北5km的××河上游干流上，××河属××××江水系××江一级支流，为国际河流。工程距省会××市929km。

××水库为大（2）型水利枢纽工程，总库容10665万m^3，水库设计洪水标准为设计洪水重现期100年，校核洪水重现期200年。该水库以灌溉、防洪为主，结合发电等综合利用。水库大坝蓄水后由左岸溢洪道泄洪，通过其右岸输水工程、××隧洞自流取水，以×高、×低、×干渠3条干渠控制灌溉××坝子22.68万亩耕地。

水库校核洪水位998.38m，设计洪水位995.57m，死水位978.00m。

大坝坝高37.6m，设计坝高顶高程为1000.60m，坝顶宽度为6m，坝轴线总长1172m。溢洪道左岸坝段为黏土均质坝，溢洪道右岸坝段为黏土及含砾砂土料分区坝。

二、质检机构设置及试验设备配置

（一）人员设置

××水库工程为大型项目，检测项目繁多，为严把质量关，我公司成立了由室主任亲自挂帅的现场组织机构，并在现场设立了试验室，选派有丰富工作经验的持证上岗人员进行检测工作。

（二）设备配置

根据工程检测项目的实际需要，现场试验室配置了能满足质量检测需要的试验设备，并由××省计量测试技术研究院到现场进行检定，以确保测试数据的准确性。

三、工程项目划分情况

经本工程项目质量监督机构审核确认，本工程首部枢纽项目划分为大坝、防渗墙、溢洪道、输水隧洞四个单位工程，计32个分部工程。

四、质量检测计划编制情况

根据《××水库工程项目划分方案》，结合与项目法人签订的《××水库工程质量检测合同书》中确定的检测内容和检测范围，我公司在工地现场建立了检测试验室，选派了公司技术骨干任现场试验室主任、技术负责人，检测人员持证上岗。试验室仪器设备经率定合格并在有效期使用。根据工程实际和施工进度计划编制了《××水库工程质量检测计划》，经公司总工办审查批准按此实施。

五、检测试验依据

《××水库初步设计报告》；

《大坝填筑料碾压试验报告》；

《碾压式土石坝施工规范》(DL/T 5129—2001)；

《土工试验规程》(SL 237—1999)；

《水工混凝土试验规程》(DL/T 5150—2001)；

《水利水电工程施工质量检验与评定规程》(SL 176—2007)；

《水工混凝土砂石骨料试验规程》(DL/T 5151—2001)；

《××水库混凝土防渗墙施工技术要求》；

其他相关规程、规范。

六、检测成果

××水库枢纽工程质量检测合同范围为大坝、防渗墙、溢洪道、输水工程共四个单位工程。

（一）大坝工程

大坝工程等级划分为Ⅱ级建筑物。由于河床部位地基沉降较大，施工填筑工序从河床填筑至其他部分，分三期进行填筑施工。其中第一期填筑至度汛坝体989.07m高程，填筑工程量57.56万m^3。拦河坝一期工程的建设内容包括：心墙防渗土料填筑、上下游面含砾砂土填筑、排水棱体砌筑、迎水面坡防浪板安制。工程于2005年1月24日开始回填，至次年4月初结束。

1. 大坝一期施工

(1) 主要检测试验成果。

心墙防渗料干密度、含水量212组；上游面含砾砂土料干密度、含水量163组；下游面含砾砂土料干密度、含水量51组；一层反滤料干密度、含水量41组；二层反滤料干密度、含水量22组；三层反滤料干密度、含水量7组；渗透试验10组；颗粒大小分配曲线5组；混凝土抗压强度试验6组。

(2) 主要施工质量控制指标。

1) 红黏土防渗料。

碾压试验期间击实试验测得的最大干密度值为1.38～1.44g/cm^3，平均值1.41g/cm^3。最优含水率为27.4%～30.9%，平均值29.1%。干密度控制指标按压实度≥0.98控制，含水量控制范围在-2%←WOP→+3%。

2) 含砾砂土料。

碾压试验期间做击实试验19组，范围值为1.62～1.82g/cm^3，平均值1.77g/cm^3。按压实度≥0.98控制，干密度值应≥1.73g/cm^3。

3) 反滤料。

Ⅰ反压实干密度按相对密度≥0.70控制，现场施工干密度应>1.73g/cm^3。Ⅱ反压实干密度按相对密度≥0.70控制，现场施工干密度应>1.77g/cm^3。

4) 土料变化。

土料发生变化时应重新做击实试验确定控制指标。

(3) 统计结果及质量情况。

1) 心墙防渗料。

根据单元划分心墙防渗料（一期）回填每层为一个单元，共划分为48个单元工程。

心墙防渗料密度试验采用环刀法，含水量试验采用恒温干燥箱，温度控制在105℃，烘烤8小时测得用于计算干密度。

回填过程中共抽检干密度、含水量各212组，干密度值对应击实指标换算压实度，≥0.98的样品有212组，单组合格率为100%。

从试验数据来看，整个回填期间的干密度范围值为1.37～1.55g/cm^3，含水量范围值为23.1%～36.4%。从以上统计结果可以看出样品干密度值出现的变化与土料的含水量有关，土料因降雨或开采至深部时采用原点击实对应干密度来计算样品的压实度。检测统计结果见表7-2-1。检测结果表明：大坝一期回填质量满足设计要求。

表7-2-1　××水库大坝防渗料（一期）回填单元统计

取样日期 /(年-月-日)	单元层号	高程 /m	统计组数	干密度范围值 平均值/(g/cm^3)	含水量范围值 平均值/%	合格组数	合格率 /%
20××-01-26	2	963.16	3	1.37～1.39	32.2～33.6	3	100
				1.38	32.8		
20××-01-27	3	963.44	4	1.37～1.42	31.2～33.3	4	100
				1.40	32.1		
20××-01-27	4	963.85	3	1.37～1.40	31.9～33.0	3	100
				1.39	32.5		
20××-01-28	5	964.07	4	1.37～1.40	31.7～33.9	4	100
				1.39	33.0		

续表

取样日期/(年-月-日)	单元层号	高程/m	统计组数	干密度范围值 / 平均值/(g/cm³)	含水量范围值 / 平均值/%	合格组数	合格率/%
20××-01-28	6	964.50	2	1.38～1.39 / 1.39	30.8～33.3 / 32.1	2	100
20××-01-29	7	964.67	3	1.36～1.41 / 1.39	31.6～33.0 / 32.5	3	100
20××-01-30	8	964.97	2	1.39～1.41 / 1.40	32.0～33.5 / 32.8	2	100
20××-01-30	9	965.27	4	1.37～1.38 / 1.37	30.6～32.1 / 31.4	4	100
20××-01-31	10	965.56	3	1.33～1.34 / 1.34	33.8～36.4 / 35.0	3	100
20××-01-31	11	965.85	4	1.34～1.37 / 1.36	33.6～34.8 / 34.4	4	100
20××-02-01	12	966.15	3	1.40～1.45 / 1.42	27.2～32.4 / 30.4	3	100
20××-02-01	13	966.43	4	1.39～1.41 / 1.40	30.7～32.7 / 31.5	4	100
20××-02-02	14	966.71	4	1.37～1.42 / 1.40	30.7～33.8 / 31.9	4	100
20××-02-02	15	966.99	3	1.42～1.44 / 1.43	26.3～30.7 / 28.4	3	100
20××-02-03	16	967.27	4	1.35～1.40 / 1.37	31.2～33.8 / 32.3	4	100
20××-02-04	17	967.57	4	1.38～1.44 / 1.42	30.2～33.9 / 31.4	4	100
20××-02-05	18	967.85	4	1.38～1.43 / 1.41	29.3～31.8 / 30.3	4	100
20××-02-05	19	968.14	4	1.41～1.43 / 1.42	29.5～31.8 / 30.9	4	100
20××-02-06	20	968.43	3	1.39～1.41 / 1.40	28.6～30.6 / 29.8	3	100
20××-02-07	21	968.73	4	1.40～1.43 / 1.42	28.4～29.9 / 29.0	4	100
20××-02-11	22	969.02	4	1.39～1.42 / 1.41	29.1～31.5 / 30.7	4	100
20××-02-12	23	969.30	4	1.38～1.40 / 1.39	30.0～32.3 / 31.5	4	100
20××-02-13	24	969.59	4	1.41～1.47 / 1.44	29.0～31.7 / 30.3	4	100

续表

取样日期/(年-月-日)	单元层号	高程/m	统计组数	干密度范围值 平均值/(g/cm³)	含水量范围值 平均值/%	合格组数	合格率/%
20××-02-14	25	969.82	4	1.36～1.42 1.38	31.4～35.5 34.1	4	100
20××-02-14	26	970.11	5	1.40～1.46 1.43	28.0～32.0 30.1	5	100
20××-02-15	27	970.39	5	1.39～1.43 1.42	30.1～32.3 31.4	5	100
20××-02-16	28	970.67	4	1.44～1.47 1.46	28.8～29.9 29.4	4	100
20××-02-17	29	970.96	5	1.39～1.45 1.41	29.8～33.7 31.5	5	100
20××-02-17	30	971.24	5	1.42～1.45 1.44	27.9～29.8 29.1	5	100
20××-02-18	31	971.53	6	1.41～1.44 1.42	29.3～31.8 30.9	6	100
20××-02-19	32	971.82	4	1.39～1.47 1.42	28.6～31.8 30.1	4	100
20××-02-20	33	972.11	5	1.40～1.43 1.42	28.8～32.0 31.1	5	100
20××-02-21	34	972.41	6	1.40～1.45 1.43	28.2～31.1 30.2	6	100
20××-02-22	35	972.70	6	1.41～1.49 1.45	25.6～31.4 29.2	6	100
20××-02-22	36	972.99	6	1.38～1.46 1.43	29.1～31.7 30.4	6	100
20××-02-24	37	973.28	6	1.39～1.49 1.43	27.2～33.3 30.9	6	100
20××-02-25	38	973.56	6	1.44～1.50 1.47	26.0～30.0 28.1	6	100
20××-02-27	39	973.82	6	1.45～1.55 1.49	23.1～30.2 27.7	6	100
20××-02-28	40	974.09	6	1.44～1.48 1.46	28.1～29.7 29.1	6	100
20××-03-02	41	974.35	7	1.41～1.47 1.45	28.3～30.8 29.6	7	100

续表

取样日期 /(年-月-日)	单元层号	高程 /m	统计组数	干密度范围值	含水量范围值	合格组数	合格率 /%
				平均值/(g/cm³)	平均值/%		
20××-03-02	42	974.62	5	1.44～1.49	28.1～30.2	5	100
				1.46	29.0		
20××-03-03	43	974.89	6	1.41～1.51	26.2～32.2	6	100
				1.46	28.4		
20××-03-04	44	975.16	6	1.33～1.41	32.3～35.3	6	83.3
				1.37	34.2		
20××-03-05	45	975.43	6	1.38～1.46	30.7～33.5	6	100
				1.42	32.0		
20××-03-07	46	975.71	6	1.39～1.43	30.2～34.3	6	100
				1.41	32.3		
20××-03-08	47	975.99	5	1.38～1.45	28.3～33.0	5	100
				1.40	31.2		
20××-01-22	48	975.89	4	1.40～1.43	30.0～33.0	4	100
				1.41	31.8		

渗透试验采用室内南55型渗透仪测定。渗透试验在高程0+900、0+903各取1组，平均渗透系数为2.55×10^{-7}cm/s。采用现场埋环常水头饱和24h测定6组。范围值为1.23×10^{-6}～6.17×10^{-6}cm/s，检测统计结果见表7-2-2。

表7-2-2　××水库大坝渗透试验汇总

试验日期 /(年-月-日)	桩号	轴距	高程	土料	渗透系数	备注
	0+00	0+00	/m	类别	/(cm/s)	
20××-02-14	0+903.00	0+0.3	970.110	红黏土	2.96×10^{-7}	
20××-03-03	0+749.49	0+92.51	974.647	坝壳料	1.63×10^{-4}	下游
20××-03-03	0+786.82	0+86.76	974.616	坝壳料	2.1×10^{-6}	上游
20××-03-04	0+830.50	0-9.2	974.616	Ⅰ反料	3.78×10^{-3}	
20××-03-05	0+729.49	92.51	974.620	坝壳料	7.66×10^{-5}	上游
20××-03-16	0+679.80	0+29.7	978.190	坝壳料	1.57×10^{-5}	上游
20××-03-16	0+718.40	0+20.6	978.190	坝壳料	6.17×10^{-6}	上游
20××-03-17	0+900.00	0+4.1	974.890	红黏土	2.14×10^{-7}	
20××-04-02	0+763.40	0+62.9	980.940	坝壳料	4.28×10^{-6}	上游
20××-04-02	0+792.30	0+64.7	980.960	坝壳料	1.23×10^{-5}	上游

说明：试验依据《土工试验规程》(SL 237—1999）进行。防渗黏土料采用变水头试验标准，含砾砂土料采用常水头试验标准。

2）上游面含砾砂土料。

根据单元划分上游面含砾砂土料（一期）回填上游面含砾砂土料密度试验采用试坑注水

法，含水量试验采用恒温干燥箱，温度控制在105℃，烘烤8h测得用于计算干密度。

回填过程中共抽检干密度、含水量各171组，干密度值对应击实指标换算压实度，≥0.98样品有81组，单组合格率为100%。

从试验数据来看，整个回填期间的干密度范围值为1.70～1.98g/cm³，含水量范围值为9.6%～21.1%。从以上统计结果可以看出样品干密度值的大小和>0.075mm的粗粒土含量多少成正比。现场取样检测对因细粒土含量高而干密度低的样品采用原点击实法以湿密度比≥0.98进行控制。上游面含砾砂土料检测成果见表7-2-3，检测统计分析结果表明，上游面含砾砂土料回填质量满足设计要求。

表7-2-3　　××水库大坝上游面含砾砂土（一期）回填单元统计

取样日期/(年-月-日)	单元层号	高程/m	统计组数	干密度范围值	含水量范围值	合格组数	合格率/%
				平均值/(g/cm³)	平均值/%		
20××-01-29	1	964.70	2	1.70～1.74	14.7～21.1	2	100
				1.72	17.9		
20××-01-30	2	965.27	2	1.73～1.79	15.3～18.2	2	100
				1.76	16.8		
20××-01-31	3	965.75	3	1.78～1.83	15.9～16.6	3	100
				1.81	16.3		
20××-02-01	4	966.30	3	1.77～1.84	15.1～16.1	3	100
				1.81	15.7		
20××-02-03	5	966.82	3	1.73～1.88	13.6～18.8	3	100
				1.81	16.2		
20××-02-04	6	967.32	3	1.77～1.85	15.6～17.4	3	100
				1.81	16.2		
20××-02-05	7	967.85	3	1.76～1.83	15.4～17.9	3	100
				1.79	16.5		
20××-02-07	9	968.93	3	1.81～1.87	12.6～17.6	3	100
				1.83	15.6		
20××-02-12	11	970.00	2	1.85～1.86	11.6	2	100
				1.86	11.6		
20××-02-17	12	970.56	3	1.82～1.85	13.9～14.2	3	100
				1.84	14.1		
20××-02-19	13	971.08	4	1.77～1.83	14.2～17.8	4	100
				1.80	16.0		
20××-02-22	14	971.62	4	1.81～1.82	15.0～17.0	4	100
				1.82	15.9		

续表

取样日期/(年-月-日)	单元层号	高程/m	统计组数	干密度范围值	含水量范围值	合格组数	合格率/%
				平均值/(g/cm³)	平均值/%		
20××-02-25	15	972.16	4	1.77～1.86	12.1～17.4	4	100
				1.83	14.4		
20××-02-27	16	972.70	4	1.82～1.93	11.0～15.7	4	100
				1.87	12.8		
20××-03-01	17	973.26	4	1.82～1.92	9.6～11.4	4	100
				1.88	10.7		
20××-03-02	18	973.81	5	1.80～1.93	10.4～15.1	5	100
				1.85	13.7		
20××-03-04	19	974.35	7	1.81～1.94	11.3～14.6	7	100
				1.86	13.6		
20××-03-05	20	974.90	5	1.81～1.92	11.9～13.5	5	100
				1.86	12.7		
20××-03-07	21	975.45	6	1.83～1.89	12.6～14.2	6	100
				1.87	13.5		
20××-03-09	22	975.99	5	1.80～1.91	11.4～15.9	5	100
				1.86	13.6		
20××-03-09	23	976.54	6	1.74～1.89	12.0～18.6	6	100
				1.84	14.5		
20××-03-11	24	976.74	5	13.7～16.3	1.77～1.88	5	100
				14.9	1.82		
20××-03-12	25	977.09	4	11.4～15.3	1.83～1.89	4	100
				13.1	1.86		
20××-03-13	26	977.64	5	10.5～17.5	1.80～1.92	5	100
				13.9	1.83		
20××-03-14	27	978.19	4	13.4～15.1	1.82～1.86	4	100
				14.4	1.84		
20××-03-16	28	978.74	5	10.8～14.3	1.81～1.93	5	100
				12.5	1.89		
20××-03-18	29	979.29	4	16.0～16.6	1.80～1.81	4	100
				16.3	1.80		

续表

取样日期/(年-月-日)	单元层号	高程/m	统计组数	干密度范围值 平均值/(g/cm³)	含水量范围值 平均值/%	合格组数	合格率/%
20××-03-20	30	979.84	5	14.0～18.0 15.4	1.79～1.85 1.83	5	100
20××-03-28	31	980.38	4	10.8～19.1 14.4	1.73～1.94 1.84	4	100
20××-03-30	32	980.89	4	13.1～14.6 13.8	1.80～1.82 1.81	4	100
20××-03-31	33	981.48	3	13.6～13.7 13.6	1.82～1.88 1.84	3	100
20××-04-01	34	982.02	4	12.0～17.1 14.4	1.78～1.94 1.85	4	100
20××-04-02	35	982.57	3	15.0～15.6 15.2	1.80～1.89 1.84	3	100
20××-04-03	36	983.11	4	10.7～13.1 11.7	1.85～1.96 1.91	4	100
20××-04-06	37	983.66	3	14.3～16.2 15.3	1.80～1.85 1.82	3	100
20××-04-07	38	984.21	3	10.0～11.5 10.8	1.94～1.95 1.95	3	100
20××-04-07	39	984.76	3	10.7～11.9 11.3	1.87～1.92 1.90	3	100
20××-04-08	40	985.30	3	9.7～15.3 12.5	1.87～1.98 1.93	3	100
20××-04-09	41	985.84	3	10.9～12.1 11.5	1.88～1.92 1.90	3	100
20××-04-09	42	986.39	2	9.9～13.2 11.6	1.86～1.95 1.90	2	100
20××-04-10	43	986.94	3	12.1～13.3 12.7	1.87～1.93 1.90	3	100
20××-04-10	44	987.49	2	12.8 12.8	1.88 1.88	2	100
20××-04-11	45	988.04	3	11.7～14.5 13.1	1.88～1.93 1.91	3	100
20××-04-14	46	988.58	3	10.4～13.5 12.0	1.84～1.90 1.87	3	100

渗透试验采用现场埋环常水头饱和24h测定。渗透试验共测定6组。范围值为$1.23\times10^{-5}\sim6.17\times10^{-6}$cm/s，渗透试验检测结果见表7-2-2。

3）下游面含砾砂土料。

根据单元划分下游面含砾砂土料（一期）回填每层为一个单元，共划分为18个单元工程。

下游面含砾砂土料密度试验采用试坑注水法，含水量试验采用恒温干燥箱，温度控制在105℃，烘烤8h测得用于计算干密度。

回填过程中共抽检干密度、含水量各51组，干密度值对应击实指标换算压实度，≥0.98样品有51组，单组合格率为100%。

从试验数据来看，整个回填期间的干密度范围值为1.71～1.97g/cm³，含水量范围值为10.0%～19.3%。从以上统计结果可以看出样品干密度值的大小和＞0.075mm的粗粒土含量多少成正比。现场取样检测对因细粒土含量高而干密度低的样品采用原点击实法以湿密度比≥0.98进行控制。下游面含砾砂土料检测成果见表7-2-4，检测统计分析结果表明，下游面含砾砂土料回填质量满足设计要求。

表7-2-4　××水库大坝下游面含砾砂土（一期）回填单元统计

取样日期/(年-月-日)	单元层号	高程/m	统计组数	干密度范围值	含水量范围值	合格组数	合格率/%
				平均值/(g/cm³)	平均值/%		
20××-02-06	1	966.55	3	1.85～1.96	10.0～14.0	3	100
				1.90	12.2		
20××-02-07	2	967.06	3	1.85～1.96	10.0～14.0	3	100
				1.90	12.2		
20××-02-11	3	967.60	2	1.86～1.89	11.9～12.1	2	100
				1.88	12.0		
20××-02-13	4	968.15	2	1.82～1.85	13.0	2	100
				1.84	13.0		
20××-02-14	5	968.72	3	1.90～1.97	11.2～11.4	3	100
				1.94	11.3		
20××-02-15	6	969.25	3	1.71～1.84	18.0～19.3	3	100
				1.76	18.9		
20××-02-16	7	969.79	3	1.80～1.85	13.9～16.3	3	100
				1.82	14.8		
20××-02-18	8	970.32	2	1.91～1.93	11.9～14.0	2	100
				1.92	13.0		
20××-02-20	9	970.86	3	1.76～1.83	14.0～18.0	3	100
				1.81	16.2		
20××-02-23	10	971.39	3	1.77～1.87	12.1～16.3	3	100
				1.82	14.7		

续表

取样日期/(年-月-日)	单元层号	高程/m	统计组数	干密度范围值 平均值/(g/cm³)	含水量范围值 平均值/%	合格组数	合格率/%
20××-02-24	11	971.93	3	1.83~1.84 1.83	12.3~12.6 12.5	3	100
20××-02-26	12	972.46	3	1.80~1.92 1.84	10.7~16.7 13.9	3	100
20××-02-27	13	973.00	3	1.80~1.87 1.84	11.4~14.6 13.2	3	100
20××-02-28	14	973.53	3	1.86~1.91 1.89	12.0~12.8 12.3	3	100
20××-03-03	15	974.08	3	1.86~1.91 1.89	10.1~13.3 12.0	3	100
20××-03-05	16	974.62	3	1.85~1.90 1.88	10.1~12.0 11.2	3	100
20××-03-08	17	975.16	3	1.85~1.89 1.87	10.2~13.3 11.9	3	100
20××-03-13	18	975.76	3	1.72~1.83 1.77	11.1~16.8 14.4	3	100

下游面含砾砂土料渗透试验采用现场埋环常水头饱和 24h 测定。渗透试验共测定 1 组，渗透系数为 1.63×10^{-4}cm/s，见表 7-2-2。

4) Ⅰ层反滤料。

根据单元划分Ⅰ层反滤料（一期）回填每层为一个单元，共划分为 25 个单元工程。

反滤料密度试验采用试坑注水法，含水量试验采用恒温干燥箱，温度控制在 105℃，烘烤 8 小时测得用于计算干密度。

回填过程中共抽检干密度、含水量各 41 组，干密度值对应相对密度换算压实度，≥0.70 样品有 41 组，单组合格率为 100%。

从试验数据来看，整个回填期间的干密度范围值为 1.73~2.00g/cm³，含水量范围值为 3.2%~8.6%。Ⅰ层反滤料（一期）回填检测成果见表 7-2-5，检测统计分析结果表明，Ⅰ层反滤料（一期）回填质量满足设计要求。

表 7-2-5　××水库大坝Ⅰ层反滤料（一期）回填单元统计

取样日期/(年-月-日)	单元层号	高程/m	统计组数	干密度范围值 平均值/(g/cm³)	含水量范围值 平均值/%	合格组数	合格率/%
20××-01-25—20××-01-27	垫层	964.67	5	1.77~1.97 1.87	3.2~4.7 3.9	5	100
20××-01-26	1	963.67	2	1.83~1.89 1.86	4.5~8.6 6.6	2	100

续表

取样日期/(年-月-日)	单元层号	高程/m	统计组数	干密度范围值 平均值/(g/cm³)	含水量范围值 平均值/%	合格组数	合格率/%
20××-01-27	2	963.94	3	1.86～1.93	4.2～5.9	3	100
				1.90	5.1		
20××-01-28	3	964.48	1	1.78	5.4	1	100
				1.78	5.4		
20××-01-29	4	964.83	2	1.85～1.91	5.06～6.15	2	100
				1.88	5.6		
20××-01-30	5	965.40	2	1.84～1.88	4.7～5.5	2	100
				1.86	5.1		
20××-02-01	6	966.12	2	1.86～1.90	5.1～5.9	2	100
				1.88	5.5		
20××-02-04	7	966.70	1	1.82	5.7	1	100
				1.82	5.7		
20××-02-05	8	967.15	2	1.97～1.98	5.0～5.8	2	100
				1.98	5.4		
20××-02-07	9	967.3	2	1.85～2.00	3.6～7.3	2	100
				1.93	5.5		
20××-02-11	11	968.55	2	1.82～1.94	4.5～6.0	2	100
				1.88	5.3		
20××-02-12	12	969.10	1	1.73	4.2	1	100
				1.73	4.2		
20××-02-13	13	969.56	1	1.80	4.6	1	100
				1.80	4.6		
20××-02-15	14	970.01	2	1.76～1.83	6.6～7.0	2	100
				1.80	6.8		
20××-02-16	15	970.47	1	1.81	5.9	1	100
				1.81	5.9		
20××-02-18	16	970.90	1	1.74	6.7	1	100
				1.74	6.7		
20××-02-19	17	971.36	1	1.86	4.6	1	100
				1.86	4.6		

续表

取样日期/(年-月-日)	单元层号	高程/m	统计组数	干密度范围值	含水量范围值	合格组数	合格率/%
				平均值/(g/cm³)	平均值/%		
20××-02-21	18	971.82	1	1.85	3.95	1	100
				1.85	3.95		
20××-02-22	19	972.28	1	1.83	5.1	1	100
				1.83	5.1		
20××-02-24	20	972.75	1	1.91	5.7	1	100
				1.91	5.7		
20××-02-26	21	973.23	1	1.80	6.3	1	100
				1.80	6.3		
20××-03-01	22	973.73	1	1.83	5.8	1	100
				1.83	5.8		
20××-03-02	23	974.20	1	1.78	5.3	1	100
				1.78	5.3		
20××-03-05	24	974.65	1	1.88	3.5	1	100
				1.88	3.5		
20××-03-10	25	975.12	1	1.89	4.2	1	100
				1.89	4.2		

渗透试验采用现场埋环常水头饱和 24h 测定。渗透试验共测定 1 组，渗透系数为 3.78×10^{-3}cm/s，见表 7-2-2。

5) Ⅱ层反滤料。

根据单元划分Ⅱ层反滤料（一期）回填每层为一个单元，共划分为 19 个单元工程。

反滤料密度试验采用试坑注水法，含水量试验采用恒温干燥箱，温度控制在 105℃，烘烤 8 小时测得用于计算干密度。

回填过程中共抽检干密度、含水量各 22 组，干密度值对应相对密度换算压实度，不小于 0.70 样品有 22 组，单组合格率为 100%。

从试验数据来看，整个回填期间的干密度范围值为 1.84～2.09g/cm³，含水量范围值为 0.5%～2.65%。Ⅱ层反滤料（一期）回填检测成果见表 7-2-6，检测统计分析结果表明，Ⅱ层反滤料（一期）回填质量满足设计要求。

表 7-2-6　××水库大坝Ⅱ层反滤料（一期）回填单元统计

取样日期/(年-月-日)	单元层号	高程/m	统计组数	干密度范围值	含水量范围值	合格组数	合格率/%
				平均值/(g/cm³)	平均值/%		
20××-02-04	垫层	965.97	3	2.04～2.09	1.1～2.5	3	100
				2.07	1.9		
20××-02-04	1	966.67	1	1.98	2.5	1	100
				1.98	2.5		
20××-02-05	2	967.15	1	2.02	2.2	1	100
				2.02	2.2		

续表

取样日期/(年-月-日)	单元层号	高程/m	统计组数	干密度范围值	含水量范围值	合格组数	合格率/%
				平均值/(g/cm³)	平均值/%		
20××-02-07	3	967.62	1	2.04	1.4	1	100
				2.04	1.4		
20××-02-10	4	968.11	1	2.03	1.1	1	100
				2.03	1.1		
20××-02-11	5	968.64	1	2.01	0.7	1	100
				2.01	0.7		
20××-02-12	6	969.03	1	2.00	0.9	1	100
				2.00	0.9		
20××-02-13	7	969.49	1	1.97	0.5	1	100
				1.97	0.5		
20××-02-15	8	969.97	1	1.96	1.0	1	100
				1.96	1.0		
20××-02-16	9	970.44	1	2.01	0.5	1	100
				2.01	0.5		
20××-02-18	10	970.90	1	2.08	0.5	1	100
				2.08	0.5		
20××-02-19	11	971.36	1	2.03	1.0	1	100
				2.03	1.0		
20××-02-21	12	971.81	1	2.0	2.65	1	100
				2.0	2.65		
20××-02-22	13	972.28	1	1.94	2.0	1	100
				1.94	2.0		
20××-02-24	14	972.75	1	2.03	1.5	1	100
				2.03	1.5		
20××-02-26	15	973.22	1	1.88	1.4	1	100
				1.88	1.4		
20××-03-01	16	973.70	1	1.91	1.2	1	100
				1.91	1.2		
20××-03-02	17	974.17	1	1.84	1.52	1	100
				1.84	1.52		
20××-03-05	18	976.64	1	1.95	2.1	1	100
				1.95	2.1		
20××-03-10	19	975.11	1	1.93	0.8	1	100
				1.93	0.8		

6）Ⅲ层反滤料。

根据单元划分Ⅲ层反滤料（一期）回填每层为一个单元，共划分为17个单元工程。

反滤料密度试验采用试坑注水法，含水量试验采用恒温干燥箱，温度控制在105℃，烘烤8h测得用于计算干密度。

回填过程中共抽检干密度、含水量各7组，干密度值对应相对密度换算压实度，≥0.70样品有7组，单组合格率为100%。

从试验数据来看，整个回填期间的干密度范围值为1.80～1.89g/cm³，含水量范围值为4.6%～6.4%。Ⅲ层反滤料（一期）回填检测成果见表7-2-7，检测统计分析结果表明，Ⅲ层反滤料（一期）回填质量满足设计要求。

表7-2-7　××水库大坝Ⅲ层反滤料（一期）回填单元统计

取样日期/(年-月-日)	单元层号	高程/m	统计组数	干密度范围值 平均值/(g/cm³)	含水量范围值 平均值/%	合格组数	合格率/%
20××-02-22	1	972.29	1	1.86	4.6	1	100
				1.86	4.6		
20××-02-24	2	972.76	1	1.89	5.0	1	100
				1.89	5.0		
20××-02-26	3	973.23	1	1.80	5.5	1	100
				1.80	5.5		
20××-03-01	4	973.70	1	1.85	4.7	1	100
				1.85	4.7		
20××-03-02	5	974.17	1	1.85	6.4	1	100
				1.85	6.4		
20××-03-05	6	974.64	1	1.87	5.4	1	100
				1.87	5.4		
20××-03-10	7	975.12	1	1.87	5.3	1	100
				1.87	5.3		

7）颗分试验。

Ⅰ层反滤料取样2组，Ⅱ层反滤料取样3组，曲线基本在设计规定的包络线范围内，见图7-2-1～图7-2-5。

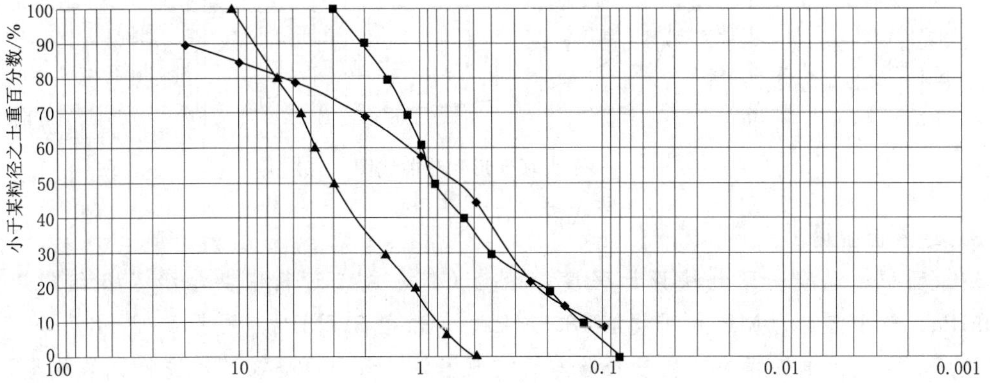

图7-2-1　大坝Ⅰ反颗分曲线图（一）

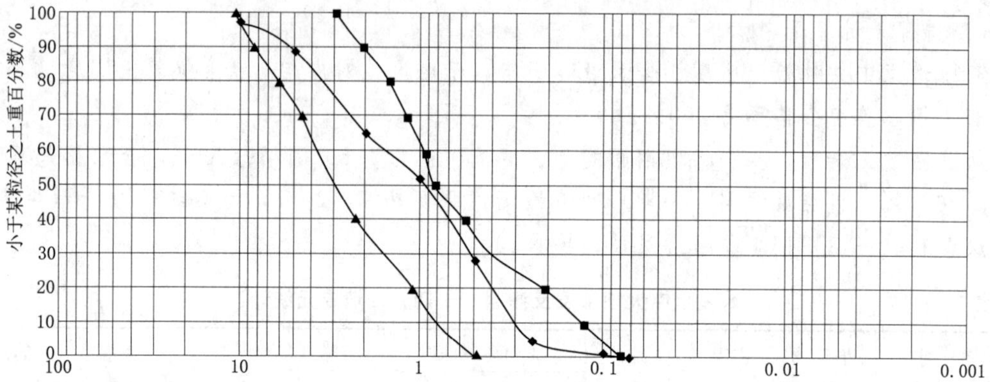

图 7-2-2 大坝Ⅰ反颗分曲线图（二）

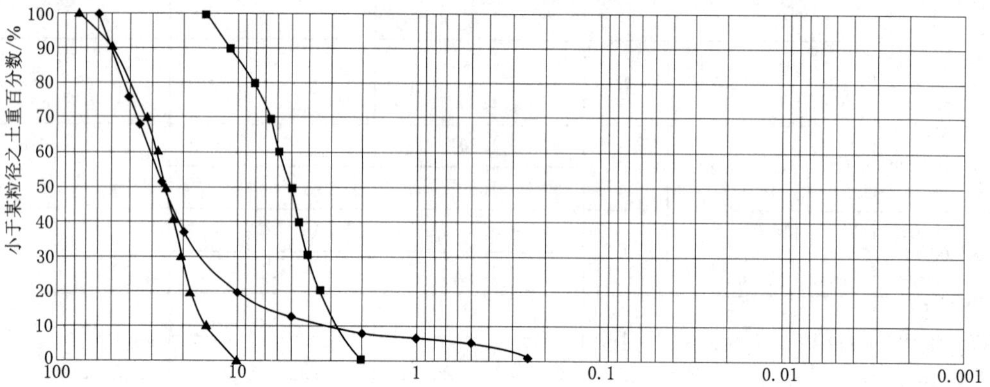

图 7-2-3 大坝Ⅱ反颗分曲线图（一）

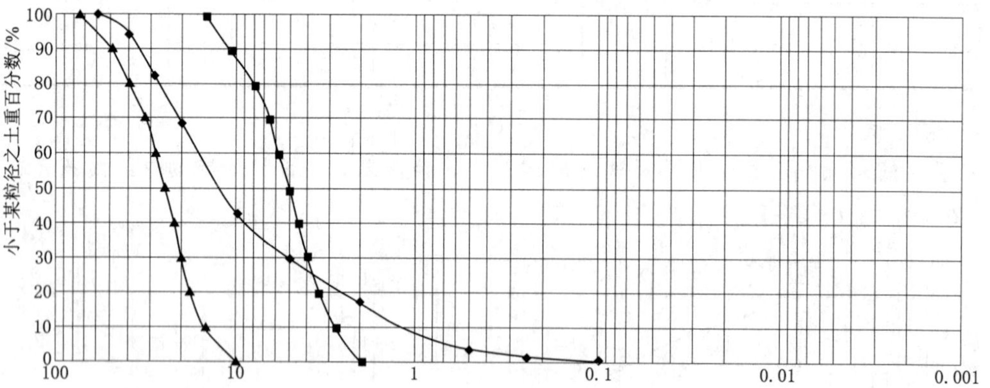

图 7-2-4 大坝Ⅱ反颗分曲线图（二）

8）迎水面护坡。

迎水面护坡混凝土预制块设计强度等级为 C15，施工过程中共抽检了 6 组，最大值 24.0MPa、最小值 15.0MPa、平均值 18.3MPa、标准差 3.7MPa。见表 7-2-8。

按照《水利水电工程施工质量检验与评定规程》（SL 176—2007）进行试块质量评定。混凝土试件强度同时满足下列两式时，该统计单位的混凝土强度应判为合格。

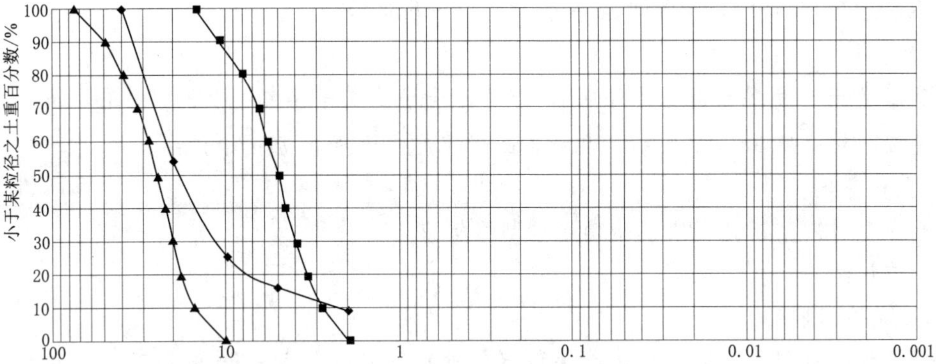

图 7-2-5　大坝Ⅱ反颗分曲线图（三）

表 7-2-8　　　　大坝迎水面护坡 C15 混凝土预制块试件检测结果统计

序号	取样日期 /(年-月-日)	设计强度等级	工程名称部位	龄期天数 /d	试验日期	平均值 /MPa	标准值 /MPa
1	20××-04-17	C15	大坝预制块	7	20××-04-24	9.7	16.6
2	20××-04-22	C15	大坝预制块	7	20××-04-29	14.0	24.0
3	20××-04-19	C15	大坝预制块	28	20××-05-17	15.9	15.9
4	20××-04-22	C15	大坝预制块	28	20××-05-20	16.6	16.6
5	20××-04-30	C15	大坝预制块	28	20××-05-28	21.9	21.9
6	20××-05-04	C15	大坝预制块	28	20××-06-06	15.0	15.0

$$R_n - 0.7S_n \geqslant R_{标}, R_n - 1.60S_n \geqslant 0.80R_{标}$$

式中　R_n——n 组试件强度的平均值，MPa；

S_n——n 组试件强度的标准差，MPa；

$R_{标}$——设计 28d 龄期抗压强度值，MPa。

$$R_n = 18.3\text{MPa},\ S_n = 3.7\text{MPa},\ R_{\min} = 15.0\text{MPa}$$

$$R_n - 0.7S_n = 15.71\text{MPa} > 15.0\text{MPa}; R_n - 1.60S_n = 12.3\text{MPa} > 12.0\text{MPa}$$

统计分析结果表明：施工过程中抽检的 6 组混凝土试件抗压强度合格。

2. 大坝二期施工

(1) 主要试验成果。

心墙防渗料干密度、含水量 245 组；上游面含砾砂土料干密度、含水量 53 组；下游面含砾砂土料干密度、含水量 88 组；一层反滤料干密度、含水量 48 组；二层反滤料干密度、含水量 26 组；三层反滤料干密度、含水量 55 组；均质坝防渗料干密度、含水量 54 组；渗透试验 10 组；颗粒级配分析试验 2 组；混凝土抗压试验 3 组。

(2) 主要施工质量控制指标。

1) 红黏土防渗料。

碾压试验期间击实试验测得的最大干密度为 1.38～1.44g/cm^3，平均值为1.41g/cm^3。最优含水率为 27.4%～30.9%，均值 29.1%。干密度控制指标按压实度≥0.99 控制，含水量控制范围在－2%←WOP→＋3%。

2) 含砾砂土料。

碾压试验期间做击实试验 19 组，范围值为 1.62～1.82g/cm^3，均值为 1.77g/cm^3。按压实度不小于0.99控制，干密度应不小于1.73g/cm³。

3）反滤料。

Ⅰ反压实干密度按相对密度≥0.70控制，现场施工干密度应大于1.73g/cm³。Ⅱ反压实干密度按相对密度≥0.70控制，现场施工干密度应大于1.77g/cm³。

4）土料变化。

发生变化时应重新做击实试验确定控制指标。

（3）统计结果及质量情况。

1）心墙防渗料。

根据工程项目划分方案，心墙防渗料（二期）回填每层为一个单元工程，共划分为45个单元工程。

心墙防渗料密度试验采用环刀法，含水量试验采用恒温干燥箱，温度控制在105℃，烘烤8小时测得用于计算干密度。

回填过程中共抽检干密度、含水量各249组，干密度值对应击实指标换算压实度，不小于0.99的样品有246组，单组合格率为98.8%。三组低于压实度0.99的样品分别在第84单元：干密度值1.36g/cm³，含水量34.8%，对应击实最大干密度1.36g/cm³，含水量34.6%，计算该组样品压实度为100%；第85单元：干密度值1.35g/cm³，含水量34.9%，对应击实最大干密度1.35g/cm³，含水量34.5%，计算该组样品压实度为100%；第86单元：干密度值1.37g/cm³，含水量33.9%，对应击实最大干密度1.38g/cm³，含水量33.5%，计算该组样品压实度为0.99。

从试验数据来看，整个回填期间的干密度范围值为1.35～1.52g/cm³，含水量范围值为23.4%～34.9%。从以上统计结果可以看出样品干密度值出现的变化与土料的含水量有关，土料因降雨或开采至深部时采用原点击实对应干密度来计算样品的压实度。心墙防渗料（二期）回填检测成果见表7-2-9，检测统计分析结果表明，心墙防渗料（二期）回填质量满足设计要求。

表7-2-9　××水库大坝Ⅱ层反滤料（二期）回填单元工程统计

取样日期/(年-月-日)	单元层号	高程/m	统计组数	干密度范围值 平均值/(g/cm³)	含水量范围值 平均值/%	合格组数	合格率/%
20××-02-07	49	976.19	4	1.45～1.47 1.46	23.4～29.4 27.2	4	100
20××-02-08	50	976.39	4	1.40～1.47 1.43	28.0～32.1 30.8	4	100
20××-02-09	51	976.69	4	1.43～1.49 1.46	25.4～31.5 28.0	4	100
20××-02-10	52	976.99	3	1.42～1.49 1.44	27.8～32.6 30.6	3	100
20××-02-11	53	977.28	3	1.42～1.45 1.44	29.4～31.1 30.5	3	100
20××-02-12	54	977.57	3	1.39～1.49 1.44	29.0～33.5 31.5	3	100

续表

取样日期/(年-月-日)	单元层号	高程/m	统计组数	干密度范围值	含水量范围值	合格组数	合格率/%
				平均值/(g/cm³)	平均值/%		
20××-02-13	55	977.87	3	1.42～1.49	30.9～32.1	3	100
				1.44	31.4		
20××-02-14	56	978.16	3	1.42～1.45	30.1～32.0	3	100
				1.44	31.1		
20××-02-15	57	978.46	3	1.39～1.41	31.0～34.4	3	100
				1.40	32.3		
20××-02-16	58	978.74	3	1.41～1.42	30.7～32.3	3	100
				1.42	31.2		
20××-02-19	59	979.04	3	1.40～1.47	30.1～31.3	3	100
				1.44	30.8		
20××-02-21	60	979.34	3	1.40～1.42	31.6～32.5	3	100
				1.41	32.1		
20××-02-23	61	979.62	3	1.40～1.44	30.8～31.3	3	100
				1.42	31.0		
20××-02-26	62	979.92	3	1.43～1.46	30.4～32.4	3	100
				1.44	31.1		
20××-02-27	63	980.22	4	1.40～1.46	31.6～33.7	4	100
				1.42	32.5		
20××-02-28	64	980.51	4	1.38～1.40	32.6～34.4	4	100
				1.39	33.1		
20××-03-02	65	980.81	4	1.39～1.43	31.8～33.9	4	100
				1.41	32.5		
20××-03-03	66	981.10	4	1.42～1.47	29.0～32.7	4	100
				1.46	30.5		
20××-03-05	67	981.40	4	1.43～1.47	30.2～32.6	4	100
				1.45	31.1		
20××-03-06	68	981.69	4	1.41～1.45	30.4～31.3	4	100
				1.43	30.8		
20××-03-07	69	981.97	6	1.46～1.52	27.6～30.2	6	100
				1.49	28.6		
20××-03-09	70	982.25	6	1.41～1.48	29.4～32.0	6	100
				1.44	30.3		
20××-03-12	71	982.53	6	1.45～1.51	28.3～31.3	6	100
				1.47	29.7		
20××-03-13	72	982.84	6	1.40～1.49	28.1～33.3	6	100
				1.45	30.7		
20××-03-16	73	983.14	6	1.40～1.50	27.9～32.5	6	100
				1.44	30.5		

续表

取样日期/(年-月-日)	单元层号	高程/m	统计组数	干密度范围值 平均值/(g/cm³)	含水量范围值 平均值/%	合格组数	合格率/%
20××-03-17	74	983.44	6	1.42～1.49	28.6～32.2	6	100
				1.46	29.9		
20××-03-20	75	983.74	6	1.43～1.49	29.3～31.8	6	100
				1.45	30.7		
20××-03-22	76	984.04	8	1.40～1.47	29.8～32.9	8	100
				1.42	31.4		
20××-03-24	77	984.34	7	1.40～1.46	31.7～33.6	7	100
				1.42	32.3		
20××-03-26	78	984.64	8	1.39～1.49	27.3～33.2	8	100
				1.42	31.3		
20××-03-28	79	984.94	7	1.39～1.49	30.3～33.5	7	100
				1.44	32.0		
20××-03-29	80	985.24	8	1.39～1.45	30.7～33.0	8	100
				1.42	32.0		
20××-03-31	81	985.54	6	1.40～1.42	31.8～33.0	6	100
				1.41	32.5		
20××-04-02	82	985.85	8	1.38～1.42	32.3～33.7	8	100
				1.39	33.2		
20××-04-13	83	986.15	7	1.38～1.46	30.3～33.6	7	100
				1.42	31.9		
20××-04-19	84	986.45	6	1.36～1.42	33.4～34.8	6	83
				1.38	34.3		
20××-04-20	85	986.75	8	1.35～1.41	32.5～34.9	8	83
				1.39	34.0		
20××-04-21	86	987.04	8	1.37～1.45	31.0～33.9	8	83
				1.41	32.5		
20××-04-22	87	987.33	8	1.40～1.45	31.2～32.0	8	100
				1.43	31.5		
20××-04-23	88	987.64	7	1.39～1.43	31.7～33.5	7	100
				1.40	32.8		
20××-04-24	89	987.95	8	1.40～1.44	30.3～33.7	8	100
				1.43	32.0		
20××-04-25	90	988.25	6	1.40～1.42	31.2～32.4	6	100
				1.41	31.9		
20××-04-26	91	988.54	7	1.40～1.45	30.8～32.4	7	100
				1.42	31.6		

续表

取样日期/(年-月-日)	单元层号	高程/m	统计组数	干密度范围值	含水量范围值	合格组数	合格率/%
				平均值/(g/cm³)	平均值/%		
20××-04-27	92	988.84	8	1.40～1.43	31.5～33.0	8	100
				1.42	32.2		
20××-04-28	93	989.14	9	1.40～1.45	31.6～32.5	9	100
				1.42	32.0		

渗透试验采用室内南55型渗透仪测定。

大坝心墙防渗料渗透试验在高程0+982、0+986各取样2组，试验结果：渗透系数4.28×10^{-8}～2.14×10^{-7}cm/s，见表7-2-10。

表7-2-10　××水库大坝渗透试验汇总

试验日期/(年-月-日)	桩号	轴距	高程	土料	渗透系数	备注
	0+00	0+00	/m	类别	/(cm/s)	
20××-03-12	0+874.1	0-67.4	982.00	坝壳料	3.30×10^{-5}	下游
20××-03-12	0+874.1	0-67.4	982.00	坝壳料	3.27×10^{-5}	下游
20××-03-12	0+874.1	0-67.4	982.00	坝壳料	3.36×10^{-5}	下游
20××-03-12	0+796.5	0-65.2	982.00	坝壳料	1.85×10^{-4}	下游
20××-03-12	0+796.5	0-65.2	982.00	坝壳料	1.66×10^{-4}	下游
20××-03-12	0+796.5	0-65.2	982.00	坝壳料	1.75×10^{-4}	下游
20××-03-20	0+802.3	0-3.5	982.00	红黏土	6.17×10^{-7}	大坝
20××-03-20	0+946.7	0+4.8	982.00	红黏土	2.14×10^{-7}	大坝
20××-04-13	0+687.5	0+2.3	986.00	红黏土	4.28×10^{-8}	大坝
20××-04-13	0+824.3	0-5.8	986.00	红黏土	1.39×10^{-8}	大坝

说明：试验依据《土工试验规程》(SL 237—1999) 进行。防渗黏土料采用变水头试验标准，含砾砂土料采用常水头试验标准。

2) 上游面含砾砂土料。

根据工程项目划分方案，上游面含砾砂土料（二期）回填每层为一个单元工程，共划分为25个单元工程。

上游面含砾砂土料密度试验采用试坑注水法，含水量试验采用恒温干燥箱，温度控制在105℃，烘烤8h测得用于计算干密度。

回填过程中共抽检干密度、含水量各53组，干密度值对应击实指标换算压实度，不小于0.99的样品有52组，单组合格率为98.1%。一组低于压实度0.99的样品分别在第3单元：干密度值1.66g/cm³，含水量21.4%，对应击实最大干密度1.68g/cm³，最优含水量21.0%，计算该组样品压实度为0.99。

从试验数据来看，整个回填期间的干密度范围值为1.66～2.08g/cm³，含水量范围值为10.3%～21.4%。从统计结果可以看出样品干密度值的大小和>0.075mm的粗粒土含量多少成正比。现场取样检测对因细粒土含量高而干密度低的样品采用原点击实法以湿密度比≥0.98进行控制。试验结果表明回填质量满足设计要求，见表7-2-11。

表 7-2-11　　××水库大坝上游面含砾砂土（二期）回填单元统计

取样日期 /(年-月-日)	单元层号	高程 /m	统计组数	干密度范围值 平均值/(g/cm³)	含水量范围值 平均值/%	合格组数	合格率 /%
20××-02-10	1	976.23	2	1.82～1.86	13.7～14.5	2	100
				1.84	14.1		
20××-02-12	2	977.07	2	1.79～1.86	13.5～14.2	2	100
				1.83	13.9		
20××-02-13	3	977.62	2	1.66～1.76	17.5～21.4	2	50
				1.71	19.5		
20××-02-19	4	978.16	2	1.81～1.83	13.7～14.8	2	100
				1.82	14.3		
20××-02-20	5	978.71	1	1.86	14.8	1	100
				1.86	14.8		
20××-02-27	6	979.25	2	1.86～1.89	13.2～14.2	2	100
				1.88	13.7		
20××-03-01	7	979.79	2	1.74～1.87	10.3～18.1	2	100
				1.81	14.2		
20××-03-03	8	980.34	2	1.92～2.07	10.6～11.7	2	100
				2.00	11.2		
20××-03-04	9	980.89	2	1.82～1.83	15.0～15.4	2	100
				1.83	15.2		
20××-03-05	10	981.43	2	1.79～1.88	13.8～13.9	2	100
				1.84	13.9		
20××-03-07	11	981.97	2	1.83～1.84	13.8～14.3	2	100
				1.84	14.1		
20××-03-09	12	982.47	2	1.78～1.82	13.0～14.3	2	100
				1.80	13.7		
20××-03-11	13	982.98	1	1.89	12.6	1	100
				1.89	12.6		
20××-03-15	14	983.51	2	1.92～1.93	12.8～13.0	2	100
				1.93	12.9		
20××-03-17	15	984.05	2	1.94～2.08	11.6～12.5	2	100
				2.01	12.1		
20××-03-22	16	984.59	2	1.93～1.99	10.5～11.5	2	100
				1.96	11.0		
20××-03-26	17	985.13	2	1.95～1.96	7.9～11.9	2	100
				1.96	9.9		
20××-03-30	18	985.67	2	1.92～1.96	12.1～13.9	2	100
				1.94	13.0		

续表

取样日期 /(年-月-日)	单元层号	高程 /m	统计组数	干密度范围值 平均值/(g/cm³)	含水量范围值 平均值/%	合格组数	合格率 /%
20××-04-02	19	986.22	2	1.84～1.97	8.5～10.8	2	100
				1.91	9.7		
20××-04-08	20	986.76	2	1.85～2.03	11.0～11.1	2	100
				1.94	11.1		
20××-04-12	21	987.30	1	1.93	11.5	1	100
				1.93	11.5		
20××-04-13	22	987.84	3	1.91～1.97	10.9～12.0	3	100
				1.93	11.6		
20××-04-20	23	988.39	3	1.85～1.94	12.9～15.1	3	100
				1.90	13.7		
20××-04-25	24	988.95	4	1.87～1.92	11.8～13.4	4	100
				1.90	12.5		
20××-05-08	25	989.49	4	1.83～2.00	11.7～16.3	4	100
				1.92	13.9		

3）下游面含砾砂土料。

根据工程项目划分方案，下游面含砾砂土料（二期）回填每层为一个单元工程，共划分为 25 个单元工程。

下游面含砾砂土料密度试验采用试坑注水法，含水量试验采用恒温干燥箱，温度控制在 105℃，烘烤 8h 测得用于计算干密度。

回填过程中共抽检干密度、含水量各 92 组，干密度值对应击实指标换算压实度，≥0.99 样品有 92 组，单组合格率为 100%。从试验数据来看，整个回填期间的干密度范围值为 1.73～2.02g/cm³，含水量范围值为 8.0%～21.2%。从统计结果可以看出样品干密度值的大小和大于 0.075mm 的粗粒土含量多少成正比。现场取样检测对因细粒土含量高而干密度低的样品采用原点击实法以湿密度比≥0.99 进行控制。检测结果表明，下游面含砾砂土料（二期）回填质量满足设计要求，见表 7-2-12。

表 7-2-12　××水库大坝上游面含砾砂土（二期）回填单元统计

取样日期 /(年-月-日)	单元层号	高程 /m	统计组数	干密度范围值 平均值/(g/cm³)	含水量范围值 平均值/%	合格组数	合格率 /%
20××-01-14	19	976.18	4	1.94～2.00	8.0～10.5	4	100
				1.96	9.2		
20××-02-10	20	976.71	4	1.75～1.78	13.4～17.3	4	100
				1.77	16.2		
20××-02-13	21	977.25	4	1.73～1.82	13.1～17.8	4	100
				1.77	15.9		

续表

取样日期/(年-月-日)	单元层号	高程/m	统计组数	干密度范围值	含水量范围值	合格组数	合格率/%
				平均值/(g/cm³)	平均值/%		
20××-02-16	22	977.79	4	1.73～1.80	15.5～18.4	4	100
				1.76	16.8		
20××-02-19	23	978.33	4	1.73～1.78	16.7～21.2	4	100
				1.76	18.8		
20××-02-21	24	978.87	4	1.78～1.85	14.3～19.5	4	100
				1.82	15.9		
20××-02-24	25	979.42	4	1.81～1.88	13.8～15.9	4	100
				1.84	14.8		
20××-02-27	26	979.96	4	1.86～1.95	11.3～14.8	4	100
				1.90	12.6		
20××-03-02	27	980.51	4	1.80～1.92	13.4～16.1	4	100
				1.86	14.7		
20××-03-04	28	981.06	4	1.79～1.85	14.8～17.0	4	100
				1.81	16.0		
20××-03-07	29	981.61	4	1.78～1.97	12.5～17.5	4	100
				1.89	14.7		
20××-03-10	30	982.13	3	1.83～1.93	12.3～14.2	3	100
				1.87	13.0		
20××-3-12	31	982.66	3	1.80～1.89	12.4～14.4	3	100
				1.84	13.6		
20××-03-13	32	983.19	3	1.77～1.92	14.7～17.2	3	100
				1.84	15.9		
20××-03-20	33	983.73	3	1.82～2.00	10.1～13.8	3	100
				1.88	12.4		
20××-03-24	34	984.27	3	1.75～1.92	12.0～13.3	3	100
				1.85	12.5		
20××-03-27	35	984.82	3	1.87～2.02	10.8～11.6	3	100
				1.95	11.1		
20××-03-29	36	985.36	3	1.92～2.02	10.8～13.3	3	100
				1.98	11.7		
20××-04-08	37	985.91	3	2.10～2.13	7.6～9.9	3	100
				2.12	9.1		
20××-04-11	38	986.45	3	1.95～2.01	10.4～11.2	3	100
				1.98	10.8		
20××-04-15	39	987.00	4	1.83～2.00	8.6～14.2	4	100
				1.93	12.0		

续表

取样日期/(年-月-日)	单元层号	高程/m	统计组数	干密度范围值	含水量范围值	合格组数	合格率/%
				平均值/(g/cm³)	平均值/%		
20××-04-18	40	987.55	4	1.81～1.92	11.2～13.9	4	100
				1.87	12.2		
20××-04-22	41	988.09	3	1.84～1.91	11.0～13.7	3	100
				1.87	12.4		
20××-04-26	42	988.64	3	1.89～1.92	11.8～13.5	3	100
				1.90	12.5		
20××-05-06	43	989.18	3	1.92～1.95	12.3～13.7	3	100
				1.94	12.9		

下游面含砾砂土料（二期）回填渗透试验采用现场埋环常水头饱和24h测定，共检测4组，渗透系数为4.69×10^{-5}～9.19×10^{-6}cm/s，见表7-2-13。

表7-2-13　××水库大坝（二期）渗透试验汇总

试验日期	桩号	轴距	高程/m	土料	渗透系数/(cm/s)	备注
	0+00	0+00		类别		
20××-03-12	0+874.1	0-67.4	982.00	坝壳料	3.30×10^{-5}	下游
20××-03-12	0+874.1	0-67.4	982.00	坝壳料	3.27×10^{-5}	下游
20××-03-12	0+874.1	0-67.4	982.00	坝壳料	3.36×10^{-5}	下游
20××-03-12	0+796.5	0-65.2	982.00	坝壳料	1.85×10^{-4}	下游
20××-03-12	0+796.5	0-65.2	982.00	坝壳料	1.66×10^{-4}	下游
20××-03-12	0+796.5	0-65.2	982.00	坝壳料	1.75×10^{-4}	下游
20××-03-20	0+802.3	0-3.5	982.0	红黏土	6.17×10^{-7}	大坝
20××-03-20	0+946.7	0+4.8	982.0	红黏土	2.14×10^{-7}	大坝
20××-04-13	0+687.5	0+2.3	986.0	红黏土	4.28×10^{-8}	大坝
20××-04-13	0+824.3	0-5.8	986.0	红黏土	1.39×10^{-8}	大坝

说明：试验依据《土工试验规程》（SL 237—1999）进行。防渗黏土料采用变水头试验标准，含砾砂土料采用常水头试验标准。

4）Ⅰ层反滤料。

根据工程项目划分方案，Ⅰ层反滤料（二期）回填每层为一个单元工程，共划分为26个单元工程。

反滤料密度试验采用试坑注水法，含水量试验采用恒温干燥箱，温度控制在105℃，烘烤8h测得用于计算干密度。

回填过程中共抽检干密度、含水量各48组，干密度值对应相对密度换算压实度，≥0.70样品有48组，单组合格率为100%。

从试验数据来看，整个回填期间的干密度范围值为1.73～2.00g/cm³，含水量范围值为1.8%～4.9%。检测结果表明，Ⅰ层反滤料（二期）回填质量满足设计要求，见表7-2-14。

表 7-2-14　　××水库大坝Ⅰ层反滤料（二期）回填单元统计

取样日期/(年-月-日)	单元层号	高程/m	统计组数	干密度范围值 平均值/(g/cm³)	含水量范围值 平均值/%	合格组数	合格率/%
20××-02-05	26	975.67	1	1.79 1.79	4.3 4.3	1	100
20××-02-08	27	976.20	1	1.89 1.89	3.7 3.7	1	100
20××-02-10	28	976.72	1	1.93 1.93	3.7 3.7	1	100
20××-02-11	29	977.24	1	2.09 2.09	2.8 2.8	1	100
20××-02-14	30	977.77	2	1.76～1.77 1.77	3.9～4.2 4.1	2	100
20××-02-15	31	978.30	2	1.73～1.76 1.74	3.7～4.2 4.0	2	100
20××-02-18	32	978.82	2	1.77～1.82 1.79	2.8～2.8 2.8	2	100
20××-02-18	33	979.35	2	1.78～1.86 1.82	3.2～3.3 3.3	2	100
20××-02-25	34	979.87	2	1.78～1.78 1.78	3.3～3.5 3.4	2	100
20××-02-28	35	980.39	2	1.80～1.80 1.80	2.6～3.7 3.2	2	100
20××-02-28	36	980.92	2	1.77～1.78 1.78	2.0～4.0 3.0	2	100
20××-03-03	37	981.44	2	1.76～1.80 1.78	3.1～3.4 3.3	2	100
20××-03-07	38	981.96	2	1.82～1.85 1.84	2.6～2.7 2.7	2	100
20××-03-10	39	982.48	2	1.89～2.00 1.95	2.3～2.9 2.6	2	100
20××-03-13	40	982.99	2	1.74～1.89 1.82	2.9～3.2 3.1	2	100
20××-03-15	41	983.52	2	1.78～1.80 1.79	2.8～3.4 3.1	2	100
20××-03-22	42	984.04	2	1.80～1.81 1.81	2.6～2.8 2.7	2	100
20××-03-24	43	984.56	2	1.89～1.90 1.90	2.3～3.2 2.8	2	100

续表

取样日期/(年-月-日)	单元层号	高程/m	统计组数	干密度范围值 平均值/(g/cm³)	含水量范围值 平均值/%	合格组数	合格率/%
20××-03-26	44	985.08	2	1.91～1.91	3.0～3.4	2	100
				1.91	3.2		
20××-03-29	45	985.59	2	1.82～1.89	2.6～3.0	2	100
				1.86	2.8		
20××-04-08	46	986.10	2	1.79～1.84	4.2～4.9	2	100
				1.82	4.6		
20××-04-16	47	986.62	2	1.79～1.91	3.4～3.7	2	100
				1.85	3.6		
20××-04-20	48	987.15	2	1.78～1.90	3.4～4.8	2	100
				1.84	4.1		
20××-04-22	49	987.67	2	1.79～1.80	1.8～3.6	2	100
				1.80	2.7		
20××-04-24	50	988.19	2	1.80～1.83	2.4～3.3	2	100
				1.82	2.9		
20××-04-26	51	988.82	2	1.79～1.80	3.8～4.2	2	100
				1.80	4.0		

5）Ⅱ层反滤料。

根据工程项目划分方案，Ⅱ层反滤料（二期）回填每层为一个单元工程，共划分为26个单元工程。

反滤料密度试验采用试坑注水法，含水量试验采用恒温干燥箱，温度控制在105℃，烘烤8h测得用于计算干密度。

回填过程中共抽检干密度、含水量各26组，干密度值对应相对密度换算压实度，不小于0.70的样品有26组，单组合格率为100%。从试验数据来看，整个回填期间的干密度范围值为1.95～2.48g/cm³，含水量范围值为0.8%～3.7%。检测结果表明，Ⅱ层反滤料（二期）回填质量满足设计要求，见表7-2-15。

表7-2-15　××水库大坝Ⅱ层反滤料（二期）回填单元统计

取样日期/(年-月-日)	单元层号	高程/m	统计组数	干密度范围值 平均值/(g/cm³)	含水量范围值 平均值/%	合格组数	合格率/%
20××-02-05	20	975.67	1	1.95	1.1	1	100
				1.95	1.1		
20××-02-08	21	976.20	1	2.14	1.7	1	100
				2.14	1.7		
20××-02-10	22	976.72	1	2.10	0.8	1	100
				2.10	0.8		

续表

取样日期/(年-月-日)	单元层号	高程/m	统计组数	干密度范围值 平均值/(g/cm³)	含水量范围值 平均值/%	合格组数	合格率/%
20××-02-11	23	977.24	1	2.25	2.2	1	100
				2.25	2.2		
20××-02-14	24	977.77	1	2.36	1.2	1	100
				2.36	1.2		
20××-02-15	25	978.29	1	2.18	0.9	1	100
				2.18	0.9		
20××-02-18	26	978.82	1	2.35	1.8	1	100
				2.35	1.8		
20××-02-20	27	979.35	1	2.3	2.7	1	100
				2.3	2.7		
20××-02-25	28	979.87	1	2.13	1.6	1	100
				2.13	1.6		
20××-02-28	29	980.39	1	2.34	2.3	1	100
				2.34	2.3		
20××-03-02	30	980.92	1	2.22	3.2	1	100
				2.22	3.2		
20××-03-03	31	981.44	1	2.37	0.9	1	100
				2.37	0.9		
20××-03-07	32	981.96	1	2.42	1.2	1	100
				2.42	1.2		
20××-03-10	33	982.48	1	2.30	0.9	1	100
				2.30	0.9		
20××-03-13	34	982.99	1	2.36	1.3	1	100
				2.36	1.3		
20××-03-15	35	983.52	1	2.37	1.0	1	100
				2.37	1.0		
20××-03-22	36	984.04	1	2.37	2.4	1	100
				2.37	2.4		
20××-03-24	37	984.56	1	2.30	2.0	1	100
				2.30	2.0		
20××-03-26	38	985.08	1	2.48	1.2	1	100
				2.48	1.2		
20××-03-29	39	985.59	1	2.42	1.5	1	100
				2.42	1.5		
20××-04-08	40	986.10	1	2.46	2.4	1	100
				2.46	2.4		

续表

取样日期 /(年-月-日)	单元层号	高程 /m	统计组数	干密度范围值 平均值/(g/cm³)	含水量范围值 平均值/%	合格组数	合格率 /%
20××-04-14	41	986.62	1	2.04 2.04	2.6 2.6	1	100
20××-04-20	42	987.15	1	2.10 2.10	3.5 3.5	1	100
20××-04-22	43	987.67	1	2.08 2.08	3.7 3.7	1	100
20××-04-24	44	988.19	1	2.10 2.10	2.3 2.3	1	100
20××-04-26	45	988.72	1	2.16 2.16	3.0 3.0	1	100

6）Ⅲ层反滤料。

根据工程项目划分方案，Ⅲ层反滤料（二期）回填每层为一个单元工程，共划分为33个单元工程。

反滤料密度试验采用试坑注水法，含水量试验采用恒温干燥箱，温度控制在105℃，烘烤8h测得用于计算干密度。

回填过程中共抽检干密度、含水量各55组，干密度值对应相对密度换算压实度，≥0.70样品有55组，单组合格率为100%。

从试验数据来看，整个回填期间的干密度范围值为1.73～1.94g/cm³，含水量范围值为2.0%～6.1%。检测结果表明，Ⅲ层反滤料（二期）回填质量满足设计要求，见表7-2-16。

表7-2-16　××水库大坝Ⅲ层反滤料（二期）回填单元统计

取样日期 /(年-月-日)	单元层号	高程 /m	统计组数	干密度范围值 平均值/(g/cm³)	含水量范围值 平均值/%	合格组数	合格率 /%
20××-02-22	11	972.29	1	1.86 1.86	4.6 4.6	1	100
20××-02-24	12	972.76	1	1.89 1.89	5.0 5.0	1	100
20××-02-26	13	973.23	1	1.80 1.80	5.5 5.5	1	100
20××-03-01	14	973.70	1	1.85 1.85	4.7 4.7	1	100
20××-03-02	15	974.17	1	1.85 1.85	6.4 6.4	1	100
20××-03-05	16	974.64	1	1.87 1.87	5.4 5.4	1	100

续表

取样日期/(年-月-日)	单元层号	高程/m	统计组数	干密度范围值 平均值/(g/cm³)	含水量范围值 平均值/%	合格组数	合格率/%
20××-03-02	17	975.12	1	1.87 1.87	5.3 5.3	1	100
20××-02-05	18	975.65	1	1.81 1.81	3.7 3.7	1	100
20××-02-08	19	976.20	1	1.90 1.90	4.0 4.0	1	100
20××-02-10	20	976.72	1	1.92 1.92	4.0 4.0	1	100
20××-02-11	21	977.24	1	1.86 1.86	3.4 3.4	1	100
20××-02-14	22	977.77	2	1.76～1.79 1.78	3.4～3.5 3.5	1	100
20××-02-15	23	978.30	2	1.73～1.74 1.74	3.5～3.9 3.7	2	100
20××-02-18	24	978.82	2	1.73～1.73 1.73	4.0～4.4 4.2	2	100
20××-02-20	25	979.35	2	1.73～1.79 1.76	3.3～3.4 3.4	2	100
20××-02-26	26	979.87	2	1.73～1.73 1.73	2.9～3.3 3.1	2	100
20××-02-28	27	980.39	2	1.78～1.80 1.79	3.8～4.3 4.1	2	100
20××-03-03	28	980.92	2	1.78～1.90 1.84	2.0～2.9 2.5	2	100
20××-03-04	29	981.44	2	1.95～1.97 1.96	3.3～3.3 3.3	2	100
20××-03-07	30	981.96	2	1.87～1.95 1.91	3.6～4.8 4.2	2	100
20××-03-10	31	982.48	2	1.79～1.81 1.80	2.5～3.3 2.9	2	100
20××-03-13	32	982.99	2	1.73～1.75 1.74	3.1～3.8 3.5	2	100
20××-03-15	33	983.52	2	1.73～1.74 1.74	3.2～4.0 3.6	2	100
20××-03-22	34	984.04	2	1.70～1.94 1.82	2.9～4.6 3.8	2	100

续表

取样日期 /(年-月-日)	单元层号	高程 /m	统计组数	干密度范围值	含水量范围值	合格组数	合格率 /%
				平均值/(g/cm³)	平均值/%		
20××-03-24	35	984.56	2	1.83～1.92	3.7～5.0	2	100
				1.88	4.4		
20××-03-26	36	985.08	2	1.78～1.89	3.0～4.7	2	100
				1.84	3.9		
20××-03-29	37	985.59	2	1.84～1.85	2.8～5.8	2	100
				1.85	4.3		
20××-04-08	38	986.10	2	1.80～1.80	4.5～5.2	2	100
				1.80	4.9		
20××-04-14	39	986.62	2	1.75～1.82	5.7～6.1	2	100
				1.79	5.9		
20××-04-20	40	987.15	2	1.77～1.79	3.6～4.8	2	100
				1.78	4.2		
20××-04-22	41	987.67	2	1.78～1.80	4.2～4.5	2	100
				1.79	4.4		
20××-02-24	42	988.18	2	1.76～1.79	2.1～3.6	2	100
				1.79	2.9		
20××-04-26	43	988.72	2	1.76～1.77	3.4～3.8	2	100
				1.77	3.8		

7）均质坝防渗料。

根据工程项目划分方案，心墙防渗料（二期）回填每层为一个单元工程，共划分为13个单元工程。

心墙防渗料密度试验采用环刀法，含水量试验采用恒温干燥箱，温度控制在105℃，烘烤8h测得用于计算干密度。

回填过程中共抽检干密度、含水量各54组，干密度值对应击实指标换算压实度，≥0.99的样品有54组，单组合格率为100%。从试验数据来看，整个回填期间的干密度范围值为1.38～1.49g/cm³，含水量范围值为27.4%～34.0%。从以上统计结果可以看出样品干密度值出现的变化与土料的含水量有关，土料因降雨或开采至深部时采用原点击实对应干密度来计算样品的压实度。检测结果表明，心墙防渗料（二期）回填质量满足设计要求，见表7-2-17。

8）迎水面护坡C15混凝土预制块。

迎水面护坡为C15混凝土预制块，施工过程中共取样抽检3组，最大值R_{max}=20.6MPa、最小值R_{min}=15.9MPa、平均值R_n=18.5MPa，按照《水利水电工程施工质量检验与评定规程》（SL 176—2007）的C.0.3进行评定。计算结果表明，C15混凝土试块抗压强度满足两个合格条件，判定该分部工程的C15混凝土试块质量为合格，见表7-2-18。

表 7-2-17　　××水库大坝均质坝防渗料（二期）回填单元统计

取样日期/(年-月-日)	单元层号	高程/m	统计组数	干密度范围值 平均值/(g/cm³)	含水量范围值 平均值/%	合格组数	合格率/%
20××-04-22	1	984.10	4	1.40～1.42 1.41	31.3～32.7 31.9	4	100
20××-04-23	2	984.41	4	1.38～1.40 1.39	32.4～33.5 32.8	4	100
20××-04-24	3	984.72	4	1.39～1.45 1.43	30.0～31.9 31.3	4	100
20××-04-25	4	985.02	4	1.39～1.45 1.43	31.1～32.1 31.6	4	100
20××-04-25	5	985.33	4	1.40～1.45 1.42	30.0～31.0 30.6	4	100
20××-04-26	6	985.63	4	1.38～1.41 1.39	30.4～33.3 32.7	4	100
20××-04-26	7	985.94	4	1.41～1.46 1.44	29.2～31.9 30.8	4	100
20××-05-05	8	986.24	4	1.40～1.45 1.43	29.9～32.5 31.3	4	100
20××-05-06	9	986.55	4	1.41～1.45 1.43	30.9～32.1 31.5	4	100
20××-05-07	10	986.85	4	1.40～1.45 1.42	28.8～34.0 31.9	4	100
20××-05-08	11	987.15	4	1.40～1.43 1.41	29.9～32.9 31.7	4	100
20××-05-09	12	987.45	6	1.44～1.49 1.47	27.4～29.7 28.9	6	100
20××-05-10	13	987.75	4	1.44～1.47 1.46	28.3～30.2 29.2	4	100

表 7-2-18　　大坝迎水面护坡 C15 混凝土预制块试件检测结果统计

取样组数	设计强度等级	抗压强度/MPa			合格条件	
		最大值	最小值	平均值	$R_n \geqslant 1.15R_{标}$	$R_{min} \geqslant 0.95R_{标}$
4	C15	20.6	15.9	18.5	18.5MPa>17.25MPa	15.9MPa>14.25MPa

3. 大坝三期施工

(1) 主要试验成果。

心墙防渗料干密度、含水量237组；上游面含砾砂土料干密度、含水量61组；下游面含砾砂土料干密度、含水量54组；一层反滤料干密度、含水量26组；二层反滤料干密度、含水量26组；三层反滤料干密度、含水量13组；均质坝防渗料干密度、含水量225组；均质坝一层反滤料干密度、含水量26组；均质坝二层反滤料干密度、含水量11组；均质坝三层反滤料干密度、含水量20组；渗透试验24组；混凝土抗压试验2组。

(2) 主要施工质量控制指标。

1) 红黏土防渗料。

碾压试验期间击实试验测得的最大干密度为1.38～1.44g/cm³，平均值为1.41g/cm³。最优含水率为27.4%～30.9%，均值29.1%。干密度控制指标按压实度≥0.99控制，含水量控制范围在−2%←WOP→+3%。

2) 含砾砂土料。

碾压试验期间做击实试验19组，范围值为1.62～1.82g/cm³，均值为1.77g/cm³。按压实度≥0.99控制，干密度应≥1.73g/cm³。

3) 反滤料。

Ⅰ反压实干密度按相对密度≥0.70控制，现场施工干密度应大于1.73g/cm³。Ⅱ反压实干密度按相对密度≥0.70控制，现场施工干密度应大于1.77g/cm³。

4) 土料变化。

土料发生变化时应重新做击实试验确定控制指标。

(3) 统计结果及质量情况。

1) 心墙防渗料。

根据单元划分心墙防渗料（三期）回填每层为一个单元，共划分为44个单元工程。

心墙防渗料密度试验采用环刀法，含水量试验采用恒温干燥箱，温度控制在105℃，烘烤8h测得用于计算干密度。

回填过程中共抽检干密度、含水量各237组，干密度值对应击实指标换算压实度，≥0.99的样品有234组，单组合格率为99.0%。三组低于压实度0.99的样品分别在第95单元：干密度值1.37g/cm³，含水量33.9%，对应击实最大干密度1.38g/cm³，最优含水量33.6%，计算该组样品压实度为0.99；第118单元：干密度值1.36g/cm³，含水量33.7%，对应击实最大干密度1.38g/cm³，含水量33.5%，计算该组样品压实度为100%；第119单元：干密度值1.37g/cm³，含水量33.6%，对应击实最大干密度1.38g/cm³，含水量33.5%，计算该组样品压实度为0.99。

从试验数据来看，整个回填期间的干密度范围值为1.36～1.47g/cm³，含水量范围值为28.4%～33.9%。从以上统计结果可以看出，样品干密度值出现的变化与土料的含水量有关，土料因降雨或开采至深部时采用原点击实对应干密度来计算样品的压实度，回填质量满足设计要求，见表7-2-19。

渗透试验采用室内南55型渗透仪测定。渗透试验在高程0+992.00、0+996.00各取4组，平均渗透系数为1.07×10^{-8}cm/s，详见表7-2-20。

表 7-2-19　××水库大坝防渗料（三期）回填单元统计

取样日期/(年-月-日)	单元层号	高程/m	统计组数	干密度范围值	含水量范围值	合格组数	合格率/%
				平均值/(g/cm³)	平均值/%		
20××-12-30	94	989.45	7	1.40～1.46	28.4～32.2	7	100
				1.44	30.7		
20××-01-01	95	989.75	7	1.37～1.45	33.9～30.9	7	85.7
				1.40	32.9		
20××-01-03	96	990.05	7	1.40～1.45	29.9～32.0	7	100
				1.44	30.8		
20××-01-05	97	990.35	7	1.42～1.46	30.5～31.5	7	100
				1.44	31.0		
20××-01-07	98	990.66	7	1.40～1.45	30.0～33.0	7	100
				1.41	31.5		
20××-01-09	99	990.96	7	1.40～1.45	30.2～32.4	7	100
				1.43	31.5		
20××-01-11	100	991.25	7	1.39～1.47	30.1～32.8	7	100
				1.42	31.8		
20××-01-14	101	991.55	7	1.39～1.46	32.7～30.7	7	100
				1.42	31.6		
20××-01-16	102	991.85	7	1.40～1.46	30.4～32.7	7	100
				1.44	31.3		
20××-01-18	103	992.15	7	1.43～1.47	31.1～32.5	7	100
				1.45	31.6		
20××-01-20	104	992.46	7	1.41～1.45	31.2～33.8	7	100
				1.42	32.2		
20××-01-22	105	992.77	7	1.39～1.45	29.8～32.7	7	100
				1.43	31.6		
20××-01-24	106	993.07	7	1.41～1.44	30.0～31.3	7	100
				1.42	30.7		
20××-01-25	105	993.38	7	1.40～1.47	30.2～31.4	7	100
				1.43	30.9		
20××-01-27	108	993.68	7	1.43～1.47	29.4～30.8	7	100
				1.45	30.1		
20××-01-29	109	993.99	7	1.40～1.44	29.9～31.9	7	100
				1.43	31.0		
20××-01-31	110	994.31	7	1.40～1.45	29.7～31.7	7	100
				1.43	30.7		

续表

取样日期/(年-月-日)	单元层号	高程/m	统计组数	干密度范围值 平均值/(g/cm³)	含水量范围值 平均值/%	合格组数	合格率/%
20××-02-12	111	994.62	7	1.44～1.47 1.45	28.4～31.7 29.8	7	100
20××-02-13	112	994.94	7	1.42～1.45 1.43	29.3～31.8 30.6	7	100
20××-02-24	113	995.23	7	1.40～1.47 1.42	29.8～32.9 31.3	7	100
20××-02-25	114	995.53	7	1.40～1.46 1.41	30.9～32.0 31.7	7	100
20××-02-27	115	995.82	7	1.39～1.43 1.41	31.0～33.8 32.1	7	100
20××-02-28	116	996.13	7	1.40～1.45 1.38	30.0～32.7 31.7	7	100
20××-03-02	117	996.44	7	1.39～1.46 1.43	30.1～33.5 31.3	7	100
20××-03-04	118	996.74	7	1.36～1.44 1.39	29.8～33.7 32.5	7	85.7
20××-03-05	119	997.03	7	1.37～1.42 1.39	31.7～33.6 32.8	7	85.7
20××-03-06	120	997.34	7	1.39～1.41 1.40	31.6～33.3 32.4	7	100
20××-03-08	121	997.65	7	1.39～1.45 1.42	29.9～32.4 31.4	7	100
20××-03-11	122	997.96	7	1.40～1.44 1.42	30.9～32.7 31.9	7	100
20××-03-12	123	998.27	7	1.40～1.45 1.43	30.6～32.4 31.6	7	100
20××-03-14	124	998.59	7	1.40～1.47 1.42	30.6～32.3 31.3	7	100
20××-03-16	125	998.91	7	1.39～1.43 1.41	30.1～33.0 31.3	7	100
20××-03-17	126	999.23	7	1.39～1.45 1.41	30.6～32.4 31.7	7	100
20××-03-18	127	999.54	6	1.39～1.43 1.41	30.5～32.4 31.7	6	100

表 7-2-20　　××水库大坝渗透试验汇总

试验日期	桩号 0+00	轴距 0+00	高程 /m	土料 类别	渗透系数 /(cm/s)	备注
20××-03-11	0+700.0	0-8.0	998.00	坝壳料	9.19×10^{-6}	下游
20××-03-11	0+700.0	0-8.0	998.00	坝壳料	2.20×10^{-6}	下游
20××-01-19	0+705.4	0+3.5	992.00	红黏土	3.09×10^{-8}	心墙
20××-01-19	0+705.4	0+3.5	992.00	红黏土	3.47×10^{-8}	心墙
20××-01-19	0+870.5	0-2.2	992.00	红黏土	6.78×10^{-8}	心墙
20××-01-19	0+870.5	0-2.2	992.00	红黏土	6.92×10^{-8}	心墙
20××-03-09	0+754.3	0+4.6	996.00	红黏土	3.46×10^{-8}	心墙
20××-03-09	0+754.3	0+4.6	996.00	红黏土	2.99×10^{-8}	心墙
20××-03-09	0+921.5	0-1.4	996.00	红黏土	4.33×10^{-8}	心墙
20××-03-09	0+921.5	0-1.4	996.00	红黏土	4.59×10^{-8}	心墙

说明：试验依据《土工试验规程》(SL 237—1999) 进行。防渗黏土料采用变水头试验标准，含砾砂土料采用常水头试验标准。

2）上游面含砾砂土料。

根据单元划分上游面含砾砂土料（三期）回填每层为一个单元，共划分为 18 个单元工程。

上游面含砾砂土料密度试验采用试坑注水法，含水量试验采用恒温干燥箱，温度控制在105℃，烘烤 8h 测得用于计算干密度。

回填过程中共抽检干密度、含水量各 61 组，干密度值对应击实指标换算压实度，≥0.99 样品有 59 组，单组合格率为 96.7%。两组低于压实度 0.99 的样品分别在第 28 单元：干密度值 1.64g/cm³，含水量 23.3%，对应击实最大干密度 1.66g/cm³，最优含水量23.3%，计算该组样品压实度为 100%；第 32 单元：干密度值 1.64g/cm³，含水量 21.9%，对应击实最大干密度 1.66g/cm³，最优含水量 21.9%，计算该组样品压实度为 100%。

从试验数据来看，整个回填期间的干密度范围值为 1.64～1.92g/cm³，含水量范围值为10.5%～23.3%。从以上统计结果可以看出样品干密度值的大小和大于 0.075mm 的粗粒土含量多少成正比。现场取样检测对因细粒土含量高而干密度低的样品采用原点击实法以湿密度比≥0.99 进行控制。回填质量满足设计要求，见表 7-2-21。

表 7-2-21　　××水库大坝上游面含砾砂土（三期）回填单元统计

<table>
<tr><th rowspan="2">取样日期
/(年-月-日)</th><th rowspan="2">单元
层号</th><th rowspan="2">高程
/m</th><th rowspan="2">统计
组数</th><th>干密度范围值</th><th>含水量范围值</th><th rowspan="2">合格
组数</th><th rowspan="2">合格率
/%</th></tr>
<tr><th>平均值/(g/cm³)</th><th>平均值/%</th></tr>
<tr><td rowspan="2">20××-12-22</td><td rowspan="2">26</td><td rowspan="2">990.04</td><td rowspan="2">4</td><td>1.78～1.87</td><td>15.2～16.3</td><td rowspan="2">4</td><td rowspan="2">100</td></tr>
<tr><td>1.83</td><td>15.9</td></tr>
<tr><td rowspan="2">20××-01-04</td><td rowspan="2">27</td><td rowspan="2">990.58</td><td rowspan="2">4</td><td>1.76～1.84</td><td>14.6～18.7</td><td rowspan="2">4</td><td rowspan="2">100</td></tr>
<tr><td>1.79</td><td>17.1</td></tr>
</table>

续表

取样日期/(年-月-日)	单元层号	高程/m	统计组数	干密度范围值	含水量范围值	合格组数	合格率/%
				平均值/(g/cm³)	平均值/%		
20××-01-07	28	991.13	4	1.64～1.82	16.8～23.3	4	75
				1.71	20.2		
20××-01-17	29	991.68	4	1.73～1.86	13.7～20.3	4	100
				1.78	17.9		
20××-01-21	30	992.24	3	1.80～1.85	16.5～18.6	3	100
				1.82	17.7		
20××-01-24	31	992.80	3	1.80～1.89	15.2～17.5	3	100
				1.86	16.0		
20××-01-28	32	993.36	4	1.64～1.91	13.6～21.9	4	75
				1.78	17.7		
20××-02-11	33	993.92	4	1.80～1.89	12.0～14.7	4	100
				1.86	13.3		
20××-02-13	34	994.45	3	1.81～1.92	13.3～15.0	3	100
				1.86	14.0		
20××-02-25	35	995.00	4	1.84～1.89	10.5～16.0	4	100
				1.87	13.1		
20××-03-01	36	995.55	3	1.82～1.92	12.4～16.3	3	100
				1.87	14.3		
20××-03-04	37	996.10	3	1.88～1.90	12.8～13.9	3	100
				1.89	13.5		
20××-03-07	38	996.66	3	1.85～1.94	10.8～12.6	3	100
				1.88	11.6		
20××-03-10	39	997.21	3	1.82～1.87	14.6～15.7	3	100
				1.84	15.2		
20××-03-12	40	997.75	3	1.87～1.91	12.6～14.4	3	100
				1.89	13.6		
20××-03-15	41	998.31	3	1.81～1.90	11.8～19.0	3	100
				1.86	12.5		
20××-03-16	42	998.86	3	1.82～1.88	10.8～11.7	3	100
				1.86	11.2		
20××-03-19	43	999.42	3	1.82～1.92	12.3～13.3	3	100
				1.88	13.0		

渗透试验采用现场埋环常水头饱和24h测定。渗透试验共测定3组。范围值为 $5.77\times10^{-6}\sim1.12\times10^{-5}$ cm/s，详见表7-2-22。

表 7-2-22　　　　××水库大坝渗透试验汇总表

试验日期 /(年-月-日)	桩号 0+00	轴距 0+00	高程 /m	土料 类别	渗透系数 /(cm/s)	备注
20××-01-27	0+990.0	0-17.8	994.0	坝壳料	5.21×10^{-5}	下游
20××-01-27	0+990.0	0-17.8	994.0	坝壳料	5.02×10^{-5}	下游
20××-01-27	0+990.0	0-17.8	994.0	坝壳料	4.69×10^{-5}	下游
20××-01-28	0+945.0	0-9.2	994.0	坝壳料	5.28×10^{-6}	上游
20××-01-28	0+945.0	0-9.2	994.0	坝壳料	5.77×10^{-6}	上游
20××-01-28	0+945.0	0-9.2	994.0	坝壳料	5.17×10^{-6}	上游
20××-03-11	0+695.5	0+8.6	998.0	坝壳料	1.12×10^{-5}	上游
20××-03-11	0+695.5	0+8.6	998.0	坝壳料	1.36×10^{-5}	上游
20××-03-11	0+695.5	0+8.6	998.0	坝壳料	1.15×10^{-5}	上游
20××-03-11	0+700.0	0-8.0	998.0	坝壳料	5.69×10^{-6}	下游

说明：试验依据《土工试验规程》(SL 237—1999) 进行。防渗黏土料采用变水头试验标准，含砾砂土料采用常水头试验标准。

3）下游面含砾砂土料。

根据单元划分下游面含砾砂土料（三期）回填每层为一个单元，共划分为 18 个单元工程。

下游面含砾砂土料密度试验采用试坑注水法，含水量试验采用恒温干燥箱，温度控制在 105℃，烘烤 8h 测得用于计算干密度。回填过程中共抽检干密度、含水量各 54 组，干密度值对应击实指标换算压实度，≥0.99 样品有 54 组，单组合格率为 100%。

从试验数据来看，整个回填期间的干密度范围值为 1.74～2.00g/cm³，含水量范围值为 9.3%～20.3%。从以上统计结果可以看出样品干密度值的大小和大于 0.075mm 的粗粒土含量多少成正比。现场取样检测对因细粒土含量高而干密度低的样品采用原点击实法以湿密度比≥0.98 进行控制。回填质量满足设计要求，见表 7-2-23。

表 7-2-23　　　　××水库大坝上游面含砾砂土（三期）回填单元统计

取样日期 /(年-月-日)	单元层号	高程 /m	统计组数	干密度范围值 平均值/(g/cm³)	含水量范围值 平均值/%	合格组数	合格率 /%
20××-12-22	44	989.73	3	1.86～1.89	15.6～16.0	3	100
				1.88	15.8		
20××-01-06	45	990.58	3	1.75～1.92	13.6～20.3	3	100
				1.84	16.1		
20××-01-12	46	990.83	3	1.74～1.76	18.3～20.1	3	100
				1.75	19.3		
20××-01-15	47	991.38	3	1.82～1.90	12.9～14.6	3	100
				1.85	13.6		
20××-01-19	48	991.93	3	1.76～1.94	9.3～18.2	3	100
				1.87	13.6		

续表

取样日期/(年-月-日)	单元层号	高程/m	统计组数	干密度范围值	含水量范围值	合格组数	合格率/%
				平均值/(g/cm³)	平均值/%		
20××-01-23	49	992.49	3	1.87～1.95	11.8～15.2	3	100
				1.90	13.6		
20××-01-27	50	993.05	3	1.88～1.96	11.9～14.7	3	100
				1.93	13.3		
20××-01-31	51	993.，61	3	1.89～1.92	11.3～12.9	3	100
				1.90	12.3		
20××-02-11	52	994.16	3	1.86～1.90	13.4～14.5	3	100
				1.88	13.9		
20××-02-24	53	994.72	3	1.94～2.00	9.3～11.5	3	100
				1.96	10.3		
20××-03-01	54	995.28	3	1.81～1.94	12.9～14.1	3	100
				1.88	13.4		
20××-03-04	55	995.84	3	1.82～1.84	12.5～15.5	3	100
				1.83	14.2		
20××-03-06	56	996.40	3	1.86～1.89	12.8～15.4	3	100
				1.87	13.7		
20××-03-08	57	996.96	3	1.84～1.90	8.8～11.9	3	100
				1.87	10.8		
20××-03-10	58	997.53	3	1.85～1.88	11.3～14.8	3	100
				1.87	13.0		
20××-03-15	59	998.09	3	1.90～1.94	10.7～12.7	3	100
				1.92	11.6		
20××-03-17	60	998.65	3	1.87～1.92	10.9～12.2	3	100
				1.90	11.6		
20××-03-19	61	999.22	3	1.89～1.93	12.3～13.2	3	100
				1.91	12.7		

渗透试验采用现场埋环常水头饱和 24h 测定。渗透试验共测定 5 组，渗透系数为 $4.69\times10^{-5}\sim9.19\times10^{-6}$cm/s。详见表 7-2-20、表 7-2-22。

4）Ⅰ层反滤料。

根据单元划分Ⅰ层反滤料（三期）回填每层为一个单元，共划分为 13 个单元工程。

反滤料密度试验采用试坑注水法，含水量试验采用恒温干燥箱，温度控制在 105℃，烘烤 8h 测得用于计算干密度。

回填过程中共抽检干密度、含水量各 26 组，干密度值对应相对密度换算压实度，≥0.70 样品有 26 组，单组合格率为 100%。

从试验数据来看，整个回填期间的干密度范围值为 1.75～1.90g/cm³，含水量范围值为

2.1%～6.0%，回填质量满足设计要求，见表7-2-24。

表7-2-24　××水库大坝Ⅰ层反滤料（三期）回填单元统计

取样日期 /(年-月-日)	单元层号	高程 /m	统计组数	干密度范围值 平均值/(g/cm³)	含水量范围值 平均值/%	合格组数	合格率 /%
20××-12-29	52	989.24	2	1.76～1.77	5.8～6.0	2	100
				1.77	5.9		
20××-12-31	53	989.76	2	1.78～1.82	6.1～6.1	2	100
				1.80	6.1		
20××-01-04	54	990.29	2	1.82～1.82	4.1～4.2	2	100
				1.82	4.2		
20××-01-09	55	990.81	2	1.79～1.87	2.6～3.1	2	100
				1.83	2.9		
20××-01-12	56	991.34	2	1.75～1.90	2.1～3.1	2	100
				1.83	2.6		
20××-01-17	57	991.86	2	1.83～1.90	3.0～3.3	2	100
				1.87	3.2		
20××-01-20	58	992.38	2	1.84～1.89	2.7～3.7	2	100
				1.87	3.2		
20××-01-22	59	992.90	2	1.88～1.89	4.1～4.3	2	100
				1.89	4.2		
20××-01-25	60	993.42	2	1.83～1.83	2.8～3.4	2	100
				1.83	3.1		
20××-01-30	61	993.95	2	1.85～1.87	4.4～4.5	2	100
				1.86	4.5		
20××-01-31	62	994.47	2	1.84～1.87	3.9～4.2	2	100
				1.86	4.1		
20××-02-13	63	994.94	2	1.78～1.80	4.5～4.6	2	100
				1.79	4.6		
20××-02-24	64	995.20	2	1.84～1.89	3.1～3.4	2	100
				1.87	3.3		

5）Ⅱ层反滤料。

根据单元划分Ⅱ层反滤料（三期）回填每层为一个单元，共划分为13个单元工程。

反滤料密度试验采用试坑注水法，含水量试验采用恒温干燥箱，温度控制在105℃，烘烤8h测得用于计算干密度。

回填过程中共抽检干密度、含水量各13组，干密度值对应相对密度换算压实度，≥0.70样品有13组，单组合格率为100%。从试验数据来看，整个回填期间的干密度范围值为2.06～2.18g/cm³，含水量范围值为1.6%～2.9%，回填质量满足设计要求，见表7-2-25。

表 7-2-25 ××水库大坝Ⅱ层反滤料（三期）回填单元统计

取样日期/(年-月-日)	单元层号	高程/m	统计组数	干密度范围值 平均值/(g/cm³)	含水量范围值 平均值/%	合格组数	合格率/%
20××-12-29	46	989.24	1	2.14	2.9	1	100
				2.14	2.9		
20××-12-31	47	989.76	1	2.13	2.4	1	100
				2.13	2.4		
20××-01-04	48	990.28	1	2.18	1.6	1	100
				2.18	1.6		
20××-01-09	49	990.80	1	2.14	1.2	1	100
				2.14	1.2		
20××-01-13	50	991.33	1	2.08	1.7	1	100
				2.08	1.7		
20××-01-17	51	991.86	1	2.07	2.0	1	100
				2.07	2.0		
20××-01-20	52	992.38	1	2.09	1.2	1	100
				2.09	1.2		
20××-01-22	53	992.90	1	2.06	2.1	1	100
				2.06	2.1		
20××-01-25	54	993.42	1	2.10	1.8	1	100
				2.10	1.8		
20××-01-30	55	993.95	1	2.12	1.7	1	100
				2.12	1.7		
20××-01-31	56	994.47	1	2.08	2.2	1	100
				2.08	2.2		
20××-02-13	57	994.94	1	2.13	1.7	1	100
				2.13	1.7		
20××-02-24	58	995.20	1	2.10	1.8	1	100
				2.10	1.8		

6）Ⅲ层反滤料。

根据单元划分Ⅲ层反滤料（三期）回填每层为一个单元，共划分为 13 个单元工程。

反滤料密度试验采用试坑注水法，含水量试验采用恒温干燥箱，温度控制在 105℃，烘烤 8h 测得用于计算干密度。

回填过程中共抽检干密度、含水量各 26 组，干密度值对应相对密度换算压实度，≥0.70样品有 26 组，单组合格率为 100%。

从试验数据来看，整个回填期间的干密度范围值为 1.77～1.93g/cm³，含水量范围值为 2.4%～5.9%，回填质量满足设计要求，见表 7-2-26。

表 7-2-26　　××水库大坝Ⅲ层反滤料（三期）回填单元统计

取样日期/(年-月-日)	单元层号	高程/m	统计组数	干密度范围值 平均值/(g/cm³)	含水量范围值 平均值/%	合格组数	合格率/%
20××-12-29	44	989.25	2	1.81～1.82 1.82	5.8～5.9 5.9	2	100
20××-12-31	45	989.78	2	1.77～1.83 1.80	5.2～6.1 5.7	2	100
20××-01-04	46	990.28	2	1.81～1.87 1.84	3.7～4.0 3.9	2	100
20××-01-09	47	998.80	2	1.79～1.84 1.82	2.4～2.9 2.7	2	100
20××-01-13	48	991.33	2	1.81～1.93 1.87	3.3～3.6 3.5	2	100
20××-01-17	49	991.86	2	1.85～1.86 1.86	4.2～4.7 4.5	2	100
20××-01-20	50	992.38	2	1.84～1.88 1.86	3.2～4.8 4.0	2	100
20××-01-22	51	992.90	2	1.77～1.85 1.81	4.1～4.7 4.4	2	100
20××-01-25	52	993.42	2	1.85～1.87 1.86	3.8～4.0 3.9	2	100
20××-01-30	53	993.95	2	1.83～1.86 1.85	2.5～3.8 3.2	2	100
20××-01-31	54	994.46	2	1.85～1.87 1.86	3.4～4.0 3.7	2	100
20××-02-13	55	994.95	2	1.78～1.86 1.82	3.9～4.2 4.1	2	100
20××-02-24	56	995.20	2	1.80～1.82. 1.81	2.9～3.5 3.2	2	100

7）均质坝防渗料。

根据单元划分心墙防渗料（三期）回填每层为一个单元，共划分为 38 个单元工程。

心墙防渗料密度试验采用环刀法，含水量试验采用恒温干燥箱，温度控制在 105℃，烘烤 8h 测得用于计算干密度。

回填过程中共抽检干密度、含水量各 225 组，干密度值对应击实指标换算压实度，≥0.99 的样品有 225 组，单组合格率为 100%。从试验数据来看，整个回填期间的干密度范围值为 1.38～1.48g/cm³，含水量范围值为 27.1～33.7%。从以上统计结果可以看出样品干密度值出现的变化与土料的含水量有关，土料因降雨或开采至深部时采用原点击实对应干密度来计算样品的压实度，回填质量满足设计要求，见表 7-2-27。

表 7-2-27 ××水库均质坝防渗料（三期）回填单元统计

取样日期/(年-月-日)	单元层号	高程/m	统计组数	干密度范围值 平均值/(g/cm³)	含水量范围值 平均值/%	合格组数	合格率/%
20××-03-10	1	988.3	4	1.43～1.49 1.47	29.1～31.1 30.0	4	100
20××-03-14	2	988.63	5	1.40～1.46 1.44	30.2～32.5 31.3	5	100
20××-03-15	3	988.95	6	1.39～1.46 1.42	28.3～33.7 31.1	6	100
20××-03-15	4	989.26	6	1.39～1.42 1.41	31.2～33.5 32.1	6	100
20××-03-17	5	989.58	6	1.40～1.44 1.42	28.3～32.5 30.8	6	100
20××-03-18	6	989.89	6	1.39～1.45 1.41	28.2～32.8 31.6	6	100
20××-03-19	7	990.21	6	1.39～1.41 1.40	31.3～33.2 32.4	6	100
20××-03-20	8	990.52	6	1.38～1.45 1.41	28.9～34.0 32.1	6	100
20××-03-21	9	990.85	5	1.39～1.41 1.40	31.8～33.4 32.7	5	100
20××-03-22	10	991.17	6	1.39～1.45 1.42	30.3～32.1 31.4	6	100
20××-03-23	11	991.49	6	1.39～1.42 1.40	31.9～33.4 32.5	6	100
20××-03-24	12	991.82	6	1.40～1.42 1.41	31.5～33.2 32.3	6	100
20××-03-25	13	992.14	6	1.39～1.44 1.41	30.9～33.3 32.3	6	100
20××-03-26	14	992.45	6	1.40～1.42 1.41	30.0～32.3 31.3	6	100
20××-03-26	15	992.77	6	1.39～1.42 1.41	30.5～32.4 31.4	6	100
20××-03-27	16	993.09	6	1.42～1.44 1.43	30.0～32.6 31.1	6	100
20××-03-28	17	993.42	6	1.39～1.43 1.41	30.1～32.5 31.9	6	100
20××-03-29	18	993.74	6	1.39～1.45 1.42	30.6～32.7 31.7	6	100

续表

取样日期/(年-月-日)	单元层号	高程/m	统计组数	干密度范围值	含水量范围值	合格组数	合格率/%
				平均值/(g/cm³)	平均值/%		
20××-03-30	19	994.05	6	1.39～1.41	31.6～32.8	6	100
				1.42	32.1		
20××-03-31	20	994.37	6	1.40～1.44	30.7～32.7	6	100
				1.42	31.5		
20××-04-01	21	994.69	6	1.39～1.42	31.6～33.2	6	100
				1.41	32.3		
20××-04-02	22	995.00	6	1.39～1.43	30.7～32.6	6	100
				1.41	31.7		
20××-04-03	23	995.32	6	1.40～1.43	30.0～33.2	6	100
				1.41	31.2		
20××-04-04	24	995.63	6	1.40～1.42	30.9～32.4	6	100
				1.41	31.8		
20××-04-05	25	995.95	6	1.38～1.42	31.1～32.9	6	100
				1.41	32.2		
20××-04-06	26	996.29	6	1.39～1.45	28.8～33.9	6	100
				1.41	31.9		
20××-04-07	27	996.57	6	1.39～1.43	30.8～32.1	6	100
				1.41	31.3		
20××-04-14	28	996.88	6	1.39～1.42	30.6～32.4	6	100
				1.40	31.7		
20××-04-15	29	997.20	6	1.41～1.44	30.9～32.0	6	100
				1.42	31.5		
20××-04-16	30	997.53	6	1.39～1.44	30.7～32.9	6	100
				1.41	31.8		
20××-04-17	31	997.84	6	1.40～1.46	29.0～33.3	6	100
				1.43	30.8		
20××-04-18	32	998.16	6	1.40～1.47	28.0～32.6	6	100
				1.43	30.0		
20××-04-19	33	998.49	6	1.41～1.48	27.1～31.9	6	100
				1.5	29.2		
20××-04-20	34	998.81	6	1.44～1.47	28.5～29.1	6	100
				1.46	28.8		
20××-04-21	35	999.13	6	1.41～1.46	28.9～30.4	6	100
				1.44	29.6		
20××-04-22	36	999.44	6	1.42～1.45	29.9～31.7	6	100
				1.43	30.8		

续表

取样日期 /(年-月-日)	单元层号	高程 /m	统计组数	干密度范围值 平均值/(g/cm³)	含水量范围值 平均值/%	合格组数	合格率 /%
20××-04-23	37	999.76	6	1.41～1.42	30.6～31.4	6	100
				1.42	31.0		
20××-04-24	38	1000.08	6	1.40～1.44	29.8～31.7	6	100
				1.42	30.8		

渗透试验在高程 0+992 各取 2 组，平均渗透系数为 4.38×10^{-8}cm/s，见表 7-2-28。

表 7-2-28　　××水库大坝渗透试验汇总

试验日期 /(年-月-日)	桩号 0+00	轴距 0+00	高程 /m	土料类别	渗透系数 /(cm/s)	备注
20××-03-30	0+376.4	0+10.6	992.0	红黏土	6.28×10^{-8}	均质坝
20××-03-30	0+376.4	0+10.6	992.0	红黏土	2.27×10^{-8}	均质坝
20××-03-30	0+427.5	0-2.4	992.0	红黏土	6.36×10^{-8}	均质坝
20××-03-30	0+376.4	0+10.6	992.0	红黏土	2.60×10^{-8}	均质坝

说明：试验依据《土工试验规程》（SL 237—1999）进行。防渗黏土料采用变水头试验标准，含砾砂土料采用常水头试验标准。

8）均质坝Ⅰ层反滤料。

根据单元划分Ⅰ层反滤料（三期）回填每层为一个单元，共划分为 13 个单元工程。

反滤料密度试验采用试坑注水法，含水量试验采用恒温干燥箱，温度控制在 105℃，烘烤 8h 测得用于计算干密度。

回填过程中共抽检干密度、含水量各 26 组，干密度值对应相对密度换算压实度，≥0.70 样品有 26 组，单组合格率为 100%。

从试验数据来看，整个回填期间的干密度范围值为 1.76～1.92g/cm³，含水量范围值为 2.0%～6.6%，回填质量满足设计要求，见表 7-2-29。

表 7-2-29　　××水库均质坝Ⅰ层反滤料（三期）回填单元统计

取样日期 /(年-月-日)	单元层号	高程 /m	统计组数	干密度范围值 平均值/(g/cm³)	含水量范围值 平均值/%	合格组数	合格率 /%
20××-03-16	1	989.32	2	1.84～1.90	3.9～6.6	2	100
				1.87	5.3		
20××-03-17	2	989.70	2	1.87～1.92	3.6～5.0	2	100
				1.90	4.3		
20××-03-18	3	990.23	2	1.89～1.91	5.2～5.9	2	100
				1.90	5.6		
20××-03-19	4	990.75	2	1.83～1.88	4.4～4.4	2	100
				1.86	4.4		

续表

取样日期/(年-月-日)	单元层号	高程/m	统计组数	干密度范围值	含水量范围值	合格组数	合格率/%
				平均值/(g/cm³)	平均值/%		
20××-03-22	5	991.27	2	1.79～1.92	3.6～4.5	2	100
				1.86	4.1		
20××-03-24	6	991.78	2	1.85～1.89	2.0～3.3	2	100
				1.87	2.7		
20××-03-26	7	992.29	2	1.84～1.93	3.3～4.1	2	100
				1.89	3.7		
20××-03-28	8	992.83	2	1.80～1.84	3.7～4.1	2	100
				1.82	3.9		
20××-03-29	9	993.36	2	1.80～1.87	5.1～5.7	2	100
				1.84	5.5		
20××-03-30	10	993.88	2	1.76～1.77	4.5～5.2	2	100
				1.77	4.9		
20××-03-31	11	994.41	2	1.89～1.91	3.5～4.3	2	100
				1.90	3.9		
20××-04-01	12	994.92	2	1.86～1.87	4.6～5.1	2	100
				1.87	4.9		
20××-04-02	13	995.20	2	1.89～1.90	3.7～4.2	2	100
				1.90	4.0		

9）均质坝Ⅱ层反滤料。

根据单元划分Ⅱ层反滤料（三期）回填每层为一个单元，共划分为11个单元工程。

反滤料密度试验采用试坑注水法，含水量试验采用恒温干燥箱，温度控制在105℃，烘烤8h测得用于计算干密度。

回填过程中共抽检干密度、含水量各11组，干密度值对应相对密度换算压实度，≥0.70样品有11组，单组合格率为100%。

从试验数据来看，整个回填期间的干密度范围值为1.86～2.02g/cm³，含水量范围值为1.8%～4.8%，回填质量满足设计要求，见表7-2-30。

表7-2-30　××水库均质坝Ⅱ层反滤料（三期）回填单元统计

取样日期/(年-月-日)	单元层号	高程/m	统计组数	干密度范围值	含水量范围值	合格组数	合格率/%
				平均值/(g/cm³)	平均值/%		
20××-03-18	1	990.22	1	2.02	3.8	1	100
				2.02	3.8		
20××-03-20	2	990.75	1	1.94	2.5	1	100
				1.94	2.5		
20××-03-22	3	991.27	1	2.01	2.3	1	100
				2.01	2.3		

续表

取样日期/(年-月-日)	单元层号	高程/m	统计组数	干密度范围值 平均值/(g/cm³)	含水量范围值 平均值/%	合格组数	合格率/%
20××-03-24	4	991.80	1	2.00	1.8	1	100
				2.00	1.8		
20××-03-26	5	992.32	1	2.02	2.0	1	100
				2.02	2.0		
20××-03-28	6	992.84	1	1.87	1.8	1	100
				1.87	1.8		
20××-03-29	7	993.36	1	1.89	2.2	1	100
				1.89	2.2		
20××-03-30	8	993.89	1	1.86	4.9	1	100
				1.86	4.9		
20××-03-31	9	994.42	1	1.92	4.8	1	100
				1.92	4.8		
20××-04-01	10	994.94	1	1.90	3.4	1	100
				1.90	3.4		
20××-04-02	11	995.20	1	1.89	4.0	1	100
				1.89	4.0		

10）均质坝Ⅲ层反滤料。

根据单元划分Ⅲ层反滤料（三期）回填每层为一个单元，共划分为10个单元工程。

反滤料密度试验采用试坑注水法，含水量试验采用恒温干燥箱，温度控制在105℃，烘烤8h测得用于计算干密度。

回填过程中共抽检干密度、含水量各20组，干密度值对应相对密度换算压实度，≥0.70样品有20组，单组合格率为100%。

从试验数据来看，整个回填期间的干密度范围值为1.76～1.95g/cm³，含水量范围值为1.6%～5.2%之间，回填质量满足设计要求，见表7-2-31。

表7-2-31　××水库均质坝Ⅲ层反滤料（三期）回填单元统计

取样日期/(年-月-日)	单元层号	高程/m	统计组数	干密度范围值 平均值/(g/cm³)	含水量范围值 平均值/%	合格组数	合格率/%
20××-3-20	1	990.75	2	1.84～1.87	4.2～4.6	2	100
				1.86	4.4		
20××-3-22	2	991.27	2	1.86～1.91	3.9～4.0	2	100
				1.89	4.0		
20××-3-24	3	991.79	2	1.86～1.89	3.8～3.8	2	100
				1.88	3.8		
20××-03-26	4	992.32	2	1.90～1.95	1.6～2.0	2	100
				1.93	1.8		

续表

取样日期/(年-月-日)	单元层号	高程/m	统计组数	干密度范围值	含水量范围值	合格组数	合格率/%
				平均值/(g/cm³)	平均值/%		
20××-03-28	5	992.84	2	1.85～1.86	3.5～3.7	2	100
				1.86	3.6		
20××-03-29	6	993.35	2	1.76～1.79	3.9～4.4	2	100
				1.78	4.2		
20××-03-30	7	993.89	2	1.78～1.88	4.7～5.2	2	100
				1.83	5.0		
20××-03-31	8	994.41	2	1.80～1.83	4.7～4.9	2	100
				1.82	4.8		
20××-04-01	9	994.93	2	1.80～1.87	2.8～3.2	2	100
				1.84	3.0		
20××-04-02	10	995.19	2	1.79～1.81	4.0～4.5	2	100
				1.80	4.3		

11）混凝土工程。

a. 迎水面护坡

迎水面护坡混凝土设计强度等级为C15，抽检2组，最大值20.6MPa、最小值15.9MPa、平均值18.3MPa，根据《水利水电工程施工质量检验与评定规程》（SL 176—2007）规定，该混凝土抗压强度质量评定采用非统计方法评定：

$$R_n \geqslant 1.15R_{标}, R_{min} \geqslant 0.95R_{标}$$

即：试块平均值 R_n = 18.3MPa > 17.3MPa（1.15$R_{标}$）、最小值 R_{nin} = 15.9MPa > 14.3MPa（0.95$R_{标}$），达到合格标准，满足设计要求。

b. 大坝防浪墙

大坝防浪墙C25混凝土共抽检30组，抗压强度最大值 R_{max}=41.7MPa，最小值 R_{min}=25.3MPa，平均值 R_n=29.69MPa。同一标号试块取样组数 $n \geqslant 30$ 时，按照《水利水电工程施工质量检验与评定规程》（SL 176—2007）C.0.1进行评定。计算结果表明：试件抗压强度最小值 R_{min}（25.3MPa）>0.90$R_{标}$（22.5MPa）、离差系数 C_v(0.12)<0.14达到优良条件，但因强度保证率 P=91.9%只达到合格条件，综合判定防浪墙C25混凝土试块抗压强度质量为合格，见表7-2-32。

表7-2-32　　大坝防浪墙C25混凝土检测成果统计

取样组数	设计强度等级	抗压强度/MPa		优良条件			合格条件		
		标准差	平均值	$R_{min} \geqslant 0.90R_{标}$	$P \geqslant 95\%$	$C_v < 0.14$	$R_{min} \geqslant 0.85R_{标}$	$P \geqslant 90\%$	$C_v < 0.18$
30	C25	3.93	29.69	R_{min}=25.3MPa	—	C_v=0.12	—	P=91.9%	—

（二）防渗墙工程

××水库大坝基础处理采用塑性混凝土防渗墙，厚度分别为60cm和40cm。0+315.80～0+484.65、1+161.45～1+245.45里程段为厚度40cm薄壁塑性混凝土防渗墙段，总长

252.85m。0+486.65～1+161.45 里程段为厚度 60cm 塑性混凝土防渗墙段，总长 676.80m。槽孔采用 MH-7 型液压抓斗结合 CZ-22 型冲击钻进行造槽，泥浆固壁。混凝土浇筑为直升导管法浇筑。工程于 2004 年 12 月 16 日开工。共分为 1237 槽段施工，2006 年 7 月 22 日完工。

1. 主要检测成果

水泥检验 1 组；砂检 5 组；粗骨料试验 4 组；混凝土拌和物试验 19 组；混凝土抗压强度试验 78 组；混凝土劈裂抗拉 8 组；混凝土抗渗试验 17 组；混凝土弹性模量 20 组；泥浆性能 21 组。

2. 原材料质量评价

(1) 水泥。

防渗墙工程所用水泥由项目法人统一采购供给，品种为××水泥厂生产的 P·O32.5 普通硅酸盐水泥，共取样 45 组，检测试验结果满足《硅酸盐水泥、普通硅酸盐水泥》(GB 175—1999)，各项检测指标见表 7-2-33。

表 7-2-33　　××水库坝基混凝土防渗墙 P.O32.5 水泥检测成果统计

防渗墙厚度/cm	统计值	凝结时间/min		细度/%	安定性	抗压强度/MPa		抗折强度/MPa	
		初凝	终凝			3d	28d	3d	28d
40	检测组数	8	8	8	8	8	8	8	8
	最大值	262	309	7.9	合格	5.8	8.2	31.5	45.7
	最小值	73	150	2.6	合格	3.3	6.6	14.3	36.0
	平均值	124.0	192.8	4.45	合格	4.78	7.31	24.3	40.1
60	检测组数	37	37	37	37	37	37	37	37
	最大值	199	260	7.3	合格	5.8	8.2	26.6	45.7
	最小值	115	154	2.6	合格	3.3	6.6	14.3	36
	平均值	163.3	213.1	5.1	合格	4.3	7.2	19.6	40.8
执行标准《硅酸盐水泥、普通硅酸盐水泥》GB 175—1999		≥45 (min)	≤10h	≤10	合格	≥2.5	≥5.5	≥11.0	≥32.5

(2) 细骨料。

南宛河天然河沙。依据《建筑用砂》(GB/T 14684—2001) 的要求，通过 5 次抽样检验，细度模数均在中砂范围，级配在规范推荐的Ⅱ区内，含泥量及云母含量符合规范要求，详见表 7-2-34。

表 7-2-34　　××水库坝基混凝土防渗墙细骨料检测成果统计

细骨料品种	统计值	细度模数	有机质检验	表观密度/(kg/m³)	空隙率/%	云母含量/%	含泥量/%	泥块含量/%
天然河砂	最大值	3.00	浅于标准色	2690	47.0	1.2	0.85	无
	最小值	2.65	浅于标准色	2620	42.4	0.8	0.33	无
	平均值	2.86	浅于标准色	2654	44.4	0.94	0.64	无
	合格率/%	100	100	100	100	100	100	100
执行标准《水工混凝土砂石骨料试验规程》(DL/T 5151—2001)		宜 2.2～3.0	浅于标准色	≥2500	≤47.0	≤2.0	≤3.0	不允许

(3) 粗骨料。

由新鲜、坚硬的岩石，机械破碎而得，为5～20mm一级配碎石，经抽样检验基本能满足混凝土浇筑要求，详见表7-2-35。

(4) 混凝土拌和用水。

防渗墙混凝土拌和用水为生活饮用水，水质满足混凝土拌和用水要求。

表7-2-35　××水库坝基混凝土防渗墙粗骨料检测成果统计

细骨料尺寸	统计值	最大粒径/mm	表观密度/(kg/m³)	吸水率/%	压碎指标/%	针片状颗粒含量/%	含泥量/%	泥块含量/%
4.75～19.0mm	检测组数	4	4	4	4	4	4	4
	最大值	—	2730	0.7	12.2	14.2	1.5	无
	最小值	—	2550	1.1	8.2	2.7	0.35	无
	平均值	19	2628	0.9	9.75	9.18	0.99	无
	合格率/%	100	100	100	100	100	100	100
执行标准《水工混凝土砂石骨料试验规程》(DL/T 5151—2001)		宜2.2～3.0	≥2500	≤2.5	≤30.0	≤15.0	≤3.0	不允许

3. 抽检混凝土试块、泥浆、混凝土拌合物、抗渗、劈裂抗拉、弹性模量质量情况

防渗墙工程共划分为两个分部工程。0+315.8～0+484.65、1+161.45～1+245.45里程段为厚度40cm薄壁塑性混凝土防渗墙段，为第一分部工程(02-02)；0+486.65～1+161.45里程段为厚度60cm塑性混凝土防渗墙段为第二分部工程(02-03)。两个分部工程共计127个单元工程，检测结果如下。

(1) 第一分部工程(40cm厚度塑性混凝土)。

1) 混凝土抗压强度质量情况。

防渗墙为C6塑性混凝土，施工过程中共抽检24组，最大值11.2MPa、最小值6.0MPa、平均值7.8MPa，按照《水利水电工程施工质量检验与评定规程》(SL 176—2007) C.0.2进行评定，计算结果表明，C6混凝土试块抗压强度满足两个合格条件，判定防渗墙C6混凝土试块质量合格，见表7-2-36。

表7-2-36　40cm厚防渗墙C6混凝土检测成果统计

取样组数	设计强度等级	抗压强度/MPa				合格条件	
		最大值	最小值	平均值	标准差	$R_n-0.7S_n>R_{标}$	$R_n-1.60S_n\geq 0.83R_{标}$
24	C6	11.2	6.0	7.8	1.5	6.75MPa>6.0MPa	6.12MPa>4.8MPa

2) 混凝土抗渗质量评定。

防渗墙混凝土设计抗渗等级W6，在第一分部工程防渗墙浇筑过程中共抽检2组，检测结果表明，混凝土抗渗等级达到设计要求，见表7-2-37。

3) 混凝土弹性模量试验。

设计要求防渗墙混凝土弹性模量小于13000MPa，第一分部工程防渗墙施工期间取样1组进行弹性模量试验，试验结果弹性模量为12104MPa，小于13000MPa，满足设计要求，见表7-2-38。

表 7-2-37 40cm 厚度防渗墙混凝土抗渗指标检测结果统计

序号	取样日期/(年-月-日)	浇筑部位	龄期/d	抗渗标号	
				设计	实测
1	20××-12-23	防渗墙：0+324.8～0+335.8	28	W6	W7
2	20××-12-29	防渗墙：0+455.8～0+462.8	29	W6	W6

表 7-2-38 40cm 厚度防渗墙混凝土弹性模量检测成果

序号	取样日期/(年-月-日)	浇筑部位 里程桩号	龄期/d	轴心抗压强度/MPa	弹性模量/MPa
1	20××-6-21	防渗墙：1+183.250～1+188.720	28	9.7	12104

4）泥浆性能试验。

在防渗墙施工过程中，对泥浆性能共抽检 5 组进行试验，所测项目试验值均满足设计规定值，见表 7-2-39。

表 7-2-39 40cm 厚度防渗墙泥浆性能测定试验检测成果

序号	试验日期/(年-月-日)	浇筑部位 里程桩号	比重/(g/cm³)	漏斗黏度/s	含砂率/%
1	20××-12-21	防渗墙：0+351.8～0+359.8	1.20	17.5	1.5
2	20××-12-22	防渗墙：0+367.8～0+375.8	1.18	18.5	5.0
3	20××-12-25	防渗墙：0+343.8～0+351.8	1.10	17.0	1.0
4	20××-12-26	防渗墙：0+407.8～0+415.8	1.10	16.0	1.0
5	20××-12-29	防渗墙：0+455.8～0+462.8	1.11	17.5	1.8

（2）第二分部工程（60cm 厚度塑性混凝土）。

1）混凝土抗压强度质量情况。

混凝土设计强度大于 6.0MPa，共抽检 54 组，最大值 13.5MPa、最小值 6.0MPa、平均值 8.9MPa，标准差 S_n=1.86MPa。同一标号试块取样组数 $n \geqslant 30$ 时，按照《水利水电工程施工质量检验与评定规程》（SL 176—2007）C.0.1 进行评定，计算结果表明，防渗墙第二分部工程 C6 混凝土试块抗压强度仅最小值满足优良条件，离差系数及强度保证率只达到合格条件，综合判定该分部工程的 C6 混凝土试块质量为合格，见表 7-2-40。

表 7-2-40 60cm 厚度防渗墙塑性混凝土统计计算成果

取样组数	设计强度等级	抗压强度/MPa		优良条件			合格条件		
		标准差	平均值	$R_{min} \geqslant 0.90R_{标}$	$P \geqslant 95\%$	$C_v < 0.14$	$R_{min} \geqslant 0.85R_{标}$	$P \geqslant 90\%$	$C_v < 0.18$
54	C6	1.86	8.9	R_{min}=6.0MPa	—	—	—	P=94.1%	C_v=0.209

2）混凝土抗渗质量评定。

混凝土抗渗：设计抗渗等级 W6，在第二分部工程防渗墙浇筑过程中共抽检 15 组，全部达到设计要求，见表 7-2-41。

3）混凝土弹性模量试验。

设计要求防渗墙混凝土弹性模量小于 1300MPa，在第二分部工程防渗墙浇筑过程共抽检19组。其中有6组大于13000MPa，最大值为16283MPa，最小值为10151MPa，平均值为12690MPa，检测结果表明防渗墙混凝土弹性模量满足设计要求，见表7-2-42。

表7-2-41　　60cm厚度防渗墙混凝土抗渗指标检测结果统计

序号	取样日期/(年-月-日)	浇筑部位 里程桩号	龄期/d	抗渗标号	
				设计	实测
1	20××-01-12	防渗墙：0+527.65～0+534.8	32	W6	W6
2	20××-02-05	防渗墙：0+664.8～0+672.8	28	W6	W6
3	20××-04-09	防渗墙：1+067.55～1+075.75	28	W6	W6
4	20××-04-15	防渗墙：1+075.75～1+083.75	28	W6	W6
5	20××-10-01	防渗墙：0+919.750～0+927.750	28	W6	W6
6	20××-10-13	防渗墙：0+844.800～0+852.800	28	W6	W6
7	20××-10-21	防渗墙：0+927.750～0+935.750	28	W6	W6
8	20××-11-06	防渗墙：0+828.800～0+836.800	28	W6	W6
9	20××-11-23	防渗墙：0+987.750～0+995.750	28	W6	W6
10	20××-11-25	防渗墙：(951.23) 0+868.8～0+876.75	28	W6	W6
11	20××-12-03	防渗墙：(969.23) 0+766.8～0+774.8	28	W6	W6
12	20××-12-06	防渗墙：(961.23) 0+820.8～0+828.8	28	W6	W6
13	20××-12-11	防渗墙：0+758.8～0+766.8	28	W6	W6
14	20××-03-09	防渗墙：1+137.45～1+145.45	28	W6	W7
15	20××-05-31	防渗墙：1+209.45～1+215.45	28	W6	W6

表7-2-42　　60cm厚度防渗墙混凝土弹性模量检测成果

序号	取样日期/(年-月-日)	浇筑部位 里程桩号	龄期/d	轴心抗压强度/MPa	弹性模量/MPa
1	20××-01-02	防渗墙：0+491.65～0+499.65	29	6.7	16283
2	20××-01-24	防渗墙：0+491.65～0+499.65	28	5.7	13219
3	20××-01-27	防渗墙：0+648.8～0+656.8	28	7.6	12328
4	20××-04-15	防渗墙：1+075.75～1+083.75	28	10.6	13084
5	20××-09-24	防渗墙：0+935.75～0+943.750	28	9.8	12656
6	20××-10-05	防渗墙：0+860.80～0+976.064	28	12.2	12859
7	20××-10-17	防渗墙：0+734.8～0+742.8	28	3.7	11258
8	20××-10-26	防渗墙：0+742.800～0+750.800	28	9.3	11339
9	20××-11-19	防渗墙：0+812.800～0+820.800	28	8.6	12543
10	20××-11-25	防渗墙：(951.23) 0+868.8～0+876.75	28	13.5	14849
11	20××-11-26	防渗墙：(961.23) 0+868.8～0+876.75	28	12.7	12732
12	20××-11-26	防渗墙：(969.23) 0+868.8～0+876.75	28	13.8	10151
13	20××-11-29	防渗墙：0+897.75～0+904.75	28	16.9	12102

续表

序号	取样日期/(年-月-日)	浇筑部位 里程桩号	龄期/d	轴心抗压强度/MPa	弹性模量/MPa
14	20××-12-03	防渗墙：(961.23) 0+766.8～0+774.8	28	15.7	11452
15	20××-12-03	防渗墙：(969.23) 0+766.8～0+774.8	28	10.0	12595
16	20××-12-06	防渗墙：(951.23) 0+820.8～0+828.8	28	9.6	11705
17	20××-12-06	防渗墙：(961.23) 0+820.8～0+828.8	28	13.6	13629
18	20××-12-06	防渗墙：(969.23) 0+820.8～0+828.8	28	13.4	13640
19	20××-03-24	防渗墙：1+145.450～1+153.450	28	8.1	11157

4）混凝土拌合物质量评定。

在防渗墙混凝土拌制过程中对拌合物质量共抽检19组，所测项目基本控制在施工配合比范围内，见表7-2-43。

表7-2-43　　混凝土拌合物质量抽检统计

序号	浇筑日期/(年-月-日)	浇筑部位 里程桩号	取样地点	混凝土温度/℃	容重/(t/m^3)	坍落度/mm
1	20××-02-05	防渗墙：0+664.8～0+672.8	机口	17	2133	210
2	20××-02-13	防渗墙：0+727.8～0+734.8	机口	19	2201	219
3	20××-03-17	防渗墙：1+122.4～1+130.35	机口	18	2183	226
4	20××-03-26	防渗墙：1+113.75～1+122.35	机口	20	2147	220
5	20××-04-04	防渗墙：1+083.75～1+091.75	机口	19	2162	218
6	20××-04-09	防渗墙：1+067.55～1+075.75	机口	17	2157	215
7	20××-04-15	防渗墙：1+075.75～1+083.75	机口	20	2133	225
8	20××-09-21	防渗墙：1+99.75～1+106.75	机口	18	2181	223
9	20××-09-24	防渗墙：0+935.750～0+943.750	机口	19	2210	216
10	20××-10-03	防渗墙：0+951.750～0+959.750	机口	21	2157	228
11	20××-10-13	防渗墙：0+844.800～0+852.800	机口	23	2174	220
12	20××-10-20	防渗墙：0+966.750～0+973.750	机口	19	2123	215
13	20××-10-26	防渗墙：0+742.800～0+750.800	机口	25	2148	210
14	20××-11-12	防渗墙：0+750.800～0+758.800	机口	23	2215	220
15	20××-11-19	防渗墙：0+812.800～0+820.800	机口	20	2180	224
16	20××-11-25	防渗墙：(951.23) 0+868.8～0+866.75	机口	19	2180	215
17	20××-12-02	防渗墙：0+995.75～1+003.75	机口	17	2202	220
18	20××-12-06	防渗墙：(951.23) 0+820.8～0+828.8	机口	18	2175	217
19	20××-12-11	防渗墙：0+758.8～0+766.8	机口	17	2176	215

5）泥浆性能分析结论。

施工过程中对泥浆性能共抽检16组，检测项目满足设计规定的施工范围内，见表7-2-44。

表 7-2-44　　60cm 厚度防渗墙泥浆性能测定试验检测成果

序号	试验日期 /(年-月-日)	浇筑部位或里程桩号	比重 /(g/cm³)	漏斗黏度 /s	含砂量率 /%
1	20××-01-06	0+534.8～0+541.8	1.04	15.6	0.25
2	20××-01-14	0+541.8～0+548.8	1.10	17.0	1.5
3	20××-01-27	0+648.8～0+656.8	1.15	17.5	2.0
4	20××-02-13	0+727.8～0+734.8	1.10	17.5	1.8
5	20××-03-17	1+122.4～1+130.35	1.07	16.0	1.0
6	20××-03-26	1+113.75～1+122.35	1.10	16.5	1.5
7	20××-04-09	1+067.55～1+075.75	1.12	17.0	1.0
8	20××-04-15	1+057.75～1+083.75	1.09	20.0	3.0
9	20××-09-24	0+935.75～943.75	1.16	16.0	2.0
10	20××-10-03	0+951.75～959.75	1.11	18.0	0.5
11	20××-10-14	0+943.75～951.75	1.14	18.5	1.5
12	20××-11-06	0+828.8～0+836.8	1.19	17.0	4.0
13	20××-11-17	0+973.75～0+980.75	1.07	16.5	3.5
14	20××-11-25	0+868.8～0+876.75	1.14	19.0	2.0
15	20××-12-03	0+766.8～0+774.8	1.15	20.0	1.5
16	20××-12-11	0+758.8～0+766.8	1.16	18.0	1.0
设计指标			1.1～1.2	18～25	≤5

6）混凝土劈裂抗拉试验。

按照设计要求，分别在桩号 0+868.8～0+876.75 高程 951.23m、961.23m、969.23m，桩号 0+766.8～0+919.75 高程 961.23m、969.23m，桩号 0+820.8～0+828.8 高程 951.23m、961.23m、969.23m 取混凝土试块测定劈裂抗拉强度。施工中共取混凝土试块 8 组，最大值为 0.39MPa，最小值为 0.27MPa，平均值为 0.34MPa，见表 7-2-45。

表 7-2-45　　混凝土劈裂抗拉试验结果统计

序号	取样日期 /(年-月-日)	设计等级	槽段（高程）	龄期/d	试验日期 /(年-月-日)	劈裂抗拉结果 /MPa
1	20××-11-25	C6	防渗墙 72 槽（951.23m）	28	20××-12-23	0.39
2	20××-11-26	C6	防渗墙 72 槽（961.23m）	28	20××-12-24	0.33
3	20××-11-26	C6	防渗墙 72 槽（969.23m）	28	20××-12-24	0.38
4	20××-12-03	C6	防渗墙 59 槽（961.23m）	28	20××-12-31	0.37
5	20××-12-03	C6	防渗墙 59 槽（969.23m）	28	20××-12-31	0.27
6	20××-12-06	C6	防渗墙 66 槽（951.23m）	28	20××-01-03	0.27
7	20××-12-06	C6	防渗墙 66 槽（961.23m）	28	20××-01-03	0.35
8	20××-12-06	C6	防渗墙 66 槽（969.23m）	28	20××-01-03	0.32

（三）溢洪道工程

溢洪道布置有进水渠、控制段、第一陡坡段、第一消力池、第二陡坡段、第二消力池和出口海漫段。

0－157.373～0－052.232 里程段为进水明渠弯段，左右导墙均采用 C10 埋石混凝土。

0－052.232～0－013.232 里程段为进水直段，底板边墙为 C20 钢筋混凝土。

0－013.232～0＋13.00 里程段为控制段，整个闸室均为 C20 整体式钢筋混凝土结构，左岸边墙外侧与大坝结合部分布置两道 C20 钢筋混凝土刺墙，机房基础为 C15 埋石混凝土。检修桥及交通桥分别在本段上下游通过。

0＋013.00～0＋205.15 里程段为第一陡坡段，底板和墙身均为 C20 钢筋混凝土。

0＋208.15～0＋261.68 里程段为第一陡槽段，底板和墙身均为 C25 钢筋混凝土。

0＋261.68～0＋295.68 里程段为第一级消力池，底板和墙身均为 C25 钢筋混凝土。

0＋295.68～0＋307.18 里程段为第一级消力池出口段，消力池底板和墙身均为 C25 钢筋混凝土。

0＋307.18～0＋470.37 里程段为第二陡坡段，底板和墙身均为 C20 钢筋混凝土。

0＋470.37～0＋492.48 里程段为跌坎消能段，底板和墙身均为 C25 钢筋混凝土。

0＋492.48～0＋526.48 里程段为第二级消力池，跌坎段和消力池的底板和墙身均为 C25 钢筋混凝土。

溢洪道沿线除与具体相交的段落外，其余边墙后的回填土顶面采用干砌毛块石护顶，其上部开挖边坡采用 M5.0 浆砌石护砌。

1. 主要检测成果

水泥检验 1 组、砂检试验报告 4 组、粗骨料试验报告 7 组、混凝土抗压强度试验报告 169 组、砂浆抗压强度试验报告 17 组、钢筋检验 6 组（拉伸、冷弯）。

2. 原材料质量评价

（1）水泥。

溢洪道所用水泥由项目法人统一采购供给，品种为××水泥厂生产的 P·O32.5 普通硅酸盐水泥，共取样 9 组，检测试验结果满足《硅酸盐水泥、普通硅酸盐水泥》（GB 175—1999），各项检测指标见表 7－2－46。

表 7－2－46　　溢洪道 P.O32.5 水泥检测成果统计

水泥品种	统计值	凝结时间/min		细度/%	安定性	抗压强度/MPa		抗折强度/MPa	
		初凝	终凝			3d	28d	3d	28d
P.O32.5	检测组数	9	9	9	9	9	9	9	9
	最大值	262	309	7.9	合格	5.8	8.2	31.5	45.7
	最小值	73	150	2.6	合格	3.3	6.6	14.3	36.0
	平均值	124.0	192.8	4.45	合格	4.78	7.31	24.3	40.1
执行标准《硅酸盐水泥、普通硅酸盐水泥》(GB 175—1999)		≥45 (min)	≤10h	≤10	合格	≥2.5	≥5.5	≥11.0	≥32.5

（2）钢筋。

溢洪道工程使用的钢筋为××钢铁总公司生产的热轧钢筋。施工期间对一级光圆钢筋 ϕ8、ϕ10、ϕ12、二级螺纹钢筋Φ12、Φ14、Φ16、Φ18、Φ20、Φ22、Φ25、Φ32 共 40 批次进行力学性能检验，检测试验结果表明，溢洪道所使用的钢筋质量合格，检测试验结果见表 7－2－47。

表 7-2-47　　溢洪道钢筋力学性能检测试验结果统计

级别	直径	统计值	屈服强度/MPa	抗拉强度/MPa	延伸率/%	冷弯试验 180°	检测结果
Ⅱ级	mm	标准值	Ⅱ级月牙肋≥335	Ⅱ级月牙肋≥490	Ⅱ级月牙肋≥16	完好	合格
螺纹钢筋	32	检测次数	2	2	2	2	2
		最大值	381.1	579.4	19.1	完好	合格
		最小值	375.5	578.2	17.8		
		平均值	378.3	578.8	18.5		
螺纹钢筋	25	检测次数	6	6	6	6	6
		最大值	449.1	598.9	22.8	完好	合格
		最小值	392.2	545.9	17.1		
		平均值	419.6	575.1	20.4		
	22	检测次数	1	1	1	1	1
		最大值	443.3	598.5	19.6	完好	合格
		最小值	443.3	598.5	19.6		
		平均值	443.3	598.5	19.6		
	20	检测次数	10	10	10	10	10
		最大值	480.6	611.1	25.5	完好	合格
		最小值	399.5	568.1	19.5		
		平均值	439.7	588.2	21.8		
	18	检测次数	2	2	2	2	2
		最大值	4656	591.4	22.2	完好	合格
		最小值	387.3	583.5	20		
		平均值	426.5	587.5	21.1		
	16	检测次数	7	7	7	7	7
		最大值	460.8	605.0	26.9	完好	合格
		最小值	410.3	563.6	19.4		
		平均值	438.9	581.9	23.4		
	14	检测次数	1	1	1	1	1
		最大值	466.7	658.5	20.5	好	合格
		最小值	466.7	658.5	20.5		
		平均值	466.7	658.5	20.5		
	12	检测次数	6	6	6	6	6
		最大值	486.3	658.7	22.8	完好	合格
		最小值	362.5	621.9	20.9		
		平均值	441.1	629.1	22.2		

续表

级别	直径	统计值	屈服强度/MPa	抗拉强度/MPa	延伸率/%	冷弯试验 180°	检测结果
Ⅰ级	mm	标准值	光圆≥235	光圆≥370	光圆≥25	完好	合格
光圆钢筋	12	检测次数	3	3	3	3	3
		最大值	333.8	499.6	32.5	完好	合格
		最小值	300.6	437.7	29.2		
		平均值	313.2	473.1	30.6		
	10	检测次数	1	1	1	1	1
		最大值	382.2	515.7	30.0	完好	合格
		最小值	382.2	515.7	30.0		
		平均值	382.2	515.7	30.0		
	8	检测次数	1	1	1	1	1
		最大值	347.9	551.7	30.7	完好	合格
		最小值	347.9	551.7	30.7		
		平均值	347.9	551.7	30.7		

(3) 细骨料。

溢洪道细骨料为南宛河天然河沙，施工期间共抽检4组，主要检测指标有细度模数、有机质检验、表观密度、空隙率、云母含量、含泥量、泥块含量等。依据《建筑用砂》(GB/T 14684—2001) 的要求，通过多次抽样检验，细度模数基本在中砂范围，级配在规范推荐的Ⅱ区内，检测结果见表7-2-48。

表7-2-48　××水库溢洪道细骨料检测成果统计

细骨料品种	统计值	细度模数	有机质检验	表观密度/(kg/m³)	空隙率/%	云母含量/%	含泥量/%	泥块含量/%
天然河砂	检测组数	4	4	4	4	4	4	4
	最大值	2.80	浅于标准色	2630	46	1.60	0.90	无
	最小值	2.61	浅于标准色	2600	43	1.26	0.70	无
	平均值	2.70	浅于标准色	2612.5	44.75	1.40	0.83	无
	合格率/%	100	100	100	100	100	100	100
执行标准《水工混凝土砂石骨料试验规程》(DL/T 5151—2001)		宜2.2～3.0	浅于标准色	≥2500	≤47.0	≤2.0	≤3.0	不允许

(4) 粗骨料。

由新鲜、坚硬的岩石，机械破碎而得。试验结果为一级配 (5～20) mm、连续级配 (5～40) mm 经抽样检验，基本满足规范要求，检测结果见表7-2-49。

表 7-2-49　　××水库溢洪道粗骨料检测成果统计

细骨料尺寸	统计值	粒径/mm	表观密度/(kg/m³)	吸水率/%	压碎指标/%	针片状颗粒含量/%	含泥量/%	泥块含量/%
4.75～19.0mm	检测组数	3	3	3	3	3	3	3
	最大值	19.0	2620	0.6	13.5	9.4	0.9	无
	最小值	4.75	2600	0.4	9.7	5.6	0.8	无
	平均值	—	2607	0.5	11.9	7.6	0.87	无
	合格率/%	100	100	100	100	100	100	100
4.75～37.5mm	检测组数	4	4	4	4	4	4	4
	最大值	37.5	2650	0.6	13.8	9.0	0.9	无
	最小值	4.75	2620	0.5	11.2	7.5	0.7	无
	平均值	—	2635	0.53	12.6	8.2	0.8	无
	合格率/%	100	100	100	100	100	100	100
执行标准《水工混凝土砂石骨料试验规程》(DL/T 5151—2001)		—	≥2500	≤2.5	≤30.0	≤15.0	≤3.0	不允许

(5) 混凝土拌和用水。

溢洪道工程混凝土拌和用水为生活饮用水，水质满足《水工混凝土施工规范》(DL/T 5144—2001) 5.5 节要求。

3. 溢洪道混凝土、砂浆质量检测试验数据分析及结论

根据××省水利水电工程质量监督中心站的审核确认，溢洪道单位工程共划分为 6 个分部工程。

溢洪道工程的混凝土、砂浆试块试验数据分析，按照《水利水电工程施工质量检验与评定规程》(SL 176—2007) 有关条文执行。

(1) 第一分部工程（进口引水段）。

1) 砂浆抗压强度质量情况。

第一分部工程砌筑砂浆设计强度等级为 M5.0，共抽检 11 组，最大值 R_{max}=9.9MPa、最小值 R_{min}=5.6MPa，平均值 R_n=8.5MPa，按照《水利水电工程施工质量检验与评定规程》(SL 176—2007) E.0.2 进行评定，计算结果表明，该分部工程 M5.0 砂浆试块抗压强度均满足合格标准，判定该分部工程的 M5.0 砂浆试块质量为合格，见表 7-2-50。

表 7-2-50　　溢洪道第一分部工程 M5.0 砌筑砂浆检测成果统计

取样组数	设计强度等级	抗压强度/MPa			合格条件	
		最大值	最小值	平均值	$R_n \geq R_{标}$	$R_{min} \geq 0.80R_{标}$
11	M5.0	9.9	5.6	8.5	8.5MPa>5.0MPa	5.6MPa>4.0MPa

2) 混凝土抗压强度质量情况。

C10 混凝土抽检 14 组，抗压强度最大值 R_{max}=24.0MPa、最小值 R_{min}=12.2MPa、平均值 R_n=16.35MPa、标准差 S_n=2.87MPa，按照《水利水电工程施工质量检验与评定规

程》（SL 176—2007）C.0.2 进行评定，计算结果表明，C10 混凝土试块抗压强度满足两个合格条件，判定该分部工程的 C10 混凝土试块质量为合格，见表 7-2-51。

表 7-2-51　　溢洪道第一分部工程 C10 混凝土检测成果统计

取样组数	$R_{标}$/MPa	抗压强度/MPa		合格条件	
		标准差 S_n	平均强度 R_n	$R_n-0.7S_n \geqslant R_{标}$	$R_n-1.60S_n \geqslant 0.80R_{标}$
14	C10	2.87	16.35	14.34MPa>10.0MPa	11.76MPa>8.0MPa

（2）第二分部工程（闸室段）。

1）溢洪道闸室 C10 埋石混凝土。

溢洪道 C10 埋石混凝土共抽检 3 组，抗压强度最大值 $R_{max}=16.5$MPa、最小值 $R_{min}=12.8$MPa、平均值 $R_n=14.4$MPa，按照《水利水电工程施工质量检验与评定规程》（SL 176—2007）C.0.3 进行评定，计算结果表明，C10 混凝土试块抗压强度满足两个合格条件，判定该分部工程的 C10 混凝土试块质量为合格，见表 7-2-52。

表 7-2-52　　溢洪道第二分部工程 C10 埋石混凝土检测成果统计

取样组数	设计强度等级	抗压强度/MPa			合格条件	
		最大值	最小值	平均值	$R_n \geqslant 1.15R_{标}$	$R_{min} \geqslant 0.95R_{标}$
3	C10	16.5	12.8	14.6	14.6MPa>11.5MPa	12.8MPa>9.5MPa

2）溢洪道闸室段 C20 钢筋混凝土。

溢洪道 C20 钢筋混凝土共抽检 12 组，抗压强度最大值 $R_{max}=24.4$MPa、最小值 $R_{min}=21.4$MPa、平均值 $R_n=23.0$MPa，按照《水利水电工程施工质量检验与评定规程》（SL 176—2007）C.0.2 进行评定，计算结果表明，C20 混凝土试块抗压强度满足两个合格条件，判定该分部工程的 C20 混凝土试块质量为合格，见表 7-2-53。

表 7-2-53　　溢洪道第一分部工程 C20 钢筋混凝土检测成果统计

取样组数	设计强度等级	抗压强度/MPa				合格条件	
		最大值	最小值	平均值	标准差	$R_n-0.7S_n>R_{标}$	$R_n-1.60S_n \geqslant 0.83R_{标}$
12	C20	24.4	21.4	23.0	2.0	21.6MPa>20.0MPa	19.8MPa>16.6MPa

3）溢洪道闸室段 C15 混凝土。

溢洪道闸室段 C15 混凝土抽检 4 组，抗压强度最大值 $R_{max}=23.8$MPa、最小值 $R_{min}=18.5$MPa、平均值 $R_n=22.1$MPa，按照《水利水电工程施工质量检验与评定规程》（SL 176—2007）C.0.3 进行评定，计算结果表明，C15 混凝土试块抗压强度满足两个合格条件，判定该分部工程的 C15 混凝土试块质量为合格，见表 7-2-54。

表 7-2-54　　溢洪道第二分部工程闸室段 C15 混凝土检测成果统计

取样组数	设计强度等级	抗压强度/MPa			合格条件	
		最大值	最小值	平均值	$R_n \geqslant 1.15R_{标}$	$R_{min} \geqslant 0.95R_{标}$
4	C15	23.8	18.5	22.1	22.1MPa>17.25MPa	18.5MPa>14.25MPa

（3）第三分部工程（第一陡坡段）。

第一陡坡段 C20 混凝土抽检 33 组，抗压强度最大值 R_{max}=28.30MPa、最小值 R_{min}=20.1MPa、平均值 R_n=23.3MPa、标准差 S_n=1.70MPa。同一标号试块取样组数 $n \geq 30$ 时，按照《水利水电工程施工质量检验与评定规程》（SL 176—2007）C.0.1 进行评定，计算结果表明，C20 混凝土试块抗压强度满足 C.0.1 优良条件，判定该分部工程的 C20 混凝土试块质量为优良，见表 7-2-55。

表 7-2-55　溢洪道第三分部工程 C20 混凝土检测成果统计

取样组数	设计强度等级	抗压强度/MPa		优良条件			合格条件		
		标准差	平均值	$R_{min} \geq 0.90R_{标}$	$P \geq 95\%$	$C_v < 0.14$	$R_{min} \geq 0.85R_{标}$	$P \geq 90\%$	$C_v < 0.18$
33	C20	1.70	23.3	R_{min}=20.1MPa	P=97.3%	C_v=0.073			

(4) 第四分部工程（陡槽段及第一级消力池）。

1) 陡槽段及第一级消力池 C20 钢筋混凝土。

陡槽段及第一级消力池 C20 钢筋混凝土共抽检 21 组，抗压强度最大值 R_{max}=27.3MPa、最小值 R_{min}=21.4MPa、平均值 R_n=23.0MPa，按照《水利水电工程施工质量检验与评定规程》（SL 176—2007）C.0.2 进行评定，计算结果表明，C20 混凝土试块抗压强度满足两个合格条件，判定该分部工程的 C20 混凝土试块质量为合格，见表 7-2-56。

表 7-2-56　溢洪道第四分部工程 C20 钢筋混凝土检测成果统计

取样组数	设计强度等级	抗压强度/MPa				合格条件	
		最大值	最小值	平均值	标准差	$R_n - 0.7S_n > R_{标}$	$R_n - 1.60S_n \geq 0.83R_{标}$
21	C20	27.3	20.1	23.1	2.0	21.7MPa>20.0MPa	19.9MPa>16.6MPa

2) 陡槽段及第一级消力池 C25 钢筋混凝土。

陡槽段及第一级消力池 C25 混凝土抽检 10 组，抗压强度最大值 R_{max}=31.1MPa、最小值 R_{min}=25.1MPa、平均值 R_n=27.1MPa，按照《水利水电工程施工质量检验与评定规程》（SL 176—2007）C.0.2 进行评定，计算结果表明，C25 混凝土试块抗压强度满足两个合格条件，判定该分部工程的 C25 混凝土试块质量为合格，见表 7-2-57。

表 7-2-57　溢洪道第四分部工程 C25 钢筋混凝土检测成果统计

取样组数	设计强度等级	抗压强度/MPa				合格条件	
		最大值	最小值	平均值	标准差	$R_n - 0.7S_n > R_{标}$	$R_n - 1.60S_n \geq 0.83R_{标}$
10	C25	31.1	25.1	27.1	2.0	27.1MPa>25.0MPa	23.9MPa>20.75MPa

3) 陡槽段及第一级消力池 M5.0 砂浆。

陡槽段及第一级消力池 M5.0 砂浆共抽检 3 组，最大值 R_{max}=13.1MPa、最小值 R_{min}=9.5MPa，平均值 R_n=11.6MPa，按照《水利水电工程施工质量检验与评定规程》（SL 176—2007）E.0.2 进行评定，计算结果表明，该分部工程 M5.0 砂浆试块抗压强度均满足合格标准，判定该分部工程的 M5.0 砂浆试块质量为合格，见表 7-2-58。

表 7-2-58　溢洪道第四分部工程 M5.0 砌筑砂浆检测成果统计

取样组数	设计强度等级	抗压强度/MPa			合格条件	
		最大值	最小值	平均值	$R_n \geq R_{标}$	$R_{min} \geq 0.80R_{标}$
11	M5.0	13.1	9.5	11.6	11.6MPa>5.0MPa	9.5MPa>4.0MPa

（5）第五分部工程（第二陡坡段）。

1）第二陡坡段 C20 钢筋混凝土。

第二陡坡段 C20 钢筋混凝土共抽检 32 组，抗压强度最大值 R_{max}=25.1MPa、最小值 R_{min}=20.1MPa、平均值 R_n=22.5MPa、标准差 S_n=1.29MPa。同一标号试块取样组数 $n \geqslant 30$ 时，按照《水利水电工程施工质量检验与评定规程》（SL 176—2007）C.0.1 进行评定，计算结果表明，C20 混凝土试块抗压强度满足 C.0.1 优良条件，判定该分部工程的 C20 混凝土试块质量为优良，见表 7-2-59。

表 7-2-59　溢洪道第五分部工程 C20 混凝土检测成果统计

取样组数	设计强度等级	抗压强度/MPa		优良条件			合格条件		
		标准差	平均值	$R_{min} \geqslant 0.90R_{标}$	$P \geqslant 95\%$	$C_v < 0.14$	$R_{min} \geqslant 0.85R_{标}$	$P \geqslant 90\%$	$C_v < 0.18$
32	C20	1.29	22.5	R_{min}=20.1MPa	P=97.4%	C_v=0.057			

2）第二陡坡段 C25 钢筋混凝土。

第二陡坡段 C25 钢筋混凝土共抽检 4 组，抗压强度最大值 R_{max}=32.3MPa、最小值 R_{min}=27.2MPa、平均值 R_n=27.9MPa，按照《水利水电工程施工质量检验与评定规程》（SL 176—2007）C.0.3 进行评定，计算结果表明，C25 混凝土试块抗压强度满足两个合格条件，判定该分部工程的 C25 混凝土试块质量为合格，见表 7-2-60。

表 7-2-60　溢洪道第五分部工程闸室段 C25 混凝土检测成果统计

取样组数	设计强度等级	抗压强度/MPa			合格条件	
		最大值	最小值	平均值	$R_n \geqslant 1.15R_{标}$	$R_{min} \geqslant 0.95R_{标}$
4	C25	32.3	27.2	29.1	29.1MPa>28.75MPa	25.2MPa>23.75MPa

（6）第六分部工程（跌坎段、第二消力池及海漫段）。

1）跌坎段、第二消力池及海漫段 C20 钢筋混凝土。

跌坎段、第二消力池及海漫段 C20 钢筋混凝土共抽检 34 组，抗压强度最大值 R_{max}=25.5MPa、最小值 R_{min}=20.1MPa、平均值 R_n=22.8MPa、标准差 S_n=1.03MPa。同一标号试块取样组数 $n \geqslant 30$ 时，按照《水利水电工程施工质量检验与评定规程》（SL 176—2007）C.0.1 进行评定，计算结果表明，C20 混凝土试块抗压强度满足 C.0.1 优良条件，判定该分部工程的 C20 混凝土试块质量为优良，见表 7-2-61。

表 7-2-61　溢洪道第五分部工程 C20 混凝土检测成果统计

取样组数	设计强度等级	抗压强度/MPa		优良条件			合格条件		
		标准差	平均值	$R_{min} \geqslant 0.90R_{标}$	$P \geqslant 95\%$	$C_v < 0.14$	$R_{min} \geqslant 0.85R_{标}$	$P \geqslant 90\%$	$C_v < 0.18$
34	C20	1.03	22.8	R_{min}=20.1MPa	P=99.7%	C_v=0.045			

2）跌坎段、第二消力池及海漫段 C25 钢筋混凝土。

跌坎段、第二消力池及海漫段 C25 钢筋混凝土共抽检 2 组，抗压强度最大值 R_{max}=31.4MPa、最小值 R_{min}=28.6MPa、平均值 R_n=30.0MPa，按照《水利水电工程施工质量检验与评定规程》(SL 176—2007) C.0.3 进行评定，计算结果表明，C25 混凝土试块抗压强度满足两个合格条件，判定该分部工程的 C25 混凝土试块质量为合格，见表 7-2-62。

表 7-2-62　溢洪道第五分部工程闸室段 C25 混凝土检测成果统计

取样组数	设计强度等级	抗压强度/MPa			合格条件	
		最大值	最小值	平均值	$R_n \geqslant 1.15R_{标}$	$R_{min} \geqslant 0.95R_{标}$
2	C25	31.4	28.6	30.0	30.0MPa>28.75MPa	28.6MPa>23.75MPa

3) 跌坎段、第二消力池及海漫段 M7.5 砂浆。

跌坎段、第二消力池及海漫段 M7.5 砂浆共抽检 2 组，最大值 $R_{max}=12.0$MPa、最小值 $R_{min}=9.6$MPa，平均值 $R_n=10.5$MPa，按照《水利水电工程施工质量检验与评定规程》(SL 176—2007) E.0.2 进行评定，计算结果表明，该分部工程 M5.0 砂浆试块抗压强度均满足合格标准，判定该分部工程的 M7.5 砂浆试块质量为合格，见表 7-2-63。

表 7-2-63　溢洪道第四分部工程 M7.5 砌筑砂浆检测成果统计

取样组数	设计强度等级	抗压强度/MPa			合格条件	
		最大值	最小值	平均值	$R_n \geqslant R_{标}$	$R_{min} \geqslant 0.80R_{标}$
3	M7.5	12.0	9.6	10.5	10.5MPa>7.5MPa	9.6MPa>6.0MPa

(四) 输水工程

××水库输水工程为枢纽工程的主要建筑物，为 2 级建筑物，总长 791.6m。工程于 20××年 1 月 1 日破土动工，20××年 9 月竣工。

输水工程由进口引水渠段、涵洞段和出口段组成。总长 791.6m，涵洞段长 104.5m。0+000.00～0+104.00 进口引水渠段，M5.0 浆砌石衬砌。涵洞段分水闸前段和闸后无压段：0+104～0+108.665 闸前段 C20 钢筋混凝土衬砌。0+108.665～0+120.465 闸门井段为整体 C20 钢筋混凝土结构，基础为 C10 素混凝土基础。0+120.46～0+220.171 无压洞身段 0+120.465～0+136.571 段采用 C35 钢纤维钢筋混凝土，其余段均为 C20 钢筋混凝土衬砌，廊道底部为 C10 塑性混凝土。出口段由扩散段、陡槽扩散段和消力池组成。

经××省水利水电工程质量监督中心站审核确认，输水工程单位工程划分为 4 个分部工程。

1. 主要检测成果

水泥检验 3 组、砂检试验报告 3 组、粗骨料试验报告 5 组、混凝土抗压强度试验报告 48 组、砂浆抗压强度试验报告 9 组、钢筋检验 6 组，其中：拉伸 6 组、冷弯 3 组。无压洞身段红黏土回填密度、含水量试验 256 组。

2. 原材料质量检测

(1) 水泥。

输水工程使用水泥管理局统一供给，品种为××县××水泥厂生产的 P·O32.5 普通硅酸盐水泥，经现场试验室抽检，满足《硅酸盐水泥、普通硅酸盐水泥》(GB 175—1999) 标准，见表 7-2-64。

表 7-2-64　　××水库输水工程 P.O32.5 水泥检测成果统计

水泥品种	统计值	凝结时间/min		细度/%	安定性	抗压强度/MPa		抗折强度/MPa	
		初凝	终凝			3d	28d	3d	28d
P.O32.5	检测组数	3	3	3	3	3	3	3	3
	最大值	217	312	6.8	合格	26.5	43.8	6.8	8.6
	最小值	83	138	2.8	合格	14.7	36.6	4.6	6.4
	平均值	126	206	5.1	合格	22.3	39.7	5.4	7.5
执行标准《硅酸盐水泥、普通硅酸盐水泥》(GB 175—1999)		≥45min	≤10h	≤10	合格	≥11.0	≥32.5	≥2.5	≥5.5

(2) 钢筋。

设计文件明确使用昆明钢铁总公司生产的热轧钢筋。经现场试验室对Ⅰ级Φ12、Φ16、Ⅱ级Φ18、Φ22、Φ25、Φ32 抽样共计 32 组进行力学性能检验，满足规范要求，见表 7-2-65。

表 7-2-65　　输水工程钢筋力学性能检测试验结果统计

级别	直径	统计值	屈服强度/MPa	抗拉强度/MPa	延伸率/%	冷弯试验 180°	检测结果
Ⅱ级	mm	标准值	Ⅱ级月牙肋≥335	Ⅱ级月牙肋≥490	Ⅱ级月牙肋≥16	完好	合格
月牙肋钢筋	32	检测次数	4	4	4	4	4
		最大值	411.3	579.3	19.6	完好	合格
		最小值	358.6	548.5	17.8		
		平均值	378.4	564.6	18.2		
	25	检测次数	9	9	9	9	9
		最大值	452.4	588.5	25.1	好	合格
		最小值	398.4	541.8	19.6		
		平均值	432.6	568.2	22.8		
	22	检测次数	3	3	3	3	3
		最大值	442.7	586.3	19.9	完好	合格
		最小值	395.6	563.2	17.8		
		平均值	428.6	572.6	18.6		
	18	检测次数	4	4	4	4	4
		最大值	466.8	568.4	22.7	完好	合格
		最小值	396.2	532.6	18.9		
		平均值	428.5	582.5	21.8		

续表

级别	直径	统计值	屈服强度/MPa	抗拉强度/MPa	延伸率/%	冷弯试验180°	检测结果
Ⅰ级	mm	标准值	光圆≥235	光圆≥370	光圆≥25	完好	合格
光圆钢筋	16	检测次数	5	5	5	5	5
		最大值	462.8	621.9	26.4	完好	合格
		最小值	422.6	561.6	19.6		
		平均值	446.4	572.6	21.7		
	12	检测次数	7	7	7	7	7
		最大值	477.6	676.5	22.8	完好	合格
		最小值	391.4	617.6	19.6		
		平均值	421.9	631.9	22.3		

(3) 细骨料。

细骨料为××河天然河沙，依据《建筑用砂》(GB/T 14684—2001) 的要求，通过多次抽样检验，细度模数基本在中砂范围，级配在规范推荐的Ⅱ区内，见表7-2-66。

表7-2-66　××水库输水工程细骨料检测成果统计

细骨料品种	统计值	细度模数	有机质检验	表观密度/(kg/m³)	空隙率/%	云母含量/%	含泥量/%	泥块含量/%
天然河砂	检测组数	3	3	3	3	3	3	3
	最大值	3.03	浅于标准色	2610	45	1.58	0.90	无
	最小值	2.62	浅于标准色	2600	44	1.32	0.80	无
	平均值	2.89	浅于标准色	2607	44.3	1.45	0.83	无
	合格率/%	100	100	100	100	100	100	100
执行标准《水工混凝土砂石骨料试验规程》(DL/T 5151—2001)		宜2.2～3.0	浅于标准色	≥2500	≤47.0	≤2.0	≤3.0	不允许

(4) 粗骨料。

水库输水工程使用的碎石由新鲜、坚硬的岩石，机械破碎而得。试验结果为一级配5～20mm、连续级配5～40mm，经抽样检验，满足规范要求，见表7-2-67。

表7-2-67　××水库输水工程粗骨料检测成果统计

细骨料尺寸	统计值	粒径/mm	表观密度/(kg/m³)	吸水率/%	压碎指标/%	针片状颗粒含量/%	含泥量/%	泥块含量/%
4.75～19.0mm	检测组数	2	2	2	2	2	2	2
	最大值	19.0	2610	0.5	9.0	6.3	0.9	无
	最小值	4.75	2600	0.5	8.8	5.9	0.9	无
	平均值	—	2607	0.5	13.3	6.1	0.9	无
	合格率/%	100	100	100	100	100	100	100

续表

细骨料尺寸	统计值	粒径/mm	表观密度/(kg/m³)	吸水率/%	压碎指标/%	针片状颗粒含量/%	含泥量/%	泥块含量/%
4.75～37.5mm	检测组数	3	3	3	3	3	3	3
	最大值	37.5	2650	0.6	12.6	9.2	0.8	无
	最小值	4.75	2620	0.5	9.8	5.7	0.7	无
	平均值	—	2.64	0.53	11.6	7.8	0.77	无
	合格率/%	100	100	100	100	100	100	100
执行标准《水工混凝土砂石骨料试验规程》(DL/T 5151—2001)		—	≥2500	≤2.5	≤30.0	≤15.0	≤3.0	不允许

(5) 混凝土拌和用水。

输水工程混凝土拌和用水为生活饮用水，水质满足《水工混凝土施工规范》(DL/T 5144—2001) 5.5 要求。

3. 混凝土、砂浆质量检测试验数据分析及结论

(1) 第一分部工程(竖井工作桥)。

1) 砂浆抗压强度质量情况。

竖井工作桥 M5.0 砌筑砂浆抽检 4 组，最大值 R_{max}=11.1MPa、最小值 R_{min}=5.7MPa，平均值 R_n=8.5MPa，按照《水利水电工程施工质量检验与评定规程》(SL 176—2007) E.0.2 进行评定，计算结果表明，该分部工程 M5.0 砂浆试块抗压强度均满足合格标准，判定该分部工程的 M5.0 砂浆试块质量为合格，见表 7-2-68。

表 7-2-68　输水工程第一分部工程 M5.0 砌筑砂浆检测成果统计

取样组数	设计强度等级	抗压强度/MPa			合格条件	
		最大值	最小值	平均值	$R_n \geq R_{标}$	$R_{min} \geq 0.80R_{标}$
4	M5.0	11.1	5.7	8.5	8.5MPa>5MPa	5.7MPa>4.0MPa

2) C15 混凝土抗压强度质量情况。

竖井工作桥 C15 混凝土共抽检 5 组，抗压强度最大值 R_{max}=21.1MPa、最小值 R_{min}=16.5MPa、平均值 R_n=18.9MPa，按照《水利水电工程施工质量检验与评定规程》(SL 176—2007) C.0.2 进行评定，计算结果表明，C15 混凝土试块抗压强度满足两个合格条件，判定该分部工程 C15 混凝土试块质量为合格，见表 7-2-69。

表 7-2-69　输水工程第一分部工程 C15 混凝土强度检测成果统计

取样组数	设计强度等级	抗压强度/MPa				合格条件	
		最大值	最小值	平均值	标准差	$R_n-0.7S_n>R_{标}$	$R_n-1.60S_n \geq 0.83R_{标}$
5	C15	21.1	16.5	18.9	2.0	17.5MPa>15.0MPa	15.7MPa>12.0MPa

3) C20 混凝土抗压强度质量情况。

竖井工作桥 C20 混凝土共抽检 6 组，抗压强度最大值 R_{max}=25.7MPa、最小值 R_{min}=21.3MPa、平均值 R_n=22.6MPa，按照《水利水电工程施工质量检验与评定规程》(SL

176—2007）C.0.2进行评定，计算结果表明，C20混凝土试块抗压强度满足两个合格条件，判定该分部工程C20混凝土试块质量为合格，见表7-2-70。

表7-2-70 输水工程第一分部工程C20混凝土检测成果统计

取样组数	设计强度等级	抗压强度/MPa				合格条件	
		最大值	最小值	平均值	标准差	$R_n-0.7S_n>R_{标}$	$R_n-1.60S_n\geq 0.83R_{标}$
6	C20	25.7	21.3	22.6	2.0	22.6MPa>20.0MPa	19.4MPa>16.6MPa

4）C25混凝土抗压强度质量情况。

竖井工作桥C25混凝土共抽检6组，抗压强度最大值R_{max}=27.1MPa、最小值R_{min}=21.3MPa、平均值R_n=22.6MPa，按照《水利水电工程施工质量检验与评定规程》（SL 176—2007）C.0.2进行评定，计算结果表明，C25混凝土试块抗压强度满足两个合格条件，判定该分部工程C25混凝土试块质量为合格，见表7-2-71。

表7-2-71 输水工程第一分部工程C25混凝土检测成果统计

取样组数	设计强度等级	抗压强度/MPa				合格条件	
		最大值	最小值	平均值	标准差	$R_n-0.7S_n>R_{标}$	$R_n-1.60S_n\geq 0.83R_{标}$
6	C25	29.2	25.1	26.8	2.0	25.4MPa>25.0MPa	23.6MPa>20.8MPa

（2）第二分部工程（无压洞身及出口消力池段）。

1）M7.5砂浆抗压强度质量情况。

无压洞身及出口消力池段M7.5砌筑砂浆抽检4组，最大值R_{max}=9.1MPa、最小值R_{min}=7.9MPa，平均值R_n=8.6MPa，按照《水利水电工程施工质量检验与评定规程》（SL 176—2007）E.0.2进行评定，计算结果表明，该分部工程M7.5砂浆试块抗压强度均满足合格标准，判定该分部工程M7.5砂浆试块质量为合格，见表7-2-72。

表7-2-72 输水工程第二分部工程M7.5砌筑砂浆检测成果统计

取样组数	设计强度等级	抗压强度/MPa			合格条件	
		最大值	最小值	平均值	$R_n\geq R_{标}$	$R_{min}\geq 0.80R_{标}$
4	M5.0	9.1	7.9	8.6	8.6MPa>7.5MPa	7.9MPa>4.0MPa

2）C6塑性混凝土抗压强度。

C6塑性混凝土抗压强度共抽检4组，抗压强度最大值R_{max}=10.5MPa、最小值R_{min}=6.9MPa、平均值R_n=8.9MPa，按照《水利水电工程施工质量检验与评定规程》（SL 176—2007）C.0.3进行评定，计算结果表明，C6混凝土试块抗压强度满足两个合格条件，判定该分部工程的C6混凝土试块质量为合格，见表7-2-73。

表7-2-73 输水工程第二分部工程C6混凝土检测成果统计

取样组数	设计强度等级	抗压强度/MPa			合格条件	
		最大值	最小值	平均值	$R_n\geq 1.15R_{标}$	$R_{min}\geq 0.95R_{标}$
4	C6	10.5	6.9	8.9	8.9MPa>6.9MPa	6.9MPa>5.7MPa

3）C20 混凝土抗压强度质量情况。

无压洞身及出口消力池段 C20 混凝土共抽检 17 组，抗压强度最大值 R_{max}=28.8MPa、最小值 R_{min}=20.6MPa、平均值 R_n=23.2MPa，按照《水利水电工程施工质量检验与评定规程》（SL 176—2007）C.0.2 进行评定，计算结果表明，C20 混凝土试块抗压强度满足两个合格条件，判定该分部工程的 C20 混凝土试块质量为合格，见表 7-2-74。

表 7-2-74　　输水工程第二分部工程 C20 混凝土检测成果统计

取样组数	设计强度等级	抗压强度/MPa				合格条件	
		最大值	最小值	平均值	标准差	$R_n-0.7S_n>R_标$	$R_n-1.60S_n\geq 0.83R_标$
17	C20	28.8	20.6	23.2	2.06	21.8MPa>20.0MPa	19.9MPa>16.6MPa

4）C35 混凝土抗压强度质量情况。

无压洞身及出口消力池段 C35 混凝土共抽检 3 组，抗压强度最大值 R_{max}=38.8MPa、最小值 R_{min}=36.9MPa、平均值 R_n=36.0MPa，按照《水利水电工程施工质量检验与评定规程》（SL 176—2007）C.0.3 进行评定，计算结果表明，C35 混凝土试块抗压强度满足两个合格条件，判定该分部工程的 C35 混凝土试块质量为合格，见表 7-2-75。

表 7-2-75　　输水工程第二分部工程 C35 混凝土检测成果统计

取样组数	设计强度等级	抗压强度/MPa			合格条件	
		最大值	最小值	平均值	$R_n\geq 1.15R_标$	$R_{min}\geq 0.95R_标$
3	C35	42.8	36.9	40.6	40.6MPa>40.3MPa	36.9MPa>33.3MPa

（3）第三分部工程（分水闸机房土建）。

1）C20 混凝土抗压强度质量情况。

分水闸机房 C20 混凝土抽检 6 组，抗压强度最大值 R_{max}=24.0MPa、最小值 R_{min}=21.3MPa、平均值 R_n=23.0MPa，按照《水利水电工程施工质量检验与评定规程》（SL 176—2007）C.0.2 进行评定，计算结果表明，C20 混凝土试块抗压强度满足两个合格条件，判定该分部工程的 C20 混凝土试块质量为合格，见表 7-2-76。

表 7-2-76　　输水工程第二分部工程 C20 混凝土检测成果统计

取样组数	设计强度等级	抗压强度/MPa				合格条件	
		最大值	最小值	平均值	标准差	$R_n-0.7S_n>R_标$	$R_n-1.60S_n\geq 0.83R_标$
6	C20	24.0	21.3	23.0	2.0	21.6MPa>20.0MPa	19.8MPa>16.6MPa

2）C10 混凝土抗压强度质量情况。

输水工程泄水闸中墩 C10 埋石混凝土抽检 1 组，试件 28d 抗压强度值 R=19.9MPa，按照《水利水电工程施工质量检验与评定规程》（SL 176—2007）C.0.4 进行评定，合格条件为 $R\geq 1.15R_标$，R=19.9MPa>1.15$R_标$（11.5MPa），判定该分部工程的 C10 混凝土质量为合格。

3）M7.5 砂浆抗压强度质量情况。

输水工程泄水闸砌砖 M7.5 砂浆抽检 1 组，试件 28d 抗压强度值 R=9.9MPa。按照《水利水电工程施工质量检验与评定规程》（SL 176—2007）E.0.2 进行评定：

合格标准　　　　　　　$R_n \geq R_{标}, R_{min} \geq 0.80R_{标}$

此处 R=9.9MPa 满足上述合格标准，判定 M7.5 砂浆试块质量合格。

(4) 无压洞身段红黏土回填主要施工质量控制指标及统计结果质量情况。

1) 碾压试验期间击实试验测得的最大干密度 1.38～1.44g/cm^3，平均值 1.41g/cm^3。最优含水率 27.4%～30.9%，平均值 29.1%。干密度控制指标按压实度≥0.98 控制，含水量控制范围在−2%←WOP→+3%。

2) 施工过程中采用直立式电动快速冲击务实，铺土厚度 20cm，碾压遍数 5 单遍，人工平料。

3) 试验采用环刀法，含水量试验采用恒温干燥箱，温度控制在 105℃，烘烤 8h 测得用于计算干密度。

4) 回填过程中共抽检干密度、含水量各 256 组，干密度值对应击实指标换算压实度，≥0.98 的样品有 256 组，单组合格率为 100%。检测统计结果见表 7-2-77～表 7-2-80。

表 7-2-77　　　　××水库输水工程土方回填压实度统计（一）

回填部位：左 1 段 0+120.465～0+164.171						
取样日期/(年-月-日)	层数	统计组数	含水量范围值	干密度范围值	合格组数	合格率/%
			平均值/%	平均值/(g/cm^3)		
20××-04-27	1	2	32.9～32.1	1.38～1.39	2	100
			32.5	1.39		
20××-04-27	2	2	32.2～33.6	1.38～1.39	2	100
			32.9	1.39		
20××-04-28	3	2	32.5～33.3	1.38～1.38	2	100
			32.9	1.38		
20××-04-28	4	2	31.2～32.5	1.40～1.42	2	100
			31.9	1.41		
20××-04-29	5	2	31.3～32.8	1.37～1.39	2	100
			32.1	1.38		
20××-04-29	6	2	31.9～32.5	1.40～1.40	2	100
			32.2	1.40		
20××-04-29	7	2	31.7～31.9	1.39～1.40	2	100
			31.8	1.40		
20××-04-30	8	2	32.9～33.5	1.37～1.38	2	100
			33.2	1.38		
20××-04-30	9	2	30.8～32.3	1.38～1.39	2	100
			31.6	1.39		
20××-05-01	10	2	31.0～32.9	1.38～1.39	2	100
			32.0	1.39		
20××-05-01	11	2	30.5～31.6	1.41～1.41	2	100
			31.1	1.41		

续表

回填部位：左 1 段 0+120.465～0+164.171						
取样日期 /(年-月-日)	层数	统计组数	含水量范围值	干密度范围值	合格组数	合格率 /%
			平均值/%	平均值/(g/cm³)		
20××-05-02	12	2	31.7～32.0	1.38～1.39	2	100
			31.9	1.39		
20××-05-02	13	2	31.0～32.1	1.40～1.40	2	100
			31.6	1.40		
20××-05-03	14	2	30.6～32.4	1.38～1.40	2	100
			31.5	1.39		
20××-05-03	15	2	30.7～31.6	1.39～1.41	2	100
			31.2	1.40		
20××-05-04	16	2	31.1～32.7	1.39～1.41	2	100
			31.9	1.40		
20××-05-04	17	2	30.7～32.8	1.38～1.42	2	100
			31.8	1.40		
20××-05-05	18	2	31.4～31.7	1.39～1.41	2	100
			31.6	1.40		
20××-05-05	19	2	29.3～30.7	1.42～1.44	2	100
			30.0	1.43		
20××-05-06	20	2	29.2～32.7	1.39～1.44	2	100
			31.0	1.42		
20××-05-06	21	2	31.2～33.8	1.38～1.40	2	100
			32.5	1.39		
20××-05-07	22	2	31.2～31.6	1.38～1.43	2	100
			31.4	1.40		
20××-05-07	23	2	30.2～32.9	1.38～1.44	2	100
			31.6	1.41		
20××-05-08	24	2	30.3～31.4	1.43～1.43	2	100
			30.9	1.43		
20××-05-08	25	2	29.3～31.8	1.38～1.40	2	100
			30.6	1.39		
20××-05-08	26	2	29.5～29.9	1.43～1.43	2	100
			29.7	1.43		
20××-05-09	27	2	30.9～31.2	1.41～1.43	2	100
			31.1	1.42		
20××-05-09	28	2	30.6～31.8	1.41～1.41	2	100
			31.2	1.41		

续表

回填部位：左1段0+120.465～0+164.171						
取样日期/(年-月-日)	层数	统计组数	含水量范围值	干密度范围值	合格组数	合格率/%
			平均值/%	平均值/(g/cm³)		
20××-05-10	29	2	28.6～30.3	1.39～1.39	2	100
			29.5	1.39		
20××-05-10	30	2	28.6～29.0	1.40～1.43	2	100
			28.8	1.42		
20××-05-11	31	2	29.9～30.4	1.40～1.43	2	100
			30.2	1.42		
20××-05-11	32	2	30.6～31.5	1.42～1.43	2	100
			31.1	1.43		

表 7-2-78　　××水库输水工程土方回填压实度统计（二）

回填部位：左2段0+164.171～0+223.171						
取样日期/(年-月-日)	层数	统计组数	含水量范围值	干密度范围值	合格组数	合格率/%
			平均值/%	平均值/(g/cm³)		
20××-05-18	1	2	28.5～31.4	1.43～1.46	2	100
			30.0	1.45		
20××-05-18	2	2	29.5～30.7	1.43～1.45	2	100
			30.1	1.44		
20××-05-18	3	2	29.1～30.2	1.46～1.46	2	100
			29.7	1.46		
20××-05-18	4	2	31.5～31.7	1.38～1.41	2	100
			31.6	1.40		
20××-05-18	5	2	29.0～30.1	1.39～1.44	2	100
			29.6	1.42		
20××-05-18	6	2	28.3～30.0	1.44～1.46	2	100
			29.2	1.45		
20××-05-18	7	2	27.0～28.0	1.47～1.45	2	100
			27.5	1.46		
20××-05-18	8	2	26.0～27.3	1.45～1.47	2	100
			26.7	1.46		
20××-05-18	9	2	28.7～29.5	1.47～1.48	2	100
			29.1	1.48		
20××-05-19	10	2	27.1～30.2	1.45～1.46	2	100
			28.7	1.46		
20××-05-19	11	2	27.4～29.7	1.44～1.45	2	100
			28.6	1.45		

续表

回填部位：左2段0+164.171～0+223.171						
取样日期/(年-月-日)	层数	统计组数	含水量范围值 平均值/%	干密度范围值 平均值/(g/cm³)	合格组数	合格率/%
20××-05-19	12	2	28.1～29.0 28.6	1.46～1.47 1.47	2	100
20××-05-19	13	2	29.2～29.3 29.3	1.46～1.48 1.47	2	100
20××-05-19	14	2	29.1～29.7 29.4	1.44～1.46 1.45	2	100
20××-05-20	15	2	30.7～30.8 30.8	1.41～1.43 1.42	2	100
20××-05-20	16	2	29.1～29.2 29.2	1.45～1.47 1.46	2	100
20××-05-20	17	2	28.3～29.2 28.8	1.46～1.47 1.47	2	100
20××-05-20	18	2	28.1～30.2 29.2	1.44～1.46 1.45	2	100
20××-05-20	19	2	29.0～29.3 29.2	1.46～1.47 1.47	2	100
20××-05-20	20	2	26.2～28.4 27.3	1.47～1.46 1.47	2	100
20××-05-20	21	2	26.6～32.2 29.4	1.41～1.43 1.42	2	100
20××-05-20	22	2	28.3～29.9 29.1	1.45～1.45 1.45	2	100
20××-05-20	23	2	28.9～31.4 30.2	1.43～1.46 1.45	2	100
20××-05-21	24	2	30.7～31.5 31.1	1.39～1.45 1.42	2	100
20××-05-21	25	2	31.8～32.8 32.3	1.39～1.41 1.40	2	100
20××-05-21	26	2	30.2～32.9 31.6	1.40～1.43 1.42	2	100
20××-05-21	27	2	32.0～32.3 32.2	1.41～1.42 1.42	2	100
20××-05-21	28	2	31.1～31.7 31.4	1.42～1.43 1.43	2	100

续表

回填部位：左 2 段 0＋164.171～0＋223.171						
取样日期 /(年-月-日)	层数	统计组数	含水量范围值 平均值/%	干密度范围值 平均值/(g/cm³)	合格组数	合格率 /%
20××-05-21	29	2	31.5～32.1 31.8	1.40～1.43 1.42	2	100
20××-05-21	30	2	27.0～29.2 28.1	1.46～1.49 1.48	2	100
20××-05-21	31	2	28.4～32.6 30.5	1.42～1.45 1.44	2	100
20××-05-21	32	2	31.4～32.0 31.7	1.39～1.42 1.41	2	100

表 7-2-79　　××水库输水工程土方回填压实度统计（三）

回填部位：右 1 段 0＋120.465～0＋164.171						
取样日期 /(年-月-日)	层数	统计组数	含水量范围值 平均值/%	干密度范围值 平均值/(g/cm³)	合格组数	合格率 /%
20××-05-02	1	2	30.0～32.0 31.0	1.38～1.39 1.39	2	100
20××-05-02	2	2	31.6～32.3 32.0	1.38～1.40 1.39	2	100
20××-05-02	3	2	30.2～31.7 31.0	1.41～1.47 1.44	2	100
20××-05-03	4	2	29.0～30.2 29.6	1.43～1.44 1.44	2	100
20××-05-03	5	2	32.0～32.5 32.3	1.38～1.39 1.39	2	100
20××-05-04	6	2	31.4～33.1 32.3	1.39～1.42 1.41	2	100
20××-05-04	7	2	28.0～33.5 30.8	1.40～1.46 1.43	2	100
20××-05-05	8	2	28.8～31.5 30.2	1.40～1.45 1.43	2	100
20××-05-05	9	2	30.4～32.0 31.2	1.40～1.43 1.42	2	100
20××-05-06	10	2	30.1～32.3 31.2	1.39～1.42 1.41	2	100
20××-05-06	11	2	30.5～31.9 31.2	1.42～1.43 1.43	2	100

续表

回填部位：右 1 段 0＋120.465～0＋164.171						
取样日期/(年-月-日)	层数	统计组数	含水量范围值	干密度范围值	合格组数	合格率/%
			平均值/%	平均值/(g/cm³)		
20××-05-07	12	2	29.3～32.0	1.42～1.46	2	100
			30.7	1.44		
20××-05-07	13	2	28.8～29.4	1.45～1.47	2	100
			29.1	1.46		
20××-05-08	14	2	29.9～30.1	1.43～1.44	2	100
			30.0	1.44		
20××-05-08	15	2	29.8～32.3	1.39～1.45	2	100
			31.1	1.42		
20××-05-08	16	2	31.8～33.7	1.39～1.41	2	100
			32.8	1.40		
20××-05-09	17	2	1.44～1.44	1.44～1.44	2	100
			1.44	1.44		
20××-05-09	18	2	1.42～1.45	1.42～1.45	2	100
			1.44	1.44		
20××-05-09	19	2	1.42～1.44	1.42～1.44	2	100
			1.43	1.43		
20××-05-10	20	2	1.41～1.42	1.41～1.42	2	100
			1.42	1.42		
20××-05-10	21	2	1.41～1.44	1.41～1.44	2	100
			1.43	1.43		
20××-05-10	22	2	1.40～1.41	1.40～1.41	2	100
			1.41	1.41		
20××-05-11	23	2	1.41～1.44	1.41～1.44	2	100
			1.43	1.43		
20××-05-11	24	2	1.39～1.40	1.39～1.40	2	100
			1.40	1.40		
20××-05-11	25	2	29.2～32.0	1.41～1.42	2	100
			30.6	1.42		
20××-05-12	26	2	31.0～31.9	1.40～1.44	2	100
			31.5	1.42		
20××-05-12	27	2	28.8～32.0	1.40～1.43	2	100
			30.4	1.42		
2005-05-12	28	2	28.2～31.1	1.43～1.45	2	100
			29.7	1.44		

续表

回填部位：右 1 段 0＋120.465～0＋164.171						
取样日期/(年-月-日)	层数	统计组数	含水量范围值	干密度范围值	合格组数	合格率/%
			平均值/%	平均值/(g/cm³)		
20××-05-13	29	2	30.4～30.8	1.40～1.43	2	100
			30.6	1.42		
20××-05-13	30	2	30.0～30.5	1.44～1.45	2	100
			30.3	1.45		
20××-05-13	31	2	30.6～31.1	1.41～1.44	2	100
			30.9	1.43		
20××-05-13	32	2	29.0～32.1	1.42～1.44	2	100
			30.6	1.43		

表 7-2-80　××水库输水工程土方回填压实度统计（四）

回填部位：右 2 段 0＋164.171～0＋223.171						
取样日期/(年-月-日)	层数	统计组数	含水量范围值	干密度范围值	合格组数	合格率/%
			平均值/%	平均值/(g/cm³)		
20××-05-25	1	2	30.1～32.1	1.42～1.45	2	100
			31.1	1.44		
20××-05-25	2	2	31.1～32.0	1.42～1.44	2	100
			31.6	1.43		
20××-05-25	3	2	31.0～34.4	1.39～1.41	2	100
			32.7	1.40		
20××-05-25	4	2	30.7～31.5	1.41～1.42	2	100
			31.1	1.42		
20××-05-26	5	2	31.3～32.3	1.41～1.42	2	100
			31.8	1.42		
20××-05-26	6	2	30.1～30.9	1.40～1.47	2	100
			30.5	1.44		
20××-05-26	7	2	31.3～31.6	1.41～1.46	2	100
			31.5	1.44		
20××-05-26	8	2	32.1～32.5	1.40～1.42	2	100
			32.3	1.41		
20××-05-27	9	2	30.8～31.0	1.40～1.43	2	100
			30.9	1.42		
20××-05-27	10	2	31.3～32.4	1.44～1.44	2	100
			31.9	1.44		
20××-05-27	11	2	30.4～30.6	1.43～1.46	2	100
			30.5	1.45		

续表

回填部位：右 2 段 0+164.171～0+223.171						
取样日期/(年-月-日)	层数	统计组数	含水量范围值	干密度范围值	合格组数	合格率/%
			平均值/%	平均值/(g/cm³)		
20××-05-28	12	2	31.7～33.0	1.41～1.41	2	100
			32.4	1.41		
20××-05-28	13	2	31.6～33.7	1.40～1.46	2	100
			32.7	1.43		
20××-05-28	14	2	32.6～34.4	1.39～1.40	2	100
			33.5	1.40		
20××-05-29	15	2	32.6～32.9	1.38～1.40	2	100
			32.8	1.39		
20××-05-29	16	2	31.8～33.9	1.39～1.43	2	100
			32.9	1.41		
20××-05-29	17	2	32.0～32.3	1.40～1.42	2	100
			32.2	1.41		
20××-05-30	18	2	30.0～32.7	1.42～1.46	2	100
			31.4	1.44		
20××-05-30	19	2	29.1～30.3	1.47～1.47	2	100
			29.7	1.47		
20××-05-30	20	2	30.3～31.2	1.44～1.47	2	100
			30.8	1.46		
20××-05-31	21	2	30.2～32.6	1.43～1.44	2	100
			31.4	1.44		
20××-05-31	22	2	30.8～31.4	1.41～1.42	2	100
			31.1	1.42		
20××-05-31	23	2	30.6～31.3	1.41～1.44	2	100
			31.0	1.43		
20××-06-01	24	2	30.2～32.9	1.41～1.44	2	100
			31.6	1.43		
20××-06-01	25	2	30.4～31.4	1.40～1.47	2	100
			30.9	1.44		
20××-06-01	26	2	32.0～32.8	1.40～1.41	2	100
			32.4	1.41		
20××-06-01	27	2	31.8～31.9	1.41～1.46	2	100
			31.9	1.44		
20××-06-02	28	2	31.8～32.5	1.39～1.40	2	100
			32.2	1.40		

续表

回填部位：右2段0+164.171～0+223.171						
取样日期/(年-月-日)	层数	统计组数	含水量范围值	干密度范围值	合格组数	合格率/%
			平均值/%	平均值/(g/cm³)		
20××-06-02	29	2	30.7～30.9	1.43～1.45	2	100
			30.8	1.44		
20××-06-02	30	2	31.5～32.0	1.42～1.43	2	100
			31.8	1.43		
20××-06-03	31	2	32.5～32.6	1.40～1.41	2	100
			32.6	1.41		
20××-06-03	32	2	32.0～32.8	1.39～1.42	2	100
			32.4	1.41		

检测试验数据表明：左1段（0＋120.465～0＋164.171）、左2段（0＋164.171～0＋223.171）、右1段（0＋120.465～0＋164.171）、右2段（0＋164.171～0＋223.171）回填质量满足设计要求。

七、不合格材料情况说明

施工过程中，溢洪道C20混凝土出现低强现象，已及时进行返工，满足设计要求。

八、结论

××水库工程首部枢纽工程的大坝、防渗墙、溢洪道、输水等四个单位工程原材料、中间产品质量全部合格，坝基处理各项指标满足设计要求，大坝填筑指标满足设计指标和规范要求。

第三节　水电站枢纽工程竣工验收质量检测报告示例

××水电站工程竣工验收质量检测报告

一、工程概况

××水电站工程位于××省××州××县境内，坝址在××江干流的下游河段。坝址距下游××村5km，距州府××市约70km。

××水电站是以发电、防洪为主，兼顾灌溉的综合性工程，并为城市供水、养殖和旅游提供了有利条件。枢纽总库容12.17亿m^3，调节库容6.79亿m^3，电站装机三台，总装机容量300MW。

××水电站工程由混凝土双曲拱坝、引水系统及地面厂房组成。混凝土拱坝包括溢流坝段、挡水坝段及重力墩坝段，坝下接消能塘消能；引水发电系统设于左岸，施工期的导流洞布置于右岸。工程混凝土总方量约为75.92万m^3。

二、质量检测机构

为确保××水电站施工质量，为工程竣工提供验收资料，受××水电开发有限公司的委托，××水利基本建设工程质量检测中心在××水电站工程建设的施工过程中，根据《××水电站工程中心试验室运行与管理技术服务合同》对施工过程中所浇筑的混凝土及原材料进行了全面质量检测；对电站金属结构、机电安装工程派员全程共同进行检测、试验，采集数据，成果共享。本水电站工程质量检测机构为××水利基本建设工程质量检测中心，壹级检测资质，营业范围为建筑材料、土工试验、混凝土制品等，实行了室主任负责制，试验资质符合要求。中心试验室代表业主对工程质量进行抽样检测，及时提供准确的质量检测数据，供参建各方对工程质量做出科学、正确的判断。

三、项目划分及质量检测计划

××水电站枢纽工程共划分4个单位工程：混凝土双曲拱坝工程、发电引水系统工程、发电厂房工程、升压变电站工程。57个分部工程，其中主要分部工程14个：左岸重力墩、右岸重力墩、溢流坝段、导流洞封堵、进水塔（土建）、压力钢管制作与安装、1号水轮发电机组安装、2号水轮发电机组安装、3号水轮发电机组安装、4号水轮发电机组安装、厂房房建工程、1号主变压器安装、2号主变压器安装、3号主变压器安装。

根据项目划分方案结合质量检测合同，本检测中心经认真研究，制定了《××水电站枢纽工程质量检测计划及作业指导书》，作为本工程质量检测工作的依据。

四、检测依据与检测项目

（一）检测依据

1. 水泥

(1)《中热硅酸盐水泥、低热硅酸盐水泥、低热矿渣硅酸盐水泥》(GB 200—2003)。

(2)《普通硅酸盐水泥》(GB 175—1999)(2008年6月1日前使用)。

(3)《通用硅酸盐水泥》(GB 175—2007)。

(4)《水泥胶砂强度检测方法》(GB/T 17671—1999)(ISO法)。

(5)《水泥标准稠度用水量、凝结时间、安定性检测方法》(GB/T 1346—2001)。

(6)《水泥比表面积测定方法》(GB/T 8074—2008)(勃氏法)。

(7)《水泥细度检验方法　筛析法》(GB/T 1345—2005)。

2. 火山灰

《用于水泥中的火山灰质混合材料》(GB/T 2847—2005)。

3. 外加剂

(1)《水工混凝土外加剂技术规程》(DL/T 5100—1999)。

(2)《聚羧酸系高性能减水剂》(JG/T 223—2007)。

4. 砂石骨料

(1)《水工混凝土施工规范》(DL/T 5144—2001)。

(2)《水工混凝土砂石骨料试验规程》(DL/T 5151—2001)。

(3)《建筑用砂》(GB/T 14684—2001)。

5. 止水带

(1)《水工建筑物止水带技术规范》(DL/T 5215—2005)。

(2)《高分子防水材料第二部分止水带》(GB 8173—2000)。

(3)《铜及铜合金带材》(GB/T 2059—2000)。

(4)《水工混凝土施工规范》(DL/T 5144—2001)。

(5)《金属材料室温拉伸试验方法》(GB/T 228—2002)。

(6)《硫化橡胶低温脆性的测定 单试样法》(GB/T 1682—94)。

(7)《硫化橡胶或热塑性橡胶拉抻应力应变性能的测定》(GB/T 528—1998)。

(8)《橡胶袖珍硬度计压入硬度试验方法》(GB/T 531—1999)。

(9)《硫化橡胶或热塑性橡胶撕裂强度的测定(裤形、直角形和新月形试样)》(GB/T 529—1999)。

(10)《硫化橡胶或热塑性橡胶热空气加速老化和耐热试验》(GB/T 3512—2001)。

(11)《硫化橡胶、热塑性橡胶常温、高温和低温下压缩永久变形测定》(GB/T 7759—1996)。

6. 钢筋及焊接件

(1)《钢筋焊接及验收规程》(JGJ 18—2003)。

(2)《钢筋混凝土用热轧带肋钢筋》(GB 1499—1998)。

(3)《钢筋混凝土用热轧光圆钢筋》(GB 13013—1991)。

(4)《钢筋混凝土用钢 第1部分:热轧光圆钢筋》(GB 1499.1—2008)。

(5)《钢筋混凝土用钢 第2部分:热轧带肋钢筋》(GB 1499.2—2007)。

(6)《金属材料室温拉伸试验方法》(GB/T 228—2002)。

(7)《金属材料弯曲试验方法》(GB/T 232—1999)。

(8)《钢筋焊接接头试验方法标准》(JGJ/T 27—2001)。

(9)《钢筋机械连接通用技术规程》(JGJ 107—2003)。

7. 混凝土强度、抗渗性、抗冻性

(1)《水工混凝土试验规程》(SL 352—2006)。

(2)《水工混凝土施工规范》(DL/T 5144—2001)。

8. 锚杆拉拔

《水利水电工程锚喷支护技术规范》(SL 377—2007)。

(二)检测项目

(1) 水泥质量检测。

(2) 火山灰品质检验。

(3) 外加剂质量检验。

(4) 砂石骨料质量检测。

(5) 止水带质量检测。

(6) 钢筋及焊接件质量检测。

(7) 混凝土强度、抗渗、抗冻、极限拉伸性能检测。

(8) 锚杆拉拔检测。

五、试验设备和检测仪器

本次试验使用的主要仪器设备有：水泥净浆搅拌机、水泥胶砂强度搅拌机及振动台、水泥净浆标准稠度与凝结时间测定仪、安定性沸煮箱、KZJ－500 抗折试验机、BC－300D 电脑恒应力试验机、TYA－2000 压力试验机、WE－1000B 万能试验机、HP－40 混凝土抗渗仪、混凝土快速冻融试验机、60kN 液压式万能试验机（15412）、LX－A 硬度计、测厚计、橡胶脆性温度测定仪、电子天平、ML－300 型锚杆拉力计等。

上述设备均经检定与校验，在标准状态下工作，满足测试精度要求。

六、检测成果

依据与项目法人签订的《××水电站枢纽工程质量检测合同》，本检测中心主要对××水电站枢纽主体工程的混凝土双曲拱坝、引水系统、地面式厂房开展施工期的质量检测工作，同时派员参与金属结构和机电工程安装的质量检测与试验工作，及时掌握试验检测数据。

（一）大坝、消能塘、进水口、导流洞工程

大坝、消能塘、进水口、导流洞工程主要检测内容为原材料及中间产品。

1. 原材料质量检测

原材料检测内容有水泥、火山灰、外加剂、细骨料、粗骨料、钢筋及连接件、锚杆拉拔检测、铜止水和橡胶止水材料等。

（1）水泥。

龙江水电站枢纽工程所用水泥为 P·MH42.5 中热硅酸盐水泥、P·O42.5 普通硅酸盐水泥和 P·O32.5 普通硅酸盐水泥，生产厂家分别为①××××××水泥股份有限公司；②××××××水泥股份有限公司；③××××××水泥股份有限公司。

中心试验室共抽检用于大坝、消能塘、右岸（消能塘）边坡支护、进水口、导流洞的普通硅酸盐 P·O32.5 水泥检测 7 组，质量合格，详见表 7－3－1。

表 7－3－1　大坝、消能塘、进水口、导流洞工程 P. O32.5 普通硅酸盐水泥检测成果统计

统计值	细度/%	标准稠度用水量/%	凝结时间/min		安定性	抗折强度/MPa		抗压强度/MPa	
			初凝	终凝		3d	28d	3d	28d
检测组数	7	7	7	7	7	7	7	7	7
最大值	1.1	29.0	2：55	4：50	合格	4.8	7.7	17.3	37.6
最小值	0.8	26.4	2：00	4：04	合格	5.4	8.6	24.4	42.6
平均值	0.9	27.1	2：32	4：30	合格	100	100	100	100
合格率/%	—	—	100	100	合格	≥3.5	≥5.5	≥11.0	≥32.5
执行标准《硅酸盐水泥、普通硅酸盐水泥》(GB 175—1999)	≤10	—	≥0：45	≤10：00	合格	6.2	9.6	29.2	47.6

用于大坝、消能塘、右岸（消能塘）边坡支护、进水口、导流洞的普通硅酸盐 P. O42.5 水泥检测 49 组，物理力学性能试验检测统计结果见表 7－3－2。

表 7-3-2　　大坝、消能塘、进水口、导流洞工程 P.O42.5 普通硅酸盐水泥检测成果统计

统计值	细度/%	比表面积/(m^2/kg)	标准稠度用水量/%	凝结时间（h：min）		安定性	抗折强度/MPa		抗压强度/MPa	
				初凝	终凝		3d	28d	3d	28d
检测组数	49	8	49	49	49	49	49	49	49	49
最大值	2.7	350	32.0	3：21	5：22	合格	7.8	10.6	36.9	67.4
最小值	0.1	320	24.0	1：36	2：17	合格	4.4	7.1	21.1	40.1
平均值	0.9	330	27.3	2：20	3：44	合格	6.5	9.4	29.4	51.1
合格率/%	—	100	—	100	100	合格	100	100	100	100
执行标准《用水水泥中的火山灰质混合材料》(GB 175—1999)	—	≥300	—	≥0：45	≤10：00	合格	≥3.5	≥6.5	≥17.0	≥42.5

本工程为混凝土双曲拱坝，为了减少水化热，施工时采用 P.MH42.5 中热水泥作为大坝混凝土的胶凝材料。施工期共取样 61 组，检测结果合格，各项指标统计结果见表 7-3-3。

表 7-3-3　大坝、消能塘、进水口、导流洞工程 P.MH42.5 中热水泥检测成果统计

统计值	细度/%	比表面积/(m^2/kg)	标准稠度用水量/%	凝结时间（h：min）		安定性	抗折强度/MPa			抗压强度/MPa		
				初凝	终凝		3d	7d	28d	3d	7d	28d
检测组数	8	61	61	61	61	61	61	61	61	61	61	61
最大值	340	2.5	27.0	3：51	5：24	合格	8.0	9.4	10.9	42.9	49.4	58.7
最小值	300	1.0	24.6	2：01	3：03		5.1	6.4	7.2	22.6	32.1	40.1
平均值	320	1.7	24.6	2：40	3：49		6.4	7.6	9.7	28.5	37.3	51.6
合格率/%	100	—	—	100	100	100	100	100	100	100	100	100
执行标准《用水水泥中的火山灰质混合材料》(GB 175—1999)	≥250	—	—	≥1：00	≤12：00	合格	≥3.0	≥4.5	≥6.5	≥12.0	≥22.0	≥42.5

（2）火山灰。

施工期间，共抽检用于大坝、消能塘、进水口、导流洞所用的由××××火山灰开发有限责任公司生产的火山灰 38 组，其中烧失量检测 20 组、火山灰性检测 20 组、三氧化硫检验 19 组；含水率、细度及抗压强度比检测 38 组，检测结果满足国标要求，各项指标合格率 100%。检测统计结果见表 7-3-4。

表 7-3-4　　大坝、消能塘、进水口、导流洞工程火山灰性能检测成果统计

统计值	含水率/%	细度/%	烧失量/%	SO_3含量/%	火山灰性	28d 抗压强度比/%
检测组数	38	38	20	19	20	38
最大值	7.6	5.8	8.86	2.37	合格	76
最小值	0.3	0.4	0.75	0.03	合格	65
平均值	0.6	1.7	2.39	0.48	合格	69
合格率/%	—	—	100	100	100	100
执行标准《用水水泥中的火山灰质混合材料》(GB/T 2847—2005)	—	—	≤10	≤3.5	合格	≥65

(3) 外加剂。

施工期间，共抽检用于大坝、消能塘、进水口、导流洞所用的外加剂15组，其中①××××化工有限公司生产的SH－2缓凝高效减水剂2组、SH－C引气剂3组；②××××工贸有限公司生产的SFG缓凝高效减水剂7组；③××××新型建材有限公司EM－8缓凝高效减水剂3组，检测结果均符合《水工混凝土外加剂技术规程》（DL/T 5100—1999）技术要求，合格率100%，检测统计结果见表7－3－5。

表7－3－5　　大坝、消能塘、进水口、导流洞外加剂检测成果统计

品种	统计参数	减水率/%	含气量/%	泌水率比/%	凝结时间差/min		抗压强度比/%			28d收缩率比/%	抗冻等级	对钢筋锈蚀作用
					初凝	终凝	3d	7d	28d			
SH－2缓凝高效减水剂	检测次数	2	2	2	2	2	2	2	2	2	2	2
	最大值	20	2.5	18	+215	+217	130	132	128	119	≥F50	无锈蚀作用
	最小值	16	2.0	3	+150	+188	130	129	123	119		
	平均值	18	2.3	11	+183	+203	130	131	126	119		
	合格率/%	100	100	100	100	100	100	100	100	100	100	100
SFG缓凝高效减水剂	检测次数	7	7	7	7	7	7	7	7	7	7	7
	最大值	19	2.5	18	+235	+240	140	156	129	120	≥F50	无锈蚀作用
	最小值	17	1.5	3	+129	+150	126	129	123	101		
	平均值	18	2.0	7	+195	+200	135	139	126	114		
	合格率/%	100	100	100	100	100	100	100	100	100	100	100
EM－8缓凝高效减水剂	检测次数	3	3	3	3	3	3	3	3	3	3	3
	最大值	16	2.3	25	+240	+234	142	135	128	119	≥F50	无锈蚀作用
	最小值	16	1.6	10	+140	+198	128	130	123	101		
	平均值	16	1.3	18	+183	+219	133	132	125	109		
	合格率/%	100	100	100	100	100	100	100	100	100	100	100
缓凝高效减水《水工混凝土外加剂技术规程》（DL/T 5100—1999）		≥15	<3.0	≤100	+120～+240		≥125	≥125	≥120	<125	≥F50	无锈蚀作用
SH－C引气剂	检测次数	3	3	3	3	3	3	3	3	3	3	3
	最大值	8	5.0	11	+70	+60	110	115	102	120	≥F200	无锈蚀作用
	最小值	7	4.5	0	+24	+34	95	97	88	113		
	平均值	8	4.8	6	+45	+48	105	109	95	97		
	合格率/%	100	100	100	100	100	100	100	100	100	100	100
《水工混凝土外加剂技术规程》（DL/T 5100—1999）引气剂		≥6	4.5～5.5	≤70	－90～+120		≥90	≥90	≥85	<125	≥F200	无锈蚀作用

（4）细骨料。

20××—20××年施工期间，共抽检用于大坝、消能塘、进水口、导流洞所用的天然砂158组，主要对细度模数、含泥量、表观密度和有机质等项指标进行了检测，检测统计结果见表7-3-6。检测结果表明，除砂的细度模数有5.7%，不在2.2～3.0范围内，其余检测结果均符合《水工混凝土施工规范》（DL/T 5144—2001）技术要求，合格率100%。

表7-3-6　　大坝、消能塘、进水口、导流洞细骨料检测成果统计

细骨料品种	统计值	细度模数	有机质检验	堆积密度/(kg/m³)	振实密度/(kg/m³)	云母含量/%	含泥量/%
天然河砂	检测组数	158	144	78	78	13	150
	最大值	3.25	浅于标准色	1580	1828	0.2	2.4
	最小值	2.08	浅于标准色	1420	1642	0.1	0.2
	平均值	2.58	浅于标准色	1500	1716	0.2	0.7
	合格率/%	—	100	—	—	100	100
执行标准《水工混凝土施工规范》(DL/T 5144—2001)		宜2.2～3.0	浅于标准色	—	—	≤2.0	≤3.0

（5）粗骨料。

大坝、消能塘、进水口、导流洞粗骨料有碎石和卵石两种，主要检测指标有超径、逊径、含泥量、针片状、表观密度及压碎指标等。

1）碎石。

施工期间，中心试验室共计检测小石（5～20mm）91组、中石（20～40mm）91组、大石（40～80mm）63组、特大石（80～120mm）35组，所检指标满足《水工混凝土施工规范》（DL/T 5144—2001）要求，详见表7-3-7。

表7-3-7　　大坝、消能塘、进水口、导流洞碎石检测成果统计

粒径范围/mm	统计值	超径/%	逊径/%	含泥量/%	针片状/%	表观密度/(kg/m³)	压碎指标
5～20	检测次数	91	91	84	41	38	40
	最大值	0	1	1.0	13.7	2660	13.5
	最小值	0	0	0.1	2.0	2620	5.7
	平均值	0	1	0.6	5.8	2640	8.0
	合格率/%	100	100	100	100	100	100
20～40	检测次数	91	91	84	41	38	—
	最大值	0	1	0.9	7.5	2750	—
	最小值	0	0	0.3	4.2	2580	—
	平均值	0	1	0.7	5.0	2690	—
	合格率/%	100	100	100	100	100	—
40～80	检测次数	63	63	40	12	12	—
	最大值	0	1	0.5	3.2	2710	—
	最小值	0	0	0.1	2.0	2600	—
	平均值	0	0	0.3	2.1	2660	—
	合格率/%	100	100	100	100	100	—

续表

粒径范围/mm	统计值	超径/%	逊径/%	含泥量/%	针片状/%	表观密度/(kg/m³)	压碎指标
80～120	检测次数	35	35	35	—	12	—
	最大值	0	1	0.3	—	2750	—
	最小值	0	0	0.2	—	2630	—
	平均值	0	0	0.3	—	2670	—
	合格率/%	100	100	100	—	100	—
执行标准《水工混凝土施工规范》(DL/T 5144—2001)(超逊径筛)		0	<2	小石、中石≤1 大石≤0.5	≤15	≥2550	≤16

2) 卵石。

工程施工期间，中心试验室共计检测小石（5～20mm）39组、中石（20～40mm）39组、大石（40～80mm）17组、特大石（80～120mm）17组，所检指标满足《水工混凝土施工规范》（DL/T 5144—2001）要求，详见表7-3-8。

表7-3-8 大坝、消能塘、进水口、导流洞卵石检测成果统计

粒径范围/mm	统计值	超径/%	逊径/%	含泥量/%	针片状/%	表观密度/(kg/m³)	压碎指标
5～20	检测次数	39	39	38	24	18	23
	最大值	0	1	0.6	5.4	2680	8.3
	最小值	0	0	0.1	5.0	2630	7.8
	平均值	0	1	0.5	5.2	2650	8.1
	合格率/%	100	100	100	100	100	100
20～40	检测次数	39	39	38	24	18	—
	最大值	0	1	0.6	4.6	2750	—
	最小值	0	0	0.3	3.2	2630	—
	平均值	0	1	0.4	3.7	2680	—
	合格率/%	100	100	100	100	100	—
40～80	检测次数	17	17	16	11	10	—
	最大值	0	1	0.3	2.1	2700	—
	最小值	0	0	0.1	1.9	2650	—
	平均值	0	0	0.2	2.0	2670	—
	合格率/%	100	100	100	100	100	—
80～120	检测次数	17	17	—	16	8	—
	最大值	0	0	—	0.2	2730	—
	最小值	0	0	—	0.1	2630	—
	平均值	0	0	—	0.2	2640	—
	合格率/%	100	100	100	100	100	—
执行标准《水工混凝土施工规范》(DL/T 5144-2001)(超逊径筛)		0	<2	小石、中石≤1 大石≤0.5	≤15	≥2550	≤16

（6）钢筋及钢筋连接件检测。

大坝、消能塘、进水口、导流洞所用钢筋品种有 HRB335 带肋钢筋、HPB235 光圆（直条）钢筋、HPB235 光圆（盘条）钢筋；钢筋接头类型有焊接与套筒连接两种。

1）HRB335 热轧带肋钢筋品质检测。

HRB335 热轧带肋钢筋共计检测 100 组，检测结果符合《钢筋混凝土用钢 第 2 部分：热轧带肋钢筋》（GB 1499.2—2007）要求，检测结果详见表 7-3-9。

表 7-3-9　HRB335 带肋钢筋品质检测结果统计

牌 号	表面形状	公称直径/mm	统计参数	屈服强度/MPa	抗拉强度/MPa	伸长率/%	冷弯试验
HRB335	月牙肋	36	检测次数	6	6	6	6
			最大值	370	575	32.0	表面无裂纹
			最小值	370	570	31.5	表面无裂纹
			平均值	370	575	32.0	表面无裂纹
			合格率/%	100	100	100	100
HRB335	月牙肋	32	检测次数	10	10	10	10
			最大值	400	540	32.0	表面无裂纹
			最小值	350	505	29.0	表面无裂纹
			平均值	375	525	30.0	表面无裂纹
			合格率/%	100	100	100	100
HRB335	月牙肋	28	检测次数	17	17	17	17
			最大值	405	555	32.0	表面无裂纹
			最小值	365	500	26.5	表面无裂纹
			平均值	380	530	30.5	表面无裂纹
			合格率/%	100	100	100	100
HRB335	月牙肋	25	检测次数	19	19	19	19
			最大值	430	555	32.0	表面无裂纹
			最小值	380	510	29.0	表面无裂纹
			平均值	410	535	30.0	表面无裂纹
			合格率/%	100	100	100	100
HRB335	月牙肋	22	检测次数	15	15	15	15
			最大值	425	545	32.0	表面无裂纹
			最小值	355	495	27.5	表面无裂纹
			平均值	375	515	30.5	表面无裂纹
			合格率/%	100	100	100	100
HRB335	月牙肋	20	检测次数	10	10	10	10
			最大值	415	530	34.0	表面无裂纹
			最小值	375	490	30.0	表面无裂纹
			平均值	395	510	32.0	表面无裂纹
			合格率/%	100	100	100	100

续表

牌 号	表面形状	公称直径/mm	统计参数	屈服强度/MPa	抗拉强度/MPa	伸长率/%	冷弯试验
HRB335	月牙肋	16	检测次数	14	14	14	14
			最大值	415	540	34.0	表面无裂纹
			最小值	380	500	28.5	表面无裂纹
			平均值	395	520	32.0	表面无裂纹
			合格率/%	100	100	100	100
HRB335	月牙肋	14	检测次数	5	5	5	5
			最大值	440	540	33.0	表面无裂纹
			最小值	380	500	28.5	表面无裂纹
			平均值	405	520	31.5	表面无裂纹
			合格率/%	100	100	100	100
HRB335	月牙肋	18	检测次数	2	2	2	2
			最大值	405	530	33.5	表面无裂纹
			最小值	400	525	33.5	表面无裂纹
			平均值	400	530	33.5	表面无裂纹
			合格率/%	100	100	100	100
HRB335	月牙肋	12	检测次数	2	2	2	2
			最大值	440	540	33.0	表面无裂纹
			最小值	380	500	28.5	表面无裂纹
			平均值	410	520	31.0	表面无裂纹
			合格率/%	100	100	100	100
《钢筋混凝土用钢 第2部分：热轧带肋钢筋》(GB 1499.2—2007)			—	≥335	≥445	≥17	表面无裂纹

2）HPB235光圆（直条）钢筋品质检测。

HPB235光圆（直条）钢筋共检测64组，检测结果表明，各项指标均满足《钢筋混凝土用钢 第1部分：热轧光圆钢筋》(GB 1499.1—2008)，详见表7-3-10。

表7-3-10　HPB235光圆（直条）钢筋品质检测结果统计

牌 号	表面形状	公称直径/mm	统计参数	屈服强度/MPa	抗拉强度/MPa	伸长率/%	冷弯试验
HPB235	光圆（直条）	25	检测次数	1	1	1	1
			最大值	405	530	33.5	表面无裂纹
			最小值	400	525	33.5	表面无裂纹
			平均值	400	530	33.5	表面无裂纹
			合格率/%	100	100	100	100

续表

牌号	表面形状	公称直径/mm	统计参数	屈服强度/MPa	抗拉强度/MPa	伸长率/%	冷弯试验
HPB235	光圆（直条）	20	检测次数	2	2	2	2
			最大值	440	540	33.0	表面无裂纹
			最小值	380	500	28.5	表面无裂纹
			平均值	410	520	31.0	表面无裂纹
			合格率/%	100	100	100	100
HPB235	光圆（直条）	16	检测次数	11	11	11	11
			最大值	310	435	44.0	表面无裂纹
			最小值	280	400	37.5	表面无裂纹
			平均值	300	420	41.0	表面无裂纹
			合格率/%	100	100	100	100
HPB235	光圆（直条）	14	检测次数	13	13	13	13
			最大值	310	440	45.5	表面无裂纹
			最小值	290	410	33.0	表面无裂纹
			平均值	300	420	40.0	表面无裂纹
			合格率/%	100	100	100	100
《钢筋混凝土用钢 第1部分：热轧光圆钢筋》（GB 1499.1—2008）			—	≥235	≥370	≥25	表面无裂纹

3）HPB235 光圆（盘条）钢筋品质检测。

HPB235 光圆（盘条）钢筋共检测 33 组，检测结果表明，各项指标均满足《钢筋混凝土用钢 第 1 部分：热轧光圆钢筋》（GB 1499.1—2008），详见表 7-3-11。

表 7-3-11　　HPB235 光圆（盘条）钢筋品质检测结果统计

牌号	表面形状	公称直径/mm	统计参数	屈服强度/MPa	抗拉强度/MPa	伸长率/%	冷弯试验
Q235	光圆（盘条）	12	检测次数	12	12	12	1
			最大值	330	470	41.5	表面无裂纹
			最小值	320	440	33.0	表面无裂纹
			平均值	325	455	36.5	表面无裂纹
			合格率/%	100	100	100	100
Q235	光圆（盘条）	10	检测次数	6	6	6	2
			最大值	300	470	34.0	表面无裂纹
			最小值	295	440	28.0	表面无裂纹
			平均值	300	455	31.0	表面无裂纹
			合格率/%	100	100	100	100

续表

牌 号	表面形状	公称直径/mm	统计参数	屈服强度/MPa	抗拉强度/MPa	伸长率/%	冷弯试验
Q235	光圆（盘条）	8	检测次数	7	7	7	11
			最大值	340	460	42.5	表面无裂纹
			最小值	330	460	40.0	表面无裂纹
			平均值	335	460	41.0	表面无裂纹
			合格率/%	100	100	100	100
Q235	光圆（盘条）	6.5	检测次数	8	8	8	13
			最大值	315	465	41.5	表面无裂纹
			最小值	300	450	38.5	表面无裂纹
			平均值	310	460	40.0	表面无裂纹
			合格率/%	100	100	100	100
《钢筋混凝土用钢 第1部分：热轧光圆钢筋》（GB 1499.1—2008）				≥235	≥370	≥25	表面无裂纹

4）筋接头试件检测。

共对 HPB235 Φ16 单面搭接焊接、HRB335 Φ32 帮条焊、Φ28、Φ25、Φ20 单面搭接焊及 HRB335 Φ36、Φ32、Φ28 套筒连接共计 47 组试件进行检测，检测结果满足《钢筋焊接及验收规程》（JGJ 18—2003）、《钢筋机械连接通用技术规程》（JGJ 107—2003），详见表 7-3-12。

表 7-3-12　　钢筋接头试件检测结果统计

牌 号	连接方式	直径/mm	统计参数	抗拉强度/MPa
HPB235	单面搭接	16	检测次数	1
			最大值	485
			最小值	480
			平均值	485
			合格率/%	100
执行标准《钢筋焊接及验收规程》（JGJ 18—2003）				≥370
HRB335	帮条焊	32	检测次数	2
			最大值	545
			最小值	535
			平均值	540
			合格率/%	100
HRB335	单面搭接	28	检测次数	5
			最大值	545
			最小值	540
			平均值	545
			合格率/%	100

续表

牌　号	连接方式	直径/mm	统计参数	抗拉强度/MPa
HRB335	单面搭接	25	检测次数	14
			最大值	560
			最小值	530
			平均值	545
			合格率/%	100
执行标准《钢筋焊接及验收规程》(JGJ 18—2003)				≥455MPa
HRB335	单面搭接	20	检测次数	4
			最大值	585
			最小值	505
			平均值	560
			合格率/%	100
HRB335	单面搭接	16	检测次数	5
			最大值	565
			最小值	540
			平均值	550
			合格率/%	100
执行标准《钢筋焊接及验收规程》(JGJ 18—2003)				≥455MPa
HRB335	套筒连接	36	检测次数	2
			最大值	615
			最小值	610
			平均值	615
			合格率/%	100
HRB335	套筒连接	32	检测次数	5
			最大值	520
			最小值	495
			平均值	510
			合格率/%	100
HRB335	套筒连接	28	检测次数	9
			最大值	540
			最小值	490
			平均值	515
			合格率/%	100
执行标准《钢筋机械连接通用技术规范》(JGJ 107—2003)	Ⅰ级：$f_{mst}^{0} \geqslant f_{st}^{0}$，或$\geqslant 1.10 f_{uk}^{0}$		Ⅱ级：$f_{mst}^{0} \geqslant f_{uk}^{0}$	Ⅲ级：$f_{mst}^{0} \geqslant 1.35 f_{yk}^{0}$

(7) 锚杆拉拔抽样检测。

依据《水利水电工程喷锚支护施工规范》(DL/T 5181—2003)对缆机边坡、置换进、右岸消能塘边坡等部位的锚杆进行了现场拉拔抽样检测，检测组数 33 组，检测结果均符合设计要求，合格率 100%。统计结果见表 7-3-13。

表 7-3-13　　锚杆拉拔检测结果统计

工程部位	高程/m	技术要求/kN	钢筋直径/mm	龄期/d	统计参数	拉拔力/kN
缆机边坡	1005.00～1020.00	185	Φ25	28	检测组数	3
					最大值	186.0
					最小值	186.0
					平均值	186.0
					合格率/%	100
缆机边坡	990.90～1005.00	185	Φ25	28	检测组数	3
					最大值	186.0
					最小值	186.0
					平均值	186.0
					合格率/%	100
缆机边坡	945.00～960.00	185	Φ25	28	检测组数	3
					最大值	228
					最小值	210
					平均值	220
					合格率/%	100
缆机边坡	960.00～975.00	185	Φ25	28	检测组数	3
					最大值	228
					最小值	198
					平均值	210
					合格率/%	100
缆机边坡	930.00～945.00	185	Φ25	28	检测组数	3
					最大值	210
					最小值	204
					平均值	206
					合格率/%	100
置换井	794.50	50	Φ22	28	检测组数	3
					最大值	72.0
					最小值	60.0
					平均值	64.0
					合格率/%	100

续表

工程部位	高程/m	技术要求/kN	钢筋直径/mm	龄期/d	统计参数	拉拔力/kN
右岸消能塘边坡	775.00～801.00	185	Φ28	28	检测组数	3
					最大值	192.0
					最小值	186.0
					平均值	188.0
					合格率/%	100
右岸消能塘边坡	873.50	185	Φ28	28	检测组数	3
					最大值	192.0
					最小值	186.0
					平均值	188.0
					合格率/%	100
右岸灌浆平洞	791.00	80	Φ22	28	检测组数	3
					最大值	108.0
					最小值	96.0
					平均值	102.0
					合格率/%	100
右坝肩下游面喷护	842.00	165	Φ25	28	检测组数	3
					最大值	174.0
					最小值	168.0
					平均值	171.0
					合格率/%	100
右坝肩下游面喷护	873.50	165	Φ25	28	检测组数	3
					最大值	174
					最小值	168
					平均值	170.0
					合格率/%	100

(8) 铜止水和橡胶止水材料检测。

施工期间共检测 5 组橡胶止水带、4 组铜止水带。各项检测指标满足《水工建筑物止水带技术规范》(DL/T 5215—2005) 要求，统计结果详见表 7-3-14。

表 7-3-14　　大坝、消能塘、进水口、导流洞止水材料检测结果统计

工程部位	材料品种	统计参数	抗拉(拉伸)强度/MPa	(扯断)伸长率/%	撕裂强度	硬度(邵尔A)/度	压缩永久变形		热空气老化				脆性温度/℃
							70℃×24h/%	23℃×168h/%	拉伸强度/MPa	扯断伸长率/%	硬度(邵尔A)/度	硬度变化(邵尔A)/度	
大坝	铜止水片	检测次数	4	4	—	—	—	—	—	—	—	—	—
		最大值	240	32.0	—	—	—	—	—	—	—	—	—
		最小值	215	30.0	—	—	—	—	—	—	—	—	—
		合格率/%	100	100	—	—	—	—	—	—	—	—	—

续表

工程部位	材料品种	统计参数	抗拉(拉伸)强度/MPa	(扯断)伸长率/%	撕裂强度	硬度(邵尔A)/度	压缩永久变形		热空气老化				脆性温度/℃
							70℃×24h/%	23℃×168h/%	拉伸强度/MPa	扯断伸长率/%	硬度(邵尔A)/度	硬度变化(邵尔A)/度	
执行标准	《铜及铜合金带材》(GB/T 2059—2000)《水工建筑物止水带技术规范》(DL/T 5215—2005)		≥205	≥20	—	—	—	—	—	—	—	—	—
大坝	橡胶止水带	检测次数	5	5	5	5	5	5	5	5	5	5	5
		最大值	18	452	70	64	33	12	17	500	65	+2	−45
		最小值	17	423	47	62	32	8	16	358	64	+1	−57
		合格率/%	100	100	100	100	100	100	100	100	—	100	100
执行标准	《水工建筑物止水带技术规范》(DL/T 5215—2005)		≥15	≥380	≥30	60±5	≤35	≤20	≥12	≥300	—	≤+8	≤−45

2. 混凝土、水泥砂浆质量检测

施工期间，中心试验室对大坝、消能塘、进水口、导流洞及其他部位混凝土抗压强度指标进行了取样检测，评定标准为《水工混凝土施工规范》(DL/T 5144—2001)。

(1) 混凝土抗压强度检测。

共检测大坝、消能塘、进水口、导流洞及其他部位C20、C25、C30、C35混凝土及C20喷混凝土抗压强度共计628组。除个别组件混凝土28d抗压强度低于C20设计要求，但仍能同时满足《水工混凝土施工规范》(DL/T 5144—2001)中对抗压强度平均值$m_{f_{cu}} \geqslant f_{cu,k}+Kt\sigma_0$及最小值$f_{cu,min} \geqslant 0.85 f_{cu,k}$的要求，因此，混凝土28d抗压强度合格率为100%，检测结果满足规范要求；同样有个别组件混凝土90d抗压强度低于设计C30技术要求，但仍能同时满足《水工混凝土施工规范》(DL/T 5144—2001)中对抗压强度平均值$mf_{cu} \geqslant f_{cu,k}+Kt\sigma_0$及最小值$f_{cu,min} \geqslant 0.90 f_{cu,k}$要求，因此，混凝土90d抗压强度合格率为100%，见表7-3-15。

表7-3-15　大坝、消能塘、进水口、导流洞混凝土抗压强度检测结果统计

工程部位	混凝土设计指标	龄期/d	组数	抗压强度/MPa			标准差/MPa	变异系数	保证率/%	不低于设计强度百分率/%	平均抗压强度应不低于/MPa	最小强度应不低于/MPa
				最大值	最小值	平均值						
消能塘底板边墙边坡支护拦渣坝	C20	28	61	31.3	19.6	25.3	2.99	0.12	96	97	21.1	17
	C25	28	14	41.9	25.7	31.7	5.51	0.17	89	100	28.3	22.5
	C30	28	3	36.8	33.0	34.0	2.46	0.07	94	100	32.3	27
	C35	28	68	49.2	35.0	38.2	2.84	0.07	96	100	35.6	31.5
大坝	$C_{90}25$	28	133	48.2	25.2	31.7	4.94	0.16	92	100	26.3	22.5
	$C_{90}30$	28	178	51.9	29.3	37.6	5.20	0.14	92	96	31.5	27
	C30	28	14	38.3	33.6	34.5	3.12	0.14	91	100	31.3	27
	C35	28	27	55.3	35.5	40.7	4.66	0.11	89	100	36.1	31.5

续表

工程部位	混凝土设计指标	龄期/d	组数	抗压强度/MPa			标准差/MPa	变异系数	保证率/%	不低于设计强度百分率/%	平均抗压强度应不低于/MPa	最小强度应不低于/MPa
				最大值	最小值	平均值						
进水口	C20	28	23	36.2	19.7	27.1	4.13	0.15	96	96	21.6	17
	C25	28	3	42.8	28.6	33.5	8.06	0.24	87	100	29.9	22.5
	C30	28	6	41.6	30.6	34.9	4.56	0.13	88	100	31.8	27
	C35	28	5	47.7	36.2	41.4	5.05	0.12	91	100	37.9	31.5
重力墩挡墙	C25	28	20	33.8	24.6	28.9	2.95	0.10	91	95	25.9	22.5
表孔溢流面	C35	28	13	47.0	35.5	39.8	3.55	0.09	92	100	36.3	31.5
交通桥	C30	28	3	40.9	33.7	36.5	3.86	0.11	96	100	31.7	27
探洞回填	C20	28	3	30.3	26.2	28.3	2.05	0.07	100	100	24.8	17
坝上集控楼	C30	28	3	39.4	32.1	34.6	4.16	0.12	89	100	32.7	29
导流洞封堵	C20	28	13	40.9	19.5	30.8	5.15	0.17	98	92	23.0	17
重力墩回填	C20	28	7	27.8	23.0	24.5	1.88	0.08	98	100	21.6	17
其他部位	C20	28	18	34.8	21.7	27.5	2.55	0.09	99	100	21.7	17
右坝肩护坡	C20喷	28	4	28.9	22.6	24.6	2.88	0.12	96	100	22.3	17
缆机边坡	C20喷	28	9	27.8	19.3	24.1	3.96	0.15	85	89	21.5	17

（2）水泥砂浆抗压强度检测。

大坝、消能塘及其他部位水泥砂浆设计强度等级有M7.5、M20、M25、M30、M40等，共取样检测74组，检测结果满足设计要求，详见表7-3-16。

表7-3-16　　大坝、消能塘、进水口、导流洞砂浆抗压强度检测结果统计

工程部位	设计强度	龄期/d	组数	抗压强度/MPa			标准差/MPa	变异系数	保证率/%	合格率/%
				最大值	最小值	平均值				
大坝	M25	28	20	44.4	26.7	31.7	5.12	0.16	92	100
大坝	M30	28	11	39.1	30.3	33.9	2.89	0.09	92	100
缆机边坡锚索注浆（净浆）	M40	28	2	52.2	49.8	51.0	—	—	—	100
右岸消能塘边墙	M20	28	2	29.6	25.7	27.7	—	—	—	100
左坝肩公路护路砌石	M7.5	28	2	12.7	8.2	10.5	—	—	—	100
大坝	M25	28	20	44.4	26.7	31.7	5.12	0.16	92	100
大坝	M30	28	11	39.1	30.3	33.9	2.89	0.09	92	100
缆机边坡锚索注浆（净浆）	M40	28	2	52.2	49.8	51.0	—	—	—	100
右岸消能塘边墙	M20	28	2	29.6	25.7	27.7	—	—	—	100
左坝肩公路护路砌石	M7.5	28	2	12.7	8.2	10.5	—	—	—	100

（3）混凝土劈裂抗拉强度检测。

检测中心对大坝C_{90}30、C_{90}25混凝土共取样98组进行土劈裂抗拉强度检测，检测结果满足设计要求，详见表7-3-17。

表 7-3-17 大坝、消能塘、进水口、导流洞混凝土劈裂抗拉强度检测结果统计

工程部位	设计强度	试验项目	龄期/d	组数	抗拉强度/MPa			标准差/MPa	变异系数
					最大值	最小值	平均值		
大坝	$C_{90}30$	劈裂抗拉强度	90	66	3.50	1.96	2.80	0.33	0.12
	$C_{90}25$		90	32	3.36	1.75	2.60	0.42	0.16

(4) 混凝土抗渗、抗冻检测。

共计抽检大坝、消能塘、2号表孔弧门底坝二期混凝土及导流洞封堵混凝土抗渗16组、抗冻14组，检测结果满足设计要求，详见表7-3-18。

表 7-3-18 大坝、消能塘、导流洞混凝土抗渗、抗冻试验检测结果统计表

工程部位	高程/m	技术要求	抗渗等级	不同冻融循环次数下		抗冻等级/28d
				相对动弹性模数/%	质量损失率/%	
				0	50	
3号坝段	863.50～865.50	$C_{90}25$W8F50	W8	100/0.00	95.1/0.90	>F50
8号坝段	855.00～858.00	$C_{90}25$W8F50	W8	100/0.00	95.9/0.41	>F50
10号坝段	806.00～809.00	$C_{90}30$W8F50	W8	100/0.00	95.9/0.80	>F50
11号坝段	846.00～849.00	$C_{90}30$W8F50	W8	100/0.00	97.6/0.34	>F50
13号坝段	794.00～796.50	$C_{90}25$W8F50	W8	100/0.00	96.8/0.30	>F50
14号坝段	840.00～843.00	$C_{90}30$W8F50	W8	100/0.00	98.5/0.00	>F50
16号坝段	818.00～821.00	$C_{90}30$W8F50	W8	100/0.00	95.2/0.85	>F50
19号坝段	822.00～823.50	$C_{90}30$W8F50	W8	100/0.00	96.8/0.23	>F50
20号坝段	820.40～807.00	$C_{90}30$W8F50	W8	100/0.00	96.6/0.20	>F50
21号坝段	855.00～858.00	$C_{90}25$W8F50	W8	100/0.00	96.8/0.20	>F50
24号坝段	853.80～856.80	$C_{90}25$W8F50	W8	100/0.00	97.6/0.19	>F50
26号坝段	872.50～874.00	$C_{90}25$W8F50	W8	100/0.00	97.6/0.00	>F50
消能塘边墙	793.50～799.00	C35W8F50	W8	100/0.00	95.6/0.95	>F50
表孔弧门底坝二期	859.50～860.00	C35W8F50	W8	100/0.00	95.9/0.90	>F50
导流洞封堵	792.68～797.68	C20W8	W8	—	—	—
导流洞封堵	789.12～792.63	C20W8	W8	—	—	—

(5) 混凝土极限拉伸检测。

大坝施工期间，中心试验室共计检测 $C_{90}30$W8F50 混凝土极限拉伸8组，统计结果满足设计要求，详见表7-3-19。

表 7-3-19 大坝 $C_{90}30$W8F50 混凝土极限拉伸检测结果统计

工程部位	高程/m	技术要求	轴拉强度/MPa	抗拉弹模/$\times 10^4$MPa	极限拉伸/$\times 10^{-4}$	
			28d	28d	28d	90d
7号坝段	840.00～843.00	$C_{90}30$W8F50 极限拉伸值 28d≥0.80×10^{-4}	2.64	2.57	0.87	—
9号坝段	818.00～821.00	$C_{90}30$W8F50 极限拉伸值 28d≥0.80×10^{-4}	2.65	2.64	0.82	—

续表

工程部位	高程/m	技术要求	轴拉强度/MPa	抗拉弹模/×10⁴MPa	极限拉伸/×10⁻⁴	
			28d	28d	28d	90d
12号坝段	827.00～830.00	C_{90}30W8F50 极限拉伸值 28d≥0.80×10⁻⁴	2.67	2.68	0.87	—
12号坝段	850.50～-853.50	C_{90}30W8F50 极限拉伸值 90d≥0.98×10⁻⁴	3.04（90d）	2.81（90d）	—	1.01
14号坝段	834.00～837.00	C_{90}30W8F50 极限拉伸值 28d≥0.80×10⁻⁴	2.72	2.83	0.88	—
18号坝段	840.00～843.00	C_{90}30W8F50 极限拉伸值 28d≥0.80×10⁻⁴	2.64	2.60	0.86	—
21号坝段	855.00～858.00	C_{90}25W8F50 极限拉伸值 28d≥0.80×10⁻⁴	2.58	2.49	0.85	—
23号坝段	849.00～852.00	C_{90}25W8F50 极限拉伸值 28d≥0.80×10⁻⁴	2.59	2.50	0.86	—

（二）厂房及左岸边坡工程

厂房及左岸边坡工程检测项目有原材料、中间产品等。

1. 原材料质量检测

（1）水泥。

龙江水电站枢纽工程厂房、引水系统及左边坡支护工程所用水泥为××××××水泥有限公司生产的P.O32.5水泥和P.O42.5水泥。

施工期间共抽检10组P.O32.5硅酸盐复合水泥，各项指标满足国家标准《通用硅酸盐水泥》（GB 175—2007）要求，检测统计结果详见表7-3-20。

表7-3-20　厂房、引水系统及左岸边坡工程P.O32.5复合硅酸盐水泥检测成果统计

统计值	细度/%	标准稠度用水量/%	凝结时间/（h：min）		安定性	抗折强度/MPa		抗压强度/MPa	
			初凝	终凝		3d	28d	3d	28d
检测次数	10	10	10	10	10	10	10	10	10
最大值	3.7	3.7	29.8	3：07	合格	6.0	9.4	28.8	46.2
最小值	0.7	0.7	25.0	1：25	合格	4.2	7.1	17.2	37.6
平均值	1.3	1.3	27.0	2：16	合格	5.5	8.7	25.1	43.9
合格率/%	—	—	100	100	合格	100	100	100	100
执行标准《通用硅酸盐水泥》（GB 175—2007）	—	—	≥0：45	≤10：00	合格	≥2.5	≥5.5	≥10.0	≥32.5

厂房、引水系统及左岸边坡工程施工期间共抽检45组P.O42.5普通硅酸盐水泥，各项指标满足《通用硅酸盐水泥》（GB 175—2007）要求，检测统计结果见表7-3-21。

表7-3-21　厂房、引水系统及左岸边坡工程P.O42.5普通硅酸盐水泥检测成果统计

统计值	细度/%	标准稠度用水量/%	凝结时间（h：min）		安定性	抗折强度/MPa		抗压强度/MPa	
			初凝	终凝		3d	28d	3d	28d
检测次数	45	45	45	45	45	45	45	45	45
最大值	4.8	28.6	2：55	5：42	合格	7.8	10.9	37.4	60.4
最小值	0.2	25.8	1：24	2：25	合格	4.1	7.1	19.4	42.6
平均值	1.4	27.0	2：07	3：45	合格	6.6	9.2	28.9	51.2

续表

统计值	细度/%	标准稠度用水量/%	凝结时间（h：min）		安定性	抗折强度/MPa		抗压强度/MPa	
			初凝	终凝		3d	28d	3d	28d
合格率/%	—	—	100	100	合格	100	100	100	100
执行标准《通用硅酸盐水泥》（GB 175—2007）	—	—	≥0：45	≤10：00	合格	≥2.5	≥5.5	≥10.0	≥32.5

（2）火山灰。

厂房、引水系统及左边坡支护工程所用火山灰为××××××石材有限公司生产的××火山灰。施工期间中心试验室共对13组火山灰进行了检测，各项检测指标均满足《用于水泥中的火山灰质混合材料》（GB/T 2847—2005）要求，检测统计结果见表7-3-22。

表7-3-22　厂房、引水系统及左岸边坡工程火山灰性能检测成果统计

统计值	含水率/%	细度/%	烧失量/%	SO_3含量/%	火山灰性	28d抗压强度比/%
检测组数	13	13	5	5	合格	13
最大值	1.7	7.9	2.7	2.2	合格	79
最小值	0.3	1.8	2.1	1.8	合格	66
平均值	0.7	4.4	2.5	2.0	合格	73
合格率/%	—	—	100	100	100	100
执行标准《用于水泥中的火山灰质混合材料》（GB/T 2847—2005）	—	—	≤10	≤3.5	合格	≥65

（3）外加剂。

厂房、引水系统及左边坡支护工程所用外加剂为××××新材料有限公司生产的JM-2高效缓凝减水剂和××××新型化工有限公司生产的HJAE引气剂，其中抽检了4组JM-2高效缓凝、2组HJAE引气剂、各项检测指标均符合《水工混凝土外加剂技术规程》（DL/T 5100—1999）要求，检测统计结果见表7-3-23。

表7-3-23　厂房、引水系统及左岸边坡工程外加剂检测成果统计

品种	统计参数	减水率/%	含气量/%	泌水率比/%	凝结时间差/min		抗压强度比/%			28d收缩率比/%	抗冻等级	对钢筋锈蚀作用
					初凝	终凝	3d	7d	28d			
JM-2高效缓凝减水剂	检测次数	4	4	4	4	4	4	4	4	4	4	4
	最大值	18.0	2.5	9	+240	+220	136	134	128	116	≥F50	无锈蚀作用
	最小值	16.0	2.0	4	+120	+150	123	126	123	111		
	平均值	16.8	2.1	7.0	+151	+183	129	130	125	113		
	合格率/%	100	100	100	100	100	100	100	100	100	100	100
《水工混凝土外加剂技术规程》（DL/T 5100—1999）缓凝高效减水剂		≥15	<3.0	≤100	+120～+240		≥125	≥125	≥120	<125	≥F50	无锈蚀作用

续表

品种	统计参数	减水率/%	含气量/%	泌水率比/%	凝结时间差/min		抗压强度比/%			28d收缩率比/%	抗冻等级	对钢筋锈蚀作用
					初凝	终凝	3d	7d	28d			
HJAE引气剂	检测次数	2	2	2	2	2	2	2	2	2	2	2
	最大值	8.0	5.5	9	+30	+90	109	110	98	119	≥F200	无锈蚀作用
	最小值	7.0	5.0	0	+30	+30	95	100	90	114		
	平均值	7.5	5.3	4.5	+30	+60	102	105	94	117		
	合格率/%	100	100	100	100	100	100	100	100	100	100	100
《水工混凝土外加剂技术规程》(DL/T 5100—1999) 引气剂		≥6	4.5～5.5	≤70	−90～+120		≥90	≥90	≥85	<125	≥F200	无锈蚀作用

(4) 细骨料。

施工期间共抽检厂房、引水系统及左边坡支护工程所用的天然砂68组，主要对细度模数、含泥量、表观密度和有机质等项指标进行了检测，检测统计结果见表7-3-24。检测结果表明，除砂的细度模数有1.5%不在2.2～3.0范围内，其余检测结果均符合满足《水工混凝土施工规范》(DL/T 5144—2001) 的技术要求。

表7-3-24　　厂房、引水系统及左岸边坡工程细骨料检测成果统计

细骨料品种	统计值	细度模数	有机质检验	堆积密度/(kg/m³)	振实密度/(kg/m³)	云母含量/%	含泥量/%
天然河砂	检测组数	68	57	78	78	13	150
	最大值	3.25	浅于标准色	1580	1828	0.2	2.4
	最小值	1.97	浅于标准色	1420	1642	0.1	0.2
	平均值	2.59	浅于标准色	1500	1716	0.2	0.7
	合格率/%	98.5	100	100	100	100	100
执行标准《水工混凝土施工规范》(DL/T 5144—2001)		宜2.2～3.0	浅于标准色	—	—	≤2.0	≤3.0

(5) 粗骨料。

施工期间，中心试验室对厂房、引水系统及左岸边坡支护所用碎石和卵石进行了取样检测，主要对粗骨料的超逊径、含泥量、压碎指标、针片状含量等指标进行了检测。检测结果表明：各项检测结果均满足《水工混凝土施工规范》(DL/T 5144—2001) 对粗骨料的要求。

1) 碎石。

共检测小石 (5～20mm) 47组、中石 (20～40mm) 39组、大石 (40～80mm) 10组，检测统计结果见表7-3-25。

表 7-3-25　　厂房、引水系统及左岸边坡工程碎石检测成果统计

粒径范围/mm	统计值	超径/%	逊径/%	含泥量/%	针片状/%	表观密度/(kg/m³)	压碎指标
5～20	检测次数	47	47	39	13	9	12
	最大值	0	1	1.0	12	2750	11.6
	最小值	0	0	0.1	5	2650	7.3
	平均值	0	1	0.5	7	2660	8.2
	合格率/%	100	100	100	100	100	100
20～40	检测次数	46	46	34	11	9	—
	最大值	0	1	0.9	12	2750	—
	最小值	0	0	0.5	6	2640	—
	平均值	0	1	0.8	8	2680	—
	合格率/%	100	100	100	100	100	—
40～80	检测次数	10	10	10	—	3	—
	最大值	0	1	0.5	—	2710	—
	最小值	0	0	0.3	—	2620	—
	平均值	0	0	0.4	—	2650	—
	合格率/%	100	100	100	—	100	—
执行标准《水工混凝土工规范》(DL/T5144—2001)(超逊径筛)		0	<2	小石、中石≤1 大石≤0.5	≤15	≥2550	≤16

2) 卵石。

共检测小石 (5～20mm) 4 组、中石 (20～40mm) 7 组、大石 (40～80mm) 4 组，卵石检测统计结果见表 7-3-26。

表 7-3-26　　厂房、引水系统及左岸边坡工程卵石检测成果统计

粒径范围/mm	统计值	超径/%	逊径/%	含泥量/%	针片状/%	表观密度/(kg/m³)	压碎指标
5～20	检测次数	4	4	4	2	1	2
	最大值	0	1	1.0	7	2660	7.9
	最小值	0	0	0.1	5	2650	7.3
	平均值	0	1	0.7	6	2660	7.6
	合格率/%	100	100	100	100	100	100
20～40	检测次数	7	7	7	3	2	—
	最大值	0	1	0.7	5	2670	—
	最小值	0	0	0.5	3	2640	—
	平均值	0	1	0.6	4	2660	—
	合格率/%	100	100	100	100	100	—
40～80	检测次数	4	4	4	—	1	—
	最大值	0	1	0.4	—	2700	—

续表

粒径范围/mm	统计值	超径/%	逊径/%	含泥量/%	针片状/%	表观密度/(kg/m³)	压碎指标
40～80	最小值	0	0	0.2	—	2680	—
	平均值	0	0	0.3	—	2690	—
	合格率/%	100	100	100	—	100	—
执行标准《水工混凝土工规范》(DL/T5144—2001)(超逊径筛)		0	<2	小石、中石≤1 大石≤0.5	≤15	≥2550	≤16

(6) 钢筋及钢筋连接件检测。

共检测光圆钢筋13组、热轧带肋钢筋共计70组，钢筋焊接接头试样32组，套筒连接接头试样45组，检测结果均符合相应标准要求。

中心试验室抽检厂房、引水系统及左岸边坡工程光圆钢筋13组，检测结果见表7-3-27。

表7-3-27　　厂房、引水系统及左岸边坡工程钢筋品质检测结果统计

牌号	表面形状	公称直径/mm	统计参数	屈服强度/MPa	抗拉强度/MPa	伸长率/%	冷弯试验
Q235AJ Q235	光圆(盘条)	10	检测次数	4	4	4	4
			最大值	375	475	38.5	表面无裂纹
			最小值	280	410	25.5	表面无裂纹
			平均值	320	430	31.5	表面无裂纹
			合格率/%	100	100	100	100
HPB235	光圆(盘条)	12	检测次数	6	6	6	6
			最大值	345	470	35.0	表面无裂纹
			最小值	285	435	30.0	表面无裂纹
			平均值	305	445	32.0	表面无裂纹
			合格率/%	100	100	100	100
Q235	光圆(盘条)	14	检测次数	3	3	3	3
			最大值	325	440	44.5	表面无裂纹
			最小值	260	375	32.0	表面无裂纹
			平均值	295	405	36.0	表面无裂纹
			合格率/%	100	100	100	100

中心试验室对热轧带肋钢筋共检测70组，检测结果见表7-3-28。

表7-3-28　　厂房、引水系统及左岸边坡工程钢筋品质检测结果统计

牌 号	表面形状	公称直径/mm	统计参数	屈服强度/MPa	抗拉强度/MPa	伸长率/%	冷弯试验
HRB335	月牙肋	32	检测次数	3	3	3	3
			最大值	465	570	31.5	表面无裂纹
			最小值	355	510	26.5	表面无裂纹
			平均值	410	540	29.0	表面无裂纹
			合格率/%	100	100	100	100

续表

牌 号	表面形状	公称直径/mm	统计参数	屈服强度/MPa	抗拉强度/MPa	伸长率/%	冷弯试验
HRB335	月牙肋	28	检测次数	10	10	10	10
			最大值	450	555	35.5	表面无裂纹
			最小值	365	470	25.0	表面无裂纹
			平均值	410	520	30.0	表面无裂纹
			合格率/%	100	100	100	100
HRB335	月牙肋	25	检测次数	20	20	20	20
			最大值	450	555	33.5	表面无裂纹
			最小值	355	470	25.0	表面无裂纹
			平均值	390	510	30.0	表面无裂纹
			合格率/%	100	100	100	100
HRB335	月牙肋	22	检测次数	12	12	12	12
			最大值	450	560	34.5	表面无裂纹
			最小值	355	505	29.0	表面无裂纹
			平均值	395	535	31.5	表面无裂纹
			合格率/%	100	100	100	100
HRB335	月牙肋	20	检测次数	3	3	3	3
			最大值	380	500	34.0	表面无裂纹
			最小值	375	495	30.0	表面无裂纹
			平均值	380	500	32.0	表面无裂纹
			合格率/%	100	100	100	100
HRB335	月牙肋	18	检测次数	3	3	3	3
			最大值	460	545	35.0	表面无裂纹
			最小值	360	470	25.0	表面无裂纹
			平均值	410	520	30.0	表面无裂纹
			合格率/%	100	100	100	100
HRB335	月牙肋	16	检测次数	14	14	14	14
			最大值	460	540	33.0	表面无裂纹
			最小值	365	475	25.5	表面无裂纹
			平均值	395	510	26.5	表面无裂纹
			合格率/%	100	100	100	100
HRB335	月牙肋	14	检测次数	5	5	5	5
			最大值	450	560	34.5	表面无裂纹
			最小值	355	505	29.0	表面无裂纹
			平均值	395	535	31.5	表面无裂纹
			合格率/%	100	100	100	100
《钢筋混凝土用钢 第2部分：热轧带肋钢筋》(GB 1499.2—2007)			—	≥335	≥445	≥17	表面无裂纹

HPB235带肋钢筋帮条焊接头检测2组、单面搭接焊检测30组、套筒连接检测45组，检测结果符合《钢筋焊接及验收规程》(JGJ 18—2003—10)要求，见表7-3-29。

表 7-3-29 厂房、引水系统及左岸边坡工程钢筋接头试件检测结果统计

牌 号	连接方式	直径/mm	统计参数	抗拉强度/MPa	断裂情况
HPB235	帮条焊	32	检测次数	2	母材塑性断裂
			最大值	550	
			最小值	505	
			平均值	525	
			合格率/%	100	
HRB335	单面搭接焊	28	检测次数	11	母材塑性断裂
			最大值	565	
			最小值	490	
			平均值	525	
			合格率/%	100	
HRB335	单面搭接焊	25	检测次数	7	母材塑性断裂
			最大值	535	
			最小值	495	
			平均值	510	
			合格率/%	100	
HRB335	单面搭接焊	22	检测次数	6	母材塑性断裂
			最大值	565	
			最小值	535	
			平均值	545	
			合格率/%	100	
HRB335	单面搭接焊	18	检测次数	1	母材塑性断裂
			最大值	565	
			最小值	505	
			平均值	530	
			合格率/%	100	
HRB335	单面搭接焊	16	检测次数	4	母材塑性断裂
			最大值	565	
			最小值	500	
			平均值	540	
			合格率/%	100	
HRB335	单面搭接焊	14	检测次数	1	母材塑性断裂
			最大值	515	
			最小值	475	
			平均值	495	
			合格率/%	100	
执行标准《钢筋焊接及验收规程》(JGJ 18—2003)				≥455	母材塑性断裂

续表

牌号	连接方式	直径/mm	统计参数	抗拉强度/MPa	断裂情况
HRB335	套筒连接	32	检测次数	6	母材塑性断裂
			最大值	555	
			最小值	485	
			平均值	525	
			合格率/%	100	
HRB335	套筒连接	28	检测次数	9	母材塑性断裂
			最大值	575	
			最小值	490	
			平均值	520	
			合格率/%	100	
HRB335	套筒连接	25	检测次数	18	母材塑性断裂
			最大值	575	
			最小值	480	
			平均值	530	
			合格率/%	100	
HRB335	套筒连接	22	检测次数	12	母材塑性断裂
			最大值	575	
			最小值	525	
			平均值	540	
			合格率/%	100	
执行标准 JGJ107—2003	Ⅰ级：$f^0_{mst}\geqslant f^0_{st}$，或$\geqslant 1.10f^0_{uk}$		Ⅱ级：$f^0_{mst}\geqslant f^0_{uk}$		Ⅲ级：$f^0_{mst}\geqslant 1.35f^0_{yk}$

（7）铜止水和橡胶止水材料检测。

施工期间共检测6组铜止水带，2组橡胶止水带。检测结果均满足规范《水工建筑物止水带技术规范》（DL/T 5215—2005）、《铜及铜合金带材》（GB/T 2059—2000）要求。检测结果详见表7-3-30。

表7-3-30　发电厂房止水材料检测结果统计

工程部位	材料品种	统计参数	抗拉（拉伸）强度/MPa	（扯断）伸长率/%	撕裂强度	硬度（邵尔A）/度	压缩永久变形		热空气老化				脆性温度/℃
							70℃×24h/%	23℃×168h/%	拉伸强度/MPa	扯断伸长率/%	硬度（邵尔A）/度	硬度变化（邵尔A）/度	
发电厂房	铜止水片	检测次数	6	6	—	—	—	—	—	—	—	—	—
		最大值	240	32.0	—	—	—	—	—	—	—	—	—
		最小值	210	22.0	—	—	—	—	—	—	—	—	—
		合格率/%	219	22.0									
执行标准 GB/T 2059—2000、DL/T 5215—2005			≥205	≥20	—	—	—	—	—	—	—	—	—

续表

工程部位	材料品种	统计参数	抗拉（拉伸）强度/MPa	（扯断）伸长率/%	撕裂强度	硬度（邵尔A）/度	压缩永久变形		热空气老化				脆性温度/℃
							70℃×24h/%	23℃×168h/%	拉伸强度/MPa	扯断伸长率/%	硬度（邵尔A）/度	硬度变化（邵尔A）/度	
发电厂房	橡胶止水带	检测次数	2	2	2	2	2	2	2	2	2	2	2
		最大值	17	446	68	63	33	10	16	380	65	+2	−55
		最小值	16	440	47	63	32	10	16	370	64	+1	−56
		合格率/%	16	443	58	63	32	10	16	375	64	+1.5	−55.5
执行标准 DL/T 5215—2005			≥15	≥380	≥30	60±5	≤35	≤20	≥12	≥300	—	≤+8	≤−45

（8）锚杆拉拔抽样检测。

依据《水利水电工程喷锚支护施工规范》（DL/T 5181—2003），对厂房边坡、引水隧洞的锚杆进行了现场拉拔抽样检测，检测结果均符合设计要求，统计结果详见表 7-3-31。

表 7-3-31　　引水隧洞、厂房边坡锚杆拉拔检测结果统计

工程部位	高程/m	技术要求/kN	钢筋直径/mm	龄期/d	统计参数	拉拔力/kN
引水隧洞施工支洞	0+0.00～0+93.12	160	Φ25	28	检测组数	4
					最大值	180.0
					最小值	168.0
					平均值	173
					合格率/%	100
引水隧洞	0+20.00～0+172.43	160	Φ25	28	检测组数	4
					最大值	180.0
					最小值	162.0
					平均值	170.0
					合格率/%	100
厂房边坡	802.00～815.00	160	Φ25	28	检测组数	3
					最大值	174.0
					最小值	168.0
					平均值	170
					合格率/%	100
厂房边坡	830.00～845.00	160	Φ25	28	检测组数	3
					最大值	174
					最小值	162
					平均值	168
					合格率/%	100

2. 混凝土、水泥砂浆质量检测

施工期间，对厂房、引水系统及左岸边坡支护等混凝土抗压强度、劈裂抗拉、抗冻、抗渗等性能进行了检测试验。

(1) 混凝土抗压强度。

C20 混凝土检测 114 组、C25 混凝土检测 55 组、C15 混凝土检测 3 组、C20 喷混凝土检测 4 组、C25 喷混凝土 4 组，共计 180 组，检测统计结果见表 7-3-32。

表 7-3-32　引水隧洞、厂房边坡混凝土抗压强度检测结果统计

工程部位	抽样地点	混凝土设计指标	龄期/d	组数	抗压强度/MPa			标准差/MPa	变异系数	强度保证率/%
					最大值	最小值	平均值			
1～4 号机组	1～4 号机组	C20	28	50	36.3	20.5	24.8	4.17	0.17	87.5
		C25	28	37	41.0	25.2	30.1	3.93	0.13	90.3
引水洞	引水洞	C20	28	32	32.7	19.8	26.2	3.34	0.13	96.0
安装间	安装间	C20	28	8	31.9	20.6	26.3	—	—	—
		C25	28	16	35.7	25.7	30.0	—	—	—
尾水工程	尾水工程	C15	28	3	19.2	18.3	18.7	—	—	—
		C20	28	24	34.8	19.3	25.1	4.11	0.16	90.6
		C25	28	2	37.5	31.0	34.3	—	—	—
缆机边坡	缆机边坡	C20 喷	28	2	28.9	23.6	25.3	—	—	—
引水洞	引水洞	C20 喷	28	2	26.3	23.2	24.8	—	—	—
水箱间	水箱间	C25 喷	28	2	28.8	27.2	28.0	—	—	—
安装间	安装间	C25 喷	28	2	28.0	26.7	27.4	—	—	—

(2) 劈裂抗拉强度。

劈裂抗拉强度取样检测 10 组，满足设计要求，检测结果见表 7-3-33。

喷混凝土 10 组，对厂房安装间、引水洞及 1～3 号机组混凝土抗冻、抗渗性能进行了抽检，检测组数各 7 组，除个别组件混凝土 28d 抗压强度低于 C20 设计要求，但仍能同时满足《水工混凝土施工规范》(DL/T 5144—2001) 中对抗压强度平均值 $m_{f_{cu}} \geqslant f_{cu,k} + Kt\sigma_0$ 及最小值 $f_{cu,min} \geqslant 0.85 f_{cu,k}$ 要求，统计结果详见表 7-3-33。

表 7-3-33　引水隧洞、发电厂房混凝土劈裂抗拉强度检测结果统计

工程部位	设计强度	试验项目	龄期/d	组数	抗拉强度/MPa			标准差/MPa	变异系数
					最大值	最小值	平均值		
引水洞衬砌	C20	劈裂抗拉强度	28	4	2.17	1.98	2.09	—	—
3 号机厂房	C20	劈裂抗拉强度	28	2	2.19	2.08	2.13	—	—
尾水挡墙	C20	劈裂抗拉强度	28	4	2.13	1.88	2.02	—	—

(3) 喷混凝土试块抗压强度。

引水隧洞、厂房边坡喷混凝土取样检测 10 组，除个别组件混凝土 28d 抗压强度低于 C20 设计要求，总体满足《水工混凝土施工规范》(DL/T 5144—2001) 中对抗压强度平均

值 $m_{fcu} \geqslant f_{cu,k} + Kt\sigma_0$ 及最小值 $f_{cu,min} \geqslant 0.85 f_{cu,k}$ 要求，统计结果详见表 7-3-34。

表 7-3-34　引水隧洞、厂房边坡喷混凝土抗压强度检测结果统计

工程部位	抽样地点	混凝土设计指标	龄期/d	组数	抗压强度/MPa			标准差/MPa	变异系数	强度保证率/%
					最大值	最小值	平均值			
引水隧洞进口段	引水隧洞厂房边坡	C20 喷	28	2	28.8	24.9	26.9	—	—	—
引水隧洞洞身段		C20 喷	28	4	26.9	24.6	25.7	—	—	—
厂房边坡		C20 喷	28	4	27.8	19.9	24.2	—	—	—

(4) 水泥砂浆抗压强度。

对用于左坝肩、开关站、边坡锚杆注浆的水泥砂浆共抽检 12 组，质量合格，检测统计结果见表 7-3-35。

表 7-3-35　水泥砂浆抗压强度检测结果统计

工程部位	抽检地点	设计指标	龄期/d	组数	抗压强度/MPa		
					最大值	最小值	平均值
左坝肩锚杆注浆	拌和楼	M35	28	4	42.5	39.8	39.5
左坝肩竖井	拌和楼	M35	28	2	43.3	40.2	41.8
开关站水泥砂浆	拌和楼	M25	28	2	33.5	28.6	31.0
边坡锚杆注浆	拌和楼	M20	28	2	28.9	25.7	27.3
左坝肩挡土墙	拌和楼	M7.5	28	2	13.6	8.9	11.2

(5) 混凝土抗渗、抗冻试验检测。

对厂房安装间、引水洞及 1～3 号机组混凝土抗冻、抗渗性能进行了抽检，检测组数共 7 组，检测结果满足设计要求，详见表 7-3-36。

表 7-3-36　发电厂房、引水隧洞混凝土抗渗、抗冻试验检测结果统计

工程部位	高程或桩号/m	技术要求	抗渗	不同冻融循环次数下		抗冻等级(28d)
				相对动弹性模数/%	质量损失率/%	
				0	50	
厂房安装间	797.42～798.75	C25W8F50	W8	100/0.00	98.9/0.22	>F50
2 号机组尾水顶板闸墩	—	C20W6F50	W6	100/0.00	96.0/0.36	>F50
1 号机组尾水闸墩及下游墙	785.80～789.70	C20W6F50	W6	100/0.00	97.1/0.26	>F50
3 号机组尾水闸墩及下游墙	779.30～781.30	C20W6F50	W6	100/0.00	97.7/0.17	>F50
2 号机组尾水顶板闸墩及下游墙	790.05～794.45	C20W6F50	W6	100/0.00	97.5/0.22	>F50
1 号机组主间钢管回填及下游墙	780.77～782.80	泵送混凝土 C20W6	W6	—	—	—
引水洞顶拱衬砌	引 0+79.13～0+89.63	C20W6	W6	—	—	—

(三) 金属结构制作及安装

金属结构制作及安装包括钢筋焊接检测、压力钢管焊缝探伤及外观等内容。

1. 钢筋焊接检测

电站发电厂房所用钢筋焊接接头试验结果见表 7-3-37。

表 7-3-37　　厂房（金结部分）钢筋焊接街头试验统计

牌号及规格	界面直径/mm	截面面积/mm²	抗拉强度/MPa	焊点至断点距离/mm	冷 弯
Ⅱ级	20	314.2	605	64	合格
	20	314.2	620	72	合格
	20	314.2	615	70	合格
Ⅱ级	22	380.1	585	69	合格
	22	380.1	560	80	合格
	22	380.1	570	76	合格
Ⅱ级	25	490.9	560	84	合格
	25	490.9	550	78	合格
	25	490.9	555	80	合格
Ⅱ级	28	615.4	585	84	合格
	28	615.4	585	78	合格
	28	615.4	585	80	合格
Ⅱ级	12	113.1	555	40	合格
	12	113.1	570	47	合格
	12	113.1	565	50	合格
Ⅱ级	14	153.9	575	60	合格
	14	153.9	580	52	合格
	14	153.9	580	54	合格
Ⅱ级	16	201.1	620	60	合格
	16	201.1	535	54	合格
	16	201.1	540	50	合格
Ⅱ级	18	254.4	590	46	合格
	18	254.4	590	52	合格
	18	254.4	595	60	合格
Ⅱ级	25	490.9	575	67	合格
	25	490.9	575	65	合格
	25	490.9	565	61	合格
Ⅱ级	28	615.4	595	81	合格
	28	615.4	595	73	合格
	28	615.4	595	69	合格
Ⅱ级	16	201.1	545	60	合格
	16	201.1	540	79	合格
	16	201.1	545	65	合格
Ⅱ级	18	254.4	595	92	合格
	18	254.4	595	73	合格
	18	254.4	600	78	合格
Ⅱ级	20	314.4	565	68	合格
	20	314.4	570	70	合格
	20	314.4	565	65	合格
Ⅱ级	22	380.1	550	75	合格
	22	380.1	545	70	合格
	22	380.1	565	63	合格

续表

牌号及规格	界面直径/mm	截面面积/mm²	抗拉强度/MPa	焊点至断点距离/mm	冷弯
Ⅱ级	28	615.4	575	56	合格
	28	615.4	570	60	合格
	28	615.4	580	63	合格

2. 压力钢管焊缝探伤及外观

水电站压力管道所有焊接及焊缝超声波探伤均由施工单位与我公司金属结构专业人员共同检测，对所有要求探伤的焊缝按规定进行超声波探伤。压力钢管几何尺寸满足设计要求，焊缝检验采用超声波探伤检测，分别在各制作工位上进行。压力钢管外观焊缝焊接符合设计及规范要求，检测结果详见表 7-3-38。

表 7-3-38　　压力钢管焊缝探伤检测成果统计

项目名称	焊缝类型	焊缝长度/m	探伤数量/m	合格数量/m	返修合格量/m
1～3 号镇墩	二类焊缝	26.389	21	21	0
3～4 号镇墩	一类焊缝	45	18	18	0
4～5 号镇墩	一类焊缝	45.18	18	18	0
5 号镇墩到公路	二类焊缝	32.63	13	13	0
公路挡墙埋管	二类焊缝	4.51	2	2	0
6～7 号镇墩	二类焊缝	85.34	30	30	0
7～8 号镇墩	二类焊缝	57.73	23	23	0
8～9 号镇墩	二类焊缝	35.14	18	18	0
9～10 号镇墩	二类焊缝	30.2	12	12	2

压力钢管直管一、二类焊缝、岔管焊缝经超声波探伤，一次探伤合格率大于 98%，其余经一次返修合格，焊缝质量满足规范要求，检测内容及结果见表 7-3-39。

表 7-3-39　　压力钢管焊缝外观质量检测成果统计

<table>
<tr><th>部位</th><th>序号</th><th>项 目</th><th colspan="2">质量标准/mm</th><th>检验记录</th></tr>
<tr><td rowspan="6">油气水管路</td><td>1</td><td>△裂纹</td><td colspan="2">一、二、三类焊缝均不允许</td><td>无裂纹</td></tr>
<tr><td>2</td><td>△表面夹渣</td><td colspan="2">一、二类焊缝均不允许，三类焊缝深度不大于 0.1δ，长度不大于 0.3δ，且不大于 10</td><td>无表面夹渣</td></tr>
<tr><td>3</td><td>△咬边</td><td colspan="2">一、二类焊缝：深度不超过 0.5，连续长度不超过 100，两侧咬边累计长度不大于 10%全长焊缝，三类焊缝：深度不大于 1，长度不限</td><td>咬边深度 0.2～0.3，连续长度最大 40mm，累积长度为：9%全长焊缝</td></tr>
<tr><td>4</td><td>未焊满</td><td colspan="2">一、二类焊缝：不允许
三类焊缝：不超过 $0.2+0.02\delta$ 且不超过 1，每 100 焊缝内缺陷总长不大于 25</td><td>焊满</td></tr>
<tr><td rowspan="2">5</td><td rowspan="2">△表面气孔</td><td>钢管</td><td>一、二类焊缝：不允许，三类焊缝：每 50 长的焊缝内允许有直径为 0.3δ，且不大于 2 的气孔 2 个，孔间距不小于 6 倍孔径</td><td rowspan="2">表面无气孔</td></tr>
<tr><td>钢闸门</td><td>一类焊缝不允许，二类焊缝：1mm 直径气孔每米范围内允许 3 个，间隙大于 2 的气孔 2 个，三类焊缝：1.5mm 直径气孔每米范围内允许 5 个，间距大于等于 20</td></tr>
</table>

续表

<table>
<tr><th>部位</th><th>序号</th><th colspan="2">项 目</th><th colspan="2">质量标准/mm</th><th>检验记录</th></tr>
<tr><td rowspan="10">油气水管路</td><td rowspan="2">6</td><td rowspan="2">△焊缝余高</td><td>手工焊√</td><td colspan="2">一、二类焊缝　三类焊缝
12<δ<25　△h=0～2.5　△h=0～3
25<δ<50　△h=0～3　△h=0～4</td><td rowspan="2">△h=2～2.5</td></tr>
<tr><td>埋弧焊</td><td colspan="2">一、二类焊0～4，三类焊缝0～5</td></tr>
<tr><td rowspan="2">7</td><td rowspan="2">对接头焊缝宽度</td><td>手工焊√</td><td colspan="2">盖过每边坡口宽度2～4，且平缓过渡</td><td rowspan="2">盖过边坡口2～4，平缓过渡</td></tr>
<tr><td>埋弧焊</td><td colspan="2">盖过每边坡口宽度2～7，且平缓过渡</td></tr>
<tr><td>8</td><td colspan="2">飞溅</td><td colspan="2">不允许</td><td>基本清除干净</td></tr>
<tr><td>9</td><td colspan="2">焊瘤</td><td colspan="2">不允许</td><td>无焊瘤</td></tr>
<tr><td>10</td><td colspan="2">角焊缝厚度不足</td><td colspan="2">一类焊缝：不允许
二类焊缝：不超过0.3+0.05δ且不超过1，每100焊缝内缺陷长度不大于25
三类焊缝：不超过0.3+0.5δ且不超过2，每100焊缝内长度缺陷总长不大于25</td><td>—</td></tr>
<tr><td rowspan="2">11</td><td colspan="2" rowspan="2">角焊缝焊脚K</td><td>手工焊√</td><td>K<12[3]　K>12[4]</td><td>—</td></tr>
<tr><td>埋弧焊</td><td>K<12[4]　K>12[5]</td><td>—</td></tr>
</table>

（四）闸门及启闭机安装

主要包括混凝土坝冲沙闸工作闸门及启闭机、检修闸门及启闭机、溢洪道三扇弧形闸门及油压启闭机、进水口一期检修闸门及启闭机、二期检修闸门及启闭机、进水口拦污栅及清污机金结设备安装、厂房2扇尾水闸门及移动台车。

1. 进水闸及启闭机安装

依据设计图进行闸门的安装施工，按照规程、规范进行检查验收。

进水闸闸门底槛、门楣、门槽埋设检查严格控制进水闸及启闭机安装、调试经验收全部符合设计和规范要求，主要检查项目及检测结果见表7-3-40。

表7-3-40　电站进水闸闸门底槛、门楣安装主要检测项目及结果统计

<table>
<tr><th>项次</th><th colspan="4">项　目</th><th>设计值/mm</th><th>允许偏差/mm</th><th>实测值/mm</th><th>合格数/点</th><th>合格率/%</th></tr>
<tr><td>1</td><td rowspan="10">底槛</td><td colspan="3">对门槽中心线a</td><td>146</td><td>±5</td><td>144～148（共测5点）</td><td>5</td><td>100</td></tr>
<tr><td>2</td><td colspan="3">对孔口中心线b</td><td>750</td><td>±5</td><td>748～753（共测5点）</td><td>5</td><td>100</td></tr>
<tr><td>3</td><td colspan="3">高程</td><td></td><td>±5</td><td>−2，−2</td><td>1</td><td>100</td></tr>
<tr><td rowspan="2">4</td><td colspan="2" rowspan="2">工作表面一端对另一端的高差</td><td>L≥10000</td><td></td><td>3</td><td>—</td><td></td><td></td></tr>
<tr><td>L<10000</td><td></td><td>2</td><td>1.0，1.0</td><td>2</td><td>100</td></tr>
<tr><td>5</td><td colspan="3">工作表面波状不平度（工作范围内）</td><td></td><td>2</td><td>1.0，1.5</td><td>2</td><td>100</td></tr>
<tr><td>6</td><td colspan="3">工作表面组合处的错位（工作范围内）</td><td></td><td>1</td><td>0.5，0.8</td><td>2</td><td>100</td></tr>
<tr><td rowspan="3">7</td><td rowspan="3">工作表面扭曲f</td><td rowspan="3">工作范围表面宽度B</td><td>B<100</td><td></td><td>1</td><td>—</td><td></td><td></td></tr>
<tr><td>B=100～200</td><td>B=100</td><td>1.5</td><td>1，1</td><td>2</td><td>100</td></tr>
<tr><td>B>200</td><td></td><td>2</td><td>—</td><td></td><td></td></tr>
</table>

续表

项次	项 目				设计值/mm	允许偏差/mm	实 测 值/mm	合格数/点	合格率/%
8	门楣安装	对门槽中心线 a（工作范围内）			190	+2，−1	190～192（共测 4 点）	4	80
9		门楣中心对底槛面的距离 h			1555	±3	1552～1556（共测 5 点）	5	100
10		工作表面波状不平度（工作范围内）				2	1，2	2	100
11		工作表面组合处的错位（工作范围内）				0.5	0.2，0.3	2	100
12		工作表面扭曲 f	工作范围表面宽度 B	B＜100		1	—		
				B＝100～200	B＝100	1.5	1，1.5	2	100

压力前池进水闸闸门底槛、门楣安装、调试经验收全部符合设计和规范要求，主要检查项目及检测结果见表 7－3－41。

表 7－3－41 压力前池进水闸闸门底槛、门楣安装主要检测项目及结果统计

项次	项 目				设计值/mm	允许偏差/mm	实 测 值/mm	合格数/点	合格率/%
1	底槛	对门槽中心线 a			181	±5	180～185（共测 5 点）	5	100
2		对孔口中心线 b			1000	±5	1000～1003（共测 5 点）	5	100
3		高程				±5	−2，−1，−2，0	2	100
4		工作表面一端对另一端的高差		L≥10000		3	—		
				L＜10000		2	1.0，1.5	2	100
5		工作表面波状不平度（工作范围内）				2	1，1.5，1，0.5	2	100
6		工作表面组合处的错位（工作范围内）				1	1，0.5	2	100
7		工作表面扭曲 f	工作范围表面宽度 B	B＜100		1	—		
				B＝100～200	B＝100	1.5	1，1	2	100
				B＞200		2	—		
8	门楣安装	对门槽中心线 a（工作范围内）			225	+2，−1	225～227（共测 5 点）	4	80
9		门楣中心对底槛面的距离 h			2055	±3	2053～2056（共测 5 点）	5	100
10		工作表面波状不平度（工作范围内）				2	0，1，2，1	2	100
11		工作表面组合处的错位（工作范围内）				0.5	0.2，0.1	2	100
12		工作表面扭曲 f	工作范围表面宽度 B	B＜100		1	—		
				B＝100～200	B＝100	1.5	1，1	2	100

压力前池进水闸闸门主轨、侧轨安装、调试经验收全部符合设计和规范要求，主要检查项目及检测结果见表 7－3－42。

表 7-3-42　压力前池进水闸闸门主轨、侧轨安装主要检测项目及结果统计

项次	项目			设计值/mm	允许偏差/mm 加工	允许偏差/mm 不加工	实测值/mm 左	实测值/mm 右
1	主轨	对门槽中心线 a	工作范围内	231	+2 −1	+3 −1	231～233 (共测 5 点)	230～233 (共测 5 点)
			工作范围外		+3 −1	+5 −2	231～236 (共测 5 点)	231～236 (共测 5 点)
2		对孔口中心线 b	工作范围内	1150	±3	±3	1150～1153 (共测 5 点)	1150～1154 (共测 5 点)
			工作范围外		±4	±4	1152～1156 (共测 5 点)	1153～1156 (共测 5 点)
3		工作表面组合处的错位	工作范围内		0.5	1	1	1
			工作范围内		1	2	1	1
4		工作表面扭曲 f	工作范围表面宽度 *B*：*B*<100		0.5	1		
			工作范围表面宽度 *B*：*B*=100～200	*B*=100	1	2	1，1	1，2
			工作范围表面宽度 *B*：*B*>200			1	2	
			工作范围外允许增加值			2	2	
5	侧轨	对门槽口中心线 a	工作范围内		±5			
			工作范围内		±5			
6		对孔口中心线 b	工作范围内		±5			
			工作范围内		±5			
7		工作表面范围内表面宽度 *B*	工作范围内		1			
			工作范围内		2			
8		工作表表扭曲 f	工作范围表面宽度 *B*：*B*<100		2			
			工作范围表面宽度 *B*：*B*=100～200		2.5			
			工作范围表面宽度 *B*：*B*>200		3			
			工作范围外允许增加值		2			

电站进水闸闸门各埋件距离及金属喷镀质量经验收全部符合设计和规范要求，主要检查项目及检测结果见表 7-3-43。

表 7-3-43　电站进水闸闸门各埋件距离及金属喷镀质量检测项目及结果统计

项次	项　目	设计值/mm	允许偏差/mm	实测值/mm
1	主轨（加工）与反轨工作面间的距离	392	+4，−2	392～395，共测 10 点
2	主轨中心距	1800	±4	1800～1805，共测 10 点
3	反轨中心距	1700	±5	1698～1706，共测 4 点
4	侧止水座板中心距	1600	±4	1600～1603，共测 10 点
5	主轨与侧止水座板面间的距离	386	+3，−1	386～388，共测 10 点
6	门楣中心与底槛面距离	1560	±2	1560～1562，共测 10 点

压力前池进水闸闸门各埋件距离及金属喷镀质量经验收全部符合设计和规范要求，主要检查项目及检测结果见表 7-3-44。

表 7-3-44 压力前池进水闸闸门各埋件距离及金属喷镀质量检测项目及结果统计

项次	项 目	设计值/mm	允许偏差/mm	实测值/mm
1	主轨（加工）与反轨工作面间的距离	462	+4，−2	462～465，共测 5 点
2	主轨中心距	12300	±4	2300～2303，共测 5 点
3	反轨中心距	2200	±5	2202～2206，共测 5 点
4	侧止水座板中心距	2100	±4	2098～2102，共测 5 点
5	主轨与侧止水座板面间的距离	456	+3，−1	456～458，共测 5 点
6	门楣中心与底槛面距离	2060	±2	2058～2061，共测 5 点

电站进水闸闸门止水橡皮、反向滑块安装经验收全部符合设计和规范要求，主要检查项目及检测结果见表 7-3-45。

表 7-3-45 电站进水闸闸门止水橡皮、反向滑块安装主要检测项目及结果

项次	项 目	设计值/mm	允许偏差/mm		实测值/mm
			合格	优良	
1	止水橡皮顶面平度		2		0～2.1，共测 10 点
2	止水橡皮与滚轮或滑道面距离	391	+2，−1	±1	390～393，共测 10 点
3	反向滑块至滑道或滚轮的距离（反向滑块自由状态）	386	±2	+2，−1	385～388，共测 10 点
4	两侧止水中心距离和顶止水至底止水边缘距离	1600	±3		1600～1603，共测 10 点
		1560			1558～1563，共测 10 点

压力前池进水闸闸门止水橡皮、反向滑块安装经验收全部符合设计和规范要求，主要检查项目及检测结果见表 7-3-46。

表 7-3-46 压力前池进水闸闸门止水橡皮、反向滑块安装主要检测项目及结果统计

项次	项 目	设计值/mm	允许偏差/mm		实测值/mm
			合格	优良	
1	止水橡皮顶面平度		2		0～2.0，共测 10 点
2	止水橡皮与滚轮或滑道面距离	461	+2，−1	±1	460～463，共测 4 点
3	反向滑块至滑道或滚轮的距离（反向滑块自由状态）	456	±2	+2，−1	456～458，共测 4 点
4	两侧止水中心距离和顶止水至底止水边缘距离	2100	±3		2098～2102，共测 10 点
		2060			2058～2062，共测 10 点

固定卷扬式启闭机中心、高程河水平安装质量经验收全部符合设计和规范要求，主要检查项目及检测结果见表 7-3-47。

表 7-3-47 固定卷扬式启闭机中心、高程河水平安装质量检测结果统计

项次	项 目	设计值/mm	允许偏差/mm		实测值/mm
			合格	优良	
1	纵、横向中心线		3	2.5	左：纵向+2，横向−2
					右：纵向+3，横向−2

续表

项次	项　目	设计值/mm	允许偏差/mm		实测值/mm
			合格	优良	
2	高 程	1901.87	±5	±1	左：1901m，1902.5m，1900m，1904m
					右：1902m，1904m，1901.5m，1901m
3	水 平		0.5mm/m	0.4mm/m	左：0.5mm/m，0.5mm/m
					右：0.45mm/m，0.4mm/m

电站压力前池固定卷扬式启闭机试运转情况正常，经验收全部符合设计和规范要求，主要检查项目及检测结果见表7-3-48。

表7-3-48　电站压力前池固定卷扬式启闭机试运转检查结果汇总

项次	项　目		质量标准	检 验 记 录
1	无负荷	电动机	运转平稳、三相电流平衡	运转平稳、三相电流平衡
2		电气设备	无异常发热现象	正常
3		控制器接头	无烧损现象	无
4		限位开关	动作准确可靠	动作准确可靠
5		高度指示器	指示正确，主令装置动作准确可靠	指示正确，动作可靠
6		机械部件	运转时，无冲击声与异常声音	运转正常，无异常声
7		构件连接连处	无裂纹、松动或损坏现象，机箱无渗油	构件连接可靠，无渗油
8		制动闸瓦	运行时全部离开制动轮，无任何摩擦	闸瓦开合正常，无任何摩擦
9		钢丝绳	无碰刷，定、动滑轮转动灵活，无卡阻	滑动转轮灵活，钢丝绳无卡阻、碰刷
10	静负荷	1.25倍定额负荷时	电气、机械部分正常，制动器能制止1.25倍定额负荷的升降，动作平稳、可靠。	电气、机械部分正常，制动器能制止1.25倍定额负荷的升降，动作平稳、可靠。
11		闸门无水压及有水压全行程启闭时	电气与机械部分正常，制动器能制止闸门升降动作平稳、可靠。负荷控制器动作准确可靠	电气与机械部分正常，制动器能制止闸门升降动作平稳、可靠。负荷控制器动作准确可靠

2. 冲沙闸及启闭机安装

依据设计图进行闸门的安装施工，按照规程、规范进行检查验收。冲沙闸闸门底槛、门楣、门槽埋设检查严格控制；闸门拼装、橡胶止水精心调校。冲沙闸及启闭机安装、调试经验收全部符合设计和规范要求。

冲沙闸闸门底槛、门楣安装主要检测项目质量全部合格，检测结果见表7-3-49。

表 7-3-49 冲沙闸闸门底槛、门楣安装主要检测项目及结果统计

项次	项目				设计值/mm	允许偏差/mm	实测值/mm	合格数/点	合格率/%
1	底槛	对门槽中心线 a			146	±5	144～148，共测 5 点	5	100
2		对孔口中心线 b			750	±5	748～753，共测 5 点	5	100
3		高程				±5	−2，−3	2	100
4		工作表面一端到另一端的高差		$L\geqslant10000$		3	—		
				$L<10000$		2	1.0，1.5	2	100
5		工作表面波状不平度（工作范围内）				2	1，1	2	100
6		工作表面组合处的错位（工作范围内）				1	1，0.5	1	100
7		工作表面扭曲 f	工作范围表面宽度 B	$B<100$		1	—		
				$B=100\sim200$	$B=100$	1.5	1，1	2	100
				$B>200$		2	—		
8	门楣安装	对门槽中心线 a（工作范围内）			190	+2，−1	190～192，共测 5 点	4	80
9		门楣中心到底槛面的距离 h			1555	±3	1554～1557，共测 5 点	5	100
10		工作表面波状不平度（工作范围内）				2	1，1.5	2	100
11		工作表面组合处的错位（工作范围内）				0.5	0.3，0.5	2	100
12		工作表面扭曲 f	工作范围表面宽度 B	$B<100$		1	—		
				$B=100\sim200$	$B=100$	1.5	1，1.5	2	100

冲沙闸闸门底槛、门楣安装主要检测项目质量全部合格，检测结果见表 7-3-50。

表 7-3-50 冲沙闸闸门主轨、侧轨安装主要检测项目及结果统计

项次	项目				设计值/mm	允许偏差/mm 加工	允许偏差/mm 不加工	实测值/mm 左	实测值/mm 右
1	主轨	对门槽中心线 a		工作范围内	196	+2，−1	+3，−1	196～200 共测 5 点	196～199 共测 5 点
				工作范围外		+3，−1	+5，−2	198～201 共测 5 点	197～200 共测 5 点
2		对孔口中心线 b		工作范围内	900	±3	±3	900～903 共测 5 点	901～903 共测 5 点
				工作范围外		±4	±4	902～905 共测 5 点	901～905 共测 5 点
3		工作表面组合处的错位		工作范围内		0.5	1		
				工作范围内		1	2		
4		工作表面扭曲 f	工作范围表面宽度 B	$B<100$		0.5	1		
				$B=100\sim200$	$B=100$	1	2	1，2	1，2
				$B>200$		1	2		
			工作范围外允许增加值			2	2		

续表

项次	项　目				设计值/mm	允许偏差/mm		实 测 值/mm	
						加工	不加工	左	右
1	侧轨	对门槽口中心线 a		工作范围内		±5			
				工作范围内		±5			
2		对孔口中心线 b		工作范围内		±5			
				工作范围内		±5			
3		工作表面范围内表面宽度 B		工作范围内		1			
				工作范围内		2			
4		工作表面扭曲 f	工作范围表面宽度 B	$B<100$		2			
				$B=100\sim200$		2.5			
				$B>200$		3			
			工作范围外允许增加值			2			

电站进水口冲沙闸闸门各埋件距离及金属喷镀质量合格，检测结果见表 7-3-51。

表 7-3-51　　冲沙闸闸门各埋件距离及金属喷镀质量检测项目及结果统计

项次	项　目	设计值/mm	允许偏差/mm	实 测 值/mm
1	主轨（加工）与反轨工作面间的距离	392	+4，−1	391～395，共测 10 点
2	主轨中心距	1800	±4	1798～1801，共测 10 点
3	反轨中心距	1700	±5	1700～1705，共测 10 点
4	侧止水座板中心距	1600	±4	1600～1603，共测 10 点
5	主轨（加工）与侧止水座板面间的距离（指上游封水的闸门）	386	+3，−1	386～389，共测 10 点
6	门楣中心与底槛面距离	1560	±2	1556～1562，共测 10 点

电站进水口冲沙闸闸门止水橡皮、反向滑块安装主要检测项目质量合格，检测结果见表 7-3-52。

表 7-3-52　　冲沙闸闸门止水橡皮、反向滑块安装主要检测项目及结果统计

项次	项　目	设计值/mm	允许偏差/mm		实 测 值/mm
			合格	优良	
1	止水橡皮顶面平度		2		0～2.5，共测 10 点
2	止水橡皮与滚轮或滑道面距离	391	+2，−1	±1	390～392，共测 4 点
3	反向滑块至滑道或滚轮的距离（反向滑块自由状态）	386	±2	+2，−1	385～387，共测 4 点
4	两侧止水中心距离和顶止水至底止水边缘距离	1600	±3		1600～1604，共测 5 点
		1560			1556～1564，共测 5 点

压力前池冲沙闸闸门底槛、门楣安装主要检测项目质量合格，检测结果见表 7-3-53。

表 7-3-53　　压力前池冲沙闸闸门底槛、门楣安装主要检测项目及结果统计

项次	项　目				设计值/mm	允许偏差/mm	实 测 值/mm	合格数/点	合格率/%
1	底槛	对门槽中心线 a			146	±5	146～149，共测 5 点	5	100
2		对孔口中心线 b			500	±5	500～505，共测 5 点	5	100
3		高程				±5	−2，−2	2	100
4		工作表面一端到另一端的高差		$L \geqslant 10000$		3	—		
				$L<10000$		2	1，2	2	100
5		工作表面波状不平度（工作范围内）				2	1，1	4	100
6		工作表面组合处的错位（工作范围内）				1	0.4	1	100
7		工作表面扭曲 f	工作范围表面宽度 B	$B<100$		1	—		
				$B=100\sim200$	$B=100$	1.5	1，1	2	100
				$B>200$		2	—		
8	门楣安装	对门槽中心线 a（工作范围内）			190	+2，−1	190～192 共测 5 点	4	80
9		门楣中心对底槛面的距离 h			1055	±3	1054～1056，共测 5 点	5	100
10		工作表面波状不平度（工作范围内）				2	1，1	2	100
11		工作表面组合处的错位（工作范围内）				0.5	0.5，0.3	2	100
12		工作表面扭曲 f	工作范围表面宽度 B	$B<100$		1	—		
				$B=100\sim200$	$B=100$	1.5	1，1	2	100

压力前池冲沙闸闸门主轨、侧轨安装主要检测项目质量合格，检测结果见表 7-3-54。

表 7-3-54　　压力前池冲沙闸闸门主轨、侧轨安装主要检测项目及结果统计

项次	项　目				设计值/mm	允许偏差/mm		实 测 值/mm	
						加工	不加工	左	右
1	主轨	对门槽中心线 a		工作范围内	196	+2，−1	+3，−1	196～199 共测 5 点	197～200 共测 5 点
				工作范围外		+3，−1	+5，−2	197～201 共测 5 点	198～202 共测 5 点
2		对孔口中心线 b		工作范围内	650	±3	±3	648～652 共测 5 点	649～653 共测 5 点
				工作范围外		±4	±4	649～654 共测 5 点	650～651 共测 5 点
3		工作表面组合处的错位		工作范围内		0.5	1	1	1
				工作范围内		1	2	0	0
4		工作表面扭曲 f	工作范围表面宽度 B	$B<100$		0.5	1		
				$B=100\sim200$	$B=100$	1	2	1，1	1，1.5
				$B>200$		1	2		
			工作范围外允许增加值			2	2		

续表

项次	项目				设计值/mm	允许偏差/mm		实测值/mm	
						加工	不加工	左	右
5	侧轨	对门槽口中心线 a		工作范围内		±5			
				工作范围内		±5			
6		对孔口中心线 b		工作范围内		±5			
				工作范围内		±5			
7		工作表面范围内表面宽度 *B*		工作范围内		1			
				工作范围内		2			
8		工作表面扭曲 f	工作范围表面宽度 *B*	*B*<100		2			
				B=100～200		2.5			
				B>200		3			
			工作范围外允许增加值			2			

压力前池冲沙闸闸门各埋件距离及金属喷镀质量合格，检测结果见表7-3-55。

表7-3-55 压力前池冲沙闸闸门各埋件距离及金属喷镀质量检测项目及结果统计

项次	项目	设计值/mm	允许偏差/mm	实测值/mm
1	主轨（加工）与反轨工作面间的距离	392	+4，-1	392～394，共测5点
2	主轨中心距	1300	±4	1300～1304，共测10点
3	反轨中心距	1250	±5	1252～1257，共测10点
4	侧止水座板中心距	1100	±4	1100～1104，共测10点
5	主轨（加工）与侧止水座板面间的距离（指上游封水的闸门）	386	+3，-1	386～388，共测10点
6	门楣中心与底槛面距离	1060	±2	1060～1062，共测10点

压力前池冲沙闸闸门止水橡皮、反向滑块安装质量合格，检测结果见表7-3-56。

表7-3-56 压力前池冲沙闸闸门止水橡皮、反向滑块安装主要检测项目及结果统计

项次	项目	设计值/mm	允许偏差/mm		实测值/mm
			合格	优良	
1	止水橡皮顶面平度		2		0～2.5，共测10点
2	止水橡皮与滚轮或滑道面距离	391	+2，-1	±1	391～393，共测10点
3	反向滑块至滑道或滚轮的距离（反向滑块自由状态）	386	±2	+2，-1	386～387，共测4点
4	两侧止水中心距离和顶止水至底止水边缘距离	1100	±3		1100～1104，共测10点
		1060			1058～1062，共测10点

压力前池冲沙闸螺杆式启闭机试运转情况正常，检测结果见表7-3-57。

表 7-3-57　　压力前池冲沙闸螺杆式启闭机试运转检查结果汇总

项次	项目		质量标准	检验记录
1	无负荷	手摇部分	转动灵活、平稳，无卡阻现象，手、点两用机构的电气闭锁装置可靠	正常
2		行程开关	动作灵敏、准确，高度指示器指示准确	正常
3		转动机构	动转平稳，无冲击声与其他异常声音	正常
4		电气设备	无异常发热现象	正常
5		机箱	无渗油现象	无
6	静负荷	电气和机械部分	符合本表 1～5 项标准	
7		超载保护装置	动作灵敏、准确、可靠	

3. 拦污栅安装

电站取水口及压力前池进水口各装拦污栅一道，安装质量合格，检测结果见表 7-3-58、表 7-3-59。

表 7-3-58　　电站取水口拦污栅安装主要检测项目及结果统计

项次	项　目	设计值	允许偏差		实测值
			合格	优良	
1	主轨对孔中心线/mm		±5	±4	−2～+5，共测 8 点
2	倾斜设置的拦污栅的倾斜角度/(°)	85	10	10	0～5，共测 4 点
3	拦污栅柜架对角线相对差/mm		±5	±4	±5，共测 2 点
4	拦污栅整体扭曲/mm		±3	±2	±3，共测 2 点
5	各拦污栅条平行度				各栅条相互平行
6	栅体间连接				牢固可靠

表 7-3-59　　压力前池拦污栅安装主要检测项目及结果统计

项次	项　目	设计值/mm	允许偏差/mm		实测值/mm
			合格	优良	
1	主轨对孔中心线/mm		±5	±4	±5，共测 10 点
2	倾斜设置的拦污栅的倾斜角度/(°)	80	10	10	0～10，共测 6 点
3	拦污栅柜架对角线相对差/mm		±5	±4	±5，共测 2 点
4	拦污栅整体扭曲/mm		±3	±2	±3，共测 2 点
5	各拦污栅条平行度				各栅条相互平行
6	栅体间连接				牢固可靠

（五）机电设备安装工程

机电设备安装包括：水轮发电机组及其附属设备安装、辅助设备安装等。

1. 水轮发电机组及其附属设备安装

水轮发电机组及其附属设备安装主要内容有：水轮机组安装、发电机组安装、调速系统安装及水轮机进水球阀安装。

(1) 水轮机安装。

水轮机安装主要内容有机壳安装、推力轴承及导轴承安装、喷嘴及接力器安装等，质量检测结果合格。

1）机壳安装。

水轮机机壳安装质量检测结果见表7-3-60。

表7-3-60　1～2号冲击式水轮机机壳安装质量检测结果统计

机组	序号	项　目	允许偏差/mm		实测值
			合格	优良	
1号	1	机壳各组合缝	符合GB/T 8564—2003第7.2.1条要求		—
	2	机壳中心	不超过1	不超过0.8	距 X 基准：1，0.5 距 Y 基准：0.5，0.5
	3	机壳中心高程	±2	±1.5	1122，001mm（$+x\sim-x$）
	4	△机壳上法兰水平	每米不超过0.05	每米不超过0.04	0.02mm/m 0.03mm/m
	5	双轮机组机壳相对高程差	不超过1	不超过0.5	—
	6	△双轮机组中心距	0～－1	0～－0.5	—
2号	1	机壳各组合缝	符合GB/T 8564—2003第7.2.1条要求		—
	2	机壳中心	不超过1	不超过0.8	距 X 基准：1，0.5 距 Y 基准：1，1
	3	机壳中心高程	±2	±1.5	1122，001mm（$+x\sim-x$）
	4	△机壳上法兰水平	每米不超过0.05	每米不超过0.04	0.02mm/m 0.03mm/m
	5	双轮机组机壳相对高程差	不超过1	不超过0.5	—
	6	△双轮机组中心距	0～－1	0～－0.5	—

2）推力轴承及导轴承安装。

1号、2号立式水轮机推力轴承及导轴承安装质量检测结果见表7-3-61、表7-3-62。

表7-3-61　1号立式水轮机推力轴承及导轴承安装质量检测参数统计

	序号	项　目	允许偏差/mm		实　测　值
			合格	优良	
1号	1	△推力轴瓦研刮	每 $1cm^2$ 内有1～3个接触点	每 $1cm^2$ 内有2～3个接触点	
	2	△推力轴瓦瓦面局部不接触面积	每处不大于2%总面积，总和不大于5%总面积		—
	3	导轴瓦研刮	每 $1cm^2$ 内有一个接触点		1～2点/cm^2
	4	导轴瓦瓦面局部不接触面积	每处不大于5%总面积，总和不大于15%总面积		局部不接触面积最大约3%总面积，总不接触面积约11%总面积
	5	盘车研刮渗漏试验	无连点情况		—
	6	轴承油槽渗漏试验	符合GB/T 8564—2003第2.0.10条要求		注煤油，保持4h，无渗漏

续表

	序号	项　目	允许偏差/mm		实　测　值
			合格	优良	
1号	7	油槽冷却器实验	符合 GB/T 8564—2003 第 2.0.11 条要求		试验压力 0.6MPa，保持 15min，无渗漏
	8	水冷推力瓦试验	无渗漏		—
	9	高压油顶起装置试验	符合设计要求		—
	10	△高压油顶起装置单向阀试验	反向加压在 0.5、0.75、1.0 倍工作压力停留 10min 无渗漏		—
	11	高压油顶起状态各推力瓦与镜板间隔	不大于 0.02		—
	12	转动部分与固定部分轴向、径向间隔	符合设计要求		符合设计要求
	13	分块导轴瓦间隙	±0.02		0.13～0.15mm
	14	△推力瓦受力调整各托盘变形值	+10%～−10% 平均变化值	+8%～−8% 平均变化值	—
	15	△推力瓦受力调整相同锤击力下轴倾斜值	+10%～−10% 平均变化值	+8%～−8% 平均变化值	0.01mm/m
	16	△弹性油箱压缩值	不大于 0.2	不大于 0.15	—
	17	轴承油重	符合《汽轮机油》(GB 11120—2011) 的规定		轴承油质符合设计要求
	18	轴承油位	±5.0		3mm

表 7-3-62　　2 号立式水轮机推力轴承及导轴承安装质量检测参数统计

	序号	项　目	允许偏差/mm		实　测　值
			合格	优良	
2号	1	△推力轴瓦研刮	每 $1cm^2$ 内有 1～3 个接触点	每 $1cm^2$ 内有 2～3 个接触点	—
	2	△推力轴瓦瓦面局部不接触面积	每处不大于 2%总面积，总和不大于 5%总面积		—
	3	导轴瓦研刮	每 $1cm^2$ 内有一个接触点		1～2 点/cm^2
	4	导轴瓦瓦面局部不接触面积	每处不大于 5%总面积，总和不大于 15%总面积		局部不接触面积最大约 4%总面积，总不接触面积约 10%总面积
	5	盘车研刮渗漏试验	无连点情况		—
	6	轴承油槽渗漏试验	符合 GB/T 8564—2003 第 2.0.11 条要求		注煤油，保持 4h，无渗漏
	7	油槽冷却器实验	符合 GB/T 8564—2003 第 2.0.10 条要求		试验压力 0.6MPa，保持 15min，无渗漏
	8	水冷推力瓦试验	无渗漏		—
	9	高压油顶起装置试验	符合设计要求		—
	10	△高压油顶起装置单向阀试验	反向加压在 0.5、0.75、1.0 倍工作压力停留 10min 无渗漏		—

续表

	序号	项　目	允许偏差/mm		实测值
			合格	优良	
2号	11	高压油顶起状态各推力瓦与镜板间隔	不大于0.02	—	
	12	转动部分与固定部分轴向、径向间隔	符合设计要求	符合设计要求	
	13	分块导轴瓦间隙	±0.02	0.13～0.15mm	
	14	△推力瓦受力调整各托盘变形值	+10%～-10%平均变化值	+8%～-8%平均变化值	—
	15	△推力瓦受力调整相同锤击力下轴倾斜值	+10%～-10%平均变化值	+8%～-8%平均变化值	0.01mm/m
	16	△弹性油箱压缩值	不大于0.2	不大于0.15	—
	17	轴承油重	符合《汽轮机油》(GB 11120—2011)的规定		轴承油质符合设计要求
	18	轴承油位	±5.0		4mm

3）喷嘴及接力器安装。

1号、2号立式水轮机喷嘴及接力器安装质量检测结果见表7-3-63。

表7-3-63　1～2号冲击式水轮喷嘴及接力器安装质量检测结果统计

	序号	项　目	允许偏差/mm		实测值
			合格	优良	
1号	1	喷嘴及接力器严密性试验	符合GB/T 8564—2003第2.0.10条要求		—
	2	△喷嘴动作试验	符合GB/T 8564—2003第5.2.2条要求		喷嘴在0.5MPa，接力器在0.5MPa压力下，动作灵活，在接力器通入4MPa压力关闭后，喷针与喷嘴口间无间隙
	3	△喷嘴中心与转轮节圆径向偏差	2	1.5	1号　0.5mm　2号　0.5mm
	4	△喷嘴中心与水斗分刃轴向偏差	±1	±0.8	1号　1.0mm　2号　-1.0mm
	5	偏流器中心与喷嘴中心距	不超过0.4	不超过0.4	1号　3.0mm　2号　2.0mm
	6	缓冲器弹簧压缩长度与设计值偏差	不超过±1	不超过±1	—
	7	各喷嘴行程的不同步偏差	不超过2%设计值	小于2%设计值	小于2%设计值
	8	喷嘴角度偏差	不超过±0.5°	小于±0.5°	1号　0.4°　2号　-0.3°
2号	1	喷嘴及接力器严密性试验	符合GB/T 8564—2003第2.0.10条要求		—
	2	△喷嘴动作试验	符合GB/T 8564—2003第5.2.2条要求		喷嘴在0.5MPa，接力器在0.5MPa压力下，动作灵活，在接力器通入4MPa压力关闭后，喷针与喷嘴口间无间隙
	3	△喷嘴中心与转轮节圆径向偏差	2	1.5	1号　-1.5mm　2号　-1.5mm
	4	△喷嘴中心与水斗分刃轴向偏差	±1	±0.8	1号　0.5mm　2号　-0.5mm
	5	偏流器中心与喷嘴中心距	不超过0.4	不超过0.4	1号　3.0mm　2号　2.0mm

续表

	序号	项　目	允许偏差/mm		实　测　值
			合格	优良	
2号	6	缓冲器弹簧压缩长度与设计值偏差	不超过±1	不超过±1	—
	7	各喷嘴行程的不同步偏差	不超过2%设计值	小于2%设计值	小于2%设计值
	8	喷嘴角度偏差	不超过±0.5°	小于±0.5°	1号　0.4°　2号　−0.3°

(2) 发电机组安装。

发电机安装主要内容有转子组装、制动器组装、定子组装及安装、发电机上、下机架组装、发电机组管路管道安装、发电机组伸缩节安装等。

1) 发电机转子组装。

1～2号立式水轮发电机转子安装质量检测结果见表7-3-64。

表7-3-64　　1～2号立式水轮发电机转子安装质量检测结果统计

机组	序号	项　目	允许偏差/mm		实　测　值
			合格	优良	
1号	1	△转子轮环下沉与会复制	符合设计规定		—
	2	△镜板水平度	每米不超过0.02		X：0.02mm/m；Y：0.02mm/m
	3	推力头卡环轴向间隙	小于0.03		用0.02mm塞尺检查，不能通过
	4	△空气间隙	+10%～−10%平均间隙	+8%～−8%平均间隙	平均间隙：18.21；实测：17.3～19.1
2号	1	△转子轮环下沉与会复制	符合设计规定		—
	2	△镜板水平度	每米不超过0.02		X：0.02mm/m；Y：0.01mm/m
	3	推力头卡环轴向间隙	小于0.03		用0.02mm塞尺检查，不能通过
	4	△空气间隙	+10%～−10%平均间隙	+8%～−8%平均间隙	平均间隙：18.45；实测：17.9～19.0

2) 发电机制动器组装。

1～2号立式水轮发电机制动器安装质量检测检测结果见表7-3-65。

表7-3-65　　1～2号立式水轮发电机制动器安装质量检测结果统计

机组	序号	项　目	允许偏差/mm		实　测　值
			合　格	优　良	
1号	1	制动器严密性试验	持续30min降压不超过35。解除压力后，活塞能自动恢复		7MPa压力持续30min，降压为0.01MPa
	2	△制动器顶面高程	±1.0	±0.8	0.5mm，0，0.5mm，0
	3	△制动器与转子闸板间隙	+20%～−20%设计间隙	+15%～−15%设计间隙	$\delta_1=10.5$，$\delta_2=10$，$\delta_3=10.5$，$\delta_4=10$
	4	制动器径向位置	±3.0		2.0
	5	制动系统管路试验	无渗漏		制动系统油管在7MPa压力下无渗漏

续表

机组	序号	项　　目	允许偏差/mm		实　测　值
			合 格	优 良	
2号	1	制动器严密性试验	持续 30min 降压不超过 35。解除压力后，活塞能自动恢复		7MPa 压力持续 30min，降压为 0.01MPa。
	2	△制动器顶面高程	±1.0	±0.8	0.5mm，0.5mm，0.5mm，0
	3	△制动器与转子闸板间隙	+20%～−20%设计间隙	+15%～−15%设计间隙	$\delta_1=10.5$，$\delta_2=10.5$，$\delta_3=10.5$，$\delta_4=10$
	4	制动器径向位置	±3.0		2.0
	5	制动系统管路试验	无渗漏		制动系统油管在 7MPa 压力下无渗漏

3）发电机定子组装及安装。

1～2 号立式水轮发电机定子组装及安装质量检测结果见表 7-3-66。

表 7-3-66　　1～2 号立式水轮发电机定子组装及安装质量检测结果统计

机组	序号	项　　目	允许偏差/mm		实　测　值
			合 格	优 良	
1号	1	定子机座组合间隙	局部不超过 0.1，螺栓周围不超过 0.05		组合缝最大 0.1mm，螺栓周围局部 0.04mm
	2	△定子铁芯合缝间隙	加垫后无间隙，线槽底部径向错位不超过 0.5		—
	3	机座与基础板组合	符合 GB/T 8564—2003 第 2.0.6 条要求		组合面光洁无毛刺，合缝用 0.05mm 塞尺检查，不能通过
	4	△定子圆度（各半径与平均半径之差）	+5%～−5%设计空气间隙	+4%～−4%设计空气间隙	设计空气间隙 18mm，实际偏差：0.2mm
	5	△定子铁芯中心高程	0～+0.4%铁芯有效长度值，且不超过 6.0		2.0
	6	6.1 各环板内圆直径	+2.0，−1.0		—
		6.2 定位筋内圆半径	±0.5		—
		6.3 定位筋弦距	±0.3	±0.25	—
		△6.4 铁芯内圆半径	+3%～−3%空气间隙	+2.5%～−2.5%空气间隙	—
		6.5 铁芯高度	±5		—
		6.6 铁芯波浪高	10	8	—
2号	1	定子机座组合间隙	局部不超过 0.1，螺栓周围不超过 0.05		组合缝最大 0.1mm，螺栓周围局部 0.04mm
	2	△定子铁芯合缝间隙	加垫后无间隙，线槽底部径向错位不超过 0.5		—
	3	机座与基础板组合	符合 GB/T 8564—2003 第 2.0.6 条要求		组合面光洁无毛刺，合缝用 0.05mm 塞尺检查，不能通过

续表

	序号	项目	允许偏差/mm		实测值
			合格	优良	
2号	4	△定子圆度（各半径与平均半径之差）	+5%～−5%设计空气间隙	+4%～−4%设计空气间隙	设计空气间隙18mm 实际偏差：0.15mm
	5	△定子铁芯中心高程	0～+0.4%铁芯有效长度值，且不超过6.0		1.0
	6	6.1各环板内圆直径	+2.0，−1.0		—
		6.2定位筋内圆半径	±0.5		—
		6.3定位筋弦距	±0.3	±0.25	—
		△6.4铁芯内圆半径	+3%～−3%空气间隙	+2.5%～−2.5%空气间隙	—
		6.5铁芯高度	±5		—
		6.6铁芯波浪高	10	8	—

4）发电机上、下机架组装。

1～2号立式水轮发电机上、下机架组装及安装质量检测结果见表7-3-67。

表7-3-67　1～2号立式水轮发电机上、下机架组装及安装质量检测结果统计

机组	序号	项目	允许偏差/mm		实测值
			合格	优良	
1号	1	各组合缝间隙	符合GB/T 8564—2003第2.0.6条和第7.1.1条要求		—
	2	挡风板、消火水管与定子线圈及转子风扇距高	0～+20%设计值	0～+10%设计值	挡风板与转子风扇，设计值20，实测值19
	3	分瓣式推力轴承支架平面度	不超过0.2	不超过0.2	—
	4	△机架中心	1	1	X：0.2（上），0.12（下） Y：0.03（上），0.04（下）
	5	△机架水平	每米不超过0.1	每米不超过0.1	0.04mm/m（上），0.05mm/m（下）
	6	机架高度	±1.5	±1	1mm（上），1mm（下）
	7	机架与基础板组合	符合GB/T 8564—2003第2.0.6条要求		组合面光洁无毛刺，合缝用0.05mm，塞尺检查不能通过
2号	1	各组合缝间隙	符合GB/T 8564—2003第2.0.6条和第7.1.1条要求		—
	2	挡风板、消火水管与定子线圈及转子风扇距高	0～+20%设计值	0～+10%设计值	挡风板与转子风扇，设计值20，实测值18
	3	分瓣式推力轴承支架平面度	不超过0.2	不超过0.2	—
	4	△机架中心	1	1	X：0.032（上），0.12（下） Y：0.3（上），0.4（下）
	5	△机架水平	每米不超过0.1	每米不超过0.1	0.04mm/m（上），0.02mm/m（下）
	6	机架高度	±1.5	±1	0（上），0（下）
	7	机架与基础板组合	符合GB/T 8564—2003第2.0.6条要求		组合面光洁无毛刺，合缝用0.05mm，塞尺检查不能通过

5）发电机组管路管道安装。

发电机组管路管道安装质量检测结果见表 7-3-68。

表 7-3-68　　发电机组管路管道安装质量检测结果统计

机组	序号	项　目	允许偏差/mm		实　测　值
			合格	优良	
操作油管路安装	1	△明设管平面位置	±10 且全长不超过 20	±8 且全长不超过 15	与设计值的偏差：+3，+7，+4，+1，-1，-5，2，0，-3，-6。全长范围内最大
	2	明设管高程	±5	±4	4
	3	立管垂直度	每米不超过 2 且全长不超过 15	每米不超过 1.5 且全长不超过 10	1.3mm/m 全长范围内最大为 9mm
	4	与设备连接的预埋管出口位置	±10		8
机组冷却水管路	1	△明设管平面位置	±10 且全长不超过 20	±8 且全长不超过 15	与设计值的偏差：+3，+7，+4，+1，-1，-5，2，0，-3，-6。全长范围内最大
	2	明设管高程	±5	±4	4
	3	立管垂直度	每米不超过 2 且全长不超过 15	每米不超过 1.5 且全长不超过 10	1.5mm/m 全长范围内最大为 9mm
	4	与设备连接的预埋管出口位置	±10		8
机组气管路	1	△明设管平面位置	±10 且全长不超过 20	±8 且全长不超过 15	与设计值的偏差：+3，+7，+4，+1，-1，-5，2，0，-3，-6。全长范围内最大 13
	2	明设管高程	±5	±4	4
	3	立管垂直度	每米不超过 2 且全长不超过 15	每米不超过 1.5 且全长不超过 10	1.5mm/m 全长范围内最大为 9mm
	4	与设备连接的预埋管出口位置	±10		8

6）发电机组伸缩节安装。

1～2 号水轮发电机组伸缩节安装质量检测结果见表 7-3-69；水轮发电机组轴线调整检测结果见表 7-3-70。

表 7-3-69　　1～2 号水轮发电机组伸缩节安装质量检测结果汇总

机组	序号	项　目	允许偏差/mm						实 测 值
			合格				优良		
1号	1	内外套伸缩距离	±6				±5		4，3.5，3.5，4
	2	盘根槽宽度	钢管直径/m				钢管直径/m		12.1～13.0
	3		≤2	>2～3.5	>2～3.5	>5.5	≤3.5	>3.5	
	4		2	3	4	6	2	4	

续表

<table>
<tr><th rowspan="2">机组</th><th rowspan="2">序号</th><th rowspan="2">项 目</th><th colspan="4">允许偏差/mm</th><th rowspan="2">实 测 值</th></tr>
<tr><th colspan="2">合格</th><th colspan="2">优良</th></tr>
<tr><td rowspan="4">2号</td><td>1</td><td>内外套伸缩距离</td><td colspan="2">±6</td><td colspan="2">±5</td><td>3，2，2，3</td></tr>
<tr><td>2</td><td>盘根槽宽度</td><td colspan="2">钢管直径/m</td><td colspan="2">钢管直径/m</td><td rowspan="3">13.0～12.0</td></tr>
<tr><td>3</td><td></td><td>≤2</td><td>＞2～3.5</td><td>＞2～3.5</td><td>＞5.5</td></tr>
<tr><td>4</td><td></td><td>2</td><td>3</td><td>4</td><td>6</td></tr>
</table>

表 7-3-70　　1～2号水轮发电机组轴线调整检测结果汇总

<table>
<tr><th rowspan="2">序号</th><th rowspan="2" colspan="2">项 目</th><th colspan="6">允许偏差/mm</th><th rowspan="2">实 测 值</th></tr>
<tr><th colspan="5">合格</th><th>优良</th></tr>
<tr><td rowspan="6">1</td><td rowspan="2" colspan="2">测量部位</td><td colspan="5">转速</td><td rowspan="2"></td><td rowspan="2">600r/min</td></tr>
<tr><td>100</td><td>250</td><td>375</td><td>600</td><td>1000</td></tr>
<tr><td rowspan="4">△刚性盘车和各部位盘车</td><td>发电机上导及法兰（相对摆度 mm/m）</td><td>0.05</td><td>0.03</td><td>0.02</td><td>0.02</td><td>0.02</td><td rowspan="4">小于合格数据 10%</td><td>0.02r/min</td></tr>
<tr><td>水导轴承（相对摆度 mm/m）</td><td>0.03</td><td>0.05</td><td>0.04</td><td>0.03</td><td>0.02</td><td>0.03r/min</td></tr>
<tr><td>励磁机整流子（绝对摆度 mm/m）</td><td>0.4</td><td>0.3</td><td>0.2</td><td>0.15</td><td>0.1</td><td>—</td></tr>
<tr><td>集电环（绝对摆度）</td><td>0.5</td><td>0.4</td><td>0.3</td><td>0.2</td><td>0.1</td><td>—</td></tr>
<tr><td rowspan="3">2</td><td rowspan="3">△弹性盘车轴向摆度</td><td rowspan="2">测量部位</td><td colspan="5">镜板直径/mm</td><td rowspan="3">小于合格数据 10%</td><td>—</td></tr>
<tr><td colspan="2">＜2000h</td><td colspan="2">＞2000～3500</td><td>＞3500</td><td>—</td></tr>
<tr><td>镜板边缘</td><td colspan="2">0.1</td><td colspan="2">0.15</td><td>0.2</td><td>—</td></tr>
<tr><td>3</td><td colspan="2">多段轴轴线折弯</td><td colspan="5">每米不超过 0.04</td><td>每米不超过 0.03</td><td>两段轴不超过 0.03</td></tr>
</table>

（3）调速系统安装。

1～2号水轮发电机组调速器安装及调试质量检测结果见表7-3-71。

表 7-3-71　　1～2号水轮发电机调速器安装及调试质量检测结果汇总

<table>
<tr><th rowspan="2">机组</th><th rowspan="2">序号</th><th rowspan="2">项 目</th><th colspan="2">允许偏差/mm</th><th rowspan="2">实 测 值</th></tr>
<tr><th>合格</th><th>优良</th></tr>
<tr><td rowspan="7">1号</td><td>1</td><td>调速器柜中心</td><td>5</td><td>3</td><td>距 X 基准：+3；距 Y 基准：+2.7</td></tr>
<tr><td>2</td><td>调速器柜高程</td><td>±5</td><td>±4</td><td>+0.3m</td></tr>
<tr><td>3</td><td>调速器柜水平度</td><td>每米不超过 0.15</td><td>每米不超过 0.1</td><td>横向：0.12mm/m；纵向：0.1mm/m</td></tr>
<tr><td>4</td><td>回复机构支座水平度</td><td colspan="2">每米不超过 1</td><td>—</td></tr>
<tr><td>5</td><td>△离心飞摆摆度</td><td colspan="2">不大于 0.04</td><td>—</td></tr>
<tr><td>6</td><td>△缓冲器活塞回复位置</td><td colspan="2">±0.02</td><td>—</td></tr>
<tr><td>7</td><td>△缓冲时间</td><td colspan="2">上下两回复时间之差不大于整定值的 10%</td><td>—</td></tr>
</table>

续表

机组	序号	项　目	允许偏差/mm		实　测　值
			合格	优良	
1号	8	△缓冲特性曲线	符合设计要求		—
	9	各指示器及杠杆位置	1		—
	10	永态转差系数	符合 GB/T 8564—2003 第 6.2.2 条要求		当永态转差系数指示为零时，回复机构动作全行程，转差机构的行程约 0.03mm
	11	导叶及轮叶在中间位置时间回复机构水平度	每米不超过 1		—
	12	△电液转换器差动活塞位置	不大于±0.02		距中间位置－0.01
	13	油压变化时电液转换器差动活塞位置	不大于±0.05		—
	14	△电液转换器灵敏度	符合设计要求		—
	15	电气回路绝缘检查	符合 GB 50150—91《电气装置安装工程电气设备交接试验标准》相关规定		—
	16	稳压电源输出电压	+1%～-1%设计值（设计值为 48V）		—
	17	△电气调节器死区、放大系数及线性度	符合设计要求		—
2号	1	调速器柜中心	5	3	距 X 基准：+3；距 Y 基准：+2.7
	2	调速器柜高程	±5	±4	+0.3mm
	3	调速器柜水平度	每米不超过 0.15	每米不超过 0.1	横向：0.12mm/m；纵向：0.1mm/m
	4	回复机构支座水平度	每米不超过 1		—
	5	△离心飞摆摆度	不大于 0.04		—
	6	△缓冲器活塞回复位置	±0.02		—
	7	△缓冲时间	上下两回复时间之差不大于整定值的 10%		—
	8	△缓冲特性曲线	符合设计要求		—
	9	各指示器及杠杆位置	1		—
	10	永态转差系数	符合 GB/T 8564—2003 第 6.2.2 条要求		当永态转差系数指示为零时，回复机构动作全行程，转差机构的行程约 0.03mm
	11	导叶及轮叶在中间位置时间回复机构水平度	每米不超过 1		—
	12	△电液转换器差动活塞位置	不大于±0.02		距中间位置－0.01
	13	油压变化时电液转换器差动活塞位置	不大于±0.05		—
	14	△电液转换器灵敏度	符合设计要求		—

续表

机组	序号	项目	允许偏差/mm		实测值
			合格	优良	
2号	15	电气回路绝缘检查	符合 GB 50150—91《电气装置安装工程电气设备交接试验标准》相关规定		—
	16	稳压电源输出电压	+1%~-1%设计值（设计值为48V）		—
	17	△电气调节器死区、放大系数及线性度	符合设计要求		—

(4) 水轮机进水球阀安装。

1~2号水轮机进水球阀安装及调试质量检测结果见表7-3-72。

表7-3-72　1~2号水轮发电机组球阀安装质量检测结果汇总表

机组	序号	项目	允许偏差/mm		实测值
			合格	优良	
1号	1	阀座与基础板组合缝	符合 GB/T 8564—2003 第2.0.6条要求		组合面光洁无刺，合缝用0.05mm，塞尺检查不能通过
	2	△阀体中心	±5	±4	3
	3	阀体横向中心	15	12	10
	4	△阀体水平度及垂直度	每米不超过1	每米不超过0.8	1
	5	阀体各组合缝	符合 GB/T 8564—2003 第2.0.6条要求		—
	6	活门与阀体间隙	符合设计要求		—
	7	工作及检修密封间隙	不超过0.05s		工作密封：0.04~0.02；检修密封：0.02~0.04
	8	密封盖行程	不小于设计值的80%		9
	9	△静水严密性实验	保持30mm漏水量不超过设计值		—
2号	1	阀座与基础板组合缝	符合 GB/T 8564—2003 第2.0.6条要求		组合面光洁无刺，合缝用0.05mm，塞尺检查不能通过
	2	△阀体中心	±5	±4	4
	3	阀体横向中心	15	12	10
	4	△阀体水平度及垂直度	每米不超过1	每米不超过0.8	1
	5	阀体各组合缝	符合 GB/T 8564—2003 第2.0.6条要求		—
	6	活门与阀体间隙	符合设计要求		—
	7	工作及检修密封间隙	不超过0.05s		工作密封：0.04~0.02；检修密封：0.02
	8	密封盖行程	不小于设计值的80%		9
	9	△静水严密性实验	保持30mm漏水量不超过设计值		—

2. 辅助设备安装

(1) 油系统安装及调试。

1～2号水轮发电机油压装置安装质量检测结果见表7-3-73。

表7-3-73　　1～2号水轮发电机油压装置安装质量检测结果汇总

机组	序号	项　目	允许偏差/mm		实　测　值
			合格	优良	
1号	1	集油槽、漏油槽渗漏试验	保持12h无渗漏		充水，保持12h，无渗漏
	2	△压油罐严密性试验	符合GB/T 8564—2003第2.0.10条要求		试验压7.5MPa，保存30min
	3	集油槽、压油罐中心	不超过5	不超过3	集油槽：横向4，纵向4 压油槽：横向4，纵向4
	4	集油槽、压油罐高程	±5	±3	集油槽：+4mm；压油槽：+4mm
	5	集油槽水平度	每米不超过0.2	每米不超过0.1	横向0.09mm/m
	6	压油罐垂直度	每米不超过2	每米不超过1	0.09mm/m
	7	事故配压阀中心及高程	±10	±5	中心：横向+7mm，纵向8mm；高程：+9mm
	8	事故配压阀法兰水平度	每米不超过0.15	每米不超过0.1	0.14mm/m
	9	△油泵及电动机中心	0.08	0.05	0.03
	10	△油泵及电动机中心倾斜	每米不超过0.2	每米不超过0.15	0.13mm/m
	11	△油压装置压力整定值	+2%～-2%设计值	+1.5%～-1.5%设计值	工作泵启动：设计值5.8MPa，整定值，5.75MPa低油压事故　停机：4.9MPa，4.92MPa
	12	△油泵试运转	符合GB/T 8564—2003第6.1.5条要求		电动机运转正常，油泵运行无异常，油泵输油量正常
	13	油压装置工作严密性	在工作压力保持8h，油压下降值不超过0.15MPa		在6.0MPa压力下保持8h，油压下降0.05MPa
	14	调速系统油质	符合《汽轮机油》（GB 11120—209）的规定		油质化验报告符合规定要求
2号	1	集油槽、漏油槽渗漏试验	保持12h无渗漏		充水，保持12h，无渗漏
	2	△压油罐严密性试验	符合GB/T 8564—2003第2.0.10条要求		试验压7.5MPa，保存30min
	3	集油槽、压油罐中心	不超过5	不超过3	集油槽：横向4，纵向4 压油槽：横向4，纵向4
	4	集油槽、压油罐高程	±5	±3	集油槽：+4mm；压油槽：+4mm
	5	集油槽水平度	每米不超过0.2	每米不超过0.1	横向0.09mm/m
	6	压油罐垂直度	每米不超过2	每米不超过1	0.09mm/m
	7	事故配压阀中心及高程	±10	±5	中心：横向+7mm，纵向8mm；高程：+9mm
	8	事故配压阀法兰水平度	每米不超过0.15	每米不超过0.1	0.14mm/m
	9	△油泵及电动机中心	0.08	0.05	0.03
	10	△油泵及电动机中心倾斜	每米不超过0.2	每米不超过0.15	0.13mm/m
	11	△油压装置压力整定值	+2%～-2%设计值	+1.5%～-1.5%设计值	工作泵启动：设计值5.8MPa，整定值，5.75MPa低油压事故　停机：4.9MPa，4.92MPa

续表

机组	序号	项目	允许偏差/mm		实测值
			合格	优良	
2号	12	△油泵试运转	符合 GB/T 8564—2003 第 6.1.5 条要求		电动机运转正常，油泵运行无异常，油泵输油量正常
	13	油压装置工作严密性	在工作压力保持 8h，油压下降值不超过 0.15MPa		在 6.0MPa 压力下保持 8h，油压下降 0.05MPa
	14	调速系统油质	符合《汽轮机油》(GB 11120—2011) 的规定		油质化验报告符合规定要求

（2）厂房桥机安装及试验。

厂房桥式起重机安装及试运转情况良好，空载及静荷载满足设计要求，详见表 7-3-74。

表 7-3-74　　发电厂房桥式起重机试运转质量检测结果汇总表

项次	项目		质量标准	检验记录
1	无负荷	电动机	运行平稳、撒必须啊不过电流平衡	运行平稳、三相电流平衡
2		电气设备	无异常发热现象	无异常发热现象
3		限位、保护、连锁装置	动作正确、可靠	动作正确、可靠
4		控制器	衔头无烧损现象	无烧损
5		大、小行车走时	滑块滑动平稳、无卡阻，跳动及严重冒火花现象	平稳、无卡阻、无跳动
6		机械部分	运转时，无冲击及异常声响，构件连接处无松动、裂纹和损坏	无异常声。无松动、无裂纹、损坏
7		轴承和齿轮	润滑良好，机箱无渗油，轴承温度小于等于 65℃	润滑良好，无渗油，轴承温度 47℃
8		运行时制动瓦	全部离开制动轮，无任何摩擦	无剐摩擦，运转灵活、无卡阻
9		钢丝绳、滑动轮	钢丝绳不碰剐，定、慬滑轮运转磷火，无卡阻	无摩擦
10	静负荷	升降机构制动器	能制止住 1.25 倍定额负荷升降，且动作平稳、可靠	能制止住 1.25 倍额定负荷，升降平稳、可靠
11		小车停在桥架中间	起吊 1.25 倍定额负荷，停留 10 分钟、卸荷，检查桥架变形，反复三次后，主梁实测上拱度应大于 $0.8L/1000$（L：跨度），即 >15.2mm	超载试验后，主梁实有上拱度 8mm
12		小车停在桥架中间	起吊额定负荷，测量主梁下扰度不大于 $L/700$（L：跨度）	40t 负荷时主梁，下扰度为 10mm
13		升降机制动器	能制止住 1.1 倍定额负荷的升降，且动作平稳、可靠	能制止住 1.1 倍额定负荷的升降，且动作平稳、可靠
14		行走机构制动器	能刹住大车及小车，且车轮不打滑和引起振动及冲击波	能刹住大车及小车，车轮不打滑，无振动及冲击

3. 电气一次设备安装及调试

电气一次设备主要包括母线装置、端子箱、发电机出口相关电流互感器等设备安装、电缆敷设、照明系统、厂内接地等工程。

(1) 母线装置安装。

母线装置委托专业厂家生产，厂内进行组装，分段供货到现场再拼装。安装完成后按照规程、规范进行安装验收和电气试验。对电流互感器试验检测绝缘、变比等检测项目，全部验收项目合格。检测结果见表7-3-75。

表7-3-75　硬母线装置安装质量检查结果汇总

项次	项目		质量标准	检验记录
1	外观检查	母线表面	光洁平整，无裂纹，褶皱，夹杂物及变形，扭曲等缺陷	光洁平整，无裂纹，褶皱，夹杂物及变形，扭曲等缺陷
2		成套供应的封闭母线	各段标志清晰，附件齐全，螺栓连接的母线搭接面平整，镀银层应覆盖良好，无麻面起层	附件齐全，无变形，无损伤
3	硬母线加工检查	母线	校正平直，切断面平整	已校正平直，切断面平整
4		母线弯制	开始弯曲处至最近处绝缘子的母线支持加班边缘的距离大于50，而小于0.25倍支持点间的距离规定。弯曲半径符合GBJ 149—90中表2.2.5的规定。多片母线的弯曲程度一致。母线扭转90°时，扭转部分的长度大于2.5～5倍母线宽度	符合规范要求
5		母线连接处钻孔	垂直，孔眼中心误差小于等于±0.5	垂直，孔眼中心误差±4，符合规范要求
6		接触面	须加工平整，无氧化膜。加工后截面减小值：铜母线小于原截面的3%，铝母线小于圆截面的5%	平整，无氧化膜
7	硬母线安装	母线配置	符合设计要求。相同布置的主母线引下线及设备连接线要求对称一致，横平竖直，正确美观	母线配置符合要求，对称一致平直、整齐
8		连接方式	正确，焊接严禁锡焊或螺纹接头连接	采用M12螺栓连接
9		母线的搭接	搭接面平整，无氧化膜，并涂电力脂，连接牢固，受力均匀。母线连接后接触面紧密，用0.05×10塞尺，塞入后深度符合下列要求：母线宽度在63及以下，塞入深度不超过6°测量接触电阻，其接触面增加的电阻值小于同长度母线本体电阻值的20%	平整，无氧化膜，涂电力脂，连接牢固，紧密，搭接长度符合要求
10		矩形母线的搭接	搭接尺寸符合GBJ 149—90规定。采用螺栓搭接的矩形母线其连处距支柱绝缘子的支柱夹板边缘不小于50，上片母线端头与下片端头平弯开始处的距离大于50，母线与螺杆形端子连接吋，母线的孔径和连接端子直径的差值小于1，螺母接触面平整，丝扣无氧化膜	符合规定，连接处距支持绝缘子的支柱加班边缘大于70mm，螺母接触面平整，丝扣无氧化膜

续表

项次	项目		质量标准	检验记录
11	硬母线安装	硬母线焊接咬边深度：咬边总长度：	小于母线厚度的10%；小于焊接长度的20%　小于母线厚度的5%；小于焊接长度的10%	—
12		母线在支柱绝缘子上固定	金具与绝缘子间固定应平整牢固。交流母线工作电流大于1500A时，每相交流母线的金具间不应形成闭合磁路	平整牢固，没有形成闭合磁路
13		补偿器的安装	符合设计要求	
14		插接母线槽、重型多片矩形母线及高压封闭母线安装	符合规定 GBJ 149—90 规定	—
15		铝合金管型母线安装	质量应符合 GBJ 149—90 规定	—
16		母线间及建筑物的距离	符合配电装置安全距离规定	符合规定
17		相色	按有关规定涂刷色漆，要求色相正确，漆层均匀。	A 黄，B 绿，C 红，漆色均匀
18		相序排列	符合规定 GBJ 149—90 规定	符合设计要求
19	母线绝缘子与穿墙套管检查	外观检查	瓷件完整无裂纹，法兰胶合处填料充密实，结合牢固	完整，无裂痕，密实，牢固
20		电气试验	绝缘电阻测量符合 GBJ 149—90 要求	母线对地 38kV 试验，无闪络和击穿
21		支持绝缘子安装	同一平面或垂直面上的支持绝缘子顶面在同一平面上，误差小于等于3mm，母线直线段的支柱绝缘子安装中心线在同一直线上允许误差不超过±5合格，不超过±2优良	顶面在同一平面上，误差2mm，中心线误差2mm
22		穿墙套管安装	安装孔径与套管间间隙人鱼等于5mm，套管固定牢固。1500A及以上套管安装做隔磁处理	间隙8mm，套管固定牢固

主厂房端子箱安装质量检测结果符合质量标准，各项检测指标见表7-3-76。

表7-3-76　　主厂房端子箱安装质量检测结果汇总

项次	项目		质量标准	检验记录
1	基础埋设	允许偏差	不直度5mm、不平度6mm	不直度3mm，不平度5mm
2		接地	可靠，符合设计要求	可靠，符合设计要求
3	端子箱制作安装	端子箱制作	铁板厚度应为2～3，尺寸符合设计要求。长、宽、高各部尺寸误差为≤±2，对角线误差≤1.5. 门关合严实，周围缝隙<1.5，门锁齐全灵活	—
4		端子箱安装	应牢固，密封良好，安装在便于运行检查位置，成列安装的端子箱应安排整齐	安装牢固，密封良好

续表

项次	项　目		质量标准	检验记录
5	端子箱制作安装	端子板安装	固定牢固，零件完整齐全、无损伤，绝缘良好，标志齐全，情况正确，便于更换，接线方便，所有接线应排列整齐	固定牢固，零件完整齐全、无损伤，绝缘良好，标准齐全，清楚正确，接地排列整齐
6		箱内电气安装	排列整齐、安装牢固，裸露截流部分（≤380V）与非金属部分间表距离≥20。连接牢固，接触良好，导线引出板面部分应套绝缘套	—
7	二次回路	△连接件	回路接线应用铜芯线。电压回路线芯截面积≥1.5mm^2，电流回路线芯截面积≥2.5mm^2	回路接线为铜芯线，电压回路2.5mm^2，电流回路4～6mm^2
8		△间隙（或带电体）与接地	带电体间或带电体与接地间电气间隙≥4，漏电距离≥6	带电体间或带电体与接地电气间隙5，漏电距离10
9		导线及电缆线芯束的排列	整齐、美观、横平竖直，不交叉。标志齐全，绑扎固定符合“标准5”要求	整齐、美观、横平竖直、不交叉。标准齐全，绑扎固定符合要求
10		配线和接线	符合设计要求，导线不应有接头，绝缘良好，剥切不伤线芯。导线及电缆线线芯标志一圈，正确、显明、不脱色且字迹清楚。每个端子板的每侧接线不得超过两根，导线与电气或端子板连接用螺钉连接牢固	符合设计要求，导线无接头，绝缘良好，导线及电缆线芯标志齐全。每个端子板的每侧接线不超过两根，导线与电器或端子板连接用螺钉连接牢固
11		△二次回路检查	回路绝缘电阻≥1MΩ，潮湿地区允许在0.5MΩ以上，交流耐压试验1000V，1min不出现异常。回路连接正确无误	回路绝缘电阻5MΩ，回路连接正确无误

油浸式互感器（母线电压互感器）安装质量检测结果符合质量标准，详见表7-3-77。

表7-3-77　油浸式互感器（母线电压互感器）安装质量检测结果汇总

项次	检查项目	质量标准	检验记录
1	外观检查	外观完整，部件齐全。无锈蚀、损伤。瓷套清洁，无裂纹，瓷件连接牢固。△油位指示器、瓷套法兰及放油阀等处应密封良好，无渗油现象，油位正常。变化分接头位置应符合设计规定。二次接触板应完整。引出端子应连接牢固，绝缘良好，标准清晰	完整、齐全。无锈蚀、无损伤。清洁，无裂纹，黏合牢固。油位指示器正常。连接牢固、绝缘良好，标准清晰
2	安装质量检查	固定牢固，安装面水平，排列整齐。均压环应装置牢固、水平且方向正确。一次接线接触良好，间隙应符合规定，允许偏差小于15mm，接地部位正确，牢固可靠。	固定牢固，安装面水平，一次接线接触良好
3	测量线圈绝缘电阻	电固值与出厂值比较无明显差别	无明显差别
4	交流耐压试验	一次线圈交流耐压试验电压标准见GB 50150—91附录1；二次线圈交流耐压试验电压标准。	一次对地184kV/min无异常
5	△测量介质损耗角正切值	符合产品技术要求	28.9℃　tgδ=2.19

续表

项次	检查项目	质量标准	检验记录
6	绝缘油试验	应符合 GB 50150—91 第 8.0.5 条规定	未做试验
7	测量电压互感器一次线圈支流电阻	不应超过制造厂测得值的±5%	—
8	△测量电流互感器的励磁特性曲线	同型式互感器相互比较，应无明显差别	见试验报告
9	测量电压互感器空载电流	空载电流值的电厂值比较无明显差别	—
10	△检查三相互感器的接线组别和单相互感器的极性	必须符合设计要求并与铭牌机外壳上的符号相符	与铭牌一致
11	△检查互感器的变比	应与设计要求及铭牌相符	与设计铭牌相符
12	测量铁芯夹紧螺栓的绝缘电阻	按 GB 50150—91 第 8.0.11 条进行	—

油浸式互感器（1号、2号主变高压侧电流互感器）安装质量检测结果符合质量标准，各项检测指标详见表 7-3-78。

表 7-3-78　油浸式互感器（1号、2号主变高压侧电流互感器）安装质量检测汇总

项次	检查项目	质量标准	检验记录
1	外观检查	外观完整，部件齐全。无锈蚀、损伤。瓷套清洁，无裂纹，瓷件黏合牢固。△油位指示器、瓷套法兰及放油阀等处应密封良好，无渗油现象，油位正常。变化分接头位置应符合设计规定。二次接触板应完整。引出端子应连接牢固，绝缘良好，标准清晰	完整、齐全。无锈蚀、无损伤。清洁，无裂纹，黏合牢固。油位指示器正常。连接牢固、绝缘良好，标准清晰
2	安装质量检查	固定牢固，安装面水平，排列整齐。均压环应装置牢固、水平且方向正确。一次接线接触良好，间隙应符合规定，允许偏差小于15mm，接地部位正确，牢固可靠	固定牢固，安装面水平，一次接线接触良好
3	测量线圈绝缘电阻	电固值与出厂值比较无明显差别	大于 500MΩ
4	交流耐压试验	一次线圈交流耐压试验电压标准见 GB 50150—91 附录 1；二次线圈交流耐压试验电压标准	一次对地 184kV/min 无异常
5	△测量介损正切值	符合产品技术要求	A：0.325　B：0.316 C：0.303　30.6℃
6	绝缘油试验	应符合 GB 50150—91 第 8.0.5 条规定	—
7	测量电压互感器一次线圈支流电阻	不应超过制造厂测得值的±5%	—
8	△测量电流互感器的励磁特性曲线	同型式互感器相互比较，应无明显差别	无明显差别
9	测量电压互感器空载电流	空载电流值的电厂值比较无明显差别	—
10	△检查三相互感器的接线组别和单相互感器的极性	必须符合设计要求并与铭牌机外壳上的符号相符	与铭牌一致

续表

项次	检查项目	质量标准	检验记录
11	△检查互感器的变比	应与设计要求及铭牌相符	2×100/5 与设计铭牌相符
12	测量铁芯夹紧螺栓的绝缘电阻	按 GB 50150—91 第 8.0.11 条进行	—

(2) 电缆敷设安装。

电缆敷设工程包括电力、控制、电缆管路和电缆桥架基础的预埋、电缆桥架、电缆槽盒的安装、电缆敷设、电缆及其安装材料的运输和保管、电缆防火材料的安装及有关电缆终端头的制作和安装、试验和施工验收。依据设计图完成电缆敷设，按照规程、规范要求进行验收全部合格。主要检测项目及结果见表 7-3-79、表 7-3-80。

表 7-3-79　　电缆安装主要检测项目及检测结果汇总

序号	项　目	标　　准	实 测 值
1	一般规定	电缆附件齐全，符合国家标准规定，电缆防火设施的安装符合设计规定	符合设计规定
2	铺设与连接	安装正确，牢固，密封良好，管内无杂物	符合规定
3	电缆头制作	制作符合规范要求	符合规范
4	电气试验	绝缘良好，直流耐压无异常	见试验记录

表 7-3-80　　电缆敷设主要检测项目及结果检测结果汇总

序号	项　目		标　　准	实 测 值
1	一般规定		电缆附件齐全，符合国家标准规定，电缆隐蔽工程应有验收签证，电缆防火设施的安装应符合设计规定	附件齐全，隐蔽工程有验收签证，防火符合设计要求
2	电缆支架安装		平整牢固，排列整齐，均匀，成排安装的支架高度应一致，允许偏差不超过±5mm。支架横担至沟顶、楼板、沟底的距离应符合设计要求。支架与电缆沟或建筑物的坡度应相同。托架的制作安装应符合设计要求。支架应涂刷防腐漆和油漆，漆层完好。按规定可靠接地	平整牢固，允许偏差4mm，漆层完好。可靠接地
3	电缆管加工及敷设	加工弯制	每根电缆管弯头≤3个，直角弯头≤2个，管的弯曲半径与所穿电缆的弯曲半径一致。管子弯制后无裂纹或显著的凹瘪。管口平齐呈喇叭形，无毛刺	弯头≤2个，半径符合要求，毛刺干净
		敷设与连接	牢固，整齐，裸露的金属管应刷防腐漆。连接应紧密，出入地沟、隧道、建筑物的管口应密封。管道内清洁无杂物	管口封堵严密
4	控制电缆敷设安装	敷设前的检查	电缆无扭曲变形，外表无损伤。绝缘层无损伤，铠装层不松散。电缆绝缘电阻应符合 GB 50150—91 的要求	无扭曲变形
		电缆的敷设	数量、位置与电缆统计书、图纸相符，厂房内，隧道、沟道内敷设、排列顺序应符合《规范》规定。电缆排列整齐，无叠压。△最小弯曲半径不小于 10 倍电缆外径。标志牌齐全、清晰、正确	敷设符合规定，标志牌齐全、清晰、正确
		电缆固定	垂直敷设（或超过 45°倾斜敷设）应在每个支架上固定，水平敷设时在电缆首末两端及转弯处固定，各固定支持点间的距离符合设计规定	固定牢固、正确，间距符合要求

续表

序号	项　目		标　准	实测值
5	电力电缆敷设	敷设	明敷电缆应剥除麻护层，并列敷设的电缆相互间净距符合设计要求，并联运行的电力电缆其长度应相等	符合要求
		电缆头制作	电缆终端头和接头的制作符合《规范》要求	符合要求
		电气试验	绝缘电阻：绝缘良好，达到敷设前要求。直流耐压试验无异常。泄漏电流，试验过程中应稳定	直流耐用通过，泄漏电流稳定

（3）照明系统安装。

照明系统分为工作照明、事故照明、应急照明及直流经常照明三部分。依据设计图施工安装，按照规程、规范进行验收。全厂照明全部安装完成，无一遗漏，投电后照明效果良好，全部验收合格。照明系统主要检查项目及检查结果见表7-3-81。

表7-3-81　照明系统主要检测项目及检测结果汇总

序号	项　目		标　准	实测值
1	线管配线检查	线管加工	线管弯曲处无折皱、凹穴和裂缝，弯曲程度应不大于管外径的10%。配管的弯曲半径：明配管应≥6D，一个弯头的配管应≥4D。暗配管≥6D，埋设于地下或混凝土楼板的配管≥10D（D为管外径）	无折皱、裂缝，弯曲半径符合要求，明管大于6D，一个弯头的配管大于4D，暗配管大于6D，埋管大于10D
		线管敷设	△明配管水平、垂直敷设的允许偏差均应≤0.15%。按《规范》规定涂刷防腐漆。敷设于潮湿场所的线管口、管子连接处应加密封	水平，垂直偏差均在0.1%以内，管口、管子连接处密封，暗敷钢管涂防腐漆
		线管连接和固定	线管连接应牢固、严密、排列整齐。管卡与终端或电气器具间的距离允许偏差：固定点间的间距50，同规格钢管间距5，固定后钢管水平度（在任何2m段内）3，固定后钢管的垂直度（垂直敷设在任何2m段内）3	牢固、严密、排列整齐
		线管配线	线芯截面：铜芯1mm^2，铝芯2.5mm^2，管内导线不得有接头和扭接，绝缘应无损伤。管内导线总截面≤管截面的40%。布置应符合图纸要求，接线紧固，导线绝缘电阻应大于0.5MΩ	铜芯线截面积不小于2.5mm^2，绝缘大于0.5MΩ
2	照明配电箱安装的检查	配电箱安装	位置符合设计要求。安装垂直允许偏差≤3，安装牢固，油漆完整，回路标志正确、清晰	垂直偏差小于2，牢固，完整，标志正确，清晰
		箱内电器安装	排列整齐，安装牢固。裸露截流部分（≤380V）与非金属部分间表面距离≥20。连接牢固，接触良好，导线引出板面部分应套绝缘管	整齐，安装牢固，接触良好
		负荷分配	均匀	已按设计接线
		照明电压变化	电源电压变化≤5%	—
		绝缘电阻	≥0.5MΩ	≥0.5MΩ

续表

<table>
<tr><th>序号</th><th colspan="2">项　目</th><th colspan="3">标　　准</th><th>实测值</th></tr>
<tr><td rowspan="13">3</td><td rowspan="13">灯器具安装检查</td><td>灯具配件</td><td colspan="3">灯具的配置及品种应符合设计院要求，灯具配件应齐全，无机械损伤、变形、油漆剥落等</td><td>符合设计要求，齐全，无机械损伤，变形，油漆剥落</td></tr>
<tr><td>灯具所用导线</td><td colspan="3">线芯截面应符合《规范》有关要求</td><td>符合要求</td></tr>
<tr><td rowspan="5">灯具及开关、插座安装</td><td colspan="3">安装应平整、牢固、位置正确，高度一致。开关应切断相线。暗开关、插座应贴墙面。成排灯具、开关安装的最小允许偏差成排灯具中心≤5mm</td><td rowspan="4">小于0.05%，最大1mm，最大3mm</td></tr>
<tr><td rowspan="3">暗开关（插座）</td><td>垂直度</td><td><0.15%</td></tr>
<tr><td>相邻高低差</td><td><2mm</td></tr>
<tr><td>同室高低差</td><td><5mm</td></tr>
<tr><td colspan="3">同场所的交流直流或不同电压的插座应有明显区别，不应互相插入。灯具吊杆用钢管直径≥10。日光灯和高压水银灯与其附件的配套规格应一致</td><td>有明显区别，不能相互插入，配电规格一致</td></tr>
<tr><td>金属卤化物灯的电源线</td><td colspan="3">应经接线柱连接，电源不得靠近灯具表面，灯具与触发器和限流器必须配套</td><td>电源未靠近灯具表面</td></tr>
<tr><td>顶棚上灯具的安装</td><td colspan="3">应固定在专设的框架上，电源线不应贴近灯具外壳。矩形灯具边缘应与顶棚面装修直线平行。对称安装的灯具，纵横中心轴线的偏斜度应≤50。日光灯管组合的灯具，灯管排列整齐，金属间隔片应无弯曲、扭斜</td><td>固定在框架上，电源线不贴近灯具外壳</td></tr>
<tr><td>室外照明灯具安装</td><td colspan="3">安装高度>3m。墙上安装的高度>2.5m，应固定牢固</td><td>符合设计要求</td></tr>
<tr><td>投光灯</td><td colspan="3">底座应固定牢固，光轴方向应符合实际需要，框轴拧紧固定</td><td>—</td></tr>
<tr><td>事故照明灯</td><td colspan="3">应有专门标志</td><td>专门标志</td></tr>
<tr><td>接地</td><td colspan="3">必须接地或接零的灯具金属外壳与接地（接零）网之间应用螺栓连接固定</td><td>接地可靠，牢固，与设计相符</td></tr>
</table>

（4）接地系统敷设。

主厂房、副厂房接地均为暗敷接地，采用40mm×4mm的扁钢，厂区所有电气设备基础及支架、外壳均应与主接地网相连，每一设备间至少引出一个临时接地端头。厂房内采用均压接地网，全厂主接地网测试在施工完成后进行，接地网接地电阻采用电压-电流法实测为0.61Ω，满足接地系统设计要求。

整个工程接地系统按照规程、规范要求进行验收，所有验收项目全部合格。主要检查项目及检测结果见表7-3-82。

4. 发电机电压配电装置安装

发电机电压配电装置安装包括低压配电柜（包括首部配电系统）、高压开关柜、厂用变及相关的电缆（高压、动力、控制电缆等）的安装及调试。

（1）低压配电柜安装。

依据设计图进行施工安装，按照规程、规范验收。所有安装施工项目验收合格，电气设备试验、调试符合规范、设计要求，合格率100%。主要检查项目及检测结果见表7-3-83。

表 7-3-82　　接地系统主要检测项目及检测结果汇总

序号	项　目	标　　准	实　测　值
1	一般规定	接地体和接地线的规格、接地装置的布置均应符合设计要求。接地工程的隐蔽部分应经中间检查和验收，检查、验收记录应完整	接地扁铁 40mm×4mm，接地极 50mm×50mm×5mm，全长 2500mm 铁角，隐蔽部分通过中间验收
2	接地装置敷设	应符合设计规定	接地扁铁 40mm×4mm，水平网格 5m×5m，个别稍差，垂直引上焊接大于 2 倍扁铁宽度，接地装置总面积 $17000m^3$
3	明敷接地线的安装	应符合设计规定	排列整齐，标志明显，焊接固定牢固，已除焊渣，并涂防腐处理
4	接地装置的连接	应符合设计规定	连接牢固，焊接长度大于 2 倍扁铁宽度
5	避雷针（线）的接地	应符合设计规定	避雷针用 ϕ24mm 圆钢，厂房避雷带用 50mm×5mm 扁铁，焊接大于 2 倍扁铁宽度，已防腐处理
6	接地装置电阻测量	接地电阻应符合设计要求	实测 $R_{JD}=0.61\Omega$

表 7-3-83　　低压配电盘及低压电器安装质量检测结果汇总

项次	项　目		质量标准	检验记录
1	基础型钢安装	循序偏差	不直度 1mm/m，5mm/全长； 水平度 1mm/m，5mm/全长	不直度：0.8mm/m，3mm/全长； 水平度：0.5mm/m，5mm/全长
2		接地	可靠，型钢顶部应高出抹平面 10mm	可靠
3	盘柜本体安装	允许偏差	垂直度≤1.5mm/m；相邻两柜顶部高差≤2mm 水平度：成列盘柜顶部水平方向总高差；相邻两盘柜边缝隙≤1mm 不平度：成列盘柜面平整度≤5mm；盘柜间缝隙≤2mm	垂直度为 0.5mm/m；相邻两柜顶部高差为 1mm 水平度为成列盘柜顶部水平方向总高差为 2mm；相邻两盘柜边缝隙为 0.5mm 不平度：成列盘柜面平整度为 3mm；盘柜间缝隙为 0.5～1.5mm
4		盘柜及盘内	应清洁、油漆完好，标志齐全，正确，清晰	清洁、油漆完好，标志齐全，正确，清晰
5		其他	与地面及周围建筑物的距离应符合设计要求，箱门开关灵活，门锁齐全	距离符合设计要求，箱门开关灵活，门锁齐全
6		接地	方式应符合要求，固定牢固，接触良好，排列整齐	应符合要求，固定牢固，接触良好，排列整齐
7	盘上电器外观检查及安装	电器	外壳及玻璃片无破裂，安装位置正确，便于拆换，固定牢固	无破裂，安装位置正确，固定牢固
8		操作开关	把手转动灵活，接点分合准确可靠，弹力充足	转动灵活，接点分合准确可靠，弹力充足
9		信号装置	完好，指示色符合设计要求，附加电阻符合规定	完好，指示色符合设计要求
10		保护装置	整定值符合设计要求，熔断器熔体规格正确	整定值符合设计要求
11		仪表	应经校验合格，安装位置正确，固定牢固，指示正确	指示正确

续表

项次	项　目		质量标准	检验记录
12	硬母线及电缆安装	端子板及二次接线	应符合 GB 50171—92 要求	符合要求
13		排列	整齐，相位排列一致，绝缘良好	相位一致，绝缘良好
14		裸露母线电气间隙及漏电距离	电气间隙大于等于 12mm，漏电柜距离大于等于 20mm	电气间隙 20mm，漏电距离 40mm
15		连接	应紧密，牢固，用厚 0.05mm×10mm，塞尺检查线接触塞不进，面接触：塞尺深度小于等于 4mm	紧密、牢固
16		母线漆色	符合规定 GBJ 149—99 第 2.1.10～2.1.12 条	符合规定
17		小母线	应为直径大于等于 6mm 的铜棒或铜管，且标志齐全，清晰，正确	标志齐全，清晰，正确
18		其他	符合硬母线装置安装工作规定	符合规定
19	抽屉式配电柜安装	基础及柜体	同项次 1.2 规定	—
20		抽屉推位	灵活，轻便，无卡阻，碰撞	—
21		触头	动静触头中心应一致，触头接触应紧密	—
22		连锁装置	动作应正确，可靠	—
23		接地触头	应接触紧密，可靠	—
24		绝缘电阻测量	绝缘电阻值应大于等于 1MΩ	5MΩ
25		交流耐压试验	试验电压标准 1000V，试验应无异常	—
26		相位检查	各相两侧的相位应一致	各项两侧相位一致
27	低电压器安装	零部件	齐全，清洁，无锈蚀等缺陷，瓷件不应有裂纹和伤痕	—
28		规格	规格，型号，工作条件等应与现场实际使用要求相符，铭牌标志齐全	—
29		排列	整齐，便于操作和维护	—
30		接地	金属外壳，框架和接零或接地应符合规定	接地良好

(2) 固定式高压开关柜安装。

依据设计图进行施工安装，按照规程、规范验收。所有安装施工项目验收合格，电气设备试验、调试符合规范、设计要求，合格率 100%。主要检查项目及结果见表 7-3-84。

表 7-3-84　　固定式手车式高压开关柜安装主要检测

序号	项　目		标　准	实测值
1	基础型钢安装	1.1 允许偏差	不直度 1mm/m，5mm/全长； 水平度 1mm/m，5mm/全长	不直度 0.5mm/m，2mm/全长； 水平度 0.5mm/m，3.5mm/全长
		1.2 型钢接地	接地可靠，安装后其顶部宜高出抹面 10mm	接地可靠，基础符合设计

续表

序号	项　目		标　准	实 测 值
2	开关柜本体安装	2.1 允许偏差/mm	垂直度＜1.5mm/m，水平偏差；相邻两盘顶部＜2mm、成列盘顶部＜2mm 盘间偏差：相邻两盘边＜2mm、成列盘面＜5mm；盘间接缝＜2mm	垂直度：1.0mm/mm，水平偏差；相邻两盘顶部 1.5mm，成列盘顶部：1.8mm；盘间偏差：相邻两盘边 1.6mm，成列盘面 3mm，盘间接缝 1mm
		2.2 柜体固定	牢固，柜间连接紧密	牢固，紧密
		2.3 与建筑物间距离	应符合设计要求	最小处距离 0.5m
		2.4 隔板	完整牢固，门锁灵活，齐全	齐全灵活
3	柜内电气设备安装		符合 GB 50150—91 规定，主要电气设备应分别填写	符合规范要求
4	接地		固定牢固，接触良好，排列整齐，柜门等应采用软铜线接地。	接地良好，柜门等采用软铜线接地
5	手车式开关柜	5.1 手车位置	工作与试验位置的定位应准确可靠	准确、可靠
		5.2 手车	推拉灵活，接地触头接触良好	推拉灵活，接触良好
		5.3 机械闭锁装置	动作正确可靠	动作正确可靠
		5.4 动静触头	中心线一致，触头接触紧密	中心一致，接触紧密
		5.5 触头间隙	推入工作位置后，应符合产品的技术要求	符合技术要求
		5.6 辅助开关切换接点	接点动作准确，接触可靠	动作准确，接触可靠
		5.7 安全隔板	开放灵活，正确	开放灵活，正确
		5.8 柜内照明	齐全	完整
6	二次接线		二次回路接线应符合设计要求，连接可靠，标志齐全清晰，绝缘电阻≥0.5 MΩ。	二次回路接点正确，连接可靠，标准齐全清晰

5. 升压站电气设备安装

升压站电气设备安装包括主变压器及中性点设备、户外屋顶出线设备（电压互感器、电流互感器、避雷器）、35kV 及以下电缆线路安装。

(1) 主变压器及中性点设备安装。

依据设计图进行施工安装，按照规程、规范验收。所有安装施工项目验收合格，电气设备试验、调试符合规范及设计要求，合格率 100%。经××电力试验研究所（集团）有限公司现场进行主变压器局放试验，试验结果合格；主变绝缘油通过××供电局修试所完成电气设备绝缘油色谱分析报告，主变绝缘油合格。主要检查项目及检测结果见表 7-3-85。

表 7-3-85　　1～2 号主变压器安装质量检测结果汇总

项次	项　目	质 量 标 准	检 验 记 录
1	一般规定	油箱及所有的附件应齐全，无锈蚀或机械损伤，无渗油现象。各连接部位螺栓应齐全，紧固良好。套管表面无裂缝、伤痕，充油套管无渗油现象，油位只是正常	附件齐全、无损伤、无渗漏连接固定良好，油位指示正确

续表

项次	项　目		质量标准	检验记录
2	器身检查	△铁芯	应无变形和多点接地。铁轭与夹件，夹件与螺杆等处的绝缘应完好，连接部位应紧固	未检查
		△线圈	绝缘应完全无损，各组成线圈排列应整齐，间隙均匀，油路畅通。压钉应紧固，绝缘良好，防松螺母锁紧	未检查
		引出线	△绝缘层应包扎紧固，无破损、拧扭现象。固定牢固，绝缘距离符合设计要求，引出线裸露部分应无毛刺或尖角，焊接良好。△引出线与套管的连接应正确，连接牢固	未检查
		电压切换装置	△无激磁电压切换装置各分接点与线圈的连接应牢固正确。接点接触紧密，转动部分应转动灵活，密封良好，指示器正确。有载调压装置的各开关接点接触良好。分界线连接牢固、正确，切换部分密封良好。	未检查
		箱体	△各部位无油泥、金属屑等杂物。有绝缘围屏者，其围屏应包扎牢	未检查
3	变压器干燥的检查		检查干燥记录，应符合 GBJ 148—90 第 2.5.1～2.5.5 条有关要求	未进行
4	本体及附件安装	轨道检查	垫板安装符合要求	符合要求
		本体就位	轮距与轨距中心应正对，滚轮应加制动装置且该装置应固定牢固。装有气体继电器的箱体顶盖应有 1%～1.5%的升高坡度	中心对正，符合设计要求
		△冷却装置的安装	安装前应进行密封性实验无渗漏。与变压器本体及其他部位的连接应牢固，密封良好。管路阀门操作灵活，开闭位置正确。油泵运行正常。风扇电动机应安装牢固，转动灵活、运转正常、无振动或过热现象。冷却装置安装完毕，试运行正常，联动正确	未进行
		有载调压装置的安装	△传动机构应牢固固定，操作灵活无卡阻。切换开关的触头及连接线应完整，接触良好。限流电阻完整无断裂。△切换装置的工作顺序及切换时间应符合产品要求，机械连锁与电气联锁动作正确。△位置指示器动作正常，指示正确。邮箱应密封良好，油的电气绝缘强度应符合产品技术要求。电气试验符合 GB 50150—2006 要求	—
		储油柜及吸湿器的安装	储油柜应清洁干净，牢固固定。△油位表动作灵活，指示正确。吸湿器与储油柜的连接管应密封良好，吸湿剂应干燥	清洁、牢固、油位表动作灵活指示正确，密封良好
		套管的安装	套管表面无裂纹、伤痕，套管应试验合格。各连接部位接触紧密，密封良好。充油套管不渗漏油，油位正常	连接紧密，密封良好，无渗漏、油位正常（套管没试验）

续表

项次	项　目		质 量 标 准	检 验 记 录
4	本体及附件安装	升高座的安装	安装正确，边相倾斜角应符合制造要求。与电流互感器中心一致。绝缘筒应安装牢固，位置正确	符合设计要求
		气体继电器的安装	安装前应检验整定。安装水平，接线正确。与连通管的连接应密封良好	安装水平，接线正确，密封良好
		压力释放阀的安装	安装位置正确、动作可靠、密封良好	安装正确，动作可靠，密封良好
		测温装置的安装	温度计应经校验，整定值符合要求，指示正确	已校验
		保护装置的安装	配备应符合设计要求，各保护应经校验，整定值符合要求。操作及联动试验过程中保护装置应动作正常	符合要求，试验过程中保护装置动作正常
5	△变压器油		符合 GB 50150—91 第 6.1.2 条的要求	符合要求
6	变压器与母线或电缆的连接		应符合 GBJ 149—90 第 2.1.8 条、第 2.2.2 条、第 2.3.2 条的有关规定。	采用铜铝过渡板，连接紧固符合《规范》要求
7	各接地部位		应牢固可靠，并按规定涂漆。接地引下线及引上线与主接地网的连接应满足设计要求	接地可靠，涂漆明显，满足设计要求
8	△变压器整体密封检查		符合 GB 50150—90 中表 19.0.1 的要求	未进行
9	测量绕组连同套管一起的支流电阻		相间互相差别不大于 2%	见试验报告
10	检查所有分接头的变压比		额定分接头变压比允许偏差为±0.5%，其他分接头与铭牌数据相比较应无明显差别，且应符合变压比规律	见试验报告
11	△检查三相变压器的连接线组别和单相变压器的极性		应与铭牌机顶盖上的符号相符	与铭牌及顶盖上的相符
12	测量绕组连同套管一起的绝缘电阻及吸收比		符合 GB 50150—91 的要求	铁芯-地：大于 2500MΩ 高-低及外壳：1.44 低-高及外壳：1.712
13	△测量绕组连同套管一起的正切值 tgδ		符合 GB 50150—91 的要求	见试验报告
14	测量直流泄漏电流		符合 GB 50150—91 的要求	见试验报告
15	工频耐压试验		试验电压标准见 GB 50150—91 附录 1，试验中应无异常	110kV 侧及中性点-低及地 113kV/min 试验中无异常
16	与铁芯各紧固件及铁芯引出套管与外壳的绝缘电阻测量		用 2500V 兆欧表测量，时间 1min，应无闪络级击穿现象	引出套管与外壳的绝缘测量无闪络及击穿现象
17	非纯瓷套管试验		符合 GB 50150—91 第 12.0.3 条的相关规定	—
18	测量限流元件的电阻		与产品出厂测量值比较应无显著差别	—
	检查开关、静触头动作顺序		应符合产品技术要求	—
	检查切换装置的切换情、过程		全部切换过程，应无开路现象	—
	检查切换装置的调压情况		电压变化范围和规律与产品出厂数据相比，应无显著差别	—

续表

项次	项　目	质量标准	检验记录
19	△相位检查	必须与电网相位一致	与电网相位一致
20	额定电压下的冲击合闸试验	试验5次，应无异常现象	试验5次，无异常现象
21	变压器投运试验	变压器投运正常	未见异常

(2) 屋顶出线设备安装。

在厂家的指导下依据设计图进行施工安装，按照规程、规范验收。所有安装施工项目验收合格，电气设备试验、调试符合规范、设计要求。主要检查项目及检测结果见表7-3-86、表7-3-87。

表7-3-86　　软母线安装主要检测项目及检测结果汇总

序号	检查项目	标　　准	实　测　值
1	软母线外观检查	无扭结、松股、断股、变形、锈蚀。软母线和组合导线在档距内不得有接头。设备经耐张线夹引出的软母线不得切断	无扭结、松股、断股、变形、锈蚀。引出的软母线未切断
2	金具外观检查	所有金具应符合国家标准。规格符合要求，零件配套齐全。表面光滑无裂纹、损伤、砂眼、锈蚀、滑扣等	金具符合标准。无裂纹、损伤、砂眼、锈蚀、滑扣等
3	绝缘子外观检查	表面无裂纹、缺釉、破损等缺陷，钢帽、钢脚与瓷件胶合处应牢固，填料无剥落	表面无缺陷，胶合处牢固，填料无剥落
4	软母线架设	△螺栓耐张线夹连接软母线包绕方向与外层铝线方向一致。液压连接导线符合GB 149—90要求。线夹与器具连接的平面接触用0.05mm×10mm塞尺检查，塞入深度应小于塞入方向总深度的10%。扩径空心导线弯曲度≥30导线外径。母线驰度与设计值偏差－2.5～＋5%；同档距内三相母线驰度应一致。△母线跨接线和引下线的电气距离应符合室外配电装置的安全距离，各相引下线弧度允许偏差应小于10%。组合导线安装圆环及固定线夹距离误差应不超过±3%。△测量软母线装置各连接处的接触电阻应小于同长度导线电阻的1.2倍	方向一致，液压连接导线符合要求，母线跨接线和引下线弧度偏差小于10%
5	悬式绝缘子串的安装	绝缘子串应经交流耐压试验合格。绝缘子串应与地面垂直，个别允许＜5°的偏角。组合连接用螺栓、穿钉、弹簧销子等应完整，穿向应一致，开口销必须分开	耐用试验通过，穿向一致，开口销分开

表7-3-87　　户外避雷器安装主要检测项目及结果汇总

序号	检查项目	标　　准	实测值
1	外观检查	外部应完整、无缺陷，封口处密封应良好，法兰连接处应无缝隙。瓷件应无裂纹、破损	外部完整、无缺陷，密封良好，连接处无缝隙。无裂纹、破损，结合应牢固，绝缘良好
2	避雷器安装	固定应牢固、垂直，每个元件的中心线与安装中心线的垂直偏差应小于1.5%，放电记录器应密封良好，动作可靠，安装位置一致。避雷器油漆完整，相色正确，接地良好	固定牢固、垂直，垂直偏差小于1.5%。均压环水平。密封良好，动作可靠，位置一致，接地良好

续表

序号	检查项目	标　准	实测值
3	测量绝缘电阻	阻值与出厂值相比应无明显差别	2500MΩ
4	测量直流 U_{1mA} 参考电压，75%直流 U_{1mA} 参考电压下的泄漏电流	测量直流 U_{1mA} 参考电压，75%直流 U_{1mA} 参考电压下的泄漏电流负荷产品规范	本项未做
5	检查放电记录器动作情况及基座绝缘	放电计数器密封良好、动作可靠，基座绝缘良好	未做试验

油浸式电压互感器（一、二级联络线）安装主要检测项目及结果见表 7-3-88。

表 7-3-88　油浸式电压互感器（一、二级联络线）安装主要检测结果汇总

项次	检查项目	质量标准	检验记录
1	外观检查	外观完整，部件齐全。无锈蚀、损伤。瓷套清洁，无裂纹，瓷件连接牢固。△油位指示器、瓷套法兰及放油阀等处应密封良好，无渗油现象，油位正常。变化分接头位置应符合设计规定。二次接触板应完整。引出端子应连接牢固，绝缘良好，标准清晰	完整、齐全。无锈蚀、无损伤。清洁，无裂纹，黏合牢固。油位指示器正常。连接牢固、绝缘良好，标准清晰
2	安装质量检查	固定牢固，安装面水平，排列整齐。均压环应装置牢固、水平且方向正确。一次接线接触良好，间隙应符合规定，允许偏差小于15mm，接地部位正确，牢固可靠	固定牢固，安装面水平，一次接线接触良好
3	测量线圈绝缘电阻	电固值与出厂值比较无明显差别	无明显差别
4	交流耐压试验	一次线圈交流耐压试验电压标准见 GB 50150—91 附录1；二次线圈交流耐压试验电压标准	一次对地 184kV/min 无异常
5	△测量介质损耗角正切值	符合产品技术要求	28.9℃　tgδ：2.19
6	绝缘油试验	应符合 GB 50150—91 第 8.0.5 条规定	未做试验
7	测量电压互感器一次线圈支流电阻	不应超过制造厂测得值的±5%	—
8	△测量电流互感器的励磁特性曲线	同型式互感器相互比较，应无明显差别	见试验报告
9	测量电压互感器空载电流	空载电流值的电厂值比较无明显差别	—
10	△检查三相互感器的接线组别和单相互感器的极性	必须符合设计要求并与铭牌机外壳上的符号相符	与铭牌一致
11	△检查互感器的变比	应与设计要求及铭牌相符	与设计铭牌相符
12	测量铁芯夹紧螺栓的绝缘电阻	按 GB 50150—91 第 8.0.11 条进行	—

6. 电气二次设备安装及调试

(1) 机组控制保护装置安装及调试。

盘柜基础、盘柜组柜、电缆敷设、接线、对线在厂家的指导下依据设计图进行施工安装，按照规程、规范验收。所有安装施工项目验收合格，继电保护系统设备调试由厂家主导进行，继电保护整定值严格按照设计、电网要求整定，整定值核对无误，电气保护模拟试验正确，各项参数和功能符合规范、设计要求，合格率100%。主要检查项目及结果见表7-3-89。

表7-3-89　　1～2号机组控制保护装置安装质量检测结果汇总

项次	检查项目		质量标准	检验记录
1	基础型钢埋设	允许偏差	不直度1mm/m，5mm/全长 水平度1mm/m，5mm/全长	不直度0.4mm/m，4mm/全长 水平度0.2mm/m，2mm/全长
2		接地	可靠，型钢顶部应高出抹平面10mm	可靠，型钢顶部应高出抹平面10mm
3	盘柜安装检查	允许偏差	垂直度：1.5mm/m　相邻两柜顶部：2 水平度：成列盘柜顶部：5 相邻两盘柜边：1 不平度：成列盘柜面：5　盘柜间缝隙：2	垂直度：1/m　相邻两柜顶部：1.5 水平度：成列盘柜顶部：4 相邻两盘柜边：1 不平度：成列盘柜面：5 盘柜间缝隙：2
4		连接	与基础型钢采用螺栓连接，应牢固	螺栓连接，牢固
5		盘面	清洁、油漆完好，标志齐全，正确，清晰	清洁，漆层完好，标志齐全，正确，清晰
6		柜门	开关灵活，周围缝隙小于1.5，门锁应齐全，动作灵活，无卡阻	开关灵活，周围缝隙小于1.5，正确，清晰
7		接地	盘柜接地牢固，可靠，可动门应用软导线接地，连接可靠	接地牢固，可靠，柜门用软导线接地，连接可靠
8	盘上电气安装	外观	所有电器应完好，附件齐全，位置正确，固定牢固	无损伤，标志齐全，清晰，正确
9		继电保护装置	应经校验，动作灵敏，准确可靠，整定值正确	整定值符合设计要求
10		电气测量仪表	应经校验，指示正确	已校验，指示正确
11		信号装置	完好，工作可靠，显示正确	完好，符合设计要求
12	端子板安装	操作切换开关	动作灵活，接触可靠	转动灵活，分合正确，弹力充足
13		端子板	固定牢固，绝缘良好，标志齐全，清楚	符合GB 50171—92要求
14		小母线	平直，固定牢固，接触良好。与带电体电气间隙大于等于12，绝缘电阻大于等于10MΩ。交流耐压试验1000V，1min应无异常。涂漆漆色符合GB 8564—2003要求。标志牌齐全，标志清楚、正确	—
15	二次回路	△连接件	回路接线应用铜芯线。电压回路线芯截面面积大于等于1.5mm^2，电流回路线芯截面棉结大于等于2.5mm^2	回路接线用铜芯线。电压回路线芯截面积1.5mm^2，电流回路线芯截面积2.5mm^2
16		△间隙	带电体间或带电体与接地间电气间隙大于等于4，漏电距离大于等于6	带电体间或带电体与接地间电气间隙大于等于4，漏电距离大于等于6
17		导线及电缆芯线束的排列	整齐、美观，横平竖直，不交叉。标志齐全。绑扎固定符合GB 50171—92要求	整齐、美观，横平竖直，不交叉。标志齐全
18		配线和接线	符合设计要求。导线不应有接头，绝缘完好，削切不伤线芯。导线及电缆线芯标志齐全、正确，鲜明、不脱色且字迹清晰。每个端子板的每侧接线不得超过两根，导线与电器或端子板连接用螺栓连接牢固	符合设计要求。导线不应有接头，绝缘完好，不伤线芯。导线及电缆线芯标志齐全、正确，鲜明、不脱色且字迹清晰。每个端子板的每侧接线不得超过两根

续表

项次	检查项目		质量标准	检验记录
19	二次回路	△二次回路检查	回路绝缘电阻大于等于1MΩ，潮湿地区允许在0.5MΩ以上。交流耐压试验1000V，1min不出现异常。回路接线正确无误	回路绝缘电阻大于等于1MΩ，交流耐压试验1000V，1min不出现异常。回路接线正确无误
20	端子箱制作安装	端子箱制作	铁板厚度应为2～3，尺寸符合设计要求。长、宽、高各尺寸误差小于等于±2，对角缝隙小于1.5，门锁齐全灵活	—
21		端子柜安装	固定牢固，密封良好，安装在便于运行检查位置，成列安装的端子箱应排列整齐	固定牢固，密封良好，安装在便于运行检查位置
22		端子板安装	固定牢固，零件完整齐全，无损伤，绝缘良好，标志齐全，清楚正确。便于更换，接线方便，每个端子每侧接线不得超过2根，接线螺钉固定，所有接线应排列整齐	固定牢固，零件完整齐全，无损伤，绝缘良好，标志齐全，清楚正确。便于更换，接线方便，每个端子每侧接线不得超过2根
23		模拟动作试验和试运行	电气元件及电气回路出现的异常情况已处理，未出现影响正常运行的使用缺陷，电器元件及电气回路均应动作正常	电气元件及电气回路出现的异常情况已处理，未出现影响正常运行的使用缺陷

(2) 计算机监控系统安装及调试。

盘柜基础、电缆敷设、接线、对线在厂家的指导下依据设计图进行施工安装，按照规程、规范验收。所有安装施工项目验收合格，计算机监控系统设备调试由厂家主导进行，各计量点的传输值正确，电气模拟试验动作准确，各项参数和功能符合规范、设计要求，合格率100%。主要检查项目及结果见表7-3-90。

表7-3-90　　计算机监控系统安装主要检测项目及检测结果汇总

序号	项目		标准	实测值
1	基础型钢埋设	允许偏差	不直度1mm/m，5mm/全长； 水平度1mm/m，5mm/全长	不直度0.5mm/m，2mm/全长； 水平度0.5mm/m，2mm/全长
		接地	可靠，型钢顶部应高出抹平面10mm	可靠，高出10mm
2	盘柜安装检查	允许偏差/mm	垂直度：1.5mm/m 水平度：相邻两柜顶部2，成列盘柜顶部5 不平度：相邻两盘柜边1，成列盘柜面5 盘柜间缝隙：2	垂直度：1mm/m 水平：相邻2，成列4 不平：相邻1，成列4 盘柜间缝隙：2
		连接	与基础型钢采用螺栓连接，应紧固	紧固
		盘面	应清洁，漆层完好，标志应齐全，正确清晰	标志齐全，正确清晰
		柜门	开关灵活，周围缝隙<1.5，门锁应齐全，动作灵活，无卡阻	动作灵活，无卡阻
		接地	盘柜接地牢固，可靠，可动门应用软导线接地，连接可靠	接地牢固
3	盘上电器安装	外观	所有电器应完好，附件齐全，位置正确，固定牢固	附件齐全，位置正确，固定牢固
		继电保护装置	应经校验，动作灵敏，准确可靠，整定值正确	校验，动作灵敏，准确可靠

续表

序号	项目		标准	实测值
3	盘上电器安装	电气测量仪表	应经校验，指示正确	校验，指示正确
		信号装置	完好，工作可靠，显示准确	工作可靠，显示准确
		操作切换开关	动作灵活，接触可靠	动作灵活，接触可靠
		端子板（排）	固定斩固，绝缘良好，标志齐全，清楚	绝缘良好，标志齐全
4	二次回路	连接件	回路接线应用铜芯线。电压回路线芯截面面积≥1.5mm²，电流回路线芯截面面积≥2.5mm²	铜芯线连接，截面符合要求
		间隙（或带电体与接地间）	带电体间或带电体与接地间电气间隙≥4mm，漏电距离≥6mm	电气间隙 6mm，漏电距离 10mm
		导线及电缆芯线束的排列	整齐、美观，横平竖直，不交叉。标志齐全。绑扎固定符合 GB 50171—92 要求	整齐。标志齐全。绑扎固定符合要求
		配线和接线	应符合设计要求。导线不应有接头，绝缘完好，剥切不伤线芯。导线及电缆线芯标志齐全、正确、显明、不脱色且字迹清楚。每个端子板的每侧接线不得超过两根。导线与电器或端子板连接用螺钉连接牢固	无接头，绝缘良好，标志齐全，连接牢固
		二次回路检查	回路绝缘电阻≥1MΩ，潮湿地区允许在 0.5MΩ 以上。交流耐压试验 1000V，1min 不出现异常。回路接线正确无误	回路绝缘电阻 5MΩ，回路接线正确无误
5	模拟动作试验和试运行		电器元件及电气回路出现的异常情况已处理，未出现影响正常运行使用的缺陷。电器元件及电气回路均应动作正常	动作正确，无遗留问题

7. 通信系统安装

电缆敷设、接线、对线及设备调试、开通由厂家直接负责，依据设计图进行施工安装，按照电网公司规定由电网公司组织验收。通信系统各项参数和功能符合规范、设计要求，安装质量合格。

8. 消防系统安装

依据审批的消防设计报告及设计图进行施工，按照消防规程、规范进行验收。消防水系统管路埋管、明管均进行水压试验检查，水系统安装完成进行消防充水试验，检查漏水点。整个消防系统安装完成后由有资质的消防检测机构对全站消防设备及设施进行检测，出具检测报告。检测结果电站消防系统完全符合消防设计报告要求。报××公安消防支队组织验收，消防工程验收合格。

（六）机组充水及满负荷 72h 试运行情况

按照相关有关技术规范和启动试验大纲的要求，对 1～2 号发电机组进行了各项试验。各项试验经启动委员会验收合格，各项试验方法正确，数据符合国家有关技术规范要求和厂家产品技术规范要求及设计要求。

1. 机组充水试验结果

1～2 号机组充水试验检查项目有：顶盖止水面、真空破坏阀，水导主轴密封及顶盖检修人孔门的渗漏情况；尾水进入门渗漏情况；检修排水廊道水位变化情况；导叶轴套、蜗壳进入门渗漏情况；渗漏排水井水变化；测量钢管伸缩节径向及轴向变形值并检查漏水情况；

进口工作闸门、蝴蝶阀、球阀在静水下启闭试验时间等。检测结果见表 7-3-91。

表 7-3-91　　1～2 号机组充水试验检测结果汇总

机组	序号	检 查 项 目	质量标准	检查记录
1号	1	顶盖止水面、真空破坏阀，水导主轴密封及顶盖检修人孔门的渗漏情况	应符合规定	—
	2	尾水进入门渗漏情况	应符合规定	无渗漏
	3	检修排水廊道水位变化情况	应符合规定	—
	4	导叶轴套、蜗壳进入门渗漏情况	应符合规定	—
	5	渗漏排水井水变化	应符合规定	—
	6	测量钢管伸缩节径向及轴向变形值并检查漏水情况	应符合规定	无渗漏
	7	进口工作闸门、蝴蝶阀、球阀在静水下启闭试验时间	符合设计要求	静水开启：95s 静水关闭：72s
2号	1	顶盖止水面、真空破坏阀，水导主轴密封及顶盖检修人孔门的渗漏情况	应符合规定	—
	2	尾水进入门渗漏情况	应符合规定	无渗漏
	3	检修排水廊道水位变化情况	应符合规定	—
	4	导叶轴套、蜗壳进入门渗漏情况	应符合规定	—
	5	渗漏排水井水变化	应符合规定	—
	6	测量钢管伸缩节径向及轴向变形值并检查漏水情况	应符合规定	伸缩节微量漏水
	7	进口工作闸门、蝴蝶阀、球阀在静水下启闭试验时间	符合设计要求	静水开启：97s 静水关闭：77s

2. 机组 72h 试运行

20××年 11 月 15 日经××省电网调度中心同意对 1 号机进行满负荷 72h 试运行。经过满负荷连续 72h 试运行，由于准备工作充分，试运行进展顺利，1 号、2 号机组运行稳定，各部位振动、摆度符合规范要求，各部位瓦温稳定，符合规范要求；励磁装置系统、调速器系统运行稳定；风、水、油系统和附属设备运行正常；监控系统、保护系统运行正常、稳定；发电机配电装置、110kV 高压电气设备运行正常、稳定；测量、计量准确；信号反应正确。

20××年 11 月 18 日，两台机组 72h 试运行结束，移交业主进行商业运行。

七、结论

××水电站工程双曲拱坝、引水系统、发电厂房和升压站所使用的原材料、中间产品取样检测频率符合规范要求，检测试验结果满足设计及规范要求。检测试验结果表明工程实体质量处于受控状态。

（一）土建工程

本项目土建工程所使用的水泥、火山灰、外加剂、细骨料、粗骨料、钢筋及连接件、锚杆拉拔检测、铜止水和橡胶止水均按规定取样检测，检测结果满足相关质量标准。

（二）金属结构及启闭机安装

金属结构包括钢筋焊接、压力钢管焊缝探伤及外观检查，检测指标满足规范要求。在无水或有水情况下全行程启闭，运行平稳、通畅、无卡阻现象，双吊点同步。负荷试运转时电气和机械部分无异常发热现象，所有保护装置和信号准确可靠。

（三）机电安装工程

水轮机安装各部件尺寸、中心位置、高程、水平度、垂直度、间隙等误差均在允许范围内，符合规定的标准要求；水力机械辅助设备及管路系统安装符合实际要求，试运行情况正常；发电机组安装机械检查项目与电气试验项目经调试均满足相关技术标准和质量要求。